제6판

상 · 하수도공학

이종형 · 박영진 · 김이현 · 남일기 · 김학수 공저

도서출판 구미서관

흐르는 물은 괴어 있는 물보다 좋고

그늘의 물은 햇볕 받은 물보다 좋다.

참물은 맛이 없고 향기가 나지 않는다.

「다신전」

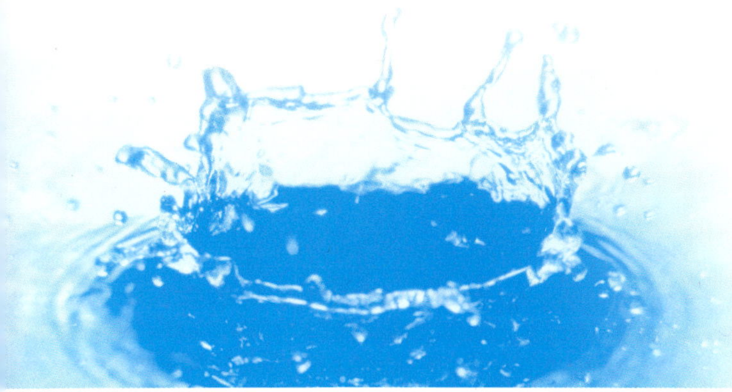

Preface

머리말

인류의 역사는 물과 더불어 시작되었고, 물은 모든 생물의 근원이자 생명을 유지하는데 필수불가결한 것이다. 우리나라는 옛부터 물이 비교적 풍부하고 깨끗하여 금수강산이라 일컬어 왔다.

그러나 급속한 산업화·도시화 및 국민생활 수준의 향상과 생활양식의 변천에 따라 용수수요가 급등하고 그로 인해 각종 산업폐수와 생활하수의 배출량이 증가하여 수질환경을 날로 악화시키고 있다. 이러한 용수수요에 대처하고 수질오염을 방지하여 수자원을 보전하는 일에 적극적인 대책이 필요한 시점에 이르렀다.

특히 도시민의 위생과 환경보전을 위해서는 상·하수도 시설은 물론이고 제반 환경시설을 설비하여 대처해야만 위생적이고 문화적인 생활을 영위할 수 있을 것이다. 근래에 국민의 물의 중요성에 대한 인식이 증대되고, 수용자가 풍부한 수량과 양호한 수질을 요구함에 따라 이를 만족시키기 위해서는 고도의 수도기술과 하수처리기술이 요구된다.

이 책은 상·하수도공학을 상수도편 9장과 하수도편 7장으로 나누어 구성하였으며, 최근에 물의 재활용으로 권장하고 관심이 높은 중수도는 상수도편 마지막장에 편성하여 참고가 되도록 하였다.

이번 제7판에서는 현장기술자와 학생들의 공부에 참고가 되도록 개정된 기준들을 최대한 반영하고 최근의 신기술들을 포함하였으며, 또한 설계위주의 많은 예제와 기사시험에 대비한 연습문제를 보충하여 개정하였으나 모든 면에서 불충분함을 느끼며 앞으로도 계속 수정 보완해 나갈 것이며, 이 책의 출판을 위해 애써주신 구미서관 임해진 사장님과 편집부 관계자 여러분께 깊은 감사드립니다.

2023년 11월

저자 일동

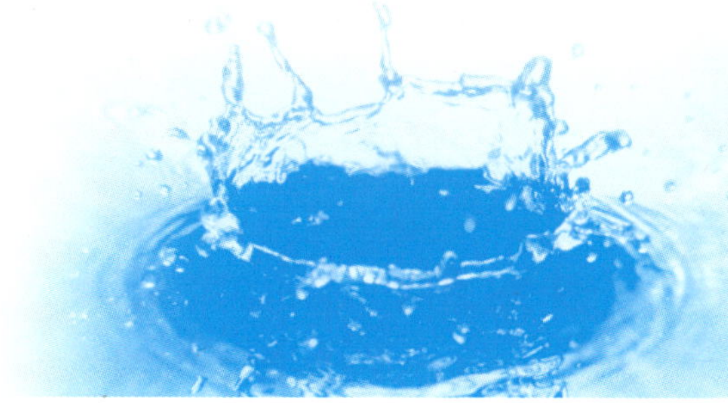

차례

PART 1

Chapter 1

Chapter 2

Chapter 3

Chapter 4

Chapter 5

Chapter 6

Chapter 7

Chapter 8

Chapter 9

PART 2

Chapter 1

Chapter 2

Chapter 3

Chapter 4

Chapter 5

Chapter 6

Chapter 7

W A T E R S U P P L Y S E W E R A G E

Part 1

상수도

WATER SUPPLY

WATER

SUPPLY

PART 1 2

Chapter 1 개설

1.1 상수도의 개념

1.1.1 물과 인간생활

고대 그리스의 철학자인 탈레스는 '만물의 근원은 물이다' 라고 정의하였다. 확실히 물은 인간에게 있어서나 지구상의 모든 생물에게 생명의 근원이다.

물은 자연계에 가장 많이 그리고 널리 분포되어 있고 인체성분의 60~65%를 차지하며 혈액과 임파액을 비롯하여 기타 인체의 세포 및 신체조직의 활동에 필수불가결한 체내액으로써 중요한 역할을 담당하고 있다. 우리가 매일 마시는 공기 중의 산소는 폐에서 체내에 순환되며 섭취된 음식물도 물에 용해되어 체내에 흡수된다. 또한 물은 영양분을 혈액으로써 체내에 공급하고 노폐물을 체외로 배출시키는 작용도 한다.

만일 인체내의 수분이 10%가 감소하면 신체에 이상을 일으키고 20~22%를 잃으면 생명에 위험을 가져온다고 하며, 인간이 음료수로써 직접 섭취하는 수량은 기온 등 환경조건에 따라 다르나 성인의 경우 하루 1~1.5L이고 음식물에 함유되어 섭취되는 수분까지 포함하면 보통 2~3L가 필요하다고 한다. 더욱 놀라운 것은 단식으로 30~60일간은 살 수 있어도 물을 마시지 않고는 12일 이상 살 수 없으며, 단 2일만 절수하여도 생명에 지장을 초래한다는 사실이다.

인간의 생존에 필요한 이러한 물의 역할 외에도 물은 인간생활에 있어 실제 여러 가지 용도로 사용되고 있다. 요리, 세탁, 목욕, 청소, 소화 등의 생활용수와 농업, 공업, 발전용수 및 주운 등 인간의 거의 모든 활동에 빠짐없이 이용되고 있다. 세계의 4대 문명이 강가에서 발생했고 인류의 역사가 물과 함께 발전을 거듭해 왔으며, 오늘날 물의 소비량이 바로 문화수준의 척도가 되고 있는 현실을 볼 때 물이 인간생활과 얼마나 밀접한 관계를 가지고 있는가를 짐작할 수 있다.

이와 같이 물은 경제, 사회, 문화 등 인간의 모든 활동을 뒷받침해 주는 중요한 기본적 자원이 되고 있음에도 물은 손쉽게 얻을 수 있다는 종래의 인식으로 인하여 사람들은 물의 귀중함을 때때로 잊고 지내는 것 같다. 그러나 앞으로 인구의 증가와 산업발전에 의한 물 수요의 급격한 증가와 도시화, 공업화의 부산물인 수질오염의 심화현상은 더 이상 물은 천부의 자유재가 아니라는 인식의 전환과 아울러 물의 유한성에 비추어 볼 때 물자원의 적정한 개발과 효율적인 이용 및 보전의 필요성을 더욱 증대시키고 있다.

미래 물부족의 원인 및 대책에 있어서 2025년 이후에는 인류 절반 정도가 물 부족 문제를 겪을 것이라고 경고 하였고(2011.3, 글렌 다이거 IWA(국제물협회)회장), "과거에는 물 부족 현상이 지엽적인 문제였지만 앞으로 물 부족은 세계 문제가 될 것"이라고 경고하고 있다.

원인으로서는 첫째는 세계 인구 증가, 둘째는 인류의 부유함(부유해질수록 물 소비량 증가, 상업화, 메가시티화, 육류 소비 등) 1,000만명 이상이 거주하는 메가시티가 급격하게 증가, 셋째는 계속되는 이상 기후로 정확한 기후변화 예측이 어려움(홍수와 가뭄이 극대화되는 기후), 엘리뇨와 라니냐 등의 지구 환경변화, 환경오염에 의한 수자원 오염 등이다.

대책으로서는 물의 소중함을 인식하여 물절약 실천을 통한 물사용 개선, 물의 재이용, 사용가능한 수자원 개발 최대화를 통한 수자원 관리 및 효율적 이용과 부족한 물의 확보, 해수담수화 등 대체 수자원 개발이 필연적이다.

1.1.2 상수도의 정의

수도는 그 기능과 역학의 측면에서 「생활·공공·생산활동에 필요한 맑은 물을 적절한 수압으로 연속적으로 공급하는 공공시설」이라고 정의할 수 있다.

일반적으로 수도라고 하면 상수도를 가리키나, 하수도나 공업용수도와 구별할 때 상수도(上水道, water supply)라고 한다. 수도법 제3조에는 '수도라 함은 관로 그밖의 공작물(

工作物)을 사용하여 원수(原水)나 정수(淨水)를 공급하는 시설의 전부를 말하며, 일반수도·공업용수도 및 전용수도로 구분한다. 다만, 일시적인 목적으로 설치된 시설과 「농어촌정비법」 제2조 제6호에 따른 농업생산 기반시설은 제외한다' 라고 정의하고 있다.

"일반수도"란 광역상수도·지방상수도 및 마을상수도를 말하고, "광역상수도"란 국가·지방자치단체·한국수자원공사 또는 환경부장관이 인정하는 자가 둘 이상의 지방자치단체에 원수나 정수를 공급(제43조제4항에 따라 일반 수요자에게 공급하는 경우를 포함한다)하는 일반수도를 말한다. 이 경우 국가나 지방자치단체가 설치할 수 있는 광역상수도의 범위는 대통령령으로 정한다.

"지방상수도"란 지방자치단체가 관할 지역주민, 인근 지방자치단체 또는 그 주민에게 원수나 정수를 공급하는 일반수도로서 광역상수도 및 마을상수도 외의 수도를 말한다.

"마을상수도"란 지방자치단체가 대통령령으로 정하는 수도시설에 따라 100명 이상 2천500명 이내의 급수인구에게 정수를 공급하는 일반수도로서 1일 공급량이 20세제곱미터 이상 500세제곱미터 미만인 수도 또는 이와 비슷한 규모의 수도로서 특별시장·광역시장·특별자치시장·특별자치도지사·시장·군수(광역시의 군수는 제외한다)가 지정하는 수도를 말한다.

수도의 목적을 달성하기 위한 기술적인 3요소는 급수지점에 있어서 양호한 '수질', 필요한 '수량', 적절한 '수압'이다. 따라서 이들 3요소에 관해 수요자의 요구를 어떻게 만족시키느냐가 수도기술이라고 할 수 있다.

수질은 우선 위생적으로 안전하고 보기에 깨끗하며 먹어서 맛이 좋아야 한다. 그 구체적인 기준은 수도법에 의한 수질기준에 적합하여야 한다.

수량은 국민성·습관·생활수준 등에 따라 큰 차이가 있다. 우리나라의 대도시는 1인 1일 급수량이 300~450L이며, 금후 1인 1일 급수량의 증가와 더불어 수도의 규모가 커지는 경향이 있는데, 이는 대도시의 생활수준 향상과 함께 산업 및 서비스업 등의 도시생활에 많은 물을 필요로 하는 데 있다.

수압은 관내의 수압이 최저 1.5kg/cm^{2}가 표준이므로 관내수압이 균등하게 유지되어 물이 관의 끝에서 유출될 수 있으면 이상적이다.

한편 경제사회의 빌딩과 더불어 물 수요가 급격히 증가하게 되고 물은 자유재에서 경제재로 그 개념이 바뀌고 있으며 오늘날 상수도는 시민생활에 없어서는 안 될 도시의 생명선(life line)이 되었다.

1.2 상수도의 효과

상수도의 당초 시설목적은 미처리수를 그대로 공급하는 것이었으나 19세기 초부터 물을 여과하여 정수처리한 물을 공급하기 시작하였다. 그 후 위생시설로써 수도의 평가가 정립되었고, 상수도가 급속히 보급되기 시작하여 이제 상수도는 도시에서 없어서는 안 될 공공시설로 취급되고 있다.

상수도의 효과는 첫째 양질의 음용수를 공급함으로써 위생적인 생활환경을 조성하는 것 즉, 보건위생상의 효과이다. 위생의 진보는 음용수와 밀접한 관계가 있다. 인간은 옛날부터 물을 여러 가지 용도로 사용하여 왔으나, 물과 위생과의 관계는 근대에 들어 와서야 밝혀지게 되었고, 오늘날에도 아직 물에 관한 지식이 완전히 밝혀졌다고는 말할 수 없다.

물에 의한 질병은 주로 소화기계통의 전염병인데 이러한 질병은 물 외에 다른 식품에 의한 것도 많으나, 전염경로는 역시 물에 의한 것이 많고 특히 질병의 집단 발생은 음용수에 의한 경우가 많다. 따라서 상수도의 보급은 이러한 소화기계통 전염병의 방지뿐만 아니라, 물을 풍부하게 사용함으로써 생활환경이 청결하게 되어 다른 질병의 예방에도 큰 효과가 있다.

이에 반하여, 오히려 오염된 상수도에 의하여 질병이 급속도로 또 광범위하게 전파될 수 있는데, 이는 도시뿐만 아니라 회사나 공장 등의 집단급식시설 등에서 흔히 발생하는 수가 많다. 이러한 집단발병의 원인은 대부분 수원의 오염이나 수도계통의 관리상태 소홀에서 발생되고 있다. 수도에 의한 질병의 특징은 단시간에 일정 배수구역내에서 많이 발생하며, 치명률은 비교적 낮고, 만약 그 물을 사용하지 않거나 수질을 개선하면 발병률이 급속히 저하한다.

또한 음용수중에 포함되어 있는 유독물질에 의한 위험도 무시할 수 없다. 유해물질이 상수도에 혼입될 가능성으로는 지역적인 지질의 영향을 받는 원수 중에 포함되어 있을 수도 있고, 관로의 파손 등에 의한 이물질이나 공장폐수 등이 직접 혼입할 수도 있으며, 관로의 신설 및 보수공사 중에 다른 관로(예를 들면, 하수 또는 폐수 배출관 등)와 결합(교차연결, cross connection)에 의해 유독물질이 혼입되기도 한다.

두 번째는 도시에서의 소방상의 효과이다. 많은 도시가 대화재에 놀란 나머지 상수도시설을 서두른 예를 역사적으로 살펴볼 수 있다. 완전한 소화시설, 즉 급수전, 급수탑, 방화저수조 등을 설치함으로써 소화건수를 줄일 수 있으며, 따라서 화재보험료도 저하시킬 수 있어 간접적으로는 도시번영의 기초를 마련할 수 있게 된다.

또한 하수도시설의 부설과 더불어 화장실의 수세식화는 반드시 수도가 있어야 하고, 산업

발전도 수도에 의존하는 경우가 절대적이라고 할 수 있다.

세 번째는 생산성 증가 효과이다. 인간생활에 필수적인 것 중의 하나가 물이기에 강 유역을 중심으로 집단생활이 시작되었고, 인구증대에 따라 내륙으로 생활 터전을 옮겨 갔지만 먹는 물 확보엔 많은 노력을 필요로 했고 가정에 수도가 공급되므로 먹는 물 확보에 필요했던 노동력을 산업발달에 따른 생산성에 투자하므로 생산성을 높이는 효과를 가져왔다고 할 수 있다. 도시건축물의 고층화, 밀집화 경향에 따른 소방능력의 부족을 상수도시설을 이용함으로써 소방기능을 향상, 인명과 재산피해를 감소시킴으로서 간접적으로 도시번영의 기초를 마련하는 효과가 있다.

1.3 상수도시설의 구성요소

목적에 알맞은 물을 필요한 양으로 공급하기 위한 일반적인 상수도 시설은 수원(water source), 취수시설(intake facilities), 도수 또는 송수시설(water conveyance or transmission facilities), 정수시설(purification facilities), 배수시설(distribution facilities), 급수시설(service facilities)로 구성되어 있다.

1) 취수 및 집수시설

적당한 수질의 물을 필요한 수량만큼 취수·집수하는 것을 말하며, 그 근원을 수원이라 한다. 취수 또는 집수의 방법은 수원의 종류, 즉 지표수인가, 지하수인가, 지표수 중에서도 하천수인가 호소수인가에 따라 각각 다르다. 수량이 부족할 때에 이것을 조절하기 위하여 저수지를 설치하는 경우도 있다.

2) 도수 및 송수시설

수원에서 취수한 물을 정수장까지 공급하는 시설을 도수라 하고 정수장에서 배수지까지를 송수라 한다. 거리가 멀게 되면 많은 비용을 요하지만, 수원이 정수장에 근접해 있으면 도수에 느는 비용은 매우 적게 된다.

3) 정수시설

수질을 정화하는 것으로서 수질이 양호하면 정수과정을 생략한다. 여기서 중요한 것은 침전(sedimentation), 여과(filtration), 살균(chlorination) 등의 3가지 방법이다.

정수는 대부분의 경우에 도시 부근에 정수장을 설치하여 도수 후에 행하지만 지형에 따라서 취수 직후에 정수장을 설치하는 경우도 있다.

4) 배수시설

정수장에서 정화 처리된 청정수를 소요수압 하에서 소요 수량만큼 분배하는 것이 배수이지만, 이때 특히 소화용수를 고려하여야 한다. 배수는 도시에 부설하는 공공도로 아래의 상수도관, 즉 배수관까지를 말한다. 시가지의 수압 및 수량을 조절하기 위하여 배수지 또는 배수탑을 설치한다.

5) 급수시설

배수관에서 나누어 각 가정의 급수전까지를 급수라 하고 이를 위한 시설을 급수시설이라 한다.

이상의 상수도계통 및 시설을 그림으로 표시하면 그림 1.1과 같다.

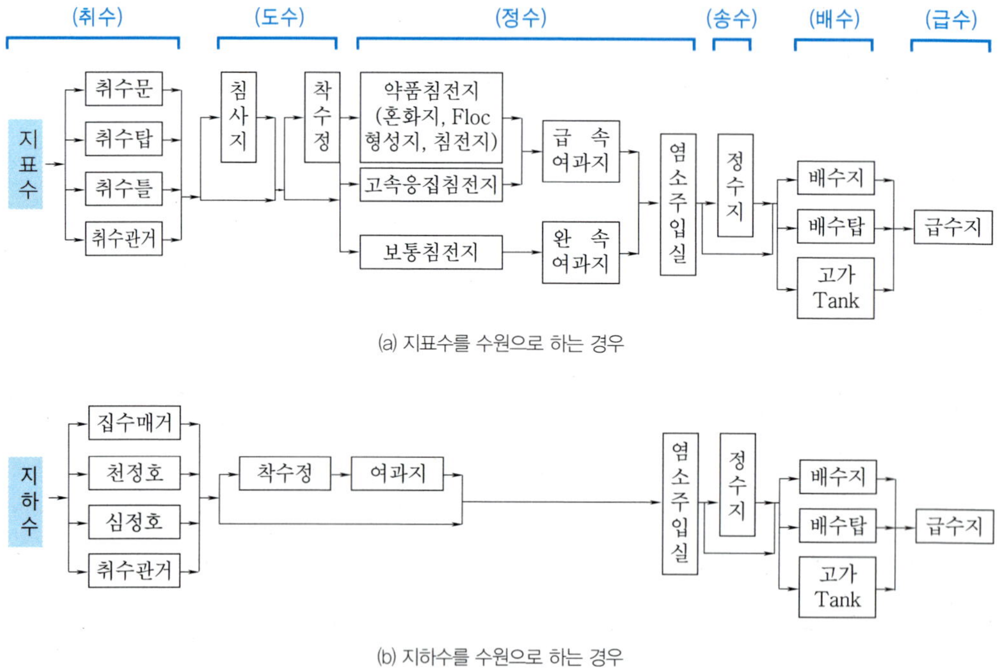

그림 1.1 상수도의 구성요소

1.4 상수도의 연혁

물은 인간생활에 없어서는 안 될 중요한 자원이고, 그 사용량은 문화의 척도라고도 할 수 있다. 그래서 인류역사의 발달과정은 물과 함께 변천 형성되어 왔다.

인간은 물을 따라서 하천변에 정착하여 취락을 형성하였고, 처음에는 하천, 호소의 물을 그냥 음료수로 사용하였을 것으로 생각된다. 그러나 취락이 커지고 인구가 증가함에 따라 물은 점차 질의 악화와 양의 부족을 초래하게 되었으며, 또한 좋은 지표수가 없는 곳이라도 거주의 필요가 생겼을 때 인간이 인공적으로 물을 구한 최초의 방법이 우물의 굴착이었다고 추측된다. 한편, 보다 많은 물을 얻기 위해서는 먼 산지로부터 도수한다든가 또는 저장시설도 강구하였다는 것은 오늘날 각지에서 산재하고 있는 여러 유적에서 충분히 추측할 수 있다.

근래에 와서 도시화와 인구의 팽창은 대량의 음료수와 각종 용수를 요구하게 되고 자연수만으로는 충족할 수 없게 되었으며, 그 결과 인공적으로 수질을 개선하고 공급망을 확대하는 상수도 시설이 필요하게 되었다.

1) 고대 상수도

고대인들이 음료수를 얻기 위하여 판 우물을 상수도의 기원으로 삼는다면 그 역사는 매우 오래 되었으며 그 중에서 제일 유명한 것은 Cairo 시의 「Joseph's well」로써 암석 중에 깊이 90m를 굴착하였으며, 제일 깊은 것으로는 중국의 500m 깊이의 우물이라고 하며 그밖에 고대 그리스, 앗시리아, 페르시아, 인도 등에서도 그 유적이 발견되었다.

상수도의 목적으로 축조된 시설로는 예루살렘의 우수 저수지와 석조수로, 그리스의 급수용 수로 등의 흔적이 지금도 남아 있는데, 아무래도 고대 상수도시설 중 가장 뛰어난 것은 BC 321년에 축조된 로마의 「Appia 수도(Aqua Appia)」로써 원거리의 수원으로부터 수송을 위해 터널 및 아치수로교를 건설하였는데 수로연장 578km, 아치교 연장만도 80km나 된다고 한다.

흥미로운 사실은 연관을 통과한 물은 음료수로 부적당하여 오염된 물은 여과나 끓이기를 장려하였다는 것으로 보아 고대인은 수질에 대해서도 어느 정도 지식을 가지고 있었던 것으로 보인다.

2) 근대 상수도

현대 수도기술의 근원은 오랜 옛날부터 개량을 거듭하여 오늘날의 기술에 이른 것으로 근대식 위생시설로써의 연혁을 요약하면 다음과 같다.

(1) 완속여과법(slow sand filtration)의 개발

1804년 영국의 Paisley에서 처음 채택되었으며, 이 당시는 세균학의 미발달로 여과에 의하여 세균까지 제거되는 것은 확인하지 못하고 단순히 탁도의 제거 목적으로 완속 사여과지(slow sand filter)를 이용하여 정수하였다.

(2) 급속여과법(rapid sand filtration)의 개발

1884년 미국 A.Hyatt가 황산철을 사용하는 응집법의 특허를 얻어 같은해 뉴저지 주 Somerville에 급속여과지(rapid sand filter)를 만들었다. 이것이 급속여과의 시초로써 그 후 미국을 중심으로 발전하여 현재 세계 각국에 널리 이용되고 있다. 그래서 이것을 미국식 여과법이라고도 부른다.

(3) 미생물학적 수질검사(bacteriological water examination)실시

1885년 London에서 처음으로 미생물학적 수질검사를 실시하였다.

3) 우리나라 상수도의 연혁

우리나라 상수도의 시대적 변천을 살펴보면 조선조 말엽까지는 수도라고 부를만한 시설의 흔적은 거의 볼 수 없다. 그러던 것이 1894년 1월 부산에서 일본 거류민단의 경영으로 보수천 상류에 집수거를 설치하고 자연여과장치 및 대청동 배수지를 설치한 것이 최초의 상수도 시설이었다. 이어 1900~1902년 구덕산 계곡에 구덕수원지를 완속여과지로 축조하여 생산능력 2,000m^3/day을 갖추어 비로소 근대적 정수법이 사용되었다. 또한 서울에서는 1903년 12월 미국인 Colebran과 Bostowick가 고종황제로부터 상수도시설과 경영에 관한 특허를 받아 1905년 8월 그 특허권을 미국인이 설립한 조선수도공사(Korea Water Company)에 양도하여 1906년 8월 1일 서울 뚝도수원지에 완속여과지 공사를 착공, 1908년 8월에 준공시키므로써 현대적인 상수도 시설로써 서울 시민에게 급수를 시작하였으며 이어서 인천, 평양, 대구, 목포 등 여러 도시에도 점차적으로 상수도 시설이 보급·발달되었다.

1946년부터 우리나라 기술진에 의하여 경영된 상수도 사업은 해방직후의 혼란스런 과도기 현상과 6·25전쟁으로 파괴된 상수도 시설의 복구에 주력하는 한편 도시확장과 급격한 인구증가로 인한 수요량 증가에 대비하여 1954년부터 5개년에 걸쳐 외국기관을 통하여 공급된 상수도용 기자재로 시설의 확충과 신규공사를 시행하여 1960년 말 상수도 생산능력 517천m^3/day로 보급률 17%, 1일 1인당 평균급수량은 99L에 이르렀다.

1960년 이후 4차례에 걸친 경제개발 5개년 계획의 일환으로 상수도 부문에 투자를 크게 증가시켰으나 그 당시 산업의 발달에 기인한 인구의 도시집중과 생활수준 향상에 따른 상수도 수요의 급격한 증가로 상수도 시설 확충이 이에 미치지 못한 실정이다.

1970년대 들어와 도시화와 산업화로 도시인구의 급증(도시와 지방간의 인구비 57:43)과 중공업 및 석유화학의 발전은 물 수요량을 크게 증가시켰으며 인근하천의 수원부족 및 오염으로 인하여 원거리 수원확보 및 대체에 따른 광역상수도가 도입되기 시작하였고, 농어촌지역에서도 우물을 대체하기 위한 마을상수도가 보급되었다. 우리나라에 처음 도입된 광역상수도 시스템은 1973년 5월 도시권 광역상수도 1단계 사업을 시발로 본격적인 건설에 착수하게 되었다.

1980년에도 가속된 도시화와 생활수준 향상에 따른 단위급수량 증가로 용수 급수량이 계속적으로 증대하였다. 특히 현대식 아파트와 대형건물에서 수세식 화장실의 증가는 이와 같은 추세를 더욱 부채질하게 되었다. 또 상수도 수질에 대한 국민적 관심이 높아졌고 하천수질의 악화로 기존 수원시설의 대체사업과 고도정수처리의 필요성이 증대되었다.

1980년대 후반에 이르러서는 종래 상수도가 양적 공급에 주력함으로써 상대적으로 소홀히 다루어 왔던 수돗물의 질적 안정성 여부가 사회적 문제로 제기된 시기였다.

첫 번째 수돗물 오염파동이 야기된 것은 1989년 8월이었다. 전국의 수돗물 수질 중 가장 나쁜 자료가 언론에 대대적으로 보도됨으로서 수돗물의 신뢰성에 대하여 정부는 물론 온 국민의 관심을 집중시켰다.

두 번째 수돗물 오염시비는 일부 정수장에서 생산된 수돗물 가운데 THM이 WHO가 정하는 기준치인 0.1mg/L를 넘어선 것에서 출발하여 1990년 7월 그 사실이 일반에 알려지면서 수돗물의 수질은 다시 한 번 사회적 문제로 대두되었다.

세 번째 파문은 이른바 낙동강 페놀오염 사고였다. 구미공단 옥계천변에 위치한 모 전자(주)의 페놀원액 유송관 파열로 유출된 페놀원액 30톤이 옥계천을 통하여 낙동강에 유입되고 다시 대구시 낙동강 정수장에 흘러들어 1991년 3월 16일부터 대구시 수돗물에서 심한 악취가 발생하였다.

이후 2002년 7월 수돗물 바이러스 오염파동으로 온 국민의 관심이 수돗물의 안정성 여부에 모아졌다.

1.5 용어의 정의

수도법에서 사용하는 용어의 정의는 다음과 같다.

1. 원수 : 음용·공업용 등으로 제공되는 자연상태의 물을 말한다. 다만, 농어촌정비법 제2조 제3호에 따른 농어촌용수는 제외한다.
2. 상수원 : 음용·공업용 등으로 제공하기 위하여 취수시설을 설치한 지역의 하천·호소·지하수 등을 말한다.
3. 광역상수원 : 2이상의 지방자치단체에 공급되는 상수원을 말한다.
4. 정수 : 원수를 음용·공업용 등의 용도에 적합하게 처리한 물을 말한다.
5. 수도 : 관로 그밖의 공작물을 사용하여 원수나 정수를 공급하는 시설의 전부를 말하며, 일반수도·공업용수도 및 전용수도로 구분한다. 다만, 일시적인 목적으로 설치된 시설과 농어촌정비법 제2조 제6호에 따른 농업생산기반 시설은 제외한다.
6. 일반수도 : 광역상수도·지방상수도 및 마을상수도를 말한다.
7. 광역상수도 : 국가·지방자치단체·한국수자원공사 또는 환경부장관이 인정하는 자가 2 이상의 지방자치단체에 원수나 정수를 공급(제43조 제4항에 따라 일반수요자에게 공급하는 경우를 포함한다)하는 일반수도를 말한다. 이 경우 국가나 지방자치단체가 설치할 수 있는 광역상수도의 범위는 대통령령으로 정한다.
8. 지방상수도 : 지방자치단체가 관할 지역주민, 인근지방자치단체 또는 그 주민에게 원수나 정수를 공급하는 일반수도로서 광역상수도 및 마을상수도 외의 수도를 말한다.
9. 마을상수도 : 지방자치단체가 대통령령으로 정하는 수도시설에 따라 100명 이상 2,500명 이내의 급수인구에게 정수를 공급하는 일반수도로서 1일 공급량이 20m^3 이상 500m^3 미만인 수도 또는 이와 비슷한 규모의 수도로서 시장·군수·구청장이 지정하는 수도를 말한다.
10. 공업용수도 : 공업용수도사업자가 원수 또는 정수를 공업용에 맞게 처리하여 공급하는 수도를 말한다.
11. 전용수도 : 전용상수도와 전용공업용수도를 말한다.
12. 전용상수도 : 100명 이상을 수용하는 기숙사·사택·요양소 그밖의 시설에서 사용되는 자가용의 수도와 수도사업에 제공되는 수도외의 수도로서 100명 이상 5천명 이내의 급수인구(학교·교회 등의 유동인구를 포함한다)에 대하여 원수나 정수를 공급하는 수도를 말한다. 다만, 다른 수도에서 공급되는 물만을 상수원으로 하는 것중

대통령령으로 정하는 것과 그 수도시설의 규모가 대통령령이 정하는 기준에 미달하는 것을 제외한다.

13. 전용공업용수도 : 수도사업에 제공되는 수도외의 수도로서 원수 또는 정수를 공업용에 맞게 처리하여 사용하는 수도를 말한다. 다만, 다른 수도에서 공급되는 물만을 상수원으로 하는 것중 대통령령으로 정하는 것과 그 수도시설의 규모가 대통령령으로 정하는 기준에 못미치는 것은 제외한다.
14. 수도시설 : 원수 또는 정수를 공급하기 위한 취수·저수·도수·정수·송수·배수시설, 급수설비, 그밖의 수도에 관련된 시설을 말한다.
15. 소규모 급수시설 : 주민이 공동으로 설치·관리하는 급수인구 100명 미만 또는 1일 공급량 20m³ 미만인 급수시설 중 시장·군수·구청장이 지정하는 급수시설을 말한다.
16. 빗물이용시설 : 빗물을 모아 생활용수, 조경용수, 공업용수 등으로 이용할 수 있도록 처리하는 시설을 말한다.

/ 연습문제 /

1.1 상수도 시설의 일반적 계통을 열거하라.

1.2 상수도의 정의를 정리하라.

1.3 상수도의 목적을 달성하기 위한 3요소는?

1.4 수도법에 의한 수도의 종류를 설명하시오.

1.5 우리나라 상수도의 현안 문제점과 과제에 대하여 논하시오.

PART 1 2

Chapter 2
상수도 시설계획

상수도 기본계획을 수립할 때의 절차는 기본방침 수립(계획목표설정), 기초조사, 기본사항 결정, 정비내용의 결정 등의 순서로 한다. 또한 상수도시설의 정비를 계획할 때에는 평면적인 양적확대를 위한 시설의 증설이나 확장에 국한하지 말고 기존 설비의 개량 등도 함께 고려하는 것이 바람직하다.

기본사항은 시설의 신설, 확장 및 개량 등 어떠한 시설정비를 할 경우라도 항상 기초가 되는 것이다. 기본사항을 결정할 때에는 각종 조사를 기초로 하여 계획목표를 세운 뒤 그에 입각하여 계획년도, 계획급수구역, 계획급수인구, 계획급수량을 정한다.

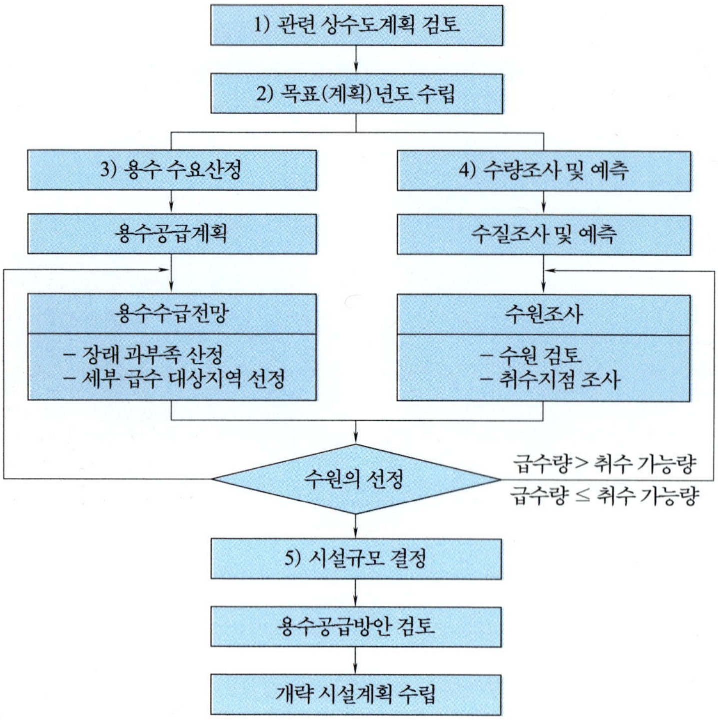

그림 2.1 상수도계획 흐름도

2.1 계획기간(design period)

기본계획을 수립할 때는 계획수립시부터 15~20년간을 고려하여 계획하여야 한다. 계획기간 혹은 계획연도는 계획 당시의 자금사정, 건설비, 유지관리비, 시설의 수명 등에 의하여 결정된다.

만약 5년을 기준으로 하여 시설하는 경우에는 준공과 더불어 확장계획 혹은 공사를 실시하게 될 경우가 있으므로 되도록 장기계획을 수립하여 설치하는 것이 바람직하다. 만약 30년 가량의 장기계획을 세우는 경우에는 건설비의 추정이 어렵고 또한 설치한 시설의 노후로 계획상의 결함이 많아 비경제적이 될 수도 있다.

개개 시설의 규모 결정에 있어서 계획연도는 앞으로의 공사의 난이도를 고려하여 서로 다른 계획연도를 설정할 수 있다.

Fair와 Geyer는 수도시설물에 대한 계획기간을 표 2.1과 같이 제시하였다.

표 2.1 설계기간

항목	내용	계획기간(년)
큰댐 및 대구경 관로	확장이 어렵고 비싸다.	25~50
정호, 배수관로 및 여과지	확장이 쉬우나 ① 이자율이 3% 이하인 경우 ② 이자율이 3% 이상인 경우	 20~25 10~15
직경 30cm 이상인 관	더 작은 구경대체는 결과적으로 더 비싸다.	20~25
직경 30cm 이하인 관	제한된 지역에서는 요구조건이 급속히 변화	개발완료

자료 : *Fair and Geyer, Water Supply and Waste water Disposal*

2.2 수량(water quantity)

2.2.1 급수량(water consumption)

도시 상수도의 급수량이란 상수도계획의 매우 중요한 요소이므로 그의 결정은 신중한 조사와 연구가 필요하다. 급수량은 도시의 규모, 성질 및 제반조건에 따라 변화되므로 이에 대한 분석이 필요하다. 도시의 규모가 커질수록 대체로 급수량은 증가되며 기온이 높을수록 증가된다. 생활정도와 생활양식에 있어서는 그 정도가 높을수록 증대되며 수세식 화장실과 목욕탕의 보급이 증가될수록 증대된다.

또한 1일 최대급수량에 관계되는 요소인 도시의 규모, 성질, 입지조건, 기상조건, 생활정도 및 생활양식, 기타 경제 및 사회적인 조건에 따라 그 크기가 변화되므로 이에 대한 고려도 필요하다.

따라서, 계획 1인 1일 최대급수량을 결정할 때에는 과거의 실측자료를 검토하는 것이 바람직하며 또한 용도별 급수량을 세분하여 분석하고, 합리적이며 정확한 자료를 산출하여 장래의 1인 1일 최대급수량을 추정할 수 있다.

그리고 도시 상수도 계획은 수도를 이미 가지고 있는 타도시의 여러 가지 흡사한 조건을 참작하는 것이 편리하며, 장래 도시의 팽창 상태 등을 고려하여 준공 후 바로 확장 공사를 하는 등의 비경제적인 계획이 되지 않도록 유의하여야 한다.

급수량을 결정하는 기준으로는 보통 1인 1일당 사용량을 가지고 계획총급수인구를 곱하여 그 도시의 총급수량으로 결정하는 것이고, 1일 평균급수량은 연간 총 급수량을 365일로 나눈 값이며, 1인 1일 평균급수량은 평균급수량을 급수인구로 나눈 값이다.

따라서, 총 급수량의 결정은 급수인구가 필요하게 되므로, 이것이 바로 계획급수인구이다.

계획급수량은 기본계획의 큰 틀을 결정하며 장래의 사업경영에도 크게 영향을 미치는 사항이기도 하기 때문에 각 수도사업자는 사회·경제상황이나 지역특성의 동향을 반영해야 하며 수요자의 요구를 충분히 파악한 다음에 산정해야하고 계획급수량의 산정절차는 다음과 같다.

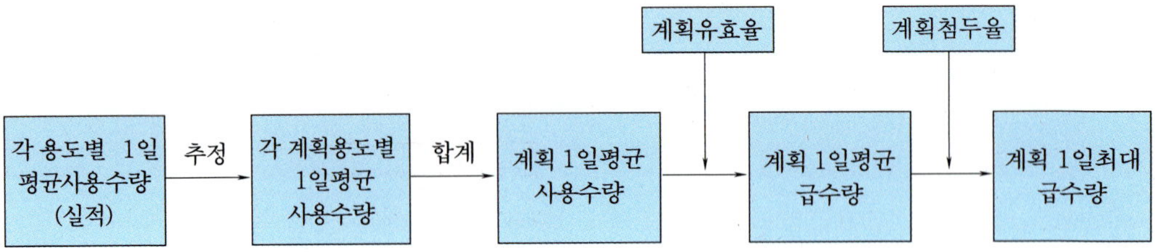

$$계획1일평균급수량 = \frac{계획1일평균사용수량}{계획유효율}$$

$$계획1일최대급수량 = \frac{계획1일평균급수량}{계획첨두율}$$

계획유효율은 앞으로의 급·배수관 정비계획 등을 반영하여 설정하는 것으로 하지만 (95%), 계획첨두율은 급수량변동의 크기이며 일반적으로 소규모 도시일수록 크고 도시규모가 커질수록 작아진다.

용수수급계획을 세우기 위해서는 용도(생활, 공업, 농업, 하천 유지 용수)별 용수 수요량을 추정해야 하는데 상수도의 기본인 생활용수 수요량 산정절차는 다음과 같다.

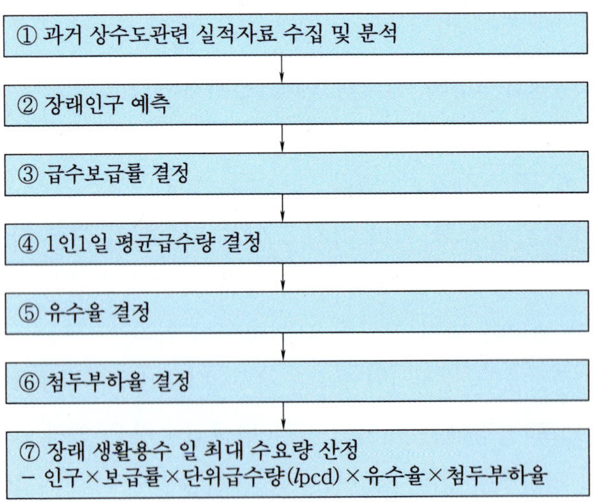

그림 2.2 생활용수 수요량 산정절차

2.2.2 장래 급수량의 추정

1) 장래 급수량 추정 요소

장래의 소비량, 즉 총급수량을 결정하려면 급수구역내의 급수인구, 즉 계획 급수인구를 추정하는 것이 필요하고, 또한 장래의 급수구역내의 총인구와 총인구에 대한 급수인구의 비율, 즉 급수보급률을 추정하는 것이 필요하다.

(1) 급수구역

최근 각 도시의 팽창은 갈수록 심해져 가고 있으며 급격한 인구의 도시 집중에 따라 인구밀도의 증진을 촉진시키고 있으며, 또한 가까운 읍·면과의 통합을 단행하여 시구역의 확장을 실현하는 곳이 많다.

따라서, 이러한 읍·면은 상수도 시설이 거의 없는 실정이기 때문에 현재의 행정구역을 급수 구역으로 하면 시설 부족을 초래하여 정수장의 확장을 필요로 하게 된다. 어떠한 경우이건 급수 구역 결정에는 장래의 계획과 기간에 따라서도 시 자체의 발전·팽창 상태는 물론, 가까운 읍·면과의 통합 가능성도 충분히 고려하여 차질이 생기지 않도록 급수구역을 결정하여야 한다.

(2) 급수인구

급수구역이 결정되면 그 구역내 어느 정도까지를 급수인구로 하는가가 중요한 문제가 된다. 앞서 말한 바와 같이 급수인구는 급수량 산정에 기준이 되는 것이며, 급수량과 함께 수도계획의 기본이 되는 것이므로 신중히 조사·연구하여 결정하지 않으면 안 된다.

급수인구 결정에 있어서는 계획하려는 수도시설이 장래 몇 년 후까지 부합하도록 하는가가 문제이다. 일반적으로 수도시설 완성 후 즉시 확장공사를 한다는 것은 비경제적이고, 또한 시설은 빈번한 확장공사를 곤란케 하므로, 애당초 계획시 장래에 대한 기간을 감안하여 계획을 수립할 것이며, 그것은 일반의 경제 상태, 그 도시의 발전 양상·재정 상태·규모의 대소 등을 고려하여 결정해야 한다.

급수인구의 계획에서 그 기간을 크게 잡으면 시설이 대규모로 되고, 건설비도 많아지며, 작게 잡으면 재차 확장을 하게 되어 비경제적이므로 대체적으로 15~20년을 표준으로 하고 있다.

급수인구의 추정에 있어서는 총인구 전체가 실제 급수인구가 되는 것은 아니며, 즉 실제로 급수구역 내의 총인구가 급수를 받는 것이 아니라, 총인구의 몇 %만이 급수를 받게 되는 까닭이다.

급수인구 = 급수구역내 총인구 × 급수보급률

급수인구는 상수도 계획의 기본이며, 정수장의 규모 및 시설계획의 기준이 되는 것은 1일 최대급수량이고, 이것은 연간을 통하여 1일 급수량의 최대치를 말한다.

1일 최대급수량 = 1인 1일 최대급수량 × 급수인구

(3) 급수보급률

급수보급률이란 급수 인구를 총인구로 나눈 것이며, 급수 인구를 산출하려면 총 인구에다 급수보급률을 곱하면 된다. 이 보급율은 상수도 시설 후의 년 수와 도시의 상태 특히 지하수의 이용 여부에 따르며, 일반적으로 급수 개시 후에 점점 증가한다. 또한 대도시는 소도시에 비하여 보급률이 크고, 항만도시와 공업도시 또는 지하수의 수질이 불량한 도시는 보통 도시보다 크다. 요컨대 인구증가에 따라서 평균사용수량도 증가하고, 또한 급수보급률도 증가하므로 총사용수량은 인구증가 이상으로 급격히 증가하는 경우가 많다.

계획연도의 급수보급률을 추정할 때도 그 도시의 성격과 발전 상황이 흡사한 타도시와의 실적을 참작하는 것이 필요하다.

2) 장래인구의 추정방법

장래의 도시인구를 추정하는 방법에는 다음과 같은 방법이 있다.

(1) 계산에 의한 방법

① **등차급수적 추정법** : 이것은 매년의 인구증가가 일정하다고 보고 계산하는 방법이다.

$$y_n = y_0 + n \cdot a \qquad (2.1)$$

$$a = \frac{y_0 - y_t}{t}$$

여기서, y_t : 현재로부터 t년 전의 인구

y_n : n년 후의 추정인구

n : 계획연수

y_0 : 현재 인구

a : 평균적 인구증가수

이 방법은 추정이 과소해지는 경향이 있으며, 따라서, 그 적용 대상은 발전이 거의 끝난 비교적 큰 도시나 발전할 가망이 없는 도시가 보통이다.

② **등비급수적 추정법** : 이것은 매년의 인구증가율을 일정하다고 본다. 따라서, 가능한 한 오랜 시일에 걸쳐 인구증가율을 조사하는 것이 좋다.

$$y = y_0 (1 + r)^x \qquad (2.2)$$

$$r = \left(\frac{y_0}{y_t}\right)^{1/t} - 1$$

여기서, r : 연평균 증가율

y : 기준년으로부터 x년 후의 인구

y_0 : 현재인구

x : 현재로부터 계획년까지의 경과년수

y_t : 현재로부터 t년 전의 인구

이 방법은 인구추계가 과대해지는 경향이 있으며, 따라서, 장래에 크게 발전할 가망성이 있는 도시에 적용시킨다.

r : 1~3% (대도시)

r : 0.5~1% (소도시)

r : 0~0.3% (읍 · 면)

③ **지수 곡선식을 이용하는 방법**

$$y = y_0 + Ax^a \qquad (2.3)$$

여기서, y : 계획 연도에 있어서 인구의 지수

y_0 : 현재 인구를 100으로 한 경우의 실적초년도의 지수

x : 실적 년도에서 계획 연도까지의 경과년수

A, a : 상수

A, a를 구하기 위해 식 (2.3)에서

$\log(y-y_0)=\log A+a\log x$

$\log(y-y_0)=Y$, $\log x= X$, $\log A= b$로 놓으면

$Y=aX+b$

로 되는데, X 및 Y에 관하여 과거의 자료에 따라 최소자승법으로 a와 b(이것에 의해 A가 정해진다)의 상수를 계산한다.

$$a = \frac{x\Sigma XY-\Sigma X\Sigma Y}{x\Sigma X^2-\Sigma X\Sigma X} \qquad b = \frac{\Sigma X^2\Sigma Y-\Sigma X\Sigma XY}{x\Sigma X^2-\Sigma X\Sigma X}$$

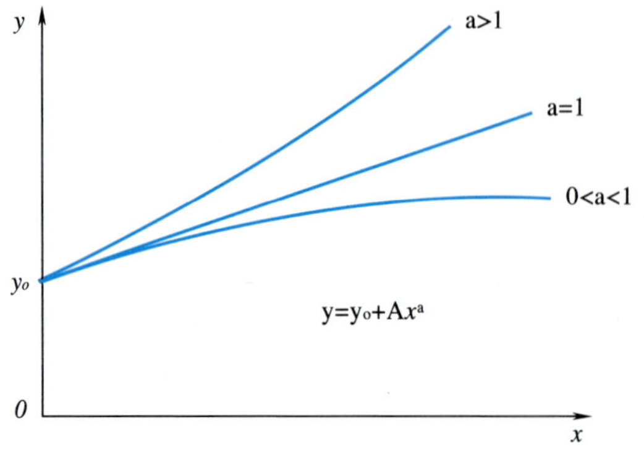

그림 2.3 베기 곡선에 의한 경향선

④ logistic curve(이론곡선)을 이용하는 방법

1838년 벨기에의 수학자 Verlust P.F.는 도시 인구의 증가가 변곡점을 가지고 있는 일종의 지수함수식과 잘 일치한다고 발표하고, 이 곡선을 logistic curve라 명명하였다.

이것은 인구가 처음에는 0에서 년수를 거듭함에 따라 점차 증가하여, 중간에 증가율이 가장 높다가 다음에는 증가율이 점차 감소하여, 무한년 후에는 일정한 포화치에 도달하는 함수이다.

$$y = \frac{k}{1+e^{a-bx}} \tag{2.4}$$

여기서, y : 추정인구 x : 경과년수

k : 포화인구 e : 자연대수의 밑(=2.7182…)

a, b : 상수

상수를 산정하는 데는 최소자승법 또는 3점법이 사용된다.

포화인구를 가정하는 데에 어려운 점이 있으나, 도시의 인구 동태와 잘 합치하므로 널리 사용되고 있다.

식 (2.4)를 변형하면

$$bx\log e - a\log e = \log y - \log(k-y) \tag{2.5}$$

로 되며, 여기에서

$$\left.\begin{aligned} x\log e &= X \\ a\log e &= c \\ \log y - \log(k-y) &= y \end{aligned}\right\} \text{ 로 하면}$$

식 (2.5)는 $bX - c = Y$로 된다.

여기서, 최소자승법을 사용하여 b, c(이에 따라 a가 구해진다)의 각 상수를 구하면

$$a = \frac{c}{\log e} = \frac{1}{\log e}\cdot\frac{\Sigma X\Sigma XY - \Sigma X^2\Sigma Y}{N\Sigma X^2 - \Sigma X\Sigma X}$$

$$b = \frac{N\Sigma XY - \Sigma X\Sigma Y}{N\Sigma X^2 - \Sigma X\Sigma X}$$

(단, N : 인구의 자료수)

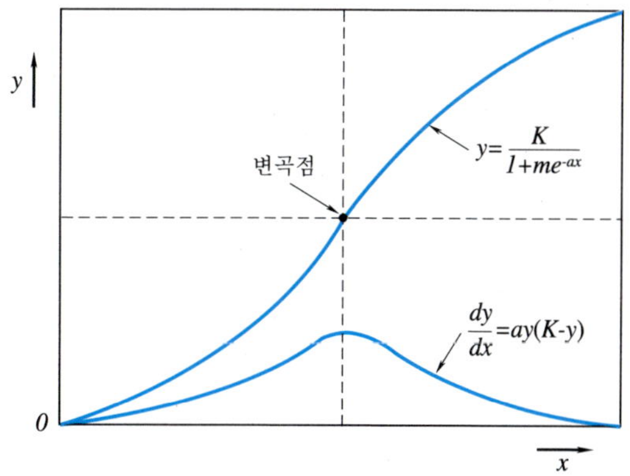

그림 2.4 logistic curve

예제 2.1 어느 도시의 인구자료가 다음 표 2.2와 같을 때 2000년도의 인구를 구하라.

표 2.2 어느 도시의 인구자료

연도	인구	연도	인구
1990	177,800	1994	194,500
1991	182,500	1995	199,200
1992	187,000	1996	203,700
1993	192,300		

〈풀이〉

① 년 평균인구증가수에 의한 방법

$$y_n = y_0 + n \cdot a$$

1990~1996의 평균인구증가수는

$$a = \frac{203,700-177,800}{6} = \frac{25,900}{6} = 4,317$$

2000년도의 인구 = 203,700+4×4,317=220,968

② 최소자승법에 의한 방법

$$Y = aX + b$$

여기서, 상수 a, b는 최소자승법으로

$$a = \frac{n\Sigma XY - \Sigma X \Sigma Y}{n\Sigma X^2 - \Sigma X \Sigma X}, \quad b = \frac{\Sigma X^2 \Sigma Y - \Sigma X \Sigma XY}{n\Sigma X^2 - \Sigma X \Sigma X}$$

여기서, Y : 기준년으로부터 x년 후의 인구

X : 기준년으로부터 경과년수

n : 인구통계 자료 수

이 방법은 단기간 인구추계에 적합하다.

기준년을 계열 중앙에 놓아 계산을 간편하게 하면

$$a = \frac{7 \times 118,600}{7 \times 28} = 4,236, \quad b = \frac{28 \times 1,337,000}{7 \times 28} = 191,000$$

즉, $Y = 4,236 \times X + 191,000$

표 2.3 최소자승법에 의한 계산법

연도	인구	x	x^2	xy
1990	177,800	−3	9	−533,400
1991	182,500	−2	4	−365,000
1992	187,000	−1	1	−187,000
1993	192,300	0	0	0
1994	194,500	1	1	194,500
1995	199,200	2	4	398,400
1996	203,700	3	9	611,100
계	1,337,000	0	28	118,600

2000년은 기준년 1993년부터 7년이므로

$$Y = 4,236 \times 7 + 191,000 = 220,652$$

③ 년 평균인구증가율에 의한 방법

$$y = y_0(1+r)^x$$

$$r = \left(\frac{y_0}{y_t}\right)^{1/t} - 1$$

여기서, y : 기준년으로부터 x년 후 인구

y_0 : 현재인구

x : 현재로부터 계획년차까지의 경과년수

y_t : 현재로부터 t년 전의 인구

r : 연평균 증가율

이 방법은 상당 기간동안 비슷한 인구증가율을 보이는 발전적 도시에 적합하고 인구증가율이 경감하는 도시에는 적합하지 않다.

2000년의 인구는

$$r = \left(\frac{y_0}{y_t}\right)^{1/t} - 1 = \left(\frac{203,700}{177,800}\right)^{1/6} - 1 = 1.0229 - 1 = 0.0229$$

$$y = y_0(1+r)^x = 203,700 \times 1.0229^4 = 203,700 \times 1.0948 = 223,000$$

④ 지수 곡선식에 의한 방법

$$y = y_0 + Ax^a$$

표 2.4 자수 곡선식에 의한 계산표

연도	인구(y)	x	X=logx	X2	y−y0	Y=log(y−y0)	XY
1990	177,800	−3	−	−	−	−	−
1991	182,500	−2	0	0	4,700	3.67210	0
1992	187,000	−1	0.30103	0.09062	9,200	3.96379	1.19322
1993	192,300	0	0.47712	0.22764	14,500	4.16137	1.98547
1994	194,500	1	0.60206	0.36248	16,700	4.22272	2.54233
1995	199,200	2	0.69897	0.48856	21,400	4.33041	3.02683
1996	203,700	3	0.77815	0.60552	25,900	4.41330	3.43421
계		0	2.85733	1.77482		24.76369	12.18206

여기서, y : 기준년으로부터 x년 후의 인구

y_0 : 기준년의 인구

x : 실적초년도부터 계획년도까지의 경과년수

A, a : 상수

1990년을 기준년으로 한다.

$$a = \frac{n\Sigma XY - \Sigma X \Sigma Y}{n\Sigma X^2 - \Sigma X \Sigma X} = \frac{6\times 12.18206 - 2.85733\times 24.76369}{6\times 1.77482 - (2.85733)^2}$$

$$= \frac{73.09236 - 70.75803}{10.64892 - 8.16433} = \frac{2.33433}{2.48459} = 0.93952$$

$$b = \frac{\Sigma X^2 \Sigma Y - \Sigma X \Sigma XY}{n\Sigma X^2 - \Sigma X \Sigma X} = \frac{1.77482\times 24.76369 - 2.85733\times 12.18206}{6\times 1.77482 - (2.85733)^2}$$

$$= \frac{43.95109 - 34.80817}{10.64892 - 8.16433} = \frac{9.14292}{2.48459} = 3.67985$$

$\log\ A = b$이므로

$$A = 10^{3.67985} = 4{,}784.65$$

$$y = 177{,}800 + 4{,}784.65x^{0.93952}$$

2000년의 인구는

$$y = 177{,}800 + 4{,}784.65\times 10^{0.93952} = 177{,}800 + 4{,}784.65\times 8.7$$

$$= 177{,}800 + 41{,}626 = 219{,}426$$

⑤ 로지스틱(logistic) 곡선식에 의한 방법

$$a = \frac{k}{1+e^{a-bx}}$$

여기서, y : 기준년으로부터 x년 후의 인구

x : 기준년으로부터의 경과년수 　　e : 자연대수의 밑

k : 포화인구 　　a, b : 상수

상수 a 및 b의 산정에는 최소자승법이나 3점법을 쓴다.

기준년을 계산 편의상 중간에 두고 포화인구(k)를 350,000으로 정하여 계산하면

$$\Sigma X = \Sigma x \log e = 0$$

$$a = \frac{1}{\log e} \times \frac{\Sigma X \Sigma XY - \Sigma X^2 \Sigma Y}{N \Sigma X^2 - \Sigma X \Sigma X} = \frac{1}{\log e} \times \frac{(-\Sigma X^2 \Sigma Y)}{N \Sigma X^2}$$

$$= \frac{-\Sigma Y}{N \log e} = \frac{(-0.56699)}{7 \times 0.43429} = -0.1865$$

$$b = \frac{N \Sigma XY - \Sigma X \Sigma Y}{N \Sigma X^2 - \Sigma X \Sigma X} = \frac{\Sigma XY}{\Sigma X^2} = \frac{\log e \Sigma XY}{(\log e)^2 \Sigma X^2} = \frac{\Sigma XY}{\log e \Sigma X^2}$$

$$= \frac{0.59120}{0.43429 \times 28} = 0.04862$$

$$y = \frac{350{,}000}{1+e^{-0.1865-0.04862x}}$$ 가 되며

2000년의 인구

$$y = \frac{350{,}000}{1+e^{-0.1865-0.04862 \times 7}} = \frac{350{,}000}{1+e^{-0.52684}} = \frac{350{,}000}{1.5905} = 220{,}056$$

표 2.5 로지스틱 곡선식에 의한 계산 예

연도	인구(y)	x	X^2	k−y	logy	log(k−y)	Y=logy −log(k−y)	XY
1990	177,800	−3	9	172,200	5.24993	5.23603	0.01390	−0.04170
1991	182,500	−2	4	167,500	5.26126	5.22401	0.03725	−0.07500
1992	187,000	−1	1	163,000	5.27184	5.20952	0.06232	−0.06232
1993	192,300	0	0	157,700	5.28398	5.19229	0.09169	0
1994	194,500	1	1	155,500	5.28892	5.19173	0.09719	0.09719
1995	199,200	2	3	150,800	5.29929	5.17840	0.12089	0.24178
1996	203,700	3	9	146,300	5.30899	5.16524	0.14375	0.43125
계		0	28				0.56699	0.59120

(2) 그래프에 의한 방법

① 과거로부터 추정해 온 연도와 인구를 양축에다 표시하고, 과거의 인구증가의 모양을 곡선으로 나타낸다. 이 곡선으로 장래에 대한 각종 상태를 판단하면서 연장시킨다(그림 2.5).

② 다른 선진도시와의 비교 방법

동일한 조건을 구비한 선진 도시의 자료를 수집하여, 그 인구증가의 모양을 그래프에 그려서 이와 동일한 방향으로 그 도시의 인구곡선을 연장한다.

이 방법은 여러 선진 도시를 선택하는 경우에는 그 인구증가의 모양이 반드시 동일하지는 않으면(그림 2.5 참조), 어떤 도시에 가장 가까운 발전을 하느냐는 판단하기 어렵다.

이상은 인구를 기초로 장래를 추정하는 것이지만, 또 다른 방법은 면적으로부터 추정하는 방법을 고려할 수 있다. 즉, 장래의 급수구역이 결정되면 포화인구를 산정하여 추정한다. 그 값은 공업지역·상업지역·주택지역에 따라 다르다. 그러므로 지역별 면적이 결정되지 않는 한 이 방법의 사용은 곤란하다.

위의 여러 가지 방법은 모두가 장단점을 가지므로 정확한 인구의 추정은 매우 곤란하다. 다음에 몇 년 후를 표준으로 설계하느냐는 조건에 따라 다르겠지만, 10~20년 정도가 일반적이다.

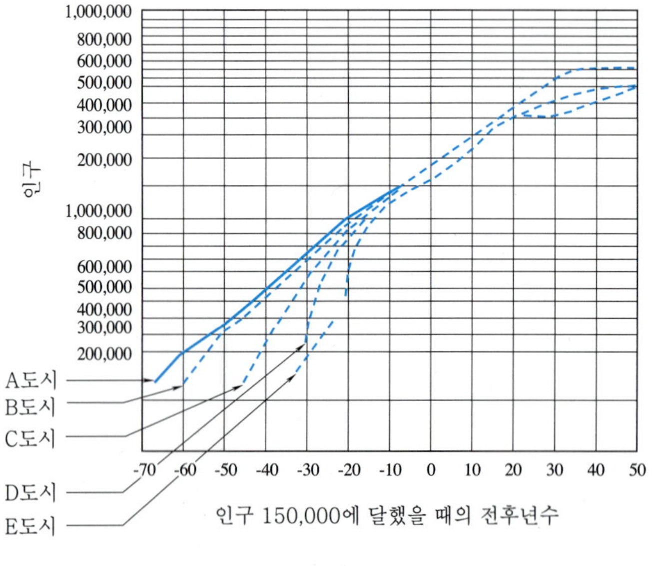

그림 2.5 인구증가 곡선

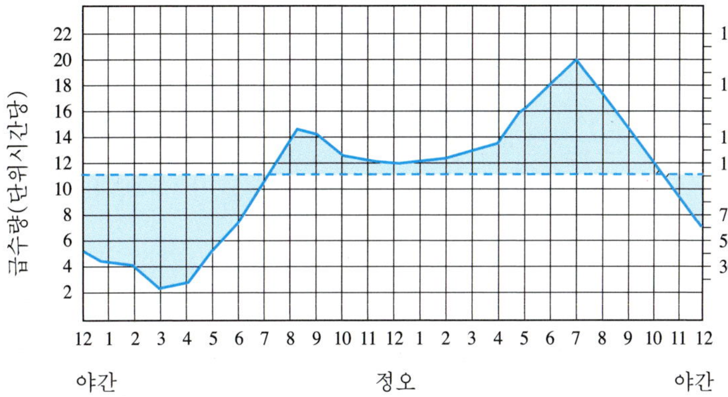

그림 2.6 급수량의 시간적 변화도

3) 사용수량의 변화

일반적으로 물의 사용량은 계절 또는 시각(월, 일, 시)에 따라 변화하며, 도시의 모든 상태와 조건에 따라 차이가 많아진다. 따라서, 연간 총급수량을 365일로 나눈 값을 1일 평균급수량이라 하고, 그 값을 급수인구로 나눈 값을 1인 1일 평균급수량이라 한다. 또한 1일 평균급수량은 1일 최대급수량의 70~80%를 표준으로 한다. 소비량은 대체로 계절로 보아 여름인 7~9월에 가장 많고 겨울인 1~2월에는 적은 것이 보통이다. 그러나, 추운 지방에서는 수도전이 동결하는 것을 방지하기 위하여 야간에 급수전을 개방하여 두는 경우가 있으므로 이러한 때에는 오히려 봄·가을보다 소비량을 증가시키는 일이 있다. 이와 같은 이유로 사용하지 않은 수량이 계량기(water meter)에 계량되어 불필요한 요금을 지불하게 되므로 추운 지방에서는 특히 주의하여야 한다.

시간적으로 보면 동일한 하루 동안에도 야간의 2~3시에는 그 사용량이 최소가 되고, 무더운 하절기 오후의 어느 시간은 최대가 된다.

4) 사용수량의 종류

각종 급수량 중 1인 1일당 평균 급수량을 단위로 하여 상수도 설계의 기초로 하는 것이며, 이것의 상호 관계를 표시하면 다음과 같다.

1일 평균 급수량 = 1 이라하면

$$1일\ 1시간\ 평균\ 급수량 = \frac{1일\ 평균\ 급수량}{24} = 4.17\% \times 1일\ 평균\ 급수량$$

$$1\text{일 최대 급수량} = 1\text{일 평균 급수량} \times 1.5 = \frac{1\text{일 평균 급수량}}{\text{부하율}(0.7 \sim 0.85)}$$

$$\text{시간 최대 급수량} = \frac{1\text{일 최대 급수량}}{24} \times \begin{cases} 1.3(\text{대도시 및 공업도시}) \\ 1.5(\text{중소도시}) \\ 2.0(\text{농촌 및 주택단지}) \end{cases}$$

$$= \frac{1\text{일 최대 급수량}}{24} \times 1.5 \times 1.5$$

$$= \frac{1\text{일 최대 급수량}}{24} \times 2.25 = 9.38\% \times 1\text{일 평균 급수량}$$

$$1\text{일 최소 급수량} = 1\text{일 평균 급수량} \times 0.6$$

$$\text{월 최대 급수량} = 1\text{인 }1\text{일당 평균 급수량} \times 30 \times 1.25$$

이러한 각종 급수량은 수도용 구조물(취수·정수·송수·배수 시설)의 규모 결정과 배수 본관구경 결정에 각각 표준 수량으로 채용되고 있으며, 표 2.6과 같은 비율로써 계획한다.

표 2.6 수도사용량 비율변화표

구분 / 급수량 종류	연평균 1일 사용수량에 대한 백분비	수도구조물 명칭
1일 평균 급수량	100	수원지·저수지·유역면적의 결정
1일 최대 평균 급수량	125	보조저수지·보조용수 펌프의 용량결정
1일 최대 급수량	150	취수·정수·배수시설(여과지면적·송수관구경·배수지)의 결정
시간 최대 급수량	225	배수본관의 구경결정

상수도 시설기준에 의한 계획급수 인구별 계획 1인 1일당 최대 급수량의 표준은 다음 표 2.7과 같다.

표 2.7 급수인구에 대한 1인 1일당 최대급수량표

계획급수 인구	계획 1인 1일당 최대급수량
10,000명 이하	100~150L
50,000명 이하	150~250L
500,000명 이하	250~350L
500,000명 이상	350L 이상

계획 1인 1일 최대 급수량은 신설의 경우는 그 도시의 성격과 발전 상태가 흡사한 선진 도시의 실적을 참작할 것이며, 확장의 경우는 과거 실적을 기초로 하여 결정한다. 최대 급수량을 충족시키기 위해서는 취수설비·정수설비·배수설비 사이에 균형 있는 구성이 필요할 것이며, 이것은 상수도 설비의 중요한 사항중의 하나이다.

2.2.3 소화용수(fire demand)

급수량 이외에 만일의 경우로서 소화용수를 고려하여 설계하지 않으면 안 된다. 소화용의 물은 단시간 내에 좁은 지역에 제한되어 사용되는 것이므로, 총사용 수량에 비하면 극소량이다. 그러나, 방출하는 양은 다량을 필요로 하기 때문에 대도시보다 소도시에 있어서는 그 비율이 비교적 크다. 따라서, 소도시의 배수관 결정에 있어서는 보통 사용수량은 문제되지 않을 만큼 오히려 소화용수가 미치는 영향이 더 클 수가 있다. 이와 같이 소화용수량은 시간 최대 급수량과 같이 배수시설의 규모 결정에 큰 관계를 가진다. 그러나 수원시설·송수시설 및 정수시설의 결정에는 별로 직접적인 관계가 없기 때문에 일반적인 급수량과는 그 성질이 다르다.

소화용수량의 계산 방식으로는 다음과 같은 식을 이용한다.

(1) Kuichling 공식

$$Q = 2.65\sqrt{y} \tag{2.6}$$

여기서, Q : 소화용수량(m^3/min)
y : 인구(1,000명 단위)

이 식은 화재 발생시 사용 소화전 수를 $2.8\sqrt{y}$ 로서 표시하고, 소화전의 방수량을 250gal/min로 보고 유도한 것이다.

일반적으로 소화전 1개의 방수량 600L/min로서 다음 공식이 많이 보급되고 있다.

$$Q = 1.7\sqrt{y}$$

(2) Freeman 공식

$$Q = 0.946(y/5+10) \tag{2.7}$$

(3) N.B.F.U 공식(미국국립소방협회)

$$Q = 3.86\sqrt{y}(1-0.01\sqrt{y}) \tag{2.8}$$

(단, 인구 20만명 이상의 경우는 제2차 화재 준비용으로 2,000~8,000gal/min를 가산한다.)

소화용수는 상당한 수압을 필요로 한다. 만일 수도의 압력이 충분하면 소방용 펌프 자동차를 준비할 필요는 없고, 단순히 수도관만으로 충분하다.

그러나, 소화용은 대단한 수압을 필요로 하므로 대개는 펌프차를 이용하게 된다. 수도 당국자도 이 점에 유의하여 소방 당국과 연락하여 화재 시에는 배수펌프의 압력을 높일 수 있는 소화용 설비를 하여도 좋다.

시내의 소화전은 배수지관에 설치하며, 각 블록마다 1개씩 또는 그 이상 설치한다.

일반적으로 화재 계속시간을 소도시에서는 1~1.5시간으로 가정하는 것이 적당하며, 미국국립소방협회에서는 인구 2,500명 이하의 도시에서는 5시간, 그 이상에서는 10시간으로 잡고 있다.

2.3 수질(water quality)

2.3.1 사용목적과 수질

1) 가정용

음료·조리·청소·목욕 등 가정생활에 필요한 물 가운데 인체에 직접 섭취되는 음료용이나 조리용은 수질적으로 가장 엄격하지 않으면 안 된다. 특히 직접 음료로 사용해도 지장이 없어야 한다. 수도법의 수질기준에는 수도에 의하여 음용을 목적으로 공급되는 물에는 다음과 같은 물질이 함유되지 않아야 한다고 되어 있다.

① 병원미생물에 오염되었거나 오염될 우려가 있는 물질

② 건강에 위해한 영향을 미칠 수 있는 무기물질 또는 유기물질

③ 심미적 영향을 미칠 수 있는 물질

④ 기타 건강에 유해한 영향을 미칠 수 있는 물질

그러나 이 기준은 음용수로서의 안전성에 둔 것이며 여기에 추가하여 맛좋은 물을 생산하여야 한다.

보통의 하천수나 지하수에는 인체에 유독한 물질이 거의 포함되어 있지 않다. 그러나 근

래 하천이 하수나 공장폐수로 오염되어 천연수에 없던 유독물이 증가하고 있는 실정이다. 유독물에는 소량으로는 무해하나 다량이면 유해한 것이 있고, 소량으로도 독성이 강해 물에 포함되어서는 안될 것이 있다. 또 급성증상을 나타내는 것과 장기간 섭취함으로써 만성중독을 일으키는 것이 있다.

인체에는 각종 미량성분이 필요하며, 천연수에 자연적으로 포함되어 있는 것이 좋다. 인체를 구성하는 원소의 백분율은 다음과 같다.

K : 0.35	Cl : 0.15	Mg : 0.05	Mn : 0.0003	S : 0.25
Na : 0.15	Fe : 0.004	Cu : 0.00015	P : 1.1	Ca : 2.0
N : 3.0	H : 10.0	C : 18.0	O : 65.0	

2) 공업용

공업의 종류, 사용하는 공정에 따라 수질의 요구도는 여러 가지이다. 공업에 쓰이는 물을 목적별로 나눠보면 다음과 같다.

(1) 원료용수

주로 액상제품의 생산공정에서 원료로 쓰이거나, 원료의 일부로 첨가되며, 일반적으로 양질이어야 한다. 술·맥주 등의 양조용수, 청량음료 등의 제조용수, 비스코오스 제조용수(가성 소오다 용해에 쓰이며, 수량은 적지만 양질의 것을 요한다), 전해용수(알루미나 전해용 등) 같은 것이 이에 해당된다.

(2) 보일러 용수(boiler feed water)

보일러 용수는 순환사용 되는 관계로 소비수량은 보급수 정도로 비교적 적다. 그러나 수질로 인한 보일러 장해가 크므로 수질요구도는 매우 높다.

① 관니 · 관석의 생성

Ca, ***Mg***의 탄산염, 황산염과 ***Si***, ***Na***, ***Al***, ***Fe***염으로 되어 있고, 규산을 포함하면 관니(罐泥)가 경화해서 관석(罐石 : scale)이 된다. scale이 형성되지 아니한 보일러에 드는 연료를 100으로 하면 scale 두께가 0.42cm일 때에는 116, 0.63cm는 150, 1.72cm는 250의 비율로 연료가 소비된다.

② carry over

기수병발(汽水拼發, priming : 증발 수면의 물이 끓어올라 증기에 혼합되는 현상)

과 포립현상(泡立現象, foaming : 증발면에 거품이 일어나 증기가 증발되는 것을 방해하는 현상)을 carry over라 한다. 원인은 보일러 구조뿐만 아니라 수질에도 관계가 있어 주로 나트륨염이나 일반 용해성물질과 부유물질이 많으면 발생한다.

③ 부식

주로 수중의 유리탄산이나 산류가 원인이며, 용존산소가 많은 것도 이에 해당된다.

최근에는 열효율을 좋게 하기 위해 보일러 사용압력을 높이는 경향이 있고 또 이온교환수지로 순수한 물을 만들어 쓰는 방법이 점차 보급되고 있다.

사용압력을 높이는 것은 연료를 절약하기 위한 것이다. 즉 0℃물 1kg을 수증기로 하는 열량을 증발전열량이라 하며, 30기압에서 669.6Kcal이나 100기압에서는 651.7Kcal이다.

(3) 제품처리용수(process water)

주로 화학적으로 원료나 반제품과 반응 작용하든가, 원료·반제품·완제품 등의 표면에 접촉하여 물리적 작용을 하는 용수를 말한다. 수질은 원료수와 같은 정도의 양질의 것이 필요하다.

예를 들면,

제지용수 : 부유물, *Fe*, *Mn*, 경도가 작을수록 좋다.

표백·염색용수 : *Fe*, *Mn*은 꼭 제거되어야 하며, 경도는 작을수록 좋다.

전분제조용·요업용·필름 제조용·피혁처리용 등도 제품처리용수이다.

(4) 냉각용수(cooling water)

화학공업을 위시해서 냉각을 필요로 하는 공정은 매우 많다. 우리나라에서는 공업용수의 약 73%가 냉각용으로 쓰일 정도이다.

냉각용수는 대량으로 쓰이며, 저온일수록 효과가 좋은 것은 당연하다. 수질의 요건으로서는 수온 외에 열교환 시설에 slime(부유물질과 생물 등의 부착과 번식으로 생기는 관니)이나, scale(고결한 부착물)의 발생이 적을 것과 부식을 가능한 적게 하여야 한다.

(5) 세정용수

원료·제품 및 시설의 수세·청정용에 쓰는 물로 냉각용수 다음으로 많은 양이 필요하다. 수질은 사용하는 경우에 따라 다르다.

(6) 온도조절용수

섬유공장이나 정밀기계 공장 등에서 공장 내 공기조화를 위해 냉방용으로 쓰이며, 수질은 냉각용수와 같다.

3) 잡용·소화용

소화용·분수·살수·가로청소수로 양질의 물은 요구하지 않는다. 이와 같이 수질적으로 불량해도 좋은 물을 음료수와 별개의 계통으로 배수하는 방법을 2원배수계통(dual distribution system)이라 한다. 미국내 일부 도시에는 소화전용수도, 프랑스 파리는 잡용수도의 예가 있으나, 세계적으로 볼 때 극히 소수에 지나지 않는다. 수도 시설비의 대부분이 배수관망 구성에 소요되며, 정수 경비가 그만큼 커지지 않는 점에서 보면 총체적으로 2원배수계통은 비경제적이다.

2.3.2 수질검사와 수질기준

1) 개설

수질검사(water examination)의 목적은 각종 상태에서 물의 성질을 밝히는데 있다.

상수에 대한 수질검사로는 공급수의 수질이 음료에의 적합여부, 원수의 정화 가능성, 또 정화 방법과 그 경제성의 검토, 수도시설에 대한 유해 여부, 정수시설의 정수능률의 정도를 알기 위한 검사 등이 있다.

수질검사에 사용되는 방법은 물리적 검사, 화학적 검사, 세균학적 검사, 생물학적 검사로 크게 분류할 수 있다. 이것은 다시 여러 항목으로 나눠지며 각각 독특한 의의를 갖고 있어 검사결과를 종합적으로 판단해서 결론을 내린다.

수질검사는 각 항목의 결과가 기준에 적합한가 하는 단순한 검사로 끝나는 것이 아니다. 가장 중요한 것은 각각의 자료에 구속되지 말고 총괄적으로 판단을 내리는데 있다. 그러므로 의심되는 경우에는 검사를 광범위하게 하고 허용한도를 초과하는 것이 있으면 그 항목에 관계되는 각종 조건·요인에 대해서 철저히 추구할 필요가 있다. 설사 허용한도를 초과해도 그 원인이 위생학적으로 유해하지 않으면 지장이 없는 것으로 판정해도 좋은 경우도 있다. 또, 어떤 검사방법으로 얻은 결과에 의문이 있을 때에는 다른 검사법으로 재검하여야 한다.

수질검사는 시료를 단순히 분석하지 않고 그 물이 존재하는 환경을 조사하는 것도 경우에 따라 중요하며, 현장의 환경을 조사함으로써 수질에 끼치는 영향을 알 수 있고, 혹시 수질검사 결과가 좋아도 현장에 결함이 발견되면 적당한 조치를 취해야 한다.

한편 수도법에 의하면 다음 기준에 의한 수질검사를 하여야 한다.

표 2.8 대상시설별 검사항목 및 주기

대상시설		검사항목	검사주기	검사의무자
광역 및 지방 상수도	정수장	냄새, 맛, 색도, 탁도, pH, 잔류염소	일 1회	일반수도 사업자 및 전용상수도 사업자
		일반세균, 총 대장균군, 대장균 또는 분원성 대장균군, 암모니아성질소, 질산성질소, 과망간산칼륨소비량, 증발잔류물	주 1회	
		전 항목	월 1회	
	수도전	일반세균, 총 대장균군, 대장균 또는 분원성 대장균군, 잔류염소	월 1회	
마을 및 전용 상수도		냄새, 맛, 색도, 탁도, 일반세균, 대장균군, 암모니아성질소, 질산성질소	분기 1회	
먹는 물 공동시설		일반세균, 대장균군, 암모니아성질소, 질산성질소, 과망간산칼륨소비량, 증발잔류물	분기 1회	시·지도자
		전항목 (다만, 염소소독을 하지 아니하는 경우에는 총트리할로메탄검사를 제외)	년 1회	

2) 물리적 검사

(1) 탁도(turbidity)

물의 탁한 정도를 나타내는 것으로, 백도토(白陶土) 1mg이 증류수 1L에 포함되어 있을 때의 탁도를 1도(또는 1ppm)로 한다. 물의 혼탁은 토사나 부유물질의 혼입, 용존물질의 화학적 변화에 의한 것이나, 점토질 토양이 일반적이므로 탁도의 표준도 점토인 백도토를 사용한다.

먹는 물 수질기준 및 검사 등에 관한 규칙 중 개정령에 의거 탁도는 1NTU를 넘지 아니하여야 하며 수돗물의 경우에는 0.5NTU를 넘지 않아야 한다. NTU(Nephelometric Turbidity Unit)는 탁도의 단위로 시료에 빛을 투과시켜 굴절되는 양을 측정하는 네팔로미터라는 기계를 이용하여 탁도를 측정한다.

(2) 색도(colour)

색의 정도를 표시하는 것으로, 백금 1mg을 포함한 색도 표준액을 증류수 1L 중에 용해시켰을 때의 색상을 1도라 한다.

물은 원래 무색이지만 수층이 깊으면 빛의 분산으로 푸른빛으로 보인다. 그러므로 물의 색도가 높으면 수층이 두꺼운 것으로 볼 수 있다. 원수착색의 최대 원인은 부패질에 의한 것으로 식물의 부패 분해로 생기는 훼민질이란 콜로이드로 착색된다. 훼민질은 황갈색으로 색도 표준액도 이와 비슷한 빛깔로 나타낸다.

(3) 냄새와 맛(臭味 : taste and odor)

물의 냄새는 오수, 특히 페놀류를 포함하는 공장폐수의 혼입, 플랑크톤의 번식, 염소처리 등에 원인이 있다. 페놀류는 미량이라도(0.005ppm 이상) 염소 소독을 하면 클로로페놀로 되어 악취를 발생한다. 저수지 바닥에 플랑크톤의 사체가 많이 퇴적해 있거나 번식이 왕성하면 냄새가 난다.

3) 화학적 검사

(1) pH

*pH*값이란 물의 액성, 즉 알칼리성·중성·산성의 정도를 수치로 표시한 것이다. 수소이온 농도를 그 역수의 상용대수로 나타내며, $pH=7$이 중성이고, $pH<7$이 산성이며, $pH>7\sim14$는 알칼리성이다.

$$즉,\ pH = \log\frac{1}{[H^+]} = -\log[H^+]$$

산성을 갖는 것은 수중에 H^+가 있기 때문이고, 알칼리성은 OH^-가 존재하기 때문이다. H^+와 OH^-의 농도가 같으면 중성이다. 어떤 물도 H^+와 OH^-를 동시에 가지며, 산성은 H^+ 농도가 OH^-농도보다 클 때이며, 알칼리성은 그 반대이다.

물에는 각종의 염류·유리탄산, 간혹 강산·유기산이 갖가지 비율로 섞여 있으며, 이 비율에 따라 *pH*값이 다르다. 또 같은 물에서도 대기와의 가스 교환, 수중 물질의 화학적 변화, 생물학적 작용에 의해 시간적으로 변화한다.

어떤 물에 *pH*값이 다른 물이 혼합하면 *pH*값이 변화하며, 이 물이 양질일 때는 특히 현저하다. 즉 *pH*값에 변화가 일어나면 수질에 어떤 이변이 생긴다고 보면 좋다.

(2) 알칼리도(alkalinity)

알칼리도는 수중에 수산화물·탄산염·중탄산염으로 존재하는 알칼리를 $CaCO_3$로 환산해서 1L중의 mg량, 즉 ppm으로 표시한 것이다. 수산화물로 된 알칼리도를 수산기 알칼리도, 탄산염에 의한 알칼리도를 탄산 알칼리도, 중탄산염에 의한 알칼리도를 중탄산 알칼리도라 한다.

(3) 산도(acidity)

산도란 수중의 탄산·강산(황산·염산·초산 등을 말한다)·유기산 등을 중화시키는데 필요한 알칼리를 탄산칼슘의 ppm으로 표시한 것이다.

강산을 포함한 물은 유황이나 유화철광의 광산에서의 배수나 화산의 유황의 분출로 유출수에 나타나며, 유기산을 포함한 자연수는 특수한 지층에서의 물에서 볼 수 있는 것으로 극히 드물다.

(4) 유리탄산(free carbon dioxide)

유리탄산이란 수중에 용해되어 있는 이산화탄소(CO_2)를 말한다. 자연수 중의 유리탄산은 수중 유기물의 분해, 지반에서 발생하는 CO_2 또는 공기 중의 CO_2 용해가 그 원인이다. 용존 CO_2는 전부가 탄산으로 되어 있는 것이 아니고 일부만 탄산으로 되며, 나머지는 단순히 수중에 용해되어 있는 것으로 유리탄산이라 한다.

(5) 암모니아성 질소 · 알부미노이드성 질소 · 아질산성 질소 · 질산성 질소

(ammonia nitrogen, aluminoid nitrogen, nitrite nitrogen & nitrate nitrogen)

이 4종의 질소 화합물은 서로 밀접한 관계가 있으므로 일괄적으로 설명하기로 한다.

암모니아성 질소는 암모니아염을 그 질소량으로 나타낸 것으로 암모니아·암모늄 이온·암모늄염·NH_3-N 등으로도 표현된다.

알부미노이드성 질소는 NH_3-N로 되기 직전의 분해되기 쉬운 상태의 질소 화합물로, 알칼리성 과망간산칼륨($KMnO_4$)을 써서 산화할 때 NH_3-N으로 분해하는 질소 화합물이다.

아질산성 질소는 아질산염을 그 질소량으로 표시한 것으로, 단순히 아질산·아질산 이온·아질산염, NO_2-N 등으로도 표시된다.

질산성 질소는 질산염을 그 질소량으로 나타낸 것이며, 질산·질산 이온·질산염·NH_3-N으로도 표시된다.

(6) 염소 이온(chlorine)

염소 이온은 물속의 염화물 중의 염소를 말한다. 염소, 클로르, Cl^- 등으로 불린다.

자연수는 보통 염소 이온을 포함하고 있으며, 지질의 영향 특히 해안 지대에서는 해수의 영향으로 많이 포함되어 있다. 인체에는 체중의 약 1/400의 식염이 있고, 혈액 100cc 중에는 0.76~0.89g의 식염이 포함되어 있다. 또, 하루에 20g 정도의 식염을 체외로 배출하고 있으므로, 인간 생활의 폐기물에는 반드시 염소 이온이 따른다. 따라서 하수나 분뇨에는 염소 이온이 존재하며, 분뇨 중의 염소 이온량은 5,200ppm이나 된다. 그러므로 하수·분뇨가 혼합한 물에는 염소 이온이 검출되므로 이런 의미에서 염소 이온은 오염의 지표가 된다.

(7) 황산 이온

황산 이온은 자연수에서는 주로 지질에 기인하며, 분뇨·화학비료·광산배수·유황천·공장폐수의 혼합으로 증가한다. 또 황산 알루미늄을 물처리에 사용하면 증가한다. 하수 슬러지나 분뇨를 포함한 하수와 부패성이 있는 하천 바닥 흙에는 단백질의 분해로 인한 황화수소를 포함하며, 이것이 산화되면 황산염이 되므로 황산 이온을 검출하게 된다. 또, 화학공업 등에는 황산이 제조 공정에 많이 쓰이므로 공장폐수에도 황산 이온이 포함되는 경우가 많다. 해수의 영향을 받는 지하수에는 황산 이온이 많다. 심정호의 지하수에는 보통 황산 이온이 적으며, 이것은 지하에서 SO_4가 산소의 부족으로 분해되기 때문이다.

황산 이온은 보일러 용수에서 칼슘과 결합해서 황산 칼슘으로 되어 scale을 형성하므로 제거되어야 한다. 또, 농도가 높으면 철관이나 콘크리트관(100ppm 이상에서)을 부식시키는 경향이 있다.

(8) 과망간산칼륨 소비량(potassium permanganate consumed)

수중의 산화되기 쉬운 물질에 의해 소비되는 과망간산칼륨의 양을 말한다. 주로 수중의 분해되기 쉬운 저급 탄소화합물의 유기물과 아질산염·1가의 철염·황화물 등의 산화에 드는 $KMnO_4$ 양을 표시하므로 일부 무기질의 산화를 포함하고, 또 질소계의 오염물을 포함하지 않아 엄밀한 의미에서 유기물의 총량을 파악할 수 없으므로 위생학적으로는 비중이 별로 크지 않다. 그러나, 검사 시간이 짧아 오염의 개략치를 추정하는 데에 널리 쓰인다. 하수나 수질오탁의 시험에서 화학적 산소 요구량(*COD*)을 측정하는 방법에는 $KMnO_4$법과 $K_2Cr_2O_7$(중크롬산칼륨)법이 있다.

(9) 잔류염소 · 염소요구량(residual chlorine and chlorine demand)

잔류염소란 염소처리 후 수중에 잔존하는 유리염소와 chloramine 같은 결합염소를 말한다. 염소이온과는 전혀 다른 것으로, 염소이온은 염화물로 되어 있는 염소이므로 유리염소와 같은 소독력·산화력이 없다. 그러나, 유리염소도 철분 등의 물질을 산화하면 산소이온으로 되어 소독력을 상실한다.

물을 염소 소독할 때에는 잔류 염소가 존재하도록 염소요구량보다 많이 주입해야 한다.

(10) 증발잔유물(total solids)

105℃에서 증발 건조시켜 최후에 남는 고형질을 말한다. 105℃ 이하에서 휘산하는 물질도 있지만, 이것은 무시한다. 탁수에서는 부유물질과 용해성 물질이 존재하고, 청등수는 용해성물질만을 나타낸다. 자연수에는 어떠한 물에서도 용해성 물질이 있으므로 증발 잔유물이 0이 될 수는 없다.

위생학적으로의 의미는 적고, 수질의 개략을 파악하는 정도이다. 보통 100~200ppm이 많다. 수도수로는 작을수록 좋다.

(11) 경도(hardness)

경도는 수중의 칼슘·마그네슘의 이온량을 탄산칼슘($CaCO_3$)의 ppm으로 환산 표시한 것이다. 수중의 Ca^{++}, Mg^{++}는 주로 지질에 기인하는 것으로, 해수·공장 폐수·하수 등의 혼합에 의한 것도 있다. 또 수도시설의 콘크리트 구조물이나 물 처리에서 석회 사용으로도 생긴다.

표 2.9 경도의 분류

경도		분류
$CaCO_3$(ppm)	° pH	
<5	<0.8	아주 연한 물
15~50	0.8~2.8	연한 물
50~100	2.8~5.6	약간 경수
100~200	5.6~11.2	경수
>200	>11.2	아주 경한 물

경도는 일시경도(temporary hardness)와 영구경도(permanent hardness)가 있으며, 양자를 합한 것을 총경도(total hardness)라 한다. 일시경도는 끓일 경우 제거되는 경도 성분이며, 칼슘·마그네슘의 탄산염, 중탄산염이므로 탄산경도(carbonate hardness)라 한다. 영구경도는 끓여도 제거되지 않는 경도 성분으로 칼슘·마그네슘의 염화물, 질산

염·황산염으로 되어 있어 비탄산경도(non-carbonate hardness)라고도 한다.

(12) 철 · 망간(iron and manganese)

철·망간은 수중에서 불용해성의 화합물로 존재하는 것도 있지만 일반적으로 중탄산염으로 가용성이다. 자세히 분류하면 다음과 같다.

① 이온 상태와 분자상태의 철

보통 지하수에 많은 중탄산 제1철의 형이다. 양수 직후는 무색투명하지만, 지하에서 과포화 되어 있던 CO_2가 대기 중으로 날아가면 점점 희게 흐려지며, 결국에는 황갈색의 수산화 제2철의 침전을 일으킨다(끓이면 반응이 빨라진다). 광산배수로서 황산철로 존재하기도 한다.

② 미립자상태의 철

중탄산염에서 수산화물로 바뀐 것이다. 또, 철의 규산염이나 화강암같이 철분을 포함한 암석·토양 등에 포함되어 있는 철도 여기에 속하며, 이 철은 산성수에 용해되어 이온상의 철로 된다.

③ 흡착상태의 철

공존하는 다른 미립자상의 물질이나 미생물에 흡착한 형, 특히 휴민질에 흡착 또는 결합한 철로 처리하기 어려운 형이다.

철·망간은 대부분 지질에 기인하며, 간혹 광산 배수·공장 폐수에 인한 것도 있으며, 급수전 물에는 철관으로 인한 철분도 포함할 때가 있다. 지표수에서는 철이 자연히 산화되어 침전으로 제거되므로 지하수에서만이 문제가 된다. 망간은 이에 반해 산화가 어려워 지하수는 물론 지표수 특히 저수지수가 크게 문제된다.

(13) 불소(fluoride)

불소는 주로 지질에 기인하며, 자연수에 포함되어 있고 지표수에는 적으며 지하수에 많다.

불소에는 여러 가지 성질이 있으며 물에 한도량 이상으로 포함되면 반상치(fluorosis) 증세가 생기나, 적당량을 함유하면 이에 충치예방 효과가 있다. 이 한도량은 식생활과도 관계가 있으며, 미국은 2.0ppm, 한국은 1.5ppm이다.

(14) 납(lead)

수중의 납은 지질·공장폐수·광산 배수로 인한 것도 있지만, 대개 연관인 급수관을 사용하기 때문에 생긴다.

급수관이 신관일 때 납의 용출이 많고, 17시간의 담수에서 0.42ppm을 검출한 예도 있다. 6개월 정도 지나면 연관에 scale이 생겨, 용출은 시설 당 의 1/3 정도로 감소한다.

야간에 관내 정체시간이 길어 아침에 처음 나오는 물은 잡용으로 쓰는 것이 좋다. 납의 용출은 수질과 깊은 관계가 있어 유리탄산·산소가 많으면 용출이 쉽고 알칼리가 많으면 어렵다. 납은 인체내에 축적하므로 섭취하는 양이 미량이라도 독성을 가진다.

그러나 1999년 5월 이후로 연관을 수도용으로 사용할 수 없기 때문에 이러한 문제는 자연적으로 해결되리라 생각한다.

(15) 동(copper)

수중에는 황산동 처리나 동관을 급수관으로 사용하므로 포함되고, 광산 배수·공장폐수에 기인하기도 한다. 동관에서의 용출은 납의 경우와 같으며, CO_2나 O_2를 많이 포함하는 물에 많다.

동을 포함한 물은 백색의 도기를 청색으로 변화시킨다. 이 동의 용출은 CO_2가 많을 때 일어나며 지하수를 수원으로 하는 경우에는 주의를 요한다. CO_2가 4ppm 이하의 물에서는 용출되지 않는다.

(16) 아연(zinc)

아연은 자연수에 포함되어 있지 않고 광산 배수·공장 폐수에서 섞이게 되거나 급수관을 아연도금 강관을 사용할 때 포함되는 수가 많다.

아연도 다른 금속과 같이 CO_2가 많은 물에 잘 용해한다. 아연을 다량 포함한 수돗물은 꼭지에서 나온 직후 희게 흐려진다. 아연이 CO_2를 포함한 물에 녹아 있어 대기에 닿으면 산화되어 수산화아연이 석출되기 때문이다.

(17) 비소 · 크롬(arsenic, chromium)

비소와 크롬은 자연수에 포함되는 것은 드물고, 광산 배수·공장 폐수·광천·농약 등이 혼합함으로써 생긴다.

비소는 독성이 강하지만, 시안·수은처럼 절대로 검출되어서는 안 될 정도로 독하지는 않다. 수돗물의 허용 기준은 미국이 0.01ppm, 한국이 0.01ppm이다.

(18) 시안 · 수은 · 유기인(cyanide, mercury and organic phosphate)

시안이 자연수에 포함되는 일은 없고, 도금공장이나 광산의 정련소 등 청산화합물을 사용하는 작업장에서의 폐액에 포함되어 있다. 독성이 강하므로 하천에 방류하는 것을 금지하고 있다.

하천수에서 검출되는 것은 사고로 유출되는 경우나 폐수의 분해 처리가 불충분한 때이다. 대량으로 유출될 때에는 대개 많은 고기가 죽어서 물위로 뜨므로, 이런 경우에는 시안을 의심해 볼 필요가 있다.

수은은 자연수에 없고 공장폐수나 하수의 혼합에 기인한다. 보통 사용되는 수은 화합물은 염화제2수은으로 병원에서는 200~1,000ppm의 것이 사용된다. 수은은 인체 내에 축적되면 중추 신경을 마비시키는 강한 독성을 가진다.

해조 내의 수은농도는 해수 중의 수은농도의 10~30배이며, 그 밖의 중금속도 고농도로 농축하고 있다. 이와 같이 농축된 수은은 플랑크톤·어패류·인간을 거치는 동안 더해져 수중에서의 농도가 문제되지 않을 정도로 미량이라도 큰 사고를 유발하게 된다.

(19) 페놀류(phenol compound)

페놀류는 석탄산과 그 유도체인 크레졸 등을 총칭한 것이다. 자연수에 포함되어 있지 않고 석탄 가스 공장, 석탄산이나 크레졸을 원료로 하는 화학공장 폐수에 포함되어 있다. 아스팔트 포장 도로를 통과한 우수나 코울타르를 입힌 신철관을 통한 물에서도 검출된다.

(20) 중성세제(detergent, A.B.S.)

음이온 활성제를 주제로 한 합성세제가 근래 가사용·공장용으로 급속히 보급되어, 수질오염의 문제를 야기하고 있는 것이다. 음이온 활성제로는 alkyl benzene sulfonate산 소오다(A.B.S.)가 주로 쓰이며, 석유를 분해해서 얻는 프로필렌을 중합한 것을 세제회사가 원료로 구입하여 슬폰화 한 후 중화해서 제조한 것이다.

기포성에 대해서는 어느 한계 농도를 초과하거나 교반으로 기포가 발생하여 물 사용시 불쾌감을 주고, 어떤 업종에너지장을 일으킨다. 이 한계농도는 0.5ppm이므로 수돗물의 허용 기준도 이에 준한다. A.B.S.에는 hard형과 soft형이 있으며, hard형은 분해가 일어나지 않으므로 장애가 커서 최근에는 분해되기 쉬운 soft형이 사용되는 경향이 있다.

4) 세균학적 검사

(1) 일반 세균수(bacterital count)

일반 세균수란 검수 1cc 중에 포함된 균으로 보통 한천배지에 집락(colony)을 형성하는 생균의 총수이다. 이 수는 배양 온도에 따라 변동하며, 실험시의 조건에 따라 좌우된다.

수돗물의 기준은 검액 1cc를 보통 한천배지 15cc에 가하여 30~37℃에서 22시간 배양한 경우의 균수로 한다. 이온도로 배양된 균은 동물체내에 존재하며, 따라서 하수나 배설물 중에 발견되는 것과 같다. 즉, 분뇨에 의해 오염되는 정도를 알아내는 시험으로 사용된다.

이와 같은 시험에서 집락을 형성하는 세균은 일반적으로 무해한 잡균이지만 경우에 따라서는 전염병균이 혼재하기도 한다. 그러나 이들 세균은 상온에서 수조나 병에 저장된 수중에서도 증식하므로 실제 오염과 반드시 같지는 않다. 이런 이유로 새로운 시료에 의한 검사 결과가 아니면 별 의미가 없다. 그러나, 일반 세균의 증식이 가능한 상태의 물은 좋지 않다는 점에서는 의의가 있다.

(2) 대장균군(bacteria coli group, coliform index)

대장균군이란 대장균과 이에 흡사한 성질을 가진 균의 총칭이다. 세균학상으로는 다음과 같이 정의하고 있다.

"대장균군은 gram음성·무아포성·간균으로 유당을 분해해서 산과 가스를 생성하는 모든 호기성 또는 혐기성균을 말한다."

이 정의에 따라 다음 2종류로 나눌 수 있다.

① Bacteria coli(Escherichia, E. coli)

1886년 Escherichia가 발견하였다. 이 균은 분뇨성대장균으로 온혈동물의 장내에 상주하며, 외계에서는 증식할 수 없는 기생균이다. 따라서, 이 균이 존재한다는 것은 분뇨에 의한 직접오염을 나타낸다.

② Bacteria aerogenes(Aerbacter aerogenes)

이 균은 초원이나 논밭의 토양 중에서 발견되는 것으로, 분뇨의 오염과는 관계가 없다. 인간의 장내에서도 발견되지만, 그 수는 B. coli와 비교하면 극히 작은 것으로 문제가 되지 않는다.

B. coli는 분뇨에 의한 오염을 나타내므로 위생상 큰 의의를 갖지만, B. aerogenes는

자연계에 널리 분포되어 있으므로 위생적으로는 아무런 의의가 없다. 따라서 이 2종의 균을 감별하지 않으면 대장균군 검출가치는 대폭 적어진다. 그런데, 이 감별은 용이하지 않고 B. aerogenes는 수중에서 B. coli보다 오래 생존한다.

대장균군의 정량적 시험으로 최확수(Most Probable Number, M.P.N.)로 표시하는 것이 있다. 이것은 검수나 희석한 검수를 100cc, 10cc, 1cc, 0.1cc, 0.01cc…를 5개씩 유당 불용 발효관에 이식하여 그 양성률을 조사해서 확률론적으로 검수에 포함된 대장균군의 수를 추정하는 방법이다. M.P.N. 수치는 100cc중에 포함된 이론상 제일 타당한 세균수를 표시하고 있다.

5) 생물학적 검사(biological examination)

수중에 포함된 생물의 종류와 수를 조사하여

① 물의 오염도 추정

② 침전 및 여과 효율의 판정

③ 취미(臭味)원인의 발견

④ 정수방법의 검토

⑤ 저수지의 조류를 제거하는 방법 등이다.

생물에 의한 오염도 추정은 생물은 각각 자기가 좋아하는 오염도를 가진 수중에서 가장 잘 번식하는 성질이 있는 점을 이용해서 Kolkwitz와 Marsson이 생물학적 수질검사법(saprobien system)을 만들고, 다시 다수의 연구자에 의해 보충된 표를 만들었다.

생물에 의한 취기(臭氣)에는 생물이 생장할 때 나는 취기와 사멸한 생물이 분해할 때 내는 취기가 있다. 생물의 양과 취기와의 관계는 생물의 종류에 따라 다르고, 성장시의 취기와 사멸해서 분해할 때의 취기도 다르다. 다량의 질소를 포함한 생물은 분해취기가 강하다. 또 다음과 같은 조작으로 취기는 더욱 강해진다.

① 열을 가하면 취기가 강해진다.

② 교반을 하면 생물체가 붕괴되므로 취기는 강해진다.

③ 물에 약품을 가하면 생물은 빨리 분해되어 취기가 강해진다.

④ 압력을 가해도 취기는 같다.

맛과 냄새는 불가분이므로 맛에 대해서도 상기의 것이 적용된다.

6) 수질기준

음료로 이용하기 위해서는 그 물이 음료에 적합한지 부적합한지 결정할 필요가 있다. 그를 위해 수질시험의 성적과 수질기준의 수치를 비교해야만 하고, 만일 이중 어느 것 하나라도 기준치를 위배하는 것이 있는 경우는 엄밀하게 말하면 이 물은 음료수로 부적합하다고 말한다. 그러나 항목간에는 중요도의 차이도 있으므로 경우에 따라서는 음료에 적합하다고 판정하는 일도 있다. 어쨌든 이 판정에는 숙련과 경험을 필요로 하는 것이다.

수질기준이란 안전한 먹는물의 생산 및 관리, 수질 및 수생태계 환경 등을 보호하기 위한 가이드라인 및 규제기준을 말하고 수질기준에는 먹는물 수질기준, 환경기준(수질 및 수생태계 기준), 수질규제 기준이 있다.

표 2.10 수질측정단위

단위	내용
1g	1,000mg(미리그람 = 1,000,000)μg(마이크로그람)
ppm(1mg/L)	1리터중 1mg을 함유하는 농도
ppb(1μg/L)	1리터중 1μg을 함유하는 농도(즉, 10억분의 1단위)
CFU (Colony Forming Unit)	눈으로 보기 힘든 미생물을 적절한 조건으로 성장시켜, 미생물 1개체마다 눈으로 볼 수 있을 정도의 크기로 키운 집락의 단위(일반세균에 적용) ※대장균은 MPN 적용

(1) 먹는물 수질기준

먹는물 수질기준은 먹는물의 수질과 위생을 합리적으로 관리하여 국민건강 증진을 위한 수질기준(먹는물 관리법, 먹는물 수질기준 및 검사 등에 관한 규칙)

① 미생물에 관한 기준 : 일반세균, 총 대장균군 등
② 건강상 유해영향 무기물질에 관한 기준 : 납, 수은 등
③ 건강상 유해영향 유기물질에 관한 기준 : 휘발성 유기물질(폐놀 등), 농약 등
④ 소독제 및 소독부산물에 관한 기준 : 잔류염소, 총 트리할로메탄 등
⑤ 심미적 영향물질에 관한 기준 : 경도, 냄새, 맛 등

(2) 수질환경기준 및 수질규제기준

① 수질환경기준(수질 및 수생태계 기준)

수질환경기준은 정부가 국민의 건강을 보호하고 쾌적한 환경을 조성하기 위하여 수질기준등급을 선정한 것으로 행정적인 목표 기준을 말한다.

환경기준: 대기기준, 소음기준, 수질 및 수생태계 기준

가. 환경정책기본법, 동법 시행령

나. 수질 및 수생태계 기준(환경정책기본법)

- 하천: 사람의 건강보호기준, 생활환경기준
- 호소: 사람의 건강보호기준, 생활환경기준
- 지하수: 「먹는물관리법」 및 「수도법」의 규정에 의하여 환경부령이 정하는 수질기준 및 항목(지하수법)
- 해역: 생활환경 기준, 사람의 건강보호 기준

※ 지하수의 수질기준: 지하수의 수질보전 등에 관한 규칙

② 수질규제기준

수질환경기준에 따라 수질 및 수생태계를 보호하기 위한 배출허용기준으로 법적구속력을 갖는 규제를 위한 기준을 말한다.

- 하수도법, 수질 및 수생태계 보전에 관한법, 가축분뇨의 관리 및 이용에 관한 법

수질규제기준 : 방류수수질기준, 폐수배출허용기준, 정화시설의 방류수수질기준

가. 방류수 및 중수도 수질기준(하수도법)

- 공공하수처리시설의 방류수수질기준, 동법 시행규칙
- 분뇨처리시설의 방류수수질기준, 동법 시행규칙
- 개인하수처리시설의 방류수수질기준, 동법 시행규칙
- 중수도의 수질기준, 동법 시행규칙

나. 폐수배출허용기준(수질 및 수생태계 보전에 관한 법)

- 폐수종말처리시설의 방류수 수질기준, 동법 시행규칙
- 수질오염물질의 배출허용기준, 동법 시행규칙

다. 정화시설의 방류수수질기준(가축분뇨의 관리 및 이용에 관한 법)

- 정화시설의 방류수수질기준, 동법 시행규칙

㉮ 하천

구분	등급		기준							대장균군(군수/100mℓ)	
			수소이온농도(pH)	생물화학적 산소요구량(BOD)(mg/L)	화학적 산소요구량(COD)(mg/L)	총유기탄소량(TOC)(mg/L)	부유물질량(SS)(mg/L)	용존산소량(DO)(mg/L)	총인(T-P)(mg/L)	총 대장균군	분원성 대장균군
생활환경	매우 좋음	Ia	6.5~8.5	1 이하	2 이하	2 이하	25 이하	7.5 이상	0.02 이하	50 이하	10 이하
	좋음	Ib	6.5~8.5	2 이하	4 이하	3 이하	25 이하	5.0 이상	0.04 이하	500 이하	100 이하
	약간 좋음	Ⅱ	6.5~8.5	3 이하	5 이하	4 이하	25 이하	5.0 이상	0.1 이하	1,000 이하	200 이하
	보통	Ⅲ	6.5~8.5	5 이하	7 이하	5 이하	25 이하	5.0 이상	0.2 이하	5,000 이하	1,000 이하
	약간 나쁨	Ⅳ	6.5~8.5	8 이하	9 이하	6 이하	100 이하	2.0 이상	0.3 이하	–	–
	나쁨	Ⅴ	6.5~8.5	10 이하	11 이하	8 이하	쓰레기 등이 떠있지 않을 것	2.0 이상	0.5 이하	–	–
	매우 나쁨	Ⅵ	–	10 초과	11 초과	8 초과	–	2.0 미만	0.5 초과	–	–

사람의 건강보호

- 카드뮴(Cd) : 0.005 이하
- 비소(As) : 0.05 이하
- 시안(CN) : 검출되어서는 안 됨(검출한계 0.01)
- 수은(Hg) : 검출되어서는 안 됨(검출한계 0.001)
- 유기인 : 검출되어서는 안 됨(검출한계 0.0005)
- 폴리클로리네이티드비페닐(PCB) : 검출되어서는 안 됨(검출한계 0.0005)
- 납(Pb) : 0.05 이하
- 6가 크롬(Cr^{+6}) : 0.05 이하
- 음이온 계면활성제(ABS) : 0.5 이하
- 사염화탄소 : 0.004 이하
- 1,2-디클로로에탄 : 0.03 이하
- 테트라클로로에틸렌(PCE) : 0.04 이하
- 디클로로메탄 : 0.02 이하
- 벤젠 : 0.01 이하
- 클로로포름 : 0.08 이하
- 디에틸헥실프탈레이트(DEHP) : 0.008 이하
- 안티몬 : 0.02 이하
- 1,4-다이옥세인 : 0.05 이하
- 포름알데히드 : 0.5 이하
- 헥사클로로벤젠 : 0.00004 이하

㉯ 호소

구분	등급		기준								대장균군 (군수/100mℓ)	
			수소이온농도 (pH)	화학적산소요구량 (COD) (mg/L)	총유기탄소량 (TOC) (mg/L)	부유물질량 (SS) (mg/L)	용존산소량 (DO) (mg/L)	총인 (T-P) (mg/L)	총질소 (T-N) (mg/L)	클로로필-a (Chl-a) (mg/m^3)	총 대장균군	분원성 대장균군
생활환경	매우 좋음	Ⅰa	6.5~8.5	2 이하	2 이하	1 이하	7.5 이상	0.01 이하	0.2 이하	5 이하	50 이하	10 이하
	좋음	Ⅰb	6.5~8.5	3 이하	3 이하	5 이하	5.0 이상	0.02 이하	0.3 이하	9 이하	500 이하	100 이하
	약간 좋음	Ⅱ	6.5~8.5	4 이하	4 이하	5 이하	5.0 이상	0.03 이하	0.4 이하	14 이하	1,000 이하	200 이하
	보통	Ⅲ	6.5~8.5	5 이하	5 이하	15 이하	5.0 이상	0.05 이하	0.6 이하	20 이하	5,000 이하	1,000 이하
	약간 나쁨	Ⅳ	6.5~8.5	8 이하	6 이하	15 이하	2.0 이상	0.10 이하	1.0 이하	35 이하	–	–
	나쁨	Ⅴ	6.5~8.5	10 이하	8 이하	쓰레기 등이 떠있지 않을 것	2.0 이상	0.15 이하	1.5 이하	70 이하	–	–
	매우 나쁨	Ⅵ	–	10 초과	8 초과	–	2.0 미만	0.15 초과	1.5 초과	70 초과	–	–

사람의 건강보호

- 카드뮴(Cd) : 0.005 이하
- 비소(As) : 0.05 이하
- 시안(CN) : 검출되어서는 안 됨(검출한계 0.01)
- 수은(Hg) : 검출되어서는 안 됨(검출한계 0.001)
- 유기인 : 검출되어서는 안 됨(검출한계 0.0005)
- 폴리클로리네이티드비페닐(PCB) : 검출되어서는 안 됨(검출한계 0.0005)
- 납(Pb) : 0.05 이하
- 6가 크롬(Cr^{+6}) : 0.05 이하
- 음이온 계면활성제(ABS) : 0.5 이하
- 사염화탄소 : 0.004 이하
- 1,2-디클로로에탄 : 0.03 이하
- 테트라클로로에틸렌(PCE) : 0.04 이하
- 디클로로메탄 : 0.02 이하
- 벤젠 : 0.01 이하
- 클로로포름 : 0.08 이하
- 디에틸헥실프탈레이트(DEHP) : 0.008 이하
- 안티몬 : 0.02 이하
- 1,4-다이옥세인 : 0.05 이하
- 포름알데히드 : 0.5 이하
- 헥사클로로벤젠 : 0.00004 이하

주) 1. 총인, 총질소의 경우 총인에 대한 총질소의 농도비율이 7 미만일 경우에는 총인의 기준을 적용하지 아니하며, 그 비율이 16 이상일 경우에는 총질소의 기준을 적용하지 아니한다.

㉰ 지하수

(단위 : mg/L)

항목	이용목적별	생활용수	농업용수 · 어업용수	공업용수
일반오염물질 (4개)	수소이온농도(pH)	5.8~8.5	6.0~8.5	5.0~9.0
	총 대장균군	5,000 이하(MPN/100mL)	–	–
	질산성질소	20 이하	20 이하	40 이하
	염소이온	250 이하	250 이하	500 이하
특정유해물질 (15개)	카드뮴	0.01 이하	0.01 이하	0.02 이하
	비소	0.05 이하	0.05 이하	0.1 이하
	시안	0.01 이하	0.01 이하	0.2 이하
	수은	0.001 이하	0.001 이하	0.001 이하
	유기인	0.005 이하	0.005 이하	0.0005 이하
	페놀	0.005 이하	0.005 이하	0.01 이하
	납	0.1 이하	0.1 이하	0.2 이하
	6가크롬	0.05 이하	0.05 이하	0.1 이하
	트리클로로에틸렌	0.03 이하	0.03 이하	0.06 이하
	테트라클로로에틸렌	0.01 이하	0.01 이하	0.02 이하
	1.1.1-트리클로로에탄	0.15 이하	0.3 이하	0.5 이하
	벤젠	0.015 이하	–	–
	톨루엔	1 이하	–	–
	에틸벤젠	0.45 이하	–	–
	크실렌	0.75 이하	–	–

(비고)

1. 생활용수 : 가정용 및 가정용에 준하는 목적으로 이용되는 경우로서 음용수 · 농업용수 · 어업용수 · 공업용수 이외의 모든 용수를 포함한다.

2. 농업용수 · 어업용수 : 농업 · 농촌기본법시행령 제2조의 규정에 의한 농업 및 농어촌발전특별조치법시행령 제2조 제3호의 규정에 의한 어업의 목적으로 이용되는 경우를 말한다.

3. 공업용수 : 수질환경보전법 제2조 제5호의 규정에 의한 폐수배출시설을 설치한 사업장에서 사업활동 목적으로 이용되는 경우를 말한다.

4. 어업용수 및 지하수의 이용 목적상 염소이온의 농도가 인체에 해가 되지 아니하는 것으로 환경부장관이 인정하는 용도로 지하수를 이용하는 경우 염소이온의 기준을 적용하지 아니한다.

※ 공통사항 : 농업용수 · 어업용수 · 공업용수일지라도 생활용수의 목적으로도 함께 이용되는 경우에는 생활용수의 수질기준을 적용한다.

표 2.11 수질오염 지표 및 특징

구분	특징
pH (수소이온농도)	• pH(Pydrogenion Cconcentration)는 물질의 산성, 알칼리성의 정도를 나타내는 수치로, 수소 이온 활동도의 척도로 • 용액 1L 속에 존재하는 수소 이온의 몰수를 의미하며, [H^+]로 쓴다. 수소 이온이 많아질수록 용액은 산성에 가까워진다.
BOD (생물화학적 산소요구량) (Biochemical Oxygen Demand)	• 수질오염을 나타내는 대표적인 지표이며, 물속에 있는 유기물의 양을 간접적으로 측정하는 방법이다. • 호기성 미생물이 호기성 상태에서 분해 가능한 유기물질을 20℃에서 5일간 안정화 시키는데 소비되는 산소량을 말한다.
COD (화학적 산소요구량) (Chemical Oxygen Demand)	• 물속의 유기물질을 간접적으로 측정하는 방법으로 유기물질을 강력한 산화제로 화학적 산화 시킬 때 소모되는 산화제의 양을 말한다. • 일반적으로 COD의 값은 BOD의 값보다 높은데 이는 미생물에 의하여 분해되지 않는 유기물까지도 화학적으로 산화시키는 때문이다.
TOC(총유기 탄소량) (Total Orgamic Carbon)	• 고온연소(550℃)시켜 유기물 내 탄소량을 직접 측정하는 방식 (C를 CO_2로 전환하여 측정) • 신속하게 많은 양을 측정할 수 있으며 유기물질의 90% 이상을 측정할 수 있다.
SS(부유물질) (Suspended Solid)	• 물속에 있는 입자지름 2mm 이하의 유기물이나 무기물 등 고형물의 총칭으로 현탁물질이라고도 하며, 물을 흐리게 하는 원인
DO (용존산소요구량) (Dissolved Oxygen)	• 수중의 용존산소를 말하며 청수 중에는 7~14ppm의 산소가 용존하고 오염도가 높은 수중에는 용존산소가 없다. 용존산소는 물의 자정작용이나 수중생물의 생존에 불가결한 것이다.
대장균수 (Count of Coliform Goup)	• 일정 자료와 방법으로 배양하였을 때 나타나는 대장균군의 수를 말한다. 식품 속 대장균의 존재는 분뇨에서의 오염이나 그 가능성을 의미한다.
유기인화합물 (Organophosphorus Compound)	• 인과 탄소가 결합되어 있는 화합물, 농약, 비료, 세제의 연마제로 대량 사용되었던 인화합물은 주로 인산염과 그 관련 화합물이다.(ex. 사린가스) • 파라티온, 메틸파라티온, EPN, 메틸디메톤 4종이 특히 독성 높음. • 부교감 신경말초의 자극증상 및 골격근의 마비, 교감 신경전 자극 증상과 중추신경 증상을 유발한다.
T-P(총인) (Total Phosphorus)	• 하천, 호소 등의 부영양화를 나타내는 지표의 하나로 물속에 포함된 인의 총량 말함. • 사람 및 가축에 의해 주로 오염되며, 여름철 조류의 생장에 필요한 유기인의 한계농도는 0.005ppm 정도인 것으로 알려져 있다. • 조류의 생장에 의해 먹는물에서 나쁜 냄새와 맛을 일으킬 수 있다.
T-N(총질소) (Total Nitrogen)	• 무기성 질소 및 유기성 질소의 질소량의 합계를 말하며, 물속의 암모니아성질소, 질산성질소, 아질산성질소 및 유기질소 등을 말한다. 조류성장에 필수적인 원소의 하나로서 수화현상의 발생 가능성을 판단할 수 있는 수질 항목이다.

2.3.3 수질오염의 지표

1) BOD(biochemical oxygen demand : 생물화학적 산소요구량)

일반적으로 세균(bacteria)이 호기성상태에서 분해 가능한 유기물질을 20℃에서 5일간 안정화시키는데 소비한 산소량을 말하며, 수중에 함유된 분해 가능한 유기물질 함유량의 정도를 아는데 간접적 측정법으로 이용된다.

(1) 오염강도

*BOD*는 5일 *BOD* 또는 BOD_5를 말하며, *BOD*농도가 높다함은 수중에 유기물질이 다량 함유되어 세균이 이것을 분해·안정화하는데 많은 양의 유리산소(O_2)를 소모했다는 것을 말한다. 반대로 *BOD*농도가 낮다함은 수중에 유기물질 함유량이 적어 세균이 이들을 분해·안정화하는데 적은 유리산소를 소모했다는 것을 의미한다. 그러므로 수질오염강도를 측정하는데 널리 이용되고 있다.

따라서, 미생물은 유기물질을 영양원으로 이용하여 유기물을 분해 섭취하여 세포를 합성하는데, 즉 먹이로서 유기물질을 섭취한 양에 비례하여 유리산소를 소모하게 된다. 또한 분해성(degredable)이란 유기물질이 세균의 먹이로 제공되어 산화시 에너지가 생산을 알 수 있다.

(2) BOD시험의 측정원리

시료를 20℃에서 5일간 부란기(incubator)에 저장하여 두었을 때 수중의 호기성 미생물 증식과 호흡작용에 의해서 소비되는 산소량을 측정하는 방법이다. *BOD*시험에서 20℃와 5일로 정한 이유는 미생물의 활동이 자연수계의 중앙값이 20℃이어서 이를 고정했으며, 완전히 유기물이 분해되는데 20일이 소요되므로 너무 길어 대부분 총 *BOD*의 70~80% 소모되는 5일 *BOD*값이 사용된다.

(3) 총 BOD(BODU 또는 UOD : ultimate BOD)

이론적으로 용해성, 즉 미생물에 의해 분해 가능한 유기물질을 완전히 산화하기 위해서는 도시하수의 경우 20℃에서 20일이 소요된다. 이때의 *BOD*값을 총 *BOD*농도 또는 최종산소요구량(*UOD*)이라 한다.

전에는 유기물질의 총 *BOD*와 화학식으로 계산되는 이론적 산소요구량(*ThOD*)과 동일한 것으로 알려졌다. 그러나 실제 포도당($C_6H_{12}O_6$) 300mg/L를 시험한 결과 *ThOD*값은 320mg/L이었으나, *BODU*는 250~285mg/L이었다. 따라서 모든 포도당인 유기물질이 완전히 산화되어 탄산가스(CO_2)와 수증기(H_2O)로 전환되는 것은 아니다. 이것은 유기물질의 일부가 세포조직으로 변환, 즉 미생물이 생명을 유지하기 위한 내생호흡(endogenous respiration)의 에너지를 공급받기 위해서 일정시간 산화되지 않은 채로 잔존되어 있기 때문이다. 포도당이 완전히 산화되는 반응식은 다음과 같다.

$$C_6H_{12}O_6 + 6O_2 \rightarrow 6CO_2 + 6H_2O$$

이때 1몰의 포도당의 이론적 산소요구량은 6×32인 192g이다. 폐수중에 유기물질을 산화하는데 필요한 이론적 산소량을 산출하는 근사식은 다음과 같다.

$$UOD = 2.67C + 4.57N \qquad (2.9)$$

여기서, C : 폐수중의 유기물 중 탄소함유량

N : 폐수중의 NH_3-N과 유기물 중 질소함량

(4) BOD 곡선

① BOD 감소반응식

용해성 유기물질인 미생물의 산화반응은 비교적 순조로운 1차 반응식형 곡선을 나타낸다. 즉, 1차 반응식이라 함은 반응속도가 활성미생물의 균체수로 환산하면 어떤 시간에 잔류하는 분해 가능한 유기물질의 양에 비례하여 존재함을 의미한다. 따라서 반응속도는 미생물의 먹이의 양(유기물질농도)에 지배된다.

$$A \rightarrow B + C \qquad (2.10)$$

$$-\frac{dc_A}{dt} = K_1 c_A$$

여기서, c_A : 산화성 유기물질농도

t : 산화시간

K_1 : 반응속도정수

② 탈산소반응식

E.B. Phelps는 제1단계 탈산소반응을 1차 반응이라고 주장하면서 다음 식으로 유도했다.

$$\frac{dL}{dt} = -K \times L \qquad (2.11)$$

여기서, L : BOD 농도

만일 t = 0일 때 $L = L_0$(초기 BOD 농도)의 조건에서 적분하여 풀면 다음 식과 같다.

$$\frac{dL}{L} = -Kdt \qquad (2.12)$$

$$\therefore\ ln\frac{L}{L_0} = -Kdt$$

따라서, $\frac{L}{L_0} = e^{-Kdt}$이며 $L = L_0e^{-Kt}$가 된다.
그러므로 $L = L_t$(t일 후 BOD 농도)일 경우는 다음 식과 같다.

$$L_t = L_0e^{-Kt} \qquad (2.13)$$

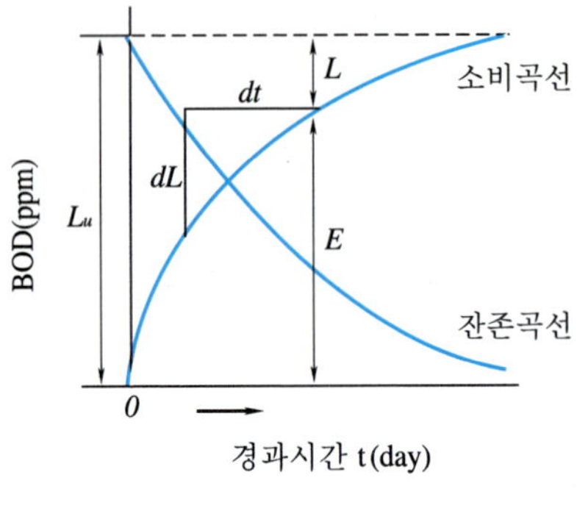

그림 2.7 잔존BOD와 소비BOD

상기 식을 상용대수로 나타내면 남아 있는 BOD 즉, 탈산소반응식은 다음과 같으며, 하천유량의 변화가 없을 경우도 이 식이 적용된다.

$$\therefore\ L_t = L_0 10^{-K_1t} \qquad (2.14)$$

여기서, L_t : t일 후 잔존 BOD(mg/L) L_0 : 초기 BOD(mg/L)
K_1 : 탈산소계수(day^{-1}, K_1≒0.4343K) t : 경과시간(day)

한편 가정하수가 하천에 유입될 경우 K_1값은 종전에는 0.1/day이었으나 상당히 변화하여 지금은 평균 0.17/day가 되고 있다.

③ BOD 소비식

BOD 소비량(E)은 총 *BOD* 농도(L_u)에서 잔존 *BOD* 농도(L_t)를 뺀 값으로 나타낸다.

$$\therefore E = L_u - L_t \quad (2.15)$$
$$= L_u - L_u e^{-Kt}$$
$$= L_u(1-e^{-Kt})$$

상기 식을 상용대수로 나타내면 *BOD* 소비공식은 다음과 같다.

$$\therefore E = L_u(1-10^{-K_1 t}) \quad (2.16)$$

여기서, E : t일간 소비된 *BOD*(mg/L)

따라서, 최종 남아 있는 *BOD* 농도(Y)는 다음 식으로 나타낸다.

$$Y = L_u - E = L_u - L_u(1-10^{-K_1 t}) \quad (2.17)$$
$$\therefore Y = L_u 10^{-K_1 t}$$

예제 2.2 어느 폐수의 최종 BOD가 300mg/L이고 탈산소계수 K_1값이 0.2/day라면 BOD_5는 얼마인가?

〈풀이〉

BOD 소비공식

$E = L_u(1-10^{-K_1 t}) = 300(1-10^{-0.2\times5}) = 270\text{mg/L}$

예제 2.3 하천상류 지점의 BOD가 200mg/L이었다. 물이 6시간 흘러온 지점의 BOD는 150mg/L로 측정되었다. 이 하천구간의 탈산소계수 K_1은 얼마인가?(상용대수)

〈풀이〉

탈산소 반응식

$L_t = L_0 10^{-K_1 t}$

$150\text{mg/L} = 200\times10^{-K_1\times6/24}$ $\therefore K_1 = 0.5/\text{day}$

예제 2.4 어떤 하천의 최종 BOD가 480mg/L이고 BOD_5는 270mg/L일 때의 탈산소 계수 K_1의 값은 얼마인가?

〈풀이〉

BOD 소비공식

$E = L_u(1-10^{-K_1 t})$

$270 = 480(1-10^{-K_1 \times 5})$ $\therefore K_1 = 0.072/\text{day}$

④ BOD곡선

호기성 미생물에 의해 산화되는데 소모된 산소량은 1차 반응식에 가까우므로 유기물질의 양에 정비례하면서 포물선과 같은 곡선을 나타내는 것을 *BOD*곡선 또는 산소이용곡선이라 한다.

- 곡선 A를 1단계 *BOD* 또는 탄소 *BOD*(*CBOD*)라 하며, 미생물에 의해 분해되기 쉬운 탄소화합물 분해시 소모되는 산소량을 나타낸 그래프이다.
- 곡선 B를 2단계 *BOD* 또는 질소 *BOD*(*NBOD*, *NOD*)라 하며, 질화균에 의해 질소화합물을 분해하는데 소모된 산소량을 나타낸 그래프이다.

그림에서 알아보면 8일부터 10일 후에는 탄소화합물에 의한 *BOD* 이외에 질소화합물의 산화, 즉 질산화(nitrification)가 이루어진다. 질산화균은 수중에 비교적 너무 그 수가 적고 20℃에서 성장속도가 완만하여 8일 전에는 산소의 소비에 관계

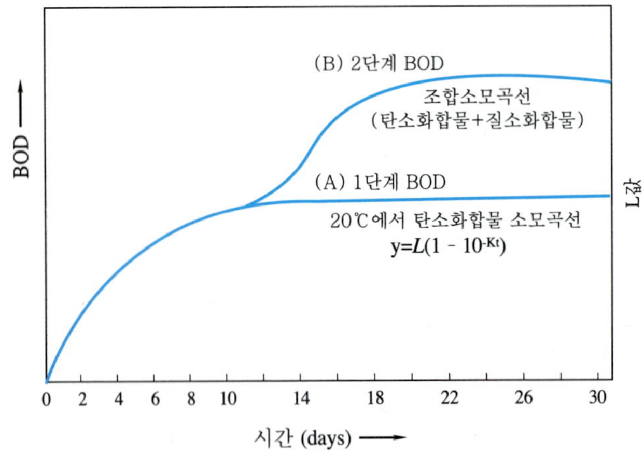

그림 2.8 BOD곡선

하지 않는다.

그러므로 폐수 등을 생물학적으로 처리할 경우 체류시간은 *BOD*곡선과 상관성을 갖고 효율적인 처리공법에 도입시킬 수 있다.

2) COD(chemical oxygen demand : 화학적 산소요구량)

BOD와 마찬가지로 수중의 유기물질을 간접적으로 측정하는 방법으로 유기물질 (분해 가능한 물질 + 분해 불가능한 물질)을 강력한 산화제로 화학적 산화시킬 때 소모된 산화제의 양에 상당하는 산소량을 말한다.

일반적으로 폐수의 *COD*값은 그 *BOD*값보다 높은데 이것은 미생물에 의하여 분해되지 않는 유기물까지 화학적으로 산화되기 때문이다.

(1) 산화제(oxidizing agent)

산화반응을 촉진하기 위하여 사용되는 산화성 물질을 산화제라 하며, 중크롬산칼륨($K_2Cr_2O_7$)과 과망간산칼륨($KMnO_4$)이 *COD*시험에 많이 이용된다.

그러나 환경오염 공정시험법에서는 산화제로 $0.025N\text{–}KMnO_4$용액이 사용되고 있으며, 구미지역에서는 COD_{cr}시험법이, 한국·일본 등에서는 COD_{Mn}시험법이 이용되고 있으며 그 차이점은 표 2.12와 같다.

표 2.12 COD_{cr}법과 COD_{Mn}법의 비교

구분	$K_2Cr_2O_7$법	$KMnO_4$법
시험시간	2~3시간	30분~1시간
산화율	80~100%	약 60%

(2) COD시험의 측정원리

시험법은 산성 또는 알칼리성 100℃에서 $KMnO_4$에 의한 화학적 산소요구량이 있으며, 원리는 시료를 산(알칼리)성으로 하여 $KMnO_4$ 일정과량을 넣고 일정시간 가열 반응시켜 소비된 $KMnO_4$양을 측정하여 산소의 양으로 환산한다.

(3) BOD와 COD의 상관성

*BOD*와 *COD*는 다음과 같은 관계가 있다.

$$BOD = IBOD + SBOD$$

$COD = ICOD + SCOD$

여기서, $IBOD$, $ICOD$: 불용성(insoluble) BOD와 COD
$SBOD$, $SCOD$: 용해성(soluble) BOD와 COD
$COD = NBDCOD + BDCOD$
$NBDCOD = COD - BDCOD$ 또는 $COD - BODu$
$BCOD = ODu \times KBOD_5$
$ICOD = NBDICOD + BDICOD$ 또는 $ICOD - BDBODu$
$BDICOD = IBODU = K \times IBOD_5$

여기서, K : 상수$\left(\frac{BODu}{BOD_5} \times 1.5\right)$
$NBDCOD$: 분해 불가능한(non biodegradable) COD
$BDCOD$: 분해 가능한(biodegradable) COD

예제 2.5 어느 공장폐수를 분석한 결과 BOD 300mg/L, COD 500mg/L 인 경우 생물학적으로 분해 불가능한 COD를 구하시오(단, $K_1 = 0.2$/day이다).

〈풀이〉

$$NBDCOD = COD - BODu = COD - \frac{L_t}{1-10^{-K_1 t}}$$

$$\therefore NBDCOD = 500 - \frac{300}{1-10^{-0.2\times5}} \fallingdotseq 166.7$$

3) TOC(Total Organic Carbon : 총유기 탄소량)

물속에 함유되어 있는 유기물질의 농도로서 물속에 포함된 전체 탄소량을 의미하며 수질의 오염 정도를 나타내는 지표로서 수중의 유기물을 함유한 시료를 고온에서 유기물 중 탄소(carbon)를 CO_2로 산화시켜 그 발생량을 분석장치로 측정한다.

기존의 COD와 BOD 측정방법의 경우 측정시간이 각각 30분 5일이 걸리는데 비해 TOC는 분석방법이 간단하고 실시간으로 분석할 수 있다는 장점이 있다. 또 산화율의 경우 BOD는 30% 내외, $CODmn$은 30~60% 이상, TOC는 90%로, 특히 고난분해성유기물질까지 측정할 수 있게 되어 보다 정확한 값을 측정할 수 있게 된다.

구분	정의
총탄소	수중에 존재하는 유기적 또는 무기적으로 결합된 탄소의 합
무기성탄소	수중에 탄산염, 중탄산염, 용존 이산화탄소 등 무기적으로 결합된 탄소의 합
총 유기탄소	수중에서 유기적으로 결합된 탄소의 합
용존성 유기탄소	총 유기탄소 중 공극 0.45 μm의 막 여지를 통과하는 유기탄소
부유성 유기탄소	총 유기탄소 중 공극 0.45 μm의 막 여지를 통과하지 못한 유기탄소
비정화성 유기탄소	총 탄소 중 pH 2 이하에서 포기에 의해 정화(purging)되지 않는 탄소

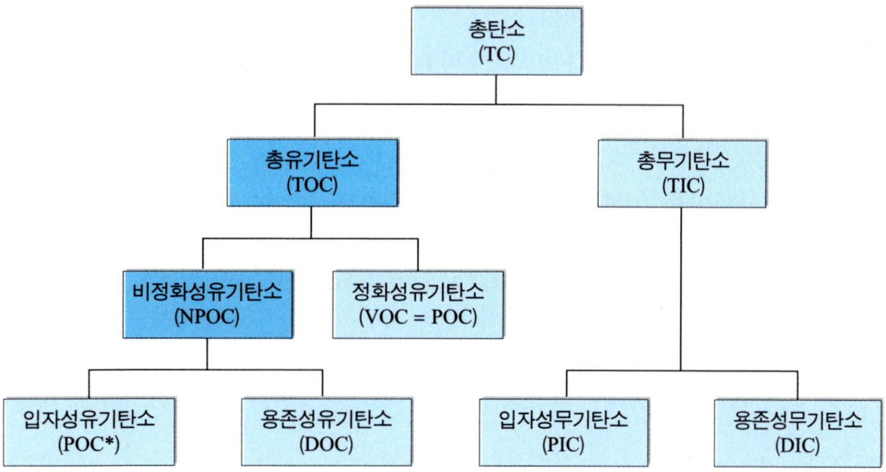

그림 2.9 총탄소의 구성요소

총유기탄소량을 측정하려면 검수를 총탄소연소로(950℃)와 탄산염분해로(150℃)에서 연소시켜 발생하는 이산화탄소량을 적외선 가스분석계에 의해 각각 농도를 검출하고, 총탄소 및 무기탄소량을 측정하여 양자의 차로부터 총유기탄소를 구하는데, 측정이 빠르며, COD 또는 BOD값과 상관관계가 있음에 따라 처리장의 효율적 계측 운영이 가능한 장점이 있다. BOD와 COD가 갖고 있는 불확실성을 가지지 않는 유기물의 측정방법이다 TOC를 산화하는데 필요한 이론적 산소량을 최종산소량이라고 한다.

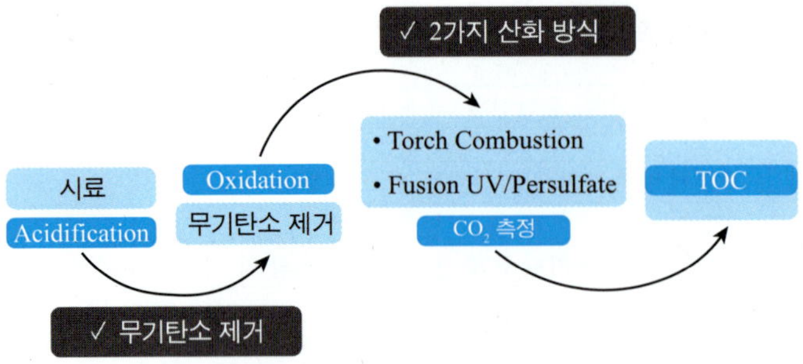

그림 2.10 총유기탄소(TOC) 분석 절차 및 방법

측정방법은 고온연소산화방법과 UV산화방법이 있으며, 고온연소산화방법을 주로 사용하고 있다. 검량방법으로는 TC-IC(가감방법)과 비정화유기탄소(NOPC)검출방법이 있으며, NOPC방법의 경우 환경부에선 지하수 등 무기탄소의 유입이 아니라면, 사용하지 않기를 권고하고 있다.

- 고온연소산화방법 : 백금연소(680℃), 고농도
- UV-과황산 : 수은증기램프에 발생된 자외선에 의해 생성된 라디칼을 이용하여 유기물을 이산화탄소로 산화시켜 측정, 저농도
- 가감방법 : 총탄소, 무기탄소를 측정하여 그 차이값으로 유기탄소값을 산출
- NOPC : 시료를 산성화한 후 무기탄소를 완전히 제거하고 남은 유기탄소를 측정

표 2.13 TOC 분석 방법

구분	연소 산화	습식 산화	
		UV/Persulfate 산화	초임계 산화(SCWO)
적용분야	정수, 하천, 호소수, 하폐수 (일부 가능) 등 (해수 및 염분 함유 시료 적용 불가)	상수, 하천, 호소수, 하폐수 (일부 가능) 등 (해수 및 난분해성 시료 측정 불가)	정수, 하천, 호소수, 해수, 하폐수, 산업분야 등 (해수 및 난분해성 시료 측정 가능)
입자크기	100 ㎛ 미만 주입 (별도의 필터링 필요)	100 ㎛ 미만 주입 (100 ㎛ 이상 시료 주입 가능하나 산화 안됨)	800 ㎛ 이하 주입 (Particle 대응력 높음)
시료주입량	㎕ 단위로 시료 주입 (시료 대표성 결여)	㎖ 단위로 시료 주입	㎖ 단위로 시료 주입
구조적 특징	– 시약 소모량 최소 – Halogen Scrubber, 수분제거제, 촉매 등 소모품 많음 – 반응기 유지관리 어려움 – 염분 함유시료 측정 시 반응기 등 전체 교체 필요 – 시료 주입량이 적어 튜브 규격 등이 작아 빈번한 교체 필요	– 시약소모량이 많음 – 역소산화에 비하여 간단한 구조로 유지관리 편의성 좋음 – UV lamp, 수분제거제 등 주기적 교체품 많음 – 산화율이 낮아 타방법과 비교 검증 필요	– 시약소모량 적음 – 연소산화에 비하여 간단한 구조로 유지관리 편의성 좋음 – UV/P 방식에 비하여 측정 주기가 짧아 신속한 분석 가능 – 초임계 상태(375℃, 3200psi)에서 산화가 이루어지므로 산화력 극대화 방식

4) DO(dissolved oxygen : 용존산소)

물의 오염상태를 나타내는 하나의 지표로서 물에 녹아 있는 유리산소량(O_2)을 말한다.

일반적으로 하천수가 오염될 경우 유기물에 의한 부패로 수중 미생물에 의하여 용존산소를 소비해 유기물이 산화분해된다. 따라서 용존산소가 부족하게 되면 어패류의 생존을 위협하게 되고 한편 너무 빨리 유기물이 분해되면 산소의 결핍으로 혐기성상태가 되어 H_2S, NH_3, CH_4 등을 발생시킨다.

(1) 산소전달(oxygen transfer)

대기 중에는 산소가 약 21V/V%가 함유되어 있으며 이 산소는 수면의 교란상태 등에 의해 물 속으로 분산·흡수된다(Ficks법칙). 이때 수중에 녹아 들어가는 산소는 분압(partial pressure)에 의해서 어느 정도까지는 증가되다가 물의 온도, 압력 및 오염물농도에 따라 다르지만 정지된다.

이때 물 속에 녹아 있는 유리된 산소를 용존산소라 한다.

(2) 산소전달속도(oxygen transfer rate)

대기 중의 산소가 자연스럽게 녹아 들어가는 것을 전달이라 하고 강제적으로 전달시키는 것을 공기공급(aeration)이라 하며, 여기서 전달되는 속도를 전달률이라 한다. 이때 전달되는 산소량은 다음 식으로 나타낸다.

$$\frac{do}{dt} = \alpha K_{La}(\beta c_s - c_t)(1.024)^{T-20} \qquad (2.18)$$

여기서, $\frac{do}{dt}$: 시간 dt사이의 용존산소농도의 변화량(mg/L · hr)

K_{La} : 산소전달속도(율)(hr^{-1})

α : 어느 물과 증류수의 K_{La}비율(S.T.P에서 시험)

c_s : 증류수의 T℃, 1기압에서 산소포화농도(9.17mg/L : 20℃)

β : 어느 물과 증류수의 c_s비율(S.T.P에서 시험)

c_t : 수중의 용존산소농도(mg/L)

T : 수온(℃)

(3) 산소전달의 영향인자

공기방울(bubble)의 비표면적이 크고 접촉시간이 길면 산소전달이 잘 되고 증류수가 최대이다. 오염농도가 높을수록 감소되며 수온이 낮고 압력이 높을수록 Henry법칙에 따라 많은 양의 산소가 용존된다.

특히 수중에 환원성 물질인 제1철염(Fe^{+2}), 아질산염(NO_2^-), 아황산염(SO_3^{2-}), 황화물 등의 무기화합물이 용존산소를 소모해 DO 농도를 감소시킨다. 미생물 중 호기성 세균은 DO를 소비하지만 조류(Algae)는 광합성작용을 하여 산소를 수중에 공급하기도 한다.

5) SS(suspended solids : 부유물질)

무기와 유기의 물질을 함유한 0.1μm 이상부터 2mm 이하의 고형물질로서 물에 용해되지 않는 물질을 말하며, 수중에 부유하는 불용성물질은 탁도(turbidity)의 원인이 되기도 한다.

수중의 부유물질이 유기물인 경우는 이것이 부패시 DO를 소모시키며 많을 경우는 어류의 아가미에 부착되어 폐사시키고 빛의 수중전달을 방해하거나 식물의 광합성에 장해를 일으킨다.

(1) SS 시험의 측정원리

미리 무게를 측정한 유리섬유여지(GF/C)를 여과기에 부착하여 일정량의 시료를 여과시킨 후 건조기로 건조하여 무게를 달아 여과 전후의 유리섬유여지의 무게 차를 산출하여 부유물질의 양을 구한다.

(2) 증발고형물질과 잔류고형물질

증발고형물질과 잔류고형물질은 시료를 여과(filtration)하지 않고 바로 증발시키고 가열시켜 시험해 얻으며 부유물질보다 작은 고형물, 즉 콜로이드와 이온도 포함된다. 이때 총고형물질과 부유고형물질의 차를 용존고형물(dissolved solids)이라 하여 다시 휘발성분과 잔류성분으로 구분된다. 이 고형물 상관관계는 다음과 같다.

$$\begin{array}{ccccc} TS & = & VS & + & FS \\ \| & & \| & & \| \\ TSS & = & VSS & + & FSS \\ + & & + & & + \\ TDS & = & VDS & + & FDS \end{array} \tag{2.19}$$

여기서, *TS* : 총고형물(total solids)

VS : 휘발고형물(volatile solids)

FS : 잔류고형물(fixed solids)

TSS : 총부유물질(total suspended solids)

VSS : 휘발성 부유물질(volatile suspended solids)

FSS : 잔류성 부유물질(fixed suspended solids)

TDS : 총용존고형물(total dissolved solids)

VDS : 휘발성 용존고형물(volatile dissolved solids)

FDS : 잔류성 용존고형물(fixed dissolved solids)

/ 연습문제 /

2.1 상수도 계획수립을 할 때 계획년도 결정시 고려사항은?

2.2 다음 요소에 대한 계획기간은 얼마인가?

① 시설계획 ② 급수인구계획

2.3 다음 급수량을 기준으로 설계하는 구조물은?

① 1일 평균급수량 ② 1일 최대급수량 ③ 시간 최대급수량

2.4 물의 수요에 영향을 미치는 요인은?

2.5 정수장에서 매일 1회 이상 검사해야 하는 항목은?

2.6 물속에 산소가 전달되는데 영향을 주는 인자는 무엇인가?

2.7 물 공급에서 맛과 냄새의 원인과 영향에 대해 설명하시오.

2.8 경도에 영향을 미치는 원인 및 물 사용시에 미치는 영향에 대해 설명하시오.

2.9 수중의 중금속 성분이 인체에 영향을 주기까지 과정과 문제점에 대해 설명하시오.

2.10 계획급수인구 10만의 중소도시에 급수계획을 하고자 한다. 계획 1인 1일 최대 급수량이 250L이고, 급수보급률이 70%일 경우 계획 1일 최대 급수량은?

2.11 어느 도시의 상하수도 계획을 수립하고자 인구 추정을 하였다. 1986년에서 1990년 사이의 인구 통계자료를 이용하여 2001년의 인구를 등차급수법에 의하여 추정하면 얼마인가?

– 인구 통계 자료 –

년도	1986	1987	1988	1989	1990
인구(명)	20,483	22,317	22,891	23,566	24,272

2.12 연평균 인구증가율이 일정하며 장래 발전가능성 있는 도시의 계획급수량 산정을 위해 인구조사한 결과 다음 표와 같았다. 2010년도의 인구를 추정하면 약 얼마인가?

– 인구 통계 자료 –

년도	1990	1991	1992	1993	1994	1995	1996
인구(명)	177,800	182,500	187,000	192,300	194,500	199,200	203,700

2.13 어떤 지하수에서의 수질검사결과 수소이온농도가 2.5×10^{-7}mole/L로 측정되었다. pH값은?

2.14 질소계 유기물에 의한 BOD를 무시할 때 20℃에서 5일 동안 사용된 BOD 값이 300 mg/L, BOD 극한값이 475mg/L인 폐수의 탈산소계수(base e) 값은?

2.15 활성슬러지법으로 하수를 처리한 결과 BOD 제거 반응이 1차 반응(밑수 10)을 따르며, 90%의 BOD 제거에 5일이 소요되었다. 반응속도상수 K_1은 얼마인가?

2.16 계획 급수 인구가 50,000명인 도시에 상수도를 설치하려 한다. 계획 1인 1일 평균량이 300L라면 계획 1일 최대 급수량은?

2.17 어느 도시의 인구증가 현황을 조사 분석한 결과 매년 증가율이 8%로서 일정하였다. 이 도시의 15년 후의 등비 급수법에 의한 추정인구는 약 얼마인가?(단, 현재인구는 150,000인이다.)

2.18 하수의 최종 BOD가 5일 BOD의 1.8배라면 상용대수(밑수 10)를 사용할 때의 탈산소계수는 얼마인가?

2.19 BOD_5가 155mg/L인 폐수가 있다. 탈산소계수(K_1)가 0.2/day일 때 4일 후에 남아있는 BOD는? (단, 상용대수 기준)

memo

PART 1 2

Chapter 3 수원

수원은 수질적으로 청정하고, 장래 오염의 우려가 적으며, 계획취수량을 확보할 수 있는 곳이라야 한다. 수원에 있어서 수질과 수량은 수도계획의 근본 요소로서, 수량은 갈수기에도 1일 최대 급수량을 확보할 수 있도록 풍부하고 수질은 경제적으로 음료수까지 처리 가능해야 하며 도시에 가깝고, 수리학적으로 자연유하식의 취수 가능한 지점이 좋다. 계획취수량은 취수한 원수가 여러 시설을 경유하여 급수될 때까지 상당한 손실이 있으므로, 이것을 추정해서 계획 1일 최대 급수량의 10~15% 정도 증가시키는 것이 좋다.

3.1 물의 순환과 수질(hydrologic cycle and water quality)

물은 자연에 존재하는 가장 풍부한 물질 중의 하나로 거의 지구표면의 3/4을 차지하고 있다. 이러한 많은 양에도 불구하고 인간이 사용할 수 있는 물의 양을 제한하는 몇 가지 인자들이 있다. 그림 3.1에 나타난 것과 같이 전체 공급량의 97% 이상이 바닷물과 같은 염분이 있는 물이며 대부분의 경우 거의 이용할 수 없다. 나머지 3% 중 2% 약간 넘는 양이 얼음과 빙하 및 대기와 토양수분으로 있어 이용하기가 어렵다. 따라서 사람이 일상생

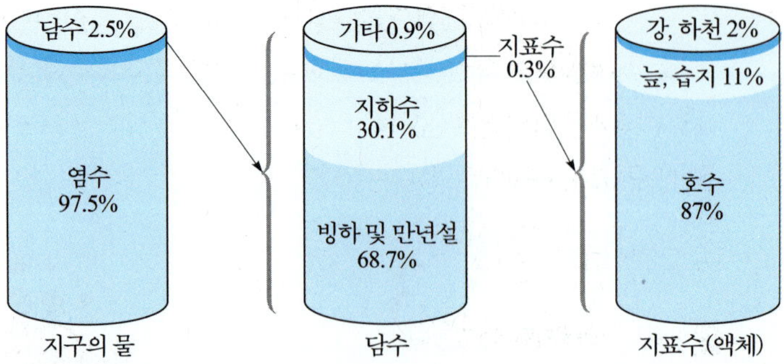

그림 3.1 지구상 물의 존재

활과 공업 및 농업 등의 활동을 하기 위해서는 담수호, 하천과 지하수 등으로 되어 있는 나머지 0.63%에 의존할 수 밖에 없다.

물은 그림 3.2의 물의 순환에 나타난 바와 같이 항상 움직이고 있는 상태이다. 대기 중에 있는 수분은 응축하여 지상에 비, 눈 또는 다른 형태로 떨어진다. 지표상에서의 물은 하천과 호수로 들어가고, 결국 바다로 가거나 토양을 뚫고 지하로 내려가며, 다시 지표수로 배출되기도 한다. 지표수로부터의 증발이나 식물로부터 증산에 의하여 물분자는 다시 대기 중으로 돌아가 순환을 반복하게 된다.

자연상태의 물은 증발상태에서는 거의 순수하다. 그러나 응축하기 위해서는 보통 표면이나 핵이 필요하기 때문에 이러한 응축이 일어나는 순간에 물에 불순물이 포함되게 된다. 나머지 물의 순환과정을 거치면서 공기중 또는 지표상에 있는 물질들과 접촉하게 되어 불순물은 계속 늘어나게 된다. 인간활동으로 인하여 산업 및 가정 폐기물, 농업용 화학약품 및 다른 불분명한 오염물질은 물의 불순물의 양을 가중시키게 된다. 궁극적으로 이러한 순수하지 못한 물은 계속 순환을 하여 비교적 순수한 물분자로 대기 중에 되돌아 갈 것이다. 그러나 우리의 가장 큰 관심을 끄는 것은 중간단계의 수질인데 이는 이 단계에서 인간이 사용하는 물에 영향을 미치기 때문이다.

물의 순환과정과 인간활동에 의해 물에 누적된 불순물들은 현탁상태일 수도 있고 용존상태일 수도 있다. 현탁물질은 물속에서 부력과 점성력으로 지탱되는 분자크기보다 큰 입자로 구성되어 있다. 용존물질은 물의 분자구조에 의해 지탱되는 분자와 이온들로 구성되어 있다. 콜로이드는 아주 작은 물질로서 기술적으로 현탁되어 있으나 용존물질의 특성을 나타내기도 한다. 용존물질, 콜로이드 및 현탁물질의 크기 범위는 그림 3.3과 같다.

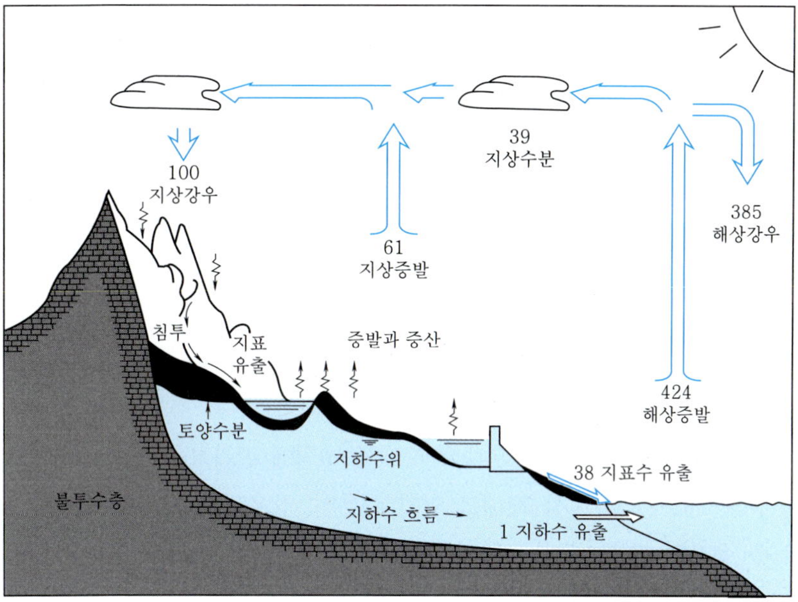

(주) 지상강우를 100으로 한 상대단위임.
자료 : Applied Hydrology (McGraw-Hill, 1988)

그림 3.2 물의 순환

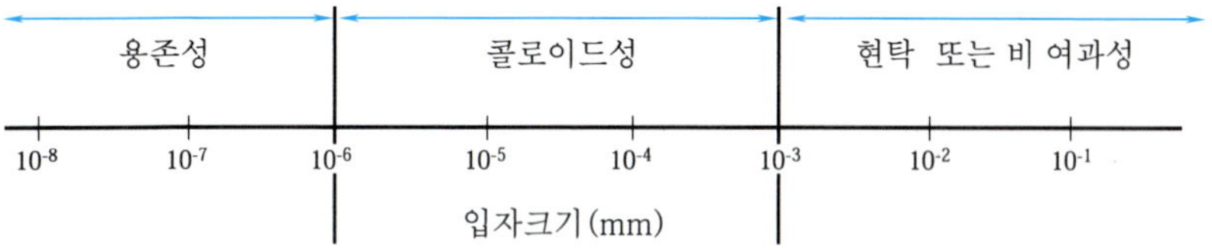

그림 3.3 수중 고형물질의 크기 분류(Metcalf & Eddy)

수질오염은 수중에 불순물이 존재하여 사용목적에 맞게 물을 사용할 수 없을 정도로 피해를 주는 것으로 정의할 수 있다. 따라서 수질의 정의는 물의 사용목적에 따라 달라지므로, 현탁 및 용존된 불순물의 총량은 어떤 경우에는 유용하지만 수질을 완전히 정의하기에는 불충분하다. 물의 사용에 영향을 미치는 여러 가지 불순물의 영향을 질적으로 표현하기 위해 많은 매개변수가 도입되었고, 분석방법도 발전되어 이러한 변수들을 정량적으로 측정하게 되었다.

3.2 우리나라 수자원의 특성과 부존량

우리나라는 대륙에서 돌출된 반도로 형성되어 있어 기상의 성격이 반대륙성 및 반해양성으로 계절풍과 태풍의 영향을 많이 받는 지대에 속하고 있어 계절적으로 강우차이가 극심한 것이 특색이다.

연평균 강우량은 1,300mm로서 세계평균 813mm에 비하여 1.6배로 비교적 많은 편이나 용수 이용면에서 보면 인구밀도가 조밀한 관계로 인구 1인당 연간 총우량은 2,546m^3 로서 세계평균 15,044m^3의 1/6 밖에 되지 않으므로 매우 적은 편에 속한다.

우리나라는 국토의 대부분이 급준한 산지가 많으며 평야부는 적고 하천의 유속은 빠르고 격한 편이며, 연평균 강우량의 2/3가 우수의 6, 7, 8, 9월에 편기하여 집중 강하하는 기상특성으로 때로는 수해, 때로는 한해 등 재해를 입기 쉬우며, 강우량은 대부분 홍수로 유출되어 평상시 유출이 총 수자원 양의 16% 밖에 되지 않으므로 하천수 이용률이 매우 낮은 불리한 자연적 여건을 가지고 있다.

또한 지하수의 부존량은 1조 3,240억 m^3로 추산되고 있으나 개발 가능한 지하수량은 129.9m^3/년에 불과하며, 지하수가 부존하고 있는 대수층이 얇고 사전조사 및 개발에 있어서 기술적 경제적 타당성이 희박하고 또한 유역별 수자원 부존량과 용수수요가 균형을 이루지 못하고 있기 때문에 광역 용수 개발이 불가피하며, 관정 등 소규모 이외의 지하수 개발은 기대하기 어려운 실정이다.

한편, 우리나라 전역에 내리는 연간 강수량은 약 1,300mm로서 약 1,323억m^3에 달하는 수량이며 우리나라의 연평균 수자원 부존량이라 할 수 있다.

우리나라는 국토면적의 70%가 지면경사 20% 이상인데다 임상(林相)이 불량하여 수원함양상태가 좋지 않으며, 일단 강우가 있으면 단시간 내에 홍수가 하천으로 유출된다. 우리나라의 수자원 부존량과 이용현황은 그림 3.4와 같고, 이를 기초로 수자원의 장기수급계획을 세워 물의 수요를 충족시킬 수 있도록 공급원을 개발해 나가고 관리를 철저히 해야 물 부족 문제를 해결할 수 있을 것이다.

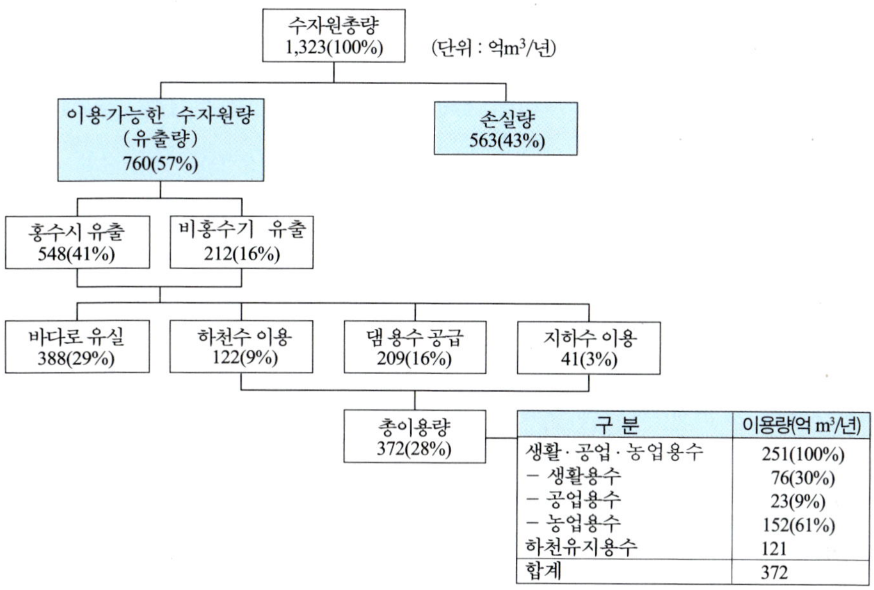

구 분	이용량(억 m³/년)
생활 · 공업 · 농업용수	251(100%)
– 생활용수	76(30%)
– 공업용수	23(9%)
– 농업용수	152(61%)
하천유지용수	121
합계	372

그림 3.4 우리나라 수자원의 부존량 및 이용현황 (수자원 장기 종합계획 수정, 2016)

3.3 수원의 종류와 특성

수원은 다음과 같이 대별된다.

① 천수(meteoric water)

② 지표수(surface water)

㉠ 하천수(river water)

㉡ 호소수(lake water)

③ 지하수(ground water : sub-surface water)

㉠ 천층수(shallow water)

㉡ 심층수(deep water)

㉢ 용천수(spring water)

④ 복류수(rivcr bcd water)-강변여과수

⑤ 기타(해수, 하수나 폐수의 재이용수)

우리나라의 수원이용 및 공급시설 현황은 지방상수도의 경우 하천 지표수가 차지하는 비중이 높아 원수의 수질과 수량 면에서 계절적인 영향을 많이 받으므로 안전급수에 위험성을 내포하고 있다. 이에 대한 대책방안으로 수원의 다원화 방안이 절실히 요구된다. 즉,

갈수와 홍수를 대비한 하천원수 저류조의 건설, 지하수 이용량확대 및 중수도시설의 이용으로 수요량을 절감하기 위한 대책이 필요하다.

3.3.1 천수(meteoric water)

빗물을 주로한 눈·싸락눈 등 강수를 총칭해서 천수라고 하는데, 천수 중의 대부분이 우수이며, 우리나라의 연평균 강우량은 1,300mm 정도이다.

원래 자연수는 결코 화학적 순수 상태로는 존재하지 않는다. 우수는 천연의 증류수로서, 자연수 중에는 가장 순수에 가깝다. 비의 응결핵으로서 미세부유물질 외에 해수에서 오는 염화물이 있는데 지상에 도달할 때까지 각종의 물질을 수반하여 온다. 즉, 산소, CO_2 외에 대기 중에 분산 부유하는 생물·세균·매연·먼지 등을 포함한다.

대도시의 우수는 농촌에 비해 매우 불순하며, 황산의 존재로 인해서 산성이 되고, 이것은 석탄을 연료로 사용하여 생기는 아황산가스에 의한 것이다. 요컨대 우수는 연수로서 가장 순수한 물에 가까운 것이 특징이다.

연수인 까닭에 우수를 사용할 때에는 석회석을 주입해서 경도를 부여할 때도 있다. 천수를 직접 수원으로 하는 경우는 매우 적으나, 지표수·지하수는 모두 그 근원을 우수에 의지한다.

천수는 지면에 강하해서 증발·침투·유출의 세 부분으로 나눈다. 천수를 모으는 데는 저수조를 사용한다.

저수조에 의하는 경우 주된 시설은 집수면적과 저수조이다. 집수면적 및 저수조의 크기를 결정하는 데는 연강우량과 4계절 또는 월별 분포에서 사용 수량을 구하지 않으면 안 된다. 그 저수량을 구하는 식은 다음과 같다.

$$Q = C \cdot A \cdot H \tag{3.1}$$

여기서, Q : 연저수량
C : 유출계수(0.5~0.7)
A : 집수면적
H : 연강우량(깊이)

C의 값은 증발이 클수록, 또 비의 횟수가 적을수록, 집수면적의 침투성이 클수록 작게 취한다.

3.3.2 지표수(surface water)

지표수는 하천수와 호소수로 나눠지는데, 그 대부분이 우수가 직접 지표면을 유하·유입한 것이다.

또 일부는 지하수가 반대로 유입한 것도 있다. 가장 쉽고 싸게 얻을 수 있는 수원은 지표수이다. 근대 문화의 진보와 도시 인구증가에 수반하여 지표수는 상수의 목적이 되는 것보다는 하수의 수용에 사용되는 경향이 있다. 즉 지표수는 각종 하수에 의해서 오염되며 따라서, 상수수원으로서의 가치는 감퇴되고 나중에는 사용이 불가능하게 되어 수원보호의 문제가 일어날 것이다. 즉, 수원으로서 될 수 있는 대로 오염을 피할 것에 중점을 두고 각종 하수는 충분히 처리하지 않으면 안되므로 정수법을 시행해야 한다. 지하수에 비해서 수질상 다른 점은 다음과 같다.

① 부유성 유기물이 풍부하다.
② 공기성분이 용해되어 있다.
③ 경도가 작다.

1) 하천 수원

하천을 수원으로 선택하기 전에 먼저 그 하천의 유량이나 수질에 관하여 장기간에 걸쳐 풍부한 자료가 있는가를 파악하여야 한다. 만약 자료가 불충분한 경우에는 비록 단기간에 걸친다 하더라도 수원에 대한 유량조사를 가능한 범위내에서 세밀히 조사하여야 하며 하천연안의 상태를 파악하여 취수지점의 선정에 도움이 되도록 하여야 할 뿐만 아니라 가능한 한 정확한 유량 및 수위조사가 이루어지도록 하여야 한다.

(1) 수량과 수위

① 갈수량과 갈수위는 1년 중에서 355일 동안 이보다 이하로 내려가지 않는 수량과 그 때의 수위를 말한다.
② 저수량과 저수위는 1년 중에 275일은 이보다 이하로 내려가지 않는 수량과 그 때의 수위를 뜻한다.
③ 평수량과 평수위는 1년 중에서 하천의 수량과 수위가 185일 이상 유지될 때의 유량과 수위를 뜻한다.
④ 풍수량과 풍수위는 1년 중에 95일 동안 이보다 이하로 내려가지 않는 수량과 그 때의 수위를 뜻한다.

⑤ 홍수량과 홍수위는 홍수기간 중에 지속되는 하천의 유량과 수위로서 댐이나 취수시설 등의 수공구조물의 설계에 영향을 미침으로써 수문자료로서 중요한 의의를 가진다.

최대갈수량과 최대갈수위는 하천의 유량과 수위에 관한 자료 중에서 가장 낮은 값을 말하며 이들에 관한 자료는 계획취수량과의 비교를 위한 근본 기준이 되므로 상수도시설의 계획상 대단히 중요한 위치를 차지한다. 즉 하천유량과 계획취수량과의 관계를 따져 보면 최대갈수량이 계획취수량보다 크면 취수가 문제없게 되지만 최대갈수량이 계획취수량보다 적은 경우에는 부족한 수량을 저수할 수 있는 저수지를 설치하든지 아니면 다른 하천이나 지하수원으로부터 부족한 양을 보충 받아야 한다.

최대홍수량과 최대홍수위는 취수시설의 설계를 위하여 필요한 자료이다. 즉 취수시설은 최대갈수기에도 취수할 수 있도록 취수구의 높이를 결정해야 되고 최대홍수위에서 침수되거나 파손되지 않는 높이에 위치하여야 하므로 최대홍수위에 관한 자료는 계획취수량의 안전한 취수를 위해서 대단히 중요한 것이다.

기준갈수량, 기준갈수위는 수리사용 허가, 하천종합개발계획 등에 있어서 기준이 되는 갈수량과 그 수위를 말한다. 보통 과거 10년간의 각 연도의 갈수유량 가운데 최소의 것과 그 수위(20년간에서는 제2위, 30년간에서는 제3위의 것)를 뜻한다.

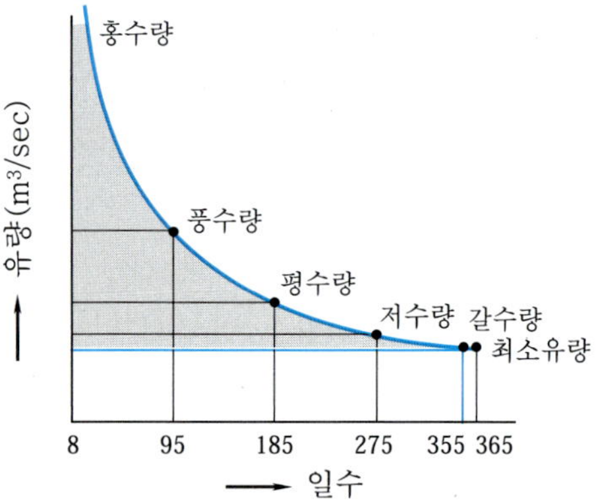

그림 3.5 하천유황 곡선도

계획고수량, 계획고수위는 치수계획에 있어서 대상이 되는 홍수의 유량과 그 수위로서 취수시설의 안전계산, 구조물의 제원을 결정하는데 필요한 것이다. 보통 하천관리자가 공사실시 기본계획 등에서 결정하는 것이므로 하천 관리자와 충분한 협의가 필요하다.

수리권에 관해서는 하천은 상수도의 수원뿐만 아니라 농업용수, 공업용수, 발전용수 등의 용도로도 사용되고 이 밖에도 어업, 주운 등의 목적으로도 이용되는 경우가 많으므로 상류나 하류에서 기득권을 가지고 하천수가 사용되는 경우, 취수시설을 신설하게 되면 이들 기득권에 대한 침해가 되어 법적문제로 번진다든가 아니면 많은 비용을 들여서 준비한 상수도계획을 포기하여야 할 경우가 생길 수도 있으므로 수원으로 선정될 하천에 대한 수리권을 사전에 상세히 파악해 둘 필요가 있다.

(2) 수질

하천수는 지표·지중 및 천수 중의 물질을 함유하고 있다. 인위적인 오염 물질을 제외하면 지표물질로서는 유역의 지질에서 유래하는 무기질, 식물의 부패 분해 생성물인 유기질 등이 있으며, 지중물질로서는 지질에서 생기는 철이나 망간 유기물의 분해에 의해서 생기는 탄산가스 등이 용존하는 외에, 생물작용에 의하여 생긴 질소가스 등이 다량으로 용해되어 있을 수가 있고, 한편으로 지표수가 지중에 침투할 때 이에 따르는 성분이 토질의 자연적 저지작용, 즉 물리적인 흡착, 화학적 반응, 미생물학적 분해작용 등에 의해서 제거되거나 변화되는 수도 있다.

이렇게 해서 하천수는 상류에서 하류로 흘러감에 따라 자정작용으로 수질이 점차로 변화한다. 하천의 일정지점에서 보면, 하구 부근의 감조부처럼 1일에 두 번씩 주기적으로 해수의 혼합에 의하여 변화를 되풀이하는 것도 있지만, 일반 하천수질의 1일간 변화는 그렇게 심하지는 않다. 또한 일정한 점에서 하천수의 주요성분(Na, K, Ca, Mg, SO_4, Cl, SiO_2, 알칼리도), 농도의 빈도분포는 정규분포이고, $KMnO_4$, 탁도처럼 농도의 변화가 큰 것의 빈도분포는 대수정규분포에 근사하게 된다는 것이 증명되고 있다.

하천의 수질은 유량과 밀접한 관계가 있어 양적으로는 유출성분량이 유량에 무관하게 일정한 경우와 유량의 증가에 따라서 변화하는 경우가 있으며, 후자의 경우에는 유량의 증가에 따라서 성분의 유출량이 상당히 증가하기 때문에 하천수의 성분은 유량이 증가하는 비율에 관련이 있음을 알 수 있다.

또한 하천 수질은 1년을 주기로 하여 계절적으로 변화하며, 유역이 작은 하천에서는 그것이 잘 나타나지만 유역이 넓은 지류가 합류하는 하천에서는 잘 나타나지 않는 편이다.

하천 유역에 있는 도시·공업지역·농업지역 등에서 오염수가 유입하면 수질은 악화하지만, 오염도가 낮은 다른 하천수의 유입에 의하여 희석된다든가 자연히 침전 제거가 이루어진다든가 하는 경우에는 수질이 다소 개선된다.

① 자정작용(self purification)

하천이나 호수가 생활하수, 공장폐수 등에 의하여 오염되어도 그대로 상당한 기간동안 방치하여 두면 자연히 깨끗한 원래의 상태가 된다. 이러한 현상을 자정작용이라 한다.

이 자정작용은 자연의 치유력이며 근본적으로는 물리적, 화학적, 생물학적인 3가지 작용이 서로 밀접하게 관련하여 장시간, 장거리 또는 넓은 공간에 있어서 이루어진다. 인공적인 정수법은 이러한 작용을 단시간에 작은 공간에 의해서 인공적으로 행하는 것 일 뿐이다.

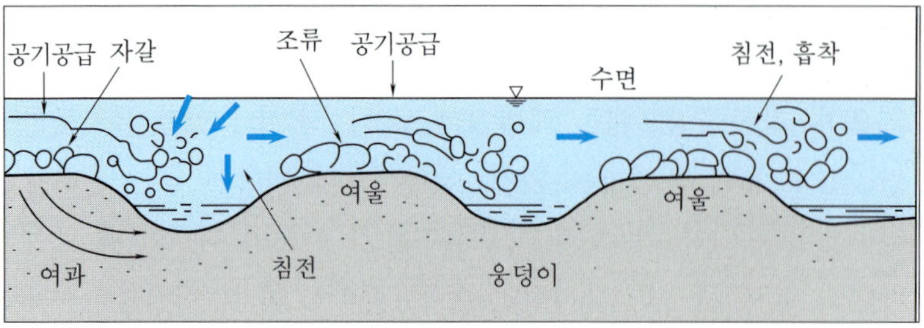

그림 3.6 하천 자정작용의 모식도

a) 물리적 작용

희석, 침전, 여과 등으로 수중오염물질의 농도가 감소하거나 공기공급에 의해서 공기 중의 산소가 용해하여 유기물의 분해가 촉진된다. 지하수에서는 지층의 정화작용에 의하여 오염물질이 정화되며 이는 여과 또는 생물학적 작용이 관여된다.

하천과 호소에 유입한 오염물질은 시간의 경과에 따라 오염물질농도를 저하시키는 것이 보통이다. 일단 폐수가 유입되면 혼합되어 물질의 확산이 일어나게 된다. 이를 희석이라 한다. 한편 여과는 물이 하상의 모래층과 자갈층을 통과하여 오염물질이 제거되는 것을 말하며 침전은 오염물질이 하상에 침강하여 수중에서 제거되는 것을 말한다. 그러나 침전과 여과는 유수 중에서 오염물질이 제거되는 현상이라도 완전히 수계 외로 배제되는 것은 아니며 하상에 침전·퇴적한 오염물질이 항상 물과 접촉하고 있는 상태에 있기 때문에 유출시에는 침전물이 난류로 인하여 부상되어 수질은 급격하게 오탁된 채로 하류지역으로 운반되기도 한다.

또한 유기물 등이 침전하면 하상에서 미생물에 이용되는 *DO*가 부족상태가 되며 혐기상태로서 퇴적물이 부패해서 하상 부근의 수질은 악영향을 받게 된다. 이처럼 침전은 자정작용도 하지만 수질악화의 원인이 되기도 한다.

b) 화학적 작용

순수한 공기 중에서 흡수된 산소에 의한 산화 또는 오염물질의 분해에 의하여 생기는 탄산가스가 물의 *pH*를 높여 수산화물의 생성이 촉진되어 자연적으로 응집이 진행되는 것 등이지만 이것은 생물화학적 산화환원의 작용에 비하면 이 자정작용이 차지하는 부분이 작다.

c) 생물학적 작용

자정작용의 가장 큰 비중을 차지하며 진행을 좌우하는 것은 생물상에 영향을 끼치는 외적환경조건으로 온도, *pH*, *DO*, 햇빛 등이다. 수중생물은 호흡작용에 필요한 산소를 수중의 *DO*에 의지하고 있으므로 자연적 또는 인공적으로 산소를 보충하지 으면 *DO*가 감소하고 *DO*를 소비하는 호기성 미생물은 사멸하고 혐기성 미생물(유기물이라든가, NO_3, SO_2, SO_4 같은 물질에 함유된 화합상태의 산소를 끌어내어 이것을 소비하는 미생물)이 대신 활동을 전개하게 된다.

② 자정단계

자정작용은 호소와 같은 정체수역에서도 일어나지만 이곳은 물이 정체되어 자정작용 단계를 관측하기가 곤란하나 흐르는 하천은 오염원으로부터 거리와 유하시간에 따라 자정단계를 용이하게 관측할 수 있다. 자정단계와 오염판정을 위해 Whipple, Marson, Kolkwitz, Dinius 등은 수질지표로서 적당한 생물 등을 선정하고 그것에 의하여 수질 등급으로 그 수역의 수질을 판정하고 있다.

Whipple은 분해지대, 활발한 부패지대, 회복지대, 청수지대의 4지대로 구분하였고, 오염 순환(cycle)과 자정단계는 다음과 같다.

a) 분해지대(zone of degradation)

오염유입지점의 근거리에 위치하며 오염물질로 인하여 수질이 악화되고 여름철 온도에서 용존산소 포화도는 45% 정도에 해당된다. 분해지대는 희석이 잘 이루어지는 대하천보다 소하천에서 잘 관찰되며 쉽게 원상태로 회복되기 때문에 식별이 잘 안 된다.

세균수가 증가하고 유기물을 많이 함유하는 슬러지의 침전이 많아지며 용존산소량이 크게 줄어드는 대신 탄산가스의 양은 많아지고 특히 곰팡이류인 균류가 녹색 수중식물이나 고등 미생물을 대신해서 심하게 번식한다.

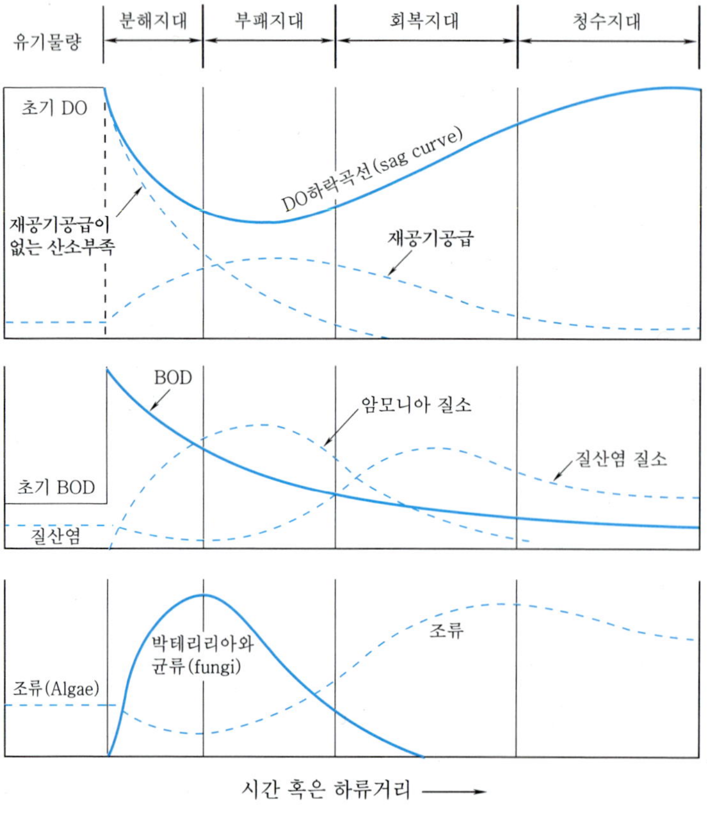

그림 3.7 하천에 관한 유기물오염의 일반적 영향

b) 활발한 부패지대(zone of active decomposition)

물속에 용존산소가 없어 부패상태이고 물리적으로 이 지대는 회색내지 흑색으로 나타나며 화장실 냄새나 황화수소에 의한 달걀 썩은 냄새가 난다.

점액질의 슬러지 침전물이 생성되고 기포가 떠오르며 이산화탄소 농도나 암모니아성 질소가 증가한다.

이 지대는 혐기성 세균이 호기성세균을 교체하며 균류(fungi)는 사라진다.

c) 회복지대(zone of recovery)

분해지대의 현상과 반대현상이 일어나며 용존산소의 증가에 따라 물이 차츰 깨끗해지고 기체방울의 발생이 중단된다. 용존산소가 포화될 정도로 증가하고 아질산염이나 질산염의 농도가 증가한다.

세균의 수가 감소하는 대신 rotifer, protozoa, crustaceans가 번식하기 시작하고 균류와 조류(algae), 청록조류가 번식하며 조개류나 벌레의 유충도 번식하고 황어, 생무지, 은빛 담수어 등의 물고기가 자란다.

d) 청수지대(zone of clear water)

오염이 되지 않은 자연수처럼 보이고 많은 종류의 물고기가 다시 번식한다. 대장균과 병균은 부적합한 환경에 의하거나 다른 미생물에 잡아먹혀서 그 수가 줄어든다. 그러나 일부 계속 남아있기 때문에 깨끗하다 하더라도 한번 오염된 물은 처리를 해야 음용수로 사용할 수 있다.

③ 완전혼합시 농도

하천의 한곳에 오염원으로부터 오염물질이 유입되어 하류에서 완전 혼합되었을 때 수질의 농도는 물질수지 원리를 이용하여 다음 식으로 구한다.

유입질량 = 유출질량

$$C_m(Q_1+Q_2) = C_1Q_1+C_2Q_2 \tag{3.2}$$

여기서, C_m : 혼합되었을 때 대상 오염물질농도(mg/L)

Q_1 : 하천수량(m^3/day)

Q_2 : 폐수 배출량(m^3/day)

C_1 : 하천수의 대상 오염물질농도(mg/L)

C_2 : 폐수의 대상 오염물농도(mg/L)

④ 자정상수(self purification constant)

자정상수는 재포기계수(K_2)를 탈산소계수(K_1)로 나눈 값을 말하며, 하천의 자정능력을 나타내는 데 편리하게 이용되고 있다.

자정상수 f는 다음 식으로 표현된다.

$$f = \frac{K_2}{K_1} \text{ 또는 } \frac{K_a}{K_d} \tag{3.3}$$

한편, 자정상수는 하천의 상태에 따라 다르며, 수온에 따라 큰 차이가 있다.

표 3.1 자정상수

물	f값(20℃)
조그만 연못	0.5~1.0
완만한 하천, 큰 호수, 큰 저수지	1.0~1.5
유속이 낮은 큰 하천	1.5~2.0
보통 유속의 큰 하천	2.0~3.0
급유속의 하천	3.0~5.0
급류 또는 폭포	5.0 이상

예제 3.1 하천의 유량이 $20m^3/s$, BOD 10mg/L인 하천에 유량 $600m^3/day$, BOD 200mg/L인 공장폐수가 유입되고 있다. 완전합류지점인 10km의 하류지점에서 BOD 농도를 구하시오.

〈풀이〉

$$C_m = \frac{20\times24\times60\times60\times10+600\times200}{20\times24\times60\times60+600} = 10.1(\text{mg/L})$$

예제 3.2 BOD 200mg/L의 공장폐수가 하천에 방류되고, 하천에 의해 15배로 희석된 후, 수온 20℃로 유지하며 흐르고 있다. 이 방류점 바로 위의 상류하천수 BOD가 5mg/L일 때, 방류점으로부터 3.5일간 유하한 곳에 있는 기준점의 BOD를 계산하시오.
단, 방류점에서 기준점까지는 하천수의 유입, 유출은 없고, 하천의 유하에 따른 BOD의 감소는 다음 식으로 주어진다고 가정하라.

$$L_t = L_0(1-10^{-kt})$$

여기서, L_t는 t일간에 소비된 BOD mg/L, L_0는 방류점에 있어서의 BOD mg/L, k는 자정계수로 0.2/day라 한다.

〈풀이〉

① 공장폐수 · 하천수의 혼합후의 *BOD* 농도는

$$C_m = (C_1Q_1+C_2Q_2)/(Q_1+Q_2) = (200Q_1+5\times14Q_1)/(Q_1+14Q_1)$$
$$= (200+70)/15 = 18\text{mg/L}$$

② BOD의 감소량 :

주어진 식에 $L_0 = C_m = 18\text{mg/L}$, $k=0.2$, $t=3.5$day를 대입하면,

$L_{3.5} = 18(1-10^{-0.2\times3.5}) \fallingdotseq 14.4\text{mg/L}$

따라서, 기준점에서의 *BOD*는 $18-14.4=3.6\text{mg/L}$

예제 3.3 어떤 하천(유량 $5m^3/s$, BOD 2mg/L)에 공장폐수(유량 5,000m /day, BOD 900mg/L)를 처리하여 방류할 계획이다. 방류 후, 이 하천의 BOD를 3mg/L 이하로 하기 위해 필요한 공장폐수의 BOD 제거율 R(%)를 산출하시오.

〈풀이〉

당해 공장폐수를 처리하여 *BOD* 농도 C_2(mg/L)로 된 것을 하천에 방류한 결과 방류 시점보다 하류의 *BOD*가 3mg/L로 되었다고 생각하면,

$$C_2 = \frac{\{C_m(Q_1+Q_2)-(C_1Q_1\}}{Q_2}$$

$$= \{3\times(5\times60\times60\times24+5,000)-2(5\times60\times60\times24)\}/5,000 = 89.4\text{mg/L}$$

따라서, $R = \frac{900-89.4}{900}\times100 = 90.07\%$

그러므로, 90.07% 이상의 *BOD* 제거율을 달성하는 것이 필요하다.

예제 3.4 도시 하수 처리장에서 2차 처리수를 하천에 배출하고 있다. 폐수의 최대 유량은 15,000 m^3/d, BOD는 40mg/L, 용존산소의 농도는 2mg/L이고 수온은 25℃이다. 하천(폐수배출 지점으로부터 상류)의 최소 유량은 0.5m^3/s, BOD는 3mg/L, 용존산소의 농도는 8mg/L이고 수온은 22℃이다. 폐수와 하천수는 거의 순간적으로 완전 혼합이 이루어지며, 혼합된 후의 유속은 0.2m/s이다. 폐수 - 하천수의 혼합물의 특성을 구하라.

〈풀이〉

① 유량 :

$$Q_2 = 15,000\text{m}^3/\text{day}\times\frac{1\text{day}}{24\text{hr}}\times\frac{1\text{hr}}{60\text{min}}\times\frac{1\text{min}}{60\text{s}} = 0.17\text{m}^3/\text{s}$$

$$Q_{mix} = 0.17+0.5 = 0.67\text{m}^3/\text{s}$$

② *BOD* :

$$C_{mix} = \frac{C_1Q_1+C_2Q_2}{Q_1+Q_2} = \frac{3.0\times0.5+40\times0.17}{0.67} = 12.4\text{mg/L}$$

최종 *BOD*를 구한다(혼합물의 k_1=0.23으로 가정).

$$L_u = \frac{y}{1-e^{-k_1t}} = \frac{12.4}{1-e^{-0.23\times5}} = 18.2\text{mg/L}$$

③ 용존산소

$$DO_{mix} = \frac{8.0\times0.5+2.0\times0.17}{0.67} = 6.5\text{mg/L}$$

④ 온도 : $T_{mix} = \frac{22\times0.5+25\times0.17}{0.67} = 22.8℃$

2) 호소의 수원

하천은 일정한 흐름이 있기 때문에 상하 혼합에 의하여 수심에 따른 수질의 차이가 없다. 오염물이 유입되면 자정단계를 거쳐 자정작용이 일어나나 호소나 저수지는 체류시간이 길고 정체 수역이므로 산소의 재공기공급량이 적기 때문에 자정속도는 잘 혼합이 되지 고 느리다. 호소 및 저수지의 수질오염은 유역내의 공장폐수, 가정하수, 관개용수 등에 포함된 각종 유기물, 중금속, 질소, 인 등에 의해서 일어나며 자정속도가 느리므로 수역이 악화되면 회복이 어렵다.

(1) 성층현상

호소나 저수지의 성층화는 수심에 따른 온도변화로 인하여 발생되는 물의 밀도차이에 의해 생긴다.

수직방향의 물 운동이 없다면 저수지가 변천대를 중심으로 상부를 순환대, 하부는 정체대로 구분된다. 수면과 접하는 순환대층에서는 공기 중의 산소가 재공기공급되므로 *DO*농도가 높아서 호기성 상태가 되나 변천대층 하부의 정체대층에서는 *DO*가 부족하거나 완전히 없어서 결국 혐기성 상태가 된다. 이런 경우 저수지 바닥에 침전되거나 유기물이 혐기성 미생물에 의해서 분해되므로 수질은 대단히 악화된다. 깊은 저수지에 있어서 순환대층과 변천대층은 각각 7m 정도의 수심을 차지하며 그 하부는 정체대층이 된다.

이 현상은 그림 3.8에서 보는 바와 같이 물의 수직운동이 없는 겨울이나 여름에 일어난다. 그리고 겨울보다는 여름에 정체현상이 뚜렷이 생긴다.

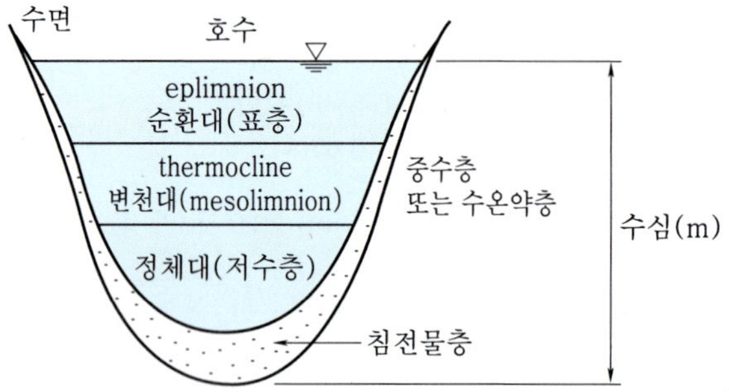

그림 3.8 호소의 성층

이와 같이 저수지의 물이 수심에 따라 여러 개의 층으로 분리되는 현상을 성층현상(stratification)이라고 하며 이 결과 생기는 순환대, 변천대, 그리고 정체대 층들을 열밀도층(thermal-density layers) 또는 열층(thermal layers)이라고 한다.

봄과 가을에는 저수지의 수직혼합(turnover)이 활발히 진행되어 분명한 열밀도층의 구별은 없어지게 된다. 즉, 겨울에는 대기 중의 온도가 낮아 수면이 얼게 되면 표면부근은 0℃보다 낮아져도 얼음 밑의 물은 0℃로부터 깊은 곳의 물은 4℃ 정도에서 최대밀도를 갖게 된다. 이러한 상태에서는 물이 평형상태에 있고 수직적인 혼합이 없게 된다.

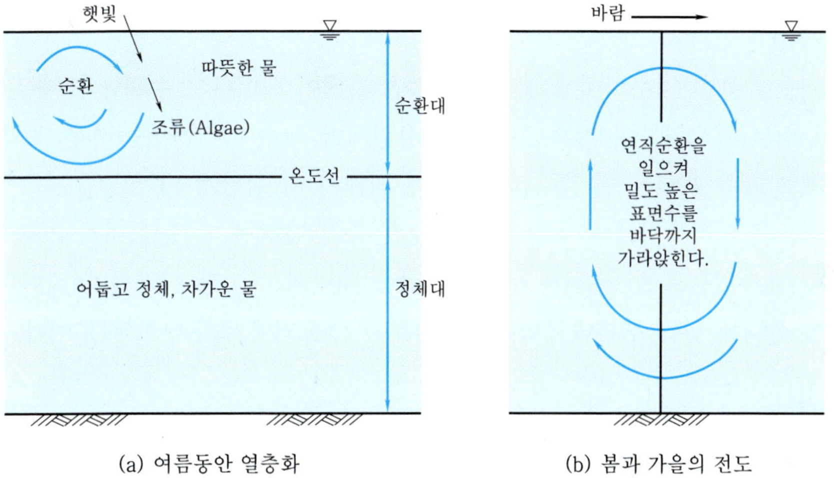

그림 3.9 열층화와 순환

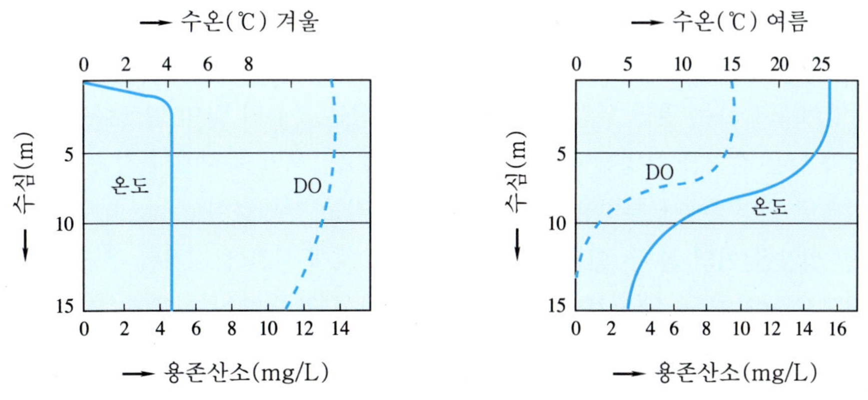

그림 3.10 수심에 따른 수온과 용존산소분포

그러나 봄이 되어 얼음이 녹으면 표면부근의 수온이 높아지기 시작하여 4℃가 되면 밀도가 최대가 되므로 밑으로 이동하게 되고 반면 밑부분의 물이 상부로 이동하게 된다.

봄에서 여름이 되면 물은 점차 따뜻해져서 가벼운 물이 밀도가 큰 물위에 놓이게 되며 온도차가 커져서 순환현상, 즉 수직운동은 점점 상층부에만 국한된다. 가을이 되어 수면의 수온이 내려가면 수직적인 정체현상은 파괴되고 물은 다시 수직적인 혼합을 이루게 된다.

그러므로 겨울과 여름에는 수직운동이 없어서 정체현상이 생겨 수심에 따라 온도와 *DO*농도, 물질의 농도차가 크지만, 봄, 가을에는 순환현상이 발생하여 수심에 따른 농도변화가 적다.

우리는 통상 물이 저수지내에 오래 머무르면 자정이 일어나서 수질이 좋아질 것이라고 예상하기 쉬우나 오염물이 계속 저수지로 유입되어 저수지의 자정능력을 초과할 때 수질은 점차로 악화되며 이 현상은 성층현상에 의해서 더 심하게 된다.

봄과 여름철의 저수지물의 수직운동은 대기 중의 바람에 의해서 더욱 가속되며 저수지의 물이 급수원으로 이용될 경우 수직혼합은 대단히 불리한 결과를 초래한다. 왜냐하면 혐기성 상태에 있는 정체대 층의 물이 상부로 이동되어 취수되기 때문이다.

(2) 부영양화

부영양화는 조류가 대량 발생한 상태인데 수역 환경에서 조류는 기초생산자이며 광합성을 하기에 충분한 빛의 강도가 있는 표층 가까이의 좁은 투광대에서 생장한다. 조류의 생산성은 주로 빛의 강도와 무기영양원의 양에 의해 달라진다. 과다한 질소와 인이 조류의 과다한 생장의 가장 보편적인 원인이다.

호소에 있어서 영양염류가 적은 곳은 플랑크톤이 적고 투명도가 높은데 이와 같은 수역을 빈영양이라고 하는 반면 영양염류가 많은 곳에서는 조류가 많이 발생하여 투명도가 낮은데 이와 같은 수역을 부영양이라고 한다. 특히 호소, 해안 등지에서 각종 오염이나 기타의 원인으로 빈영양에서 부영양으로 변화하는 현상을 부영양화(eutrophication)라 한다. 인위적인 영양을 거의 볼 수 없는 호소에서도 극히 오랜 시간에 걸쳐서 부영양화가 일어나지만 체류시간이 긴 호수나 해역(정체수역)에 유기성 공장폐수, 농업배수(질소비료, 인산비료), 가정하수 중의 질산염, 인산염의 유입으로 조류의 영양분인 질소(N), 인(P), 탄소(C) 등의 증가로 일으킨다.

장기간에 걸친 저수 결과 유기성 오염물이 분해제거 된다 하더라도 수중 미생물의 번식에 영양소가 될 무기물은 축적될 수도 있기 때문이다. 그 결과 인체에 질병을 일으키거나 수중에 맛과 냄새를 초래하는 각종 조류가 번식하게 되며 이들 조류가 죽게 되면

표 3.2 호소영양상태 판정기준

구분	총인(mg/L)	총질소(mg/L)	비고
극빈영양	<0.005	<0.2	총질소/총인 <7 : 총질소기준배제
빈중영양	0.005~0.01	0.20~0.40	
중영양	0.01~0.03	0.30~0.65	
중부영양	0.03~0.10	0.50~1.50	총질소/총인 >16 : 총인기준배제
부영양	>0.1	>1.50	

자료 : Thomann과 Mueller(1987)

저수지의 바닥에 침전되어 다른 미생물에 의해서 분해되고 그 결과 생기는 물질은 다시 다른 조류의 번식을 초래할 수 있는 영양소가 된다. 이러한 순환을 거듭하게 되며 저수지의 수질은 점점 악화되어 나중에는 쓸모없는 늪모양으로 변하게 된다.

호소는 부영양회가 진행됨에 따라 호소의 수질이 물리적·화학적·생물학적 특성이 변하게 된다.

부영양화의 특성으로는 영양염류의 농도가 높아서 질산염이 0.2~0.3mg/L, 인산염이 0.01~0.02mg/L이상이다. 1차 생산량이 많아 조류의 양이 0.015mg/L 이상이 된다. 조류가 성장함에 따라 투명도가 감소하고 호소바닥에 생물의 사체나 현탁물이 침전하므로 수심이 낮아지고 유기물의 분해작용으로 바닥에서는 산소 결핍현상이 일어나고 표면에서는 광합성작용으로 산소 과포화현상이 발생한다. 생물종의 다양성은 줄어들고 개체수는 증가하며 우세한 종도 바뀐다.

이와 같이 생물상이 변화하므로 먹이 연쇄과정도 변하게 된다. 호소에 부영양화가 발생하면 생활용수나 공업용수로 이용하기 곤란하거나 수처리 비용이 많이 들어 경제적 손실을 가져올 뿐만 아니라 수산용수, 농업용수로도 그 가치가 떨어지게 된다.

조류의 영향을 살펴보면 조류가 번식하면 물에서 나쁜 냄새가 나고 물에 산소가 부족하게 되어 물고기가 죽게 된다. 많은 종류의 조류가 독소를 생산한다. 맛과 냄새를 내는 화학물질은 물을 활성탄으로 처리하여 흡착시킴으로써 물로부터 어느 정도까지는 제거할 수 있으나 냄새나 맛을 완전히 제거시킨다는 것은 어려운 일이다.

호소의 부영양화 방지방안은 제한요소인 질소, 인의 유입을 막아야 한다. 질소와 인은 도시하수를 2차 처리하여도 질소 50%, 인 30% 정도를 제거하여 보통 처리수 중에 10~30ppm의 질소와 5~20ppm의 인을 함유한다. 특히 가정하수 중 인의 60%가 세제의 사용에서 온다. 그러므로, 호소에 유입되는 하수 및 폐수는 고도처리(3처리)를 하여야 하며, 인의 함량이 적은 세제의 사용도 고려되어야 한다. 또 적극적인 방법으로 조류의 번식을 방지하기 위해 황산동($CuSO_4$)이나 활성탄을 살포하거나 공기주입법, 강제혼합법 등에 의해 자정능력을 촉진시키는 방법도 강구되고 있으나 많은 비용과 시간이 필요하다.

부영양화를 통제하는 가장 직접적인 수단은 영양분의 자연수로 유입을 제한하는 것이다. 이것은 적절한 생태학적 관리를 통하여 이루어질 수 있다. 이를 위해서는 농촌이나 도시에서의 폐기물 처분을 통제하기 위한 법규제정 및 적용이 필요하며 경작지에 비료를 과도하게 주는 것이 금지되어야 한다. 또한 영양분 유입을 통제할 수 있도록 처리 설비를 건설 유지하는데 필요한 자금의 투자도 필요하다. 도시에서는 N, P 등 영양염류 제거에 필요한 고도폐수처리를 하여야 하고 산업체에서도 영양원이 풍부한 폐수를 배출하지 않도록 해야 한다.

생태학적 관리는 영양원을 제거하기 위한 기술이 이용가능하다는 가정을 기초로 하고 있다. 작은 연못에서 조류의 과도한 생장을 막을 수 있는 가장 일반적인 수단은 황산구리를 투여하는 것이다. 많은 양의 조류가 나타나기 전인 이른 봄철에 황산구리를 투여하는 것이 바람직하다.

3.3.3 지하수(ground water)

지하수를 학문적으로 나누어서 순환수와 처녀수로 구분한다. 전자는 순환지하수라 하는 것이 옳고, 물의 순환 중 지하에 존재하는 것을 말하며, 후자는 지중 최심부의 암장에서 분리된 물이 처음으로 공기에 접촉되는 기회를 가진 것을 말한다. 물론 여기에 말하는 지하수는 순환수를 말한다. 지하수는 우수가 지중에 침투한 것이다. 수질은 일반적으로 지질에 따라 영향을 받으며, 대체로 양호하다. 특히 심층수의 수질은 좋고 신뢰할 수 있다. 오염의 근원은 재래식 변소·오물·공장폐수 등 지표에서 온다.

1) 천층수

대지에 침입한 우수는 각종의 지층을 통과하는 사이에 그 성질이 변화한다. 즉, 대기와 지표에서 얻은 불순물은 점차 없어지고, 동시에 지층에서 다른 물질을 용해한다. 즉, 대기에서 얻은 생물·세균·매연·먼지 등의 부유물질은 지표에서 온 세균이나 유기질에 의하여 대부분이 분해된다. 따라서 어느 깊이에 도달하면 대기와 지표에서 온 부유물질은 전부 제거된다. 그러나 침투수는 무기질을 용해한다. 특히 CO_2를 포함할 때에는 용해력이 커진다. 따라서 지하수는 무기성 용해질이 풍부하다. 그리고 부식토가 풍부한 지방에서는 무기질과 함께 유기질을 포함한다. 무기질이 물에 용해하는 순서는 암석 중의 염화물이 먼저 용해하고, 다음에 알칼리 금속의 황산염, *Ca* 및 *Mg*의 탄산염 화합물, 최후로 난용성의 규산염이다. 이와 같이 해서 지하수는 경수가 많다.

2) 심층수

심층수는 대지의 정화작용으로 무균, 또는 거의 이에 가까운 것이 보통이다. 또, 수온은 사계절 일정하고, 성분의 변화도 적다. 그런데 심층수에 있어서는 공기의 공급이 충분치 않으므로 환원작용을 받을 때가 있다.

예를 들면 부식토의 존재와 O_2가 결핍일 경우 황산염은 H_2S로, 질소화합물은 암모니아로 환원될 때가 있다.

철이 제2철의 형으로 존재할 때에는 제1철로 환원되고, 다시 CO_2에 의해서 탄산 제1철로 되어 지하수에 용해된다. 철 뿐만 아니라 다른 분해성 생물 중에도 가용성의 것이 있으면 지하수에 용해된다. 그런데 실제 양수한 지하수의 대부분이 상당수의 세균을 포함하는 것은 그 원인이 외부에서 온다고 하며, 예를 들면 굴착기계·우물벽의 이음·펌프 등이다.

3) 용천수

지하수가 자연적으로 지표로 솟아나온 것이므로 그 성질도 지하수에 준한다. 예를 들면 지하로 침투한 지하수가 암석 또는 점토와 같은 불침투층에 차단되어서 한쪽으로 출구를 찾아서 솟아 나온 것이다. 따라서, 경과해 온 과정의 지질 상태에 따라 수질이 다르겠지만, 일반적으로 말하면 용천은 천연적으로 여과된 물이므로 청정하며 세균도 적다.

4) 복류수(river bed water) 또는 집수매거(water from infiltration galleries)

하천이나 호수의 바닥 또는 측부의 사력층 중에 포함되는 물을 특히 복류수라 한다.

따라서, 하저 또는 제내지 등 지하 얕은 장소의 사력 등의 대수층에 대략 수평으로 관거를 매설, 집수하여 이것을 수원으로 하는 것으로서 과거에 많이 사용되었던 수원이라 하겠다.

이 복류수는 어느 정도 여과된 것이므로 지표수에 비하여 수질이 양호하며 대개의 경우 침전지를 생략할 수 있다. 수질은 천층수와 흡사하다고 하겠으나 적당한 지점을 선정하면 오염될 염려는 없으며 심층수와 같이 철분·망간 등 광물질을 함유하는 일도 적고, 수량도 심층수에 비하여 안전 확실하다.

하상 밑에 집수매거를 포설할 경우에는 그 지층의 지질은 자갈·모래, 또는 양자의 혼합층으로 될 것이며, 함수율이 높고 일면 여과력이 큰 하상이 좋고, 홍수 시에 세굴되지 않는 지점을 선정할 것이며, 집수매거 부설 깊이는 지하 3~5m까지가 가장 적당하다.

3.3.4 해수 수원

해수는 지구상에 존재하는 물의 약 96.5%를 점하고 있다. 따라서 해수의 담수화는 금후의 수자원개발상, 특히 건조지역에서는 큰 성과가 기대된다. 또한 우리나라에서 해수담수화는 가뭄과 더불어 지형여건상 수자원 확보의 어려움 때문에 만성적인 용수 부족현상을 나타내고 있는 일부 도서지역에 항구적인 용수공급 방안의 하나로 해수의 담수화 시설의 도입이 추진되고 있다. 그러나 우리나라에서 해수 담수화는 장래 물 부족에 대비하여 대체 수자원으로 간주는 할 수 있으나 개발의 정도는 기존의 계획된 담수자원의 개발보다 우선하거나 대등할 수는 없을 것이며 물 부족에 대비해서는 우선 지표담수자원의 양적 확보 및 물 사용의 합리화 등이 이루어져야 할 것이다.

해수담수화방식에는 역삼투법이나 전기투석법과 같은 특수한 막의 성질을 이용하여 해수 중의 염분을 제거하는 방법, 증발법(다중효용법, 다단 플래쉬 증발법, 증기압축법) 같이 물의 상변화를 이용하여 염분을 분리하는 방법이 있다. 표 3.3에 이러한 각종 방식의 원리 및 특징에 대해서 나타낸다. 현재 세계적으로 가장 많이 이용되고 있는 방법은 증발법으로 약 75%를 차지하고 있다.

표 3.3 각종 해수담수화방식의 원리 및 특징

방식	원리	특징
증발법	해수를 가열하여 증발시켜 발생한 수증기를 냉각시켜 담수를 얻는 방법	규모가 클수록 경제적이다. 에너지가 많이 소모된다.
역삼투법	물은 통하나 염분은 통하지 않는 반투막으로 용기를 만들어 한쪽에 해수를 넣고 해수에 압력을 가하여 담수만을 투과시키는 방법	전력소비량이 적은 에너지 절약형. 염분농도가 낮은 기수의 담수화를 행하는 경우에는 비용이 저감된다.
전기투석법	양이온교환막과 음이온교환막 사이에 해수를 통하고, 양막의 외측으로부터 직류 전압을 걸어 줌으로써 막을 통하여 해수중의 염소이온과 나트륨이온을 제거하여 담수를 얻는 방법	염분농도가 낮은 경우에는 비용을 절감할 수 있다.

해수담수화 방법의 적용성 및 특성을 포괄적으로 파악하기 위하여 대표적인 담수화 방법에 관해서 실제에 적용되어 있는 원수의 농도와 운전 온도 범위는 다음과 같다.

표 3.4 해수담수화 방법별 원수의 농도 및 온도의 적용범위

담수화방식	적용원수농도(TDS mg/L)	운전 온도(℃)
증발법	30,000~500,000	35~120
역삼투법	500~50,000	0*~40
전기투석법	50~3,000	0*~65

• *역삼투법, 전기투석법의 최저온도는 동결되지 않는 온도, TDS : Total dissolved soilds*

/ 연습문제 /

3.1 수원의 종류 및 특징을 설명하시오.

3.2 호수의 부영양화 원인, 영향 및 예방법을 설명하시오.

3.3 자정작용의 원리에 대해 설명하시오.

3.4 호수의 성층현상과 전도현상의 원인, 계절과의 관계에 대해 설명하시오.

3.5 하천의 자정단계별 DO, BOD 및 미생물의 변화와 특징을 설명하시오.

3.6 수원 선정시 고려해야 할 사항은 무엇인가?

3.7 하천의 산소결핍 원인 및 영향에 대하여 설명하시오.

3.8 지하수원과 지표수원의 수질차이를 비교 설명하시오.

3.9 어느 하수처리장에서 BOD가 50mg/L인 하수를 4,000m³/day의 비율로 하천에 방류하였다. 하수가 방류되기 전의 하천의 BOD는 4mg/L이고 유량은 30,000m³/day이었다. 하수처리장의 방류수가 완전 혼합되었을 때 하천의 BOD농도는 얼마인가?

3.10 하천의 재포기계수가 0.3/day, 탈산소계수 0.2/day이면 이 하천의 자정상수는 얼마인가?

3.11 폐수처리장으로부터의 유출수가 하천으로 방류되고 있다. 유출수와 하천의 특성이 아래와 같을 때 유출수와 혼합된 후의 하천특성을 구하라.

	유출수	하천
유량	8,640m³/day	1.2m³/s
BOD_5	25mg/L	2.1mg/L
암모니아	7mg/L	0mg/L
질산염	10mg/L	3.0mg/L
염소	15mg/L	5.0mg/L

3.12 우리나라 수자원의 현황과 대처 방안에 대해 설명하시오.

3.13 BOD가 60mg/L인 하수처리장 유출수가 5000m³/day의 비율로 하천에 방류된다. 하수가 방출되기 전 하천의 BOD는 2mg/L이며, 유량은 0.5m³/s이다. 하수처리장 유출수가 방류되는 순간 하천수와 완전 혼합된다고 가정할 때 합류지점의 BOD농도는 얼마인가?

3.14 유량 30,000m³/day, BOD 2ppm인 하천에 배수량 2,000m³/day, BOD 400ppm인 오수를 방류하여 즉시 균등하게 혼합된다면 하천의 BOD는 얼마가 되겠는가?

PART 1 2

Chapter 4

취수

수원의 종류에 따른 취수지점을 선정하기 위해서는 다음의 각 항목을 비교 조사하여야 한다.

- 수원으로서의 구비조건을 갖추어야 한다.
- 수리권의 확보가 가능한 곳이어야 한다.
- 수도시설의 건설 및 유지관리가 용이하며 안전, 확실하여야 한다.
- 수도시설의 건설비 및 유지관리비가 될 수 있는대로 싸야 한다.
- 장래의 확장을 고려할 때 유리한 곳이 되어야 한다.
- 상수도 보호구역의 지정, 수질오염방지 및 관리에 무리가 없는 지점이어야 한다.

4.1 하천수 취수

수원으로서 하천수를 선택할 경우에 취수지점의 선정문제는 앞에서 기술한 바와 같으나, 취수하는 방법에 있어서는 유량의 변화상태 또는 공사비 등의 비교 여하에 따라서 취수관(intake pipe), 취수탑(intake tower), 취수문(intake gate), 취수둑에 의한 방법 등으로 분류할 수가 있다.

4.1.1 취수관에 의한 방법

이 방법을 사용할 경우에는 하안에 펌프장(pumping station)으로서 적당한 장소가 있어야 하며, 경사가 급한 하천일 때에는 가급적 상류 지점을 선정하여 펌프 수두에 이익을 주는 것이 좋다.

1) 하천수위의 변화가 적은 경우

이 경우에는 비교적 간단한 설비로서 하안 부근으로부터 취수할 수 있다. 취수관의 선단을 하안에 축조한 콘크리트 기초 또는 취수틀(intake crib) 위에 설치하고 이것을 도수정으로 자연유하 시키는 것이다. 이 도수정(suction well)으로부터 다시 펌프를 이용하여 흡입관(suction pipe)을 통해 정수장 혹은 송수관으로 보내며, 지형에 따라서는 직접 펌프를 이용하여 도수와 송수를 겸할 수 있는 도수정을 두는 것이 경제적임은 말할 필요도 없다.

취수관의 입구에는 격자를 설치하여 검불·나무토막 등이 유입하지 못하도록 하여야 하며, 이 격자에 의하여 취수관으로 유입하는 유량이 감소될 우려가 있으므로 취수관의 선단에는 본관 지름보다 큰 이형관을 사용하여 단면적을 확대할 필요가 있다.

취수틀이란 나무틀로 수량이 비교적 크고, 수위의 변동이 적은 곳에 설치하여 적당한 면에 설치한 취수구로부터 취수하도록 나무로 만든 상자 형태이며, 이것은 조립이 간단하여 경제적이다.

2) 하천수위의 변화가 심한 경우

이 경우에는 일반적으로 갈수시에도 취수할 수 있도록 하안으로부터 먼거리까지 취입관을 부설할 필요가 있다.

H.W.L.과 L.W.L.과의 차이가 7~8m 이상인 경우에는 하안에 제방 또는 방수벽이 필요하며, 펌프의 위치는 하안의 지반보다 얕게 설치하지 않으면 안 된다.

취수관의 선단 부근은 상당한 수심을 유지케 하고 바닥을 견고히 하며, 가급적 토사와 침전물의 유입을 방지하여 수질상 좋지 않은 물이 유입하지 않도록 하여야 한다.

4.1.2 취수탑에 의한 방법

취수관에 의한 방법은 하천 수위의 여하를 막론하고 항상 L.W.L.의 물만 취수하게 되므로 수위가 높을 때에도 매우 불량한 하저의 물을 취수하게 되는 결점이 있다.

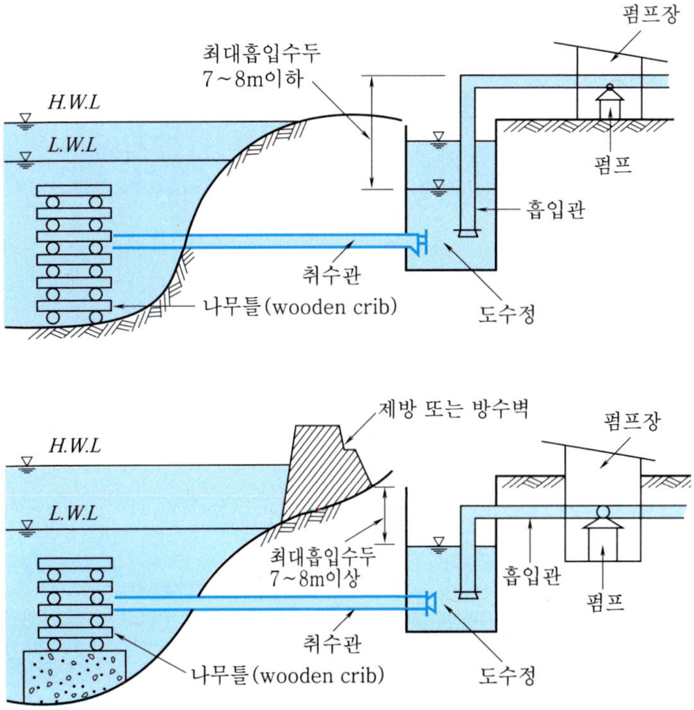

그림 4.1 취수관 취수

그렇기 때문에 취수관 선단에 취수탑을 축조하고 이곳으로부터 수위의 변화에 대비하여 취수할 수 있도록 몇 개의 취수구(inlet port)를 설치하면 위의 결점을 제거할 수 있는 동시에 다음과 같은 이점을 얻을 수 있다.

① 영구적이면서 안전하다.

② 하천수위의 변화에 불구하고 수면 부근의 맑은 물을 취수할 수 있다.

③ 제수밸브(regulating valve)의 사용으로 취수관을 자유로 개폐할 수 있으므로 취수관 청소에 편리하다.

그러나 취수탑은 취수관거에 비해 건설 공비가 많이 드는 것이 결점이다. 취수탑은 최소 수심이 2m 이상인 곳에 위치하여야 하며, H.W.L.보다 1~1.5m 이상 높이 축조한다. 또한 수압·빙압 그 밖의 유압에 대하여도 안전한 구조물 설계로 하여야 한다.

취수구의 인수량을 조절하도록 탑 위에 개폐조절실을 설치하고, 또 제방이나 하안으로부터 통로교를 가설하면 편리하다. 취수구의 형상은 원형 또는 장방형으로 하며 그 단면적은 하천의 경우 유입속도가 0.15~0.3m/s, 특별한 경우나 호소 또는 저수지에서는 1~2m/s 정도가 되도록 정한다.

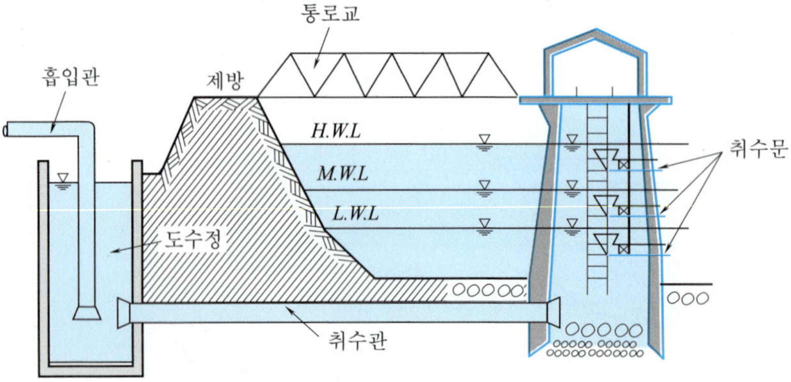

그림 4.2 취수탑 취수

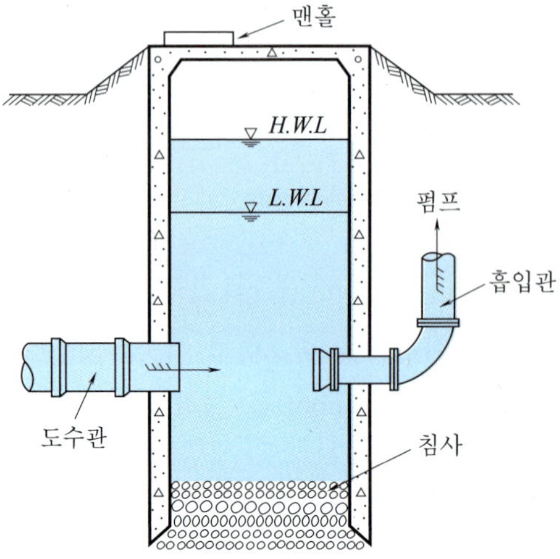

그림 4.3 도수정

4.1.3 취수문에 의한 방법

이 방법은 보통 하천의 중류부로부터 상류부에 걸쳐 하안부나 혹은 제방을 축조한 부분에 직접 취수문을 설치하여 끌어들이는 방법이다. 일반적으로 설치하는 지점의 표고가 높으므로 자연유하식으로 도수할 수 있는 경우가 많다. 또한 이러한 지점을 선정하는 것이 경제적이다.

취수문은 취수량의 다소에 의하여 1연 또는 수연으로 연속 축조한다. 재료로는 콘크리트·철근 콘크리트·석재·벽돌 등을 사용한다.

문의 개폐시 소규모의 것은 수동력으로도 충분하나, 대규모의 것은 전동기(motor)를 사용하게 되며, 문이 과중하면 대응 하중(counter weight)을 설치해서 동력을 절약할 수 있다. 문 앞에는 스크린을 한 겹 또는 두 겹으로 설치하여 부유물의 유입을 방지한다. 2중으로 스크린을 설치할 경우 바깥쪽의 것은 조목(굵은 눈), 안쪽의 것은 세목(가는 눈)으로 하는 것이 효과적이다.

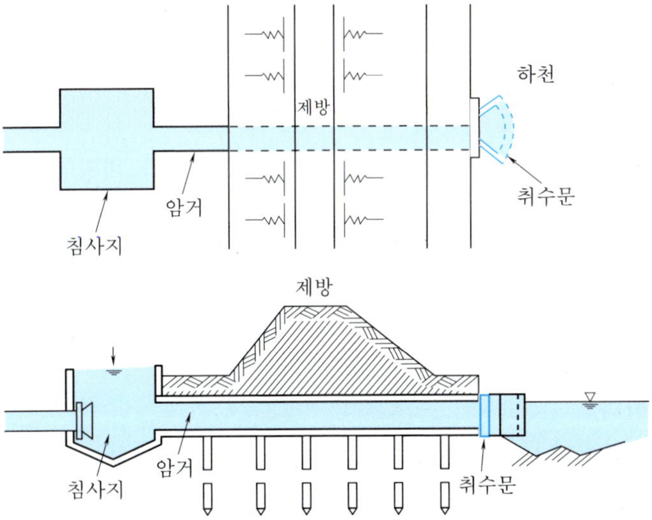

그림 4.4 취수문 취수

4.1.4 취수둑에 의한 방법

이 방법은 하천수를 막아 계획 취수위를 확보하여 안정된 취수를 가능하게 하기 위한 시설로서 둑본체, 취수구, 침사지 등으로 구성된다. 안정된 취수와 침사효과가 큰 것이 특징이며 개발이 진행된 하천 등에서 정확한 취수조정이 필요한 경우, 대량 취수할 때, 하천흐름이 불안정한 경우 등에 적합하다.

그러나 하천표면의 부유물이 스크린에 걸리기 쉬우므로 그 대책을 검토해야 한다.

취수언제·댐의 높이는 계획취수량을 취수할 수 있도록 정해야 한다. 한편 취수구는 언제나 계획 취수량을 취수할 수 있고 취수구에 토사가 유입히거나 퇴적하지 않는 구조로 유지관리에 편리하여야 한다. 취수구의 바닥높이는 배토문 바닥 높이보다 0.5~1.0m 이상 높게 하여야 하고, 취수구 유입속도는 0.4~0.8m/s를 표준으로 하고, 취수구의 폭은 바닥 높이에서 유입속도 범위가 유지되도록 결정해야 한다.

제수문 측면에는 스크린을 설치하고 취수구로부터 유입한 수류를 원활하게 도수로까지 유입시키는 취수 유도수로를 설치해야 하고 계획취수위는 도수로 기점으로부터 취수구까지의 손실수두를 계산하여 결정하여야 한다.

4.2 지하수

4.2.1 우물의 수리

우물의 양수량을 결정하는 공식에는 여러 가지가 있지만, 모두가 Darcy의 법칙으로부터 출발하고 있다. 공식은 크게 평형공식(equilibrium formula)과 비평형공식(nonequilibrium formula)의 두 가지로 나눌 수 있다.

평형공식은 우물주위에서 생기는 원추상저하가 평형상태인 것을 가정하여 만들어진 것으로서 Thiem 식은 이런 부류에 속한다.

비평형 공식은 열전도와 지하수류와의 상사성에서 열전도 이론을 도입한 것으로 Theis 식이 이것에 해당한다.

이 이론에 따르면 양수되는 우물의 원수는 대수층 중의 저류(storage)로부터 보급된다고 보며, 양수를 계속하는 한 이 저류는 소모되고 영향원은 확대되어 간다고 가정하여 유도한 식이다.

1) 평형공식

(1) 자유수면 우물(Thiem 식)

지하수는 수위가 높은 곳에서 낮은 곳으로 유동하므로, 양수로 우물의 수위가 낮아지면 주위로부터 우물을 향하여 동수경사가 생겨, 지하수는 우물 안으로 흘러든다.

이 경우에 지질이 균일하고, 함수층이 무한이 넓으며, 양수개시 전의 지하수면이 수평하다고 가정하면, 지하수는 모든 방향에서 균등하게 우물에 유입된다. 즉, 우물 주위의 동심원통을 통과하는 수량은 양수량과 같게 된다.

그림 4.5에서처럼 우물(반지름 r_0) 바닥은 불투수층이고, 수평이라고 가정한다. 양수를 함으로써 당 의 수위 H가 h_0로 낮아졌다고 하면, 이 수면강하는 우물에서 멀리 떨어질수록 감소하여 거리 R에서는 0이 된다. 이 R을 반지름으로 한 원을 영향원(influence circle)이라 부른다.

Darcy의 법칙에서

$$Q = av = akI \tag{4.1}$$

여기서, Q : 양수량
a : 물의 유입 단면적
v : 물의 유입 속도
k : 침투계수
I : 동수경사

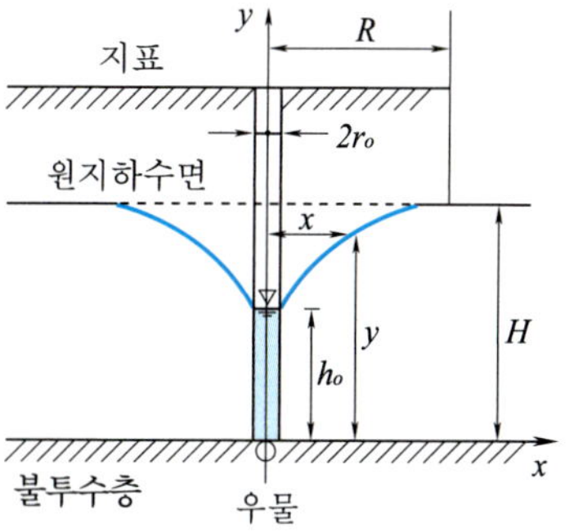

그림 4.5 자유수면 우물

그런데, $a = 2\pi xy$, $\mathrm{v} = k\dfrac{dy}{dx}$

그러므로, $Q = 2\pi xy \cdot k\dfrac{dy}{dx}$, $Q\dfrac{dy}{x} = 2\pi kydy$

위의 것을 적분하면

$$Q\log_e x = \pi ky^2 + C$$

$x = r_0$일 때 $y = h_0$이므로, $C = Q\log_e r_0 - \pi kh_0^2$

여기서,

$$y^2 = \frac{Q}{\pi k}\log_e\frac{x}{r_0} + h_0^2 \tag{4.2}$$

위의 식이 양수 후 평형에 도달했을 때의 지하수면곡선을 표시하는 식이다.

$x = R$일 때 $y = H$이므로

$$H^2 = \frac{Q}{\pi k}\log_e\frac{R}{r_0} + h_0^2$$

즉,

$$Q = \pi k\frac{H^2 - h_0^2}{\log_e\dfrac{R}{r_0}} = \frac{\pi k}{2.3}\cdot\frac{H^2 - h_0^2}{\log_{10}\dfrac{R}{r_0}} \tag{4.3}$$

식 (4.3)에서 보면 우물의 반지름 r_0와 영향원의 반지름 R은 대수로서 포함되고 있으므로 그 영향이 작게 된다. 그러나 수면저하$(H-h_0)$는 수량 Q에 직접 비례하게 된다. 또한 R의 실제치는 구할 수가 없으므로 R=150~500m로 가정한다. 이 식의 이론상 결점으로는 유입속도 v가 연직단면의 깊이에 불구하고 같다고 가정하는 것은 틀리는 것이고, $h_0=0$일 때 Q가 최대로 되지만, 이 경우는 우물에 물이 유입되지 않을 것이다.

(2) 피압수 우물(Thiem 식)

그림 4.6에 표시한 것처럼 2개의 불투수층 사이에 있는 피압지하수 중에서 우물물을 양수하는 경우가 있다. 압력이 크면 자연히 지상으로 분출되며, 압력이 작은 경우에도 물은 우물 안에서 대수층 이상으로 상승한다.

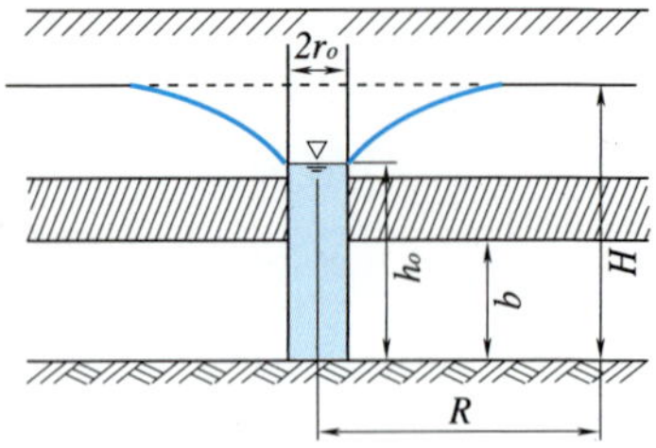

그림 4.6 피압수 우물

이 경우에 H는 대수층 하단에서 최초 수압면까지의 높이이고, 대수층 높이를 b라 하면, 자유수면 우물의 경우와 같이 다음 식이 얻어진다.

$$Q=2\pi kb\frac{H-h_0}{log_e\dfrac{R}{r_0}}=\frac{2\pi kb(H-h_0)}{2.3\log_{10}\dfrac{R}{r_0}} \qquad (4.4)$$

(3) 수위관측 우물을 이용하여 투수계수(k)를 구하는 방법

식 (4.3), (4.4)에서 H, h_0, b, r_0, Q는 관측되므로 R이 주어지면 k를 계산할 수가 있다. 그런데 R을 구하는 것이 곤란하므로 식 (4.3), (4.4)는 계산되지 않는다. 이 때문에 Epsilon법이란 해법이 안출되었다. 앞 식과 같이 Thiem에 의해서 유도된 것이다.

그림 4.7에서처럼 우물 부근에 수위관측용 타입 우물을 중심에서 r_1, r_2…의 거리로 2개 이상 만든다. 양수를 계속하여 평형상태가 성립되었을 때 r_1우물, r_2우물의 대수층 두께를 h_1, h_2라 하면 식 (4.3)에서 다음식이 구해진다.

$$k=Q\frac{(\log_e r_2-\log_e r_1)}{\pi(h_2^2-h_1^2)}$$

그런데 $(h_2^2-h_1^2)=(h_2-h_1)(h_2+h_1)$에서 h_2-h_1은 각 관측 우물의 수위강하량의 차 s_1-s_2와 같으므로

$$k=\frac{Q(\log_e r_2-\log_e r_1)}{(h_2+h_1)(s_1-s_2)}=\frac{0.732Q(\log_{10} r_2-\log_{10} r_1)}{(h_2+H_1)(s_1-s_2)} \text{ (자유수면 우물일 때)} \tag{4.5}$$

이 식에 각 우물의 관측치를 넣으면 k를 계산할 수 있다. 같은 방법으로 피압지하수에서는 다음 식이 얻어진다.

$$k=\frac{Q(\log_e r_2-\log_e r_1)}{2\pi b(s_1-s_2)}=\frac{0.366Q(\log_{10} r_2-\log_{10} r_1)}{b(s_1-s_2)} \tag{4.6}$$

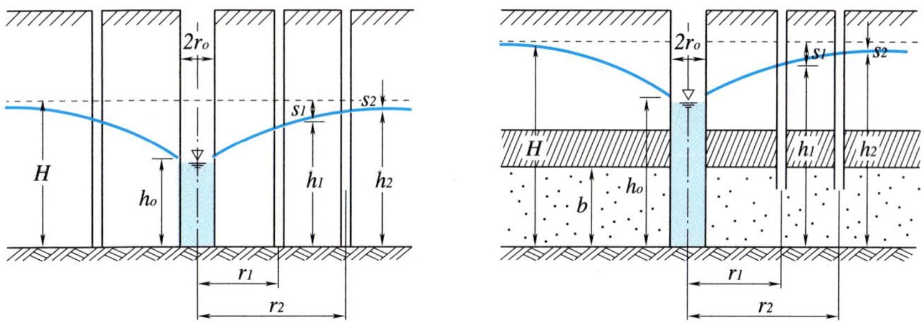

그림 4.7 관측정을 이용한 투수계수의 결정법

(4) 우물 밑바닥이 불투수층이 아닐 때의 식

이것은 대수층이 매우 두꺼우며, 우물 주위가 불투수층으로 되어 있든가 콘크리트 벽으로 되어 있어 측면으로부터 유입하지 않는 경우로서, 지하수가 단지 우물 바닥으로부터만 유입할 때 사용된다. 이러한 경우에는 우물 바닥 구조에 따라서 용수량이 달라진다.

① 우물 바닥이 평탄한 경우(그림 4.8)

$$Q=4\,kr_0(H-h_0)$$

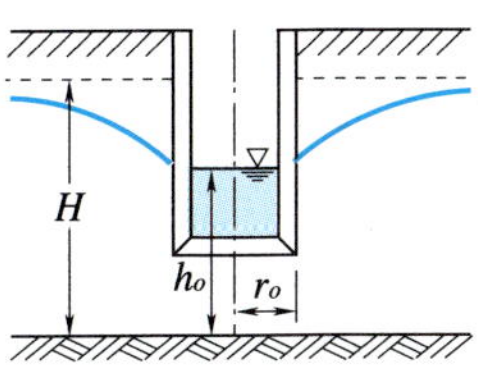

그림 4.8

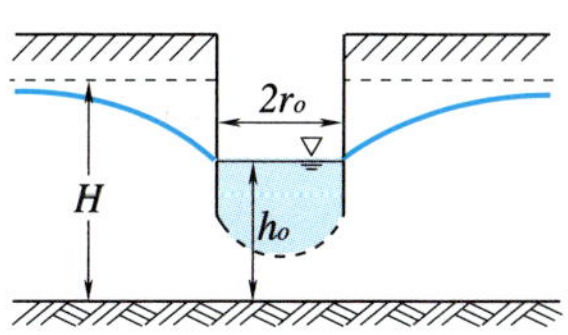

그림 4.9

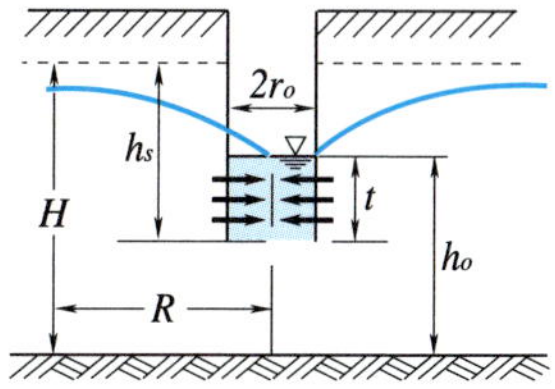

그림 4.10

② 우물 바닥이 구면인 경우(그림 4.9)

$$Q=2\pi\ kr_o(H-h_0)$$

다음에 대수층이 두껍지 않을 때 우물 바닥 및 측벽으로부터 취수하는 경우 그림 4.10에는 다음의 Forchheimer식이 적용된다.

$$Q=\frac{\pi k}{2.3\log_{10}\left(\dfrac{R}{r_0}\right)}\cdot\frac{H^2-h_0^2}{\left(\dfrac{h_0}{t+0.5r_0}\right)^{0.5}\left(\dfrac{h_0}{2h_0-t}\right)^{0.25}} \qquad (4.7)$$

이 식에서 대수층이 대단히 두꺼울 때에는 k가 매우 작아지므로 주의해야 하며, 영향원 반지름 R이 들어가는 난점이 있다.

2) 집수매거의 취수량

공식은 매우 많이 있고, 계산의 결과도 실제와 잘 맞는다. 공식을 적용할 때에는 그 식이 유도된 조건을 검토할 필요가 있다.

(1) 그림 4.11과 같이 지하수가 측벽에서만 유입하는 경우

$$Q=\frac{kL(H^2-h_0^2)}{R} \qquad (4.8)$$

여기서, H : 원지하수심(m)
h_0 : 매거의 수심(m)
L : 매거의 길이(m)
R : 영향반지름(m)

집수매거는 보통 자유 수면을 가지지 않으므로, 이러한 상황은 갈수기에만 생기게 되는 것이다.

(2) 그림 4.12와 같이 불투수층이 깊지 않고 바닥이 불투수층에 달하지 않는 경우

$$Q=\frac{kL}{R}\cdot\frac{H^2-h_0^2}{\left(\dfrac{h_0}{t+0.5r_0}\right)^{0.5}\left(\dfrac{h_0}{2h_0-t}\right)^{0.25}} \qquad (4.9)$$

위의 식은 관저에서 불투수층까지의 깊이가 집수매거 지름의 5~6배 되는 경우에 사용된다.

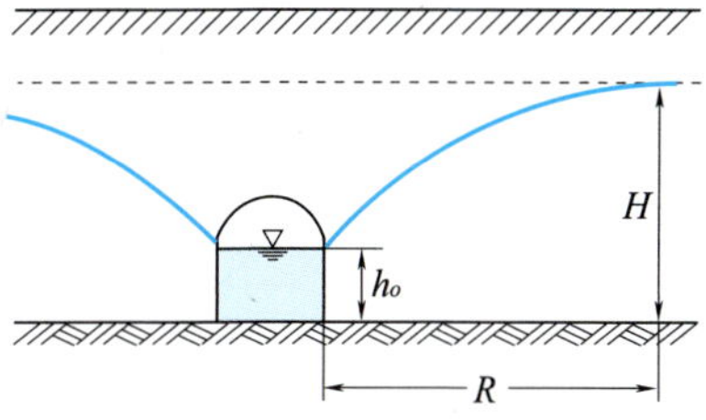

그림 4.11

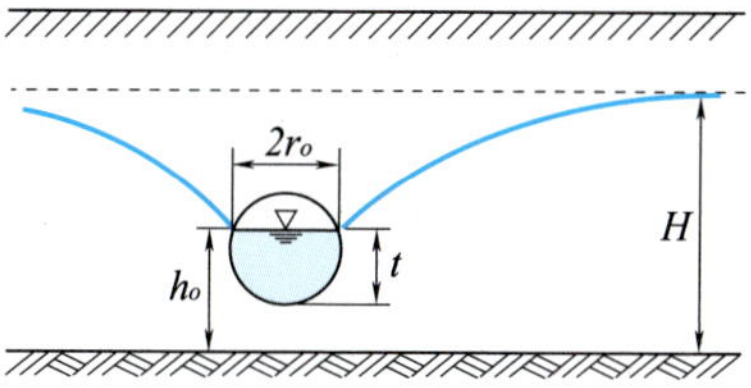

그림 4.12

(3) 불투수층이 깊고 바닥이 불투수층에 달하지 않으며, 물이 바닥에서만 유입되는 경우(그림 4.13)

$$Q=\frac{\pi kL(H-h)}{2.3\log_{10}(2R/r)} \tag{4.10}$$

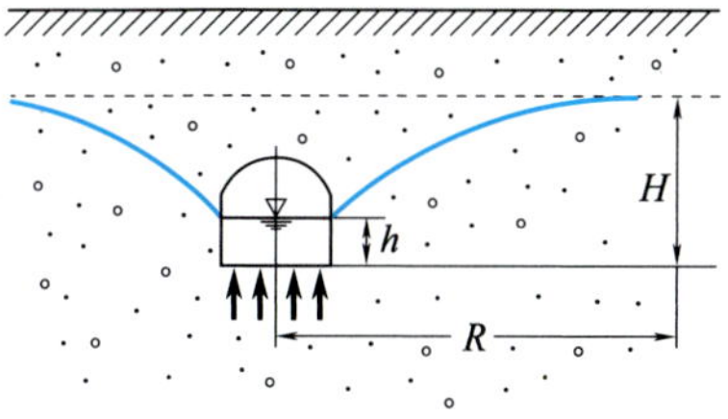

그림 4.13

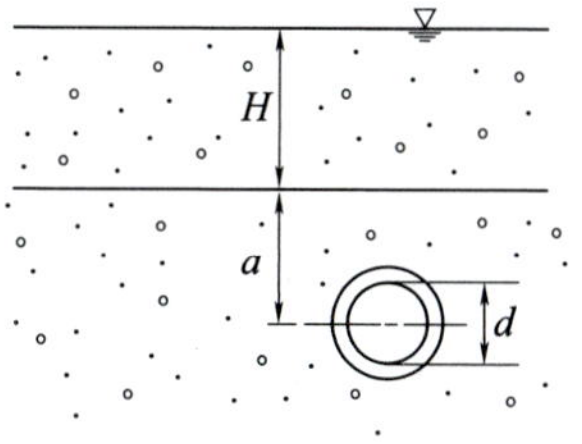

그림 4.14

(4) 하상중의 매거(그림 4.14)

$$Q=\frac{2\pi k\{H+a-(p_0/w)\}}{2.3\log_{10}(2a/d)} \tag{4.11}$$

여기서, d : 매거의 안지름(m)
a : 하천 바닥에서 매거 중심까지의 깊이(m)
p_0 : 매거내 압력의 강도(t/m^3)
w : 물의 단위 중량(t/m^3)

위의 공식은 하천폭이 넓고, 또한 대수층이 매우 깊다고 보고 Muskat가 경사법을 응용하여 유도한 것이다.

3) 우물군

이웃한 2개 이상의 우물이 있을 때, 이것을 우물군이라 한다.

그림 4.15와 같이 d_2만큼 떨어진 2개의 우물이 있을 때, 우물의 지름은 모두 r이고, 우물 No.1의 용출량을 Q_1, No.2의 것을 Q_2로 하고, 영향원의 반지름을 R이라 하면, 피압수 및 자유수에서 각각 다음식과 같이 된다.

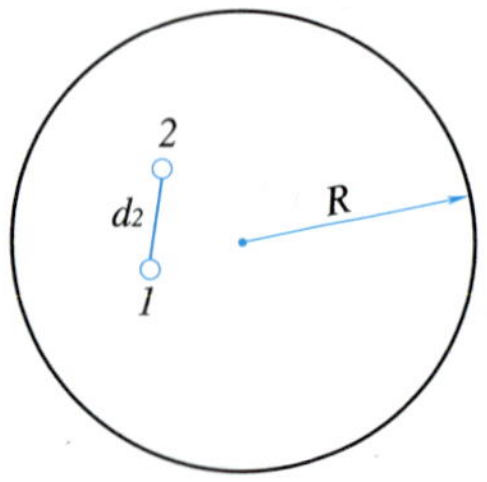

그림 4.15

$$Q = \frac{2\pi\, kb(H-h_0)}{\log_e(R^2/rd_2)} \text{ (피압수, } b\text{는 피압대수층의 두께)}$$

$$Q_1 = Q_2 = \frac{\pi\, k(H^2-h^2)}{\log_e(R^2/rd_2)} \text{ (자유수)} \qquad (4.12)$$

이 식은 영향원 반지름 R이 영향원의 중심에서 2우물의 중심까지의 거리 및 2개의 우물이 차지하는 공간의 넓이에 비하여 매우 크고, 영향원 원주상의 평균 수압 H는 일정하다고 가정하여 유도한 것이다.

우물군 이론식의 일례는 위의 식과 같지만, 이때의 우물군은 동일한 대수층으로서 동일한 깊이의 우물일 경우이고, 대수층이 다르다든가 깊이가 다르면 본 이론이 적용되지 않는다.

4.2.2 집수매거의 구조

집수매거의 구조는 매설하는 장소에 따라 그 형태가 달라진다. 즉, 하저로부터 집수하는 경우와 제내지로부터 집수하는 경우와 사구로부터 삼투한 우수를 집수하는 경우 등에 따라 다르다.

제내지 또는 사구 등의 비교적 얕은 곳에 있는 복류수를 집수할 때에는 개거식(open channel) 구조로 하여, 저부 또는 측벽으로부터 또는 측벽만으로부터 집수할 수 있는 구조로 하며 저면에는 사리·율석 등을 놓고 측벽하부의 인수부에는 공적 또는 상당한 통수공을 설치하며 그 외부에는 사리·율석 등을 채워서 세사의 침입을 방지하여야 하고, 주위 상태에 의하여 오염되지 않도록 보호공을 설치하면 좋다. 재료는 벽돌·석재 및 콘크리트 등이 사용된다.

하상 아래나 제내지 등의 비교적 깊은 곳으로부터 집수하는 경우에는 일반으로 터널식으로 하고, 그 형태는 원형·마제형이 많으며, 최근에는 구조가 견고하고, 공사가 간편한 점으로 보아 유공 철근 콘크리트관이 많이 사용된다. 관의 지름은 부설 후 점검수리와 유지관리에 편하도록 600mm 이상이 좋다. 관의 1개의 길이는 현장에서 직접 만들 경우 0.6~1.0m가 보통이나, 최근 원심력 철근 콘크리트관의 제품을 사용한다면 2.40m의 길이가 되며, 또한 주문에 의하여 적당히 제작할 수 있다. 인수공의 크기는 지름 10~20mm이며, 그 수는 표면적 $1m^2$당 20~30개 정도가 되도록 한다. 관의 이음(joint)은 수구·삽구(socket and spigot)식 또는 꼭지(spigot)식으로 하며, 이음부분에 약간의 공간을 남겨서 이곳으로부터도 인수할 수 있도록 하는 것이 좋다. 집수매거의 주위에는 안쪽에서 바깥쪽으로 굵은 자갈, 잔자갈, 굵은 모래의 순서로 각각의 두께가 50cm 이상이 되도록 채운 다음 그 위에다 되메우기 한다.

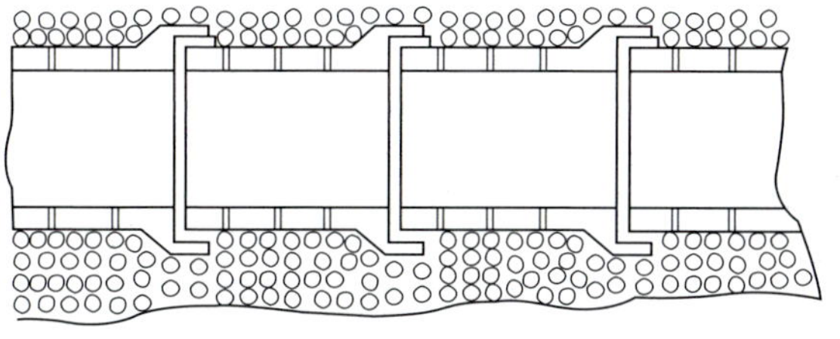

그림 4.16 수구·삽구식 이용

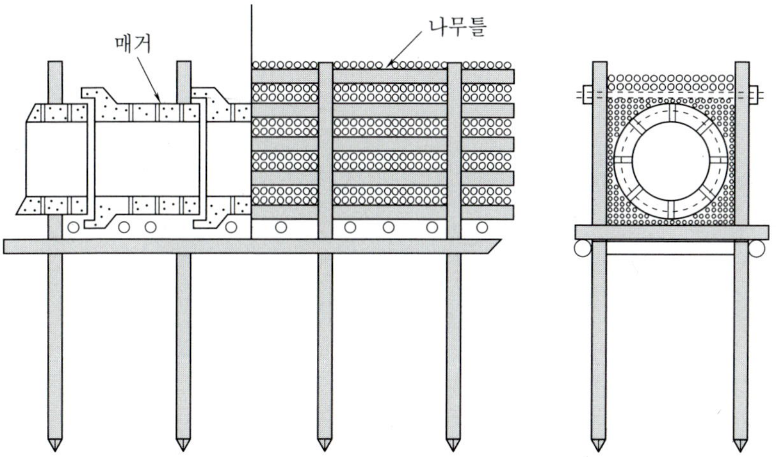

그림 4.17 wooden crib로 보강한 집수매거

매설의 방향은 미리 잘 연구하여 가급적 복류수의 방향에 직각인 방향을 취하는 것이 필요하다. 매거의 연장은 양수시험의 결과를 보아 정하여야 하며 이때에 집수공의 유입 유속은 3cm/s 이하로 하는 것이 좋다. 집수매거는 수평으로 하거나, 1/500의 완만한 경사를 가져야 하며, 유출단의 관내 평균 유속은 1m/s 이하로 한다.

연장이 긴 경우나 또는 지관거를 가진 경우에는 그 시점이나 접합부 또는 중간에 맨홀(manhole)을 설치하여, 필요할 때 검사하기에 편하도록 하는 것이 좋고, 또한 매거의 종점 또는 중간 적당한 지점에 침사지(sand basin) 겸용의 접합정을 설치하고, 그 취수구에는 제수밸브 등을 설치하여 집수량을 조절할 수 있도록 하는 것이 좋다. 보통은 이 접합정(junction well)으로부터 집수매거로써 흡수정으로 연결한다.

만일 제방 밑을 통과하는 경우에는 이 부분에서는 유공집수매거를 사용하지 말고 보통 관거나 관을 사용해야 하며, 이음도 수밀하게 하여야 한다.

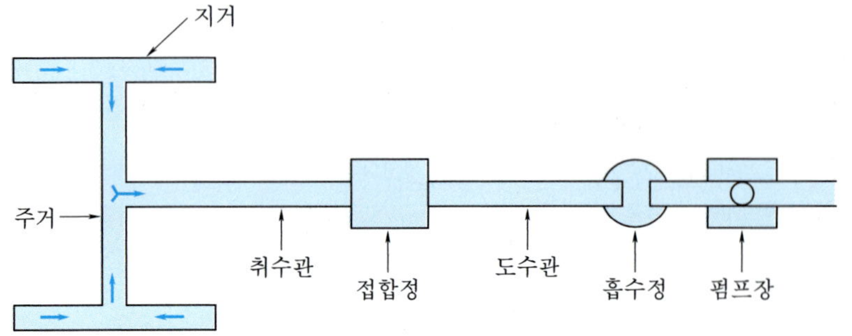

(a) 평면도

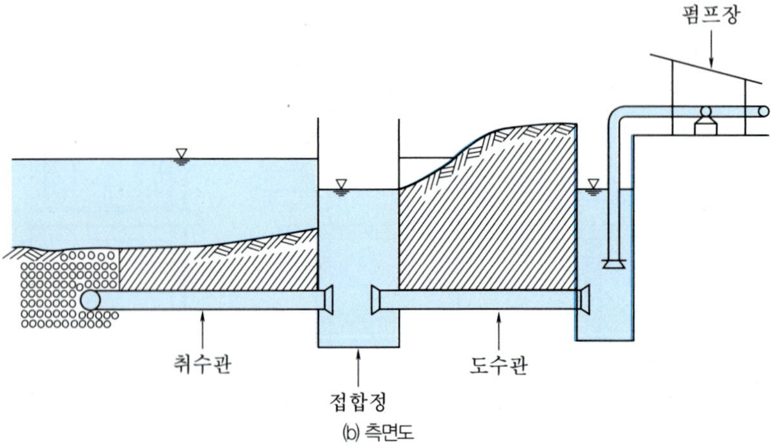

(b) 측면도

그림 4.18 집수매거의 계통도

4.2.3 용천수 취수설비

용천수는 원수를 그대로 음용할 수 있으므로 그 수량이 많을 경우 이를 취수함에 있어 제일 먼저 고려해야 할 점은 자연 상태에서 용출하는 그대로의 성질을 오염시키지 않고 취수하도록 하는 것이다. 즉, 용천수가 지상으로 용출하기 전에 취수하는 방법을 강구하여야 한다. 취수 방법은 용출상태에 따라 두 가지로 나눌 수 있다.

1) 용천수가 한 지점에서 집중적으로 용출하는 경우

이 경우에는 용출지점을 적당히 파고, 용출부의 주위를 포위하여 집수정(collecting chamger)을 축조한 다음, 이를 저수조(storage tank)로 겸용할 수 있도록 하며, 도수관을 이 집수정 내에 설치하여 취수한다. 집수정은 콘크리트·철근 콘크리트·벽돌·석재로 만들며, 규모의 대소에 따라 슬래브(slab)나 아치(arch)의 복개를 설치하여 외부로부터의 오염을 막아야 하며, 집수정 주위와 복개 위에 0.50~0.60m 정도의 성토를 하여 외기의 온도변화의 영향을 받지 않도록 하며, 또한 맨홀(manhole)이나 환기공(ventilation hole)의 설비가 있어야 한다. 만일 세사 등이 용천수와 함께 용출되는 경우에는 집수정 내의 일부에 침전지(setting basin)를 만들면 좋다.

도수관에 제수밸브를 설치하여 취수량을 조절할 수 있게 하고, 만일의 경우를 위하여 월류관(over flow pipe)이나 배수관(drain pipe)을 설치할 것이며, 용출량과 도수량의 측정에 편리하도록 웨어(weir), 그 밖의 계량장치를 설치하는 것이 좋다.

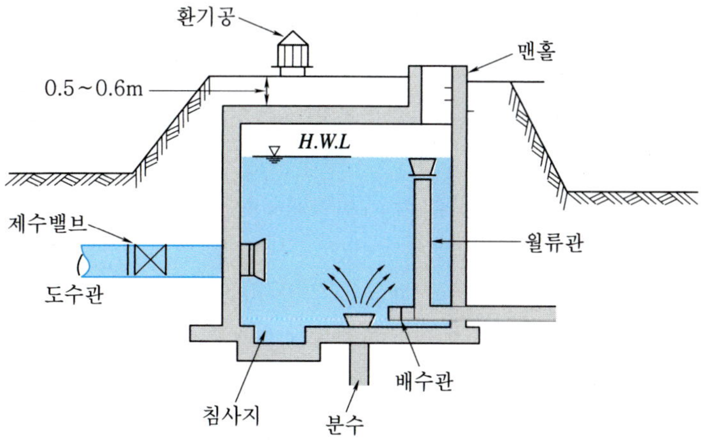

그림 4.19 집수정

2) 용천수가 산 능선 등에서 대략 등고선에 따라 연속적으로 용출하는 경우

이 경우에는 집수매거에 의한 취수방법에 준한다. 즉, 용출하는 등고선에 따라 석조·콘크리트, 또는 벽돌로 매거(agueduct)를 부설하고, 용수부에 잇닿은 벽은 유공벽(porous wall)으로 하는 것이 좋다. 용출부의 지형에 따라 매거의 한끝 또는 그 중간에 집수정을 설치하고 이곳에 모인 물을 도수한다.

대규모의 매거에는 그 중간에 검사로(inspection gallery)를 설치하는 수도 있으며, 외기의 온도 변화에 의한 영향을 받지 않도록 흙속에 매설하는 것이 좋다. 매거가 길면 그 시점 또는 중간에 맨홀을 두어 검사할 때 출입이 편하도록 한다.

4.2.4 강변여과수 취수시설

강변여과수는 원수를 장기간 강변의 대수층에서 체류시켜 자연지층의 자체정화능력을 이용하여 원수중의 오염물질을 상당량 저감한 후 취수하는 방식으로 하천변에서 깊은 우물형식의 집수정을 이용하거나 원수의 인공함양에 의해서 채수하는 방안이 있으며 취수시설을 결정할 때에는 다음 사항을 고려하여 시행한다.

① 수질이 지표수를 취수하는 것보다 유리하여야 한다.

② 구조물 설치와 취수의 효과를 위해서는 퇴적층의 분포가 양호한 지역에서 개발해야 한다.

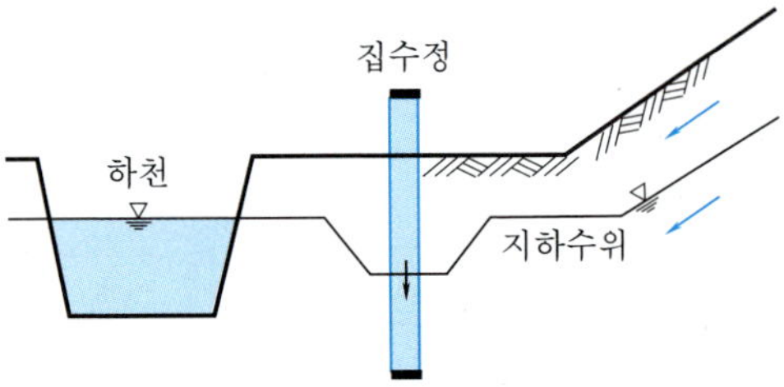

그림 4.20 강변여과수 취수

또한 강변여과수 개발부지를 선정할 때는 면밀한 사전조사가 필요하며 조사시에는 다음 사항을 고려하여 결정한다.

① 원수수질은 환경정책기본법의 원수의 수질기준 Ⅲ등급 이상이 바람직하다.

② 대부분 강물이 채수되나 일부 지하수의 유입에 의한 영향을 고려한다.

③ 토양오염의 여부를 확인한다.

④ 충적층 조건(토양성분, 대수층두께, 지하수위)을 검토한다.

⑤ 제방 또는 인근마을과의 이격거리를 고려한다.

⑥ 공급조건을 검토한다.

4.3 호수 취수

호수로부터 취수하는 방법도 대체로 하천에서의 취수 방법과 대동소이하다. 호수로부터 취수하는데 있어서는 가급적 오염을 피하기 위하여, 하안으로부터 상당히 먼 지점에서 취수하여야 하고, 외기의 온도변화·파랑·결빙의 장해를 받지 않게 하기 위하여서는 수면으로부터 3~4m, 특히 큰 호수에서는 10m 이상 깊은 곳으로부터 취수하는 것이 좋다.

4.3.1 저수지

하천을 수원으로 하는 경우 평균사용수량, 즉 소요수량(demand)이 그 하천의 갈수량을 초과하는 경우에는 유출량이 많은 시기의 여유수를 저류하였다가 유출량이 적은 시기에 부족한 수량을 보충할 필요가 있으니, 이 점이 바로 저수지의 필요성을 말하는 것이다. 저수지는 그 위치에 따라 다음 3종류로 구별한다.

① 하천을 막아서 그 상류측을 저수지로 하는 것

② 하천으로부터 물을 도수하여 다른 적당한 장소에 저수지를 만드는 것

③ 하천과는 관계없이 단순히 지형이 오목형으로 된 곳을 막아 흘러들어온 물을 저수하는 것

그리고 저수지의 위치를 선정하는 데에는 다음과 같은 요소를 고려하여야 한다.

① 가능한 한 작은 댐으로 필요한 저수량을 얻을 수 있어야 한다.

② 댐의 설치지점과 저수지 바닥의 지질이 좋아야 한다.

③ 저수지 축조로 인한 용지내의 보상 대상이 적어야 한다.

④ 집수면적이 넓고, 수원보호가 유리하여야 한다.

⑤ 댐의 건설 재료를 얻기 쉬운 장소로 한다.

⑥ 도시로부터 가까울수록 좋으며, 가급적 자연유하식으로 도수할 수 있도록 한다.

⑦ 수심이 비교적 깊은 곳이 좋다.

4.3.2 유출량의 결정

저수지의 용량을 결정하기에 앞서 우선 그 유역 내에서 얼마만큼의 수량을 얻을 수 있는가를 검토하여야 한다. 일정시간 내에 유역으로부터 하천으로 유출하는 수량의 총합을 '유출량' 이라고 한다. 이때 시간을 가로축으로, 유출량을 세로축으로 잡아서 그린 곡선을 '유출량 누가곡선(run-off mass curve)' 이라고 한다. 유출량 누가곡선은 상수도뿐만 아니라 수력 발전에서도 저수지의 용량을 결정하는데 꼭 필요한 것이다.

한 하천에 강수가 집중하는 구역을 집수구역 또는 하천의 유역이라고 하고, 이 유역의 외곽선을 '분수계(watershed)' 라고 부르는데, 이 분수계 내의 면적을 '유역면적' 이라고 한다.

분수계는 상류의 산지에서는 대개 산맥으로 갈라지나, 하류의 평지에서는 지표유역과 지하수의 집수구역이 일치하지 않으므로 유역을 명확히 판정하는 일은 매우 곤란한 일이다.

$$Q = \frac{1,000 \times C \cdot h \cdot A}{30 \times 24 \times 60 \times 60} (\mathrm{m^3/s}) \quad (4.13)$$

여기서, Q : 유출량($\mathrm{m^3/s}$)

h : 유역내의 월평균 강우량(mm)

C : 월평균 유출량

A : 유역 면적($\mathrm{km^2}$)

4.3.3 저수지의 용량 결정

저수지의 용량은 대체로 강우량이 많은 지방에서는 급수량의 120일분, 강우량이 적은 지방에서는 200일분 가량을 저수할 수 있도록 결정하는 것이 필요하다. 계산법은 다음과 같은 식들이 있다.

1) 가정법

$$C = \frac{5,000}{\sqrt{0.8R}} \quad (4.14)$$

여기서, C : 용량(1일 계획 급수량의 배수)

R : 연평균 강우량(mm)

일례로 우리나라 연평균 강우량이 1,245mm이므로,

$$C = \frac{5{,}000}{\sqrt{0.8 \times 1{,}245}} = \frac{5{,}000}{31.56} \fallingdotseq 158(\text{일})$$

즉, 158일분의 저수용량이 필요하다.

2) 이론법

유효저수량의 결정을 위한 하천유량과 계획취수량과의 차를 구하기 위해서 일(日)별로 따지는 것이 가장 정확하겠지만 하천유량이 유효저수량에 영향을 주는 것은 최대 갈수기 때 보다는 어떤 기간동안 계속되는 갈수유황시(渴水流況時)이기 때문에 순별(旬別) 또는 월별 정도의 비교로도 충분하다. 그러므로 순간(旬間) 혹은 월간에 걸친 유량의 평균유량을 일유량으로 계산하면 된다.

유효저수량은 기준 갈수년에 있어서 어떤 기간내에 하천유량을 공급하는 총량 중에서 최대의 것이지만 이와 같이 대략적으로 아는 것 보다는 기준 갈수년의 유량도표나 유량누가곡선도표를 이용하여 구하는 것이 편리하다. 그림 4.21에 설명된 유량도표에 의한 방법에서는 매월의 순(旬)마다 하천 유량의 변화를 도시하고, 이에 매월의 계획취수량을 기입하여 이들의 값을 나타내는 선으로 둘러싸인 면적 중에서 최대인 것이(그림 4.21에서 b부분)그 기간에 있어서의 총공급량, 즉 유효저수량이 된다.

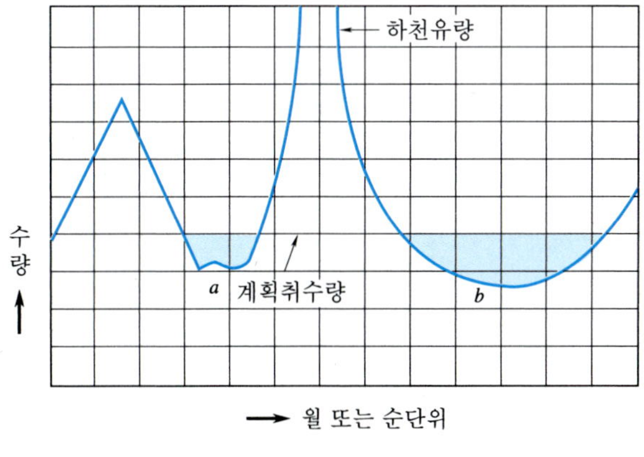

그림 4.21 유량도표에 의한 방법

그림 4.22에 도시된 유량누가곡선도표는 하천의 유출량 누가곡선을 그려서 이론적으로 산출하는 방법이며, 일명 “Rippl's Method” 라고도 한다.

이 방법에 의하려면, 먼저 과거 수년간에 걸친 매월 우량을 조사한 후 매월의 증발과 침투에 의한 손실수량을 조사하여 매월의 유출량을 계산한다. 그래서, 그림 4.22와 같은 누가곡선 *OA*를 그린다. 다음에 매월의 송수량, 즉 소비량(consumption)의 누가곡선 *OB*를 그린다. 이의 변화는 극히 적으므로 대개 직선으로 간주한다. 여기서 *OA*곡선과 직선이 서로 근접하려고 하는 구간, 즉 *EG*, *LM*와 같은 구간에서는 유출량이 소요수량보다 적은 시기가 된다. 이제 어떤 가뭄의 기간 *EG*에 있어서의 부족수량을 구하려면 *E*점에서 *OB*직선에 평행하게 *EF*직선을 긋고, 여기에 세로길이 *IG*를 구할 수 있다. 또, *LM*구간에서의 부족수량도 같은 방법으로 구할 수 있다. 이러한 여러 개의 구간 세로 길이 중에서 가장 큰 것을 택하면, 이것이 바로 이상적인 소요 저수지용량이다. *IG*를 구하는 용량이라고 한다면, 저수하기 시작하는 때는 *G*에서 *OB*에 평행하게 그어, *OA*곡선과 만나는 점 *H*에 해당하는 날, 즉 *K*로 정하여 이때부터 저수하기 시작한다.

이때부터 저수하면 *E*에 이르러 만수가 되었다가 그 후 점차 수위가 저하하여서 *G*에 오면 저수위가 되고, 다시 상승하기 시작하여 *F*에서 만수위가 된다. 유출량의 단위를 m^3/s로 하면, *IG*의 단위는 $m^3/s \times month$가 되며, 용량은 여기에 $30 \times 24 \times 60 \times 60$을 곱하여 주면 m^3의 단위를 가지게 된다.

이상은 이론적 방법이며, 실제로는 여기에 20~30%의 여유를 주는 것이 보통이다.

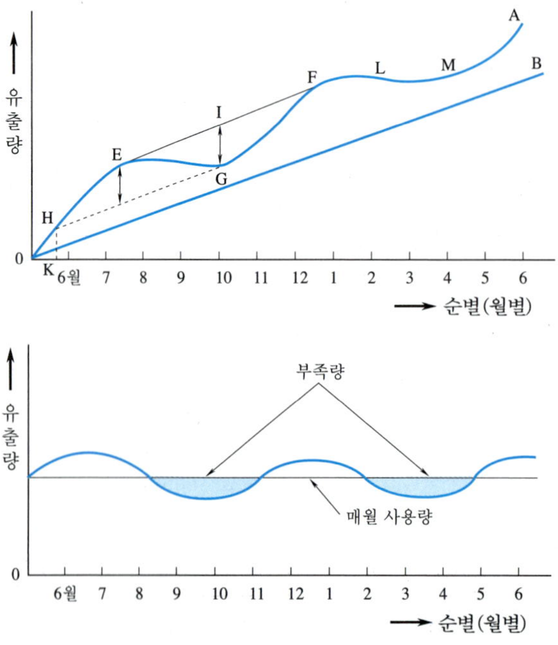

그림 4.22 유량누가곡선도표에 의한 방법

/ 연습문제 /

4.1 하천수의 취수방법과 특징을 설명하시오.

4.2 지하수 취수로 인해 발생되는 문제점과 대책에 대해 설명하시오.

4.3 복류수의 취수 방법인 집수매거의 설치 방법에 대해 설명하시오.

4.4 저수지의 유효저수량 결정방법인 유량누가곡선에 의한 방법을 설명하시오.

4.5 저수지 취수에서 선택 취수에 대해 설명하시오.

memo

PART 1 2

Chapter 5

도수 및 송수

취수시설에서 정수장을 경유해서 배수시설의 기점인 배수지·배수탑 혹은 고가수조까지 가는 수로 중 취수시설에서 정수장까지 가는 관거를 도수관로(leading pipe line)라 하고, 이 관을 '도수관' 이라고 하며, 정수장에서 배수지·배수탑 혹은 고가수조까지 가는 관거를 송수관로(conveying pipe line)라 하며, 그 관을 송수관이라고 할 수도 있으나, 일반적으로 양자의 기능 및 역할이 흡사하므로 총칭해서 '송수관로' 라고 한다. 도수와 송수과정의 일반적인 흐름도를 나타내면 그림 5.1과 같다.

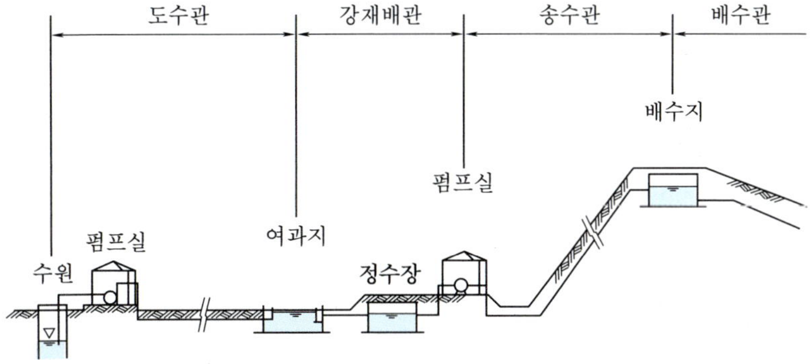

그림 5.1 도수와 송수

5.1 송수방식

송수방식에는 2종류가 있는데 하나는 자연유하식(gravity system)이고, 다른 하나는 가압식(pumping system)이다. 이는 수원과 침전지·여과지 및 배수지를 설치하는 장소의 표고의 상호 관계에 따라서 결정되는 것이므로 각 도시마다 다르게 선택한다.

간편·안전·확실성 등의 견지에서 보면 자연유하식에 의한 송수작업이 양호하다. 가압식은 일반적으로 수원이 비교적 도시에 가까울 때, 특히 지하수를 수원으로 하는 경우에 적당하고, 송수관로의 건설비를 절약할 수 있다. 그러나 자연유하식에 비해서 작업이 복잡하며, 그 결과로 경상비가 많이 드는 것과 송수의 안전·확실성이 떨어진다. 이러한 사실은 수원의 선정과 직접 관계를 가진 것이기 때문에 그 이해득실은 단순히 송수관로에만 국한하여 생각할 필요는 없다. 그밖에 송수관로는 수압과의 관계로부터 개수로식과 관수로식으로 분류한다.

1) 개수로식

개수로는 수면이 대기와 접하고, 경사로 인하여 중력의 작용으로 유하하는 것을 말하나, 암거·터널 등도 만류가 되지 않은 상태로 흐른다면 개수로 수리에 의한다.

2) 관수로식

이는 관이 항상 만류로 되어 압력에 의하여 흐르는 수로를 말하며, 이는 주철관(cast iron pipe)·강철관(steel pipe) 등으로 수압에 견딜 수 있도록 만들어야 하며, 수도관로에서 주로 사용되는 방식이다.

이러한 관로시설의 설계 절차는 다음과 같다.

단계	내용
관로노선 선정	현지여건을 반영한 세부노선 선정
관경결정 및 수리검토	관경 : 동력비, 관부설비 등을 고려한 경제적 관경 결정
관종선정	관종 : 닥타일주철관, 도복장강관 등
관두께 결정	내압, 외압, 부등침하, 지진하중 등을 고려 결정
관 접합 검토	강관 : 맞대기, 겹치기, 플랜지접합 주철관 : 메카니컬, KP메카니컬, 타이튼
관 부설 검토	토피, 터파기, 터파기기울기, 관의 기초처리, 되메우기, 관로부지확보
전기방식 검토	외부전원법, 희생양극법, 배류법
부대시설 검토	제수밸브, 공기밸브, 이토밸브
기초 및 구조검토	토질, 매설깊이, 지하수위 등

그림 5.2 관로시설의 설계 절차

5.2 송수노선의 결정

자연유하식이나 가압식의 경우를 막론하고, 송수노선은 일반적으로 최소의 저항으로 송수하고, 경제적으로 최소의 공사비가 드는 지점을 선정해야 한다. 그러므로 도·송수관의 관로노선은 다음에 적합하도록 해야 한다.

① 원칙적으로 공공도로 또는 수도용지로 하여야 한다.

② 수평이나 수직방향의 급격한 굴곡을 피하고, 어느 때나 최소 동수경사선 이하가 되게 선정하여야 한다.

③ 펌프양수시 관로연장이 길 경우 필요에 따라 관로에 안전밸브 또는 조압수조(surge tank)를 설치하는 등 수격작용에 대처하여야 한다.

④ 사고의 경우를 고려하여 필요에 따라 관을 2계열 부설하고 중요한 장소에 연결관을 설치하여야 한다.

⑤ 몇 개의 노선에 대해서 건설비 등의 경제성, 유지관리의 난이도 등을 비교·검토하고, 종합적으로 판단하여 결정하는 것이 바람직하다.

5.3 송수관로

송수관로의 구조는 여러 조건에 따라 지배된다. 다시 말하면 송수방식이 자연유하식인지 또는 가압식인지에 따라 차이가 있으며, 같은 자연유하식일지라도 원수냐 정수냐에 따라 다르다. 또한 지형·지질에 따라서도 다르다.

1) 개수로(open channel)

비록 개수로를 사용할 수 있는 지형이라도 겨울에 동결하는 지방에서는 이를 사용할 수 없다. 이것을 사용하는 곳에서는 가급적 누수를 방지하고 외부로부터 오염을 막기 위하여 견고하게 하여야 한다. 그 단면형은 사다리꼴을 주로 많이 사용하나 직사각형·반원형 등도 사용한다. 사다리꼴과 직사각형에 있어서는 반원형에 외접하는 단면이 가장 경제적이다. 부설장소는 견고한 지반을 굴착하는 곳이 좋고 성토한 곳은 침하의 우려가 있다. 재료는 석재·벽돌·콘크리트·철근 콘크리트 등이 있으며 내면은 평활하게 한다. 누수를 방지하기 위하여 몰타르(mortar)를 칠한다든가 또는 내면을 아스팔트나 아스팔트 펠트(asphalt felt)와 같은 방수제를 칠하고, 그 위에 몰타르로써 보호한다.

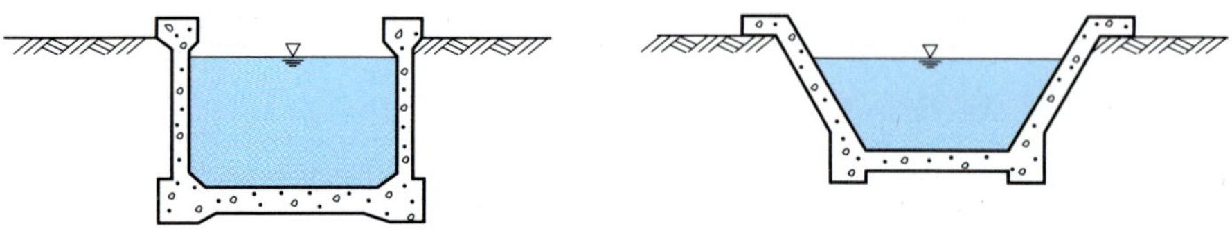

그림 5.3 개수로

오수의 침입을 막기 위하여 양쪽에 배수구를 설치하든지 또는 지반보다 조금 높도록 한다. 이때 측벽은 수면으로부터 여유고가 30cm 이상, 지반으로부터 20cm 이상이 되도록 한다.

위의 경제적인 단면은 흙의 절취량을 최소로 하는 것이므로 작은 개수로에서 적당하나 큰 개수로에서는 단면을 약간 넓고 얕게 하는 것이 취급하는데 경제적이다. 그러나, 너무 넓고 얕으면 유속이 감소되고, 미생물이 생장하고, 또한 겨울에는 동결에 의해서 단면적이 감소되므로 좋지 않다. 도·송수관로의 평균유속의 최대한도를 일반적으로 도·송수관로가 콘크리트로 만들어졌기 때문에 수로를 유입하는 모래입자에 의한 수로 내면의 마모를 방지하기 위하여 최대유속을 3m/s로 하고, 도수관로에는 가는 모래가 수로 내에 가라

앉지 못하게 최소 유속은 0.3m/s로 하여야 한다. 수로에 있어서는 도중에 신축 이음이 필요하다.

2) 터널(tunnel)

터널은 지형상 대개는 하천을 수원으로 하는 경우 수문식 취수구로부터 정수장까지의 수로에 사용되며, 또한 개수로가 구릉·산악 등을 통과하는 경우에 부설된다. 단면형은 일반적으로 마제형(horse shoe stion)이며 석재·벽돌·콘크리트 등을 사용한다. 만일 설치된 지점의 지질이 암반일 때에는 lining할 필요가 없을 때도 있으나, 유수에 대한 저항을 작게 하기 위하여 접수면만은 콘크리트로서 lining을 하고, 그 상부 표면을 몰타르로 바르면 더욱 좋다. 유속은 침전을 일으키지 않을 정도인 0.3m/s가 좋고, 벽돌·콘크리트 등의 마모를 피하기 위하여 3.0m/s를 넘어서는 안 된다.

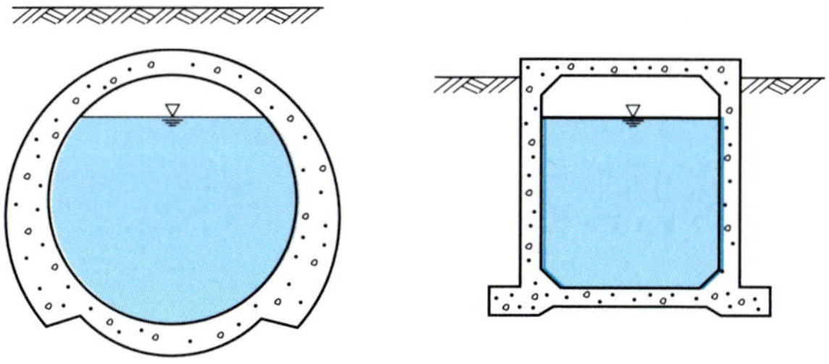

그림 5.4 암거

3) 관로(pipe line)

송수관로 뿐만 아니라 상수도에서는 수로의 대부분이 관로이다. 정수를 송수하는 경우는 물론이고, 원수 또는 반정수를 송수하는 경우라도 지형상 가압식을 택할 때에는 반드시 관로로 할 필요가 있다. 관로에는 철관로(iron pipe line)·콘크리트 관로(concrete pipe line)·도관로 등 여러 종류가 있으며, 압력수를 많이 송수하는 상수도에서는 철관로가 가장 많이 사용된다. 콘크리트관이나 그 밖의 관은 압력이 비교적 작은 물을 송수하는데 사용되나, 이음(joint) 기타 송수관로의 안전·확실성으로 볼 때 철관만 못하다.

관로에는 관의 개폐와 수량의 조절 등을 위해 관의 시점·종점·분기점·연결관·니토개소·궤도횡단의 전후에 제수밸브를 설치하여야 하며, 이밖에도 관로 도중 1~3km 간격으로 설치할 필요가 있다. 또한 수압이 높은 곳에서나 관지름이 40mm 이상인 곳에서는 부제수밸브(by pass valve)를 붙인다. 관내의 볼록한 곳에는 주로 관내의 배기를 위하여 배기밸브(air valve)를 설치하고, 오목한 곳에는 관내의 청소 배수용으로 니토밸브(blow off valve)를 설치하며, 이상 수압이 생기기 쉬운 곳은 안전밸브(safety valve)를 장치하여 관로의 안전을 도모한다.

송수관로는 배수관로와 달라서 수원의 위치, 개거 및 관로의 단축을 생각해서 일반적으로 도로 밑에만 부설할 필요는 없고, 전용노선을 선정하여 부설하는 것이 보통이다. 그러나, 관로의 검사로로서 도로를 사용하는 것이 편하므로, 도로를 따라서 선로를 결정하는 수가 많아 관의 심도와 철관의 특성 및 그 밖의 것에 대해서는 배수관에서 상술한다.

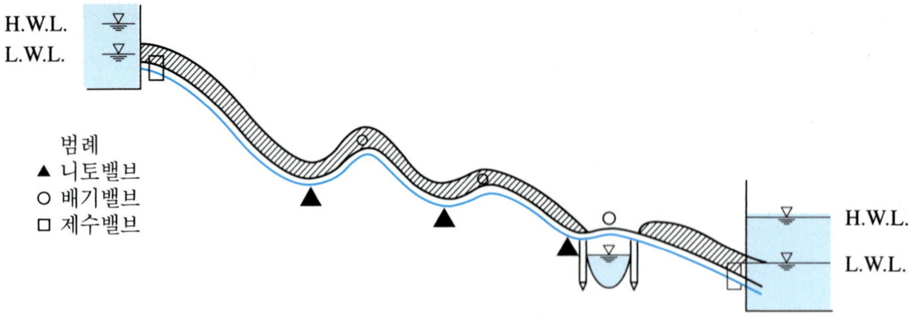

그림 5.5 송수관로

예제 5.1 취수지점에 있는 A수조와 정수장에 있는 B수조 사이에 직경 250mm의 주철관이 900m 포설되어 있으며 도중에는 90°곡관 10개와 1/5 열린 밸브 1개가 설치되어 있다.

관의 마찰손실계수 $f = 0.03$ 이라면 B수조에 유입하는 유량은 얼마인가? 단, 양수조의 수위차는 2m이다.

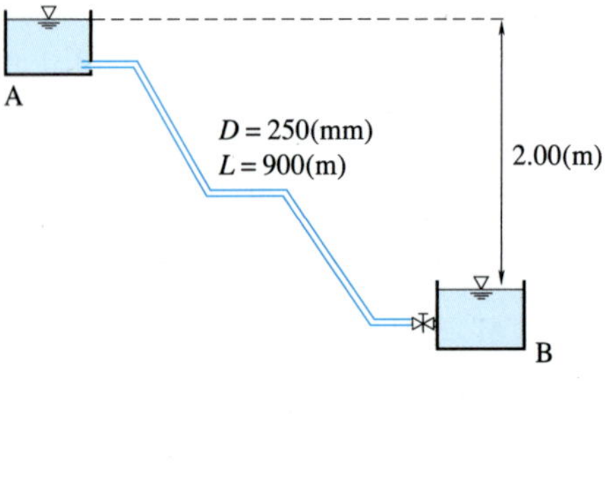

〈풀이〉

A수조의 출구에 관이 삽입되어 있다면 f=1.0

$$h_1=1.0\times\frac{v^2}{2g}$$

곡관에 의한 손실 f=0.2

$$h_2=10\times0.2\times\frac{v^2}{2g}=2.0\frac{v^2}{2g}$$

1/5 열린 밸브에 의한 손실 f=30

$$h_3=30\times\frac{v^2}{2g}$$

B수조의 유출수두

$$h_4=\frac{v^2}{2g}$$

직관부 손실 수두 f=0.03

$$h_5=f\frac{1}{d}\ \frac{v^2}{2g}=0.03\times\frac{900}{0.25}\times\frac{v^2}{2g}=108\frac{v^2}{2g}$$

총손실수두 H는 AB간의 수위차 2.0m와 같으므로

$$H=h_1+h_2+h_3+h_4+h_5=(1.0+2.0+30+1.0+108)\frac{v^2}{2g}=2.0$$

$$\therefore\ v\ =0.525\text{m/s}$$

$$\therefore\ Q\ =Av\ =0.049\times0.525=0.026\text{m}^3/\text{s}$$

예제 5.2 그림과 같이 기복이 있는 지형에 200,000m³/day을 운반하는 송수관을 부설한다. AC 간의 거리 10km, CB간의 거리 5km, 정수지와 배수지와의 수위차 15m, C점과 배수지와의 수위차를 8m로 할 때 C점이 부압이 되지 않도록 하기 위해서는 AC 및 CB의 관경은 각각 어떻게 해야 하나? 유속계수 C = 120으로 계산하시오.

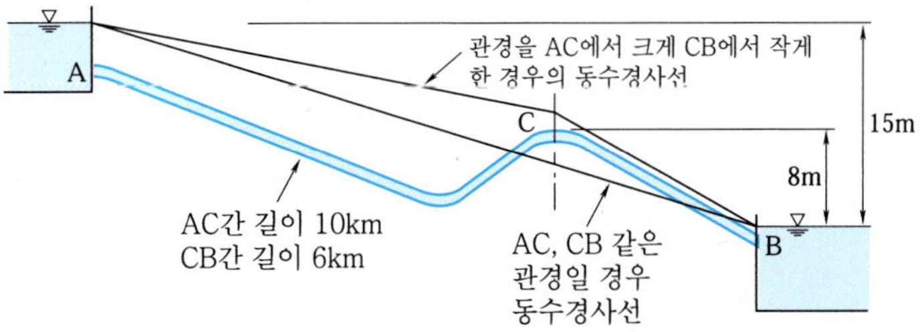

〈풀이〉

Williams-Hazen 공식에 의해 계산한다.

AC, BC 같은 관경으로 한다. 관경 D=1.5m로 하면

$$I = 10.666 \times C^{-1.85} \times D^{-4.87} \times Q^{1.85}$$

$$= 10.666 \times 120^{-1.85} \times 1.5^{-4.87} \times (200,000/86,400)^{1.85} = 9.96 \times 10^{-4}$$

$$h = (10,000+5,000) \times 9.96 \times 10^{-4} = 14.94\text{m}$$

C점의 압력은

$$5,000 \times 9.96 \times 10^{-4} - 8 = -3.02\text{m}$$

로 되어 부압이 된다. 그러므로 전관로의 직경을 1.5m로 한 것은 조건을 만족하지 않는다.

C점을 정압으로 하기 위해서는 CB간의 손실수두를 8m 이상으로 하지 않으면 안된다.

CB간의 관경 D_1 = 1.3m로 하면

$$I = 10.666 \times 120^{-1.85} \times 1.3^{-4.87} \times 2.315^{1.85} = 0.002$$

$$h = 5,000 \times 0.002 = 10\text{m}$$

그러므로 AC간의 손실수두는 15−10 = 5m, 동수경사는 5/10,000=0.05%로 하면 좋다. 관경을 1.8m로 하면

$$I = 10.666 \times 120^{-1.85} \times 1.8^{-4.87} \times 2.315^{1.85} = 4.1 \times 10^{-4}$$

$$h = 10,000 \times 4.1 \times 10^{-4} = 4.1\text{m}$$

전손실은 10+4.1 = 14.51m로 15m이하이므로 조건을 만족한다.

5.4 수격현상(water hammer)

관로에서 어떤 원인으로 관내의 유속이 급격히 변화한 경우에 관내 압력이 과도적으로 변동하는 현상을 수격작용이라 한다.

수격작용은 밸브의 개폐와 펌프의 기동·정지시에 생기며 특히 정전에 의해 펌프가 정지한 경우에 문제가 된다.

1) 수격 이론

수격은 압력파의 전파현상으로 파동방정식이 기초로 된다. 여기서는 그림 5.6과 같이 저수지로부터 나온 관의 끝에 밸브가 있는 경우에 대해서 생각하며 파동방정식의 해 식 (5.1) 및 식 (5.2)로부터 출발한다.

$$H-H_0 = F\left(t-\frac{x}{a}\right) + f\left(t+\frac{x}{a}\right) \tag{5.1}$$

$$V-V_0 = -\frac{g}{a}\left[F\left(t-\frac{x}{a}\right) - f\left(t+\frac{x}{a}\right)\right] \tag{5.2}$$

여기서, F : 전진파(m) f : 후진파(m)
H : 압력(m) V : 유속(m/s)
t : 시간(s) x : 관 끝에서부터 거리(m)
g : 중력가속도(m/s²) a : 압력파의 전파속도(m/s)

$x = L$의 점에서는 수위 H를 변화시켜 $H = H_0$이므로

$$f\left(t+\frac{L}{a}\right) = -F\left(t-\frac{L}{a}\right) \tag{5.3}$$

이 성립되며 전진파와 후진파는 크기가 같고 부호가 반대이다. 이 식에 있어서 $t \rightarrow t-L/a+x/a$로 놓으면

$$f\left(t+\frac{x}{a}\right) = -F\left(t-\frac{x}{a}-\frac{2(L-x)}{a}\right) \tag{5.4}$$

즉, 임의의 장소 x, 임의의 시각에 있어서 후진파는 그 점을 $2(L-x)/a$시간 전에 통과한 전진파와 크기가 같고 부호가 반대이다.

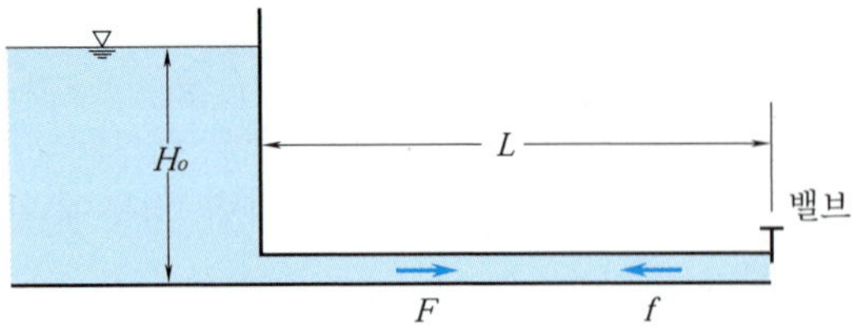

그림 5.6 저수지와 관로계의 수격

2) 수격작용의 장애

수격작용이 심할 때 관로와 펌프계에 대한 영향으로는 다음과 같다.

① 압력상승에 의한 관로, 밸브, 펌프의 파괴

② 압력저하에 의한 관의 압궤

③ 관의 진동에 의한 이음의 탈락

④ 압력저하가 크게 되어 수주분리를 일으키고 재결합에 의해 생기는 이상고압에 의한 관로파괴

⑤ 역류에 의한 펌프와 원동기의 파손

3) 수주분리

관내 압력이 저하해서 관내 절대압이 물의 증기압 이하로 되면 물은 증발하여 공동이 생긴다. 이 같은 현상을 수주분리라 한다. 수주분리를 일으킨 관내의 물은 반드시 재결합하며 그때 이상고압을 발생시킨다.

수격작용 중에서도 가장 주의를 요하는 것은 이 수주분리 현상이며 고압에서 긴 관로를 설계하는 경우에는 충분한 해석이 필요하다.

4) 수격작용의 경감

수격작용의 경감법으로서 다음과 같은 것이 실용적으로 사용되고 있다.

① 역류를 거의 일으키지 않는 방법 – 급폐식 혹은 자폐식이라는 역지 밸브를 이용하여 펌프출구 압력의 저하가 지나치게 크게 되지 않는 가운데 흐름을 멈추게 하는 방법

② 역류를 서서히 일으키는 방법 – ① 과는 반대로 완폐역지밸브와 유압구동밸브 등을 이용하여 역류를 서서히 일으켜 수격압을 경감한다.

③ 펌프에 flywheel을 단다. – 펌프에 관성능률이 큰 flywheel을 달아서 정전이 되도 펌프의 회전수가 급격히 저하하지 않도록 한다.

④ 서지 탱크(surge tank)를 단다. - 서지 탱크를 설치해서 관로가 부압이 되어 탱크에서 물이 공급될 수 있도록 수주분리를 막는다. 2방향 서지 탱크와 1방향 서지 탱크가 있다(그림 5.7).

⑤ 공기압력조를 설치한다. - 서지 탱크와 같은 효과이다.

⑥ 관경을 크게 해서 관내유속을 작게 한다. - 유속변동을 작게 하는 것이다.

⑦ 배관을 한방향 한층위에 부설하여 어느 점에서도 최저 압력이 공기압 이상이 되도록 한다.

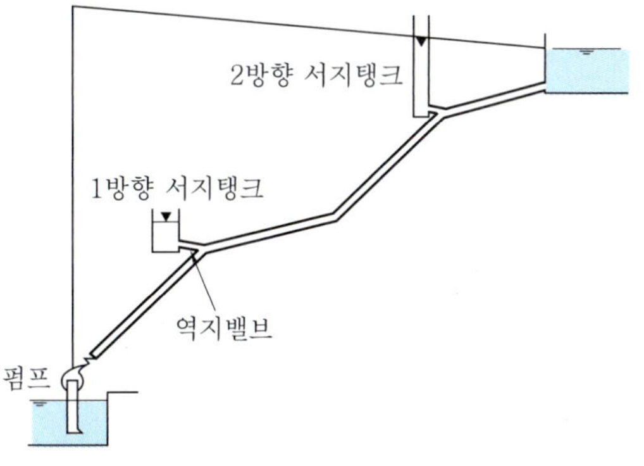

그림 5.7 서지 탱크

5.5 관종

도·송수관의 관종은 다음을 기준으로 정한다.

닥타일(ductile)주철관, 도복장강관, 프리스트레스트콘크리트관, 프리스트레스트실린더콘크리트관, 원심력철근콘크리트관 또는 동급 이상의 상수도용관 등을 사용한다.

이들 관종 중 닥타일주철관은 부식성과 관석(scaling)형성 등을 방지하기 위해서 내면에 모르터라이닝(KS D 4316)을 실시하고, 외면에는 외부부식에 대한 고려를 하여 역청질계 도료로 도장하는 것 등이 필요하다. 도복장강관의 외면에는 콜타르에나멜도복장(KS D 8307), 아스팔트도복장(KS D 8306), 수도용 타르에폭시수지도료 도장(KS D 8501) 또는 동급 이상의 도장을 한 상수도용 도복장강관(KS D 3565)을 사용하는 것이 좋다. 그리고 내면에는 관내부에서 수질악화를 초래할 가능성이 적은 수도용 액상에폭시수지도료 도장(KS D 8502)을 하는 것이 바람직하다.

실제로 작용하는 내압 또는 외압을 고려하여 관종별로 규격에 맞는 압력관을 사용하여야 하고, 관종의 선정시 내압, 외압에 대해서 안전하고, 매설환경에 적합하며, 내구성도 뛰어난 관종으로 한다.

5.6 관로의 매설위치와 깊이

공도에 관을 부설할 때는 도로법에 의해 도로관리자에게 점용원을 제출하고 허가를 받아야 한다. 도로관리자와 수도, 하수도, 지하철, 가스, 전력, 전신, 전화 등 지하매설물 시설자와 사이에는 매설물의 위치와 깊이를 도로의 종별에 따라 협정하여 두는 것이 보통이고 특별한 경우를 제외하고는 그 협정을 따르지 않으면 안 된다.

매설관의 깊이는 토압과 동하중에 대하여 관이 안전하도록 정하는 것이므로 그에 필요한 깊이는 토질, 노면상태, 도로등급과 종별에 따라 다르고 또 관의 재질, 구조, 관경에 따라 정해지는 것이나 관경이 클수록 흙덮기를 많이 하여야 한다. 따라서 도로에도 보도 밑이나 중차량의 교통을 허가하는 수도용지내에 포설할 경우에는 표준보다 얕게 해도 좋다.

도로관리자와의 협정이 없을 경우와 공도 이외에 관을 매설할 경우는 매설깊이를 관경 900mm 이하는 흙덮기 120cm 이상, 관경 1,000mm 이상은 흙덮기 150cm 이상으로 하여야 하나 다만 노면 하중을 고려할 필요가 없을 때는 그러하지 않는다.

수관교 연결부의 제방 횡단장소나 다른 매설물과의 교차관계 또는 기초지반이 암반일 경우 등으로 매설깊이를 표준 또는 규정치까지 깊게 매설하지 못할 경우에는 흙덮기를 60cm까지 감소시킬 수 있으며 이때에는 관의 바로 윗부분의 노면에 콘크리트 또는 철근콘크리트의 슬래브를 놓거나 라멘(rahmen)으로 관을 싸서 보호한다.

한냉지로서 토지의 동결심도가 표준 매설깊이보다 깊을 때는 동결심도 이하로 매설하지 않으면 안 된다.

5.7 송수관로의 부대설비

1) 침사지(sand basin)

침사지는 하천수를 취입할 경우에 가급적 취입구의 부근에 설치하여 원수와 같이 유입하는 토사·사리 등을 침전시켜서 제거하는 것이 좋다. 취수탑이나 취수관에 의해서 취수할 때에는 도수관에 의해서 이 침사지로 도수하고, 여기서 현저하게 유속을 줄여 침전작용이 잘 일어나도록 할 것이며, 침전된 토사·사리 등은 지형의 상태에 따라 배사문(scouring sluice)을 설치하여 부근의 하천이나 도랑으로 흘려 내보내며, 만일 지형상 불가능한 경우에는 기계력이나 인력으로 제거하여야 한다. 이때에 교대로 청소할 수 있도록 침사지를 둘로 하든지 또는 측관로(by-pass)를 설정하여 예비수로를 만들어 주어야 한다. 취수문에 의하여 취수하는 경우에는 일반으로 터널 혹은 개거로써 도수하는데, 이때에 그 수로를 일부 확대하여 연못형태로 만들어 이곳에 토사·사리를 침전시키고 배사문에 의하여 자연소류 시킨다.

침사지 용량에 있어서는 계획도수량의 약 10~20분량으로 하고, 지내 평균 유속은 2~7cm/s로 한다. 지의 유효수심은 약 3~4m, 퇴사심은 0.5~1.0m 정도로 보며, 지에 따라서는 침사지 유출구에 양수웨어를 설치하여 양수정(guaging well)으로 겸용하면 편리하다.

2) 양수정(guaging well)

이것은 보통 송수관로의 시점 또는 종점 두 곳에, 또는 두 곳의 거리가 단거리일 때에는 한곳에만 설치하여, 주로 양수웨어로써 송수량을 측정하며 더불어 그 조절을 간편하게 할 수 있도록 한다. 시점과 종점 두 곳에 설치하면 두 곳의 유량을 비교하여 관로의 고장 또는 누수 등을 발견할 수 있다. 형태는 일반적으로 장방형의 작은지로 하고, 방파제(wave breaker)·양수웨어를 설치하여 월류관(over flow pipe)·배수관(drain pipe) 등을 둔다.

3) 접합정(junction well, 연결정)

이것은 대부분이 자연유하식에 의한 관로에 설치하는 것이다. 따라서 관로에 있어서 수두를 분할하여 적당한 수압을 가지게 하고, 또는 둘 이상의 수로에서 온 물을 모아 한 수로로 도수할 때 그 접합부에 설치하는 시설이다.

일반적으로 관로에서는 수평·수직의 급격한 경사를 피해야 하고, 어떤 경우에도 관의 위치를 최저동수경사선 이하가 되도록 선정해야

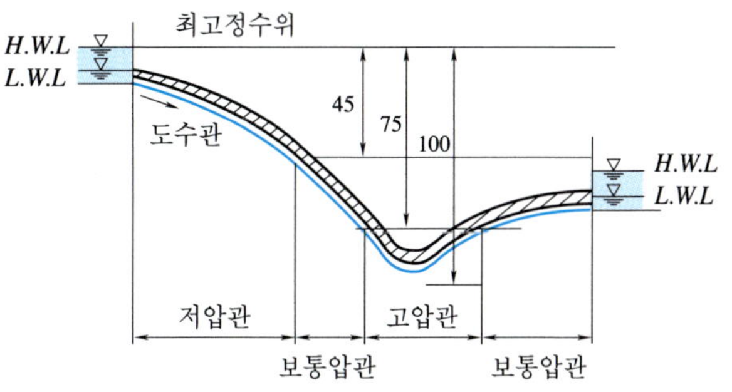

그림 5.8 최대사용 정수두

한다. 그런데 관로가 최저동수경사선 이상으로 되는 것을 피할 수 없을 때에는 그 지점에 접합정을 만들든지, 또는 이 지점을 경계로 해서 상류는 관경을 크게 해서 수두의 손실을 적게 하고, 하류는 필요한 관경으로 축소하여 동수경사선의 상승을 계획하여야 하는데, 이때에는 접합정을 생략하는 것이 경제적이고 유지 관리상 편리하다. 또한 관로에 작용하는 최대정수두가 사용하는 관종의 허용최대수두 이하가 되어야 하는데, 이 수압 이하로 할 수 없을 때에는 특수 고압관을 사용하든지, 그 지점 부근에 접합정을 설치하여 정수압을 감소시키는 방법도 있다.

통상, 접합정은 철근콘크리트, 프리스트레스콘크리트, 강판 등으로 만들어졌는데, 어떠한 경우도 수밀성과 내진성을 지닌 구조로 하여야 한다. 접합정의 용량은 수압을 조절함과 함께 수면의 동요를 흡수하고, 원활한 도수가 가능한 것으로, 통상 계획도수량의 1.5분 이상으로 하며, 수심은 3.0~5.0m를 표준으로 한다. 계획도수량이 작을 때는 수면면적이 작아져 수면동요를 흡수할 수 없기 때문에 최소 $10m^2$ 정도가 바람직하다.

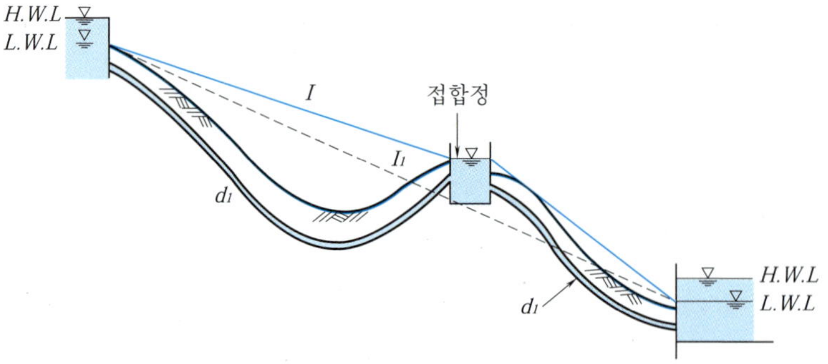

그림 5.9 동수경사 후 상승법

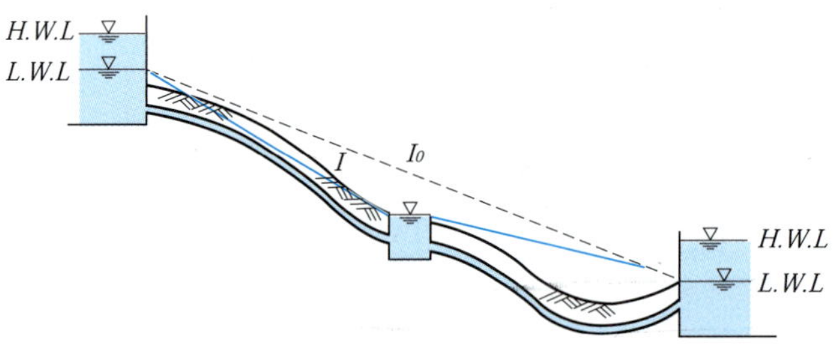

그림 5.10 접합정에 의한 동수경사 하강법

4) 수로교

수로가 깊은 계곡이나 하천을 횡단하게 될 때에는 교량을 가설하고, 그 상부 구조를 수로로 해서 도수할 경우가 있다. 이 수로교는 일반 교량과 동일하며, 개수로일 경우에는 수면의 밑면이 종단으로 편경사를 가지는 개수로교로 하고 관로일 경우에는 수로교로 한다.

개수로교의 구조는 교각이 낮을 때에는 철근 콘크리트조, 높으면 강철재가 안전하며, 개수로 자체를 빔(beam)으로 하여 단순 빔(simple beam)·라멘(rahmen)·연속 빔(continuous beam)으로 설계할 수 있다.

그림 5.11 수로교(에스파냐의 타라고나)

수로교일 때도 경간이 작으면 수관 자체를 빔으로 하여도 되나, 경간이 길면 빔교(beam bridge)나 트러스교(truss bridge)를 가설하여, 그 위에 수관을 부설한다. 수관이 공도상을 통과할 때에는 수로교는 공로교와 겸용케 하는 것이 경제적이다. 이때에 추운 지방에서는 겨울의 관내 동결을 막기 위하여 관외부를 절연체(insulation)로 싸는 등 방한 장치를 하여야 한다. 수로교의 응력검사에 있어서 모멘트(moment)·전단(shear)·처짐(deflection)·열팽창(expansion) 등에 안전해야 한다.

/ 연습문제 /

5.1 도수와 송수의 정의는?

5.2 도수와 송수계획시 관경에 따른 흙덮기의 깊이는?

5.3 접합정을 설치하는 목적에 대해 설명하시오.

5.4 송수노선을 결정시 고려해야 할 사항에 대해 설명하시오.

5.5 침사지의 설계기준은 얼마인가?

① 체류시간 ② 평균유속 ③ 유효수심

5.6 수격 현상의 원인과 경감법을 설명하시오.

5.7 관로의 길이가 460m이고, 관경이 90mm인 관수로에 물이 4m/s의 유속으로 흐를 때 관수로내에서의 손실수두는?(단, 마찰계수 f=0.03이다.)

5.8 내경 300mm인 급수관에 유량 0.09m³/s이 만수위로 흐르고 있다. 이 급수관의 직선거리 100m에서 생기는 손실수두는?(단, $V=0.84935\ C\ R^{0.63}\ I^{0.51}$이고, C=100으로 가정함)

5.9 도수관로로 1,000m의 원형강관을 사용하고, 동수경사가 1/100일 때의 도수량은?
(단, Manning 공식의 조도계수 n=0.01이다.)

5.10 만류로 흐르는 수도관에서 조도계수 n=0.01, 동수경사 I=0.001, 관경 D=5.08m 일 때 유량은?
(단, Manning 공식을 적용할 것)

5.11 폭 2m인 직사각형 개수로에 수심 1m 물이 흐르고 있다. Manning의 조도계수는 0.015이고 관로의 경사가 1/1000일 때 도수로에 흐르는 유량은?

PART 1 2

Chapter 6
정수

6.1 개설

6.1.1 정수의 목적

정수란 수질을 사용목적에 적합하게 개선하는 것을 말한다. 따라서 원수가 사용목적에 합치될 때에는 정수과정을 생략할 수 있다. 사용목적에 따라 요구되는 수질을 검토하면 다음과 같다.

1) 가정용

가정용은 음료용을 비롯해서 여러 가지로 사용되지만, 수질적으로 음료용이 가장 엄격하므로 가정용수의 수질 기준으로 한다. 음료용의 수질 기준은 주로 건강상 지장을 가져오지 않도록 위생적인 관점에서 결정하지만, 위생상 지장이 없어도 불쾌감을 주거나 세탁물의 빛깔을 바래지 않도록 하는 등 위생 이외의 면에서도 규제하여야 할 것이다.

2) 공업용

공업용으로 요구되는 수질은 공업의 종류에 따라, 물을 사용하는 공정에 따라 여러 가지로 구별된다. 일반적으로 연수이고, 유기물질이 적으며, 수온이 낮은 것이 좋다. 특수공업의 음료용수·처리용수 등으로 음료수 수질기준 이상으로 고급 처리된 물을 요구하는 예도 있다. 그러나 일반 상수도로는 이런 요구를 일일이 고려할 수 없으므로 엄격한 수질을 필요로 하는 공장에서는 자체 내에서 수돗물을 재차 처리하여 사용하는 것이 경제적이다.

3) 잡용 및 소화용

이 목적에 사용되는 물은 정수할 필요가 없지만, 배수관인 경우에는 금속의 부식을 일으키며, 일반적으로는 관니(slime)를 발생하지 않을 정도의 수질이면 시설보전상 안전하다.

6.1.2 정수방법

정수에 의해서 제거되는 물질은 원수의 성질에 따라서 다르나, 부유물질과 용해성 물질로 크게 나눌 수 있다. 전자는 콜로이드(colloid)질·세균·미생물 같은 것이고, 후자는 철·망간·칼슘 등이다. 원수가 지표수일 때에는 하수나 공장폐수 등으로 인하여 각종 물질이 포함되며, 그 비율도 각각 다르므로 정수방법도 포함된 물질과 양에 따라 여러 가지 방법을 강구하여야 한다. 또, 현재에는 고려하지 않아도 좋은 미량의 물질이 장래에는 고려하지 않으면 안될 정도로 오염되는 일도 있으므로 정수 방법도 영구히 고정할 것이 아니고 수질의 변화에 따라 개발하여야 한다. 하천수를 원수로 하는 정수장의 일반적인 흐름도를 나타내면 그림 6.1과 같다.

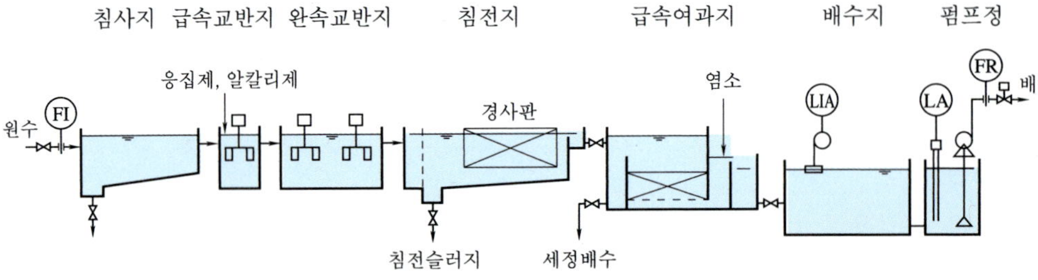

그림 6.1 정수장의 흐름도

1) 부유물질과 그 제거

원수 중에는 부유물의 종류가 매우 많지만, 정수 과정에서 문제가 되는 것은 제거하기 어려운 미세한 물질이다.

입자의 지름(mm)	부유물의 종류
10 이상	사리
1	조사
0.1	세사
0.01	실트
0.001	세균
0.0001 이하	콜로이드 입자

이 중 세사보다 큰 것은 침전이 잘 되어 처리가 쉽지만, 실트 이하의 입자는 처리가 곤란하며, 특히 콜로이드 입자는 자연상태로는 침전하지 않는다. 부유물질의 제거에는 침전과 모래 여과가 유효하다. 이것은 모두 자연계의 자정작용에서도 유력한 과정이다. 침전에서의 약품사용 여부와 여과속도의 크기로 정수법을 다음과 같이 크게 나눌 수 있다.

① 보통침전과 완속여과

② 약품침전과 급속여과

약품으로는 알루미늄과 철의 염류가 사용되고 있으며, 보통 황산알루미늄($Al_2(SO_4)_3 \cdot 18H_2O$: 황산반토)과 폴리염화 알루미늄(poly aluminum chloride, P.A.C)이 쓰인다. 약품으로 미세한 부유물질이 대형 콜로이드로 응집되어 침전과 여과작용에서 용이하게 제거할 수가 있으나, 세균은 완전히 제거되지 않으며, 콜로이드질은 제거가 잘 된다. 특히 약품침전의 전처리를 한 경우에는 제거율이 좋다.

2) 용해성 물질과 그 제거

원수 중의 용해성 물질에는 칼슘·마그네슘·철·망간·염소이온·황산이온·질소화합물 등이 있다. 용해성 물질은 침전·여과에 의해서는 잘 제거되지 않는다. 그러나 완속여과에서는 철·망간이 산화로 어느 정도 제거되며, 암모니아도 대부분 산화해서 질산으로 된다. 따라서 용해성 물질을 대량으로 제거하기 위해서는 사전에 화학적 처리방법으로 용해질을 불용해질로 변화시킬 필요가 있다. 경수의 연화법·제철법·제망간법은 이를 응용한 방법들이다. 또 용해성 물질 중에는 음이온 활성제(ABS)나 취미를 발하는 물질 등 활성탄의 흡착성을 이용해서 제거하지 않으면 안 되는 것도 있다.

3) 세균과 그 제거

원수 중에는 병원균을 위시해서 대장균군, 일반 세균 등 많은 종류의 세균이 있다. 세균은 보통침전에 의해 어느 정도 제거가 가능하고, 약품침전으로도 제거할 수 있다. 완속여과의 세균제거율은 급속여과보다 좋으며, 급속여과로는 완전히 세균이 제거되지 않는다.

세균의 효과적인 제거법은 소독법으로 염소로 직접 살균하는 방법이 있으며 모래여과에서 통과된 세균은 이 방법으로 제거한다. 최근에는 원수가 크게 오염되어, 보통의 정수방법으로는 세균의 충분한 제거가 어려우므로 여과 전에 염소로 원수를 처리하는 전염소처리법을 사용하기도 한다.

4) 생물과 그 제거

세균 이외의 미생물로서 주로 조류이며, 특히 규조가 많다. 조류는 세균보다 대형이므로 모래여과로 잘 제거된다. 그러나 그 수가 많을 때에는 여과지의 막힘을 촉진시키므로 사전에 황산동 등으로 사멸하여 침전시킨다. 최근에는 마이크로 스트레이너(micro strainer)라 하는 일종의 스크린으로 여과한 후 모래여과를 하기도 한다.

6.1.3 정수방법의 선정

물론 원수수질의 양부에 따라 정수방법을 선택해야 하나, 수질에는 항상 변동이 있어 어느 때의 수질에 기준을 두느냐 하는 것이 매우 어려운 문제이다. 그러나 정수방법은 다음 각항에 적합하도록 선정하여야 한다.

① 정수시설은 수질기준에 적합한 필요 정수량을 안전하게 공급할 수 있는 충분한 기능을 갖추어야 한다.

② 정수방법은 원수의 수질, 정수량, 용지취득, 건설비, 유지관리의 난이도, 관리수준 등을 고려하여 다음 각 방식 중 적절한 방식을 선정하고 반드시 소독설비를 갖추어야 한다.

a) 염소소독만으로 급수하는 방식(간이처리 방식)

b) 급속여과 방식

c) 특수처리를 포함한 방식

한편 하천수의 심한 오염으로 침전·여과·소독만으로는 수질기준에 맞게 하는 것이 곤란할 때가 있으며 Streeter, H.W.는 원수의 수질과 정수법의 관계에 대해서 표 6.1과 같이 제시했다. 결국 월평균 대장균수 MPN이 5,000을 초과하는가의 여부가 일반 정수법에 전염소처리 등의 특수정수법을 부가할 것인가의 판단 기준이 되고 있다.

표 6.1 원수수질과 정수방법과의 관계

월평균 대장균수 MPN(100mL)	세균수 변화의 한계	정수방법
50	없음	염소소독
5,000	5,000을 초과하는 것이 1개월간의 sample 중 20% 이하	여과와 염소소독
5,000	5,000을 초과하는 것이 1개월간의 sample 중 20% 이상이고, 20,000을 과하는 것이 5% 이하	침전·전염소처리·여과 후 염소소독
5,000 이상	없음	원수의 저수기간을 길게 하든, 전염소처리·침전·여과·염소소독에 부가해서 다른 유효한 수단을 강구한다.

6.2 침전(sedimentation)

6.2.1 개설

침전으로 물을 정화하는 것은 고대로부터 행하여져 왔다. 고대 로마의 수도에서는 도수로 도중에 침전실을 설치하였다. 인공적 정수방법으로서 가장 오래된 방법이며, 모래여과가 채용될 때까지는 침전이 유일한 정수방법이었다.

침전으로 무기질의 부유물질뿐만 아니라, 세균도 대부분 감소된다. 이것은 흡착에 의해 다른 대형 부유물질과 동시에 침전하거나 또는 긴 침전시간에 지내 생물의 생존경쟁으로 세균이 감소하는 것으로 생각할 수 있다.

침전에는 보통침전과 약품침전이 있으며 보통침전은 응집제를 사용하지 않는 방법으로, 독립된 별개의 입자로 침전한다. 여기에 반해서 약품침전은 응집제의 작용으로 입자, 특히 미세한 입자는 floc이라는 집합체를 형성하여 침전한다. 때문에 보통침전은 장시간을 요하며, 약품침전은 대형 부유물을 형성하므로 침전시간이 짧아진다. 보통침전은 완속여과법과 같이 병행해서 사용되나 고탁도시는 약품침전을 하는 것이 일반적이다. 저수지에서는 침전이 자연적으로 행해진다. 침전은 그 자체로 정수과정을 완결하는 경우도 있지만 상수도의 경우는 침전 후에 모래여과를 행하는 것이 일반적이므로 정수의 기능은 양자를 합해서 생각해야 하고, 침전은 여과의 효율을 높이는 보조적 수단으로 볼 수 있다.

침전으로 제거되는 부유물질을 대별하면 무기질인 것과 유기질인 것이 있으며, 유기질에는 세균·미생물 같은 것이 포함된다. 모래나 점토 같은 무기질의 것은 비중이 2.6~2.65 정도이며, 유기물질은 1.2~1.4 정도이다. 유기질은 비중이 작아 침전하기 어렵지만, 무기물질도 입자가 미세하면 여간해서 침전하지 않는다. 이것은 입자의 중량에 비해 표면적이 크므로 물의 점성에 의한 저항이 커지기 때문이다.

1) 침전효율

지금 편류, 밀도류가 전혀 없는 상태에서 즉 이상류에서 물이 침전지 내를 유하할 때 침전 제거율을 나타내는 식을 유도하고자 한다. 이때 수중에 함유되어 있는 부유물입자는 모두 동일한 침강속도를 가지며 침전지 전단에 있어서 부유물이 균일하게 수중에 분포되어 있다고 가정한다. 그림 6.2는 수심 h의 사각형 침전지이다. 물은 조내를 유속 v(이상류이므로 유속은 조내의 어떠한 부분에서도 같다)로 흘러 부유물이 침강속도 v_0로 침강하면 유입단에서 수면 A에 있던 입자는 AB라고 하는 직선 궤적을 그리며 유출단에 도달한다. 즉, AB선보다 윗부분에는 부유물이 존재하지 않게 된다. 유출단에 있어서 상등부의 수심을 h_0라고 한다. AB에 평행으로 선 CD를 그리면 유입단에서 C에 있었던 입자는 유출단에서 조의 밑바닥 D에 침전하게 되므로 $CE(=h_0)$사이에 존재하고 있었던 부유물은 전부 조 밑바닥에 침전·제거된다. 따라서 이 조의 침전제거율 E는

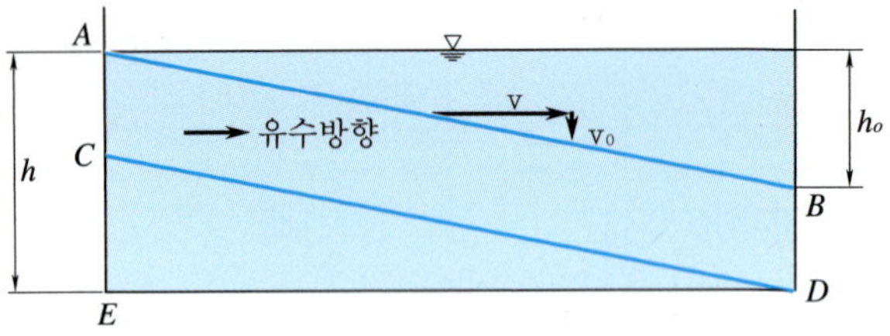

그림 6.2 이상류에서 입자의 침강궤적

$$E = \frac{h_0}{h} \tag{6.1}$$

로 나타낼 수 있다. 침전시간(침전지에 있어서 체류시간)을 T, 유량을 Q, 침전지 표면적을 A, 침전지 용적을 V라 하면

$$T = \frac{V}{Q} = \frac{Ah}{Q} \tag{6.2}$$

$$h = T \cdot \frac{Q}{A} \tag{6.3}$$

$$h_0 = T \cdot v_0 \tag{6.4}$$

식 (6.3), (6.4)를 식 (6.1)에 대입하면

$$E = \frac{v_0}{Q/A} \tag{6.5}$$

가 되고 이것이 이상류에 있어서 침전제거율 식이 된다. 여기서 Q/A를 표면부하율(또는 표면적부하)이라고 한다.

일반적으로 침전효율을 크게 하려면 표면부하율을 작게 해야 하므로 이를 위해 유량을 작게 하든가 침전지 표면적을 크게 하면 좋다.

침전지의 침강면적 A를 크게 하기 위해서는 그림 6.3에 표시된 바와 같이 지의 중간에 판을 설치하면 좋다. 이 판에 의하여 그림 6.3에서 알 수 있는 바와 같이 침전효율은 2배가 되고 이와 같은 판을 2개 삽입하면 침전효율은 3배가 되는 것을 쉽게 이해할 수 있다. 이와 같은 생각에 의해서 만들어진 침전지가 다층침전지이다.

floc의 침강속도 v_0를 크게 하고 침강효율을 높이고자 하는 시도로서 여러 가지 방식이 개발되었으며 될수록 크고 무거운 floc를 만들고자 응집제나 응집보조제의 연구, 응집조작의 방향 규명 등 큰 노력이 경주되어 왔다.

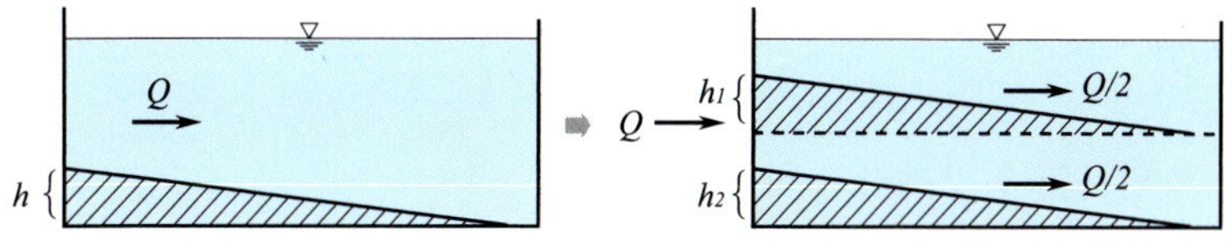

(a) h의 범위에 유입한 입자는 침전한다.

(b) h_1, h_2의 범위에 유입한 입자는 침전한다.

그림 6.3 경사판의 효과

이와 같은 기초적인 연구에 의하여 새로 생긴 활성이 있는 미세 floc를 기성의 floc와 적극적으로 접촉시켜 큰 floc로 만들고 분리 청등을 효과적으로 시키는 방법이 일반화되었으며 이것이 고속응집침전지이다.

최근에는 응집의 단계에서 모래입자를 첨가하여 floc의 판으로 하고 무거운 floc를 형성시켜 침전을 촉진시키는 장치도 나타나고 있다.

다음 유량 Q를 작게 함으로써 침전효율을 높일 수가 있다. 그림 6.4에 표시된 바와 같이 침전지의 중간에서 상등수를 유출시키면 효율이 상승된다. 중간에서 유출시켜 침전효율을 개선한 양만큼 지의 수심을 얕게 하고 건설비를 절감하는 것도 가능하다.

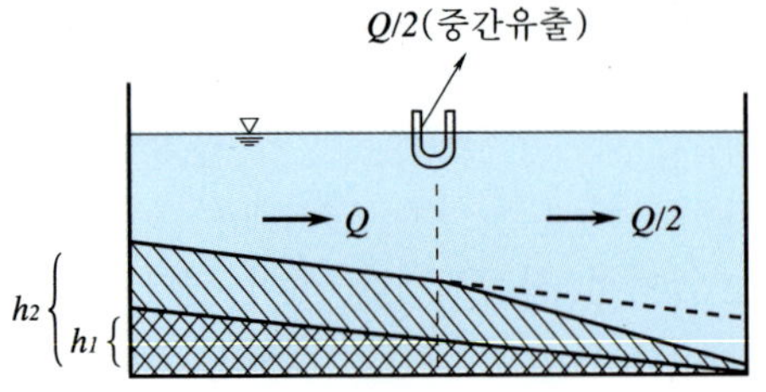

침전가능범위가 h_1에서 h_2까지 확대된다.

그림 6.4 중간유출의 효과

2) Stokes 법칙

어떤 액체 중에 있는 1개의 미립자가 침강과정에서 크기와 형 및 중량이 변하지 않는다고 가정하고 정지한 수중을 침강할 때 속도가 가속되어 점차적으로 크게 될지 모르지만, 입자의 침강하려고 하는 힘과 액체의 점성으로 인한 마찰항력이 같은 크기로 되면 입자는 등속도로 침강하게 된다.

침강하려고 하는 힘은 다음과 같이 표시할 수 있다.

$$F_1 = (\rho_s - \rho) gV \qquad (6.6)$$

여기서, F_1 : 입자의 침강하려고 하는 힘
V : 입자의 용적 　　ρ_s : 입자의 밀도
ρ : 액체의 밀도 　　g : 중력 가속도

한편 액체의 마찰에 의한 항력(F_D)은 점성계수(μ)와 액체의 밀도(ρ), 입자의 속도(v_s), 입자의 지름(d)의 함수로 생각할 수 있다.

$$F_D = \phi(\mathrm{v}_s,\ d,\ \rho,\ \mu) gV \qquad (6.7)$$

이를 차원방정식으로 풀면

$$[F_D] = [v_s^x,\ d^y,\ \rho^p,\ \mu^q]$$
$$[MLT^{-2}] = [M^{p+q},\ L^{x+y+3p-q},\ T^{-x-q}]$$

를 알고 있다고 볼 때 x, y, p로 나타내면

$$x = 2-q \qquad y = 2-q \qquad p = 1-q$$

$$F_D = v_s^2 d^2 \rho \left(\frac{\mu}{v_s d \rho}\right)^q$$

$$= v_s^2 d^2 \rho\, \phi \left(\frac{v_s d \rho}{\mu}\right)$$

$$= v_s^2 d^2 \rho\, \phi \left(\frac{v_s d}{v}\right) = v_s^2\, d^2\, \rho\, \phi\,(Re) \tag{6.8}$$

여기서, $\left(v = \frac{\mu}{\rho}\right)$는 동점성계수이고, Re는 레이놀드수(입자의 지름×속도/동점성계수)이다.

이제 식 (6.8)에서 d^2대신에 입자의 침전방향에 직각인 단면적 A_c, ρv_s^2를 $\frac{\rho v_s^2}{2}$로, $\phi(Re)$를 Newton의 저항계수 C_D로 대치하면

$$F_D = C_D A_c \rho\, v_s^2/2 \tag{6.9}$$

여기서, C_D는 R_e수에 따라 변화한다.
구체에 대해서는

$Re = 0.5 \sim 10^4$일 때 $\quad C_D = \frac{24}{Re} + \frac{3}{\sqrt{Re}} + 0.34$

$Re < 0.5$ 일 때 $\quad C_D = \frac{24}{Re}$

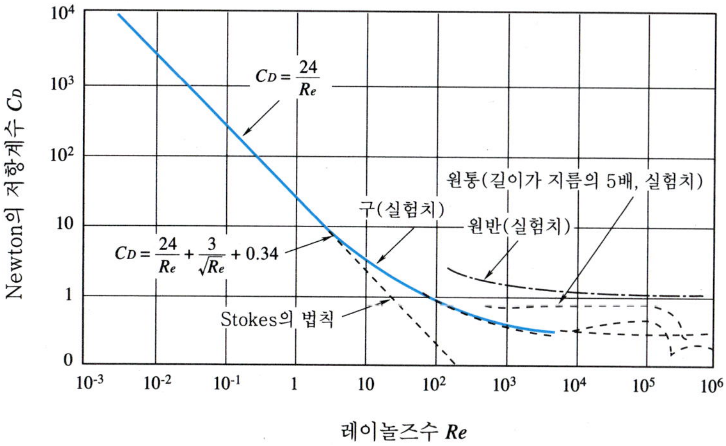

그림 6.5 Newton의 저항계수 C_D와 R_e와의 관계

F_1과 F_D는 같게 되므로 식 (6.6)과 식 (6.9)에서 입자의 침강속도는 다음과 같이 유도된다.

$$v_s = \sqrt{\frac{2g}{C_D}\frac{\rho_s - \rho}{\rho}\frac{V}{A_c}} \tag{6.10}$$

구체는 $V = \pi d^3/6$, $A_c = \pi d^2/4$이므로

$$v_s = \sqrt{\frac{4}{3}\frac{g}{C_D}\frac{\rho_s - \rho}{\rho} d} \quad \text{또는} \quad v_s = \sqrt{\frac{4}{3}\frac{g}{C_D}(S_s - 1)d} \tag{6.11}$$

여기서, S_s : 입자의 비중

$R_e = 10^3 \sim 10^4$로 와류저항이 있는 경우, C_D는 약 0.4이고, v_s는 다음 식과 같다 (Newton식).

$$v_s = \sqrt{3.3g(S_s - 1)d} = k_1 d^{1/2} \tag{6.12}$$

여기서, $k_1 = \sqrt{3.3g(S_s - 1)}$

Re수가 0.5보다 작을 때에는 점성에 의한 저항력이 지배적으로 되며, $C_D = 24/Re$이므로 식 (6.11)은 다음과 같이 된다.

$$v_s = \frac{g}{18}\frac{\rho_s - \rho}{\mu} d^2 \quad \text{또는} \quad v_s = \frac{g}{18}(S_s - 1)\frac{d^2}{\nu} = k_3 d^2 \tag{6.13}$$

이 식을 Stokes의 법칙이라 하고, $Re < 0.5$의 영역에서 미립자의 침전속도를 나타낸다. 즉, 구형에 가까운 단독 입자가 정수나 층류중을 침강하는 경우에 적합한 식이다. 보통침전의 경우는 대개 이 식이 적용된다고 보면 좋다.

이 식에서 미립자의 침전 속도는 입자 지름의 제곱과 입자와 액체의 비중 차에 비례하고 액체의 점성에 반비례하는 것을 알 수 있다. 0℃때의 물의 점성은 표 6.2와 같이 26℃ 때의 약 2배이므로 다른 조건이 같으면 침전속도는 1/2이 되어 그만큼 침전효율이 저하된다. Stokes의 법칙에서 미립자의 이론적 침전 속도를 구할 수 있지만 실제에는 침전시 많은 방해요소가 있기 때문에 이식에서 얻어진 값을 그대로 적용하기는 곤란하다.

Stokes식과 Newton식의 중간영역($30 < Re < 500$)에 Allen식이 있다.

$$v_s = \left(\frac{g}{18}\frac{\rho_s - \rho}{\mu}\right)^{0.667} \nu^{-0.333} d = k_2 d \tag{6.14}$$

Stokes, Newton, Allen의 3식을 다음의 일반식으로 표시할 수 있다.

$$v_s = kd^n \tag{6.15}$$

$Re < 0.5$: $n = 2$ (Stokes식)
$30 < Re < 500$: $n = 1$ (Allen식)
$500 < Re < 10^4$: $n = 1/2$ (Newton식)

표 6.2 물의 밀도와 동점성계수

온도(℃)	밀도(g/cm³)	동점성계수ν (cm²/s)
0	0.99987	0.017923
2	0.99997	0.016741
4	1.00000	0.015676
6	0.99997	0.014726
8	0.99988	0.013874
10	0.99973	0.013101
12	0.99952	0.012396
14	0.99927	0.011756
16	0.99897	0.011168
18	0.99862	0.010618
20	0.99823	0.010105
22	0.99780	0.009629
24	0.99733	0.009186
26	0.99681	0.008774
28	0.99626	0.008393
30	0.99568	0.008039

예제 6.1 처리수량 4,200m³/day의 보통 침전지로서 폭 10m, 길이 40m, 유효깊이 3.5m의 크기가 있다. 이 침전지의 체류시간, 평균유속 및 표면 부하율을 계산하시오.

〈풀이〉

$4{,}200\text{m}^3/\text{day} = 175\text{m}^3/\text{hr} = 2.92\text{m}^3/\text{min}$ 이므로

$$\text{체류시간} = \frac{10 \times 40 \times 3.5}{175} = 8\text{hr}$$

$$\text{평균유속} = \frac{2.92}{10 \times 3.5} = 0.084\text{m/min}$$

$$\text{표면부하} = \frac{4{,}200}{10 \times 40} = 10.5\text{m/day} = 7.3\text{mm/min}$$

예제 6.2 Q=1.737m³/s인 하천수중의 모래를 제거하기 위한 침사지를 설계하시오. 단, 모래의 밀도 ρ =2,000~2,650kg/m³, 제거해야 할 최소 모래직경 $D=10^{-4}$m일 때 모래 침강 속도를 Stokes식으로 구하라(단, 물의 점성계수 μ =1.8×10⁻³kg/m · s).

〈풀이〉

모래침강속도

$$v_s = \frac{(\rho_s-\rho)g}{18\mu}D^2 = \frac{(2{,}000-1{,}000)\times 9.8\times(10^{-4})^2}{18\times 1.8\times 10^{-3}} = 3.02\times 10^{-3}\text{m/s}$$ 이므로

소요면적

$$A = \frac{Q}{v_s} = \frac{1.737}{3.02\times 10^{-3}} = 575\text{m}^2$$

평균유속 v를 40mm/s, 유효수심을 3m로 하면

$$\text{침사지폭 } B = \frac{Q}{vH} = \frac{1.737}{40\times 10^{-3}\times 3} = 14.5\text{m} \rightarrow 7.5\text{m}\times 2\text{지}$$

$$\text{침사지 길이 } L = \frac{A}{B} = \frac{575}{7.5\times 2} = 38.3\text{m} \rightarrow 39\text{m}$$

로 된다.

$$\text{체류시간 } t = \frac{BLH}{Q} = \frac{7.5\times 2\times 39\times 3}{1.737} = 1{,}010\text{sec} = 16.8\text{min}$$

이상의 계산결과를 그려보면 다음과 같다.

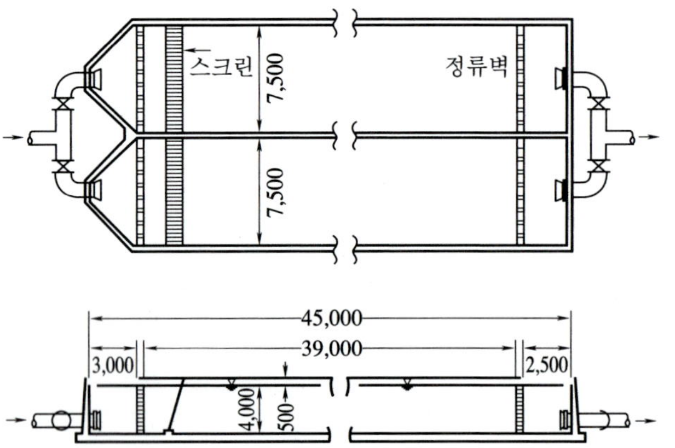

침사지

예제 6.3 체적 5.7m³인 순간혼화지는 폭 4.6m, 길이 21m, 수심 2.5m인 혼화지, 그리고 길이 23m, 수심 3.6m, 유출 위어 90m인 사각형 침전조이다. 11,400m³/day의 유량을 처리하기 위한 주요인자를 계산하시오.

〈풀이〉

유량 = $11{,}400\text{m}^3/\text{day} = 7.92\text{m}^3/\text{min} = 0.132\text{m}^3/\text{s}$

순간혼화지에서 지체시간 $t = \dfrac{5.7}{0.132} = 43\text{s}(>30\text{s})$

혼화지의 지체시간과 수평속도

$$t = \frac{4.6\times21\times2.5}{7.92} = 30\text{min}(=30\text{min})$$

$$v = \frac{Q}{A} = \frac{0.132\times1{,}000}{4.6\times2.5} = 11.5\text{mm/s}(>7.5\text{mm/s})$$

침전시간, 위어부하 그리고 정화지에서 월류율 $t = \dfrac{23\times23\times3.6}{7.92\times60} = 4.0\text{hr}(=4.0\text{hr})$

위어부하 $= \dfrac{11{,}400}{90} = 127\text{m}^3/\text{m}\cdot\text{day}(<250\text{m}^3/\text{m}\cdot\text{day})$

$$v_0 = \frac{11{,}400}{23\times23} = 21.6\text{m}^3/\text{m}^2\cdot\text{day}$$

6.2.2 보통침전

원수 중의 부유물이 단독 입자이고, 크기·밀도를 알고 있을 때에는 Stokes법칙이나 Hazen이론으로 침전 속도와 침전 시간을 구할 수 있다.

부유물은 무기물이 대부분으로 비중이 2.65이며, 보통침전으로 제거되는 입자의 크기는 1/100mm 이상이다. 1/100mm 입자의 침전 속도는 10℃에서 6.9×10^{-3}cm/s이므로 유효수심 3m의 침전지에서는 $300/6.9\times10^{-3}$s = 12.1hr이면 1/100보다 큰 입자는 제거할 수 있다. 보통 침전에서의 침전 시간은 보통 이 정도를 표준으로 한다.

보통침전지에는 단류식과 상류식이 있으나, 전자는 구식으로 현재에는 거의 사용하지 않는다. 또, 침전지 형식에는 수평류식의 장방형과 방사류식의 원형이 있으며, 주로 전자가 사용된다.

1) 설계

먼저 제거할 입자의 크기에서 침전시간(체류시간 : detention time)을 정하지만, 보통은 12시간을 표준으로 한다. 단, 고탁도시나 침전효율이 저하하는 동시에 황산암모늄 등의 응집제를 사용하면 침전시간을 8시간 정도로 단축시킬 수 있다. 침전지용량은 계획정수량의 8시간분을 표준으로 하여 다음과 같이 계산한다.

$$C = \frac{Q}{24} \cdot t \tag{6.16}$$

여기서, Q : 1일 최대 사용수량

C : 소요 용량

t : 침전시간(체류시간)

$$A = \frac{C}{h} \tag{6.17}$$

여기서, A : 침전지의 소요수면적

h : 침전지의 유효수심

수면적은 단락류나 정체부가 생기지 않도록 장방형으로 하고, 폭과 길이의 비를 1:3~8 정도로 하는 것이 좋다. 한편 침전지 내의 평균유속은 너무 크면 침전을 저해하거나 침전된 입자를 재차 부상시킬 염려가 있으므로 30cm/min 이하로 해야 하고 표면 부하율은 5~10mm/min을 표준으로 한다. 침전지의 길이에 대해서는 평균 유속이 이 한계 내에 드는지 검산할 필요가 있다.

침전지의 수는 청소를 고려하여 2지 이상으로 분할하여야 하나, 원수의 탁도가 10도 이상 되는 일수가 적은 경우에 있어서는 측관을 두면 1지만으로도 좋다. 침전지의 유효 수심은 3.0~5.5m가 표준이고, 여기에 고수위에서 여유고 30cm 정도와 저부침전물 퇴적층에 대비해서 30cm 이상을 더 가산할 필요가 있다.

침전지의 수류는 가능한 한 정류로 하는 것이 침전 효율이 좋다. 그러므로 유출구·유입구 등에 정류설비를 설치하는 것이 바람직하다.

슬러지 이동방향의 바닥 중앙에 배출구를 설치하여 양측에서 배출구를 향하여 1/200~1/ 300의 경사로 하고 배출구 바닥도 1/200~1/300의 경사로 하여 배출구로 향하도록 하면 배출작업이 용이하다.

슬러지를 기계로 모아서 배출할 때는 인력으로 배출하여야 할 슬러지량이 적으므로 경사를 1/500~1/1000까지 감축시킬 수가 있다.

침전지의 부속 설비로서는 월류관·배수관 등이 필요하다.

2) 침전효과

보통 침전의 침전 효과는 부유 물질의 제거율로 나타내며, 탁도·세균 등도 상당히 제거된다. 제거율은 침전 시간, 침전지의 구조, 원수의 수질 등에 따라 다르다.

세균이 대폭 제거되는 것은 다른 부유물질에 흡착해서 침전하거나 햇빛의 살균작용과 생물 간의 생존 경쟁 등에 원인이 있다. 보통 침전의 후처리인 완속여과가 정상적인 기능을 발휘하기 위해서는 유입수 탁도 한도를 경험상 대개 10도로 되어야 하며, 따라서 보통 침전지의 설계나 유지관리는 이 한도내의 침전수를 얻도록 처리해야 한다.

3) 침전지의 슬러지 퇴적물 제거

보통 침전지의 슬러지 퇴적량은 원수의 상황에 따라 다르지만, 제거 횟수는 연 1~2회 정도가 보통이다. 유효 수심을 유지하는 것은 침전 효과상 중요하므로 슬러지가 어느 한

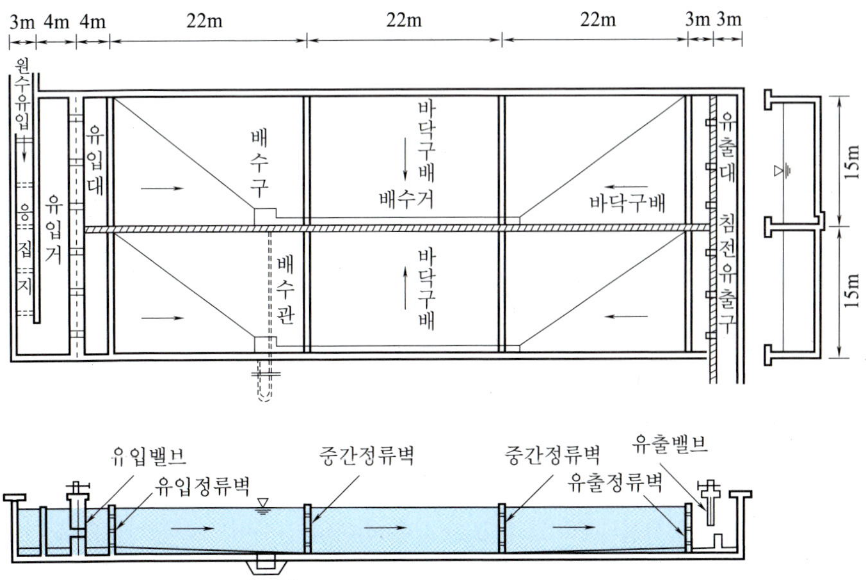

그림 6.6 보통 침전지

도 이상 퇴적하면 제거해야 한다. 슬러지 수집기가 설치되어 있을 때에는 특별히 제거가 필요 없지만, 그 외는 조의 물을 빼고 고압수로써 세류할 수 있는 시설을 하여야 한다.

6.2.3 약품침전

침전에 약품을 사용하는 것은 오랜 옛날부터 행해졌으며, 중국에서는 탁수를 정화하기 위해 명반을 사용했다. 수도에서는 1827년 영국의 John Dr. Bostock가 최초로 약품에 의한 응집실험을 행하였다.

그 후 1884년 미국의 Hyatt, A는 황산철을 응집제로 사용하는 것으로 전매특허를 얻어 급속여과를 시작했다. 약품 침전은 급속 여과의 보급과 더불어 고탁도시 보통 침전의 효율 촉진제로서 수처리계에 널리 사용하게 되었다.

1) 약품에 의한 응집

혼탁된 물에 포함된 미립자 중 극히 작은 것(지름 0.003mm 이하)과 비중이 작은 유기물(비중 1.2~1.4)은 침전에 장시간을 요하며, 보통 침전지의 체류 시간으로는 침전을 기대할 수 없다.

이 경우 침전을 신속하게 하기 위해 약품을 주입하며, 이 약품에 의해 미립자가 결합해서 floc을 형성하게 되는 것이다. 이와 같은 floc은 함수율이 높고 비중이 작지만, 입자의 지름이 크므로 빨리 침전한다. 이와 같이 미립자가 결합해서 덩어리로 되는 것을 응집이라 한다. 응결(coagulation)과 유사한 의미로 응집(flocculation)이란 말이 있는데, 최근에는 응결을 콜로이드 전하의 중화로 입자가 결합하는 경우에 써서 구별하기도 한다.

응집에 사용되는 약품을 응집제(coagulant)라 하며, 보통 알루미늄이나 철의 염류이다. 이것은 전해질로 수중에서 전리해서 응집력을 발휘한다. 전해질은 금속염이 아니라도 콜로이드액에 적당한 농도로 장시간 혼합하면 응집을 일으키는 성질이 있다. 예를 들면 산·알칼리·식염 등도 이 성질이 있어 염산·가성소오다·소석회·식염의 용액을 적당한 농도로 사용하면 콜로이드에 대해서 응집작용을 일으키게 된다. 하구부에서 미소한 점토입자가 침전해서 실트(silt)층을 형성하는 것은 해수의 혼합으로 Mg^{++}나 Na^{+} 등에 의한 응집이 일어나기 때문이다.

수중의 탁질은 주로 점토입자이며, 다소의 유기물질이 섞여있다. 이 입자 중 점토 콜로이드에 속하는 미립자는 표면에 부전하를 띠고 있고, 또한 같은 전하의 입자이므로 전기적으로 서로 반발해서 응집되지 않고 부유 상태로 있게 된다. 이때 콜로이드액에 반대되는 전하의 이온(ion)이나 반대전하의 콜로이드를 섞으면 전하의 전위에 변화를 일으키므로 입자가 불안정해져서 응집이 일어난다.

2) 응집제와 성질

수중 부유물을 응집시켜 침전을 촉진시키는데 쓰는 약품을 응집제(coagulant)라 하며, 주로 알루미늄이나 철의 염류인 전해질이 사용된다.

(1) 반응식

황산알루미늄(filter alum, aluminum sulfate, 황산반토) 화학식은 $Al_2(SO_4)_3NH_2O$이며, 결정수는 18H_2O가 일반적이다. 알루미늄 성분이 많은 점토를 황산으로 처리해서 제조한 것이며, 최근에는 알루미나 제조 과정에서 생기는 수산화알루미늄을 황산으로 처리해서 제조하고 있다.

적량의 황산반토를 수중에 가하면 수중의 알칼리와 다음과 같은 반응으로 수산화알루미늄의 콜로이드가 석출하며 이 콜로이드가 응집을 일으킨다.

$$Al_2(SO_4)_3NHO+3Ca(HCO_3)_2=2Al(OH)_3+3CaSO_4+6CO_2$$

이 반응에서 Ca나 Mg의 중탄산염이 황산염으로 되어 일시경도가 영구경도로 되지만, 총경도는 변하지 않는다.

알칼리의 소비와 CO_2가 발생해서 수중에 유리탄산이 증가됨으로 pH가 어느 정도 저하한다. 또 황산반토는 보통 다소의 유리황산을 포함하고 있으므로 이로써도 pH가 약간 저하한다. 수산화알루미늄은 젤라틴(gelatine)상으로 함수율이 높고, 흡착력이 강하므로 floc 상호간의 충돌·결합으로 대형 floc로 생장하게 되고, 미세한 부유물을 흡착하여 침전시키는 역할을 한다.

수중의 알칼리가 부족할 때에는 상기 반응이 진행되지 않으므로 소석회를 가한다.

$$Al_2(SO_4)_3+3Ca(OH)_2=2Al(OH)_3+3CaSO_4$$

이 경우는 CO_2가 발생하지 않고 새로운 영구경도가 증가하는 점이 전의 반응과 다르다. 소다회(soda ash, 탄산나트륨)로써 알칼리를 보충하면

$$Al_2(SO_4)_33Na_2CO+3H_2O=2Al(OH)_3+3Na_2SO_4+3CO_2$$

이는 경도를 증가시키지 않는 것이 특징이다.

(2) 약품량

소요되는 약품량은 현탁질의 양과 질·색도·알칼리도·*pH* 및 수온에 좌우되며, 또 약품의 종류에 따라서 다르다. 이 값이 많은 요소의 영향을 받으므로 최적량의 결정은 jar test를 써서 각종 주입률로 비교 시험하여 제일 응집침전이 양호한 주입률을 정한다.

그림 6.7은 탁도·알칼리도와 황산반토 주입률의 관계도이며, 원수 중의 다른 성분도 관계가 있으므로 이것을 참고로 jar test를 해서 최적 주입률을 구한다.

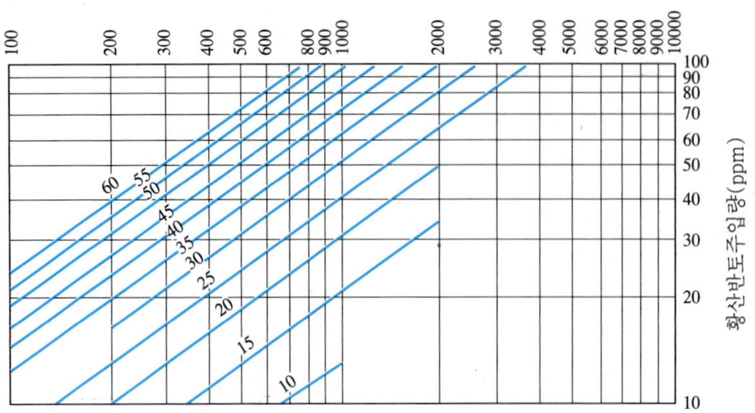

그림 6.7 황산반토 주입량

(3) 응집시간과 침전시간

약품 주입으로 점토 입자가 전기적으로 중화되어 미소 floc을 형성하는데 걸리는 시간은 극히 작아 보통 5초 이내이며, 1분 후에는 0.02mm, 3분 후에는 0.05mm, 4분 후에는 0.1mm로 되어, 이후 급속히 대형화한다.

반응 시간은 jar test할 때 적당량의 인산나트륨을 황산반토 주입 전에 가하든가, 주입 후 5, 10, 20초 후에 각각 가한 후 잔류 탁도를 비교해서 측정한다.

주입 전에 가했을 때에는 전혀 응집하지 않지만 주입 후에 가했을 때에는 5초 이내에 황산반토에 의한 응집반응이 끝나, 인산나트륨에 의한 방해가 일어나지 않음을 알 수 있다.

이같이 미소 floc의 형성은 단기간에 일어나므로, 압력식 급속여과기에서 원수유입관에 약품을 직접 주입하는 경우도 있으며, floc 형성시간은 계획정수량에 대하여 20~40분간을 표준으로 본다.

물론 반응시간과 floc의 형성은 현탁질의 양·질·약품량·수온·알칼리도·교반조건 등에 따라 다르나, 보통 10~20분에 육안으로 볼 수 있을 정도의 floc가 형성되고, 그 후 floc은 차차로 커져 2~5mm까지 성장한다. 이때 교반 조건을 적당히 하는 것이 중요하다.

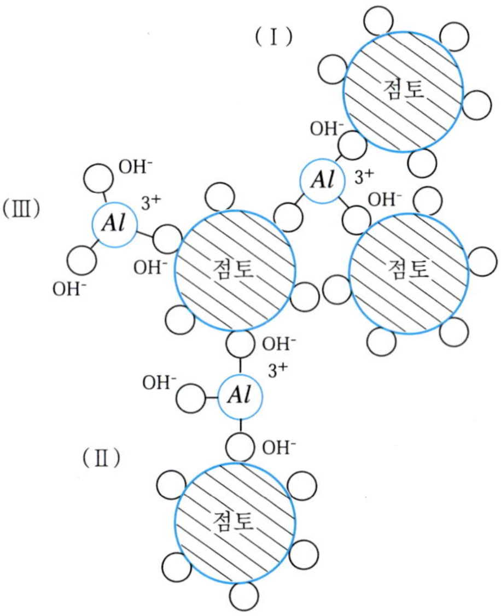

그림 6.8 응집기구의 모식도

침전에 요하는 시간도 응집과 floc 형성의 양부, 침전지의 구조·수온에 좌우되지만, 보통 3~5시간으로 충분한 침전을 행할 수 있다. 침전오니의 일부는 반송하여 원수와 혼합하든지, 여과지를 세정한 배수를 혼합하면 floc 형성이 빨리 이루어진다.

침전수의 양부는 여과의 손실수두의 증가 속도에는 관계가 있으나 여과수의 수질에 영향이 없다. 약품량·침전시간·여과지속시간에는 서로 밀접한 관계가 있으며, 상황에 따라 최적이고 경제적인 방법을 채용하는 것이 중요하다.

3) 혼약장치

혼약장치는 약품 주입 장치와 혼화지의 두 종류로 나눌 수 있으며, 원수의 수질에 맞는 적정량의 약품을 정확히 주입하고 원수를 급속히 교반시켜 약품을 혼화해서 제1차 응집을 일으키는 시설이다.

(1) 약품주입장치

습식과 건식이 있으며, 습식은 약품을 용액으로 하여 일정량씩 원수에 주입하는 방식이고, 건식은 분말의 약품을 압력수로 ejector에 의해 물과 혼합시켜 주입점에 보내는 방식으로 구조가 습식보다 작고, 주입량을 갑자기 증대시킬 수 있는 이점이 있다.

습식에서는 약품 용해조가 필요하며, 계속식과 연속식이 있으나, 보통 전자가 많이 쓰인다. 주입 장치의 원리는 일정농도의 용액을 정수위 탱크에 넣고 바닥에 있는 needle valve로 일정량식 유출시킨다.

최근에는 액체 황산반토로서 산화알루미늄이 8.0~8.4%의 순도로 액상화 하기 때문에 고형에서처럼 용액으로 하는 노력이 들지 않고 농도가 일정하여 주입이 쉬우며, 특히 주입량을 급증시킬 때 편리하다. 그 반면, 운반량이 커지므로 공장에서의 거리에 한계가 있다.

황산반토의 용해조나 주입장치, 액체 황산반토의 저장조·파이프 등은 황산반토가 부식성이 강하므로 내산성 재료를 쓸 필요가 있고 콘크리트는 연판이나 아스팔트·경질 염화비닐판으로 보호하고, 동판은 에폭시 수지로 도포한다.

용해조의 용량은 계획수량을 기준으로 예상 최고탁도에 대한 주입량의 1~2시간분 또는 그 주입량을 연속해서 용해시킬 만한 용량으로 예비를 고려해서 2개조 이상 설치한다.

주입장치의 용량은 예상시간 최대 처리 수량과 최대 주입률로 산정하며, 시간 최대 주입량이 주입될 수 있게 한다. 여기서도 예비기를 둘 필요가 있다. 주입 장소는 주입 후 급속히 교반되는 장소를 택한다.

(2) 혼화지(mixing chamber)

주입된 약품과 원수를 급속히 교반시키는 곳으로, 구조에 따라 다음과 같이 나눌 수 있다.

① 우류식(迂流式)

그림 6.9처럼 상하류형과 수평류형이 있으며, 수두손실이 크고 수량 변화에 대해 속도조절을 할 수 없는 결점이 있다. 그러나 시설이 간단하므로 소규모의 정수장에 적합하다. 이 방식은 혼화와 floc 형성이 동일조 내에서 행해지므로 정확히 말하면 혼화지 겸 floc 형성지라 할 수 있다.

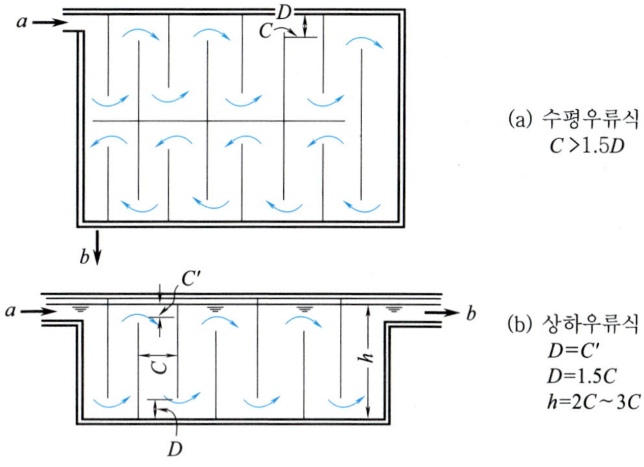

그림 6.9 우류식 응집지

② 기계교반식(flash mixer)

그림 6.10과 같은 원형이나 사각형 단면의 탱크에 수직축 주위를 회전하는 날개(impeller)를 가진 장치이다. 혼화지 체류시간은 1분 내외로 혼화시 회전날개의 주변속도는 1.5m/s 이상이면 충분하다.

회전 날개의 주변속도는 1.5m/s 전후에 2~3단으로 변화시켜 조절할 수 있게 하면 유량변화에 대응할 수 있고 편리하다.

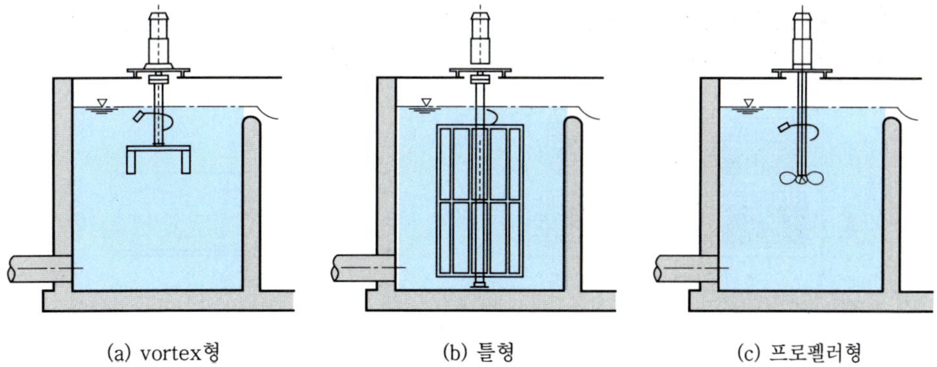

그림 6.10 급속교반지

③ 공기공급식

혼화조 바닥에 설치한 다공관을 통하여 압축공기를 분사하여 교반하는 형식으로 공기공급이 동시에 되며, 또한 수중에 회전부가 없으므로 고장이 적게 일어나는 이점이 있다. 탱크의 용량은 기계교반식과 같다.

④ 저양정 펌프를 이용하는 방식

원수를 저양정 펌프로 양수하는 경우 흡입측에 약품을 주입해서 펌프에 의한 난류를 이용하여 혼화하는 방법이다. 펌프의 내면, impeller 및 접속하는 관류 등은 내산성으로 해야 하므로 비경제적이다.

4) floc 형성지(flocculation basin)

floc 형성지는 혼화지에서 약품과 혼화되어 제1차 응집을 일으키는 원수를 천천히 교반하므로 입자간에 충돌을 일으키며, 제2차로 응집을 촉진시켜 큰 floc의 형성을 도모하는 탱크이다.

우류식에서는 혼화지와 floc 형성지가 동일한 장치이기 때문에 구별이 안 되어 동시에 응집지라고 부른다.

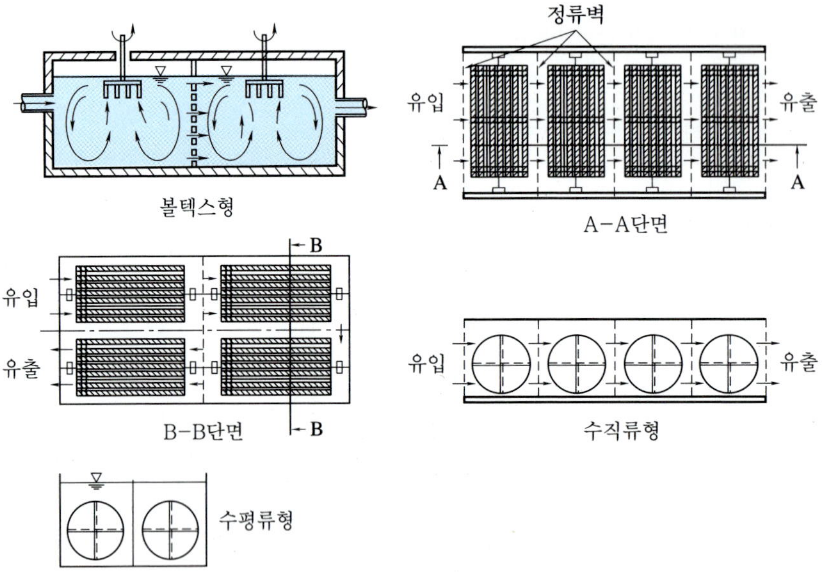

그림 6.11 mechanical flocculator의 형식

floc 형성지는 혼화지 다음에 설치되며, 구조적으로 침전지와 일체를 이루는 것이 일반적이다. 침전지는 그림 6.11과 같이 장방형으로 내부에 flocculator를 장치한다.

지의 용량은 계획 정수량이 20~40분간 체류할 수 있게 한다. flocculator는 1렬 또는 수열로 배치하고, 그 사이에는 격벽을 둔다. 회전축은 그림 6.11과 같이 수평식과 수직식이 있고, 수평식에는 수류방향에 대해서 회전축이 직각인 것과 평행인 것이 있다. 직각인 것은 일단 응집한 floc의 일부를 되돌려 보내서 유입수와 혼합시키므로 응집 촉진이 잘 된다고 한다. flocculator의 회전속도는 회전 날개의 주변 속도가 15~80cm/s의 범위에서 변화할 수 있게 장치한다.

이것은 floc의 파괴나 침전이 일어나지 않는 한계유속 범위이고 수질이나 수온에 따라 속도를 변화하며, 특히 수온이 낮을 때에는 floc이 파괴되기 쉬우므로 교반을 약하게 하여야 한다. 또 하류로 갈수록 교반 속도를 절감시켜 커진 floc이 파괴되지 않도록 한다. 회전 날개의 단면적은 수로단면적의 10% 정도로 하는 것이 좋다. 우류식에서는 평균 유속이 15~30cm/s되도록 단면을 정한다.

floc형성지와 침전지가 떨어져 있어 도수로로 연결해야 하는 경우 floc의 파괴(75cm/s 이상) 및 침전(9cm/s 이하)이 일어나지 않는 유속 범위내에 있도록 해야 한다. 펌프 양수 및 단면적의 축소 등으로 물에 충격을 주어 floc을 파괴하는 현상은 절대로 피해야 할 것이다.

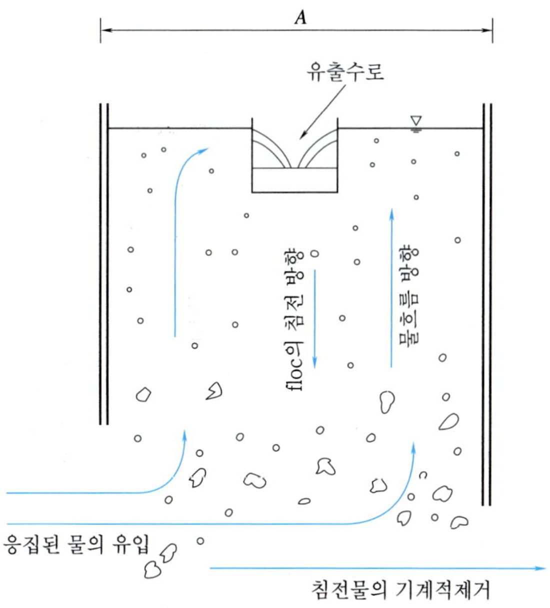

그림 6.12 이상적인 침전지

5) 약품침전지

약품침전지는 약품주입, 혼화 및 floc 형성의 단계를 거쳐 크고 무겁게 성장한 floc의 대부분을 침전 분리작용에 의하여 제거함으로써 후속되는 급속여과지에 걸리는 부담을 경감하기 위하여 설치한다.

용량의 결정은 보통 침전지에서의 방법과 같으나, 침전 시간은 3~5시간으로 단축해도 무방하다. 이것은 부유물이 대형의 침전하기 쉬운 floc으로 형성되어 있기 때문이다. 침전지 내의 평균 유속은 보통 침전보다 약간 빠르게 해도 좋으나, 40cm/min 이하를 표준으로 하고 표면

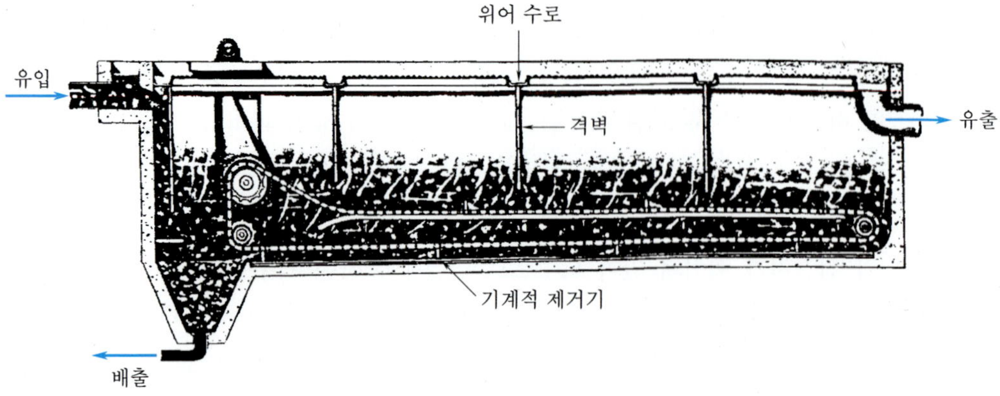

그림 6.13 직사각형 침전지의 단면도

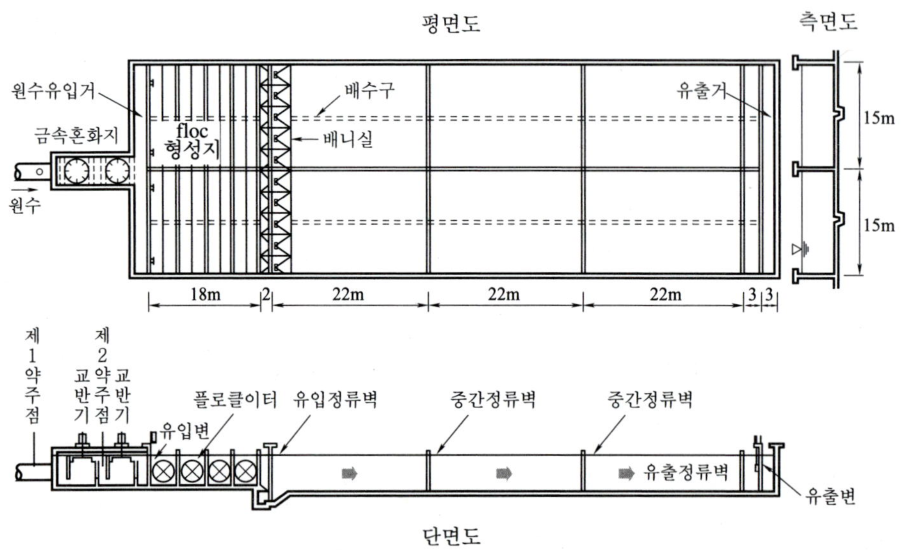

그림 6.14 floc형성지와 약품침전지

부하율은 15~30mm/min으로 한다. 침전지는 철근 콘크리트조로 하며, 특히 수밀성이 요구되므로 양질의 콘크리트로 하고, 신축이음, 시공이음의 시공에 충분한 주의가 필요하다.

침전지의 형상은 장방형이 좋으며, 원형은 정류를 얻기 어려우므로 최근에는 별로 사용되지 않는다. 장방형의 장단변비는 1:3~8로 하는 것이 수류의 안정을 유지하는데 좋은 결과를 나타내며 1:4 정도가 최적이라 한다.

침전지의 수는 수리나 sludge제거를 고려해서 2지 이상으로 한다. floc 형성지와 침전지는 일체로 구축하고, 양자는 단순히 유공정류벽으로 분리시키는 정도가 좋다.

침전지의 유효수심은 3.0~5.5m 정도이며, 바닥에는 침전물의 퇴적을 위한 슬러지실로 30cm 이상의 여유를 둔다. 그러나 슬러지 수집기를 사용할 경우에는 슬러지실이 불필요하다.

(1) 정류설비

침전이 효율적으로 일어나는지 아닌지는 침전지내 흐름의 정류 여부에 큰 관계가 있다. 난류·밀도류·편류·대류 등이 생기면 입자의 침강이 방해되어 반대로 떠오르기도 한다. 침전지의 유입부나 유출부의 구조는 특히 난류 및 편류 등의 발생에 관계가 깊으므로 주의를 요한다.

정류설비는 그림 6.15와 같이 직각정류벽을 설치해서 유입·유출의 균등화를 꾀하는 외에 필요에 따라 중간에도 1~3개소에 더 설치하면 효과가 좋다.

그림 6.15는 유공직각정류벽의 세부이며, 정류벽공의 총단면적과 유입단면적에 대한 비율은 6% 정도로 균등하게 설치하면 좋다. 이 정류벽으로 용량효율(실 여과시간/이론 체류시간의 백분비)을 2배 정도 크게 할 수 있다. 즉, 최소유출 시간이 1시간인 것을 2시간으로 연장시킬 수 있다.

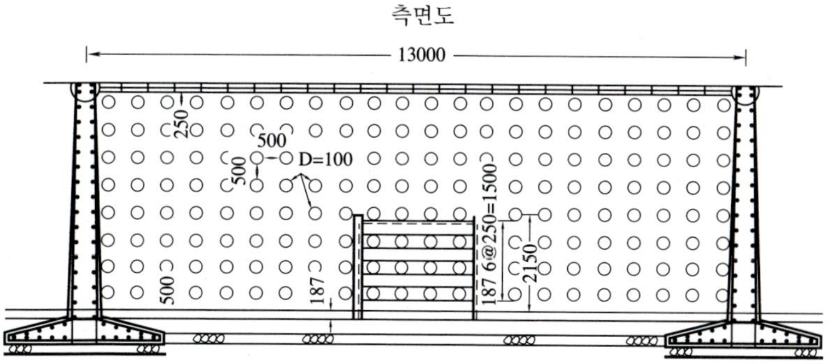

그림 6.15 유공직각정류벽

중간정류벽은 불연속류 방지에 효과가 있고, 제1구획의 불연속류가 정류벽 앞에서 정체하여 유속이 평균화되며, 수온차에 의해 밀도류가 생겨도 같은 정체 현상으로 흡수되어 전체 수류상태가 좋아지므로 효율을 올릴 수 있다.

그러나 구획내에 환류를 일으켜 침강을 방해하는 결점도 있고, 용량 효율의 증대에 비해 침전 효율은 별로 향상되지 않으나, 재래형에 비해 침전 효율이 30% 정도 좋아졌다고 한다.

유출부의 구조로서 월류언을 두어 표면부의 침전수를 월류 시킬 때에는 부하율(인출유량/위어전장, weir loading)을 충분히 작게 해서 슬러지를 끌어올리고 또는 지내수류에 영향을 미치지 않게끔 해야 한다. 월류부하는 보통 500m^3/day/m 이하가 적당하며, 이것을 작게 하려면 수류방향에 평행 또는 직각인 통로를 설치하여 월류장을 길게 함이 필요하다.

6) 고속응집 침전지(suspended solid contact clarifier)

부유물접촉 침전지, 강제응집 침전지 또는 급속 침전지라고도 하며, 원래 이 장치는 경수 연화 장치로 1938년 C.H. Spaulding이 Springfield에서 처음 개발하였으며, 그 후 연화장치로만 써왔으나, 최근에 와서는 침전지로 이용하게 되었다.

동일조내에 약품혼화·응집·floc형성과 침전 과정이 동시에 일어나는 것이 특징이며, 다음의 세 가지 방식이 있다.

(1) 슬러지(sludge) 순환형

어떤 범위의 농도를 가진 슬러지를 항상 침전지 내에 순환시키며 새로 유입된 원수와 응집제는 이 고농도의 슬러지와 혼합해서 대형 floc으로 생장시킨다. 대형 floc을 포함한 순환류가 slit에서 분리실로 방출되면 청등수의 상승수류와 슬러지의 하강류로 분류된다. 청등수는 수면의 통로로 유출하고, 잉여슬러지는 때때로 방출되어 슬러지 농도를 일정하게 유지한다.

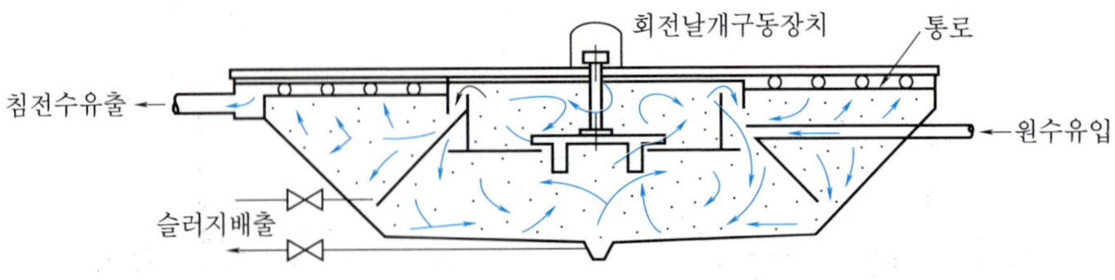

그림 6.16 고속응집 침전지(슬러지 순환형)

(2) 슬러지 블랑켓(sludge blanket)형

중앙혼합 반응실에서 기존 슬러지와 혼합하여 대형 floc을 만드는 점은 슬러지 순환형과 같으며, 분리실의 방출을 바닥에서 행하여 상승시킨다. 상승유속이 단면이 커짐에 따라 차차 작아져 침강하려는 대형 floc가 상승속도와 평형되어 수중에 정지하는 슬러지 블랑켓층을 형성, 상승하는 슬러지는 이 층의 통과 때 맑아진다.

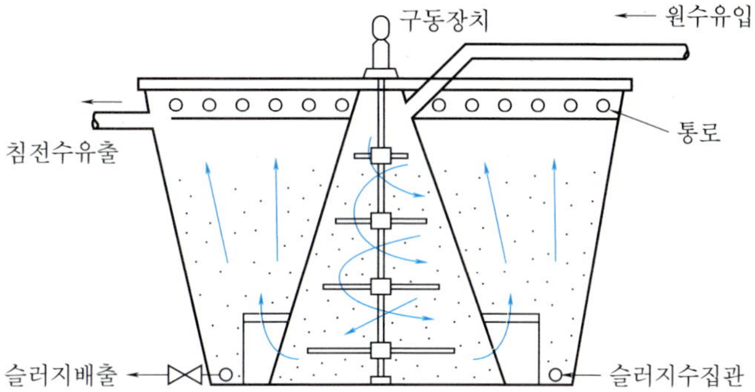

그림 6.17 고속응집 침전지(슬러지 블랑켓형)

(3) 복합형

그림 6.18과 같이 응집은 슬러지 순환형으로 하고, 분리는 슬러지 블랑켓형으로 하는 방식이다.

고속 응집 침전지의 침전 시간은 1.5~2.0시간으로 보통 침전지보다 크게 단축할 수 있으므로 침전지가 소형이 되는 이점이 있고, 약품량도 20% 정도 절약된다. 그러나 이 침전지는 유입하는 탁질량과 보유하는 슬러지량과 배출하는 슬러지량과의 평형을 기본으로 하므로 만일 이 평형이 깨어지면 침전이 잘되지 않아 floc의 유출(carry over)을 초래하게 된다.

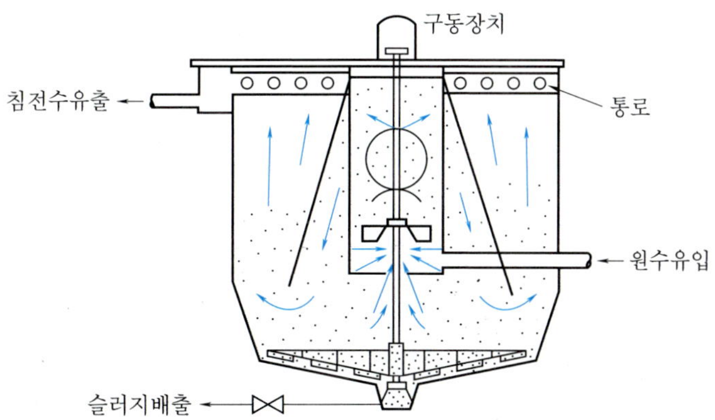

그림 6.18 고속응집 침전지(복합형)

6.2.4 경사판 등의 침전지

경사판 등의 침전지는 침전지내에 경사판이나 경사관을 삽입하고 일종의 다층침전지를 구성하여 침전효율을 높이고자 하는 것으로서 침강장치로서는 각종 형상의 것이 사용된다.

경사침전지는 다음 항을 표준으로 하여야 한다.

① 경사판의 경사각은 60° 로 한다.

② 지내의 평균유속은 0.6m/min 이하로 하여야 한다.

③ 장치내 통과시간은 경사판 간격 100mm의 경우 20~40min

④ 경사판 하단과 침전지바닥과의 간격은 1.5m 이상으로 하고, 상향류식 장치하부의 평균유속은 70cm/min 이하가 되도록 정류벽을 설치하여야 한다.

⑤ 경사판의 끝에서 침전지의 유입부 벽과 유출부 벽의 거리는 각기 1.5m 이상으로 하여야 한다.

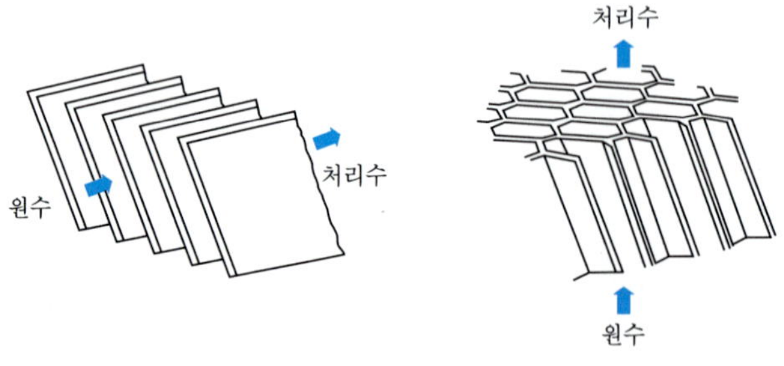

(a) 수평류　　(b) 상향류

그림 6.19 침강장치와 수류방향

그림 6.20에서와 같이 수심 H의 침전지에 경사판을 삽입하였을 때 지내의 현탁입자의 최대침강거리는 H에서 h로 짧아지며 침전효율은 H/h배로 증대된다. 이를 다른 방향에서 보면 H/h계층의 다층침전지를 형성하고 있는 것으로 생각할 수 있다.

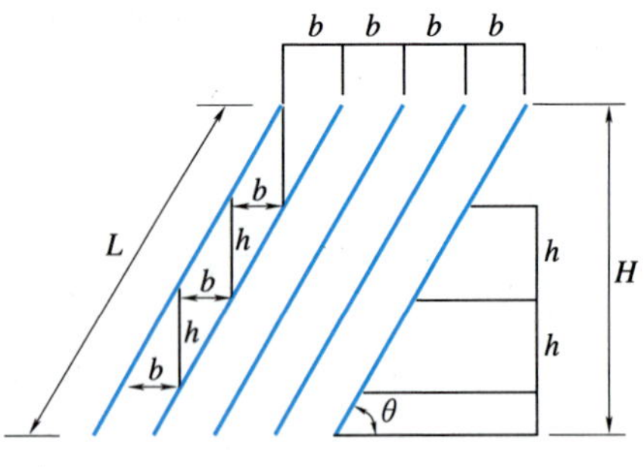

그림 6.20 경사판의 역할

침전지내에 이와 같은 경사판 등의 침강장치를 설치하여 침전효율의 개선을 도모했을 때는 그 효과에 따라서 체류시간을 감소시키고 침전지의 처리능력을 향상시킬 수 있다.

입자의 침강속도를 v_0, 유량을 Q라고 하면, 침전지의 소요침강면적 A는

$$A = Q/v_0 \tag{6.18}$$

경사판 1매의 표면적을 S, 경사각을 θ 라고 하면 유효침강면적 a는

$$a = S\cos\theta \tag{6.19}$$

경사판 효율을 η 라고 하고, 필요한 경사판의 매수를 N이라고 하면

$$N = \frac{A}{a\eta} \tag{6.20}$$

침전지폭을 d, 경사판간격 b, 경사판장치 1단 1열의 매수를 n이라 하면

$$n = \frac{d}{b} \tag{6.21}$$

경사판장치의 단수를 m, 열수를 R이라고 하면

$$R = \frac{N}{nm} \tag{6.22}$$

그리고 최후에 지내 평균유속 및 장치내 통과시간을 검토한다. 또 지내 체류시간은 일반적으로 원수 수질의 변동이 심한 경우나 소규모 수도의 경우에는 1시간 이상으로 하는 것이 관리상 바람직하다.

6.3 여과(filtration)

6.3.1 개설

여과는 부유물, 특히 침전으로 제거되지 않는 미세한 입자의 제거에 가장 효과적인 방법이다. 그러나 여과는 여재(filter medium)의 막힘을 일으키므로 작업을 중단하고 재생을 해야 하며, 이 공정은 간헐적으로 행하지 않으면 안 된다. 여재의 막힘이 될 때까지의 경과

시간을 여과지속시간(filter run hour)이라 하며, 여액의 부유물·농도·형상·성질 등과 여재의 성질에 따라 다르다. 수도에서는 천연사를 여재로 쓰며, 모래의 입도는 여액(filtrate), 즉 여과수의 수질이 음료수에 적합하고, 여과지속시간이 적당히 길어질 수 있는 두 조건을 만족시키는 입도를 경험적으로 정하고 있다.

여과는 정수과정에서 근간이 되는 것으로 미여수 중 부유물의 대부분, 특히 세균이 거의 제거되며, 완속여과법에서는 산화작용으로 용해물질을 안정시키는 기능을 가지고 있다.

따라서 여과의 과정은 정수과정 중에서 가장 중요시되어야 하며, 시설의 설계와 유지관리도 안전 제일주의로 행할 필요가 있다. 여과법에는 완속사여과법(slow sand filtration)과 급속사여과법(rapid sand filtration)이 있으며, 전자는 여과속도가 10m/day 이하의 저속임에 비하여, 후자는 100m/day 이상의 고속이 특징이며, 여과기구 및 시설의 구조 등 대부분이 상이하다.

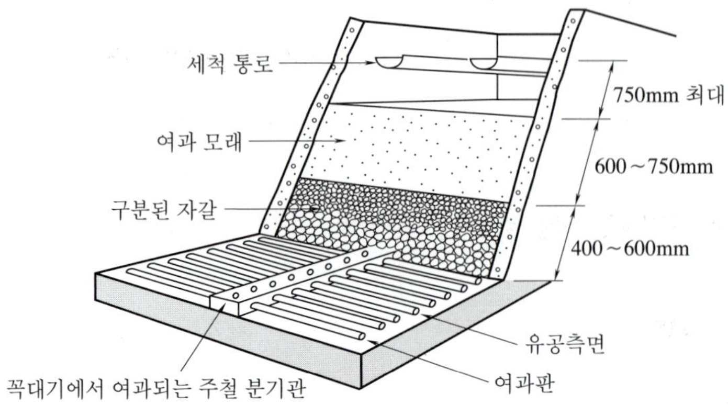

그림 6.21 대표적인 모래여과의 횡단면(Water supply and Treatment)

6.3.2 여과의 이론

여과를 기구상으로 분류하면 케이크 여과(cake filtration, 표면여과)와 청등여과(clarifying filtration, 내부 여과)의 2종류로 나눌 수 있다.

표면여과는 여재 표면상에 퇴적되는 부유물에 의한 케이크가 두께를 증가시킴과 동시에 다음 여과의 여재의 역할을 하는 여과방식이다. 완속여과에서 여과막 구성 후의 여과는 이 여과기구에 해당하고 급속여과에서도 어느 정도 여과가 진행한 후에는 이 조건에 부합되는 경우도 있다.

내부여과는 여과되기 어려운 미립자를 포함한 원수를 대상으로 할 때 일어나며, 미립자가 여재층 내부로 침입하여 내부에서 포착되어 여과되는 여과 방식이다. 급속 여과의 초기 단계와 저수온으로 응집 불량시의 여과, 여과속도가 고속인 경우의 여과, 여재가 미립자인 경우의 여과는 이 형식에 속한다.

수도에서 표면여과가 일어날 때에는 여과속도가 일정하므로, 여과압(이 경우는 여과손실수두에 상당한다)을 점증시켜 항율여과의 부류에 속하게 된다. 케이크 여과에서 항율여과가 행해지는 경우의 여과압과 여과량은 다음과 같다.

$$\Delta p g_c = \frac{b\mu Q}{A} + \frac{r\mu v Q}{A^2} \cdot V_f \tag{6.23}$$

여기서, Δp : 어느 시간내의 여과압(kg/cm²)

g_c : 중력단위 환산계수(kg·m/kg·s²)

b : 여재의 저항계수(1/m)

r : 케이크의 평균 저항비(1/m²)

μ : 여액의 점도(kg/m·s)

A : 여과면적(m²)

Q : 유량(m³/s)

V_f : 어느 시간내의 정수량

v : 케이크와 여액의 체적비

이 식에서 여과압, 즉 여과손실수두와 여과수량의 관계는 이론적으로 직선적 변화가 된다. 그러나 실제는 케이크가 압축성을 가지므로 r의 값이 여과진행에 따라 같이 변화한다. 여재의 저항계수 b도 점차로 막혀 얼마간 변화하므로 완전한 직선형이 되지 않는다.

한편 내부 여과의 항율여과에 대해서는 Hermans & Brede가 표준폐쇄형, 즉 여액의 유로인 모관의 길이는 불변하므로 그 지름이 여과수량에 비례한 슬러지 체적에 상당한 부분만이 가늘어지며 다음의 식을 유도하였다.

$$\sqrt{\frac{\Delta p_0}{\Delta p}} = 1 - \frac{k_s}{2} V \tag{6.24}$$

여기서, Δp_0 : 초기의 여과압　　Δp : 여과량 V를 얻었을 때의 여과압

k_s : 여과계수　　V : 여과량

이 식은 여과압, 즉 손실수두가 여과수량의 증가에 따라, 즉 여과진행에 따라 2차함수적으로 증대함을 보여준다. 이 관계에서 여과의 손실수두와 여과수량의 관계를 plot해 보면 표면여과 상태인지 내부 여과 상태인지를 알 수 있다.

표면여과는 슬러지가 한 표면에 집약해서 퇴적하므로 여과지속시간이 짧아지나 내부여과에서는 슬러지가 여과층 전체에 광범위하게 분산하므로 여과지속시간이 길어진다.

수도의 급속여과현상에서는 표면여과와 내부여과의 양 현상이 각각 독립하거나 중간적 형태로 발생한다. 따라서 여과기구는 여과속도·여과사의 유효경과 균등계수, 미여과수의 탁도, 탁질의 성질과 응집 상황·수온 등에 의해서 상이하다.

여과속도가 클 경우 여과층 내부까지 탁질이 침입하여 내부 여과형이 되고, 미여과수의 탁도가 높거나 응집이 양호한 경우에는 대형의 floc를 포함하므로 표면 여과형이 된다.

여과사의 유효경이 작으면 표면여과형으로 되는 경향이 있고, floc의 크기와는 상대적인 관계가 있다. 여과사의 균등계수가 크면 표층에 미세한 입자가 모이므로 표면 여과가 되기 쉽다.

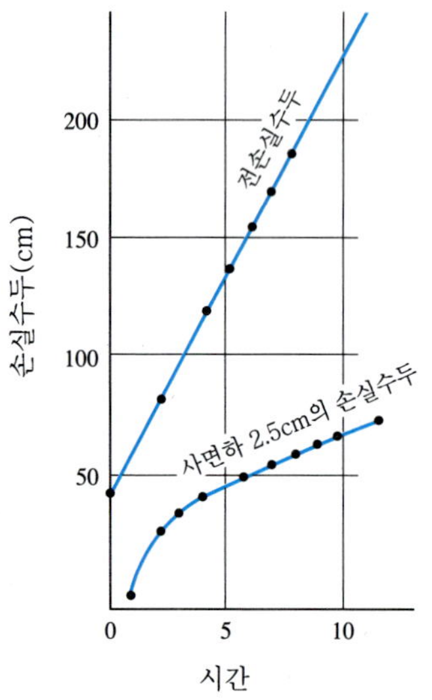

그림 6.22 표면여과의 손실수두의 변화

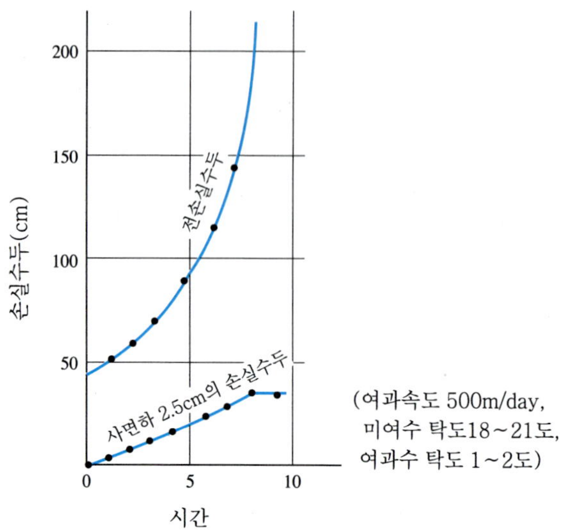

그림 6.23 내부여과형의 손실수두변화

6.3.3 완속여과

1) 완속여과의 원리

완속여과는 사층을 통해서 원수를 천천히 침투 유하시키는 방법으로 1일간에 사면을 통과하는 수주의 높이를 여과속도라 하며, 설계 여과속도는 5m/day 이하를 표준으로 하지만, 원수 수질이 특히 좋든가, 특별한 여과전처리(예를 들면 2단 여과의 제1차 여과)를 하는 경우는 그 이상의 속도로 하여도 무방하다. 완속여과 시스템은 그림 6.24와 같다.

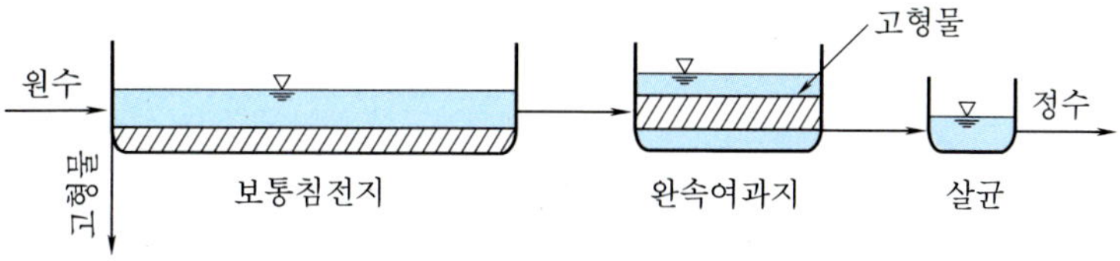

그림 6.24 완속여과 시스템

여과로 얻어진 물을 여과수 또는 여수(filtered water)라 하며, 부유물질과 세균은 거의 다 제거되고, 색도·철·망간도 어느 정도 제거된다.

완속여과법에 있어서 특히 암모니아성 질소는 아질산생성균·질산생성균의 작용으로 질산성질소로 안정화한다.

완속여과에서 세균이나 콜로이드 입자 같은 미소입자가 제거되는 여과기구는 아직 명확하지 않지만, 대략 다음과 같이 생각할 수 있다.

(1) **여별효과**(straining)

여과현상 중 가장 단순한 것으로 대부분 여층의 표면에서 일어난다. 최초에는 모래의 공극보다 큰 입자만 모래면에 억류되지만, 여과가 진행하면 표면에 억류된 물질이 퇴적하게 되어 보다 작은 물질이 억류되게 된다.

원수 중에는 유기물질과 미생물이 포함되어 있으므로 미생물은 이 표면의 막에서 생활하게 된다. 미생물의 집락은 점액상으로 되어 표면의 막은 점성의 어떤 니상교질막으로 변하여 점점 여별효과를 강화한다. 이 교질막을 여과막(filter film)이라 하며, 여과가 계속함에 따라 점점 비후해져 결국에는 여과의 저항이 커져 물이 통과하기 어려워진다.

(2) **흡착과 침전**(adsorption, sedimentation)

모래의 표면을 통과한 미세 물질은 여층 중의 공극(40~50%)을 천천히 유하하며 floc 형성과 공극 내에서의 침전작용과 모래 표면에의 흡착 현상으로 여층내에 억류된다. 그러나 floc화도 흡착도 안된 미립자는 사층 하부까지 침입한다.

수온이 낮으면 물의 점성이 커져서 floc화는 어려워지고 일단 흡착된 입자도 물의 전단력으로 모래입자 표면으로부터 떨어져 하부로 이동한다. 따라서 수온이 낮을수록 여과효과는 나빠진다.

(3) 생물학적 작용(biological activity)

이 작용은 완속여과 특유의 것으로 모래층 표면에서의 작용은 여별효과와 같으며, 모래층 내부에서의 미생물은 교상물질로 모래 표면에 부착한다. 모래는 점성을 갖게 되어, 콜로이드·세균 같은 미세한 물질을 흡착 제거하게 된다. 여과지의 모래가 새것일수록 여과효과가 좋지 않은 것은 생물피막이 모래 표면에 형성되지 않았기 때문이다. 또 미생물은 물리적으로 부유물을 제거하는 외에 수중의 유기물 세균을 포식하며, 용해한 유기물을 영양원으로 흡수해서 무기화하기도 한다. 암모니아가 질산으로 되는 것도 여층 중의 아질산생성균·질산생성균의 작용에 의한 것이다.

(4) 산화작용(oxidation)

이 작용도 완속여과 특유의 것으로 모래면상의 수중에는 광합성을 하는 플랑크톤이 있어 이것들이 풍부한 산소를 물에 공급하므로 철·망간 등은 산화되어 제거된다.

여과의 기구는 이상과 같이 설명할 수가 있으나 아직 완전하다고 말할 수가 없고, 예를 들어 여과막이 치밀하여 여별효과에 의해 세균이 저지된다고 하면 세균보다 큰 미생물은 전부 억류되어야 마땅하지만 실제로는 대형의 미생물도 어느 정도 여과수에 나타나며, 여과막의 작용이 극히 중요한 것은 사실이지만 표면 이하의 모래층도 단순한 지지 역할만이 아니고 상당한 억류 작용을 하므로 모래층 두께를 너무 얇게 할 수도 없다.

2) 완속여과지

(1) 설계

① 여과지의 면적

$$A = \frac{Q}{V} \tag{6.25}$$

여기서, A : 여과지 총면적(m^2)
Q : 소요여과수량(m^3)
V : 여과속도(m/day), 4~5m/day이 표준임

소요여과수량은 엄밀히 말하면 정수장의 세사 등의 작업용수량과 송수관, 배수지의 누수량을 고려해야 하나, 보통은 계획 1일 최대급수량을 기준으로 한다. 그밖에 여과지

의 청소 등 작업상의 필요로 예비지를 별도로 설치한다.

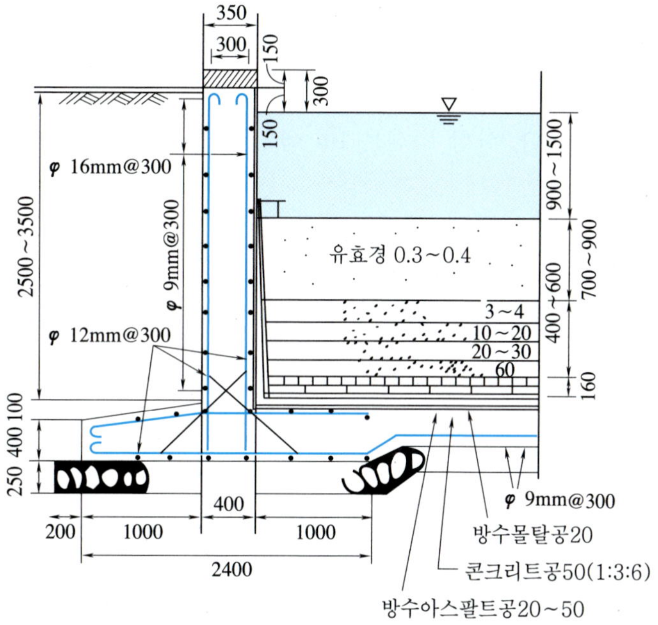

그림 6.25 완속여과지의 단면 (단위 : mm)

② 여과지의 수와 크기

여과지의 수는 유지관리 및 작업상 적당하게 분할하여야 하며, 예비지를 포함해서 최소한 2지가 필요하다. 예비지의 수는 지수가 증가함에 따라 많아야 하며 10지마다 1지의 비율로 함이 좋다.

지수는 정수장의 규모·건설비, 유지 관리의 난이 등을 고려해서 정한다. 지의 크기가 크면 건설비가 적게 드나, 여과사의 삭취작업·보사작업 등에 시간이 많이 걸리는 결점이 따른다.

③ 형상과 배치

일반적으로 장방형의 배열이 작업상 좋으며, 지를 상접해서 설치할 경우에 폭과 길이의 비는 다음과 같이 정하는 것이 경제적이다.

- 2지의 경우 1:1.3
- 3지의 경우 1:1.5
- 4지의 경우 1:1.6

배치는 1열이나 2열로 하는 것이 보통이며, 보사의 사치장으로 쓸 수 있는 충분한 공지를 주위에 둘 필요가 있다.

④ 깊이

그림 6.25와 같이 2.5~3.5m가 보통이며, 하부집수 장치의 구조, 여과층의 두께, 모래 위 수심에 따라 다르다. 사상 수심은 1m 내외로 한다.

(2) 구조

구조는 철근 콘크리트조로 수밀성이어야 하므로 신축이음·시공이음 등은 특히 신중히 다루어야 한다.

① 하부집수장치(underdrainage system)

사층·사리층을 지지하며, 여과수가 모이도록 바닥에 설치하며, 여과지의 전부분에서 균등히 집수되도록 설계하여야 한다. 여기서는 다음과 같은 주의가 필요하다.

- 지내유속은 주거에서 20cm/s 이하, 지거에서는 15cm/s 이하로 한다.
- 저부경사는 주거에서는 1/200, 지거에서는 1/150 정도로 한다.
- 여과지 바닥의 임의지점에서 지거까지의 수평거리가 4m 이하로 한다.
- 여과지 바닥의 경사는 주거방향으로 1/150 정도로 한다.

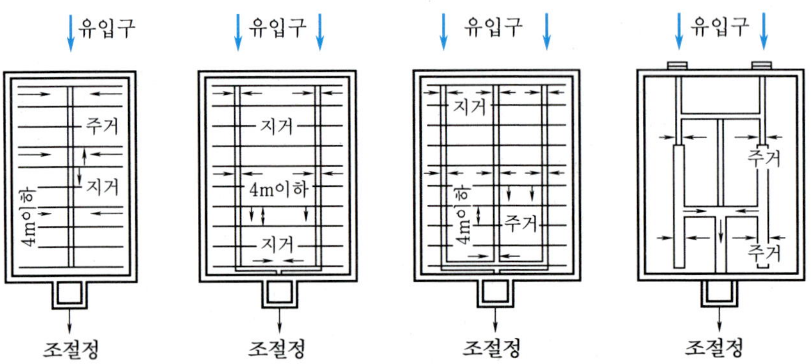

그림 6.26 하부집수장치의 일반배치

② 여과층과 두께

여과층은 사층과 이것을 지지하는 사리층으로 그림 6.25에서 처럼 배치한다. 사층의 두께는 70~90cm로 삭취작업을 반복함에 따라 얇아짐을 고려해야 한다(1회 삭취 두께는 1~2cm). 그리고 여과기능을 유지하기 위한 사층의 최소두께는 원수의 수질·여과속도 및 모래의 입도에 따라 다르며, 일본에서는 40cm, 한국에서는 60cm로 하고 있다.

여과의 손실수두는 완속여과의 경우 표면의 여과막에서 대부분 발생하고 하층부의 사층에서는 별로 발생하지 않는다. 이것은 부유물에 의한 막힘의 대부분이 표면에서 일어남을 보여주고 있는 것으로, 사층 두께를 작게 해도 무관할 것으로 생각되나, 실제는 다음과 같은 이유에서 너무 얇게 하면 안 된다.

- 보사(補砂) 때는 상당한 시간과 노력이 들기 때문에 자주 하지 않게끔 어느 정도의 두께가 필요하다.
- 사층의 하부도 어느 정도 여과작용을 하므로 두께가 크면 여과효과도 좋아진다.
- 실험에 의하면 두꺼운 사층에 있어서도 여과속도의 변화·삭취 등에 의한 수질에의 영향은 거의 없다.
- 사층이 두꺼우면 삭취 직후의 여과지에 있어서도 여과사의 저항에 비해서 집수장치의 저항이 비교적 적으므로 여과면적 전체에 균일한 여과가 행해진다.
- 사층내에 세관을 삽입하여 채취한 물의 수질분석을 실시해 보면 특히 세균에 대해서는 불규칙한 분포를 보여주어, 사층을 얇게 하는 것은 위험하다는 것을 알 수 있다. 또한 사층 두께를 얇게 하면 할수록 여수수질이 악화되는 경향이 있다.

여과사의 입도는 여과효율과 큰 관계가 있어, 세립일수록 효율이 좋지만, 손실수두가 커지는 결점이 있다. 즉, 여과사의 입도는 어느 범위내에 들도록 하여야 한다. 모래의 입도를 표시함에는 유효경(effective size, D_{10})과 균등계수(uniformity coefficient, D_{60}/D_{10})가 있다.

유효경이 작을수록 즉, 세립자일수록 세균이나 부유물질의 제거효과는 좋지만, 반면 막힘이 잘 일어나고 삭취 횟수가 증가한다. 균등계수가 클수록 소립과 대립의 혼합차가 크며, 소립이 대립의 공극간에 들어가므로 모래의 공극률이 작아지고 여과의 저항이 증대한다. 또 세정할 때 세사가 유실되어 유효경이 커지는 결점이 있다.

이상의 이유로 완속여과용 모래의 유효경은 0.3~0.45mm, 최대경은 2.0mm 이하, 균등계수는 2.0 이하로 규정되어 있다.

③ 유입설비

원수를 여과지에 유입시키는 유입부에서는 수류에 의하여 사층 표면이 교란되지 않도록 주의를 요한다. 사면을 보호하기 위해서는 유입설비에 접한 선형의 사면에 폭1m 정도의 콘크리트 블록판을 설치하면 효과가 좋다.

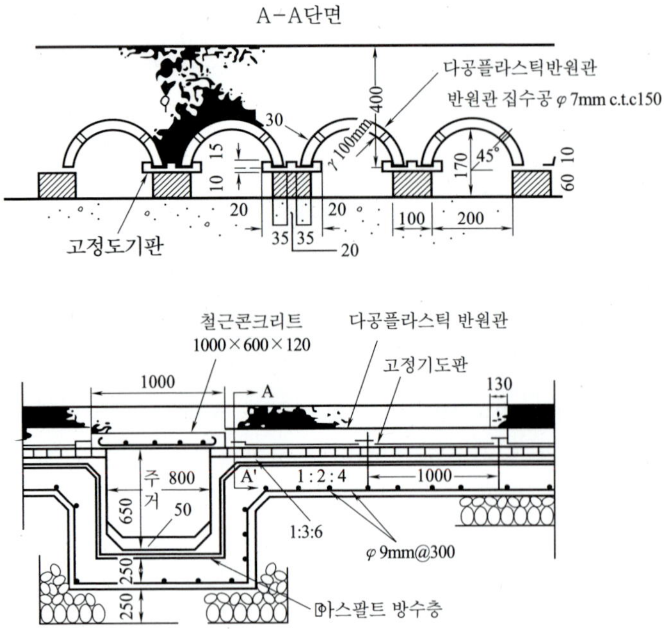

그림 6.27 하부집수장치의 단면 (단위 : mm)

유입속도는 평균 50cm/s 정도가 되도록 유입관 등의 단면을 결정한다. 유입관에는 제수밸브를 장치하여 유량조절과 개폐를 한다.

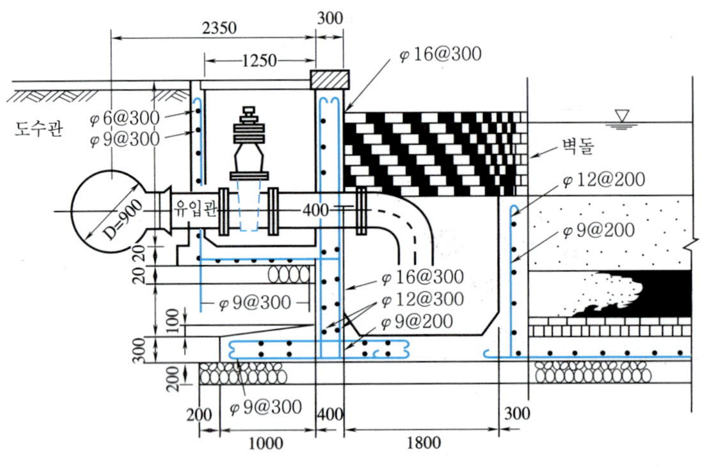

그림 6.28 유입설비

④ 조절정(인출구)

여과수의 인출구에는 여과속도 조절 등 여과조작상 필요한 장치를 설치하여야 하며, 이 부분을 조절정이라 한다. 여과속도는 원수와 여과수의 수위차, 즉 여과수두(그림 6.29의 Δh)로 유지되나, 여과 진행에 따라 여과저항이 증대하므로 일정한 여과속도를 갖기 위해서는 여과수두를 서서히 증가시켜야 한다. 즉, 원수의 수위는 일정하므로 여과수의 수위를 서서히 저하시켜야 한다. 이 장치를 유량조절장치라 한다.

조절정에는 유량조절장치 외에 여과손실수두계, 여과속도와 여과수량의 지시계, 각종 제수밸브·배수관 등이 장치된다. 조절지는 여과지마다 두지만, 경우에 따라서는 2지분을 합해서 배치하는 수도 있으며, 이 경우에는 기능적으로 1지에만 조작시킬 수 있도록 할 필요가 있다.

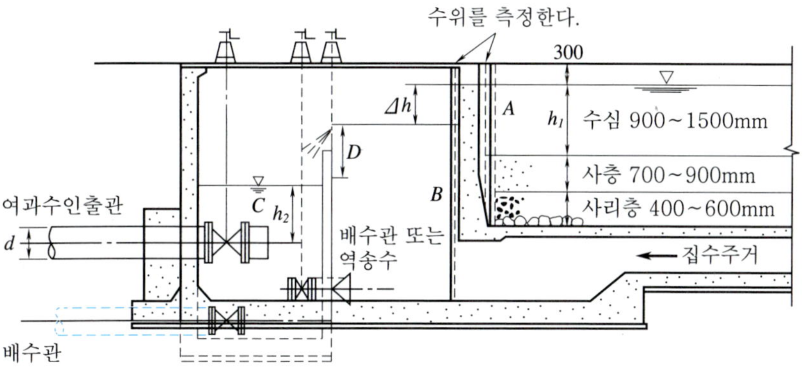

그림 6.29 여과조절지(가동언식)

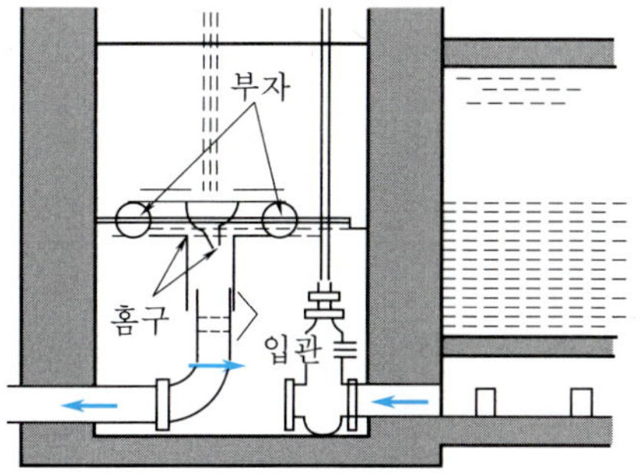

그림 6.30 여과조절지

⑤ 여수의 역송장치 및 기타장치

여과지 모래의 삭취 후 이웃한 여과지에서 여과수를 사면상 10cm 정도까지 역송하는 장치를 말하며, 역송은 삭취하기 위해 수위를 사면 아래로 낮췄으므로 그대로 원수를 유입하면 사층내에 공기가 잔류하므로 공기를 추출하기 위한 장치이다. 이때 압력수를 보내는 전용관을 설치함이 이상적이지만, 보통은 다른 여과지의 여수를 측관으로 도류하는 것이 유리하다.

여과지의 부속설비로는 이외에도 배수관·월류관이 필요하다. 배수관에는 조절지에 설치하여 지 전체의 배수를 하는 관과 모래의 삭취시 사면상의 배수를 빨리하기 위한 사면상 배수관이 있다. 월류관은 사면상 배수관과 같이 동일한 장소에 설치하는 것이 편리하다.

(3) 완속여과의 효과

여과의 효과는 원수수질, 여과사의 입도, 수온·여과속도, 여과지의 작업방법 등에 좌우된다. 장시간 원수가 미세한 부유 물질만을 포함하고 있으면 양호한 여과막이 형성되지 않아 여과수가 탁해지거나 세균이 다량으로 여과수에 출현하는 일도 있고, 원수의 수질이 극도로 오염되면 여과수의 수질도 나빠지고, 세균도 상당량을 통과하므로 전염소처리를 필요로 할 때도 있다.

수온은 여과막을 구성하는 플랑크톤의 생장에 관계가 크며, 높은 온도는 좋은 여과막을 만드는 반면, 막힘을 빨리 일으키는 결점이 있다.

조건이 좋으면 세균 제거율은 미여수의 세균이 많은 경우 98~99%, 적을 경우 85~90% 정도이고, 세균 제거는 대장균군 및 세균을 지표로 하여 표시한다.

탁도의 제거는 급속여과에 비해 완속여과가 불리하여, 탁도가 높은 원수는 약품 침전처리를 할 필요가 있다. 완속여과에서 여과지에 유입하는 미여수의 탁도는 약 10도 이하로 함이 좋고, 약품 침전을 쓰지 않고 제1단 여과로 부유물을 대부분 제거시키고 나서 다시 보통의 완속여과를 적용하면 여과지속시간을 상당히 연장할 수가 있고, 이 방법을 2단 여과라 한다.

6.3.4 급속여과

1) 급속여과의 원리

원수에 황산반토 등의 응집제를 가해서 침전을 시키고 침전수를 모래여과하는 것으로 설계속도는 5m/시간 이상으로 한다. 탁질의 제거는 완속여과보다 우수하고, 세균도 상당량이 제거되므로 특히 탁한 원수의 여과에 적합하다. 전처리로서 응집은 절대적 요건으로 이의 양부가 여과성적을 좌우하며, 침전은 필수가 아니고 여과 지속시간에만 관계를 갖는다.

여과기구로는 여과초기에 표층에 응집한 대형입자가 여과막을 형성하여 부유물을 억류한다고 생각하는 인공여과막설이 있으나, 이에 대해서 약품을 사용해서 여과막을 형성한 후에 약품주입을 정지하여 부유물이 응집되지 않는 원수를 사용하면 여과수가 악화됨을 확인하였다.

따라서, 여과기능이 발휘되려면 부유물이 항상 응집하여 floc을 형성하여야 하며, 응집하지 않은 입자는 용이하게 여과층을 통과한다. 응집이 양호하면 바이러스 같이 극미한 것도 상당히 제거되며, 완속여과보다 더 좋은 성적을 나타낸다.

완속여과가 명백한 표면여과형임에 비해 급속여과는 표면 여과형과 내부여과형으로 그 때의 여과조건에 따라 여러 가지로 변화한다.

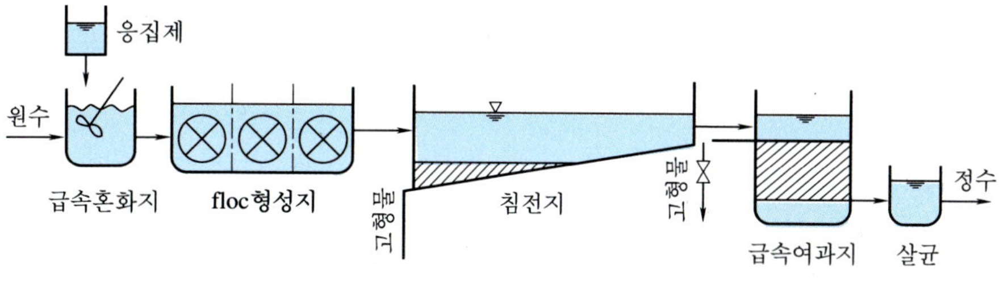

그림 6.31 급속여과 시스템

급속여과에서는 여과가 어느 정도 진행하면 사층내에 부수압이 생기고 다음에 부수압의 범위가 확대되어 결국에는 전사층이 부수압으로 된다. 부수압으로 되면 수중에 용존한 공기가 기포로 되어 사립공극에 남는다(이것을 air binding이라 한다). 이 현상이 일어나면 사층 내의 무수한 모관의 일부가 폐색하고 혹은 모관의 단면이 작아져서 모관 내를 흐르는 물의 유속이 커진다. 이리하여 유속이 어느 한계를 넘으면 사립에 흡착된 탁질이 세류되며(scour라 함), 이때 여층 중에 억류된 floc이 파괴되어 여과수와 같이 유출하는 것을 탁질유출현상(break through)이라 한다.

부유물의 억류는 완속여과법과 달라 생물학적 흡착력이나 젤라틴막 등의 여과막은 생기지 않고 대형으로 응집한 floc의 여별현상과 약품에 의한 강한 흡착력으로부터 이루어진다고 하겠다.

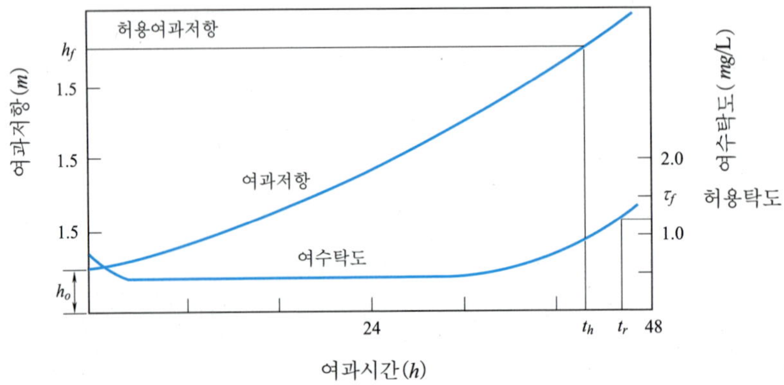

그림 6.32 여과저항 및 여과수 탁도의 시간적 변화

2) 급속여과지

급속여과지의 형식에는 중력식(개방식)과 압력식(밀폐식)이 있으며, 전자는 자연유하의 형식에서 행하므로 여과지 수면은 자유수면이고, 철근 콘크리트조가 보통이다. 후자는 밀폐된 철제여과조에 물을 채우고, 일정한 압력을 가하여 여과하는 방식으로, 소규모(1조 2,000 m^3/day 이하)인 경우에 사용한다.

(1) 여과지의 크기

여과속도와 계획 정수량이 결정되면 다음 식으로 총여과면적을 구한다.

$$A = \frac{Q}{V} \tag{6.26}$$

여기서, Q : 계획 정수량(m^3/day)
V : 여과 속도(m/day)
A : 총여과 면적(m^2)

여과속도는 일반적으로 120~150m/day가 표준이고, 근래에는 150m/day 이상의 고속여과법을 채용하고 있는 곳도 있으나, 특수 정수법에서 다루겠다.

총여과 면적이 구해지면 이것을 사용하기 편리한 몇 개의 여과지로 분할한다. 예비지는 완속여과지처럼 반드시 필요하지는 않으나, 고장시를 고려해서 최저 2지로 하고, 지수가 많으면 10지수당 1지의 비율로 설치한다.

1지의 크기는 균등한 여과와 역세정이 되도록 150m^2 이하로 하고, 형상은 길이와 폭의 비가 5:1 이하의 장방형이 일반적이나 하부 집수장치·through·배수구·표면세정방법 등을 총괄적으로 고려해서 정한다.

여과지의 배열은 배관이나 관리에 편리하도록 1렬 또는 2열로 몇 지끼리 상접해서 설치한다. 지의 깊이는 하부 집수 장치의 종류, 사면상의 수심에 따라 다르나, 전체적으로 2.5~3.0m로 한다. 사면상의 수심은 1m가 표준이지만, 최근에는 사층중의 부수압을 경감하도록 깊게 하는 경향이 있다.

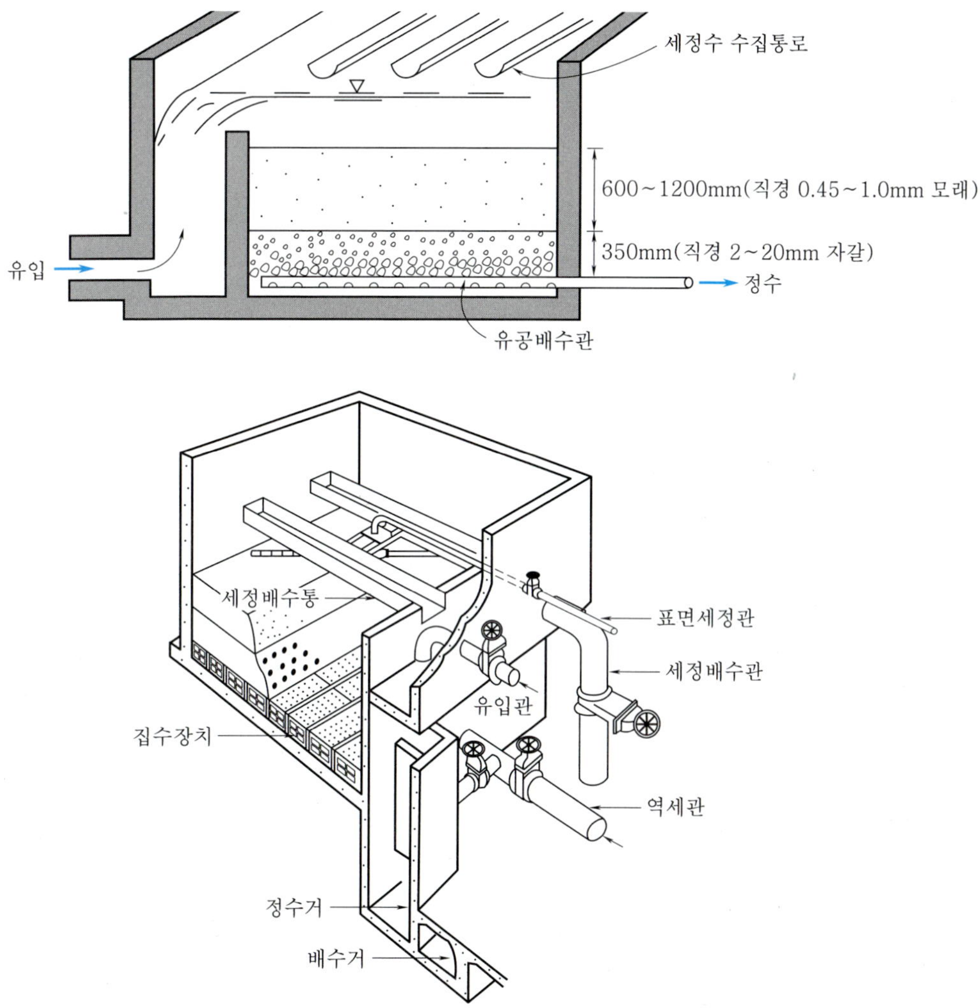

그림 6.33 중력식 급속여과지

(2) 여층

사층의 두께는 60~120cm 범위로 하고 입경은 완속여과와는 달리 응집한 대형 부유물을 여과하므로 약간 큰 입도의 모래를 쓴다. 더욱이 역세정을 행하므로 세립자는 표층에 모여 성층화 하므로 사립자가 세사이면 여과효과는 좋지만, 여과지속시간이 짧아지고, 또 니구(mud ball)가 발생하기 쉽다.

여과사의 유효경은 0.45~1.0mm, 균등계수는 1.7 이하, 최대경 2.0mm 이하, 최소경 0.3mm 이상으로 하고, 부득이한 경우라도 최대경보다 큰 것 또는 최소경보다 작은 것이 1% 이하인 모래를 사용하여야 한다. 입도가 다른 모래와 손실수두와의 관계를 비교해 보면 모래의 비표면적(모래의 총표면적/실질부의 용적)과 손실수두가 비례함을 알 수 있다.

여층의 두께와 여재입경은 실험에 의해 정한다. 일반적으로 다음과 같이하면 대체로 만족한 결과를 얻는다.

$$\frac{L}{D} \geqq 800 \qquad (6.27)$$

여기서, L : 여층두께(m), D : 여재의 조화 평균 직경(m)

(3) 하부집수장치

하부집수장치는 여과가 균등히 행해지도록 여과수를 인출하고, 역세정시 세정수를 균등히 여층에 유출시켜 세정이 완전히 행하여지도록 설치한 장치이다. 여과지 전면에 걸쳐 유출·유입이 균등히 되기 위해서는 각 점의 손실수두가 균일해야 하며, 그러기 위해서는 하부집수장치의 분사공 부분의 손실수두가 집수관 부분의 손실수두보다 큰 것이 좋다. 분사공의 손실수두가 전부 균일함에 대해 집수관에는 장단의 차가 있으므로 손실수두에 차가 생기나, 될 수 있으면 그 영향을 작게 해야 한다. 하부집수장치에는 다음과 같은 종류가 있다.

① strainer형

그림 6.34와 같은 구조로 주철관·석면 시멘트관·경질염화 비닐관으로 집수본지관을 배열하여 상판에 견고하게 고정한다. 지수 본관의 간격은 10~20cm로 하고, 여기에 청동이나 합성수지제의 strainer를 10~20cm 간격으로 같은 높이로 붙인다. strainer를 고정하는 단관의 총단면적은 여과면적의 0.25~1.0%로 한다. 이보다 작으면 세정시 균등한 손실수두는 얻어지나 세정수압이 커야하므로 비경제적이다. 이보다 크면 역세정시 균등한 손실수두가 되지 않으므로 세정이 균등히 되지 않는 결점이 있다.

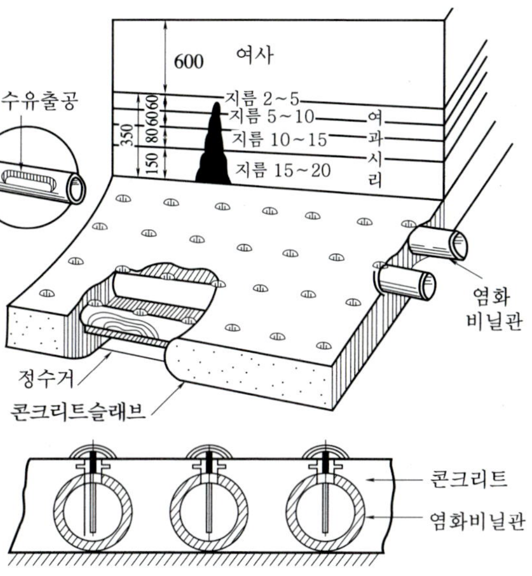

그림 6.34 strainer형 하부집수장치

② Wheeler형

그림 6.35와 같은 개구부를 가진 구조이며, 중심간격은 20~30cm가 적당하고, 분출구의 총단면적은 여과면적의 0.25~0.4% 정도가 좋다. 상판하부는 역세정시 압력수실로 되기 때문에 상판은 뜨지 않도록 고정해야 한다. 압력수실에 세정관을 설치할 때에는 세정수의 수압이 압력수실 내에 균등히 분포되도록 한다. 만일 이렇게 하지 않으면 세정수의 주류가 충돌하는 부분에서는 속도수두가 압력수두로 변화해서 그 부분의 여상이 세게 분출한다. 이 형은 개구부의 콘크리트 타설과 압력수실의 시공이 번거로운 것이 결점이다.

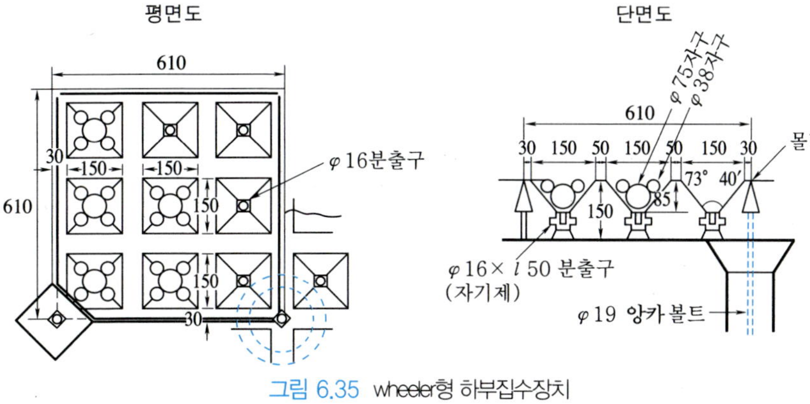

그림 6.35 wheeler형 하부집수장치

③ 유공관형(perforated pipe type)

그림 6.36과 같이 구조적으로 단순하며, 시공도 용이하므로 미국에서 비교적 많이 사용하고 있다. 주철관·석면 시멘트관·경질 염화 비닐관에 7.5~20cm 간격으로 지름 6~12mm의 소공을 직접 뚫거나, 주철관·석면 시멘트관에 소공을 설치하는 경우에는 놋쇠로 싸서 공경을 폐색치 않도록 보호하여야 한다.

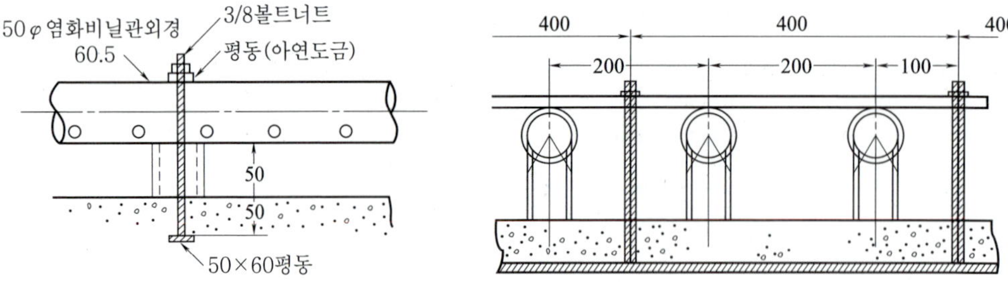

그림 6.36 유공관형 하부집수장치

집수관은 서로 연결해서 역세정시의 수압분포가 균일하도록 하고, 관은 상판에 견고하게 고정한다. 집수지관의 간격은 30cm 이하로 하고 그 길이는 지름의 60배 이하로 한다. 소공의 여과 면적은 지관 총단면적의 20~50%, 총단면적의 0.2% 정도로 하고, 본관단면적은 지관 총단면적의 1.75~2.0배로 하는 것이 균등한 지수와 역세정상 좋다고 한다.

④ 유공 block형

그림 6.37과 같은 구조로 압력수실이 도제 block로 되어 있고, 집수공은 지름이 4mm 정도이며, 총단면적은 여과면적의 0.65% 이상 되어야 하며, 간격은 균일하도록 배치한다. 사리층의 두께를 어느 정도 감소시킬 수 있고, 고정이 용이한 점이 특징이다.

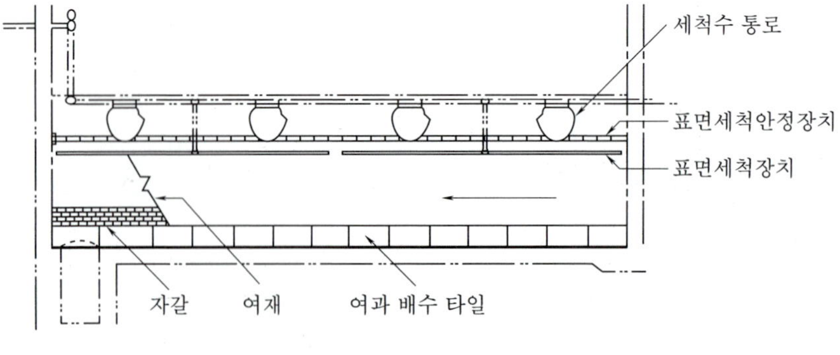

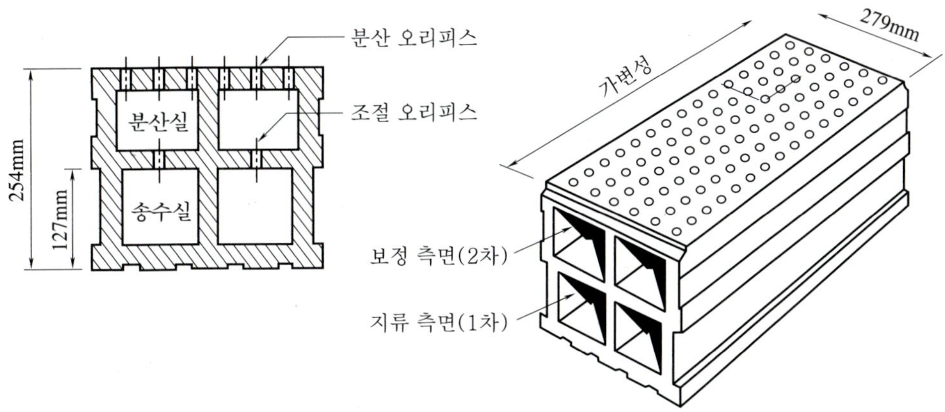

그림 6.37 유공 block형 하부집수장치

(4) trough(wash-water gutter)

세정시 세정배수를 모아 배수구(gullet)로 유출시키기 위하여 설치하는 장치로, 동판·철근 콘크리트·석면 시멘트·폴리에스텔 등으로 만든다. 배수를 균등히 행하기 위하여 trough의 상단을 같은 높이로 완전히 수평하게 설치하여야 한다. trough의 전반적 배치는 배수구를 한쪽에 두든가(소지의 경우), 중앙에 두는 것(대지의 경우)에 따라 약간 다르지만, 월류하는 trough의 간격은 1.5m 이하로 하여야 한다.

또, 월류정의 높이는 역세시 모래의 팽창으로 모래가 방류되지 않을 정도로 한다. 높이는 40~70cm 범위에서 trough의 대소에 따라 정한다. 또 trough의 단면은 최대유량에 20%의 여유를 두어서 정한다. trough내의 수심은 하류단이 최대가 되며, 설계시는 이 값을 구하여 단면적으로 정한다.

(5) 여과수의 인출부

하부집수장치로 모인 여과수는 인출관을 통하여 정수거에 유입한다. 인출관 도중 유량조절기(automatic rate controller)를 설치하여 계획 유량을 자동적으로 조절 유지한다. 또 유량 조절기 상류측에 유출밸브를 장치한다.

유량 조절기는 벤츄리관의 차압을 이용하는 방식이 대부분이다. 그림 6.38의 simplex형에서 (1)은 벤츄리관이고, (2)는 제어밸브로 긴 주축(spindle)을 가지며, 위로 저울과 연결되어 있다. 저울추를 계획 유량의 위치에 놓으면 이 작용으로 제어밸브가 위로 올라가 열리므로 물이 유출하여 벤츄리관의 유량에 따른 차압이 생긴다.

벤츄리관의 축소부와 다이어프램(a)의 하실은 소관으로 연결되어 있으므로 다이어프램 상하실에 수압차를 일으켜 밸브를 하향으로 미는 힘이 생기며, 저울추와 균형이 되어 유량을 조절한다.

벤츄리관 상류측에는 가능한 한 긴 직선부를 두어 유출밸브와 직결되지 않도록 한다. 이는 유량 측정시 오차를 없애기 위함이다. 유량 조절기의 고정높이는 여과지 수면에서 4m 이상 낮게 설치해야 한다. 여층·하부 집수장치·배관·벤츄리관의 손실수두는 최대 4.0~4.5m가 되기 때문이다.

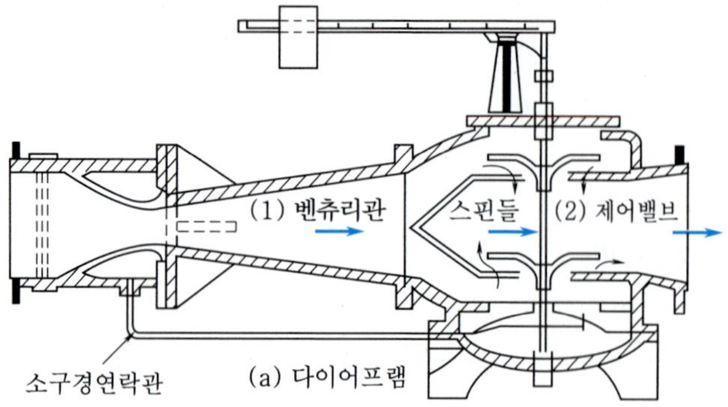

그림 6.38 유량조절기

3) 여과의 효과

급속 여과에서 여과 전후의 대표적 수질항목 중 탁질은 잘 제거되지만, 암모니아성 질소 같은 용해성 물질이 거의 제거되지 않음을 알 수 있다.

증발잔류물은 탁도 성분이 제거되므로 약간은 저하하지만, 용해성인 것에는 변화가 없다. 세균 제거는 불량하며, 완속여과 기구와는 큰 차이를 보여준다. ABS도 흡착으로 약간 제거된다.

4) 세정

(1) 세정방법(back washing)

급속여과에서는 폐색이 빨리 일어나므로 세정을 기계적으로 하여 단시간내에 여과기능을 회복하도록 하는 것이 완속여과와 다른 점이다. 여과의 손실수두가 2.0~ 2.5m에 달하면 여과를 중지하고 세정을 하는데, 세정방법은 다음의 세 가지가 있다.

① 사층을 표면세정기를 써서 기계적으로 교반한 후 물로 역류세정(back washing)을 시키는 방법이다.

② 공기로 사층을 교반한 후 물로 역류 세정하는 방법, 또는 공기와 물을 동시에 분출시켜 역류 세정하는 방법이다.

③ 물만으로 역류 세정하는 방법이다.

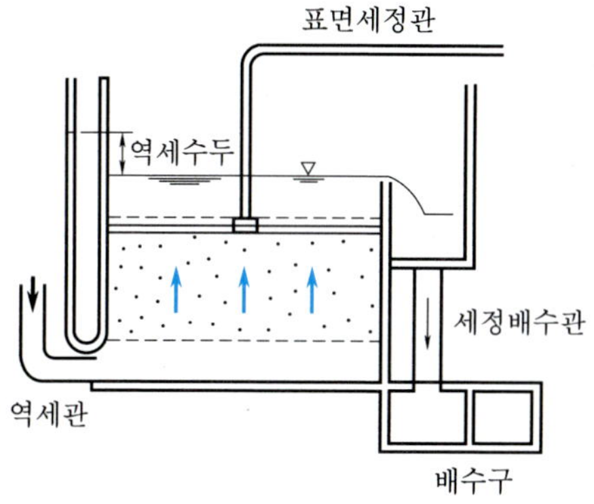

그림 6.39 세정공정

(2) 세정에 의한 사층의 팽창

역류세정 때 사층은 팽창하며, 팽창비는 %로써 표시한다.

$$\text{사층팽창비} = \frac{\text{세정시 팽창한 사층두께} - \text{비세정시의 사층두께}}{\text{비세정시의 사층두께}} \times 100(\%) \tag{6.28}$$

팽창비가 너무 크면 사립간의 마찰 및 충돌이 작아져 완전한 세정은 되지 않으며 20~30% 정도가 적당하다고 한다.

모래의 팽창에 관해서 Hulbert와 Herring이 디트로이트에서 행한 사층의 팽창비와 세정속도의 관계 실험식은 다음과 같다.

$$r = a + m \cdot e \tag{6.29}$$

여기서, r : 세정 속도(cm/min)

e : 팽창비(%)

a, m은 수온과 모래직경의 함수(실험적으로 산정)

$$a = \frac{14.99}{1+(s-0.17)} \times 1.1st - 18.8$$

$$m = (0.046t+2.64)(s-0.17)$$

여기서, s : 모래의 30% 지름(mm)

t : 수온(℃)

(3) 세정 탱크·세정 펌프

여과지의 세정에 사용하는 세정수는 정수를 사용해야 한다. 세정수 중 역세정용은 하부 집수장치의 분출부에서 수두 2.5~5.0m의 수압이 필요하고, 표면 세정용으로는 노즐 수두 15~20m(고정식), 30~40m(회전식)의 수압이 필요하다. 여기에 배관의 손실수두를 가하여 전손실수두를 구한다. 역세정용으로는 집수장치에서 상류측의 전손실수두를 1~2m로 보면 좋다.

세정수는 직송 펌프 또는 고가 세정 탱크로부터 소요수두를 얻는다. 직송 펌프를 설치하는 경우 일시에 다량의 물을 필요로 하므로 펌프 흡수정은 여기에 충당할 수 있는 용량을 가져야 한다. 그리고 절대로 공기를 흡입하지 않도록 해야 한다. 세정펌프는 간헐적으로 사용되고, 용량도 크며 또한 동력이 사용되므로 비경제적이며 가능한 한 피하는 것이 좋다. 그러나 표면 세정용은 수량이 적고, 소요수두가 크므로 펌프를 많이 쓴다.

세정 탱크는 역세수의 수압변화를 적게 하기 위해서 고수위와 저수위의 차가 작은 평평한 형태의 탱크를 많이 사용한다. 또, 인출관은 공기가 흡입되지 않게 pit내 깊게 설치하는 것이 좋다.

5) 급속여과의 변법

앞 절의 표준적 방법 외에 각종의 변법이 있다. 이들 변법의 여과속도는 대개 표준 속도보다 상당히 크므로 일단 조작을 잘못하면 수질을 악화시킬 위험성이 있으므로 유지관리 능력 등을 고려하고 신중히 검토할 필요가 있다.

보통의 급속 여과지에서도 170m/day까지 여과속도를 증가시킬 수 있다. Baylis는 활성 실리카를 써서 116m/day, 174m/day, 232m/day, 290m/day의 고속 여과실험을 한 결과 174m/day가 최적 속도임을 주장하였으며, 이 경우 174m/day의 여과속도는 116m/day에서보다 여과지속시간이 35~40% 감소하며, 세정수는 총여과량에 대해 1.75~1.95% 밖에 증대되지 않는다고 하였다. 따라서 활성 실리카를 쓰지 않아도 150m/day 정도로 여과속도를 올릴 수 있다.

(1) 다층여과지(multilayer filter)

보통의 천연규사로 된 여과층은 역세정에 의해 사층이 성층화 되어 위에서 아래로 갈수록 입도가 커진다. 이 때문에 대소 floc는 표층에만 억류되어 폐색이 빨리 일어나 여과지속시간이 단축된다. 이 결점을 제거한 것이 다층 여과법이며, 여사는 비중과 입도가 다른 무연탄(anthracite, 비중 1.49~1.68), 천연규사(sand, 비중 2.6 ~2.65)와 석류석(garnet, 비중 3.4 ~4.3)을 비중이 큰 것을 아래쪽에 두어 2~3층의 여과층을 구성한다(그림 6.40).

이때 재래 여과층과는 역의 입도구성으로 입경이 클수록 상층으로 가게 한다. 따라서 이런 여과지를 거친모래여과지(coarse-to-filter) 또는 역입도여과지(reverse-graded multimedia filter)라고 한다. 여기서 대형 부유물은 상층에서 제거되고 하층으로 갈수록 점점 작은 부유물이 제거되어 여과층 전체에서 여과되므로 손실수두가 작아져 여과지속시간이 길어진다. 따라서 고속여과가 가능하다.

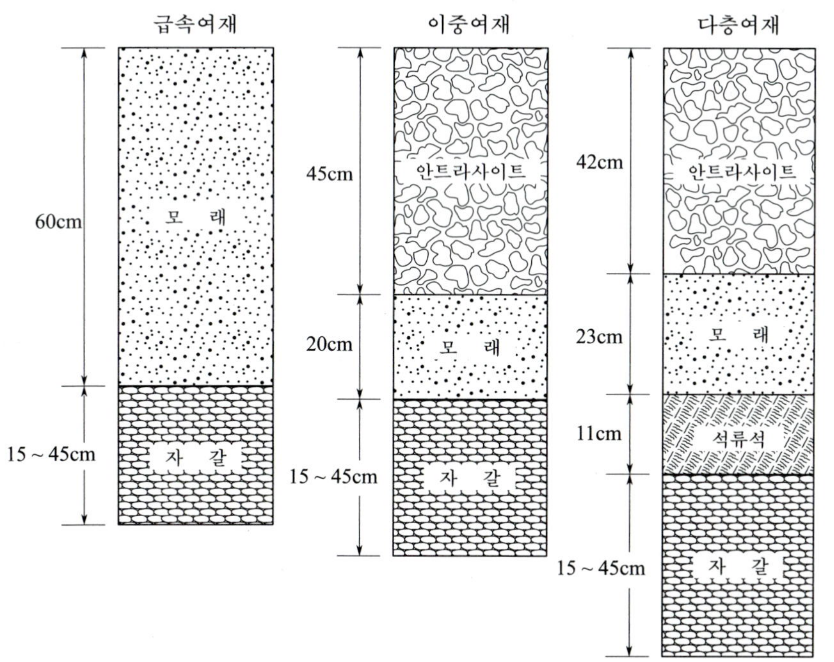

그림 6.40 여층의 구성

(2) 상향류 여과(upflow filter)

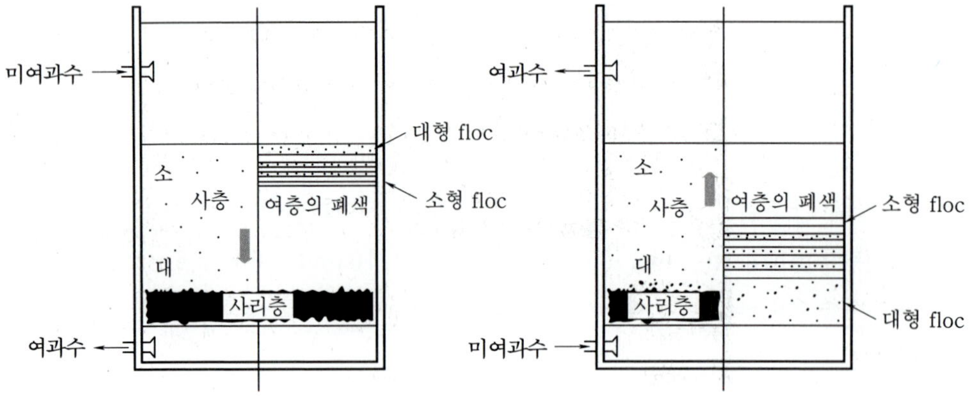

그림 6.41 상향여과의 원리

보통 여과지가 위에서 아래로 물이 흐르는 데 반해 밑에서 위로 통과하는 방식이다. 이 방법은 여과 세정 때 사입자가 역으로 하층이 조사, 상층으로 갈수록 세사가 분포되므로 다층 여과와 같은 이점을 가진다. 그러나 여층폐색에 수반하여 상승하는 수압으로 사층이 부상하는 경향과 여과수가 표면에 나오므로 오염방지 대책이 필요한 것이 결점이다. 사층부상은 사표면에 격자를 설치하여 모래의 가교현상으로 방지시킬 수도 있다.

여층의 두께는 2m 정도로 보통 여층보다 두꺼우나 여과속도는 260~360m/day까지 고속화할 수 있다. 세정은 공기·물 병용법을 쓴다.

(3) 2방향류 여과(biflow filter)

상향류여과의 사층부상을 방지하기 위해 고안된 것으로 사층 중에 집수 strainer를 설치하고, 상하 양방향으로 동시에 여과를 하는 방식이다. 유입수의 약 20%는 하향으로, 80%가 상향으로 여과된다. 이 방법을 쓰면 여과 속도를 매우 크게 할 수 있으며, 소련의 AKX filter는 360m/day로 운전되고 있다.

(4) micro-floc process

미국의 Conley, W. R.과 Pitman, R, W.이 원자로의 냉각용수를 확보하기 위해 개발한 것으로, 침전을 하지 않고 원수에 약품을 직접 주입한 후 곧 급속 여과를 행하는 것이 특징이다.

응집제를 펌프 흡입관에 주입한 후 직접 여과지에 들어가며, 이때 고분자응집제를 첨가한다. floc의 형성은 여과지의 여과층 내에서 주로 이루어지며, 고분자 응집제로 인해 형성이 촉진되고, 형성된 floc은 강해지므로 탁질 누출현상은 일어나지 않는다.

여과층은 다층여과와 같은 무연탄·천연규사·석류석의 3층 여과층을 사용하므로 230~290m/day의 여과속도를 낼 수 있다. 원수의 탁도가 100도 이하이면 본법으로 정수되지만, 이 이상이면 침전지에서 어느 정도 탁도를 제거할 필요가 있다.

이와 같이 micro-floc법은 침전수의 탁도가 높아도 상관없으므로 침전지 용량을 작게 할 수 있다. 단지 고분자 응집제의 상시 사용으로 경비가 증대하므로 건설비와 유지비를 고려해서 선택하여야 한다.

(5) 감쇄여과지(declining rate filtration)

재래의 급속 여과가 항상 일정유량을 여과하는 정률여과임에 대하여 본법은 정압여과로 여과지 수위가 일정하게 정압을 가하지만, 유량 조절기가 없으므로 여과수량이 여과지가 폐색됨에 따라 점차로 감소하는 여과법이다.

본법의 특징은 유량 조절기가 제수밸브로 대용되는 것과 재래의 여과지가 여과속도를 상시 조절하므로 생기는 사층의 충격 등의 악영향이 없다는 점이다. 또, 여수의 수질은 응집이 약간 악화되어도 재래법처럼 크게 영향을 받지 않으며 여과 지속 시간을 길게 할 수 있다. 사층 내의 유속은 재래법에서는 종기가 초기의 거의 2배가 되나, 이 법은 속도 증가율이 재래법의 약 1/2이므로 탁질의 억류가 용이하다.

6.3.5 완속여과와 급속여과의 비교

① 여과 속도가 다르므로 용지 면적이 크게 다르다.
② 약품 처리의 유무로 급속 여과법에서는 필수조건이다.
③ 세균 제거는 완속여과만 신뢰할 수 있다.
④ 여과의 손실수두는 완속여과보다 급속여과가 크다.
⑤ 건설비는 급속여과가 덜 든다.
⑥ 유지 관리비는 급속여과가 약품을 사용하므로 많은 비용이 든다.
⑦ 완속여과는 관리 기술이 별로 필요하지 않으나, 급속여과는 필요하다.
⑧ 원수 수질이 완속여과는 저탁도수에 적합하고, 급속여과는 고탁도·고색도와 철 및 조류가 많을 때 적합하다.
⑨ 완속여과는 청소에 시간과 인력이 많이 소요되나, 급속여과는 그 반대이다.

예제 6.4 4.5m×9.0m의 여과지가 있다. 24hr에 10,000m^3/day 여과한 후 여과지를 15min 동안 10L/m^2 · s로 역세척한다. 평균여과율, 유량, 그리고 세척에 이용된 처리수의 비율과 각 물받이의 세척유량비를 계산하시오.

〈풀이〉

$$\text{여과율} = \frac{10{,}000 \times 1{,}000}{4.5 \times 9.0 \times 86{,}400} = 2.9\,\mathrm{L/m^2 \cdot s}$$

$$\text{세척수량} = \frac{10 \times 15 \times 60 \times 4.5 \times 9.0}{1{,}000} = 360\,\mathrm{m^3}$$

$$\frac{\text{세척수}}{\text{처리수}} = \frac{360}{10{,}000} \times 100 = 3.6\%$$

$$\text{각 물받이에서의 세척수량} = \frac{360 \times 1{,}000}{15 \times 60 \times 40} = 100\,\mathrm{L/s}$$

6.4 소독과 염소처리

6.4.1 개설

보통 정도로 오염된 원수는 침전과 여과만으로 세균이 100% 가까이 제거되어 음료수로 쓸 수 있으나, 약간의 세균이 잔류하는 한 병원균이 전혀 포함되어 있지 않다고는 말할 수 없다. 일반적으로 병원균은 여과에 대한 저항력이 약하므로 우선 제거되나 완전히 제거되지는 않는다. 특히 급속 여과에서 그렇다. 원수는 오염될 기회가 점차로 많아지므로 유해균만은 전멸시켜야 할 필요가 있다. 즉, 소독이 필요하다.

소독(disinfection)으로 유해균은 사멸되고, 해가 없는 일반 세균은 감소되나 완전히 제거되지는 않는다. 이 점에서 모든 세균·생물을 완전 사멸시키는 멸균(sterilization)과는 의미가 다르다.

소독에는 염소가 주로 쓰이며, 그 외 오존·자외선 등을 쓰기도 한다.

6.4.2 염소(chlorine)

1) 염소의 성질

염소는 식염을 전해하는 소오다 공업의 부산물로 얻어지며, 압축액화한 후 고압 봄베에 넣어 사용한다. 염소를 수용하면 다음과 같은 화학반응이 일어나 염소산과 염산이 생긴다.

$$Cl_2+H_2O \rightleftharpoons HOCl+HCl$$

염소산은 다시 OCl(차아염소산)과 H^+로 해리한다.

$$HOCl \underset{pH\leq 7}{\overset{pH\geq 8}{\rightleftharpoons}} H^+ + OCl^-$$

이들 반응은 물의 pH와 관계가 있어, 낮은 pH에서는 제1반응이 우세하고 높은 pH에서는 제2의 반응이 우세하다.

$HOCl$과 OCl^-의 비와 pH와의 관계는 그림 6.42와 같다. pH5 이하에서 염소는 염소 분자로 존재하며, 수중에서 $HOCl$과 OCl^-의 형태로 존재하는 염소를 유리염소(free available chlorine)라 한다.

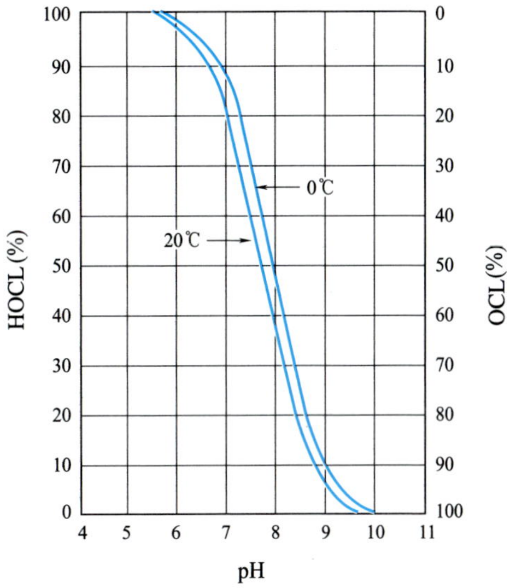

그림 6.42 온도와 pH값의 변화에 대응하는 수중의 염소산, 차아염소산의 분포

수중의 1ppm 염소는 물의 알칼리도를 최저 0.7ppm, 최고 1.4ppm($CaCO_3$를 기준으로) 정도 중화시킨다. 이 반응은 수중에서 염소를 소비하는 다른 물질의 존재나 $HOCl$이 해리되는 정도에 따라 다르다.

염소는 반응력이 강하므로 ① 유기·무기물과 직접 결합하고, ② 유기·무기화합물을 산화시키며 유기화합물의 성질을 변화시키거나, 응집·침전을 촉진하는 작용도 한다.

염소의 살균 효과는 그 화학 반응을 지배하는 요소인 반응시간·온도·*pH*·염소를 소비하는 물질량에 따라 좌우되고, 온도·반응시간·염소의 농도가 증가하면 살균력도 증가한다.

그러나 살균력이 크게 좌우되는 것은 *pH*와의 관계이며, *pH*가 높을 때, 즉 OCl^-가 많고 $HOCl$이 감소한 상태에서는 효력이 많이 감소한다. 동일 조건하에서 *pH*10은 *pH*5 보다 150배의 염소량을 주입해야만 같은 효과를 기대할 수 있다고 한다.

2) 염소에 의한 살균효과

염소는 대장균 계통, 즉 소화기계통 전염병원균에 특히 유효하게 작용하며, 각종 살균 시험 기록을 보면 다음과 같다.

① 0.3ppm 이상으로 1cc 중의 10만개 정도의 E.coli(escherichia coli, 대장균)는 순식간에 살균되었다.

② 0.2ppm으로는 5분 후에는 100cc 중에서만 생존할 뿐이며, 다시 10분 후에는 완전히 살균되었다.

③ 0.1ppm으로 5분 후에는 50cc 중에서, 30분 후에는 100cc 중에서 생존하지만, 1시간 후에는 완전히 살균되었다.

④ 이상의 모든 시험에서 1cc에서는 전혀 검출되지 않았다.

⑤ 접촉시간 48시간까지 부활 현상은 일어나지 않았다.

3) 부활현상(after growth, 재증식 현상)

염소 등으로 소독할 때 일단 사멸되었다고 본 세균이 시간이 경과함에 따라 재차 증식하는 현상으로 그 원인은 불명하지만, 염소는 아포(cyst)를 갖는 균에 대해서는 효력이 없어 아포가 후에 증식하는 것으로 되어 있다.

그러나 일단 약화된 세균이 생활력을 회복하는 것인지 또는 어떤 물질로 표면을 보호받아 살아남은 균이 증식한 것인지는 알 수가 없다.

4) 암모니아 염소(chlorine ammonia)

$Cl_2+H_2O=HOCl+HCl$

$HOCl+NH_3 \rightarrow H_2O+NH_2Cl$(monochloramine)

$HOCl+NH_2Cl \rightarrow H_2O+NHCl_2$(dichloramine)

$HOCl+NHCl_2 \rightarrow H_2O+NCl_3$(trichloramine)

위에서 어느 반응이 일어나는가는 물의 *pH*, 암모니아의 과잉 존재 여부로 정해진다. *pH*가 8.5 이상이면 monochloramine만으로, *pH*8.5~4.5에서는 monochloramine과 dichloramine이 공존하며, *pH*4.4 이하에서는 trichloramine만이 생성된다. 이들 chloramine은 살균 작용을 하지만, 염소보다 작용이 약하여 소독시 주입량이 많이 요구되고, 더욱이 접촉 시간은 적어도 30분을 필요로 한다.

소독 전의 정수에 암모니아가 포함되어 있는 것은 지하수나 원수의 오염이 극심한 경우에 한하지만, 이 같은 수질에서는 염소 소독을 하면 자연히 chloramine이 생긴다.

5) 염소의 주입량

평상시 염소 주입량은 수도관 말단에 있어서 유리염소량이 항상 0.2ppm 이상이 되도록 주입하여야 한다. 단, 다음 경우에는 유리 염소량을 0.4ppm 이상으로 강화하여야 한다.

① 소화기 계통의 전염병이 유행할 때
② 단수 후 또는 감수압 일 때
③ 홍수로 원수수질이 현저히 악화되었을 때
④ 정수 작업에 이상이 있을 때
⑤ 그 밖에 수도전 계통을 통한 오염의 염려가 있을 때

잔류염소(residual chlorine)란 물에 염소를 주입하면 수중에는 유기물이나 산화되기 쉬운 물질이 있으므로 염소가 산화로 소비되고 난 후에 잔류한 염소를 말하며, 유리염소와 chloramine과 같은 결합염소가 있다.

급수전에서 잔류염소를 갖도록 규정한 것은 정수장에서 염소 주입 후 적당한 접촉시간을 두면 소독으로서는 완전하지만, 배수계통에 외부로부터의 오염에 대비해서 소독력을 갖도록 하기 위함이다. 물론 심한 오염에는 효과가 없지만 미약한 오염에는 저항할 수 있다. 이와 같이 소독력이 후에까지 남는 것을 소독의 잔류효과라 하며, 이와 같은 효과는 염소 특유의 것으로 오존·자외선 등의 소독법에는 없다.

주입량은 여과수의 수질에 따라 결정된다. 염소는 살균제인 동시에 강력한 산화제이므로 수중에 유기물이나 세균 등이 있으면 염소는 이에 작용하고 정비되어 살균과 산화가 종료하기까지 소비는 계속되며, 이 소비량을 염소요구량(chlorine demand)이라고 한다. 따라서 우선 물의 염소요구량을 측정하고 여기에 필요로 하는 잔류염소량을 첨가한 것을 염소 주입량으로 하면 좋다(그림 6.43).

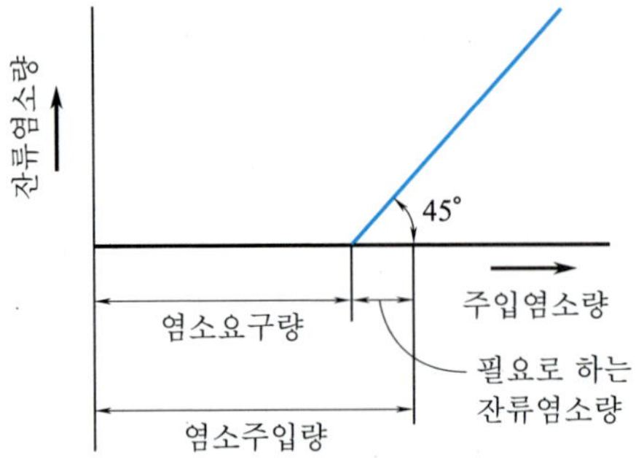

그림 6.43 염소요구량과 염소주입량과의 관계

6) 염소의 주입법

주입기에는 건식과 습식이 있으나, 현재 습식만을 쓰고 있다. 습식은 수중에 혼화하기 쉬우나, 건식은 가스상으로 주입되므로 가스가 발산되기 쉽고, 주입률이 불균일하게 되며, 또 철관류를 부식시키기 쉬운 결점이 있다.

습식은 다시 염소가스를 봄베 내의 압력을 이용해서 인출하는 압력식과 압력수에 의한 주수기에 의해 진공으로 염소가스를 인출하는 진공식이 있다. 전자는 봄베 내에 가스가 남는 결점이 있지만, 후자는 염소가 새는 일과 봄베 내에 가스가 남지 않고 사용하는 물이 끊어지면 자동적으로 정지하도록 장치되어 있다.

염소는 기화열을 필요로 하므로 한냉시에도 실온을 10~20℃로 유지해야 한다. 염소가 용해한 물이 9℃ 이하로 되면 chlorine ice란 고형의 염황록색 결정($Cl_2 \cdot 8H_2O$ 또는 $Cl_2 \cdot 6H_2O$)으로 된다. 그러므로 상기 실온을 유지하지 않으면 주입기가 작용하지 않는다.

염소 소독이 중단되지 않도록 고장에 대비해서 예비주입기를 반드시 설치하여야 한다.

소규모의 수도에는 전해식 주입기를 사용하는 것이 좋다. 이것은 염화마그네슘의 전기분해에 의해 얻어진 염소를 용해시키는 방법이므로 고압가스를 취급하는 위험성이 없고 펌프운전과 용이하게 연동시킬 수 있다.

7) 전염소처리(prechlorination)

여과 전에 염소를 주입하는 것을 전염소처리라 하며, 보통 침전 전의 원수에 주입한다. 이에 대해 일반적인 소독을 목적으로 염소를 주입하는 것은 후염소처리(post chlorination)라 한다.

전염소처리는 원수가 심하게 오염되어 세균·암모니아성 질소와 각종의 유기물을 포함해서 침전·여과의 정수법만으로는 제거되지 않는 경우나 철·망간을 제거할 목적으로 쓰인다.

주입량은 오염물질량에 따라 다르며, 침전 후에 잔류염소가 0.1ppm 정도가 되도록 주입하면 암모니아성 질소·과망간산칼륨의 소비량은 대폭 감소하며, 대장균도 대부분 제거되고 일반 세균이 약간 남는 정도가 된다.

전염소처리에서는 대개 암모니아성 질소나 알부미노이드 질소를 포함하므로 물속의 염소는 chloramine형, 즉 결합염소를 형성하며, 염소 주입량이 많으면 특이한 잔류염소로 변화한다.

암모니아성 질소와 취미의 원인이 되는 유기물을 염소로서 분해하는데 필요한 양보다 조금 많은 염소를 주입하는 처리법을 불연속점 염소처리법(break point chlorination)이라 한다. 강하게 오염된 원수를 전염소처리하는 것은 이 처리법에 해당한다. 이 방법에 의하면 암모니아성 질소는 일단 chloramine으로 되나 이것도 염소로 분해되어 질소는 N_2와 NO_2가스로 되며, 취미의 원인인 페놀류로는 되지 않는다.

8) 탈염소(dechlorination)

염소를 과다하게 주입하였을 경우, 이 염소가 다른 물질에 장해를 주어 제거할 필요가 있을 때에는 탈염소를 행한다. 산성아황산 나트륨·치오황산 나트륨·아황산나트륨·과망간산칼륨·활성탄소가 사용되지만, 많은 수량의 처리에는 봄베에 넣은 아황산가스를 주입한다.

$$Cl_2+H_2O=HCl+HClO$$
$$SO_2+H_2O=H_2SO_3$$
$$HClO+H_2SO_3=HCl+H_2SO_4$$

이론적으로 유리염소 1에 대해 SO_2는 0.9가 좋지만, 실제는 SO_2가 물과 반응하여 생긴 H_2SO_4가 다른 물질에 의해 산화되는 수가 있으므로 조금 여유 있게 주입하면 좋다.

예제 6.5 20,000m³/day의 물을 처리하는데 염소 8.0kg/day를 사용한다. 접촉 10min 후 잔류염소는 0.20mg/L이다. 투입량과 물의 염소요구량을 계산하라.

〈풀이〉

$$\text{투입량}=\frac{8\times1,000}{20,000}=0.40\text{mg/L}$$

$$\text{염소요구량}=0.40-0.20=0.20\text{mg/L}$$

6.4.3 이산화염소

1) 개설

이산화염소는 1811년 Humphre Dave가 발견하였으며, $NaClO_3$(Sodium Chlorate)에 염산을 반응시켜 발생한 황록색가스를 Euchlorine이라 칭하였다.

그 후에 계속 발전하여 현재는 진공상태에서 $NaClO_2$ 용액에 Cl_2가스를 주입하여 발생시키는 것이 일반적이며, 고농도의 가스상에서 불안정하고 압축시킬 수 없으며 온도, 압력, 빛에 대해 불안정한 물질로서 대기 중에 4% 이상 존재하면 폭발하기 때문에 저장과 수송에 위험이 따르므로 현장에서 발생시켜 사용하여야 한다. 또 이산화염소는 독특한 냄새를 갖는 연황색의 액체로 빙점이 –15℃, 비등점(boiling point)이 105℃이며, 비중은 1.05~1.15(20℃)이다.

이산화염소에 의한 소독은 최근 상수도 원수의 수질이 악화됨에 따라 유리염소에 의한 THM생성을 피하기 위한 대체 소독제라고 할 수 있다.

2) 이산화염소의 효용

① 소독력에서는 오존과 이산화염소가 양호하지만 오존은 잔류성이 없어 배수계통에서 미생물이 재활성화 하는 경우가 있는데 비하여 이산화염소는 잔류효과도 양호하다.

② 이산화염소는 페놀화합물을 분해하며 정수의 이취미와 색도의 제거에도 효과적이고 클로로페놀까지도 어느 정도 가능하다. 또 이산화염소는 맹독성시안(CN) 화합물을 산화시켜 무해한 시안산염(CNO^-)을 거쳐 탄산가스와 질소로 분해하며 아질산염을 질산염으로, 아황산염을 황산염으로 산화시킨다.

③ 이산화염소가 존재하면 염소로부터 생성된 황화수소(H_2S)나 ($R-SH$) 등 황화합물로 인한 냄새 제거가 가능하다.

④ 이산화염소는 THM의 생성반응을 일으키지 않으나 통상의 정수처리에 필요한 양보다 많은 양을 투입하면 부산물이 생성되는데 아염소산염과 염소산 등 염산물 이외에 무기음이온이 생성된다. 현재로서는 이들 부산물의 건강에 대한 영향이 확실하게 밝혀지지는 않았으나 필요량보다 초과하여 주입하지 않도록 주의하여야 한다.

3) 이산화염소의 투입량

이산화염소가 염소와 동등한 소독효과를 얻기 위해서는, 이산화염소주입량은 염소주입량의 반으로 보고 있다. 즉, 1mg/L의 이산화염소는 2mg/L의 염소와 같은 소독효과가 있다는 것이다.

음료수중의 잔류이산화염소와 염소산염 및 아염소산염의 합계가 미국 환경보호청 음료수 기준에서 0.5mg/L이하로 되어 있다.

6.4.4 THM의 제어

1974년부터 오염된 원수의 염소처리시 *THM*(Trihalomethane)이 생성되는 것을 알게 으로써 *THM*의 인체영향, 측정방법, 어떠한 원수 상태에서 생성되는가, 음료수에서의 저감대책, 생물학적 성상, 처리비용 등을 연구하게 되었고, 1979년 공포된 EPA의 음료수 규칙 개정안에서 최대오염농도(*MCL*)를 총 *THM*(*TTHMs*)으로서 0.1mg/L로 정하였다.

메탄가스(CH_4)는 직접 반응하지 않으나 어떤 종류의 유기화합물과 수중의 염소가 어느 조건에서 반응하면 단일 탄소화합물의 수소가 할로겐(F, Cl_2, Br, I)과 치환한 유기물군을 생성한다. 이들 화합물은 CH_4 유도체이다.

음료수를 유리염소로 처리하면 *THM*생성은 자연수중의 휴민산(humic acid) 등이 수중의 할로겐과 복잡한 반응을 거쳐 생성되는 것으로 산업활동으로 수역에 배출된 유기화합물과의 반응으로 생성되는 경우는 드물다. *THM*의 생성반응은 유리염소+전구물질인 휴민질 등 → *THM*+기타 생성물로 되는 것이 보통이며 최대농도에 도달하는 데는 수일간의 반응이 필요하고 온도가 높을수록, 또 pH가 높을수록 생성농도가 높아진다.

*THM*은 *THM*전구산물이 함유된 수중에 유리염소를 첨가할 때 생성하는 것이므로 *THM* 농도를 저감하는 방법으로서는 미리 전구물질을 제거하는 것이 유효할 것이다. 즉 청동분리법, 수원관리법, 공기공급법, 산화법, 흡착법, 이온교환법, 생물학적 분해법, 즉 저 pH법 등 제거기술을 들 수 있다.

소독제로 사용하고 있는 유리염소가 *THM*전구물질과 결합하면 *THM*이 생성되는데 *THM* 농도를 줄이는 방법으로서 이 반응에 관여하지 않는 소독제를 사용하는 것을 들 수 있다.

유리염소 이외의 소독제로는 클로라민, 이산화염소, 오존, 과망간산칼륨, 과산화수소, 염화취소, 철산이온, 고 *pH*, 자외선 조사 등이 있는데 이 가운데 클로라민, 이산화염소, 오존은 실제 정수처리에서 일반적으로 사용하고 있으며 상세하게 연구되고 있다. 이중 오존과 이산화염소의 소독력은 비슷하며, 저 *pH*에서도 유리염소보다 강력한 소독제이고, 유리염소와 달리 *pH*가 높아지더라도, 소독력이 감소되지 않으며 이산화염소는 고 *pH*에서 소독력이 증대된다. 클로라민은 일반적으로 저 *pH*영역에서 유리염소보다 소독력이 약하지만, 적절한 소독력이 있고 여러 장점도 있으므로 좋은 소독제라 할 수 있다.

6.4.5 그 밖의 소독법

1) 오존(ozone)

오존은 3개의 산소원자로 되어 있으며, 제3원자는 결합이 약해 쉽게 분리되어 발생기산소(nascent oxygen)로 되는 성질이 있다. 이 발생기 산소는 소독작용을 한다.

오존은 불소 다음으로 강력한 산화력을 가지고 있으며, 탈취, 탈색, 살균 및 유기물 분해 등의 능력이 있다. 이중에 살균에 관하여는 수돗물의 소독을 염소에 의하도록 규칙 등에서 정하여져 있으므로 소독만을 목적으로 한 오존의 사용은 인정되지 않고 있다. 현재에는 수도에 있어서 오존처리는 수원의 부영양화 등에 원인된 이취물질의 제거와 색도의 제거 목적으로 행하고 있다.

장점으로는 ① 물에 화학물질이 남지 않고, ② 물에 염소와 같은 취미를 남기지 않으며, ③ 유기물에 의한 이취미가 제거된다.

단점으로는 ① 가격이 고가이고, ② 소독의 잔류효과가 없으며, ③ 복잡한 오존발생장치가 필요한 점이다.

여과수에 가하는 주입량은 2~3ppm 이하이며, 오존의 물에 대한 용해도는 14~15℃의 증류수에서 약 0.29이다.

2) 자외선(ultraviolet ray)

석영 유리로 된 수은증기 등에 직류 220V, 3.5A의 전류를 통해서 얻는 파장이 짧은 광선이다. 수심 120mm 이내에서 살균 효과를 가진다.

물의 탁도·색도가 높으면 광선의 투과가 나빠지므로 효율이 떨어진다. 물에 취미가 생기지 않고 다량을 써도 해가 없는 이점이 있으나, 고가이므로 수도에서는 별로 쓰이지 않고 호텔·푸울(pool)이나 청량음료 등의 식품공장에서 사용한다.

6.5 특수정수

보통의 침전·여과·소독법만으로 음료수를 얻지 못할 때가 있다. 예를 들어 철·망간을 다량 포함했다든가, 경도가 특히 높은 경우이다. 이같이 특수한 원수는 침전·여과 이외의 특수 처리법이 필요하다. 저수지 물을 수원으로 취수하면 플랑크톤의 장해와 취미의 문제가 많고, 또한 수질 오염의 진행으로 문제도 증가하고 있다.

6.5.1 철·망간의 제거(removal of iron manganese)

철·망간은 지질에 따라 생기며, 수중에 용존하는 것은 다음의 세가지 형이 있다.

① 중탄산제1염으로서 유리탄산이 많은 지하수나 저수지의 하층수에 많다.

② 황산제1염으로 존재하며, 황화광·유황 광산의 배수를 포함한 하천수에 많다.

③ 소택지·니탄지에서는 유기 화합물로 존재하는 수가 많다.

1) 공기공급법(aeration)

옛부터 사용한 방법으로 노즐에서 물을 안개상으로 분출시켜 CO_2를 제거하는 동시에 공기중의 산소로 철·망간을 산화시킨다. 그 후 급속여과로 수산화철을 제거한다. 그러나 본법은 중탄산제1염으로 되어 있는 경우 유효하다.

2) 알칼리제법

유리 화합물과 함께 콜로이드상으로 된 철에 유효한 법이다. 알칼리제로는 소석회·소오다회 등을 사용하며, 동시에 황산반토를 가하여 응집 침전을 촉진시킨다.

$$\left.\begin{matrix} Fe \\ Mn \end{matrix}\right\} (HCO_3)_2 + 2Ca(OH)_2 = \left.\begin{matrix} Fe \\ Mn \end{matrix}\right\} (OH)_2 + 2CaCO_3 + 2H_2O$$

$$\left.\begin{matrix} Fe \\ Mn \end{matrix}\right\} SO_4 + Ca(OH)_2 = \left.\begin{matrix} Fe \\ Mn \end{matrix}\right\} (OH)_2 + CaSO_4$$

$$\left.\begin{matrix} 4Fe \\ 4Mn \end{matrix}\right\} OH_2 + O_2 + 2H_2O = \left.\begin{matrix} 4Fe \\ 4Mn \end{matrix}\right\} (OH)_3$$

(용존산소)

이 방법은 알칼리제의 주입방식을 밀폐 탱크로 하면 그대로 급속 여과기에 보낼 수 있으며, 1회의 펌프 양수로 되기 때문에 지하수의 철 제거에 적합하다.

3) 염소법

염소를 주입하여 산화하는 방법으로 특히 망간 제거에 유효하며, 원수 중의 함유량이 적은 경우에 한한다.

철 1ppm에 대해 염소는 0.64ppm, 망간 1ppm에 대해서는 염소는 0.65ppm이 필요하며, 수중에 철·망간 이외의 피산화체가 있으면 그 이상의 염소가 요구된다.

4) 과망간산칼륨법

$KMnO_4$의 산화력을 이용하는 방법으로 망간 제거에 유효하다. 망간 1ppm에 대하여 $KMnO_4$는 1.92ppm이 필요하다. 철 이온이 공존하는 경우는 철이온량의 0.943배를 가하며, 유기물에 의해 소비되는 양을 고려하여야 한다. 2가의 가용성 망간이 불용성인 4가의 MnO_2로 된다. MnO_2는 미소립자로 침전이 어려우므로 황산반토를 가하여 응집 침전시킨다.

$KMnO_4$는 위생상 유해하므로 유해한 $KMnO_4$가 잔류되지 않도록 주입할 필요가 있다.

5) 접해산화법

MnO_2를 인공적으로 부착시킨 망간사나 MnO_2를 함유한 pyrolusite광석을 여과사로 전염소처리를 병용해서 여과하는 방법이다. 염소 주입률은 이론적으로 망간량의 1.29배이지만, 보통 여과수에 유리잔류염소가 0.5~1.0ppm 되도록 가한다. 염소에 의한 산화력과 모래에 부착된 MnO_2의 촉매 작용에 의한 복식 산화법이다.

$$MnO_2 + MnO_2 \cdot H_2O + H_2O = MnO_2 \cdot MnO_2 \cdot MnO \cdot H_2O + 2H$$

$$MnO_2 \cdot MnO \cdot H_2O + Cl_2 + 2H_2O = 2MnO_2 \cdot H_2O + 2HCl \quad \text{(망간사 재생)}$$

처음부터 망간사를 쓰지 않고 전염소처리를 계속하면 보통의 여과사가 점차로 망간사로 변하여 10일 정도 후부터는 망간 제거 효과가 나타난다.

6) 전해법

알루미늄판을 극으로 세운 전해조에 소량의 식염을 가한 후 정수를 통하고 직류를 보내면 Al_3^+가 용출되는 동시에 산소가 발생하며, Al_3^+은 수산화알루미늄으로 된다. 교류법도 원리는 같다. 이 전해조를 통과한 물을 원수에 혼합시켜 교반한 후 사여과한다. 철은 발생기 산소로 산화되는 동시에 활성도가 큰 $Al(OH)_3$에 의해 응집 제거된다.

7) 이온 교환법(base exchange process)

중탄산제1철 같은 이온상의 철·망간에서만 유효한 법으로 이온 교환제는 천연산의

green sand zeolite나 이온 교환수지를 쓴다.

zeolite는 염화망간($MnCl_2$)과 $NaMnO_4$로 처리하여 망간 zeolite로 사용한다. zeolite의 조성은 $2SiO_2 \cdot Al_2O_3 \cdot Na_2O \cdot 6H_2O$($Na_2 \cdot Z$로 표시한다.)

$$Na_2O \cdot Z \cdot MnO_2 \cdot MnO_7 + 2Mn(HCO_3)_2 = Na_2O \cdot Z + 5MnO_2 + 4CO_2 + 2H_2O$$

망간 zeolite($Na_2O \cdot Z \cdot MnO_2 \cdot MnO_7$)로 여과하면 상기의 반응이 일어나고, MnO_2는 역세정으로 제거한다. 망간 zeolite의 기능이 약해지면 $NaMnO_2$ 용액으로 재생하여 다시 쓴다.

6.5.2 경수의 연화법(softening)

우리나라에서는 경도가 높은 예가 별로 없어 연화법은 보일러 용수나 공업용수에 사용될 때가 많다. 가정에서는 끓임법으로 일시적으로 경도만을 제거해 왔다. 많은 양을 처리함에는 다음의 두 가지 방법이 있다.

1) 석회소오다법(lime-soda process)

탄산경도에는 소석회를 가하고, 영구경도인 비탄산경도는 소오다회와 소석회를 가하면 좋다.

$$Ca(HCO_3)_2 + Ca(OH)_2 = 2CaCO_3 \downarrow + 2H_2O$$
$$Mg(HCO_3)_2 + Ca(OH)_2 = MgCO_3 + 2H_2O$$
$$MgCO_3 + Ca(OH)_2 = Mg(OH_2) \downarrow + CaCO_3$$

영구경도는

$$CaSO_4 + NaCO_2 = CaCO_3 \downarrow + Na_2SO_4 (\text{가용성})$$
$$MgSO_4 + Ca(OH)_2 = Mg(OH)_2 + CaSO_4$$
$$CaSO_4 + Na_2CO_3 = CaCO_3 \downarrow + NaSO_4$$

황산염은 상기의 반응으로 제거되며, 염화물·초산염도 같은 방식으로 제거된다. 약품 주입 후 충분히 반응시켜 침전시키며, 이를 제거할 목적으로 고속 응집 침전지가 개발되었으나 현재에는 일반적인 침전지에서도 사용되고 있다. 침전 후 여과하면, 여과사에 탄산칼슘이 침하해서 모래입경이 비대해지고 여과 후에 석출한 탄산칼슘은 배수관 내에 침착한다. 이와 같은 결점을 없애기 위해 가스의 연소로 만든 이산화탄소를 침전수에 넣어 탄산칼슘 입자를 중탄산칼슘으로써 용해시키는 recarbonation이란 방법이 있다. 또, 배수관 내에 탄산칼슘의 콜로이드가 침착하는 것을 방지하기 위해 calgon을 분산제로 가하는 방법도 있다.

석회소오다법으로 경도를 완전히 제거할 수는 없고, 탄산칼슘은 15~25ppm 정도가 물에 가용성이므로 그 이하의 경도를 제거할 수는 없다. 미국에서는 실용상 전경도로서 80~100ppm까지 저하시키면 충분하다고 한다.

2) Zeolite법

천연의 green sand zeolite를 여과재로 이온 교환하여 Ca, Mg을 제거하는 방법이다. permutit는 합성하여 만든 zeolite로 같은 성분을 가진다. zeolite의 조성은 $2SiO_2 \cdot Al_2O_3 \cdot Na_2O \cdot 6H_2O$($Na_2O \cdot Z$로 약하다).

$$Ca(HCO_3)_2 + Na_2O \cdot Z = CaO \cdot Z + 2NaHCO_3$$
$$CaSO_4 + Na_2O \cdot Z = CaO \cdot Z + NaSO_4$$

zeolite가 이온교환 능력이 소실되면 식염수나 황산으로 세정시켜 다음 반응으로 재생한다.

$$CaO \cdot Z + 2NaCl \rightarrow Na_2O \cdot Z + CaCl_2$$

이 방법은

① 전경도를 제거할 수 있고,

② 장소를 차지하지 않고 침전물이 생기지 않으며,

③ 특히 영구경도에 대해서 효과가 좋다. 그러나 일반적으로 고가이고, 탁수에 사용할 수 없는 단점이 있다.

6.5.3 냄새·맛 제거

1) 취미의 원인

① 조류 같은 식물이 부패할 때 : 풀냄새·고기냄새 및 조개냄새를 내고, 저수지 물에 많다. 조류 증식기에 황산동으로 억제할 필요가 있다.

② 철 박테리아나 유황균(Begiatoa 등)이 많이 발생하여 분해할 때 : 유황균은 유화수소 냄새를 발생한다.

③ 철이 많을 때 : 쓴맛이 난다.

④ 염분이 많을 때 : Cl^-가 300ppm 정도이면 짠맛이 난다.

⑤ 공장 폐수가 섞여 있을 때 : 특히 페놀류가 있으면 염소 소독으로 chlorphenol이 생겨 불쾌한 약품냄새(요오드포름냄새)가 발생한다.

⑥ 유리염소나 지방과 결합할 때 : 급수 장치의 수전이나 급수 기구에 지방이 끼면 금속냄새나 석탄산냄새·약품냄새를 발생시킨다.

2) 제거법

불연속점 염소소독 외에 다음과 같은 방법이 있다.

(1) 공기공급(aeration)

공기공급으로 취미를 내는 물질을 제거하는 방법으로 철을 제거하는데 쓰는 공기공급법과 같다. 심정호수의 유화수소냄새를 제거하는데 유효하나 유기물 오염에 의한 취미에는 별로 효과가 없다.

(2) 오존(ozonisation)

효과가 매우 좋으나 고가이다. 저색도에도 유효하다.

(3) 활성탄소(activated carbon)

분말과 입상의 것이 있다. 전자는 침전 전의 주입용이며, 미세분말이므로 취급이 어려우며, 사용 후 버리는 결점이 있다. 후자는 여과재로 보통 여과지에서 사용하며, 여과 후의 재여과용이다. 노(爐)에서 태워 다시 사용할 수 있는 이점이 있으나 고가이다. 분말상의 것은 물에 용해하기 어려우므로 sludge로서 주입하며, 물과 충분한 접촉시간을 주어야 한다. 물의 pH가 5~6인 산성일 때 흡착 효과가 좋다고 한다.

(4) 배수관의 세관

배수관 끝단(dead end)에 물이 정체하여 취미가 생기므로 가끔 관 끝의 소화전을 열어 정체수를 배제시켜야 한다.

6.5.4 마이크로스트레이너(microstrainer)

영국에서 개발되었으며, 극히 세밀한 금속망을 붙인 드럼형의 여과기이다. 완속여과의 전처리로 생물을 제거하는데 쓴 것이 최초이다. 급속 여과의 전처리로도 사용하지만, 본래는 색도와 콜로이드가 없는 경우에 플랑크톤이나 대형 부유물을 이 장치만으로 제거하는 예가 많았다.

금속망은 스테인레스 스틸제로서 눈금은 여과 목적에 따라 다르며, 플랑크톤 제거용은 지름 80~25μ 정도의 금속망선으로 mesh 200~300~400/in^2, 눈의 크기 60~30~20μ 정도이다.

원수는 서서히 회전하는 드럼 안쪽에서 바깥쪽으로 여과되어 나오고, 드럼 상부에서 분사수로 부유물을 세출하며, 오수는 회전축을 통해 기계 밖으로 유출한다. 금속망이 막히면 약품으로 씻어 기능을 회복시킨다.

microstrainer는 생물이나 제지배수같이 섬유질을 포함한 물에 적합하나 응집된 floc를 제거할 수는 없으므로 침전지의 대용으로 사용할 수 없다.

6.5.5 활성탄처리

활성탄처리는 통상의 정수처리로서 제거될 수 없는 이취미, 합성세제, 페놀류, 기타 유기물 등에 대하여 적용된다.

활성탄은 야자껍질, 톱밥 및 석탄 등을 원료로 하고 여기에 탄화나 활성화의 처리를 하여 만들어진 흑색 다공성의 탄화질의 물질로서 기체나 액체중의 미세한 불순물을 흡착하는 성질을 가지고 있다. 정수처리에서는 이 흡착력을 이용하여 앞의 제 물질을 제거하는 것이며 그 특징은 수중에 용해되어 있는 미량의 유기물질에 대한 제거능력이 크고 또 약품처리의 경우 약품 처리수중에 분해물을 전혀 남기지 않는 것이다.

활성탄처리는 활성탄의 제 성질을 유효하게 이용하고 필요한 처리가 정확하게 이루어져야 한다. 활성탄의 사용에 있어서는 사전에 제거대상물질의 실태, 처리효과 등에 대하여 실험을 포함한 조사를 충분히 실시할 필요가 있다. 조사는 단지 현상에 관계되는 것뿐이 아니고 제거 대상물질의 장래 동향의 예측까지도 하고 처리설비의 규모와 방식을 적절하게 결정하여야 한다.

활성탄에는 분말활성탄과 입상활성탄의 두 종류가 있으며 특징과 사용방법에 차이가 있다. 각각의 득실이 있으므로 사용조건으로부터 제거효과의 우열, 유지관리의 난이도, 경제성 등을 비교, 검토하여 선정하여야 한다.

표 6.3 분말활성탄처리와 입상활성탄처리의 장단점

항목	분말활성탄	입상활성탄
처리시설	기존의 시설을 사용하여 처리할 수 있다.	여과조를 만들 필요가 있다. (건설비가 많이 든다).
단기간 처리의 경우	필요량만 구입하므로 경제적이다.	탄층이 얇거나 두꺼워도 비경제적이다.
장기간 처리의 경우	경제성이 향상되지 않는다.	층두께가 두꺼워지며 재생하여 사용하므로 경제적이다.
주입작업 및 노무관리	곤란하다.	용이하다.
처리 중단의 위험성	있다(기계고장, 정전 또는 호퍼내 부릿지).	없다.
재생사용	곤란이 따른다.	가능하다.
미생물의 번식	없다.	번식 가능성이 있다.
폐기시의 애로	침적된 탄분을 포함한 흑색슬러지는 공해원인이 된다.	니토를 발생하지 않으므로 공해의 염려가 없다.
누출에 의한 검은 물 발생	특히 동계에 일어나기 쉽다.	거의 염려가 없다.
처리 관리의 난이	곤란하다.	용이하다.

일반적으로 응급적이며 단기간 사용할 경우에는 분말활성탄처리가 적합하며 연간 연속하거나 비교적 장기간 사용할 경우에는 입상활성탄처리가 유리하다. 또 제거대상물질의 종류, 농도 등에 따라서는 양자를 병용할 경우도 있으며 또 활성탄의 흡착특성은 종류 외에 제조회사에 따라서도 차이가 있으므로 사용목적에 적합한 품질을 선정할 필요가 있다.

활성탄 처리설비는 예상되는 최대부하량에 충분히 대응할 수 있는 용량으로 하여야 할 뿐더러 그 설비의 방식, 구성 등을 될수록 유지관리에 적절하고 용이하도록 하여야 한다. 특히 활성탄처리에서 통상 활성탄의 취급에 인력을 필요로 하는 경우가 많으며 또 활성탄의 분진이 발생하기 쉬운 점 등 작업성이 좋지 않으므로 경제성이 허용하는 한도내에서 인력을 줄이는 설비를 하는 것이 바람직하다.

6.6 고도정수처리

6.6.1 고도청수처리시설 개념 및 필요성

국내에는 고도정수처리시설이란 용어가 명확히 정의된 바는 없으며, 미국에서도 명확한 용어정의는 없으나, 통상의 방법으로는 처리가 어려운 휘발성유기물질 및 합성유기물질의 효과적인 처리를 위해 각 오염물질별로 최적 처리방법을 정하고 있는데 그 대표적인 방법으로 활성탄처리방법, 오존처리방법 등이 있다.

일본의 경우 "통상의 정수처리방법으로는 충분히 대응 할 수 없는 악취 물질, 트리할로메탄 전구물질, 색도, 암모니아성 질소 및 음이온계면활성제 등의 처리를 목적으로 도입하는 활성탄처리시설, 오존처리시설 및 생물처리시설을 지칭한다."라고 정의하고 있다.

따라서 고도정수처리시설은 "통상의 정수처리공정인 응집·침전 → 여과 → 소독으로 구성된 기존 정수방법으로는 완전히 제거되지 않는 맛·냄새 유발물질, 미량유기오염물질, 암모니아성 질소 등을 제거하기 위하여 생물처리, 오존처리, 활성탄처리 등의 공정을 단위 또는 조합하여 기존 정수공정에 추가 설치하는 시설"이라고 할 수 있다.

수역의 상류 지역에서 도시화와 공업화로 오염물질이 적정하게 처리되지 않고 하천에 방류됨에 따라 수질오염이 심화되어 정수장 수처리 및 운영에 큰 영향을 미치게 되어 기존의 정수처리 방식으로는 한계점에 도달하게 되었다. 수도의 수원이 되는 공공 상수원은 타 용도의 목적과도 부합될 수 있도록 전체적으로 수질보전 대책을 수립하여야 할 사안이나, 현재와 같이 양질의 수돗물 생산이 어렵고 시민들이 불신을 갖고 있는 상황에서는 수도 수질관리를 위한 독자적 대책을 검토할 필요가 있다.

이와 같은 상황에 대처하기 위하여 상수원의 수질보전, 대체 수원의 검토를 전제로 하고 장래 상수원 수질을 고려한 이후에 고도정수처리 기술을 도입함으로써 깨끗하고 안전한 수돗물을 공급하여야 할 것이다.

수질기준항목 중에서 색도, 암모니아성 질소, 음이온계면활성제, 취기 등은 통상의 수처리법으로는 제거에 한계가 있고, 특히 트리할로메탄 전구물질 및 산업 폐수와 관계가 있는 각종 미량유기오염물질들도 기존의 재래식 정수처리 공정으로는 제거가 거의 곤란하거나 충분한 수준의 제거를 기대하기 어려운 실정이다.

또한 고도정수처리는 통상 처리가 곤란한 오염물질과 염소처리로 유발되는 트리할로메탄(*THM*) 등 유기할로겐 화합물의 생성에 따른 2차 오염물질을 줄이고 합성유기화합물(synthetic organic compounds), 휘발성 유기물질(volatile organic compounds)등 미량유기오염물질의 처리에 효과가 있어, 이들 물질들로 인해 초래될 수 있는 잠재적 불안 요소를 제거하여 깨끗하고 안전한 음용수를 공급하고자 하는데 그 목적이 있다.

6.6.2 고도정수처리 공정의 도입

1) 고도정수처리 공정의 도입 필요성의 판단

고도정수처리 공정의 도입 필요성을 판단할 때는 다음과 같이 우선적으로 수질오염으로 인한 기존의 정수처리공정으로서의 대처능력에 따라 좌우되며, 깨끗한 수돗물 생산을 위한 의지나 주변상황이 중요한 요소가 될 수 있다.

① 이취미 문제 등 통상의 정수방법으로 대응이 곤란한 상태가 발생하고 있는 경우
② 동일한 수원을 이용하는 정수장에서 ①과 같은 상황에 있는 경우
③ 오염 발생원의 입지상황, 원수 수질의 오염상황, 호소 등의 부영양화 진행 상황 등으로 볼 때 ①과 같은 상황이 예상되는 경우

수돗물의 수질을 개선하는 방법에는 여러 가지 대안이 있을 수 있고, 따라서 우선 고도정수처리가 정수 수질 문제의 유일한 해결책은 아닐뿐더러 고도정수처리 공정 도입을 검토할 때 비용 충당, 고급 인력의 확보, 정수 수질에 대한 욕구 수준의 지속적 상승, 취수원 수질의 변동 경향과 정책 등 다양한 문제를 상호 비교 분석하여야 하며, 고도정수처리 시설의 도입에 앞서 원수의 수질 개선을 다각도로 검토하는 등 노력이 병행되어야 한다.

또한 고도정수시설의 도입에는 막대한 투자비용이 소요되므로 지역주민의 의사를 반영하는 것이 중요하다. 한정된 재원을 가지고 주민들이 원하는 방향으로 의사결정을 할 수 있도록 다각적인 방법으로 평가되어야 할 것이다. 고도정수의 도입 계획이 확정되면 최적 고도처리 방법과 설계 및 운전 인자 결정을 위해서 사전에 충분한 조사 연구가 선행되어야 하며, 이와 같은 과정을 거친 후 고도정수 시설 도입을 추진하는 것이 투자 효과를 높일 수 있을 것이다.

2) 대표적인 공정

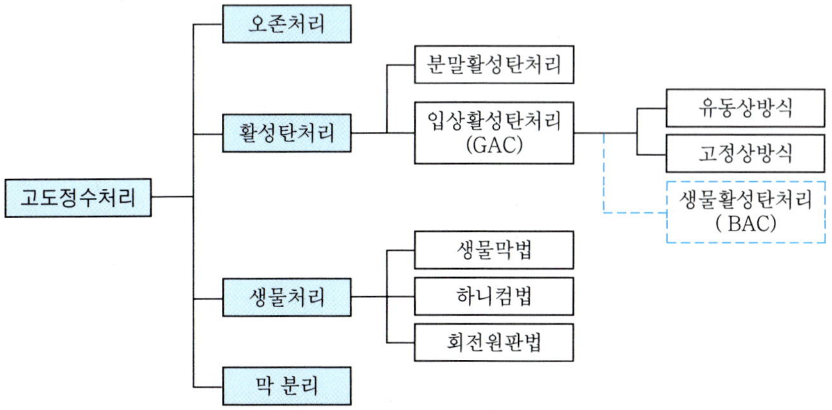

그림 6.44 고도처리의 방식

① 오존처리시설

강력한 산화제인 오존가스를 이용하여 맛·냄새 유발물질 및 철·망간 등의 산화제거, 유기물질의 산화분해·생물분해성 향상, 병원균의 소독 목적으로 사용한다.

② 활성탄처리시설

a) 입상활성탄시설

코코넛 껍질이나 갈탄을 고온에서 탄화시켜 만들어지는 입상활성탄 내부의 무수한 세공(細孔)에 흡착 가능한 유해물질 등을 흡착제거 목적으로 사용하고 있으나, 재생주기가 6~12개월로 비교적 짧다.

b) 생물활성탄시설

오존처리시설과 병행하여 입상활성탄시설을 설치함으로써 오존처리시설에서 유기물질을 산화분해 시킨 후 입상활성탄 내부의 세공에 생장(生長)시킨 미생물에 의해 유기물질을 분해토록 하고 유해물질의 흡착도 이루어지게 하는 시설이며, 재생주기가 2~3년 정도이다.

c) 분말활성탄시설

입경이 작은 분말 형태의 활성탄을 응집·침전 전단계에 투입하여 유해물질을 흡착제거 하는 시설이며, 한번 사용된 분말활성탄은 재생 사용 곤란하다.

③ 생물학적 전처리시설

취수장과 정수장까지의 도수관로에서 생물학적인 방법에 의하여 원수를 정화하는 방법으로 honey-comb tube 등의 매개체에 주로 성장하는 미생물에 의해 유기물질이나 암모니아성 질소 등을 분해 제거하는 시설이다.

④ 막여과기술

막여과법은 압력차에 의해서 막에 물을 통과시켜 현탁물질이나 콜로이드물질을 물리적으로 분리하는 기술로서, 화학반응이나 상변화가 없이 망(網)의 눈(目)으로부터 불순물을 제거한다. 막의 오염에 의해 막여과 유속(막을 통과하는 물의 양)이 저하하거나 혹은 차압이 상승하면 정기적으로 물리세정이나 약품세정을 실시한다.

수처리에 사용하는 대표적인 막을 분리경의 크기에 따라 분류하면 정밀여과(microfiltration, MF)막, 한외여과(ultrafiltration, UF)막, 나노여과(nanofiltration, NF)막, 역삼투(reverse osmosis, RO)막의 4가지로 분류할 수 있으며, 이러한 막을 이용한 분리법의 개략은 표 6.4와 같다.

표 6.4 수도용 막의 종류 및 특징

항목	여과법	분리정	제거대상물질
정밀여과막 (MF막)	정밀여과법	공칭공경 0.01μm 이상	부유물질, 클로이드, 세균, 조류, 바이러스 크립토스포리디움 포낭(包囊), 지아디아 포낭 등
한외여과막 (UF막)	한외여과법	분획분자량 100,000Dalton 이하	부유물질, 클로이드, 세균, 조류, 바이러스 크립토스포리디움 포낭 지아디아 포낭, 부식산 등
나노여과막 (NF막)	나노여과법	염화나트륨 제거율 5~93% 미만	유기물, 농약, 맛·냄새물질, 합성세제, 칼슘이온, 마그네슘이온, 황산이온, 질산성질소 등
역삼투막 (RO막)	역삼투법	염화나트륨 제거율 93% 이상	금속이온, 염소이온 등
해수담수화 역삼투막(해수담수화RO)	역삼투법	염화나트륨 제거율 99% 이상	해수중의 염분

분리막에는 시트형태의 평막(plat type), 실 형태로 중앙이 빈 중공사막(hollow-fiber type) 및 관 형태의 관상막(tubular type)으로 분류할 수 있다. 또한 이러한 막을 케이스에 넣은 케이싱 수납형막과 물 속에 직접 침적 시킨 침적형막이 있다. 통수방식에는 처리대상물질을 막의 외부에서 공급하는 외압식과 내부에서 공급하는 내압식이 있다.

여과방식에는 공급수 전량을 여과하는 전량여과방식(dead-end flow)과 막면에 대하여 평형으로 물의 흐름을 만들어 현탁물질이나 콜로이드물질이 막면에 퇴적하는 것을 억제하여 여과하는 십자류여과(cross-flow)가 있다. 이러한 여러 가지 막의 형태 및 여과조건은 처리대상물질의 성상이나 막의 특성에 따라 다르나, 일반적으로 수도에 가장 많은 실적이 있는 방식은 케이싱 수납형 중공사막 및 전량여과·cross-flow 여과방식이다.

막 여과시스템은 다음과 같은 공정으로 구성되어 있다.

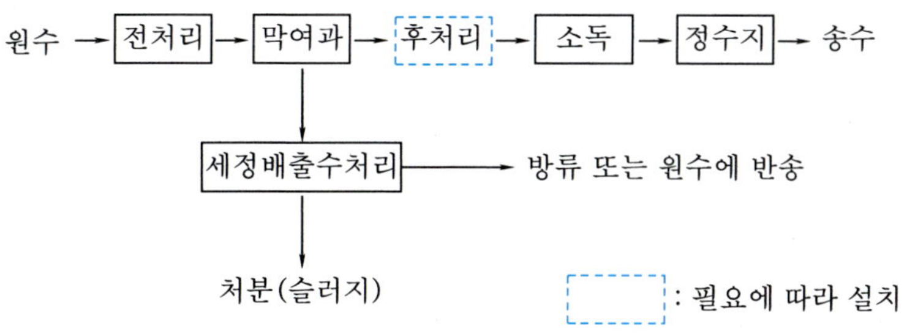

막 여과에서는 수중의 점토, 세균, 플랑크톤, 불용화 된 철, 망간 등의 현탁물질은 거의 제거되며, 동물과 유기성 폐기물에서 발견되는 기생충으로 식수를 오염시키는 미생물 중의 하나인 cryptosporidium의 제거율이 탁월하다. 그러나, 용해성의 철, 망간, 색

표 6.5 막에 의한 제거 수질

막에 의한 제거성능	수질 항목
거의 제거된다.	부유물질, 세균, 불용성철·망간, 조류, 원충, 부식물질, Cryptosporidium
일부 제거된다.	색도, 철, 망간, 트리할로메탄 전구물질, 유기물
거의 제거되지 않는다.	암모니아성 질소, 취기물질

콜로이드 등 크기가 상당히 작은 물질이나, 이온성 물질에 관해서는 제거율이 저하한다.

철, 망간이 용해성인 경우는 염소나 과망간산칼륨 등의 산화제 첨가 혹은 공기산화 등의 산화처리를 행하여 현탁화 시키면 막 여과에서의 제거가 가능하다.

또, 색도, 과망간산 칼륨소비량, 트리할로메탄 전구물질, 암모니아성 질소나 취기 등은 막 단독으로는 반드시 충분한 제거를 기대할 수 없다. 이들을 충분히 제거하고 싶은 경우에는 활성탄 설비나 생물처리와 막여과 설비를 조합 시키는 것 등을 고려할 필요가 있다.

3) 제거대상 물질 및 처리 공정

고도정수처리란 기존의 정수처리방법으로 충분히 대응할 수 없는 트리할로메탄전구물질, 암모니아성 질소, 색도, 이취미 물질, 음이온 계면활성제 등을 제거할 목적으로 도입하는 활성탄처리시설, 오존처리시설 및 생물처리시설로서 고도정수처리의 처리대상 물질과 처리방법은 표 6.6과 같다.

표 6.6 오염물질별 처리방법

오염물질	발생원인 및 특징	처리방법
맛·냄새 유발물질	·Geosmion, 2-Methylisoborneol(2-MIB)의 과도한 번식, 페놀류 등 공장폐수 ·ppb 단위에서도 심한 곰팡이 냄새, 풀·흙·생선 냄새 등을 느낌	입상활성탄, 오존처리, 생물학적 처리
THM 전구물질	·THM의 생성원인이 되는 물질로 휴믹산(Humic Acid)과 펄빅산(Fulvic Acid)을 비롯, 다수의 용해성 유기물질이 있음	입상활성탄, 오존처리
색도유발 물질	·동식물의 부패질, 철·망간·산업폐수 중의 염료 등	입상활성탄, 오존처리
암모니아성 질소	·단백질의 부패, 분뇨, 비료·산업폐수 등이 원인	생물학적처리
음이온계면 활성제 (세제)	·세제의 주성분으로 쉽게 분해되어 사라지지 않고 물속에 잔류, 0.5mg/L 이상의 농도에서 불쾌감을 줄 정도로 거품 발생 ·가정하수 및 산업폐수가 주 배출원	입상활성탄, 생물학적처리
농약, 제초제 및 미량유해유기물질	·강, 호수주변의 논, 밭, 과수원 등의 비점오염원 또는 축산폐수, 산업폐수 방류 및 산림의 부식토로부터 유입	오존산화, 입상활성탄, 오존+생물활성탄

고도정수처리 공정 중의 오존 및 입상활성탄 처리의 목적은 서로간의 상호 의존성 때문에 개별적으로 명확하게 구분할 수는 없다. 일반적으로 오존처리의 목적은 오존의 강력한 산화력을 이용하여 이취미 원인물질이나 미량유기물(농약 등)의 분해, 색도 제거, 철이나 망간의 산화 및 바이러스 등의 소독이지만 생물활성탄과 병용한 시설에는 생물난분해성물질을 생물이분해성물질로 변화시키는 역할을 기대하고 있다. 입상활성탄은 흡착에 의해 이취미, 잔류오존, 미량유기오염물질의 제거, DOC(용존성유기탄소) 및 트리할로메탄전구물질(THEFP, trihalomethane formation potential)의 제거, 생물활성탄의 효과에 의해 암모니아성 질소, 생물이분해성유기물을 제거한다.

그런데 미국 EPA의 최적수처리기법(BAT)에서 대부분의 수질항목들은 활성탄과 오존에 의해 상당 수준 처리가 가능하며, 다만 질산성 질소와 불소 및 황산이온 등 일부 항목은 이온교환 혹은 막분리에 의해서만 제거가 되는 것으로 알려져 있다. 최적의 고도정수처리 공정 선정은 고도정수처리 시설의 도입에서 매우 중요한 문제이며, 합리적인 기준에 의해 선정하더라도 고도정수처리 시설이 원수 및 처리수 문제, 수질기준의 강화 추이의 변화에 대응하기 위한 것이므로, 각 정수장에서 도입할 경우에는 지역적 특성에 대한 검토가 이루어져야 한다.

현실적으로 수처리 효율, 경제성 및 대상 수질항목의 광역성 등 때문에 오존처리 시설, 입상활성탄 처리시설 및 막분리 공정 등이 주로 고도정수처리 공정으로 채택되며, 특히 입상활성탄과 오존처리 공정의 병합하는 공정이 널리 채택되고 있다. 이들 공정의 선정시에는 수처리 효율 및 경제성 등의 요소와 수질 상황은 물론 기존의 수처리 시스템의 존재 여부, 도입비용, 유지관리비, 작업의 간편성 및 안전성 등을 충분히 비교 검토해야 한다.

6.7 배출수 처리

6.7.1 설치목적

정수장의 침전시설과 여과시설은 수질환경보전법 시행규칙 제5조의 폐수배출시설과 공통시설 중 정수능력 1,000m^3/day 이상 시설로 되어 있으며 이들 시설로부터 배출되는 폐수는 수질환경보전법 제8조에 의한 오염물질의 배출허용기준이 적용된다. 이 기준치는 표 6.6과 같으나 통상의 경우 정수장의 배출수에 관하여는 부유물질량에 대하여 기준치에 적합한 처리시설을 하는 것이 필요하다.

이 처리과정에 있어서 석회첨가처리 등을 실시하는 정수장일 때 슬러지를 건조시키는 설비에서 스크레이퍼 배출수가 나오는 경우 등에 있어서는 화학적산소요구량에 관하여도 기준에 적합하도록 하는 조치가 필요하다. 또 유기고분자 응집제를 사용하는 경우에는 배출수중에 포함된 아크릴 아미노모노머 농도에 관하여도 고려하여야 한다.

침전지로부터 슬러지나 배출수처리설비로부터의 발생 케이크는 수질환경보전법(투기 등 행위의 금지)에 해당하는 것으로 해석된다.

상기 환경보전법 외에 슬러지의 매립처분과 해양투기 등에 관하여는 해양오염방지법, 하수도 시설의 경우에는 하수도법 등의 규정을 준수하여야 한다.

또 배출수처리를 함으로써 파생되는 2차 공해도 예상되므로 배출수처리설비의 계획책정에 있어서는 환경보전법의 소음, 대기오염 등에 관한 조항과 건축법 등의 제 법령에 의한 규정을 준수할 수 있는 조치를 강구하여야 한다.

6.7.2 배출수처리설비의 구성과 기능

배출수처리설비는 정수처리공정으로부터 배출수 및 슬러지를 받아들이는 것으로부터 시작하여 처리수의 하천방류나 원수로서의 반송과 발생케이크에 의한 매립 등의 처분으로 종료된다.

배출수처리는 조정, 농축, 탈수 및 처분의 4단계로 구분되고 그 전부 또는 일부로서 구성된다.

조정시설은 배슬러지량의 조정과정을 행하는 것이며 배출수지와 배슬러지지로 구성된다. 배출수지, 배슬러지지는 배수의 시간적 변화를 조정하고, 농축 이후의 일정처리로 연결된 시설이며 또 상등수의 재이용 또는 방류를 행하기 위한 처리시설도 되며, 다시 그 단계에서는 상등수와 슬러지분해가 기대되므로 설계나 유지관리에 있어서는 될수록 청등한 상등수가 되도록 또는 슬러지의 함수율이 저하하도록 고려하여야 한다.

농축시설은 슬러지농도를 높이는 것을 목적으로 하고 농축처리과정, 재응집처리과정을 행하는 것이며 기본이 되는 것은 농축조(thickener)이다. 통상 배수슬러지로부터 슬러지는 중앙에 위치한 슬러지조로 보내고 농축슬러지는 중앙 저부로부터 배출되고 상등수는 농축조의 상부로부터 유출된다.

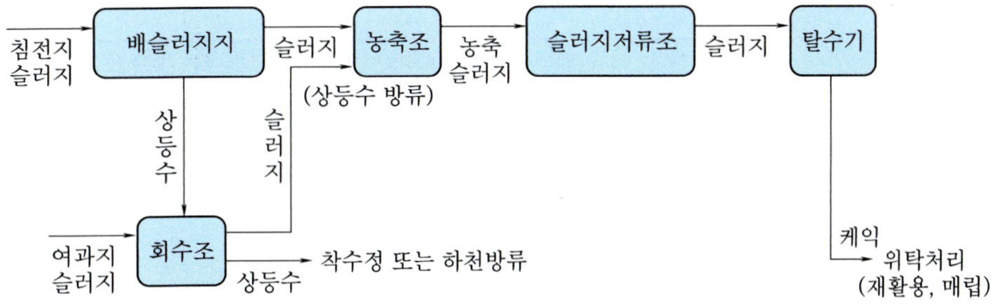

그림 6.45 배출수처리시설 계통도

탈수시설은 농축슬러지로부터 다시 수분을 감소시켜 케이크로서 처분지의 조건에 합치되는 성상이 되도록 하기 위하여 또는 그 용적 및 수분을 감소시켜 운반 및 기타 취급이 편리하도록 하는 것을 목적으로 하고 탈수처리과정과 건조처리과정을 거치는 것이며 필요한 전처리를 하는 것까지 포함된다. 탈수시설에는 자연의 힘을 이용한 것, 기계력을 이용한 것, 열 기타를 이용한 것 등의 각종의 방법이 있으나 정수장의 규모, 관리능력, 슬러지의 성상, 처분의 조건 등을 고려한 다음에 전처리방법과 합치시켜서 최적한 방법을 선택할 필요가 있다.

처분시설은 발생한 케이크 등을 적절히 운반, 처분키 위하여 또는 유효하게 이용하는 것을 목적으로 하고 흙에 환원, 제품화과정을 행하는 것이다.

표 6.7 오염물질의 배출허용기준(BOD, TOC 및 SS)

지역구분 \ 대상규모 / 항목		1일 폐수배출량 2,000m^3 이상			1일 폐수배출량 2,000m^3 미만		
		생물화학적 산소요구량 (mg/L)	총유기 탄소량 (mg/L)	부유물질량 (mg/L)	생물화학적 산소요구량 (mg/L)	총유기 탄소량 (mg/L)	부유물질량 (mg/L)
청정지역	환경기준(수질) I 등급 정도의 수질을 보전하여야 한다고 인정하는 수역의 수질에 영향을 미치는 지역으로서 환경부장관이 정하여 고시하는 지역	30 이하	25 이하	30 이하	40 이하	30 이하	40 이하
가지역	환경기준(수질) II 등급 정도의 수질을 보전하여야 한다고 인정하는 수역의 수질에 영향을 미치는 지역으로서 환경부장관이 정하여 고시하는 지역	60 이하	40 이하	60 이하	80 이하	50 이하	80 이하
나지역	환경기준(수질) III, IV, V등급 정도의 수질을 보전하여야 한다고 인정하는 수역의 수질에 영향을 미치는 지역으로서 환경부장관이 정하여 고시하는 지역	80 이하	50 이하	80 이하	120 이하	75 이하	120 이하
특례지역	환경부장관이 공단폐수종말처리구역을 지정하는 지역 및 시장군수가 산업입지 및 개발에 관한 법률 제8조의 규정에 의하여 지정하는 농공단지	30 이하	25 이하	30 이하	30 이하	25 이하	30 이하

(비고)

1. 하수처리구역에서 하수도법 제28조에 따라 공공하수도관리청의 허가를 받아 폐수를 공공하수도에 유입시키지 않고 공공수역으로 배출하는 폐수배출시설 및 하수도법 제27조제1항을 위반하여 배수설비를 설치하고 않고 폐수를 공공수역으로 배출하는 사업장에 대한 배출허용기준은 공공하수처리시설의 방류수 수질기준을 적용한다.

2. 국토의 계획 및 이용에 관한 법률 제6조제2호에 따른 관리지역에서의 건축법 시행령 별표 1 제17호에 따른 공장에 대한 매출허용기준은 특례지역의 기준을 적용한다.

/ 연습문제 /

6.1 일반적인 정수처리과정을 열거하시오.

6.2 입자의 침강속도와 이에 영향을 미치는 요소들간의 관계를 설명하시오.

6.3 약품교반시험(Jar test)의 목적은?

6.4 정수방법 선정시 고려할 사항은?

6.5 모래여과지에서 손실수두에 영향을 주는 인자는?

6.6 완속여과지와 급속여과지의 각 항목들의 계수를 비교하시오.

① 표준여과속도 ② 모래층두께 ③ 모래유효경

④ 균등계수 ⑤ 세균제거율 ⑥ 최소경

6.7 상수의 오존처리에 대한 장단점은?

6.8 정수장의 슬러지 처리과정을 나열하시오.

6.9 전염소 처리를 하는 목적은?

6.10 THM의 농도를 줄이는 방법을 설명하시오.

6.11 상수의 취미 원인 및 제거법을 설명하시오.

6.12 염소로 소독을 할 때 효과에 영향을 미치는 인자는 무엇인가?

6.13 THM의 발생원인과 대체방안에 대하여 설명하시오.

6.14 여과층의 두께를 2m, 투수계수 k = 0.08cm/day의 모래 여과지에 있어서 지(池)와 출구의 수위차를 50cm로 하고, 1일 50m^3의 물을 여과하려면 여과지의 면적(m^2)은 어느 정도의 크기로 하여야 하는가?

6.15 계획급수인구가 5,000명이고, 1인 1일 최대급수량이 200L이며, 여과속도는 130m/day인 급속여과지의 면적은?

6.16 처리수량이 6,000m^3/day인 정수장에서 염소를 6mg/L의 농도를 주입한다. 잔류염소농도가 0.2mg/L이었다면 염소 요구량은 얼마인가?(단, 염소의 순도는 75%이다.)

6.17 하수의 염소요구량이 9.2mg/L이었다. 0.5mg/L의 잔류염소량을 유지하기 위하여 2,500m³/day의 하수에 주입하여야 할 염소량은 얼마인가?

6.18 유량이 3,000m³/day인 처리수에다 7.0mg/L의 비율로 염소를 주입시켰더니 잔류 염소량이 0.2mg/L였다. 이 처리수의 염소 요구량은?

6.19 처리수량이 10,000m³/day인 보통 침전지의 크기가 폭 20m, 길이 60m, 유효깊이 4m이다. 이 침전지의 표면부하율은 얼마인가?

6.20 침전지의 유효수심이 4m, 침전시간 8시간, 1일 최대 사용 수량이 500m³일 때 침전지의 소요 표면적은 얼마인가?

6.21 정수장의 처리수량이 35,000m³/day이다. 여과속도가 150m/day이며 여과지 수를 5지로 하고자 한다. 이 급속 여과지의 크기(면적)는?

6.22 이상 침전지에서 침전속도 V_s = 0.1cm/s, 유량 Q = 12,000m³/day, 침전지의 유효 표면적 A=80m², 수심 h = 5m일 때 제거율(침전효율)은 얼마 정도인가?

6.23 깊이 3m, 표면적 500m²인 어떤 수평류 침전지에서 1,000m³/hr의 유량이 유입된다. 독립침전임을 가정할 때, 100% 제거할 수 있는 입자의 최소 침강속도는?

6.24 침사지 내에서 다른 모든 조건은 동일할 때 비중이 1.8인 입자는 비중이 1.2인 입자에 비하여 침강속도가 얼마나 큰가?

6.25 유효수심이 3.2m, 체류시간이 2.7시간인 침전지의 수면적 부하는 얼마인가?

6.26 깊이 3m, 길이 24m인 장방형 약품 침전지 평균 수평 유속이 12m/hr이다. 이 침전지에 침전속도가 1m/hr인 입자가 유입된다면 이 입자의 평균 제거율은 몇 %가 되겠는가?(단, 기타 침전지 조건은 이상적 침전지를 가정한다.)

6.27 1일 22,000m³을 정수처리하는 정수장에서 고형 황산알루미늄을 평균 25mg/L씩 주입할 때 필요한 응집제의 양은 얼마인가?

6.28 침전지의 효율을 높이기 위한 사항을 설명하시오.

6.29 고도정수처리 도입의 필요성과 고려해야 할 사항은 무엇인가?

PART 1 2

Chapter 7

배수

7.1 배수시설의 구성과 기능

상수도는 그림 7.1에 나타낸 것 같이 하천, 호소 등의 수원으로부터 원수를 취수하여 이를 정화해서 수요자에 공급하는 시설의 총칭이고 정수계통과 수송계통이 근간을 이룬다. 여기서는 수송계통으로서 배수시설을 대상으로 설명한다.

배수시설은 배수기지와 배수관계통으로 구성된다. 배수기지는 시간적으로 변동하는 수요수량과 원칙적으로 일정유량으로 보급되어야 하는 정수량과의 사이 수량 균형을 갖고 더욱이 배수관 계통에 소요의 수압을 주어야 하는 시설이며, 구체적으로는 배수지, 배수탑, 고가 탱크, 배수 펌프 등이다. 다른 면에서 배수관 계통은 배수기지에 저장되어있는 정수를 급수관 접속점까지 수송하며 급수관을 끼워서 각 호에 수량, 수압, 수질을 공급하기 위한 시설이며, 일반적으로는 도로에 접해서 복잡한 배치형태로 되는 것에서부터 배수관망의 형태로 되는 것이 많다.

배수관망은 상류측에 배수기지, 하류측에 급수계통과 접하고 있기 때문에 수리적 거동은 배수기지로부터의 수량, 수압 공급과 급수계통에 있어서 수요수량의 영향을 직접적으로 받는다. 그렇기 때문에 배수시설의 설계 또는 관 이해에 있어서는 배수기지와 배수관망을 분리시켜 일체화하든가 이것에 급수계통을 더하여 광의의 배수관망으로써 받아들이지 않는 것이 많다. 예를 들면 자연유하식과 펌프가압식의 경제성을 검토할 때는 배수기지와 배수관 계통을 일괄하여 취급할 수 있으며 또 배수관에 접속하는 급수전 수를 배수시설 내 체류기간에 미치게하는 효과를 조절할 수 있을 때에는 배수기지, 배수관 계통, 급수계통의 3자를 합해서 생각해서는 안된다.

광의의 배수관망의 기능은 ① 수질적으로 안전한 용수를 ② 충분한 수량과 적당한 수압으로 ③ 연속적으로 공급하는 것이며 여기서는 각각을 ① 수질적 안전성 ② 수리적 신뢰성 ③ 응급성이라 부르는 것이다. 안전성, 신뢰성이라는 용어는 어느 것도 확률적 의미를 포함하고 있는가이며 배수관망의 설계 및 관 이해에 있어서 고려해야 할 확률적 요소로서는 수요수량의 시간적, 장소적 변동 및 예측오차가 있게 된다. 또 안전성과 신뢰성을 구별하는 것은 수량, 수압, 수압 부족보다도 수질변화 그 중에서도 세균학적 오염이 인명에 직접적으로 관계되는 것이다. 또 응급성이라는 용어를 이용하는 것은 예정된 관로 청소 혹은 개수공사는 물론 예측할 수 없는 사고에 의한 관로 결손에 대해서도 수량, 수압 공급을 유지할 수 있는 것을 강조하는 것이다.

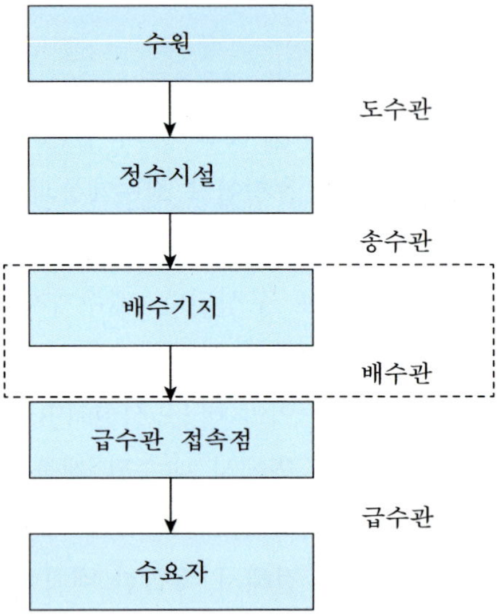

그림 7.1 상수도 시설의 구성

7.2 배수방법

7.2.1 개설

배수란 넓은 의미로는 정수를 급수구역 내의 모든 수요자에게 분배하는 것이며, 좁은 의미로는 급수구역 내에 포설된 배수관에 소요 수압으로서 필요한 수량을 보내는 것을 말한다.

배수시설은 음료에 적합한 정수를 취급하므로 외부로부터 오염되지 않도록 하고, 또 필요한 수량을 적당한 수압으로 시간적 변동에 지장없이 공급할 수 있어야 한다. 배수관의 계획 배수량은 평시에 시간최대급수량, 화재시에는 계획1일 최대급수량과 소화용수량을 합한 것으로 한다.

배수시설은 배수관의 연장이 매우 크므로 수도시설 중에서 60~70%의 건설 비용을 차지한다. 따라서, 그 계획·설계는 신중히 고려하여야 한다.

7.2.2 배수방법(distribution system)

배수 방법은 자연유하식(gravity system)과 펌프가압식(direct pumping system)이 있으며, 전자에는 수원에서 배수지까지를 자연유하하는 방법과 펌프로 양수하는 방법이 있다. 어느 것이나 필요한 수두를 유지하도록 배수지가 고지에 위치하는 것으로 후자보다 우수하다.

후자는 펌프를 항상 가동하여 배수관내 수압을 유지시키는 방법으로 동력이 정지하면 즉시 단수되고, 펌프 운동의 변동에 따른 수격작용이 일어나 배수관 이음이 헐거워지는 결점이 있다.

따라서, 후자는 전원을 2계통으로 하든가, 예비 동력을 두어 배수의 안전성을 기할 필요가 있다. 그러나 화재시 간단히 양정이 높은 소화용 펌프로 바꿔서 수압을 높일 수 있고, 야간 등 급수량이 적을 때에는 수압을 낮출 수 있는 이점이 있다.

배수지역은 지반의 높이에 따라 고지배수구역(high service area)과 저지배수구역(low service area)으로 나눌 수 있다. 급수구역내 지반 높이의 30m 이상의 표고차가 있는 경우, 하나의 배수구로는 균등한 배수가 어렵고, 또 수압이 극도로 높아지는 곳이 생겨 누수가 많아지는 결점이 있다.

또, 배수지까지 펌프로써 양수하는 경우에는 저지구의 수량까지 불필요하게 고지의 배수지로 양수하는 결과가 되어 쓸데없이 동력을 낭비하게 된다. 이와 같은 경우에는 급수구역을 고지구와 저지구로 분리시켜서 하는 것이 훨씬 유리하다.

7.3 배수 조절

7.3.1 조절의 필요성

1일 최대 급수량을 기준으로 한 취수에서 정수까지의 정수작업은 항상 일정하나 소비량은 시간에 따라 변하므로 조절할 필요가 있다. 이 목적으로 배수지가 설치되며, 야간의 잉여수를 저수하여 소비가 많은 주간이나 화재시에 배수한다.

배수지는 이와 같은 하류측 공급수량 조절 외에 상류측의 고장시 단수를 방지할 수 있는 이점이 있고, 수질면에서도 다소 침전이 되며, 염소 접촉시간을 충분히 가질 수 있다.

7.3.2 배수지

1) 위치

배수지의 위치는 가능한 한 급수구역내에나 이와 근접한 곳이 좋다. 그림 7.2(b)와 같이 급수구역 중심에 있는 것이 이상적으로 수압을 전체적으로 균등히 조절할 수 있고, 배수관경이 작아지는 이점이 있다.

(a)는 일반적인 것으로 급수구역 바로 앞에 두는 것이다. (c)는 배수본관의 말단 고지에 설치하여 야간에 배수 본관을 경유하여 저수되고, 주간에는 배수지에서 반대로 배수 본관에 유출하는 방식이다. 이 경우에 급수량이 계획 수량 이상으로 많아지면 도중에서 모두 소비되므로 배수지에서 저수할 수 없으며 별로 좋지 않다.

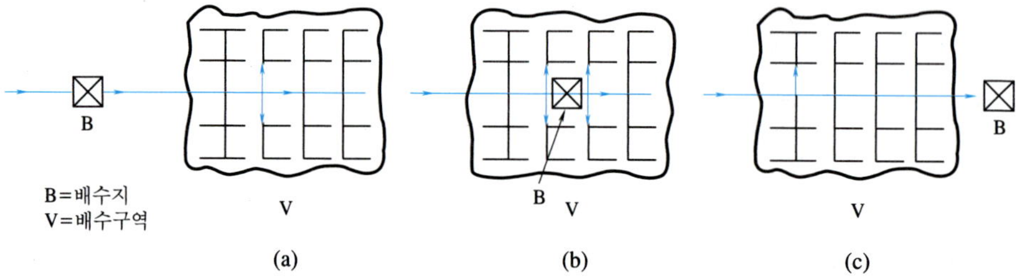

그림 7.2 배수지의 위치

배수지에서 연결된 배수관은 시간 최대급수량을 기준으로 설계하며, 상류측의 송수관은 1일 최대급수량이 기준이다. 따라서, 배수지가 급수구역에서 멀리 떨어져 있으면 배수본관의 공사비가 많아지는 결점이 있다. 때문에 급수구역 부근 30~40m의 표고(급수구역의 대소에 따라 다르다)를 가진 고지에 두는 것이 좋다. 이런 고지가 없으면 배수탑을 세우든가, 펌프 직송방식으로 하여야 한다.

2) 높이

배수지는 최소 1.5kg/cm^{2}의 동수압을 갖도록 높이를 정해야 한다. 그림 7.3과 같이 제일 먼 지점의 최소동수압 h_3나 급수 구역내 지반이 높은 곳의 최소동수압 h_2가 1.5kg/cm^2(동수두로 15m)를 유지할 수 있도록 한다. 동수압 1.5kg/cm^{2}은 2층 주택의 급수에 필요한 수압이다.

또, h_1은 최대정수두이며, 관의 허용최대수두보다 작게 하지 않으면 수압으로 관이 파손된다.

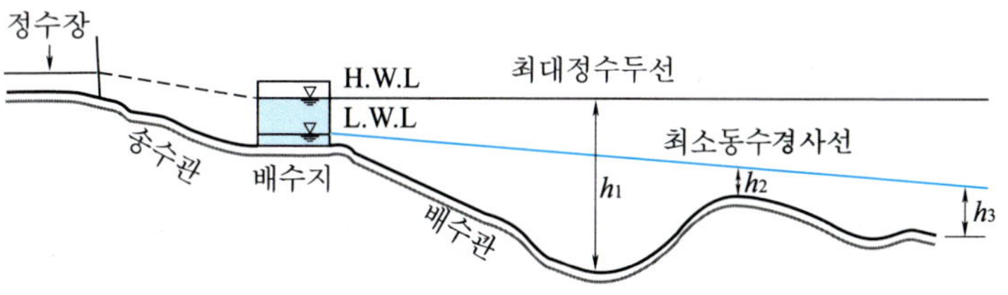

그림 7.3 배수지의 높이와 배수관의 최소동수압

급수구역을 고지 배수구역과 저지 배수구역으로 나눌 때에는 각각의 높이에 따라 배수지를 설치한다. 그러나 구역이 협소하면 배수구역을 나누어 감압밸브(pressure reducing valve)를 장치하든지 증압 펌프를 설치하는 편이 경제적이다. 즉, 저지구 배수 본관에 감압밸브를 두어 수압을 낮추어 고지구 배수관과 절연시키거나, 고지구 배수 본관에 증압 펌프(booster pump)로 가압하고 저지구 배수관과 절연한다.

배수지의 높이는 배수관망과 관계가 있으며, 건설비·유지비 등을 고려하여 경제적으로 계획하여야 한다. 배수지가 높으면 배수관내 동수경사가 급해져 유속이 커지므로 배수관경을 작게 할 수 있고, 충분한 수압으로 배수가 용이한 반면, 누수가 많아지므로 펌프로써 양수하는 경우 동력비가 많이 드는 결점이 있다. 반대로 낮으면 배수관경이 커져 건설비가 많이 든다. 이상의 관계는 펌프 직송방식에서도 마찬가지로 배수지 높이를 펌프 실양정으로 바꿔 생각할 수 있다.

3) 용량

배수지의 용량은 주간의 시간변화와 화재의 소화용수에 충당할 수 있게 결정한다. 시간 변화에 대해서는 그림 7.4의 사선 부분에 해당하는 수량, 즉 평균 1시간급수량의 5.68시간 양을 저수하도록 한다.

배수지 등은 수요변동을 조정할 수 있는 용량(계획하는 1일 최대 급수량의 12시간분 이상)이어야 하며, 저류용량 500m^2 이상인 배수지는 비상시 또는 청소시 등에도 배수가 가능하도록 2개 이상으로 구분하여 설치하여야 한다.

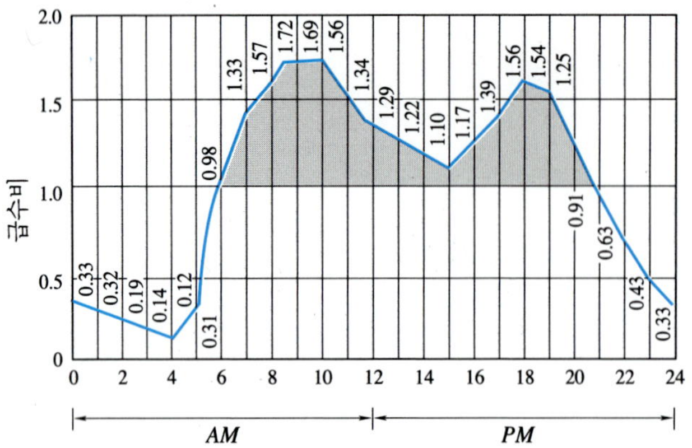

그림 7.4 배수량의 시간적 변화 예

설계시에는 계획 1일 최대 급수량을 기준으로, 이의 1시간당 수량에 소요 시간수를 곱해서 용량을 산출한다.

$$c = (\text{계획 1일 최대급수량}) \times \frac{t}{24}$$

여기서, c : 배수지의 유효용량(m^3)

t : 배수지에 저류하는 시간 수

유효용량이 작을수록 저류 시간수를 크게 잡아야 하는데, 이는 급수량의 시간 변화가 심하고, 일반 급수량에 대한 소화용수의 비율이 크기 때문이다.

계획급수구역내 계획연도의 인구가 5만명 이하일 때에는 위 식과 같이 정한 용량에 표 7.1의 소화 용수량을 가산한다. 소화용수가 수도 이외인 경우는 이 양을 적당히 가감한다. 5만 이상은 배수지용량이 매우 커 화재시 부하에 대비할 수 있으므로 특별히 소화 용수량을 고려하지 않아도 된다.

표 7.1 배수지 용량에 가산하는 인구별 소화용수량

인구(만명)	소화용수량(m^3)
0.5 이하	50
1 이하	100
2 이하	200
3 이하	300
4 이하	350
5 이하	400

(주) 이 용수량은 표 7.2에 표시된 소화용수량의 1시간 양이다.

7.4 배수관망

7.4.1 계획

1) 배치

배수관의 배치방식에는 격자식(gridiron system)과 수지상식(branching system)의 두 가지가 있으며, 이를 관망(pipe net work)이라 한다.

격자식은 관을 그물처럼 연결하는 것으로 물이 정체하지 않고, 수압도 유지하기 쉬우며, 화재시 특히 유리하다. 그러나 관망의 수리계산은 매우 복잡하다.

반면 수지상식은 관이 연결되지 않고 수지상으로 나뉘어져 끝으로 갈수록 가늘어지고 수량은 서로 보충할 수 없어 수압의 저하가 현저하다. 결국 관경이 커야 하므로 비경제적이고, 끝부분에 물이 정체하여 취미·붉은물 등의 원인이 되므로 가끔 소화전을 열어 방수하여야 한다. 그러나 수리계산은 간단하고 정확하며, 제수밸브가 적게 드는 이점이 있다. 농촌지구 등 지형이 부득이한 경우에만 쓰이며, 보통은 격자식으로 계획하는 것이 좋다.

2) 수압

화재시를 제외한 일반 급수에 필요한 수압은 도시 건축물의 높이에 따라 다르고, 일반 건물의 최상층까지 급수할 수 있는 수압이 필요하다.

그러나 2층 건물에의 직결급수를 가능하게 하기 위해서는 배수관의 최소동수압은 150kPa(약 1.53kg·f/cm^2) 이상이어야 하고 현재 사용되고 있는 급수장치를 보호하는 관정에서 최대 정수압은 740kPa(약 7.55kg·f/cm^2)를 초과하지 않아야 한다.

배수압이 너무 크면 누수량이 증가하고 관 파열 등의 사고가 많아지므로 주의해야 한다. 국부적인 고지나 원격지의 수압을 유지하는데 배수본관이 커지거나 펌프 양정이 크게 되는 경우에는 증압 펌프로 그 지역만을 가압 배수시키는 것이 경제적이다.

화재시의 방수는 소방펌프로 가압하므로 화재지점 부근에서 부수두가 안될 정도면 수압이 저하해도 관계는 없다. 배수압만으로 소화하려면 40~70m의 수두가 필요하다.

3) 수량

배수관 설계에 사용하는 수량은 평상시에는 계획시간 최대급수량을, 화재시는 계획 1일 최대급수량과 소화용수량을 합한 수량으로 한다.

이론상으로 계획시간 최대급수량이 필요한 시간에 화재가 발생하면 소화용 수량만큼 배수량이 부족하다. 그러나 이런 예는 매우 드물며, 관 매설비 등을 고려해서 무시할 수 있다. 일반적으로 급수 인구 10만명 이상일 때는 계획 시간 급수량이 계획 1일 최대급수량에 소화용 수량을 합한 수량보다 많다. 관망 중 배수지관은 매우 길어 장래 교체하기가 매우 어렵다. 그러므로 도로포장이 완비될 도시에서의 배수지관 계산은 장래 포화될 정도의 큰 수량을 가정해서 사용한다.

소화용수량은 도시의 성격·소방시설·소방수리·인구밀도·건물의 구조율(전건물에 대한 가연성 건물의 비)·기상조건 등을 고려해서 결정한다.

배수관망 산정 때 소화용수로서 계획 1일 최대 급수량에 가산할 수량은 표 7.2와 같다. 급수인구가 10만명 이상일 때에는 따로 소화용수를 고려할 필요가 없다.

소방펌프의 방수능력은 보통 도시에서 2m^3/min 이상의 것을 쓰며, 1.5m^3/min의 것을 병용하기도 하나, 그 이하의 것만을 쓰는 도시는 거의 없다. 이들 펌프의 종합효율은 고압 방수시는 60~70% 이상이 기준이므로 소화전의 방수 능력도 1m^3/min(2개의 호스분)이 되지 않으면 안 된다.

표 7.2 계획 1일 최대급수량에 가산될 인구별 소화용수량

급수인구(만명)	소화용수량(m^3/min)
0.5 미만	1 이상
1	2
2	4
3	5
4	6
5	7
6	8
7	8
8	9
9	9
10	10

** 인구 만명 이상은 사사오입한 수임.*

한 화재에 집중 방수하는 소방 자동차의 대수는 종래의 예로 5대 정도이었으므로 소화전의 평균 방수량은 4~6m^3/min이 된다. 따라서, 1화점에 대해서 5개의 소화전이 동시에 사용한다고 생각할 수 있다. 표 7.2에서 5m^3/min 이상의 경우는 5전마다 몇 개의 화점으로 분산해서 관경산정을 하면 좋다.

또, 소형 소방펌프를 사용하는 지방의 경우 펌프 1대당 호스 하나로 소화전의 방수량은 기준량의 반이다. 각 도시의 소방능력을 감안해서 소화용수량과 동시개전의 소화전 수를 결정하여야 한다.

7.4.2 배수관망의 계산

격자식은 그림 7.5(a)와 같은 단위폐합관로(closed circuit)로 이루어진다. 이와 같은 관수로의 수리학적 해석은 송수관이나 도수관 같은 단일관로와 달라 극히 복잡하다. 배수관망의 수리학적 해석은 관의 직경, 유속계수 C, 관망의 유입수량과 유출수량에서 각 관로의 유량과 손실수두를 구하는 것이다. 그리하여 각 점에서 동수두의 충분 여부와 관경의 적당여부를 조사한다.

관망의 계산에서는 먼저 각 점에서 유출하는 소비수량을 정하거나 관경을 가정하거나 하는 수리계산의 준비가 필요하다.

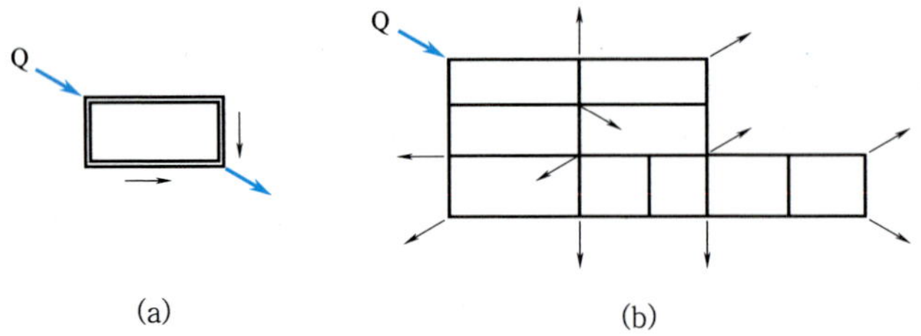

그림 7.5 배수관망의 예

1) 계산 자료의 준비

수도 전체의 시간 최대급수량이 정해져도 급수구역내의 인구밀도와 1인당 사용수량이 지역에 따라 다르므로, 각 지역마다의 시간 최대급수량을 구할 필요가 있다.

구역별로 현재 인구에서 계획인구를 구해 계획인구밀도를 표시한 지도를 만든다. 이 지도에 지역별로 1인당 시간 최대급수량을 기입한다.

다음에 배수관망 중 관망계산에 이용할 간선 배수관로를 결정한다. 이때 대구경의 간선 배수관이 매설될 수 있는지를 도로폭, 기설지하매설물, 교통량 등을 참고로 조사한다. 주요 간선배수관은 루우프상으로 배치하여 수압을 평등화하고 몇 개의 배수구역으로 나누는 경우에는 각각의 배수구역을 연결하여 비상시 상호 유통할 수 있는 간선을 고려 배치하여야 한다.

이와 같이 해서 간선 배수관망이 정해지면 인구와 시간 최대 급수량에서 각각의 배수관이 부담하는 구간별 급수량을 산출한다. 엄밀히 말해서 배수관의 유량은 급수장치가 부설된 곳마다 유량이 감소하는 것이 명백하나 이런 세밀한 유량 계산은 복잡하고 별로 가치도 없다.

그러므로 배수관에서 유출하는 수량은 모두 배수관의 교점인 격점에서만 유출하는 것으로 가정한다. 즉, 그림 7.6과 같이 격점을 중심으로 그 격점에서 교차되는 배수관의 중앙까지의 구역을 그 분담면적으로 하고, 이 면적내의 계획인구를 구해서 1인당 시간 최대급수량을 곱하여 급수량을 구한다. 이것을 L/s 단위로 환산한 것이 그 격점의 유출량이다.

이와 같이 해서 관망 내의 각 격점의 유입·유출수량이 정해지며, 물론 이때에 유출수량의 합계가 유입수량과 같지 않으면 안 된다. 또, 이 도면의 격점에 지반고를 기입하여 두면 후에 유효수두를 구하는 데 도움이 된다.

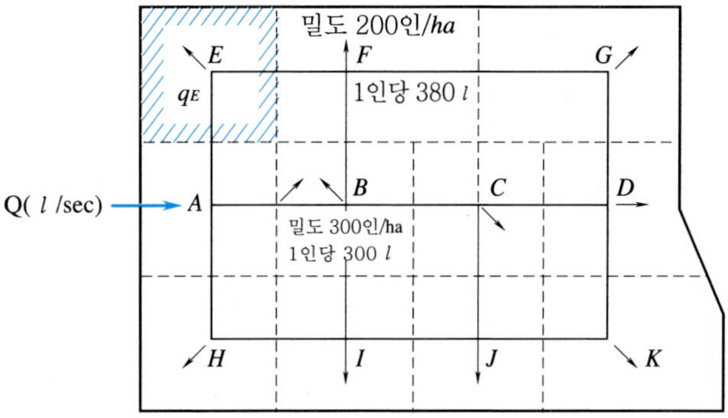

그림 7.6 관망의 격점 급수량

2) 수리계산

수지상식은 단일관로이므로 도수관·송수관의 계산법과 같다. 관로 끝의 동수두를 15m로 하고, 여기에 각 관로의 손실수두를 가하면 필요한 배수지의 저수위를 구할 수 있다.

평균 유속 공식에는 Hazen-Williams공식·Ganguillet-Kutter공식 등이 있으며, 일반적으로 Hazen-Williams공식을 많이 사용한다.

격자식 관망으로 계산하는 방법은 다음과 같다.

[Hardy Cross법]

1936년에 Hardy Cross가 제시한 방법으로, 그 후 Fair, G.M., Howland & Farr,C., Hurst, K.에 의해 개량되었다.

각 관로의 유량을 가정하고 시산을 반복해서 해답을 구하는 반복근사계산법이며, 보정유량을 정확히 구할 수 있는 것이 특징이다.

1개의 관수로에서 손실수두 h와 유량 Q의 관계는 Hazen-Williams공식에서

$$h = r \cdot Q^n \tag{7.1}$$

여기서, n : 유량 지수(1.75~2.00, H.W. 공식에서는 1.85)

r : 유수저항 또는 단위유량에 대한 손실수두(관의 연장·구경·조도에 관계하며, 주어진 관로에서는 정수가 된다.)

이 관에서 $Q \rightarrow Q+\Delta Q$로 되면 h도 Δh만큼 증가하므로

$$h + \Delta h = r(Q+\Delta Q)^n \tag{7.2}$$

우변을 2항정리로 전개하면

$$h+\Delta h=r\left\{(Q^n+nQ^{n-1}\cdot\Delta Q^n+\frac{n(n-1)}{1\cdot 2}Q^{n-2}\cdot(\Delta Q)^2\right.$$

$$\left.+\frac{n(n-1)(n-2)}{1\cdot 2\cdot 3}\cdot Q^{n-3}\cdot(\Delta Q)^3+\cdots\right\} \tag{7.3}$$

ΔQ는 Q에 비해 극히 작은 양이므로 제3항 이하를 생략하면

$$h+\Delta h\fallingdotseq rQ^n+rnQ^{n-1}\cdot\Delta Q^n \tag{7.4}$$

식 (7.1)을 대입해서

$$\left.\begin{aligned}&\Delta h\fallingdotseq nrQ^{n-1}\cdot\Delta Q=n\frac{h}{Q}\cdot\Delta Q\\ &\text{또는 }\Delta Q\fallingdotseq\frac{\Delta h}{n\dfrac{h}{Q}}\end{aligned}\right\} \tag{7.5}$$

다음에 그림 7.7과 같은 2개의 본류본에서

Q_0, Q_0' ………… 실제 유량

Q_1, Q_1' ………… 가정 유량

ΔQ ………… 가정유량의 실제 유량에 대한 오차

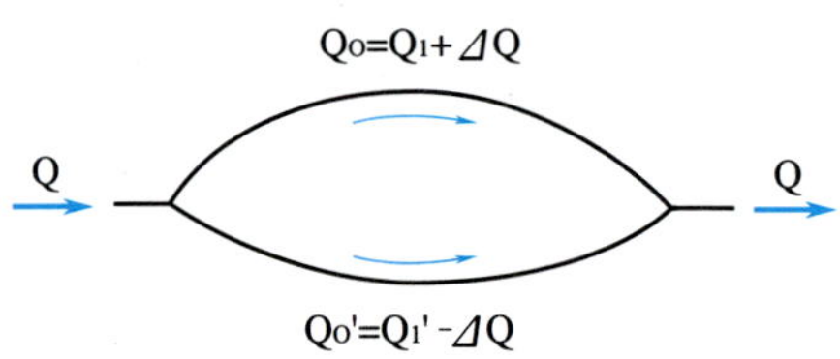

그림 7.7 실제유량과 가정유량

$Q=Q_0+Q_0'=Q_1+Q_1'$

$Q_0=Q_1+\Delta Q$, $Q_0'=Q_1'-\Delta Q$

h_0 ………… Q_0에 대한 손실수두
h_0' ………… Q_0' 에 대한 손실수두 } 이면 $h_0=h_0'$

h_1 ………… Q_1에 대한 손실수두
h_1' ………… Q_1' 에 대한 손실수두 } 이면 $h_1\neq h_1'$ (오차ΔQ때문에)

단일관로의 경우와 같이

$$h_0 = rQ_0^n = r(Q_1 + \Delta Q)^n \fallingdotseq rQ_1^n + nrQ_1^{n-1}\,\Delta Q$$

$$h_0{}' = r'Q'{}_0^n r'(Q_1{}' - \Delta Q)^n \fallingdotseq r'Q'{}_1^n - nr'Q'{}_1^{n-1}\cdot \Delta Q$$

그런데

$$h_1 = rQ_1^n,\ h_1{}' = r'Q'{}_1^n,\ h_0 - h_0{}' = 0 \quad \text{이므로}$$

$$h_0 - h_0{}' = (h_1 - h_1{}') + n(rQ_1^{n-1}\cdot \Delta Q + r'Q'{}_1^{n-1}\cdot \Delta Q) = 0 \quad \text{이므로}$$

$$h_1 - h_1{}' = -n\Delta Q(rQ_1^{n-1} + r'Q'{}_1^{n-1})$$

$$\Delta Q = -(h_1 - h_1{}')/n(rQ_1^{n-1} + r'Q'{}_1^{n-1})$$

일반적으로 관로의 수가 많아도 하나의 회로에 대해서는 보정유량 ΔQ가 다음 식으로 표시된다.

$$\Delta Q = -\sum h/n\sum rQ^{n-1} = -\sum rQ^n/n\sum rQ^{n-1} \tag{7.8}$$

Fair의 개량법인 $rQ^{n-1} = rQ^n/Q = h/Q$의 관계를 써서

$$\Delta Q = -\sum h/n\sum\frac{h}{Q} \tag{7.9}$$

식 (7.9)가 일반적이며, H.W. 공식에서는 n=1.85이므로

$$\Delta Q = -\sum h/1.85\sum\frac{h}{Q} \tag{7.10}$$

식 (7.10)의 분자는 유수방향과 관계가 있으나, 분모는 이에 관계가 없다. 이 식에서 구한 ΔQ를 가정유량에 가해서 제1차 보정하고, 이하 $\sum Q=0$이 될 때까지 시산을 반복하며, $\sum h=0$일 때의 Q, h가 실제유량이다. 단, 회로가 인접해 있는 실제관망에서는 관로가 인접한 회로의 보정수량의 영향을 받으므로 관망 전체의 회로가 모두 $\sum h \fallingdotseq 0$으로 되기 위해서는 시산을 여러 번 반복하여야 한다. 특히 가정유량의 오차가 클수록 많은 반복계산을 하여야 한다. 또 2항 정리로 전개할 때 제3항 이하를 생략하므로 더욱 오차가 커지

나, 보통은 $\sum h/h$가 10% 이하 정도에서 계산을 끝내도 실용상 큰 지장이 없다.

또 Hardy Cross 법은 회로수가 증가할수록 계산의 절차가 배가하므로 등치관법을 써서 될 수 있는 대로 적게 하는 것이 좋다. 연산도중 오차가 발견되어도 최종적으로는 시정되므로 관계없으나 오차가 크면 작업이 복잡해진다.

다음 Hardy Cross법에 의한 계산 예에서는 그림 7.8과 같이 관경과 C가 정해진 2회로 관망에서 계산을 하여 표 7.3을 얻었다. 가정유량은 관경에 알맞게 정하며, 각 격점의 유출수량과 유입수량은 같게 한다. Q와 h의 부호는 우회전 방향을 (+)로, 좌회전 방향을 (−)로 정한다.

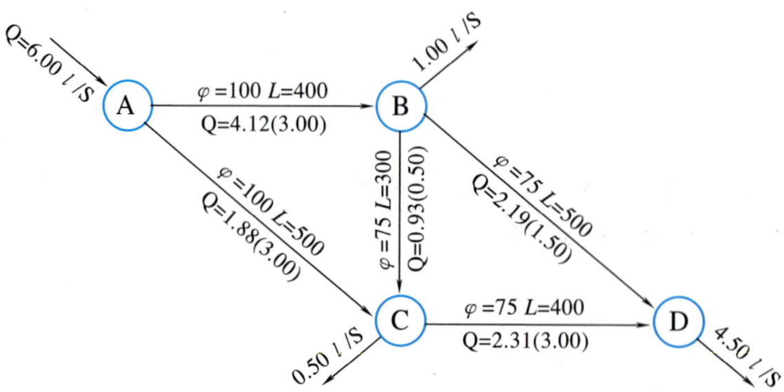

그림 7.8 관망의 계산 예

H.W. 공식의 유량표를 사용하여 각 관로에서 가정유량이 흐르는 경우의 동수경사 I를 구하고, I를 거리 L에 곱하면 손실수두 h가 정해진다. h를 Q로 나누어 $\sum h/Q$를 구하고, 여기에 1.85를 곱한다. ΔQ는 $\sum h/1.85\sum \frac{h}{Q}$ 의 식에서 산출한다.

이렇게 얻은 ΔQ는 그 단일회로 내에서의 보정수량이다. 관망 중 인접회로와의 공통관(BC관)에서는 인접회로의 보정수량(표 7.3에서는 (a)의 +0.95와 +0.60)으로 수정한다. 이 때 공통관은 각 회로에서 반대방향이므로 보정을 할 때 그 부호는 반대로 한다.

이와 같이 유량을 수정하고, 다음의 계산단계로 들어간다. Q를 전기의 수정치로 수정하고, 각 격점에서의 유입수량과 방출수량이 같은가를 검토한다. $\sum h$가 0이 될 때까지를 계산하면 실제 유량 Q와 h를 얻을 수 있다.

표 7.3 2회로관망의 계산 예

	회로 기호	관로 산정	ϕ (mm)	L (m)	C	Q (L/s)	I (%)	h ($\sum h$)	h/Q	$1.85\sum$ h/Q	구한 ΔQ	수정할 ΔQR
(a) 가정치에 의한 계산	①	A–B	100	400	140	+3.00	1.83	+0.732	0.244			+0.95
		B–C	75	300	140	+0.50	0.27	+0.081	0.162			+0.95–0.60
		C–A	75	500	140	–3.00	7.41	–3.705	1.235			+0.95
		계						–2.892	1.641	3.04	+0.95	
	②	D–C	75	400	140	–3.00	7.41	–2.964	0.988			+0.60
		C–B	75	300	140	–0.50	0.27	–0.081	0.162			+0.60–0.95
		B–D	75	500	140	+1.50	2.06	+1.030	0.687			+0.60
		계						–2.015	1.837	3.40	+0.60	
(b) 제1차 수정치에 의한 계산	①	A–B	100	400	140	+3.95	3.04	+1.216	0.308			+0.15
		B–C	75	300	140	+0.85	0.72	+0.216	0.254			+0.15–0.07
		C–A	75	500	140	–2.05	3.66	–1.830	0.893			+0.15
		계						–0.398	1.455	2.69	+0.15	
	②	D–C	75	400	140	–2.40	4.91	–1.964	0.818			+0.07
		C–B	75	300	140	–0.85	0.72	–0.216	0.254			+0.07–0.15
		B–D	75	500	140	+2.10	3.83	+1.915	0.912			+0.07
		계						–0.265	1.984	3.67	+0.07	
(c) 제2차 수정치에 의한 계산	①	A–B	100	400	140	+4.10	3.26	+1.304	0.318			+0.01
		B–C	75	300	140	+0.93	0.85	+0.255	0.274			+0.01–0.02
		C–A	75	500	140	–1.90	3.18	–1.590	0.837			+0.01
		계						–0.031	1.429	2.64	+0.012	
	②	D–C	75	400	140	–2.33	4.65	–1.860	0.799			+0.02
		C–B	75	300	140	–0.93	0.85	–0.255	0.274			+0.02–0.01
		B–D	75	500	140	+2.17	4.08	+2.040	0.940			+0.02
		계						–0.075	2.013	3.73	+0.020	
(d) 제3차 수정치에 의한 계산	①	A–B	100	400	140	+4.11	3.27	+1.308				
		B–C	75	300	140	+0.92	0.83	+0.249				
		C–A	75	500	140	–1.89	3.15	–1.575				
		계						+0.018				
	②	D–C	75	400	140	–2.31	4.58	–1.832				
		C–B	75	300	140	–0.92	0.83	–0.249				
		B–D	75	500	140	+2.19	4.14	+2.070				
		계						–0.011				
(e) 결정치	①	A–B	100	400	140	+4.11		+1.32				
		B–C	75	300	140	+0.92		+0.25				
		C–A	75	500	140	–1.89		–1.57				
		계						±0				
	②	D–C	75	400	140	–2.31		–1.83				
		C–B	75	300	140	–0.92		–0.25				
		B–D	75	500	140	+2.19		+2.08				
		계						±0				

7.4.3 배수관

1) 관종

배수관에는 닥타일주철관, 강관, 경질염화비닐관 및 수도용 폴리에틸렌관 등을 사용하는데 이들의 선정시에는 수압과 외압에 대한 안전성, 환경조건, 시공조건을 고려하여 최적인 것을 선정하여야 한다.

안전성은 오로지 수압 및 외압에 의해 좌우되기 때문에 어느 것에나 견딜 수 있는 강도를 갖는 관종, 흙 두께로 하여야 한다. 이 경우에 수압으로서는 관로의 최대정수압과 수격압을 고려하고 외압으로서는 토압 및 노면하중, 지진력 등을 고려하여야 한다.

환경조건으로서는 매설장소의 지질상황이 중요한데 지질상황에 따라서는 특수한 이음이나 시공방법의 검토 혹은 이형관 보호공, 전식이나 기타 부식방지공에 관해서 고려하여야 한다.

시공조건으로서 주변 지하매설물의 상황, 교통사정 등을 고려하여야 한다.

표 7.4 배수관에 사용하는 관종의 특징

재질별	장점	단점
닥타일주철관	① 강도가 크고 내구성이 있다. ② 강인성이 뛰어나고 충격에 강하다. ③ 이음에 신축 휨성이 있고 관이 지반의 변동에 유연하다. ④ 시공성이 좋다. ⑤ 이음의 종류가 풍부하다.	① 중량이 비교적 무겁다. ② 이음의 종류에 따라서는 이형관 보호공을 필요로 한다. ③ 내외의 방식면에 손상을 입히면 부식되기 쉽다.
강관	① 강도가 크고 내구성이 있다. ② 강인성이 뛰어나고 충격에 강하다. ③ 용접이음에 의해 일체화가 가능, 지반의 변동에는 장대한 파이프라인으로서 유연하다. ④ 가공성이 좋다. ⑤ 라이닝(lining)의 종류가 풍부하다.	① 용접이음은 숙련공이나 특수한 공구를 필요로 한다. ② 전식에 대한 배려가 필요하다. ③ 내외의 방식면에 손상을 입히면 부식되기 쉽다.
경질 염화비닐관 등 합성 수지관	① 내식성이 뛰어나다. ② 중량이 가볍고 시공성이 좋다. ③ 가공성이 좋다. ④ 내면조도가 변화하지 않는다.	① 저온시에 내충격성이 저하한다. ② 특정 유기용제 및 열, 자외선에 약하다. ③ 장기적 강도, 피로강도, 크리닝 강도에 주의를 요한다. ④ 표면에 상처가 생기면 강도가 저하한다. ⑤ 이형관 보호공을 필요로 한다. ⑥ 접착이음은 강도, 수밀성에 주의를 요한다.

2) 손실수두와 유속

수리학공식에서 관수로에 대한 전손실수두 h는 다음과 같다.

$$h = \left(1.5+f\frac{l}{d}\right)\frac{v^2}{2g} \tag{7.11}$$

여기서, h : 전손실수두(속도수두·유입손실수두·마찰손실수두 이외는 생략)

f : 마찰계수 l : 관 길이

d : 관경 v : 유속

g : 중력가속도

그러나 $l/d>3{,}750$이면 1.5는 생략해도 오차가 1% 이하이므로 긴 관수로에서는

$$h = f\frac{l}{d}\cdot\frac{v^2}{2g} \tag{7.12}$$

를 사용한다. 이것이 Darcy-Weisbach식이다. f는 Reynolds수(Re)와 상대조도 k/d(k : 관벽의 절대조도, d : 관경)의 함수이다. 식 (7.12)에서 유량 Q와 관경 d는 다음과 같이 표시된다.

$$Q = \frac{\pi d^2}{4}v = \frac{\pi}{4}\sqrt{\frac{2gh}{fl}d^5}, \qquad d = \left(\frac{8flQ^2}{\pi^2 gh}\right)^{1/5} \tag{7.13}$$

이들 식에서 다음의 것을 알 수 있다.

① 단면적은 d^2에 비례하나, 유량은 $d^{5/2}$에 비례하므로 관경이 커짐에 따라 유량은 단면적 이상으로 증대한다.

② f는 d의 증가에 따라 감소하므로 관경이 클수록 유리하다. 또, 관의 중량은 d의 1.6승에 비례해서 증가하므로 구경이 큰 관이 한층 더 유리하다.

배수관 유속 공식으로는 Hazen-Williams공식이 가장 많이 사용된다. 철관은 내부에 생기는 scale 발생량이 많고, 같은 수질에서는 대구경일수록 발생량이 적어진다.

물이 정체하기 쉬운 작은 관 일수록 scale이 많이 발생한다. 이것은 철관 내면에 발생한 녹의 미립자, 즉 불용해성의 수산화 제2철은 발생시 유속이 크면 철관 표면에 고착해서 scale을 형성하기 어렵기 때문이다. scale에 의한 유량 감소의 영향을 철관 연령으로 표시한 유속공식은 다음과 같다.

$$v = Cp^{y/R}R^{m}S^{n} \tag{7.14}$$

여기서, v : y년 후의 단면을 신관단면과 같이 본 경우의 가상평균유속

C : 신관의 유속계수

R : 신관의 경심

S : 신관의 동수경사

p : scale 형성계수 $= \left(\frac{Q_2}{Q_1}\right)^{\frac{R}{y_1-y_2}}$ 또는 $\left(\frac{v_2}{v^1}\right)^{\frac{R}{y_1-y_2}}$

v_1, Q_1 : y_1년도의 유속과 유량

v_2, Q_2 : y_2년도의 유속과 유량

p는 관 재료와 수질에 관계되며, 주철관의 경우

$$v = 81.600(0.9978)^{y/R} \cdot R^{0.581} \cdot S^{0.507} \tag{7.15}$$

H.W.공식 중 C의 경년변화에 대해 미국에서는 표 7.5와 같이 정했다. 그러나 먼저 설명한 것처럼 수질과의 연관이 크므로 적용시 주의를 요한다.

표 7.5 Hazen-Willams공식 중 C의 경년변화(주철관)

년수	지름(mm)								
	100	150	200	250	300	400	600	900	1500
0	130	130	130	130	130	130	130	130	130
10	106	108	109	110	110	111	112	112	112
20	88	92	94	96	97	98	99	99	100
30	75	80	83	85	86	87	89	90	91
40	64	71	74	76	78	79	81	83	84
50	56	63	67	69	71	73	75	76	78

3) 관의 두께 결정

원관 내에 압력이 작용하면 원형단면의 탱크나 파이프에 발생하는 장력은 곡면에 대한 수평분력 계산법칙을 응용함으로써 구할 수 있다.

그림 7.9와 같이 관의 내경을 D, 관길이 l, 관내의 수압강도를 p, 전수압의 수평분력을 P라 하고, 관 단면의 인장력을 T라 하면 원관은 모든 방향에서 같은 조건이므로 반원만

을 생각하면 된다. 수평으로 x축을 취하면 전수압의 x방향의 분력은 pDl이고 관 단면에서는 두 곳에서 힘을 받으므로 다음과 같은 관계가 성립한다.

따라서, 그림의 자유물체도로부터

$$2T = P = pDl \tag{7.16}$$

관의 인장응력을 σ, 관의 두께를 t라 하면

$$T = \sigma \cdot t \cdot l \tag{7.17}$$

식 (7.16)과 (7.17)로부터

$$\sigma \cdot t = \frac{pD}{2} \tag{7.18}$$

관의 설계에 있어서는 대신에 관재료의 허용인장응력 σ_{ta}를 사용하여

$$\therefore t = \frac{pD}{2\sigma_{ta}} \tag{7.19}$$

로 한다. 이것을 주장력공식이라고 하며, 관의 직경과 수압이 결정되면 그때의 관의 두께를 구할 수 있다. 만일 압축응력이 작용할 때는 허용인장응력 대신에 허용압축응력 σ_{ca}를 사용한다.

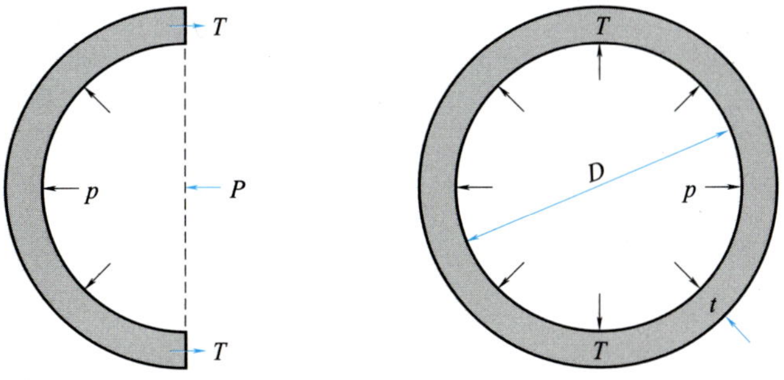

그림 7.9 원형관

예제 7.1 수두 50m의 수압을 가진 수압관의 내경을 800mm로 하면 강관의 두께를 얼마로 하면 좋은가? 단, $\sigma_{ta} = 1{,}400 kg_f/cm^2$이다.

〈풀이〉

$\gamma = 1{,}000 kg_f/m^3$, $h = 50m$, $D = 800mm = 80cm$

수두를 압력으로 환산하면 $p = \gamma h_1 = 1{,}000 \times 50 = 50{,}000 (kg_f/m^2) = 5 kg_f/cm^2$

$$\therefore t = \frac{pD}{2\sigma_{ta}} = \frac{5 \times 80}{2 \times 1{,}400} = 0.143cm$$

7.5 배수관의 매설

7.5.1 매설공사

배수관은 시가지 공공도로 아래에 매설하는 것이 보통이며, 매설할 때 그 위치·깊이 등에 대해서 도로 관리자와 협의하여야 한다.

노폭 20m 이상의 간선도로에 매설하는 경우는 한쪽에 보통의 배수관을 설치하고, 다른 쪽에는 이 배수관에서 분지한 급수용 보조관을 평행하게 설치하는 2본관식(two main system)을 채용한다. 이 방식의 이점으로는 ① 수리 등의 공사시 교통을 방해하지 않고 포장을 상하지도 않는다. ② 급수관이 짧게 되어 누수량이 감소한다.

배수관경 중 500mm 이상의 대구경관에는 평행한 배수지관을 매설해서 급수 장치나 소화전이 본관에 부착되지 않게 한다. 이것은 수리 등으로 단수될 때 단수구역이 넓어 피해가 커지기 때문이다. 이 경우 매설 위치는 배수본관은 도로 중앙에, 배수지관은 보도나 차도 쪽에 매설한다. 배수지관의 배치를 block system으로 하면 누수조사가 용이하고, 지진 등의 재해 때 복구가 용이하다.

배수관의 매설 깊이는 최근 교통하중 증가로 진동이 크므로 어느 정도 깊게 할 필요가 있다. ø350mm 이하의 관은 1m, ø400~900mm는 1.2m, ø1,000mm 이상은 1.5m가 표준이다. 단, 한냉지에서는 동결심도 이하로 매설한다. 매설심이 커지면 공사비가 증대하고 급수관 부착과 유지관리에 불편하다.

배수관은 다른 지하 매설물과의 교차 등을 고려하여, 인접해서 매설할 때에는 적어도 20cm 이상의 간격을 유지해야 한다. 이것은 구조물의 침하 등으로 집중하중이 작용하여 관이 절손할 우려가 있기 때문이다. 하수관에 근접해서 매설하거나 맨홀 내를 통해서 매설하면 단수 때 압력이 낮아져 오수가 들어올 우려가 있다.

굴착할 도랑폭은 관경에 어느 정도 여유를 두며, 접합부에서는 접합 작업에 필요한 만큼 폭을 넓히나 이 폭은 관의 종류에 따라 다르다. 도랑바닥은 토사를 고르게 하는 것이 중요하며, 특히 큰 사리가 관에 닿지 않도록 한다.

관의 접합은 매우 신중하게 하고, 관내에 토사 등의 이물이 들어가지 않도록 하며, 이음부를 충분히 청소하여 접합한다. 접합부에 모래가 끼어 있으면 누수의 원인이 되며, 볼트로 접합하는 형식에서는 고르게 죄지 않으면 누수가 일어난다.

매설공사 중에는 관 끝에 마개를 하여 토사가 들어가지 않도록 한다. 대구경관의 관 끝을 밀폐했을 때 관내가 비게 되어 지하수위가 높은 곳에서는 부상하므로 주의를 요한다.

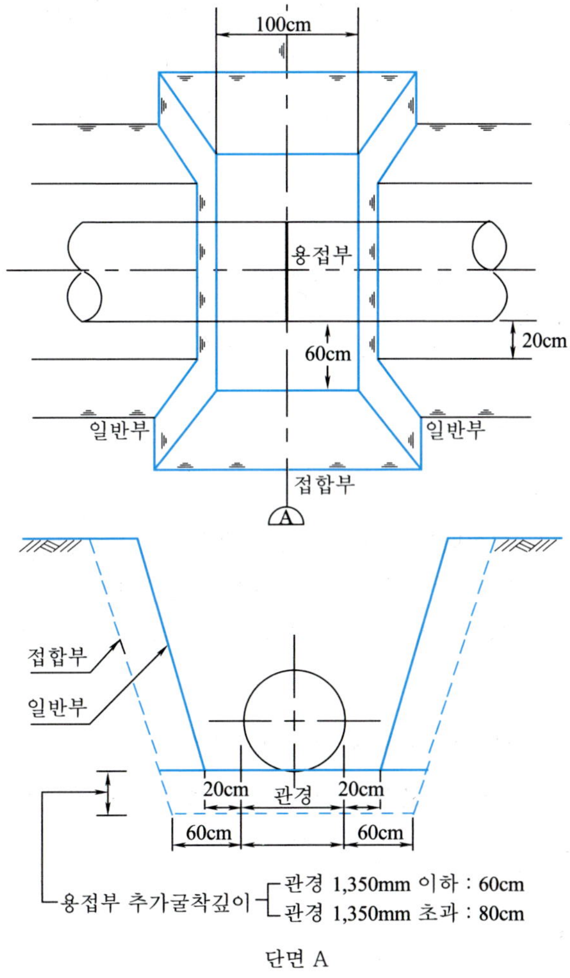

그림 7.10 도복장강관 관로의 터파기 표준도

판 자리를 메울 때 관에 직접 닿는 흙의 모래나 굴착토 중 양질토를 가려 사용한다. 지하수를 배제하고 관의 양쪽을 균등히 채워 충분히 다진다. 관 상단까지의 매립의 양부는 매립 후 관에 생기는 응력에 크게 관계된다. 관의 상부는 30cm 정도 매립하고 충분히 다진다.

이형관 중 곡관·T자관의 매설에는 방호가 필요하다. 그 외 공기밸브·니토관의 설치나 하저횡단, 수관교와 교량첨가, 궤도횡단은 도수·송수의 경우와 같이 한다.

1) 전식(電蝕)방지

전차의 운전방식이 가공단선식의 직류전기철도인 경우는 전류가 일부 누전되어 대지를 통해 변전소로 흐르는 일이 있는데, 수도 등의 금속관이 그 통로에 존재하면, 그 관로로 전류가 흐르게 된다. 그래서 변전소 부근 관로는 전류가 유출하므로 전식이 일어난다. 전식의 피해는 소켓 이음의 주철관에서는 아주 적으나, 동관은 매우 크다. 전식 방지책으로 레일 접합의 강화, 레일과 변전소를 연결하는 전선의 강화로 누전을 경감시킨다. 수도관의 방식 대책으로는 다음과 같은 것이 있다.

① 관을 절연물로 피복한다.

아스팔트계나 코울타르계의 도료로 관의 바깥을 완전 피복해서 전류의 출입을 막는다. 매설할 때 피복이 손상되지 않도록 유의한다.

② 절연접속법

관로에 전기적 절연단수를 삽입해서 전류의 흐름을 막는다.

③ 선택배류법(직접배류법)

관이 레일에 대해 정전위를 가질 때 관과 변전소의 부급전원이나 레일을 저항이 큰 도선으로 접속하고, 선택배류기를 그 사이에 삽입하여 관을 흐르는 전류가 직접 대지에 유출됨을 막아 레일 등에 일괄적으로 귀류시키는 방법이다.

④ 강제배류법

관과 양극접합체 사이에 직류전원을 설치하여 전원 → 배류선 → 양극접지체 → 대지 → 관 → 배류선 → 전원의 전기회로를 형성해서 관에서 유출하는 전류를 막는 유입 전류를 만들어 전식을 방지하는 방법이다.

2) 산에 의한 부식대책

산성의 공업폐수 등이 지하에 침투한 곳이나, 해안에 가까워 지하수 중에 다량의 염분을 포함한 곳이나, 유황분을 포함한 석탄으로 성토한 곳에 금속관을 매설하면 산 등이 침투한다. 또, 유황분을 포함한 습한 점토질의 토양에 황산염 환원 박테리아가 서식하면 유화수소가 발생하여 관이 침식된다.

이의 방지대책으로는 산에 강한 경질 염화비닐관이 가장 좋으며, 금속관·석면 시멘트관은 아스팔트나 코울타르계의 도료로 관 외면을 충분히 피복하여야 한다.

7.5.2 관로의 부속시설

배수관의 관로는 접합만으로 연속된 관만으로 구성된 것이 아니고 제수밸브, 공기밸브·니토밸브·안전밸브·소화전 등이 적절히 배치되어 있는 시설이다.

1) 제수밸브(sluice valve)

배수관은 관의 파열·절손·누수공사, 관의 세정·배수, 급수관의 분지공사 등으로 단수해야 할 경우가 많다. 또, 배수를 원활하게 하기 위해 수압조정을 해야 할 필요도 생긴다. 이런 목적으로 제수밸브를 요소요소에 설치하며, 위치는 다음을 기준으로 선정한다.

① 관망에서는 가능한 소수의 제수밸브 조작으로 단수 구역을 작게 하도록 배치한다. 보통 배수관 분기점에 2개, 교차점마다 3개의 제수밸브를 설치하면 충분하나, 수가 많아 건설비가 막대해지므로 유지 관리상 큰 지장이 없을 정도로 줄이는 것이 일반적이다.

② 중요한 복월부·다리, 궤도 횡단 등의 전후, 니토관 및 계통이 다른 배수관의 연결관에는 반드시 설치한다. 이것은 중요시설에 대한 수리를 고려해서이며, 니토관에서 하류측에 제수밸브를 두지 않으면 완전한 니토가 되지 않는다.

③ 상기 이외의 부분에다 500~1,000m 간격으로 설치한다. 이는 너무 간격이 크면 수리공사 때 관내배수·충수에 장시간을 요하고 공사 후의 세정배수에 다량의 물이 필요하게 되어 비경제적이기 때문이다.

제수밸브는 그림 7.11과 같은 판체가 상하로 움직여 흐름을 완전히 막든가, 일부 억제하는 기능을 갖는다. 수두가 40m 정도이고, ø400mm 이상인 제수밸브에서는 개폐시 상하류의 수압차가 매우 커서 조작이 곤란하므로 측관에 부제수밸브를 부착한다. 먼저 부제수밸브를 개폐하여 상하류 수압차를 작게 한 후 본밸브를 개폐한다. 이것은 동시에 수격압을 격감시키는 작용도 가지며, 작은 수량 조절에도 편리하다.

축방향에 따라 종형(ø1,200 이하)과 횡형(ø400~1,500mm)이 있다. ø600mm 이상의 개폐장치는 감속장치를 갖는다. 제수밸브의 접합부분은 선 packing이 사용되며, 썩거나

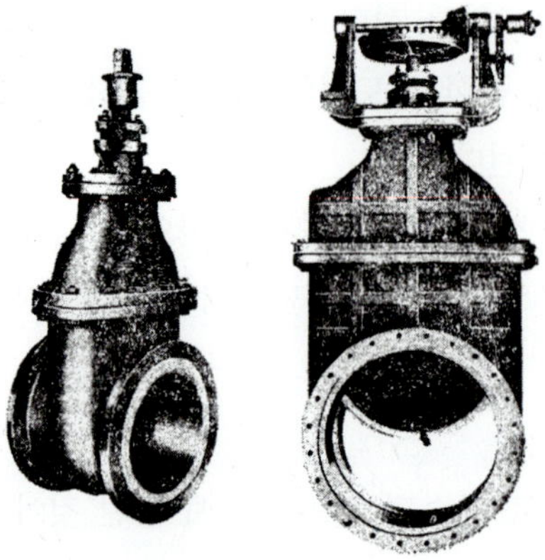

그림 7.11 수도용 제수밸브

유지분이 흘러나와 누수되는 수가 많으므로 최근에는 누수에 안전한 고무 ring을 많이 쓴다.

제수밸브나 butterfly valve를 조금 연 상태로 장기간 사용하면 공동현상으로 밸브체나 관에 pitting이 생기므로 주의하여야 한다.

2) 공기밸브(air valve)

배수지관에는 많은 급수장치가 있어 항상 방수되므로 공기가 쉽게 배출되고 관에 충수하거나 배수할 때에는 소화전에서 공기가 배출 흡입되므로 따로 공기밸브를 설치할 필요가 없다. 그러나 배수본관에서는 관로의 凸부, 특히 교량부 등에 공기밸브를 반드시 두어야 한다.

그림 7.12 쌍구공기밸브

공기밸브는 수면승강에 따라 움직이는 구형의 float밸브를 내부에 가진 그림 7.12와 같은 밸브이다. float밸브는 속이 빈 합성수지로 된 것과 동재를 에보나이트로 싼 것이 있으며, 비중은 0.75~0.8로 물에 뜨게 되어 있다.

공칭경 13~25mm의 것은 단구이며, 50~150mm의 것은 쌍구로 2개의 float밸브를 갖고 있다.

3) 압력조정밸브(pressure-regulating valve)·안전밸브(pressure relief valve, safety valve)

압력 조정밸브는 감압밸브라고도 하며, 지반의 고저차가 심하여 수압이 과대한 저지구 배수본관에 설치해서 수압을 조정하는데 쓰인다. 내부구조는 고압측과 저압측의 차압으로 수압조절이 되는 압력실의 수압에 따라 피스톤이 상하운동하여 주변을 개폐하도록 되어있다(그림 7.13).

그림 7.13 압력조정밸브

안전밸브는 수격작용이 일어나기 쉬운 곳에 설치하여 관의 파열을 방지하는 것이며(그림 7.14), 배수펌프나 중앙 펌프출구, 펌프의 급정지·급시동 때 수격작용이 잘 일어나는 곳이나, 또는 장거리를 급경사로 설치한 배수관 끝 부분같이 하류의 제수밸브의 급폐색으로 수격을 일으키기 쉬운 곳에 설치한다. 감압밸브는 수리를 고려해서 측관식으로 하고 안전밸브도 본관과의 사이에 지수밸브를 두어 수리에 대비한다.

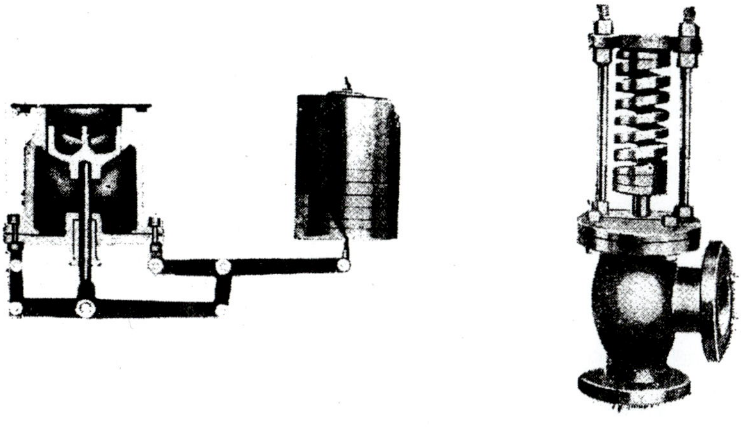

그림 7.14 안전밸브

4) 소화전(fire hydrant)

소화전은 도로에 설치하며, 사설일 때에는 그 밖의 적당한 곳에 설치한다. 보도와 차도의 구별이 있는 도로에서는 그 경계에 지상식(post hydrant)을 설치하고 보도가 없는 도로에서는 지하식(flush hydrant)을 설치한다. 지상식의 특징은 강우시나 야간에 있어서 그 소재를 신속히 발견할 수 있으나 동결될 우려가 있다. 지하식은 이와 반대이다.

① 소화전의 구조

a) 간단·견고할 것

b) 조작이 확실하고 손실수두가 적을 것

c) 수리시 노면 굴착없이 작업할 수 있는 것 등

② 설치상의 기준

a) 소화전을 분지하는 배수관구경은 150mm 이상으로 하고, 될 수 있으면 200mm 이상으로 한다.

b) 도로 교차점에서는 반드시 설치하고 그 중간에서도 간격 100~200m 이내에 설치한다.

c) 소화전은 가로의 경계선에 설치하여 화재시 그 발견이 용이하게 한다.

d) 도심 지구에서는 쌍구소화전을 구경 200mm 이상의 배수관에 장치한다.

소화전의 수는 그 도시상태·도로폭·건물의 성질·밀집정도에 따라 다르며, 보통인구 1,000인당 소화전 12개 배수관 180m당 소화전 1개를 설치하는 예가 많다.

소화전은 소화 목적 외에 살수 또는 불용수의 방출과 때로는 배기밸브 대신으로 사용된다.

5) 유량계(flow meter)

배수본관 시점에서 유량계를 달아 배수량을 측정한다. 일반적으로 벤츄리미터가 사용되며, 월트만형 유량계 등은 소규모 수도에 쓰인다.

근래 전자유량계라 하는 수류(전도체)가 자속을 직각으로 횡단할 때 발생하는 전압으로 유속을 측정하는 방식의 유량계도 있다. 그러나 불량도체로 내압관을 만들어야 하므로 비용이 많이 드는 결점이 있다. 또 초음파의 파동을 수류에 비스듬히 투사하여 흐름 방향으로 음파가 나갈 때와 역으로 나갈 때의 도달시간차로 유속을 측정하는 초음파 유량계가 있다. 보통의 철관 외면에 간단히 부착시킬 수 있는 특징이 있다.

이와 같은 유량계도 소형일 때에는 실제 검정을 할 수 있어 정확하지만, 대형은 계산상의 검정이 불가능하므로 부정확을 면치 못한다. 따라서, 비교적 신뢰할 수 있는 배수지의 수위 측정으로 산정한 수량과 비교해서 유량계의 오차를 때때로 조사한다. 특히 대유량과 소유량의 오차가 다르므로 주의해야 한다.

6) 역지밸브(check valve, no return valve, reflux valve)

관의 파열로 대량의 물이 역류하는 곳, 예를 들어 고지 배수지로 연결된 송수관의 말단부, 긴 상향경사의 시점, 펌프 유출관의 시점 등에 역류 방지용으로 사용한다.

대구경관(약 ø600mm 이상)에 부설하는 것은 급폐쇄로 인한 수격작용을 방지하도록 여러 개의 작은 밸브가 점차로 닫히는 구조로 한다.

7) 니토밸브(배토밸브, drain pipe, blow off valve)

배수관 또는 송수관로의 낮은 곳에 배수구 겸용으로 배토밸브를 설치하여 통수·기존관 청소·정체수를 배제할 때에 있어서 니사토를 끌어낸다.

배수구의 간단한 것은 tee관(T자관)을 설치하여 니토밸브를 장착해서 적당한 하천 또는 하수거에 연결하여 방류한다.

토구의 지름은 관경의 1/2~1/3로 한다. 배토밸브의 개폐는 수압 또는 토출구의 모양에 따라 완전히 열지 못할 때가 있다.

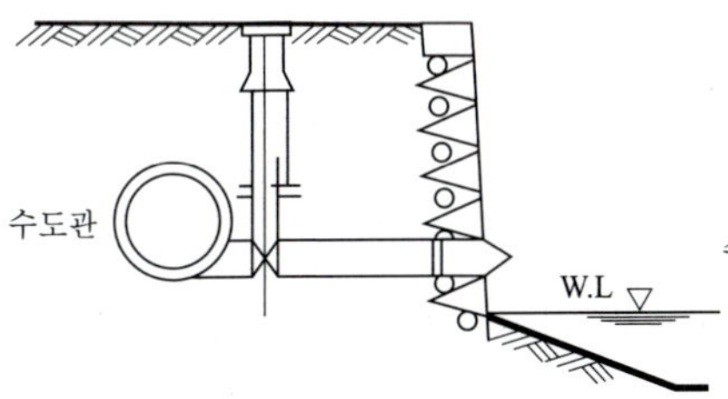

(a) 배토밸브 설치도

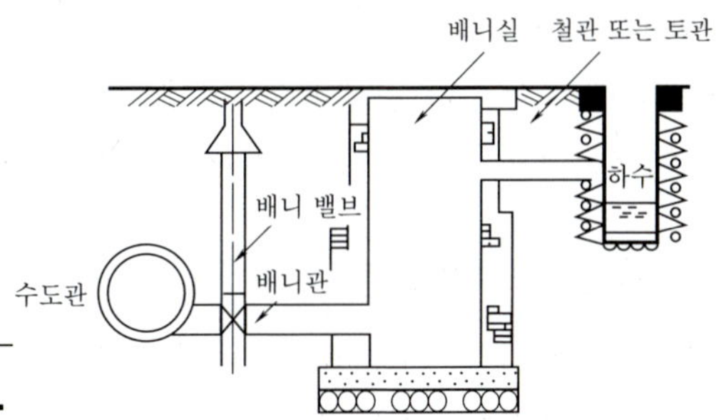

(b) 배토밸브 설치도

그림 7.15 배토밸브 설치도

유출수량은 그 배토밸브의 개구에 응하여 다음 공식으로 계산한다.

$$Q = CA\sqrt{2gh} \tag{7.20}$$

여기서, Q : 유량(m^3/s)

A : 배토관의 단면적(m^2)

h : 수두(m)

g : 중력가속도($9.8m/s^2$)

C : 유량계수(0.65)

7.6 누수방지

누수가 생기는 장소는 관의 접합부나 관과 기구의 접합부가 대부분을 차지하지만 그 외에 파손·파열·부식 등 관 자체의 결함이 원인이 되는 경우도 많이 있다. 그러므로 누수가 발생하기 쉬운 장소는 미리 충분한 대책을 세워야 한다. 누수가 발생하기 쉬운 장소와 그 예방대책은 다음과 같다.

(1) 주철관의 납(Pb)이음의 누출

지반침하나 진동으로 이음의 납이 이탈하는 경우 납이음을 다시하여 보수하여야 하나 이와 같은 장소는 재차 이음의 이탈이 예상되므로 고무링을 사용하는 메카니컬이음으로 시설을 개량함이 바람직하다.

(2) 메카니컬이음의 누수

메카니컬이음의 고무링의 삽입 불량이나 모래 등이 끼어 있을 때 또는 볼트의 조임이 불완전할 때는 누수가 발생한다. 특히 곡관부나 관말에서 보호가 불충분하거나 접륜(接輪)이 비틀어졌을 때에 누수가 발생되므로 미리 공사할 때 주의가 필요하다.

(3) 강관의 부식으로 인한 누수

강관은 부식으로 세공(pin hole)이 생겨서 누수가 일어나며 부식은 도장이 나쁠 때, 외상으로 도장이 탈락하였을 때, 전식 등이 그 원인이다. 국부적인 부식은 그 부분만 보수해도 되지만 전면적인 부식은 관을 교체할 수 밖에 없다.

(4) 관의 파손으로 인한 누수

주철관 등에서 지반의 부등침하, 관에 암석 등의 돌출물이 걸렸을 때, 큰 교통하중을 받았을 때, 다른 공사로 외상을 입었을 때 등에 관의 파손이나 균열이 발생하며 관을 교체하거나 누수장소에 새들형의 접륜을 부착하여 보수한다.

(5) 패킹재료의 노후화에 의한 누수

지수밸브나 소화전의 패킹이 노후 되거나 모래 등의 이물질이 패킹에 끼어서 누수가 일어나는 경우가 있다. 이의 보수는 대개 고무링으로 패킹을 교체하는 것이 좋다.

(6) 이음시공의 불량으로 인한 누수

이음시공의 불량으로 인한 누수는 강관이나 경질염화비닐관에서 많이 일어나므로 주의가 필요하다.

연습문제

7.1 배수관로에 설치하는 각 밸브의 설치위치 및 목적에 대해 설명하시오.

① 제수밸브 ② 안전밸브

③ 공기밸브 ④ 역지밸브

7.2 격자식과 수지상식 배수관망의 장단점을 설명하시오.

7.3 상수도 배수관내의 최소, 최대 동수압의 기준은 얼마이며 기준초과시의 문제점은 무엇인가?

7.4 상수도 배수관 매설깊이를 결정할 때 고려사항은 무엇인가?

7.5 배수관 매설시 관경별 매설깊이는 얼마인가?

7.6 배수지의 유효용량의 기준과 결정방법에 대해서 설명하시오.

7.7 안지름 5cm의 원형강관에 18kg/cm^{2}의 수압이 작용할 때 강관의 적당한 두께는? (단, 허용인장응력은 300kg/cm^2)

7.8 내경 1,000mm의 강관에 압력수두 100m의 물이 흐르게 하려면 강관의 최소 두께는 얼마로 해야 하는가?(단, 강재의 허용인장응력은 1,100kg/cm^{2}이다.)

7.9 배수관 관종 선정시 고려해야 할 사항은 무엇인가?

7.10 배수관로에서 누수의 주요원인과 예방대책을 수립하시오.

PART 1 2

Chapter 8

급수시설

8.1 급수관(service pipe)

급수관은 공도아래에 매설된 배수지관에서 분기되어 각 수요자의 수전(drinking fountain)에 도달되는 관을 말한다. 소도시의 수도는 예외이지만 중도시 이상의 수도에서는 급수관을 보안상 배수 본관에 직접 연결하여서는 안 된다.

급수관으로 사용되는 관종은 주철관, 경질염화비닐관, 폴리에틸렌관 등이며 이외에도 스테인레스강관, 동관 등이 있다.

급수관은 원칙적으로 한국공업규격(K.S) 또는 한국수도협회(KWWA) 규격품을 사용하고 관종 선정시 수질, 부설장소의 지질, 관이 받는 내외압, 관의 특성, 통수 후의 유지관리 등을 고려하여 가장 적절한 관종을 선정하여야 한다. 또 관의 내식성 부족, 동결시의 결함 등으로 누수의 원인이 되는 관종을 사용하지 않도록 하며, 수도용 아연도강관은 음용수용으로는 부적합하므로 사용하여서는 안 된다.

배수지관에 급수관을 연결할 때에는 먼저 분수전(ferrule)을 막고, 급수관을 접속하여 각 가정, 그 밖의 사용 장소에 전장 부설하고, 말단에 수전을 붙여서 방수한다. 급수관의 개폐는 일반으로 각호의 가까운 도로아래에 지수전(stop cock)을 장치하며, 계량급수일 때에는 급수량 측정을 위하여 계량기(water meter)를 설치한다.

급수공사는 사설 하수도와 합쳐서 실내위생공사(plumbing)라 하여 한 전문분과를 이루고 있다.

그림 8.1은 보통의 가정급수 장치이며, C는 지수전, M은 양수기, S는 상수전이다.

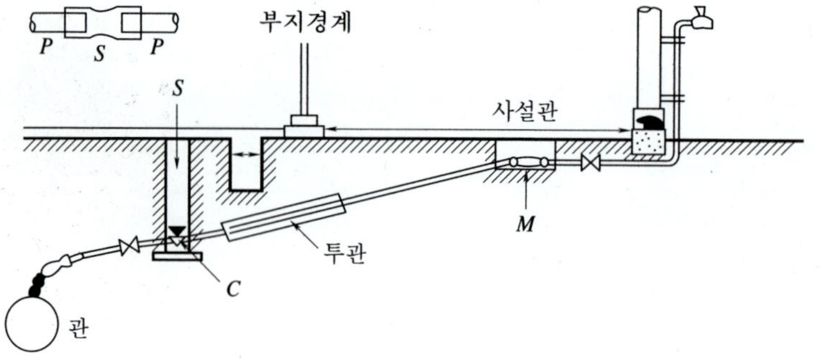

그림 8.1 급수장치

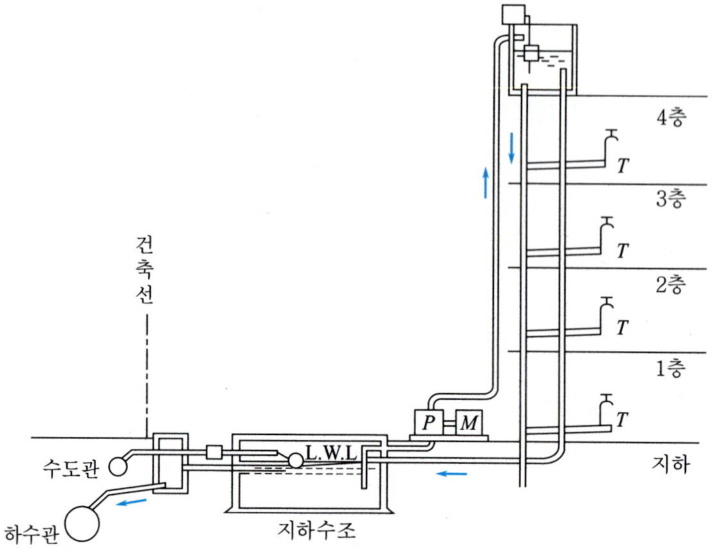

그림 8.2 고가수조와 지하수조의 연결도

8.2 급수관의 설계

8.2.1 급수량

1인 1일당 사용수량은 앞서 2장에서 논술하였으며, 일반으로 건물에 있어서 사용 인구수만 알면 건물에 급수해야 할 수량을 추정할 수 있으며, 1인당 사용수량에는 가정용 이외에 공업용과 잡용수가 가해져 있으므로 가령 개인 주택이라도 이것을 표준으로 할 수 없다. 그 이외의 건물에 대해서도 인구의 주야의 이동, 사용목적에 따라 수량이 변화한다.

대체로 건물별 사용수량은 표 8.1과 같고, 만일 사용인구수를 모를 때에는 건물의 유효면적(Am^2)으로 추정하는 방법이 있다.

표 8.1 건물별 1인 1일당 사용수량

건물별	1인1일 평균사용수량(L)	건물별	1인1일 평균사용수량(L)
일반주택	180~260	극장	30~40
영업겸용	150~300	관공서	40~80
아파트	180~260	은행	100~160
요리업	70~140	회사·사무소	100~160
레스토랑	40~80	병원	200~500
여관	200~300	학교	50~80
백화점	20~30	호텔	300~500

표 8.2 용도별 사용수량과 이에 대응하는 급수전의 크기

용도별	사용수량(L/분)	급수전구경(mm)	비고
요리용	12~40	13~20	본 표는 다음의 표준사용유량을 토대로 산출했다.
세탁용	12~40	13~20	
세면기	8~15	10~13	
욕조(재래식)	20~40	13~20	급수전구경(mm) 10 13 20 25
욕조(양식)	30~60	20~25	표준사용류(L/용) 10 17 40 65
샤우어	8~15	10~13	
소변기(세척수조)	12~20	10~13	1회(4~6s)의 사출량 2~3L
소변기(세척밸브)	15~30	13	
대변기(세척수조)	12~20	10~13	
대변기(세척밸브)	70~130	25	1회(8~12s)의 사출량 13.5~16.5L
수세기	5~10	10~13	
소화전(소형)	130~160	40~50	
살수전	15~40	13~20	
세척전(자동차용)	35~65	20~25	업무용

8.2.2 관경

배수관의 관경은 배수관의 계획 최저수압일 때에도 그 소요수량을 충분히 공급할 수 있는 크기로 해야 한다.

즉, 소요수량에 대한 관의 유출입구에 있어서의 손실수두, 마찰에 의한 손실수두, 그밖에 관의 곡부·단면변화 등에 의한 손실수두를 가한 총손실수두가 유효수두 이하가 되도록 계산에 의해서 정하는데, 상기의 손실수두 중 주된 것은 관의 마찰손실수두와 수도 미터·수전류·관이음 등에 의한 손실수두로서 그 이외에는 생략해도 좋다.

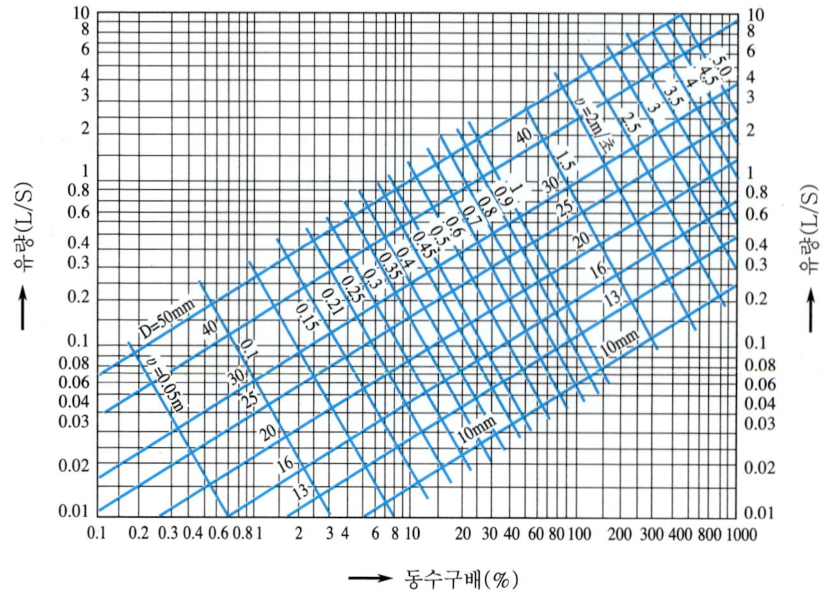

그림 8.3 Weston공식에 의한 급수관의 유량곡선도

동관·경질 염화비닐관·스테인레스관·폴리에틸렌관 등 구경 50mm 이하의 마찰손실수두는 다음 Weston공식으로 정한다.

$$h = \left(0.0126 + \frac{0.01739 - 0.1087d}{\sqrt{v}}\right) \cdot \frac{l}{d} \cdot \frac{v^2}{2g} \tag{8.1}$$

$$Q = \frac{\pi d^2}{4} \cdot v \tag{8.2}$$

여기서, h : 관의 마찰손실수두(m) d : 관의 내경(mm)

l : 관의 길이(m)　　　　v : 관내 평균유속(m/s)

g : 중력가속도(9.8m/s^2)　　　　Q : 유량(m^3/s)

8.2.3 급수방식

배수관의 관경과 수압이 사용수량에 대하여 충분한 경우는 직결식 급수를 하나 배수관의 수압이 부족한 장소, 고층 건물의 경우 혹은 일시에 대량의 물을 사용하는 장소에는 저수조식 급수를 하여야 하는데, 이때 필요에 따라 펌프를 설치해야 한다.

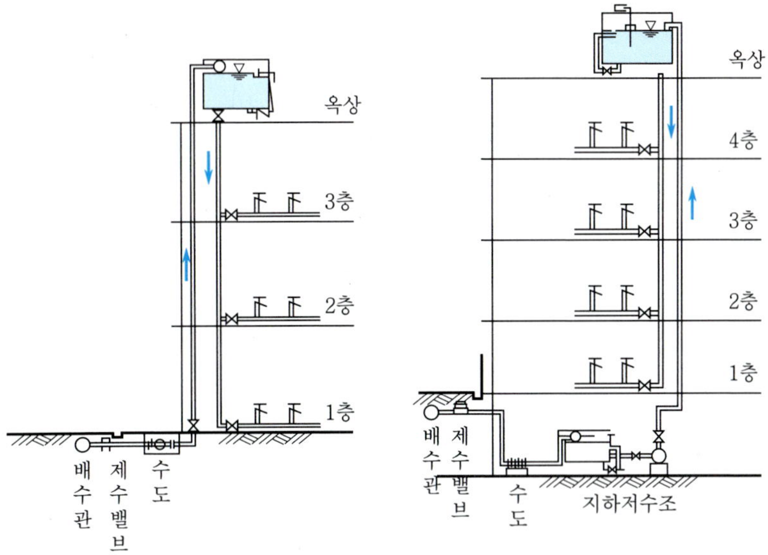

그림 8.4 탱크 및 저수조식 급수방법

또 수세식 변소에서 수도 직결 세척밸브를 사용하는 장치는 유량이 많기 때문에 수도계량기나 세척밸브 등의 손실수두가 커서 배수관의 동수압이 1.5kg/cm^{2}로는 부족할 때가 있다.

이와 같이

① 배수관의 수압이 소요압에 비해 부족할 경우

② 일시에 많은 수량을 필요로 하는 경우

③ 항시 일정한 수량을 필요로 하는 경우

④ 배수관의 고장에 따른 단수시에도 어느 정도의 급수를 지속시킬 필요가 있을 경우

⑤ 배수관의 수압이 과대하여 급수장치에 고장을 일으킬 염려가 있을 경우

등은 저수탱크를 설치하여 급수하는 방식으로 하여야 한다.

8.2.4 관 속의 수류

1) 특수부의 손실수두

관 속의 손실수두는 일반으로 $h = k\frac{v^2}{2g}$의 형식으로 표시된다.

① 입구에 있어서는

$$h_i = k_i \frac{v^2}{2g} \qquad (8.3)$$

여기서, 둥근형이면 k_i : 0.05~0.1

둥근형이 아니면 k_i : 0.3~0.5

② foot valve

$$h_f = k_f \frac{v^2}{2g} \qquad (8.4)$$

여기서, k_f : 0.8~1.2

③ sluice valve

$$h_s = k_s \frac{v^2}{2g} \qquad (8.5)$$

여기서, k_s는 지름 300mm 이상으로서 전개할 때에는 생각할 필요가 없다.

표 8.3 구경 40mm 이상일 때 k_s의 값

S/D	1/8	1/4	3/8	1/2	5/8	3/4	7/8	1.0
a/A	0.158	0.315	0.466	0.609	0.740	0.856	0.948	1.00
Ks	97.8	17.0	5.52	2.06	0.81	0.26	0.07	0.00

④ 곡부에 있어서

$$h_b = k_b \frac{v^2}{2g} \qquad (8.6)$$

여기서, 90° 이면 k_b=0.2~0.3, 45° 이면 90° 의 3/4, 30° 이면 90° 의 2/3

⑤ 원추관에서는

$$h_e = k_e \frac{(v_1 - v_2)^2}{2g} \tag{8.7}$$

여기서, k_e : 0.1~0.2

v_1 : 유입구의 유속(m/s)

v_2 : 유출구의 유속(m/s)

⑥ check valve

$$h_n = k_n \frac{v^2}{2g} \tag{8.8}$$

여기서, k_n : 0.5~1.0

⑦ 토구

$$h_r = \frac{v^2}{2g} \tag{8.9}$$

토구의 유속은 1m/s 정도로 계산한다.

⑧ 속도수두

$$h_0 = \frac{v^2}{2g} \tag{8.10}$$

2) 직관부의 마찰 손실수두

$$h_p = f \cdot \frac{l}{d} \cdot \frac{v^2}{2g} \tag{8.11}$$

여기서, $f = 0.02 + \frac{1}{2{,}000d}$: 신관, $f = 0.04 + \frac{1}{1{,}000d}$: 고관

8.3 관로의 부설

8.3.1 위치 및 깊이

도로에 자유로이 부설위치를 선택할 수 있을 때에는 원칙적으로 배수관을 도로 중앙에 매설하면 양쪽에서 급수관이 같은 거리로 되어 공평하나, 폭이 좁은 곳에서는 부설시의 교통 방해 또는 지하 매설물 및 궤도와의 관계상 중앙에 매설하지 못할 때에는 한쪽으로 편의 시킨다. 따라서, 동서로 통하는 도로에서는 북쪽 편에 설치하는 것이 좋고, 도로가 넓고 중앙에 궤도가 있을 때에도 도로 양쪽에 각각 관로를 부설하는 것이 좋다. 도로 한 편에 편의하여 매설할 때에는 연석(curb stone)에서 1~2m 되는 곳에 설치한다.

급수관 매설 깊이는 그 지방의 기후, 도로상의 노면하중, 부설장소의 지질 다른, 매설물과의 관계 및 두께 등에 따라 결정하나 일반적으로 60cm 이상으로 한다. 겨울철 동결의 우려가 없으며, 노면하중에 의한 손실이 없도록 하면 된다. 보통 급수관위의 흙덮이는 1~1.5m이나 한지에서는 2~3m정도로 한다. 관은 일정한 경사를 가지며, 지형의 고저에 꼭 평행할 필요는 없다. 어느 것이나 동수경사선 이하로 부설하면 된다.

8.3.2 부설공사

급수장치에서 급수관의 총연장은 배수관 총연장의 몇 배가 되며, 배관이 매우 복잡하다. 이 때문에 누수의 주원인이 급수장치에 있다고 보며, 배수관 계통의 누수와 급수장치의 누수의 비는 수도에 따라 다르지만, 보통 2:8 내지 3:7이다.

공사는 평면도와 횡단면도에 의해 도랑폭은 바깥지름에 여유를 두어, 소관경이면 30~50cm, 대관경은 50~60cm로 넓게 하고, 접합부는 폭뿐만 아니라 깊이도 여분으로 더 판다. 지질이 나쁜 곳은 토류공사를 하고, 도랑바닥의 기초 지질이 나쁜 곳은 항타·깬 조약돌 또는 침목으로 기초 공사를 한다. 암석부는 평탄하게 파고 토사를 5~10cm 정도 깔아서 암각이 나오지 않게 하여 절손을 방지한다.

관 매설은 관 내부를 청소한 후에 대관은 기중기로써, 소관은 인력으로 운반 부설한다. 일반적으로 저지에서 고지로 향하고 매설이 완료된 socket(수구)에다 spigot(삽구)를 삽입한다. 이음의 안쪽에 마를 감고, 남은 곳에 연을 주입하고 관을 견고히 한다. 다음 칠을 한 후에 매립하는데, 15cm씩 흙을 덮고 잘 다진다. 이상은 주철관의 경우로, 그 밖의 경우에도 이에 준한다. 단, 이음방식에 따라 부설공법이 다르다.

우리나라의 도시는 평면적으로 구성되어 있어 동일 인구를 수용하는 경우에도 급수관의 총연장 중 지중에 매설되어 있는 부분이 현저하게 길다. 우리나라는 지하에 묻힌 부분이 길기 때문에 누수방지 대책상 매우 불리한 조건하에 놓여 있다. 그러므로 배관 공사는 엄격하게 해야만 하므로 다음 사항을 엄수해야 한다.

① 사용하는 재료나 기구에 내화성이 있고, 위생적으로 충분히 수압에 견딜 수 있는 것으로 한다.

② 누수 발견이나 수리가 용이하도록 급수관을 배치한다. 즉, 건물의 기초나 콘크리트 밑에 묻는 것을 피한다.

③ 한 계통의 급수장치 공사를 마쳤을 때에는 반드시 수압시험(17.5kg/cm^2)을 하여 합격한 후에 배수관에 접속시킬 것이며, 이 시험에서 급수장치의 재료와 기구의 내구성의 양부가 판명된다.

④ 배관 기록을 보존하여 누수방지 작업 및 보수작업에 이용한다.

8.4 부속설비

1) 역류밸브(역지밸브, check valve)

물의 역류를 방지하는 밸브로서 설치 장소는 고저수지의 입구, 펌프 유출관의 시점, 긴 상향경사의 시점, 배수관에서 분기되는 급수관의 시점 등이다. 구조는 평상시는 밸브를 열고 유입시키나 하류의 수압이 높아지면 밸브가 자동적으로 닫혀서 역류하는 것을 저지하도록 되어 있다.

2) 분수밸브(ferrule)

이것은 배수관에서 급수관을 분기할 때 그 양자의 이음부에 장치하는 것이다. 따라서, 한쪽 끝은 배수관에 접합할 수 있도록 제작하고, 다른 끝은 나사형으로 하여 급수관의 구경에 적합하도록 한다. 이것은 놋쇠로 만든다.

3) 지수밸브(stop cock, stop valve)

지수밸브는 각 호로 급수하는 도중에 설치하여 고장 수선할 경우의 단수를 위해 또는 요금체납의 제재 및 급수정지 때 사용된다. 지수전은 급수관의 유지 관리상 중요한 것으로 도로에 설비하며, 지수전에는 주철제의 원통 보호함으로 덮어야 한다. 이 규격에는 갑·을

2종이 있으며, 갑은 사용자가 임의로 개폐 가감할 수 있는 것으로 분수·천수 또는 2~3층으로 올라가는 본관 하부에 설치하며, 을은 경영자만 개폐할 수 있도록 되어 있다.

4) 급수전(수전, drinking fountain)

이것은 수도 사용자가 각자 개폐하여 소요의 수량을 얻는 장치이다. 오늘날까지 고안된 것은 모두 50~60종에 달한다.

놋쇠제로서 니켈 도금이 있고, 직접 벽 또는 수전주에 장치한 것으로 전용전과 공동전이 있는데 구조상의 차별은 없다. 한지에서는 파열 보호를 위해 적당한 방한 장치를 한다.

최근에는 목주대용품으로서 부동식 수전주라 하여 직립하는 부분에는 아연도금을 한 철판을 삽입하고 겉은 콘크리트로 둘러싼 것이 있다.

8.5 계량기(water meter)

계량기는 배수본관·급수관 중을 흘러 나가는 수류의 양을 측정하는 것으로 정수장 내의 대계량기는 수도 경영의 기준이 되고, 일반 가정용 계량기는 사용수량을 정확하게 계량하므로 사용 요구징수액을 알 수 있다. 계량제는 각 호에 계량기를 설치하여 사용수량의 다과에 따라 요금을 징수한다. 방임제는 사용수량을 측정하지 않고 인수와 면적, 수전 수 등에 의해서 요금을 일정하게 한다. 따라서, 공평한 의미에서도, 물의 낭비를 방지하기 위해서도 계량제가 좋다.

그 종류에는 직접식과 간접식이 있고 또한 습식·건식으로도 분류한다. 습식은 물이 지침부의 표시기 장치까지 나오는 것이고, 건식은 물이 계량실 이외로는 나가지 않는 것이다. 건식의 결점으로는 물을 조금 사용할 때는 오차가 많고 계수량이 적게 나오므로 사용자가 이를 악용하는 경향이 있어서 우리나라는 습식으로 통일화하고 있다. 날개식 계량기는 통수의 유속에 의하여 기내의 날개가 회전하여 심봉의 회전에 의해서 지침이 움직여진다. 물 1*l*의 통수에 대해서 30~46회의 회전을 한다. 직접식은 실제 통과하는 수량을 또는 회전식 원반 등으로 측정하고 그 왕복 회전을 기록해서 수량을 결정한다. 미국에서는 원반식이 많이 이용된다.

1) 가정계량기

종래 가정에서 많이 사용된 것은 날개형의 계량기이며, 그 구조에서는 습식과 건식이 있다. 또한 평원반형이 있다.

날개형과 비교하면 평원반형은 일정량의 물을 넣게 될 계량실 내에 평원반을 장치하여 이 회전에 따라 일정량의 물을 기외로 배출하는 것으로, 흡사 말로 하여금 물을 흡출하는 작용과 같으며, 날개식은 그 계량실 내의 날개를 회전시키는 구조이므로 저항이 적고 따라서, 내구력이 풍부하여 가격이 싼 특징이 있으나 그 계량 작용은 매우 적고, 소량의 통수일 때는 유속이 심히 완만하여 날개를 회전시키지 못하는 결점이 있다.

건식과 습식을 비교하면 습식은 건식보다 구조상 저항도 적고 감도가 예민하여 내구력이 풍부하며 가격이 싸나, 겨울에 있어서 지침반의 유리판이 파손될 염려가 있고, 사용 수량의 조사 때에 기포 또는 물 때문에 지침점검이 곤란할 경우도 있다.

8.6 크로스 커넥션(cross connection)

8.6.1 크로스 커넥션의 발생원인

1) 수압의 저하(pressure drops)

배수관 내의 수압은 안정된 것이 이상적이지만, 실제로는 매우 변동이 심하다. 그 원인으로는

① 물의 사용량이 급변할 때 수압이 변동한다.

② 소화전을 열었을 때 급격한 수압변동이 일어난다.

③ 배수관이 사고에 의한 파열·절손으로 그 근처의 수압이 저하한다.

④ 배수관의 수리 때문에 니토관을 열었을 때도 저하한다.

⑤ 지반의 고저차가 심한 급수구역에서는 고지구에서 압력 저하가 일어나기 쉽다.

⑥ 배수관에 직접 연결된 가압 펌프의 운전에 따라 상류측에 압력 저하가 일어난다.

이러한 압력 저하가 생기면 급수장치에 연결시킨 사설 수도의 수압이 공공 수도의 수압보다 높아지고, 지수밸브가 불완전할 때에 공공 수도 쪽으로 역류한다. 또, 사설 수도와 크로스 컨넥션이 되어서 배수관이 단수 상태가 되면 배수관보다 높은 위치에 있는 급수장치 내의 물은 배수관 내로 흘러들어가 급수관 내의 압력이 저하되거나 진공상태가 발생한다. 또한 압력 저하는 배수관이나 급수관 내의 수격현상에 의해서도 발생한다.

2) 진공발생(vacuum conditions)

배수관 내의 압력저하가 만일 대기압 보다 작아지면 진공이 발생한다. 그림 8.7과 같은 원리에 의해서 높은 건물이나 고지구에 있어서는 급격히 진공이 발생하는 경우가 있으며, 그 진공 지속시간은 배관의 기밀의 양부에 따라 다르다. 배수관의 수압이 낮은 경우나 배수관에 연결된 급수관이 녹슬어서 손실수두가 큰 경우에 낮은 쪽의 수전으로 대량의 물을 방출하면 높은 곳의 물을 끌어내게 되고, 또한 배수관에 연결된 급수관의 구경이 작을 때 많은 수전을 동시에 열면 급수관 내에 부분적으로 진공현상이 일어나는 경우가 있다. 약간 큰 관이 급격히 진공상태가 되면 설사 1개소 정도의 수전이 열려 있어 공기가 들어가도록 완전하게 진공이 파괴되지는 않는다.

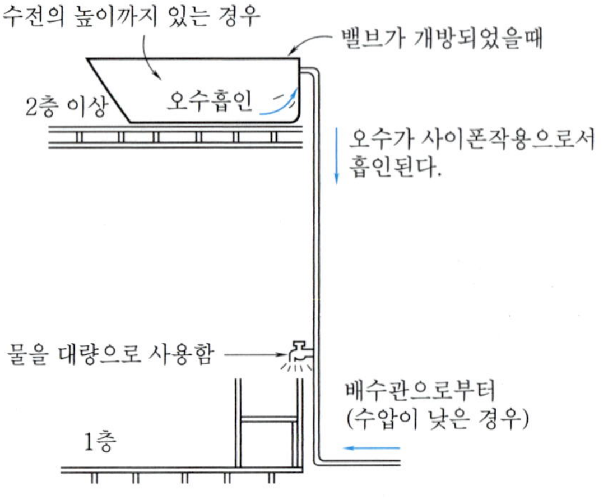

그림 8.5 오수가 흡입되는 원리

위와 같은 상태에서는 급수장치 내의 물이 공공수도의 배수관 내로 유입하여 그 물이 다시 다른 수요자의 급수전으로 흘러나올 가능성이 있다. 진공이 생길 때 급수전에 연결된 고무호스가 오수에 잠겨 있거나 급수전 그 자체가 물에 잠겨 있든가 하면 물을 빨아올린다. 또한 급수전이 물에 잠겨 있지 않아도 수면과의 간격이 작으면 공기를 빨아들일 때에 흡입기의 작용을 일으켜 동시에 물을 빨아올린다. 이렇게 하여 세면수·목욕탕물·수세변소의 물을 흡입하는 것이다.

보일러로 가는 급수관의 지수밸브가 열려있을 때에 증기압이 수압보다 크면 증기가 수도관내로 들어가 응결할 때 진공이 생기는 수도 있다.

3) 급수장치의 수압상승

급수장치에는 다음과 같은 장치가 포함되어 있으며, 이러한 장치와 공공 수도를 연결시킬 때 역지밸브가 완전하지 않다든가 지수밸브 조작을 잘못하면 역류가 생긴다.

① 여과장치·연수장치용으로 펌프를 설치하는 경우

② 온수·냉수 장치용으로 펌프를 설치하는 경우

③ 공기조절 장치용으로 펌프를 설치하는 경우

④ 냉동장치의 냉각수나 그 밖의 공업용·영업용 설비에 펌프를 설치할 경우

⑤ 소화스프링클러용으로 펌프를 설치하는 경우

⑥ 고압가스의 세정장치에서 가스압 때문에 역류가 생기는 경우

이러한 펌프류는 계통이 다른 장치로 되어 있지만, 보통 양정이 공공수도의 수압보다 높기 때문에 역지밸브 등을 통하여 역류가 생기는 것이다. 앞에서 설명한 자가용 수도와의 사이에서 생기는 크로스 커넥션도 이 대표적인 예이다.

8.7 저수조

저수조는 비상급수 및 안정적인 급수를 위하여 설계하며 위치에 따라 지하저수조, 고가수조(중간저수조 포함)로 구분한다.

저수조 설비는 구조, 재질에 의해 음용수가 오염될 가능성이 있으므로 설계 시공 또는 유지관리에 있어서는 구조, 재질상의 안전을 기함과 동시에 유해물질로 인한 음용수가 오염되지 않도록 충분한 배려가 있어야 한다.

8.7.1 지하저수조

1) 저수조의 구조

저수조는 외부에서 보수와 점검을 용이하고 안전하게 할 수 있어야 하며 저수조의 형상이 육면체일 경우 벽체의 외면은 건축물 기타의 부분과 간격이 상부 100cm 이상, 기타는 60cm 이상 공간을 확보해야 한다.

저수조를 지하에 설치할 경우는 건물의 지하층에 설치하는 것이 일반적이며 지하층이 없는 경우는 저수조실을 만들어 그 안에 설치토록 하고 조 위에 공간을 확보하여 외부에서 보수와 점검이 용이하게 되도록 한다.

또한 저수조는 위생상 유해한 액체나 물질을 저장하는 장소로부터 수평거리로 5m 이상 확보하여야 하며 5m 미만일 때는 콘크리트 중간벽 등 특별한 조치를 취한다(그림 8.7).

저수조 건축물 외부 지중에 설치하는 경우는 위생상 유해한 액체나 물질을 저류 또는 처리하는 시설(분뇨정화조, 배수관, 도로측구, 연못 등)로부터 5m 이상 떨어져야 하며, 5m 미만인 경우는 지중에 별도 저수조실을 만들어 저수조 주변 점검용 공간이 확보되도록 설치한다(그림 8.8).

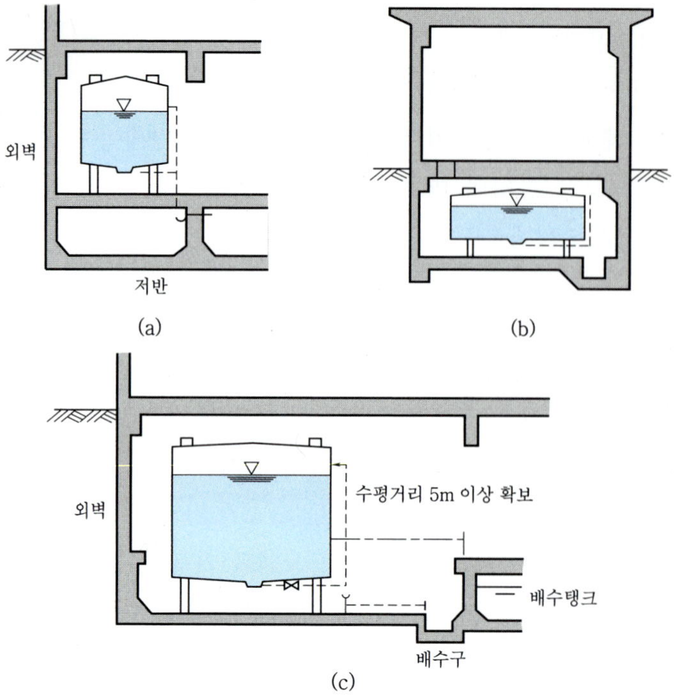

그림 8.6 지하저수조 설치

저수조는 내부의 보수 및 점검이 용이하도록 맨홀(원형은 직경 100cm 이상, 사각형은 한 변의 길이가 100cm 이상)을 1개 이상 설치토록 하며 맨홀의 형태는 청소용구의 출입 측면에서 사각형이 바람직하다.

맨홀 입구는 주위보다 10cm 이상 높게 턱을 만들고 뚜껑은 밀폐식으로 하여 외부에서 유해물질이 들어가지 않게 하며 시건장치를 한다.

저수조의 천정상부는 1/100 이상의 경사를 주어 청소수 및 유수 등이 정체되지 않도록 한다.

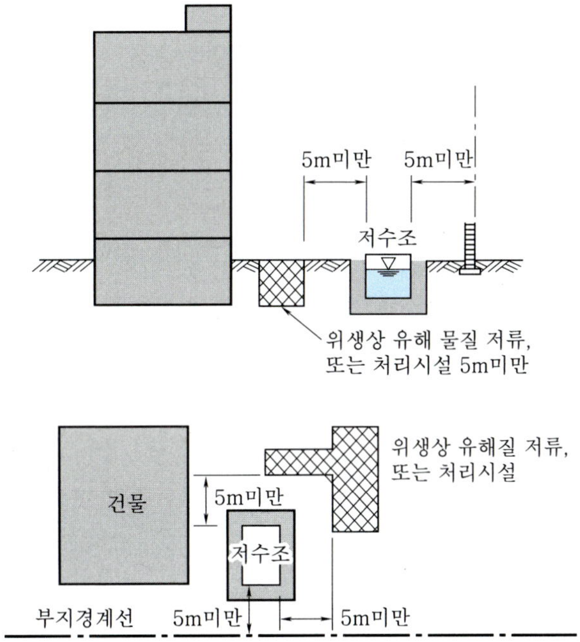

그림 8.7 지중저수조 설치

2) 저수조의 재질

저수조는 수질에 영향을 주지 않는 내식성 재료로서 수밀성이 확보되어야 한다. 저수조의 재료는 주로 철근 콘크리트, FRP(유리섬유 강화 폴리에틸렌), 스테인레스 등이 사용된다(구조체는 철근콘크리트, 내면은 스테인레스 처리하는 것이 바람직).

FRP제품의 경우는 조류증식을 방지할 수 있는 제품을 사용함이 바람직하며 구조상 내부에 빔을 설치할 경우에는 녹슬지 않는 재질로 하여야 한다.

3) 저수조내 물의 오염방지

저수조의 천정 바닥 또는 배관은 외부로부터 위생상 유해한 물질이 들어가지 않도록 설치하여야 하며 건축물의 상판이나 외벽 등을 이용하여 설치해서는 안 된다.

저수조내의 유입관은 역류가 되지 않도록 월류관과 공간을 확보한다.

저수조에는 월류관과 공기소통을 위한 통기관(저수조 유효용량 $2m^3$ 이상)을 설치하며 먼지 기타 위생상 유해한 물질이 유입되지 않도록 방충망을 설치한다. 월류관은 유입량이 충분히 배출될 수 있는 관경으로 하며 외부수가 역류되지 않도록 간접배수가 되도록 한다.

수도시설의 점검보수, 돌발사고 등에 대비하기 위하여 필요한 적정량은 1일 사용량으로 충분하므로 저수조의 적정한 용량이란 1일 평균사용수량을 기준으로 하는 것이 바람직하나 천재지변, 전시 기타 특별한 지역적 여건을 고려하여 확대할 수 있다.

8.7.2 고가수조

고가수조의 구조와 재질은 지하저수조에 준하며 그 설치위치는 급수기구가 원활히 작동할 수 있는 수압을 얻을 수 있도록 해야 한다. 그리고 충분한 강도를 가지며 내구성이 있고 수조 내부의 물이 오염되지 않는 구조 또는 재질로 만든 것이 좋다.

고가수조의 높이는 건축물 최상단의 급수전으로부터 상부 5m 이상의 위치를 수조의 저수위로 한다. 그러나 건축물 최상단 수세식변소가 있는 경우 그 수세변에서 상부 10m 이상의 위치를 수조의 저수위로 할 필요가 있다. 고가수조의 유효용량은 1일 사용수량의 1/10 정도를 표준으로 하고 있으나 유효용량이 너무 적은 경우에는 단위 시간당 양수량이 많게 되고 저수조내의 수면에 큰 요동이 올 때 수면 자동제어 장치에 의해 펌프운전에 지장을 준다. 또 펌프나 계장반 등의 수리시에 단수가 될 가능성도 있다.

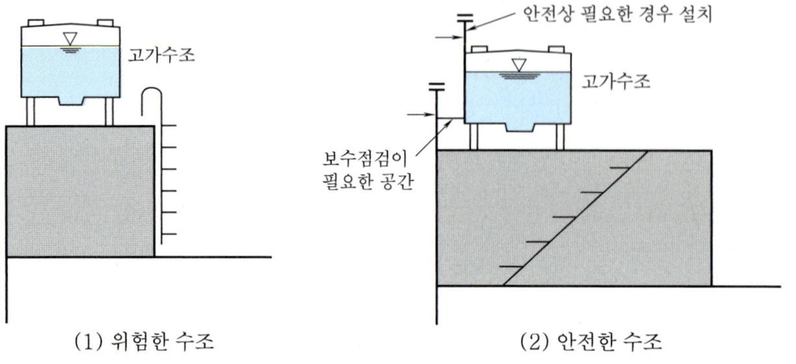

그림 8.8 고가수조의 설치

연습문제

8.1 직결식 및 저수조식 급수방식의 각각에 대해 채택하는 이유를 설명하시오.

8.2 크로스커넥션의 발생원인에 대해 설명하시오.

8.3 저수조 설비시 고려해야 할 사항에 대해 설명하시오.

8.4 급수관에서 누수가 생기는 원인과 조치법에 대해 설명하시오.

8.5 급수시설에서 수질관리 및 방지대책에 대해 설명하시오.

memo

PART 1 2

Chapter 9 중수도

9.1 중수도의 정의 및 용어

9.1.1 중수도의 정의

일상생활과 생활활동에 있어서 필요불가결한 물은 주로 수도시설을 통하여 수돗물로서 소비자에게 공급된다.

전체 수돗물 중에서 음용, 취사, 목욕, 세면용과 변기세정, 세탁, 청소, 세차 등의 가정용이 70%로서 대부분을 차지하고 있으며, 영업용으로 20%, 기타 목욕탕, 공공용, 소방용 등으로 약 10%가 소비되고 있다.

중수도(中水道, wastewater reclamation and reusing system)는 이와 같이 수돗물로 공급되고 있는 많은 용도 중에서 음용수와 같은 정도의 청정도를 필요로 하지 않는 용도에 대하여 그 각각의 용도에 알맞은 물을 공급하는 시설을 말한다.

중수도는 종래 부분적으로 사용되어 온 용어로서 즉 개정된 하수도법 제2조(정의)에서 "중수도" 라 함은 '건물·시설 등에서 발생하는 오수를 다시 처리하여 생활용수·공업용수 등으로 재이용하는 시설을 말한다.' 라고 정의하고 있다.

중수도의 넓은 의미로는 앞에서의 재이용수 뿐만 아니라, 음용 이하의 수질을 필요로 하는 다양한 용도, 처리수준을 갖는 중수도를 포함한다.

9.1.2 용어의 정의

(1) 중수

사용한 수돗물을 생활용수, 공업용수 등으로 재활용할 수 있도록 다시 처리한 물을 말한다.

(2) 중수도

사용한 수돗물을 생활용수, 공업용수 등으로 재활용할 수 있도록 하기 위하여 설치하는 처리시설, 송·배수시설 및 이용설비의 총체를 말한다.

(3) 중수처리시설

용도별 수질기준에 적합한 충분한 물을 얻을 수 있는 생물처리 시설, 침전지, 여과지, 소독 시설 등 필요한 처리를 하는 시설의 총체를 말한다.

(4) 중수 송·배수시설

중수를 중수처리시설로부터 이용설비까지 송배수하는 시설의 총체를 말한다.

(5) 중수이용설비

저수조·수세식변기·살수전 등 중수가 사용되는 설비의 총체를 말한다.

9.2 중수도의 용도와 효과

9.2.1 용도

도시에서 물의 용도는 크게 분류하면 생활용수, 업무용수, 산업용수(공업용수, 농업용수), 도시기능수로 나눌 수 있다. 용도별 수질은 그 이용 조건을 충분히 고려하여 검토하여야 하며, 하수처리수의 순환이용용도를 결정하기 위해서는 수질면에서 뿐만 아니라, 사회적 용인도와 인체에의 안전성을 고려해야 한다.

사회적 용인도는 중수도에 대한 사회적 인식의 반영이라 볼 수 있으나, 아직까지 우리나라에서는 이러한 재사용수가 널리 인식되지 못하여 용인도에 관한 자료가 부족한 실정이다. 그러므로, 이러한 물의 유한성과 물 수급의 불균형에 대해서 널리 알림으로써 물 이용의 합리화와 다양화를 기대할 수 있을 것이다.

인체에 대한 안전성은 인체와 재생수와의 접촉 가능성이 어느 정도인가에 따라 좌우된다. 이중에서 음용을 제외한 전용도에 중수도를 도입할 수 있으나, 음료용수, 주방용수와 경피적 접촉을 피할 수 없는 목욕용수, 세수용수 등은 심리적 문제점과 세균이나 바이러스 등의 공중 위생상 안전성 때문에 이를 대상으로 하는 것은 곤란하다.

그러므로 중수도의 용도는 다음과 같은 범위내로 한정시킬 수 있다.

① 수세식 변소용수

② 공기조화·냉각용 보급수

③ 세차용수

④ 살수용수, 가로청소용수

⑤ 조경용수(연못, 분수 등)

⑥ 소화용수, 융설용수

이중에서 비교적 수량이 많은 것은 ①~④이고, 또 이중에서 비교적 통제하기 쉬운 것은 ①, ② 라고 할 수 있다. 그러므로 재이용 용도는 수량이 많고 이용자와 피부접촉 빈도가 적은 수세변소용이나 공기조화·냉각용 보급수로 하는 것이 현실적이다.

9.2.2 중수도의 효과

급속한 도시화와 생활수준향상 및 산업발전으로 물수요량은 끊임없이 늘어나고 있다. 이와 같이 늘어나는 물 사용량에 비하여 강우의 계절적 편중으로 경제적으로 이용가능한 물자원의 총량은 한정되어 있다.

장래의 물 부족에 대처하기 위해서는 물을 아껴 써야 하며 이어서 쓰고 버린 수돗물을 재이용하는 중수도 제도의 도입이 불가피하게 되는 것이다. 특히 물을 다량으로 사용하는 대형의 건축물과 대단위 시설물이 늘어나면 공급량을 늘려나가는 데는 한계가 있다.

중수도를 도입할 경우에는 수돗물의 공급을 줄일 수 있으므로 수도시설을 늘리는 대신 그 투자예산을 깨끗한 수돗물 생산에 투입할 수 있게 되고 또 원수공급량도 그만큼 줄어들므로 댐건설 수요도 감소되는 효과가 뒤따른다.

수돗물 사용량의 감소는 하수발생량의 감소로 이어지므로 하수처리장의 규모를 줄일 수 있는 것은 그에 상응한 수질보전으로도 연결된다. 또 갈수시에 특히 대도시의 물 부족 상황에 효과적으로 대처할 수 있는 탄력성을 확보하게 되는 것이다.

9.3 중수도의 형태

물의 재이용은 순환방식에 따라 개방순환방식과 폐쇄순환방식으로 대별할 수 있다.

9.3.1 개방순환방식

개방순환방식은 하수를 처리하여 하천 등에 방류한 후, 하천에서 취수하여 재이용하거나 하수처리수를 지표에 살포하거나 침투시킨 후 재이용하는 방식이다.

9.3.2 폐쇄순환방식

이것은 하수처리수를 그 자체로 직접 중수로서 이용하거나 혹은 한 단계 더 처리하여 재이용하는 방식으로 사업주체와 중수도 보급의 지역적 범위에 따라 개별순환방식, 지역순환방식 및 광역순환방식으로 구분된다.

1) 개별순환방식

이 방식은 단일 건물이나 시설물에서 발생하는 오수를 자체 정화하여 중수도 용수로 순환 이용하는 것을 말한다. 원수로서는 배출되는 전오수가 되지만 수량이 충분할 경우에는 위생적 관점에서 수세식변소의 오수는 제외하는 것이 일반적이다. 개별순환방식은 단일건물이나 시설물 단위로 중수도가 채택되므로 설치관리의 주체도 당연히 건물이나 시설물의 소유자 또는 관리자가 된다.

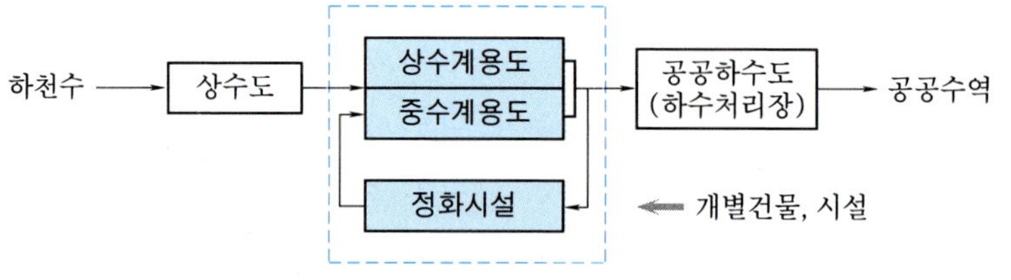

그림 9.1 개별순환방식 계통도

2) 지구순환방식

지구순환방식은 주택단지나 재개발지구 등과 같이 일정한 지역을 대상으로 중수도시설을 갖추는 것을 말한다. 이 경우의 원수는 그 지역에서 발생하는 하수처리수 이외에 하천수나 우수 등이 사용되기도 한다.

지구순환방식의 중수도를 설치할 때에는 주택단지나 재개발 사업자와 건축물의 소유자가 공동으로 중수도를 설치·운영하게 된다.

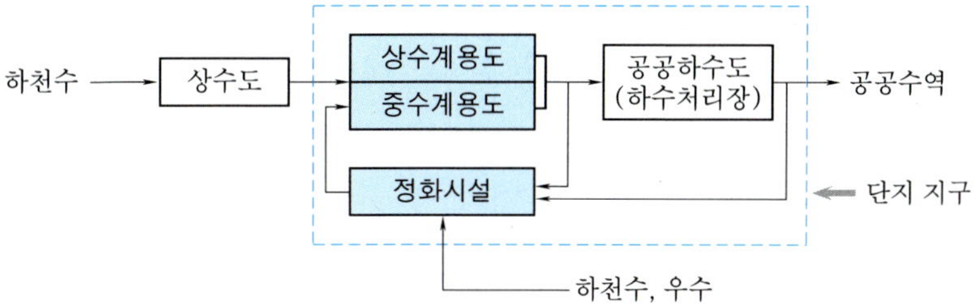

그림 9.2 지구순환방식 계통도

3) 광역순환방식

광역순환방식은 일정 지역이나 도시에서 광역적, 대규모적으로 중수도를 채택하는 방식이다. 원수로서는 하수처리수, 하천수, 공장배수, 우수 등이 사용된다. 이 경우의 중수도는 국가, 지방자치단체가 직접 설치, 운영하는 것이 바람직하다.

신도시, 신시가지 개발시에는 비교적 용이하게 동 방식의 채택이 가능하며 기존 시가지에는 모든 도로, 건물에 중수도 배관을 새로이 추가하여야 하므로 현실적으로 채택이 거의 불가능하다.

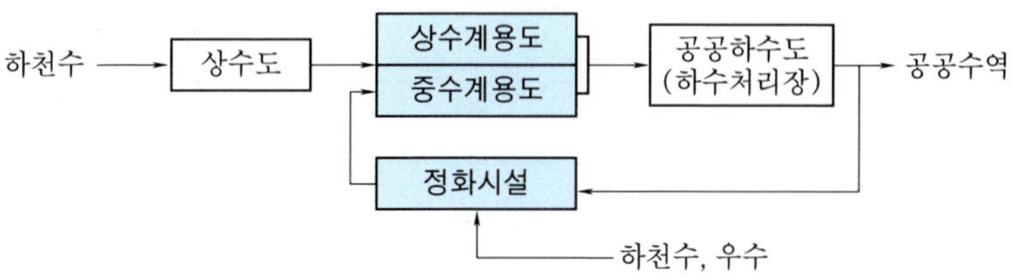

그림 9.3 광역순환방식 계통도

9.4 중수처리 및 수질기준

9.4.1 중수처리방식

일반적으로 중수처리방식은 ① 원수의 수질, ② 중수이용수량, ③ 용도별 수질기준을 기초로 하여 현재 운영하고 있는 처리공정의 실적(설계제원, 경제성, 유지관리 측면)을 고려하여 결정한다.

중수원수 중에는 통상 부유성유기물, 용해성유기물, 질소, 인, 무기염류, 중금속, 색도성분, 냄새성분, 대장균 등이 함유되어 있다.

이들의 물질을 종합적으로 처리할 수 있는 단독의 처리공정은 없고, 각각의 물질에 대응된 처리공정을 조합하여 처리한다. 중수 용도별 수질기준에서 볼 때 중수처리 공정으로 처리하는 오탁물질은 주로 부유성유기물, 용해성유기물, 색도성분, 냄새 및 대장균 등이다.

표 9.1 중수처리방식

구분	처리공법		내용
전처리	스크린, 침사지, 파쇄		주로 물리적인 처리를 이용하여 원수 중의 조대 고형물을 제거시키며 후속처리공정을 보호
주처리	생물처리	활성슬러지 접촉산화법 장기공기공급법	미생물을 이용하여 원수내의 유기물을 제거
	화학처리	응집, 침전	약품 침전을 이용하여 부유물질, 콜로이드성 물질 등을 제거
		오존산화	오존산화를 통한 유기물, 독성물질 등의 제거
후속처리	침전지		생물처리유출수를 고액분리하여 미생물은 생물반응조로 반송시키고 상등액만을 유하
	응집, 침전		주처리공정에서 미제거 된 미세입자, 콜로이드성 물질 등을 알루미늄염, 철염 등의 응집제로 응집, 침전시켜 제거
	막분리		생물처리의 침전지를 대신하는 개념으로 생물 처리유출수의 고액분리 및 주처리로 제거가 불가능한 미세 고형물질의 제거
	여과지		모래, 안트라 사이트 등의 여재를 이용한 체거름 작용에 의하여 주처리 공정에서 제거되지 않은 부유물질의 제거
	활성탄		활성탄의 흡착을 통하여 주처리에서 처리하지 못한 부유물질, 미세고형물, 색도, 중금속 등을 제거
	소독	염소소독 오존소독 자외선소독	소독제의 산화력을 이용하여 유출수내의 병원균을 제거

- 처리공정의 분류
  - 부유성 유기물
    - 응집침전
      - 석탄 및 황산반토 응집침전 처리
      - 기타
    - 여과처리
      - 사여과 처리
      - 마이크로 스크린 처리
      - 기타
  - 용해성 유기물 (색도, 냄새성분 포함)
    - 생물처리
      - 접촉산화 처리
      - 회전원판접촉 처리
      - 기타
    - 활성탄흡착 처리
    - 오존처리
  - 세 균
    - 오존살균처리
    - 염소살균처리

그림 9.4 중수처리 공정의 분류

9.4.2 용도별 수질기준

중수도의 수질은 다음의 용도별 수질기준에 적합하도록 유지관리 되어야 한다.

표 9.2 용도별 수질기준(하수도법시행규칙)

구분	수세식 변소용수	살수용수	조경용수	세차·청소용수
대장균군수	불검출/100mL	불검출/100mL	불검출/100mL	불검출/100mL
잔류염소(결합)	0.2mg/L 이상일 것	0.2mg/L 이상일 것	-	0.2mg/L 이상일 것
외관	이용자가 불쾌감을 느끼지 아니할 것	이용자가 불쾌감을 느끼지 아니할 것	이용자가 불쾌감을 느끼지 아니할 것	이용자가 불쾌감을 느끼지 아니할 것
탁도	2NTU를 넘지 아니할 것	2NTU를 넘지 아니할 것	2NTU를 넘지 아니할 것	2NTU를 넘지 아니할 것
생물화학적 산소요구량(BOD)	10mg/L를 넘지 아니할 것	10mg/L를 넘지 아니할 것	10mg/L를 넘지 아니할 것	10mg/L를 넘지 아니할 것
냄 새	불쾌한 냄새가 나지 아니할 것	불쾌한 냄새가 나지 아니할 것	불쾌한 냄새가 나지 아니할 것	불쾌한 냄새가 나지 아니할 것
pH	5.8~8.5	5.8~8.5	5.8~8.5	5.8~8.5
색도	20도를 넘지 아니할 것	-	-	20도를 넘지 아니할 것
화학적 산소요구량 (COD, Mn 기준)	20mg/L를 넘지 아니할 것	20mg/L를 넘지 아니할 것	20mg/L를 넘지 아니할 것	20mg/L를 넘지 아니할 것

- *살수용수라 함은 도로청소작업, 건설공사 등을 하는 경우에 뿌리는 물로 이용되는 중수도를 말한다.*
- *조경용수란 주택단지 등에 있어서 인공연못·인공폭포·인공하천 및 분수 등에 이용하는 중수도를 말한다.*
- *공업용수로 쓰는 중수도에 대하여는 수질기준을 적용하지 아니한다.*

9.5 중수도 적용방안

1991년 이후 중수도 보급 확대를 위하여 여러 가지 정책적 노력을 기울였으나 아직까지 그 효율은 미비한 편이다. 여기에는 여러 가지 요인이 있겠으나 크게 경제적 요인과 기술적 요인의 두 가지 정도로 생각해 볼 수 있다.

1) 경제적 요인

중수도의 경제성을 분석할 때는 중수도의 설치 운영 주체의 입장과 국가적 편익을 동시에 고려하는 것이 필요하다. 그러나 중수도 보급 확대의 가장 큰 저해요인은 너무 낮은 수도요금으로 중수도 시설을 설치함으로 얻는 경제적 이득이 적기 때문에 중수도의 설치를 기피하는 것이 사실이다. 이러한 문제를 해결하고 중수도 시설 설치로 인한 경제적 이득을 늘이기 위해 다음과 같은 정책적 방안을 고려할 수 있다.

① 수도요금 및 환경개선부담금 감면

지역에 따라 20~50% 가량 수도요금을 감면 지원하여 중수 사용이 경제적 이득을 가지게 함

② 조세 감면 및 금융지원 확대

중수도 시설 투자비에 대한 조세감면과 설치 시 금융지원을 실시

③ 지방 양여금에서의 지원

중수도 시설 설치를 다른 환경기초시설과 마찬가지로 보고 지방 양여금 중 일부 지원함

④ 중수도 시설 설치의 의무화

우선 신축 건물에 대하여 중수도의 설치를 의무화하고 점차 일정규모 이상의 건물에 대해 중수도 설치를 의무화시킴

⑤ 수질환경보전법에 중수도 시설의 법적 규정 명료화

중수는 사용목적상 상수로 구분될 수 있으므로 수도법으로 규율하도록 함

2) 기술적 요인

기술적인 요인은 경제적인 요인과 연관하여 고려되어야 한다. 현재까지 수많은 중수도 공정이 개발되었으나 현실적으로 적용하여 중수공급이 경제적 이점을 가지도록 하기 위해

서는 해결되어야 할 많은 문제점을 가지고 있다. 특히 중수도의 특성상 부지사용이 제한되는 지역에 설치하는 경우가 많으므로 장치의 간소화를 통한 부지소요의 감소가 필요하며, 지속적인 유지를 위해서는 전문인력이 필요치 않은 간편한 운전이 가능한 공정의 개발이 필요하다. 기술적인 측면에서 중수도의 보급확대를 위하여 고려해야 할 방안은 다음과 같이 요약할 수 있다.

① 공정의 간소화를 통한 부지 소요 감소

② 운전 조작의 단순화를 통하여 전문인력의 소요를 최소화시킴

③ 막의 막힘 현상 등의 운전상의 문제점 해결

④ 중수처리시설의 수질과 수량의 안정적 보급 방안 모색

중수도제도 도입의 초기단계에서 정부는 개별순환방식에 의한 중수도의 보급에 중점을 두고 있다. 앞으로 중수도 제도가 정착되면 하수처리수의 재이용 방안도 본격적으로 연구되어야 할 것이다.

막대한 투자비를 들여 건설하는 하수처리장이 단순히 하수의 위생적 처리기능으로 그칠 것이 아니라 한정된 물자원의 재생, 재이용 기능을 갖는 생산시설로서 효용을 갖추기 위해서는 처리된 하수의 재이용을 촉진하는 일이 중요하다.

앞으로 하수처리율의 상승이 제고될 것이므로 이로서 정화되는 막대한 양의 하수는 그 자체가 바로 훌륭한 물자원이 될 것이기 때문이다.

공단폐수처리장이나 개별공장의 폐수처리장에서 정화되는 폐수도 자원으로서 재이용한다면 경비절감과 함께 환경오염을 크게 줄일 수 있게 된다.

결과적으로, 하수처리수 순환이용은 물 수급이 어려운 대도시 지역에 있어서 앞으로 불가피한 과제일 것으로 생각된다.

우리나라 하수처리장의 처리수는 도시내 생활용수, 업무용수, 농업용수 및 하천유지용수로 선진국의 예와 같이 폭넓게 이용될 수 있다. 재이용을 위한 지역여건, 처리정도, 도시특성, 용수수급문제, 안전성 확보 등의 사항을 고려한 기초조사, Pilot plant 운전 등의 기술적 개발 및 적용을 위한 가이드라인이 국가적인 차원에서 준비되고 시행되어야 할 것이다.

/ 연습문제 /

9.1 중수도를 설치했을 때 얻을 수 있는 효과는 무엇인가?

9.2 중수도의 효과를 높이기 위한 전제조건은 무엇인가?

9.3 중수를 사용할 때 고려되어야 할 사항은 무엇인가?

Part 2 하수도

SEWERAGE

SEWERAGE

PART 1 2

Chapter 1
개설

1.1 하수도의 목적과 연혁

하수도(下水道, sewerage)의 목적은 인간의 생활환경을 쾌적하게 유지하는 것에 있다. 오수를 신속하게 배제하여서 유행병, 파리발생, 악취 등을 방지하여 주거환경의 위생 및 미관을 유지시키는 것이 목적의 하나이다. 또 최근에는 도시의 인구조밀화에 의한 유수지의 감소, 지하수의 과잉취수에 의한 지반침하, 포장면적, 주택면적의 증가에 따른 지하침투수량 감소 등의 원인에 의해 강우 때에 침수하는 지역이 증가하고 있다. 침수는 물리적인 피해뿐만 아니라 위생적으로도 큰 재해를 초래하는 위험이 있으며, 이 같은 도시재해를 방재하기 위해서 우수를 신속하게 배제하는 것은 하수도의 큰 목적의 하나로 되어 있다.

하수도의 목적은 위에서 설명한 것과 같은 국지적인 환경위생의 보존만 한정하는 것은 아니다. 인간의 거주구역에서 발생하는 오탁량이 그 수용체인 공공수역이 갖는 자정작용의 한계를 초월하면 수질오탁현상이 일어난다. 하수도는 그 공공구역의 수질을 보전한다고 하는 큰 사명을 갖고 있는 것이다.

위에서 설명한 하수도의 목적에서 하수도에 요구하는 기본적 요건은 오수의 배제, 우수의 배제, 오탁수의 처리로 정의할 수 있다. 오탁수로서 현재는 오수만을 생각하고 있다. 그러나 이미 강우 초기에 노면을 씻어서 유출하는 우수의 오탁은 수용수역을 오염시키므로 장래는 우수의 처리에 대해서도 고려하지 않으면 안 될 것이다.

하수도의 system은 크게 구별하여 오수계와 우수계가 있다. 우수계에는 침수의 방재라는 역할이 있다. 하수도의 Image는 오수계가 선행하고 있는 느낌이 있지만, 우수계에 있는 역할도 중요하다. 침수라는 Image는 하천 등의 범람 등 대규모인 사태를 생각하기 쉽지만 도시화에 의해서 야기되고 있는 소규모에서 빈발하는 침수(도시형 침수)를 하수도의 수비범위로 하고 있다. 오수계에 대해서는 생활환경의 개선, 공공용수역의 수질보전의 2가지 중요한 역할이 있다.

생활환경의 개선에 대해서는 주변환경의 개선과 변소의 수세화가 있고 생활, 산업에 의한 오수가 주택주변에 체류하면 악취, 파리, 모기의 발생 뿐만 아니라 공중위생상의 문제도 일으킨다. 그러므로 하수도를 설치하면 오수는 빨리 배제되고 주변환경이 개선된다. 또한 수세변소는 문화의 요소라고 말해지며 쾌적한 생활과 양호한 환경을 위한 중요한 요소이다.

하수도는 3가지의 주축외에 다양한 부차적 효과를 가지고 있으며 첫째로는 수자원의 유효이용으로 처리수 등을 공원용수, 잡용수, 농업용수 등에 이용하고 있다. 둘째로 유기무기자원의 유효이용으로 증가가 계속되는 슬러지를 비료, 토목재료 등에 이용한다. 셋째로 토지의 유효이용으로 시가지의 주요지점에 위치한 펌프장, 처리장 용지의 고도 이용이다.

이와같이 하수도가 3개의 큰 주축(침수의 방재, 생활환경의 개선, 공공용수역의 수질보전)이외에 사회생활에 복잡하게 얽혀서 새로운 역할, 효과를 일으키고 있는 것이다.

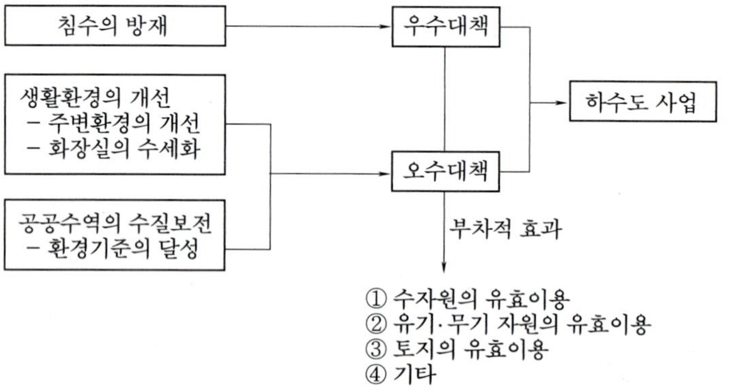

그림 1.1 하수도의 역할 개념도

하수도란 하수도법 제2조에서 "하수도"란 하수와 분뇨를 유출 또는 처리하기 위하여 설치되는 하수관로·공공하수처리시설·간이공공하수처리시설·하수저류시설·분뇨처리시설·배수설비·개인하수처리시설 그 밖의 공작물·시설의 총체를 말한다.

"공공하수도"라 함은 지방자치단체가 설치 또는 관리하는 하수도를 말한다. 다만, 개인하수도를 제외한다. "개인하수도"라 함은 건물·시설 등의 설치자 또는 소유자가 당해 건물·시설 등에서 발생하는 하수를 유출 또는 처리하기 위하여 설치하는 배수설비·개인하수처리시설과 그 부대시설을 말한다.

"하수관로"란 하수를 공공하수처리시설·간이공공하수처리시설·하수저류시설로 이송하거나 하천·바다 그 밖의 공유수면으로 유출시키기 위하여 지방자치단체가 설치 또는 관리하는 관로와 그 부속시설을 말한다.

이와 같이 공공하수도를 설치하는 데는 물론이고 이를 유지관리(특히 종말처리장)하는 데는 상당한 유지관리비가 소요되기 때문에 하수도를 사용하는 자로부터 사용료를 징수하여 그 경비를 충당하고 있다. 하수도 사용료는 일반적으로 공공하수도에 흐르는 하수량이 그 사용자에게 공급된 상수도 급수량과 거의 같기 때문에 상수도 계량기에 의해서 계량된 수량에 따라 사용료를 정하고 있다.

하수도가 완비되어 있지 않으면 우수는 저지대에 위치한 기존주택가의 침수를 유발하고, 오수는 그대로 하천에 흘러들어가 수질오염 문제를 일으켜 하류 쪽의 물 이용에 중대한 장해를 주게 된다. 이는 하천 수질보전에 있어 하수도가 커다란 기능을 수행한다는 것을 보여주는 것이다.

최초로 하수처리의 필요성을 인식한 국가는 영국이며, 하수의 방류에 의하여 테임즈강이 현저히 오염되었던 시절인 1859년경에 그 양안에 큰 차집거를 축조하여 하류 약 19km 지점까지 운반하여 방류하였다. 이것은 하수를 정화처리한 것은 아니지만 테임즈 강의 오염방지를 위한 광의의 하수처리로 볼 수 있다.

그 후 접촉여상(contact bed), 살수여상(tricking filter), 부패조(septictank) 등이 1980년을 전후하여 발달되었으며, 1903년 영국에서 Travis tank, 1907년 독일에서 Imhoff tank의 2층조가 부패조를 개량하여 고안되었다.

표준활성슬러지법은 1913년 영국에서 개발한 하수처리방식으로 1916년 미국에서 실용화되어 전 세계에 보급된 생물학적 하수처리방식이었다. 이 처리법은 하수처리공법 가운데 가장 많이 사용하는 방식으로 하수에 대해 1차 침전처리 후 2차로 호기적(好氣的) 조건하에서 하수의 유기물을 산화하는 미생물과 함께 포기조(曝氣槽)에서 포기, 교반해 하수속의 콜로이드상(狀) 또는 용해한 물질을 활성슬러지에 흡착하게 하고 이를 침전시켜 하수를 정화하는 방식이다.

현재 약품침전 혹은 하수처리부산물인 슬러지의 처리에 대한 연구 등 하수처리방법의 발달은 상당한 수준의 상태에 있다.

오늘날 산업화와 더불어 도시화가 진행되면서 대도시를 중심으로 인구가 급격히 증가하고 이로 인해 도시하수에 배출되는 하수량이 급증함에 따라 수질오염문제가 대두되었다. 또한 공장에서 배출되는 산업폐수도 수질오염을 가중시켰다.

자연의 자정작용 능력은 일정한 한계를 보이며 이를 넘어서게 되면 자연의 평형상태는 무너지고 인간에게 치명적인 피해와 영향을 주는 환경파괴를 초래하게 된다. 이에 따라 인위적인 하수처리가 불가피해지게 되는데, 우리나라는 1970년대 들어 도시화와 산업화의 급속한 진전에 따라 최초로 하수처리시설을 건설해 하수처리 시대를 열었다.

최근 도시에 있어 다양한 요구중에서 하수도의 국제적 최소로서의 위치가 높아지기 때문에 하수도를 둘러싼 환경이 변화하고 이에 따른 하수는 새로운 과제의 대응에 다가가고 있다.

첫째는 정비의 중심이 중소도시로 이행하여 종래까지의 대도시형 하수도 system을 적용할 수 없게 되었다. 그때문에 system의 소규모화에 대응하기 위해서는 최소구경, 맨홀펌프, 처리장의 간이화 등의 다양한 시도가 제언되고 있다. 둘째로 유지관리의 문제이다. 하수도의 기능을 충분히 발휘시키기 위해서는 유입수질규제에 대해 노력을 하고 적절한 민간 위탁에 의해 행정체 조직의 간소화를 도모할 필요가 있다.

셋째로 하수도에 대한 다양한 요구로의 대응이다. 도시에 혜택과 여유를 충분히 되돌려주기 위한 실개천의 회복, 수자원의 유효이용을 도모하기 위한 하수처리수의 잡용수로서의 이용, 하수도시설공간의 다목적 이용 등을 적극적으로 추진할 필요가 있다. 넷째로는 핍박한 재정상황하에서 사업의 효율적 집행이다. 관로의 포설에 대해서도 효율적 지구의 우선시공, 간선의 2개관화 및 처리장의 초기 대책의 철저 등의 대응이 뒤따라야 한다.

1.2 하수도의 효과

하수도는 도시에 필요불가결한 위생시설이며 그 외에도 다음과 같은 각종의 효과를 가지고 있다.

1) 보건위생상의 효과

하수도시설을 함으로써 질병의 발생과 유행을 방지하며, 전염병 특히 장티푸스와 이질에 의한 사망률의 감소, 모기 및 파리의 발생을 방지할 수 있다.

하수의 정체에 의한 각종 전염병의 위협과 불결한 생활을 영위하였던 경험이 하수도의 신설 후 완전히 개선되는 것은 누구든지 느끼는 사실이다.

또한 불결한 재래식 화장실은 그 냄새로 인하여 항상 불쾌감을 유발하며 지하침투 및 누출에 의한 토지의 오염, 파리, 모기 등의 매개에 의한 병균의 전파 등 여러 폐단 때문에 도시생활에서는 특히 하수도의 시설이 필요하다.

2) 우수에 의한 침수범람의 방지

호우에 의한 침수범람 때문에 일반교통, 재산 및 위생상의 재해는 물론 생산능력이 저하하는 등 하수도의 유무에 따르는 차이는 현저할 것이다. 즉, 하수관의 크기는 이상강우시 우수를 지체 없이 배재할 수 없는 경우도 있으나, 이때에도 정체하는 시간은 극히 단시간이며 만일 하수관이 시설되어 있지 않은 경우에는 수일간 우수가 정체할 때가 있다.

이때 주의를 하여야 할 것은 상류지역에 하수관을 매설한 결과 너무 빨리 유출하여 하류지역이 범람하는 일이 없도록 하여야 한다. 그러므로 하수도사업은 일종의 도시수해방지대책으로도 볼 수 있다.

3) 토지이용의 증대

하수도의 시설은 지하수위를 저하시키고, 습지를 개량하여 건설부지와 공장부지를 조성하여 도시의 발전을 촉진시키며 종래의 도랑 등이 필요없게 되고 그 부지를 다른 용도로 이용할 수 있으며 또한 부근의 지가도 급등시킨다.

4) 도로비 및 하천 준설비의 절감

지반의 개량에 의하여 노면의 손상을 경감시키며 재래의 도랑을 콘크리트 측구로 축조함으로써 유지수선비를 감소시키고, 수로측구 등을 암거로 함으로써 도로의 축조비를 절감하는 등 일반도로비용의 절감에 상당히 큰 효과를 가져오며, 하천에 유출되는 토사량을 감소시키므로 하천의 준설비를 절감한다.

5) 하천정화

생하수가 직접 하천에 유입하면 하천은 오염이 되나 하천 자체의 유량이 풍부히 흐른다고 가정하면 자정작용에 의하여 재차 맑은 물로 되며 하천은 오염되지 않는다.

그러나 도시하천은 그와 같이 맑은 물이 풍부하지 못하며, 도시발전에 따라 점차로 오염되어 가고 있으므로 하수를 처리하지 않고 방류하는 것은 피해야 하며 정화하여 방류할 필요가 있다.

여기서 말하는 하수도란 물론 하수처리시설을 구비한 하수도를 의미하며 하수도에 의하여 하천정화 및 항만의 정화, 수도수원의 보호 혹은 양어장, 수영장, 유람 등에 관한 효과는 상당히 크다고 볼 수 있다.

6) 도시미관의 증대

하수도의 완성에 의하여 도시미관을 증대시키며, 도시의 품위를 높이고 문화시설에 의하여 살기 좋은 생활을 영위할 수 있으므로 정신적 효과는 상당히 크다고 볼 수 있다.

1.3 하수도의 구성

1.3.1 배제방식

하수도를 시설면에서 보면 오수배제, 우수배제, 펌프장, 종말처리장의 각 시설이 되며 종말처리장에는 슬러지 처리시설을 포함한다. 최근에는 방류수의 수질향상을 위해서 3차 처리 혹은 고도처리라 부르는 시설을 부가하고 있다.

오수와 우수는 지하에 매설된 관로에 의하여 수집되어 처리장이나 처분되는 장소까지 수송된다. 하수도는 오수 및 우수의 배제방식에 따라 합류식과 분류식으로 분류한다. 합류식 하수도는 오수와 우수의 양쪽을 1개의 관로로 배제하는 것이며(그림 1.2(a)) 이 방식에서는 평상시는 오수와 우수의 전량을 처리장으로 운반하여 처리하나 호우시에는 용량 이상의 물은 무처리하여 방류한다.

분류식 하수도는 오수와 우수를 별개의 계통으로 배제하는 것을 말하며(그림 1.2(b)) 오수만을 처리하며 우수는 무처리하여 방류한다.

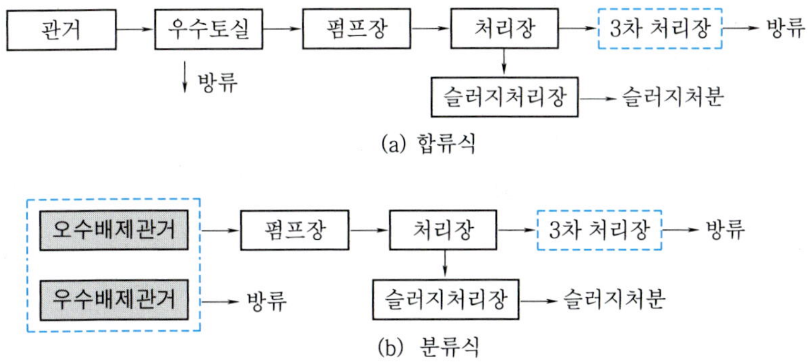

그림 1.2 하수배제방식

분류식은 오수만을 처리장으로 수송하는 방식으로서 우천시에 오수를 수역으로 방류하는 일이 없으므로 수질오염 방지상 유리하다. 또한 재래의 우수배제시설이 비교적 정비되어 있는 지역에서는 이들의 시설을 유효하게 이용할 수가 있기 때문에 경제적으로 하수도의 보급을 추진할 수가 있다.

그러나 분류식에 있어서도 강우초기에 비교적 오염된 노면배수가 우수관로를 통해 직접 공공수역에 방류되는 점, 도로 폭이 좁고 여러 가지 지하매설물이 교차되어 있는 기존시가지에서 우수관로와 오수관로를 모두 신설할 경우에 시공상 곤란한 점, 또한 분류식의 오수관로는 소구경이기 때문에 합류식에 비해 경사가 급해지고 매설깊이가 깊어지는 등의 문제점이 있다.

한편, 합류식은 단일관거로 오수와 우수를 배제하기 때문에 침수피해 다발지역이나 우수배제시설이 정비되어 있지 않은 지역에서는 유리한 배제방식이며, 분류식에 비해 시공이 용이하다. 이 두 배제방식을 비교하면 표 1.1과 같고, 관로 계통은 그림 1.3과 같다.

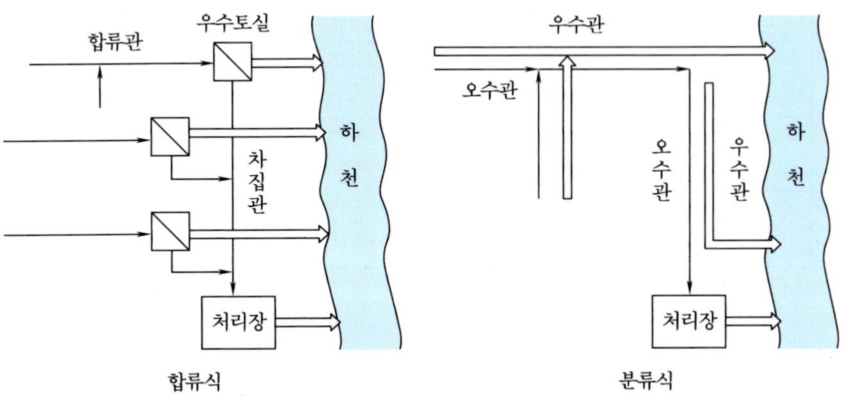

그림 1.3 합류식과 분류식 관로 계통

표 1.1 배제방식의 비교

검토사항		분류식	합류식
시설면	관로계획	오수와 우수를 별개의 관로에 배제하기 위해 오수의 배제계획이 합리적으로 된다.	우수를 신속히 배수하기 위해서 지형조건에 적합한 관로망이 된다.
	시공	오수관거와 우수관거와의 2계통을 동일 도로에 매설하는 것은 매우 곤란하다. 오수관거에서는 소구경관거를 매설하므로 시공이 용이하지만, 관거의 경사가 급하면 매설깊이가 크게 된다.	대구경관거가 되면 좁은 도로에서의 매설에 어려움이 있다.
	건설비	오수관거와 우수관거의 2계통을 건설하는 경우는 비싸지만 오수관거만을 건설하는 경우는 가장 저렴하다.	대구경관거가 되면 1계통으로 건설되어 오수관거와 우수관거의 2계통을 건설하는 것보다 저렴하지만 오 수관거만을 건설하는 것보다는 비싸다.
유지관리면	관거오접	철저한 감시가 필요하다.	없음
	관거내 퇴적	관거내의 퇴적이 적다. 수세효과는 기대할 수 없다.	청천시에 수위가 낮고 유속이 적어 오물이 침전하기 쉽다. 그러나 우천시에 수세효과가 있기 때문에 관거내의 청빈속도가 적을 수 있다.
	처리장으로의 토사유입	토사의 유입이 있지만 합류식 정도는 아니다.	우천시에 처리장으로 다량의 토사가 유입하여 장기간에 걸쳐 수로바닥, 침전지 및 슬러지소화조 등에 퇴적한다.
	관거내의 보수	오수관거에서는 소구경관거에 의한 폐쇄의 우려가 있으나 청소는 비교적 용이하다. 측구가 있는 경우 는 관리에 시간이 걸리고 불충분한 경우가 많다.	폐쇄의 염려가 없다. 검사 및 수리가 비교적 용이하다. 청소에 시간이 걸린다.
	기존수로의 관리	기존의 측구를 존속할 경우는 관리자를 명확하게 할 필요가 있다. 수로부의 관리 및 미관상의 문제가 많다.	관리자가 불명확한 수로를 통폐합하고 우수배제계통을 하수도관리자가 총괄하여 관리할 수 있다.
수질보전	우천시의 월류	없음	일정량 이상이 되면 우천시 오수가 월류한다.
	청천시의 월류	없음	오수량의 증가가 있으면 발생한다.
	강우초기의 노면세정수	노면의 오염물질이 포함된 세정수가 직접하천 등으로 유입된다.	시설의 일부를 개선 또는 개량하면 강우초기의 오염 된 우수를 수용해서 처리할 수 있다.
환경면	쓰레기 등의 투기	측구가 있는 경우나 우수관거에 개거가 있을 때는 쓰레기 등이 불법투기 되는 일이 있다.	없음
	토지이용	기존의 측구를 존속할 경우는 뚜껑의 보수가 필요하다.	기존의 측구를 폐지할 경우는 도로폭을 유효하게 이용할 수 있다.

1.3.2 배수계통(sewerage system)

배수계통은 하수도계획의 근본이 되는 것으로 그 잘못은 관거 매설에 있어서 중대한 영향을 미치게 하며, 유수의 원근지속(遠近遲速)을 생각해서 이해득실을 비교 연구하고, 기술적으로 결정해야 한다. 경우에 따라서는 병용하여도 좋다.

1) 직각식(直角式 , 수직식 : rectangular system or perpendicular system)

도시중앙에 큰 강이 흐를 때나 해안을 따라 개발된 도시에서 하수를 강이나 바다에 직각으로 연결되는 하수관거에 의하여 배출시키는 형식으로, 배수가 신속하고 비용도 적게 든다. 단, 이 방법에 있어서는 비교적 토구의 수가 많으며 또한 하해(河海)의 수위가 높고, 간만의 차가 심한 곳에는 방수, 방조문을 설치해야 한다. 또한 장래 차집식으로 변경할 수 있도록 관의 고저 등에 주의해서 관거를 부설할 필요가 있다.

2) 차집식(遮集式, intercepting system)

토구가 많은 직각식의 결점을 보완한 방법으로서 하천을 따라서 차집거를 설치하여 간선하수관로로 유하한 하수를 차집거에서 차집하여 하수종말처리장으로 유하되도록 한다. 이 방법을 차집식이라 하는데, 이때 하수배제방식은 합류식인 경우가 많고, 하천부근에 우수토실(雨水吐實)을 설치해서 우수는 익류(溢流)하여 하천에 방류하고 오수는 차집거로 하수처리장으로 보낸다.

3) 선상식(扇狀式, fan system)

지형이 한 방면으로 규칙적인 경사를 이루거나 혹은 하수처리관계상 전 지역의 하수를 한 개의 한정된 장소로 집중시킬 경우에 그 배수계통을 나뭇가지형으로 배치하는 방식을 선상식이라 한다. 선상식은 지세가 단순하여 쉽게 한 지점으로 하수를 집결할 수 있을 경우는 매우 경제적이고 처분상 좋다. 그러나 대도시에서는 시가지 중심의 밀집지역에 하수간선이나 펌프장들이 집중되기 때문에 부적당하다.

4) 방사식(放射式, radial system)

지역이 광대해서 하수를 한 장소에 모으기가 곤란할 때 배수지역을 여러 개로 구분해서 중앙부터 방사형으로 배관하고 각 장소별로 처분하는 것을 방사식이라 한다. 방사식은 관거의 최대연장이 짧으며 소관경이므로 경비를 절약할 수 있으나, 반면에 처리장이 많아지는 결점이 있다. 대도시에는 적합하나 중소도시에서는 부적합한 방법이다.

5) 평행식(平行式, 고저단식, parallel or zone system)

지형상 고지대와 저지대가 공존할 때 고지대는 자연유하에 의하고 저지대는 펌프배수 등의 각각 적합한 방법으로 처리장까지 하수를 유입시키는 방법이다. 광대한 대도시에서는 합리적이고 경제적이 될 때가 많다.

6) 집중식(集中式, centralization system)

사방에서 한 지점을 향해 집중적으로 유하시켜, 그곳에서 어떤 간선하수관로나 처리장 등으로 하수를 펌프압송하는 방식이다.

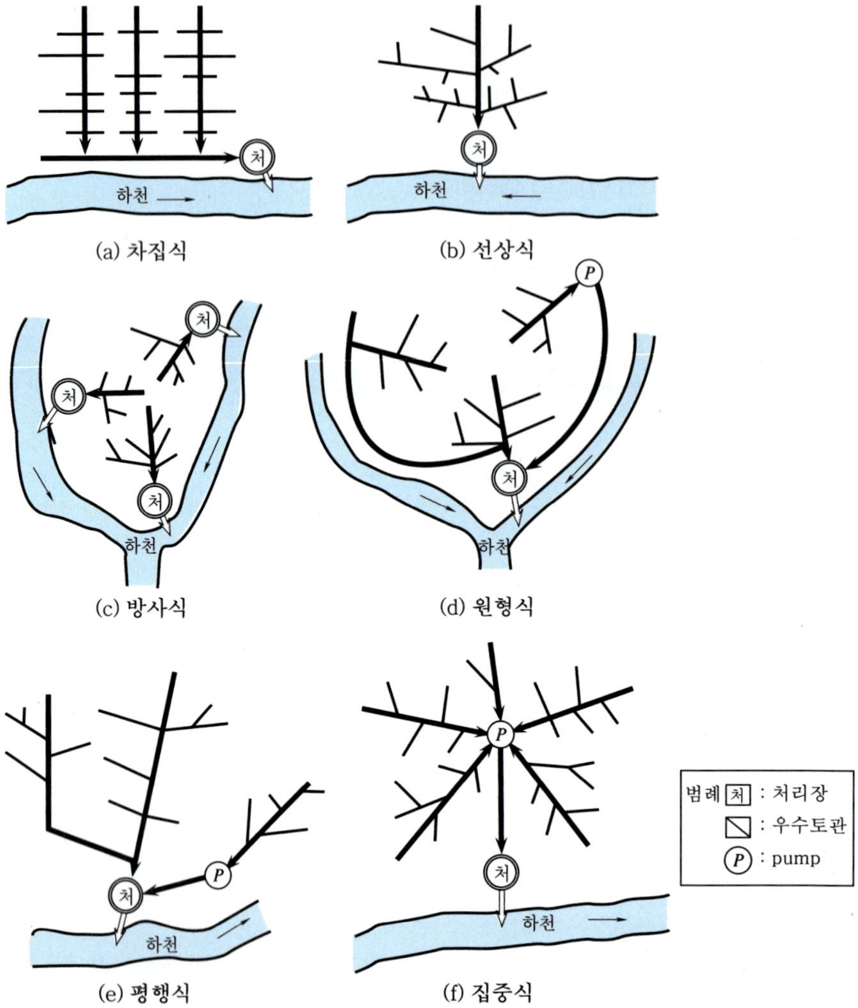

그림 1.4 관로의 배치 방식

1.4 하수도계획의 기본사항

하수도의 건설을 계획, 입안하는데 있어서는 여러 가지 사항을 예측, 추계, 결정하지 않으면 안 된다. 우선 계획에 필요한 자료를 수집하여 분석할 필요가 있다. 하수도 계획은 구상, 조사, 예측 및 시설계획이 서로 관련을 가지고 있기 때문에 그림 1.5와 같이 흐름 및 상호관계를 고려한다.

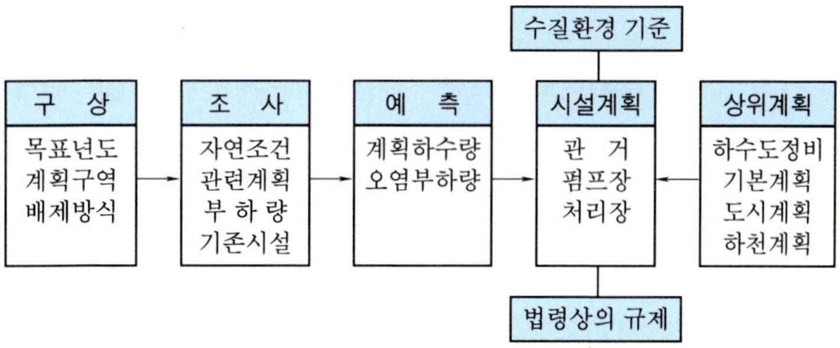

그림 1.5 하수도계획의 절차

하수도 기본계획 수립시 고려사항은 다음과 같다.

① 계획 초기 및 목표년도(initial & design years)
② 계획구역(service area : 배수구역 & 처리구역)
③ 계획인구(design population)
④ 오염부하량 및 법적기준(regulatory control and effluent limitations)
⑤ 하·폐수의 특성(characteristics of wastewater)
⑥ 처리수준(degree of treatment)
⑦ 처리공법의 선정(selection of treatment processes)
⑧ 단위설비의 선정(equipment selection)
⑨ 처리장 계획도 및 수리계통도(plant layout & hydraulic profile)

1) 계획목표년도

하수도시설의 능력결정은 장기간에 걸친 예측을 기초로 하여 행할 필요가 있다. 즉, 하수도계획의 목표년도는 시설의 내용년수, 건설기간이 길고 특히 관거의 경우에는 하수량의 증가에 따라 단계적으로 단면을 증대시키기가 곤란하므로 측관을 설치하거나 처음부터 단면이 큰 관거를 매설하지 않으면 안 되는 점 등을 고려하여, 원칙적으로 20년 후를 목표로 하여 계획을 세우는 것으로 한다. 그러나 기본계획은 도시계획과 부합되는 5년단위로 계획하여 처리장의 유입하수량의 증가에 따라 단계적인 증설을 계획함으로써 사업의 효과를 조기에 거둘 수 있다.

2) 계획구역

하수도의 계획구역은 모든 시설계획의 기본이 되는 것이며 하수를 배제하는 배수구역과 배제되는 하수를 처리장에서 처리 가능한 처리구역으로 생각하여 다음 항목을 고려하여 정하여야 한다.

① 계획구역은 원칙적으로 계획목표년도에 시가화 될 것이 예상되는 구역으로 한다.
② 계획구역은 행정상의 경계에만 의존하지 않고 자연 및 지역조건을 충분히 고려하여 광역적 종합적으로 정하도록 한다.
③ 공공수역의 수질보전 및 자연환경보전을 위하여 하수도 정비를 필요로 하는 지역은 계획구역으로 한다.
④ 새로운 시가지의 개발에 따른 하수도계획은 기존 시가지를 포함한 종합적인 하수도 계획의 일환으로 책정하도록 한다.

3) 토구

토구의 위치 및 구조는 방류수역의 수질 및 수량에 미치는 영향을 종합적으로 고려하여 결정하여야 한다.

토구라 함은 하수도시설로부터 하수를 공공수역에 방류하는 시설을 말하며 다음 3가지로 분류한다.

① 처리장에서의 처리수의 토구
② 합류식의 우수토구 및 펌프장의 토구
③ 분류식의 우수토구 및 펌프장의 토구

토구의 위치 및 구조를 결정하는데 있어서는 방류수역의 수위, 수량, 물의 이용상황, 수질환경기준의 설정상황 및 하천개수계획 등을 충분히 조사하여 하천수의 역류를 방지할 수 있도록 하고 방류수역의 수질 및 수량에 대하여 지장이 없도록 고려한다. 특히, ②의 우수토구에 대해서는 우천시에 있어서의 오염부하가 방류수역에 미치는 영향을 충분히 검토하여, 경우에 따라서는 우천시의 우수에 대한 저류, 혹은 처리시설을 고려할 필요가 있다.

하수도의 기본 계획은 각종 구성, 계획제원과 시설계획으로 이루어져 있다. 각종 구성으로는 대상구역의 인구, 면적, 공업출하액 등 타사업의 계획 책정에도 이용되는 일반적 구성을 말한다. 계획제원으로는 시설계획을 책정하고 그 용량, 배치를 결정할 때에 필요한 하수도 고유의 수치로서 오수량원단위, 오탁부하량, 공장배수량원단위, 강우강도식 및 유출계수 등이다. 이들 수치는 실적으로부터의 수학적 경향, 상급 및 기존 계획 등을 종합적으로 판단해 결정하고 있다.

시설계획에 대해서는 하수도의 오수계와 우수계의 기능을 충분히 발휘할 수 있도록 비, 오수의 양기능을 꼭 가질 필요가 있다. 오수계 시설계획에는 반송계획(관로시설계획), 처리·처분계획(처리장계획), 처리수 및 슬러지처분계획(최종 처분계획)이 있다. 우수계 계획에는 반송계획(관로시설계획), 처분계획(펌프장계획)이 있다. 어느 계획도 크게 나누어 반송계획과 처리·처분 계획으로 나누어 양자가 연동하여 기능하지 않으면 시스템이 구성될 수 없다.

하수도계획은 그 지역의 자연적, 사회적 특성에 의해 다양한 내용을 갖고 있다. 그러나 하수도 계획이 필요한 기초적인 조건을 누락하게 되면 그 목적의 달성은 어렵게 되어 간다. 다음에 기초적으로 필요한 최소한도의 조건을 열거한다.

① 대상구역으로 부터 발생하는 오수와 우수를 수집, 배제해 그것을 최종적으로 처리·처분하는 계획일 것
② 지역의 자연·사회 조건에 합치할 것
③ 장기적 전망에 충분히 따를 것
④ 장래변화에 대응할 수 있을 것
⑤ 안전하고 경제적이며 관리가 용이할 것
⑥ 법령상의 규칙에 합치할 것
⑦ 상위 계획에 적합할 것

이상과 같은 요건을 만족하여 계획의 책정을 도모할 필요가 있으며 기본계획의 흐름을 그림 1.7에 나타냈다.

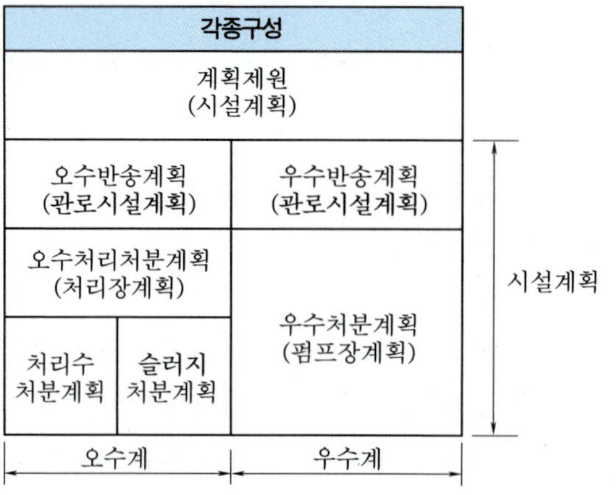

그림 1.6 하수도계획의 개념도

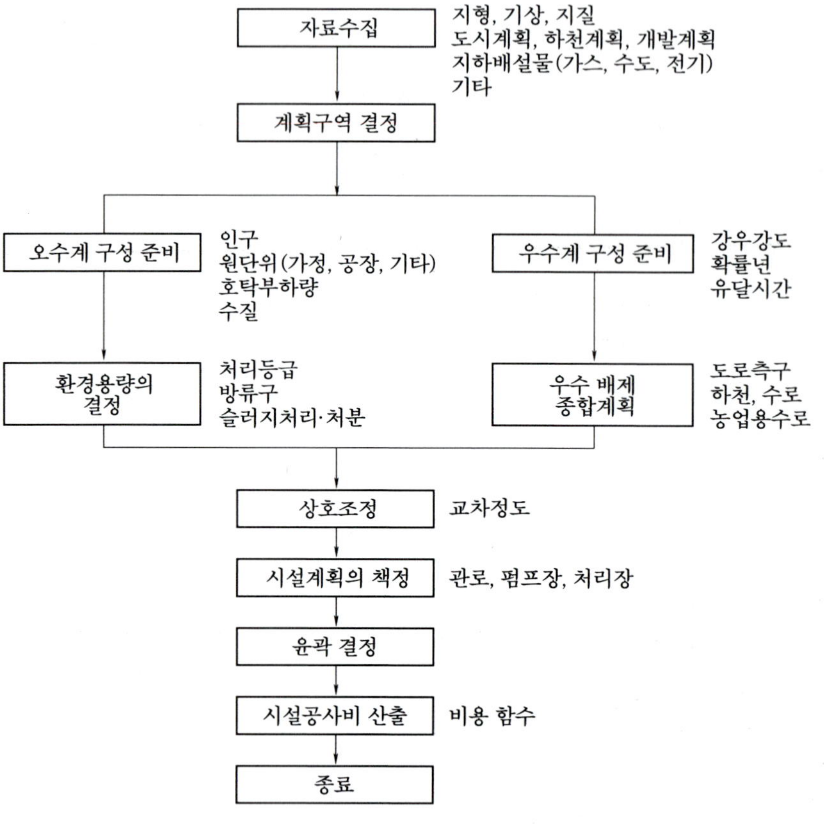

그림 1.7 기본계획의 책정

1.5 용어의 정리

하수도법에서 사용하는 용어의 뜻은 다음과 같다.

1. "하수"라 함은 사람의 생활이나 경제활동으로 인하여 액체성 또는 고체성의 물질이 섞이어 오염된 물(이하 "오수"라 한다)과 건물·도로 그 밖의 시설물의 부지로부터 하수도로 유입되는 빗물·지하수를 말한다. 다만, 농작물의 경작으로 인한 것을 제외한다.
2. "분뇨"라 함은 수거식 화장실에서 수거되는 액체성 또는 고체성의 오염물질(개인하수처리시설의 청소과정에서 발생하는 찌꺼기를 포함한다)을 말한다.
3. "하수도"란 하수와 분뇨를 유출 또는 처리하기 위하여 설치되는 하수관로·공공하수처리시설·간이공공하수처리시설·하수저류시설·분뇨처리시설·배수설비·개인하수처리시설 그 밖의 공작물·시설의 총체를 말한다.
4. "공공하수도"라 함은 지방자치단체가 설치 또는 관리하는 하수도를 말한다. 다만, 개인하수도를 제외한다.
5. "개인하수도"라 함은 건물·시설 등의 설치자 또는 소유자가 당해 건물·시설 등에서 발생하는 하수를 유출 또는 처리하기 위하여 설치하는 배수설비·개인하수처리시설과 그 부대시설을 말한다.
6. "하수관로"란 하수를 공공하수처리시설·간이공공하수처리시설·하수저류시설로 이송하거나 하천·바다 그 밖의 공유수면으로 유출시키기 위하여 지방자치단체가 설치 또는 관리하는 관로와 그 부속시설을 말한다.
7. "합류식하수관로"란 오수와 하수도로 유입되는 빗물·지하수가 함께 흐르도록 하기 위한 하수관로를 말한다.
8. "분류식하수관로"란 오수와 하수도로 유입되는 빗물·지하수가 각각 구분되어 흐르도록 하기 위한 하수관로를 말한다.
9. "공공하수처리시설"이라 함은 하수를 처리하여 하천·바다 그 밖의 공유수면에 방류하기 위하여 지방자치단체가 설치 또는 관리하는 처리시설과 이를 보완하는 시설을 말한다.

   9의2. "간이공공하수처리시설"이란 강우(降雨)로 인하여 공공하수처리시설에 유입되는 하수가 일시적으로 늘어날 경우 하수를 신속히 처리하여 하천·바다, 그 밖의 공유수면에 방류하기 위하여 지방자치단체가 설치 또는 관리하는 처리시설과 이를 보완하는 시설을 말한다.

10. "하수저류시설"이란 하수관로로 유입된 하수에 포함된 오염물질이 하천·바다, 그 밖의 공유수면으로 방류되는 것을 줄이고 하수가 원활하게 유출될 수 있도록 하수를 일시적으로 저장하거나 오염물질을 제거 또는 감소하게 하는 시설(「하천법」 제2조제3호나목에 따른 시설과 「자연재해대책법」 제2조제6호에 따른 우수유출저감시설은 제외한다)을 말한다.
11. "분뇨처리시설"이라 함은 분뇨를 침전·분해 등의 방법으로 처리하는 시설을 말한다.
12. "배수설비"라 함은 건물·시설 등에서 발생하는 하수를 공공하수도에 유입시키기 위하여 설치하는 배수관과 그 밖의 배수시설을 말한다.
13. "개인하수처리시설"이라 함은 건물·시설 등에서 발생하는 오수를 침전·분해 등의 방법으로 처리하는 시설을 말한다.
14. "배수구역"이라 함은 공공하수도에 의하여 하수를 유출시킬 수 있는 지역으로서 제15조의 규정에 따라 공고된 구역을 말한다.
15. "하수처리구역"이라 함은 하수를 공공하수처리시설에 유입하여 처리할 수 있는 지역으로서 제15조의 규정에 따라 공고된 구역을 말한다.

/ 연습문제 /

1.1 일반적인 하수도 설치목적과 기본요건에 대해 쓰시오.

1.2 하수도계획에서 배수계통의 종류와 특징을 설명하시오.

1.3 하수배제 방식인 합류식과 분류식의 특징을 비교 설명하시오.

1.4 하수도 시설에 의한 효과는 무엇인가?

1.5 토구의 위치를 결정하는데 조사할 사항은 무엇인가?

1.6 하수도계획 목표년도 설정시 고려사항을 설명하시오.

memo

PART 1 2

Chapter 2 하수량

배수구역·면적 및 배수계통이 결정되면 배관설계의 기본이 되는 것은 하수량이다. 하수관에 수용하는 하수는 사람의 생활이나 경제활동으로 인하여 액체성 또는 고체성의 물질이 섞여 오염된 물(오수)과 건물·도로 그밖의 시설물의 부지로부터 하수도로 유입되는 빗물·지하수를 말한다. 이 중 오수·오물·지하수의 합계를 관거의 청천시 유량으로 표시하고, 이에 대해서 강우시의 우수량을 가산한 것이 우천시 유량이 된다. 분류식 하수도에서는 이 우수와 오수를 별개로 취급하고 합류식 하수도에서는 우천시 유량을 배관설계의 기본으로 한다. 즉,

하수량 = 오수량(가정하수+공장폐수)+우수량+지하수량

2.1 오수량(sanitary sewage)

오수량은 가정하수(domestic sewage)·공장폐수(industrial waste) 및 지하수(ground water)를 포함하며, 그 중 가정하수는 제일 다량이고 일반적인 것이므로 이것을 기본으로 한다.

오수량의 산정은 20~30년 후의 장래인구 및 그 인구밀도(population density)를 정해서 계산한다. 특히 다량의 폐수를 유하하는 공장폐수 및 하수관거 내에 자연적으로 침투해 오는 지하수 등을 가산하여 하수관을 유하하는 총오수량으로 한다.

2.1.1 장래인구

장래인구의 추정은 그 도시의 장래 발전을 예상하여 여러 가지 관점에서 검토하여 결정하지 않으면 안 된다. 즉, 각 도시마다 인구밀도의 한계가 있으므로 이것을 기초로 해서 도시계획 지역별로, 또는 시가지를 적절한 지구로 나누어서 각 지구별로 밀도를 추정하는 방법이 있으나, 관광지역과 번화가(business center) 등 주간인구의 정확한 숫자를 쉽게 얻을 수 없는 곳도 있다.

계획구역내의 계획총인구는 국토종합개발계획 및 도시계획 등의 기본계획을 기초로 결정한다. 이와 같은 계획이 결정되지 않은 경우나 목표년도의 인구가 정해지지 않는 경우에는 행정구역단위별로 과거의 인구증가실적(자연적 증가 및 사회적 증가로 구분)을 기초로 하여 계획 구역의 성격에 따라,

① 연평균증가수에 의한 방법

② 연평균증가율에 의한 방법

③ 도표상의 비교법

④ 이론곡선식에 의한 방법

들 중 적당한 방법에 의해 계획목표년도의 인구를 측정하여 이 추정치에 각종 개발계획 등에 의한 인구증가 및 기타 특수한 요소 등을 추가한 다음 도시계획과의 조정을 행하여 결정할 필요가 있다. 이들 방법에 대한 계산방법은 상수도편에서 설명한 것과 같다.

계획구역내의 인구분포는 토지이용계획상의 용도구역별 인구밀도를 참고로 하여 계획총인구를 배분하나, 만일 기정용도지역에 인구를 수용할 수 없을 경우에는 용도지역이 확대될 것을 예상하여 계획구역에 관하여도 재검토할 필요가 있다. 이미 시가화구역이 설정되어 있는 지역에 대해서는 그 지역지구를 기초로 하여 계획목표년도의 용도지역을 추정한다.

2.1.2 1인 1일당 오수량

기설상수도가 있을 경우에는 상수도에서 공급된 급수량 중 지하침투·증발·선박 또는 열차급수 등을 감한 나머지가 하수관으로 유출된다고 생각한다. 그러므로 1인 1일당 최대

급수량에서 상기량을 감한 것을 오수량으로 보면 합리적이다. 그런데 도시에서도 상수도와 함께 상당한 수의 우물이 있다는 것을 고려한다면 결국 1인 1일당 최대급수량과 같도록 하여도 별 차이는 없다. 그리고 급수량은 계절과 시간에 따라 변화하므로 오수량 역시 시간적으로 변화하고 그 시각은 대체로 급수량의 변화보다 조금 늦게 나타난다. 주택단지에서의 급수량과 오수량의 시간적 변화는 그림 2.1과 같다.

계획 1일 최대 오수량 = (1인 1일 최대 오수량 × 계획인구)+공장폐수+지하수량

계획 1일 평균오수량 = 계획 1일 최대 오수량 × 70~80%

계획시간 최대 오수량 = 계획 1일 최대 오수량의 1시간당 수량 × 1.3~1.8

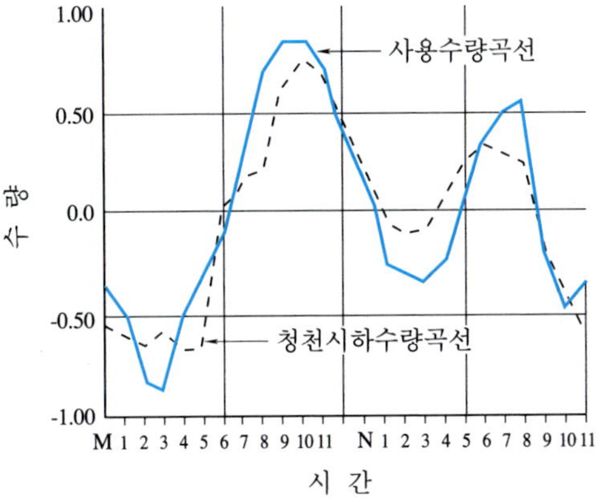

그림 2.1 집단주택단지 사용수량과 배수량의 시간적 변화곡선

2.1.3 공장폐수

공장폐수란 공업에 의하여 생기는 액상폐기물을 말하며, 공장에서 나오는 오수에서도 직원의 생활에서 나오는 것은 가정오수에 속한다. 가정오수와 공장폐수를 합해서 오수라고 할 때도 있다. 공장폐수를 하수도로 받는다는 것은 문제가 많으므로 원칙적으로는 각각의 공장내에서 처리해야 한다. 그러나 작은 공장이 각각 폐수를 처리하는 것도 여러 가지 문제를 포함하므로 공장내 처리를 절대 요건으로 하는 것도 무리이다.

공장폐수를 하수도로 받는 여부는 그 수질과 수량을 충분히 감안하여 개개로 결정해야 한다. 공장폐수량은 공정·공장내 물이용의 합리화정도, 공정의 차이 등에 따라 크게 다르다. 공장의 현황과 장래계획을 고려하여 정할 필요가 있다.

2.1.4 지하수

하수도는 특히 지하수의 배제를 목적으로 하는 것이 아니므로 이것은 하수라고 생각할 필요는 없다. 그러나 지하수위가 높으면 완전히 그 유입을 방지할 수 없다. 즉, 상수도의 반대 현상이다.

하수관로 내에 유입하는 지하수량은 지하수위의 높이 외에 관로의 재료·지름·연장·유속·매설 깊이 등에 따라 다르며, 또한 이음(joint) 구조와 시공에 가장 많이 지배를 받는다. 따라서 그 양의 추정은 누수량과 마찬가지로 매우 곤란하나 다음과 같은 가정방법이 사용되고 있다.

① 하수관의 길이 1km에 대하여 0.2~0.4L/s로 한다.

② 1인 1일 최대 오수량의 10~20%, 일반적으로 10% 이하로 가정한다.

③ 배수면적당 17,500~36,300L/day/ha라고 가정한다.

그러나 하수관에 지하수의 유입을 허용하는 것이 아니므로, 이음은 어디까지나 완전히 연결되어야 한다. 이것은 지하수와 함께 진흙이 들어와서 관을 폐색할 위험이 있을 뿐만 아니라, 반대로 하수가 누수 되어 지하수를 오염시키며 위생상의 위해를 초래하기 때문이다.

2.1.5 시설계획의 기초가 되는 계획오수량

계획오수량과 시설계획과의 관련은 표 2.1과 같다.

표 2.1 시설계획을 위한 오수량

방식	처리장			펌프장	관로	차집관
	도수관, 침사지	최초침전지 소독설비	공기공급조 최종침전지			
분류식	시간최대	1일최대	1일최대	시간최대	시간최대	–
합류식	시간최대×3	시간최대×3	1일최대	시간최대×3	시간최대	시간최대×3

2.2 우수량(storm sewage)

강우는 침투·증발 또는 침수하여 실제 하수관로에 집수하는 양은 그 몇 십%에 지나지 않으나 오수량에 비한다면 그 양은 상당히 많고, 특히 합류식 하수도에서는 이것이 배관 설계의 기본이 된다. 따라서 산정에 있어서는 기왕의 강우상태를 정확히 조사한 다음 지질·지형·지표 상태에 신중한 연구가 필요하다.

우수유출량 산정을 위해서는 배수구역 현황 및 지표면 상황, 기상조건, 토질조건, 방류수역의 제반조건 등을 고려하여 각종 설계지침사항을 검토한 후 가장 합리적인 우수량 산정기준을 설정해야 한다.

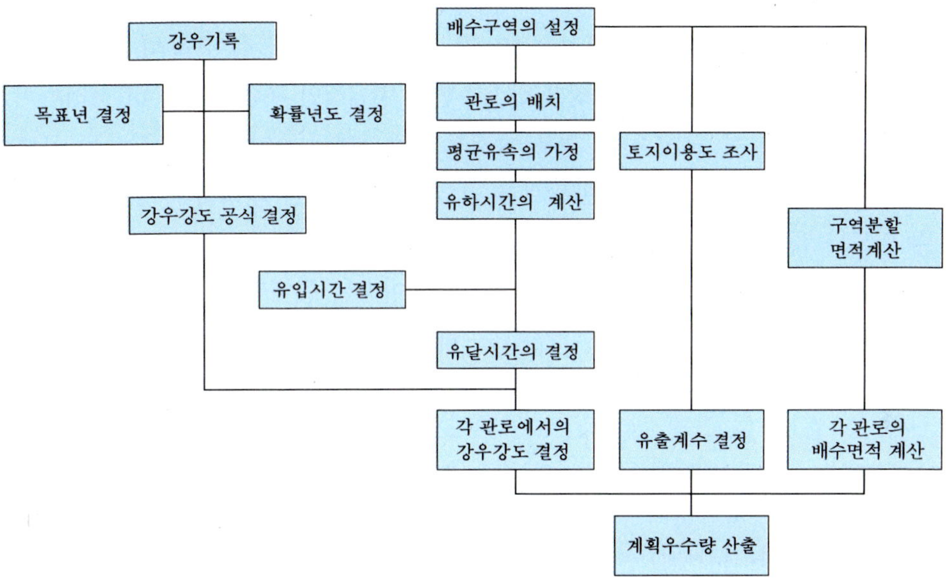

그림 2.2 계획우수량산정 흐름도

2.2.1 강우강도(rainfall intensity)

한 지점의 강우강도는 단위시간내에 내린 비의 깊이로서 표시하며 단위는 mm/hr이다. 그리고 강우강도 공식은 계속시간 t 및 지역별 상수와의 관계식이며, 그 공식은 확률년별 강우강도표로부터 최소자승법 또는 대수분포법 등에 의하여 유도하며, 일반적으로 강우강도는 계속시간이 클수록 정반대로 감소한다.

일반적으로 사용하고 있는 강우강도 공식은

$$\text{Sherman형}: I = \frac{a}{t^n}$$

$$\text{Talbot형}: I = \frac{b}{t+a}$$

$$\text{Japanes형}: I = \frac{b}{\sqrt{t}+a} \tag{2.1}$$

등이 있으며,

여기서, I : 강우강도(mm/hr)　　t : 강우지속시간(min)

a, b, n : 상수

강우강도공식에서 상수결정은 강우지속시간을 10, 20, 30, 40, 60, 80 및 120분으로 나누어 각 시간내의 평균 강우강도가 큰 것을 N년간 수집해 확률계산을 통하여 결정한다.

우수배제 계획의 계획확률빈도는 경제적인 측면과 방재적인 측면을 충분히 고려하여 결정하여야 하며 확률빈도를 크게 하는 경우 방재적인 측면에서는 안전하나, 시설물 규모가 과대하여 비경제적이 되므로 서로 상관관계가 있으며, 지역 또는 구조물의 중요도에 따라 조정할 수 있도록 제안하고 있다.

장기간 강우기록은 빈도해석(frequency analysis)이라는 통계적 방법을 이용하여 상호의 존성을 규정하는데 사용된다. 만약, 강우강도-지속기간 곡선이 서로 다른 재현기간을 가진 다양한 호우로서 표시된다면, 그 관계식은 다음 식에 의해 얻어진다.

$$I = \frac{kT^x}{t^e} \tag{2.2}$$

여기서, T : 재현기간(년)

k, x, e: 상수

2.2.2 유출계수(run-off coefficient)

배수구역내에 내린 비의 일부는 증발, 침투하여서 강우 전부가 유출되는 것은 아니다. 즉 유출량과 강우량의 비를 유출계수라 한다. 수문학에서 사용하는 1년간의 전강우량과 1년간의 전유출량을 비교한 계수도 유출계수라고 하나 하수도에서는 이와 같은 장기간의 것을 말하는 것이 아니고, 지금 내리고 있는 비의 얼마 정도가 곧 유출하는가 즉, 1시간 또는 1분간이라는 단위시간의 강수량과 단위시간의 유출량과의 비를 말한다.

유출계수는 기후·지세·지질·지표상황·강우강도·배수면적·배수시설 등에 영향을 받으며 현저하게 변화한다. 그리고 지표상황에서 도로나 지붕 등의 구별 이외에도 같은 도로라도 그 건습의 정도에 따라 다르며, 이것을 정확하게 정하는 것은 거의 불가능하다. 그러므로 유출계수는 공종별 기초유출계수 및 공종구성으로부터 총괄유출계수를 구하여 사용하게 된다.

총괄유출계수의 산정 식은 식 (2.3)과 같다.

$$C = \frac{\sum_{i=1}^{m} C_i \cdot A_i}{\sum_{i=1}^{m} A_i} \tag{2.3}$$

여기서, C : 총괄유출계수 C_i : 공종의 기초유출계수
A : 공종의 총면적 m : 공종의 수

공종은 크게 나누면 침투역 및 불침투역의 2가지가 있으며, 전자는 토질이나 식생 등에 의해, 후자는 관로와의 접촉정도에 의해서 유출계수가 달라진다.

또한, 국내의 지역별 토지이용도에 따른 유출계수의 범위는 다음 표 2.3을 참고하여 사용할 수 있다.

공종구성은 불침투역에 대하여 용도지역별 건폐율, 도로율 및 포장율 등에 의해 엄밀하게 결정될 수 있다. 식 (2.3)은 이와 같은 엄밀한 공종구성을 기초로 하여 모든 기초공종으로부터의 유출을 합하여 구하는 유출계수로써 안전하게 사용할 수 있다.

표 2.2 합리식에서의 유출계수

구분	C	구분	C
포장면	0.9	도시지역	0.7
가파른 산지 및 비탈면	0.8	잡지	0.6
가파른 계곡 경작지	0.8	경작하는 평작지	0.5
논	0.8	경작하는 평계곡	0.6
완만한 산지	0.7	수림	0.3
완만한 경작지	0.7	밀림수림과 덤불숲	0.2

표 2.3 토지이용도에 따른 유출계수 범위

토지이용		C
상업지역	도심지역	0.70~0.95
	근린지역	0.50~0.70
주거지역	단독주택	0.30~0.50
	독립주택단지	0.40~0.60
	연립주택단지	0.60~0.75
	교외 지역	0.25~0.40
	아파트	0.50~0.70
산업지역	산재 지역	0.50~0.80
	밀집 지역	0.60~0.90

토지이용		C
도로	아스팔트	0.70~0.95
	콘크리트	0.80~0.95
	벽돌	0.70~0.85
공원, 묘역		0.10~0.25
운동장		0.20~0.35
철로		0.20~0.40
미개발 지역		0.10~0.30
차도 및 보도		0.75~0.85

주) 하천설계기준(한국수자원학회, 2019)

2.2.3 유달시간(도달시간: time of concentration)과 지체현상(retardation)

우수가 배수구역의 가장 먼 지점에서 하수관로에 유입할 때까지의 시간을 유입시간(time of inlet · t_1)이라 하며, 이 시간은 지표현황 · 경사 · 토지의 광협 등에 따라서 다르나 대체로 5~10분 정도이다.

유입시간의 표준치는 표 2.4의 값을 사용하나 이는 최소단위 배수구의 지표면거리, 경사, 조도계수 등에 의해서 변화한다. 다음 하수관로에 유입한 우수가 L(m)인 거리를 흘러가는 시간을 유하시간(time of flow · t_2)이라 말하며 관로내의 평균 유속을 V(m/s)라 할 때 $\frac{L}{V}$이다. 이 양시간의 합을 유달시간이라 한다.

$$T = t_1 + \frac{L}{V \times 60} \tag{2.4}$$

여기서, T : 유달시간(분) t_1 : 유입시간(분)

지금 유달시간 T와 강우계속시간 t의 관계를 생각하면

1) T≤t 인 경우

전배수 면적에서의 비가 동시에 하수관로 시단인 점으로 모일 때가 있다.

표 2.4 유입시간의 표준치

<table>
<tr><th colspan="2">우리나라에서 일반적으로 사용되고 있는 유입시간</th><th colspan="2">미국토목학회</th></tr>
<tr><td>인구밀도가 큰 지역</td><td>5분</td><td rowspan="2">완전포장 및 하수도가
완비된 밀집지역</td><td rowspan="2">5분</td></tr>
<tr><td>인구밀도가 적은 지역</td><td>10분</td></tr>
<tr><td>평균</td><td>7분</td><td rowspan="2">비교적 경사도가
적은 발전기구</td><td rowspan="2">10~15분</td></tr>
<tr><td>간선오수관거</td><td>5분</td></tr>
<tr><td>지선오수관거</td><td>7~10분</td><td>평지의 주택지구</td><td>20~30분</td></tr>
</table>

2) T>t 인 경우

전배수면적의 비가 동시에 하수관로의 시단인 점에 모이는 일은 없다. 즉, 가장 먼 곳의 우수가 최후로 그 점을 통과할 때는 이보다 하류에서 유입한 우수는 벌써 그 점을 통과한 후인 까닭이다. 이 현상을 지체현상(retardation)이라 한다.

예를 들면 $t = 20\text{min} = 1{,}200\text{s}$, $V = 1.0\text{m/s}$라고 하면 지체현상을 고려할 한계는 $1{,}200 \times 1.0 < L$ 즉, 관거의 연장이 1,200m 이상 될 경우이다.

특히 광대한 배수구역의 최대 강우유출량을 산출할 경우에는 이 지체현상을 고려하는 것이 단시간의 최대 유출량이 될 때가 있고, 또 유달시간을 강우 계속시간으로 하여 지체현상을 고려하지 않은 편이 최대유출량을 표시할 때가 있으므로 이 양자를 비교해서 큰 편을 채택하는 것이 좋다.

한편 도시유역에서 도달시간을 산출하는 산정 식은 표 2.5와 같다.

2.2.4 우수유출량의 산정

우수유출량 산정식에는 합리식에 의하는 방법과 경험을 적용하는 방법이 있다. 따라서 도시의 지세상황에 알맞은 공식을 선정하도록 노력해야 한다.

1) 합리식(rational formula)

이미 선정한 확률강우강도 공식에 유달 시간을 강우지속시간이라고 보고 강우강도를 구하여 배수면적 유출계수 등을 곱하여 유출량을 구하는 식이다. 합리식은

$$Q = 0.2778CIA \tag{2.5}$$

여기서, Q : 유수량(m^3/s) C : 유출계수
I : 강우강도(mm/hr) A : 배수면적(km^2)

이 산정식은 지체현상이 일어나지 않는 한계에서의 최대가능유출량을 나타내므로 많은 경우 안정한 값을 준다.

표 2.5 도시유역에 대한 도달시간 공식

공식명	공식(t, min)	제한사항 또는 비고
Kerby (1949)	$t = 36.245(rL^{1.5}/H^{0.5})^{0.467}$ L : 흐름 경로 길이(km) H : 표고차(m) r : 포장지역 0.02 거칠은 나대지 0.10 거칠고 풀이 없는 지역 0.30 잔디 0.40 나무나 풀이 빽빽한 지역 0.80	L이 0.4km 이하인 도시유역, 유역면적 0.04km² 이하, 하도경사는 1% 이하인 유역
Izzard (1945)	$t = [41.025(0.0007I+c)L^{0.33}]/[S^{1/3}I^{2/3}]$ I : 강우강도(in/hr) c : 지체상수 L : 흐름경로 길이(ft) S : 흐름경로 경사(ft/ft) r : 하천형태에 따른 지류인자	지체상수(c)= 평평한 포장지역 : 0.007 콘크리트 포장지역 : 0.012 자갈포장지역 : 0.017 잘려진 잔디밭 : 0.046 조밀한 잔디밭 : 0.060
Kinematic Wave 공식 (1965, 1973)	$t = 0.94L^{0.6}n^{0.6}/[I^{0.4}S^{0.3}]$ L : 지표면 흐름길이(ft) n : Manning의 조도계수 I : 강우강도(in/hr) S : 지표면 흐름경사(ft/ft)	개발지역의 지표면 유출해석에 이용
Federal Aviation Agency (1970)	$t = 1.8(1.1-C)L^{0.5}/S^{0.333}$ L : 지표면 흐름길이(ft) C : 합리식의 유출계수 S : 지표면 흐름경사(%)	주로 공항지역에 이용할 수 있도록 미 공병단에서 개발, 도시지역에서도 이용, 지표면 흐름영역에 적용
SCS 평균유속 방법 (1975)	$t = 1/60\sum L/V$ L : 지표면 흐름길이(ft) V : 표면상태에 따른 평균유속(ft/s)	지표면 상태에 따라 평균유속을 산정하여 도달시간 계산

주) 하천설계기준(한국수자원학회, 2019)

예제 2.1 유출계수가 0.4인 25ha의 집수면적에서 우수유출량을 구하시오. 이 집수면적내의 관로 최대연장은 1,200m이며 유입시간은 10min이다. 또 이 지역의 강우강도식은 $I = \dfrac{4,412}{t+40}$ 이고 관로내의 유속은 1m/s로 가정한다.

〈풀이〉

관로내의 유하시간은 1,200/1=1,200s=20min이므로

유달시간은 20+10=30min이다. 그러므로

$$Q = \frac{1}{360} \times \frac{4,412}{30+40} \times 0.4 \times 25 = 1.75\text{m}^3/\text{s}$$

예제 2.2 다음 그림은 어느 도시의 분류식 하수도 계획 구역이다. 다음과 같은 조건이 주어진 경우에 다음 값을 계산하라.

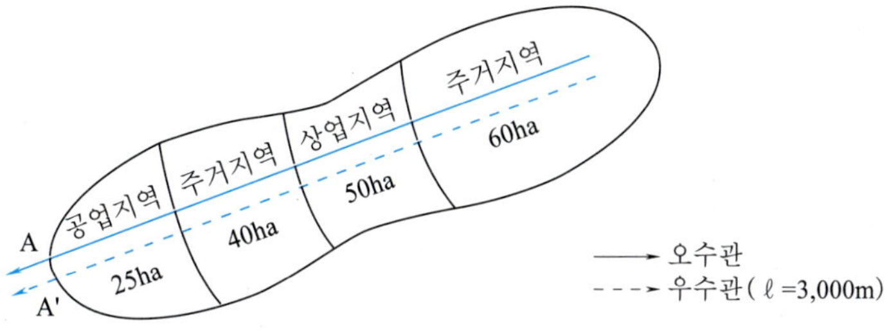

〈조건〉

	인구밀도(인/ha)	1인1일 최대급수량(L)	영업용수율	평균유출계수
주거지역	100	300	0.2	0.5
상업지역	200	300	0.6	0.7
공업지역	40	300	0.3	0.4

공장배수량 : 1,800m³/day = 0.021m³/s

지하수량 : 공장배수량을 제외한 10%

시간변동률 : 1.8배

강우강도공식 : $I = \dfrac{5,500}{t+50}$ mm/hr

관내평균유속 : 1.2m/s(우수관)

1) A점에 있어서 계획 1일 최대오수량 및 계획시간 최대오수량

2) 합리식에 의한 A′에서 우수 유출량

〈풀이〉

① 주거지역인구 = (60+40) × 100 = 10,000인

상업지역인구 = 50 × 200 = 10,000인

공업지역인구 = 25 × 40 = 1,000인

주거지역오수량 = 10,000 × 0.3 × 1.1 ×(1+0.2) = 3,960m^3/day

상업지역오수량 = 10,000 × 0.3 × 1.1 ×(1+0.6) = 5,280m^3/day

공업지역오수량 = 1,000 × 0.3 × 1.1 ×(1+0.3) = 429m^3/day

공 장 배 수 량 = 1,800m^3/day

계획1일 최대오수량 = 11,469m^3/day

$$계획시간최대오수량 = \frac{(3,960+5,280+429)}{86,400} \times 1.8 + 0.021 = 0.222m^3/s$$

② $t = 5+3,000/(1.2\times 60) \fallingdotseq 47min$

$$\therefore Q = \frac{1}{360} \times \frac{5,500}{47+50} \times (100\times 0.5+50\times 0.7+25\times 0.4) \fallingdotseq 15m^3/s$$

예제 2.3 그림 2.2에 기술된 유역으로부터 호우 배수에 필요한 하수관로의 출구 직경을 계산하라. 단, 전체 면적에 대한 유출계수 0.3, 하수관로의 유속 0.75m/s, 5년빈도 강우강도 I = 115mm/hr이다.

〈풀이〉

$$맨홀 1에서 맨홀 2까지 유출시간 \quad t_1 = \frac{120m}{0.75\times 60} = 2.7min$$

$$맨홀 2에서 맨홀 3까지 유출시간 \quad t_2 = \frac{180m}{0.75\times 60} = 4.0min$$

세 개 분리면적의 먼 지점으로부터 맨홀 3까지 도달시간은

면적 1에 대해 5.0+2.7+4.0 = 11.7min

면적 2에 대해 5.0+4.0 = 9.0min

면적 3에 대해 8.0min

그러므로 유역에 대한 최대 도달시간은 11.7min이다.

합리식

$$Q = 0.278 \times 115\text{mm/hr} \times 0.3(0.016+0.032+0.024)\text{km}^2 = 0.69\text{m}^3/\text{s}$$

$$A = \frac{Q}{V} \qquad \frac{\pi D^2}{4} = \frac{0.69}{0.75}$$

$$D^2 = \frac{0.69 \times 4}{0.75 \times 3.14} = 1.172\text{m} \qquad \therefore D = 1,082\text{mm}$$

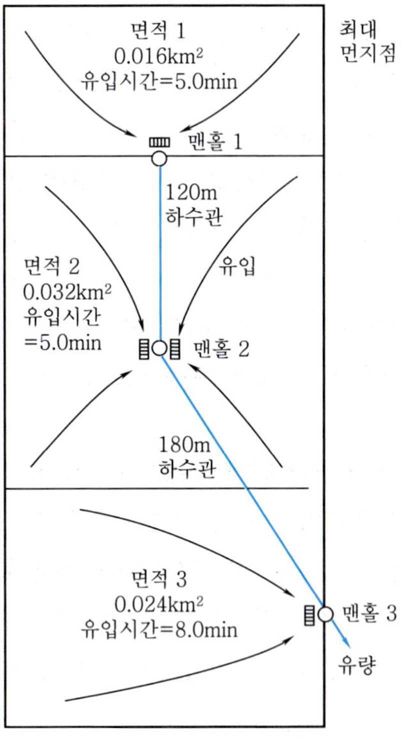

그림 2.3 호우 유출에 대한 유역 예

2.2.5 우수관로 시스템의 기본개념

우수관로 시스템의 세가지 주요 구성요소는 유입구, 관 그리고 유출날개벽이다.

유입구(inlet)는 시스템내로 우수를 받아들이도록 설계된 구조이고 관(pipe)은 하천이 받아들이는 쪽으로 우수를 운반 그리고 날개벽(headwall)은 우수가 시스템을 나가도록 허용한다. 그림 2.3은 우수관로 시스템의 기본 요소를 묘사한다. 유입구는 보통 땅속에 배치한 프리케스트 콘크리트 사각구조물이고 땅 높이에서 주철 쇠살대로 정상을 덮는다.

그림 2.4는 대표적인 유입구를 묘사한다. 집수역(catch basins)은 들어오는 관보다 더 낮게 위치하는 바닥을 갖도록 설계하고 나가는 관은 유사포착을 하도록 오수받이 통(sump)을 준비한다. 시스템 내로 우수를 받아들이는데 추가하여 유입구는 정상적으로 관이 굴곡없이 직선으로 놓여야 하므로 관이 방향 변화하는점 뿐만 아니라 유지를 위한 관 출입을 위해 준비한다.

관은 콘크리트, 강화콘크리트, 주름있는 금속 그리고 플라스틱을 포함한 여러가지 재료로 제작하고, 일반적으로 관의 횡단면은 원형이 대부분이다. 관은 일반적으로 직선으로 정열하고 정확한 경사로 도랑내에 놓인다. 관단면은 관이 하류 끝으로부터 상류 끝까지 부설하여 서로 꼭 맞도록 설계한다. 우수관 설계의 기초 요소는 충분한 크기를 갖는 관과 한 유입구로부터 다음 유입구까지 설계유량을 운반하도록 경사를 선택하는 것이다. 이는 설계유량과 관의 용량을 비교하여 완성하고, 만일 용량이 유량보다 크면 관은 우수관로 시스템에 이용하는데 적합하다. 그러나 여러가지 다른 인자들을 관 구간 설계에 고려해야 한다. 첫째로 유속은 적당하게 조절되어야 한다. 한편으로 속도는 너무 낮아 실트와 부스러기가 관을 따라 침전을 허용하지 않아야 하고, 다른 한편 과도한 유속을 피해야 한다. 침전을 피하는데 필요한 최소유속을 청결 유속(cleansing velocity)이라하고 일반적으로 0.6m/s를 취한다.

과도한 유속은 관에 손상 혹은 시스템내 굴곡지점에서 유입구의 과중이 될 수 있는 결과 때문에 피해야 한다. 최대 유속의 선택은 위치의 특수한 조건에 의존되기 때문에 어느 정도인지 알수 없지만 3m/s를 설계표준으로 정하였다. 충분한 유속유지와 우수관 흐름을 원활하게 유지하기 위하여 시스템내에서 수두 손실이 최소화하도록 해야 한다. 이는 한 관 구간으로부터 다음 관까지 대개 변이를 유선형이 되도록 완성한다.

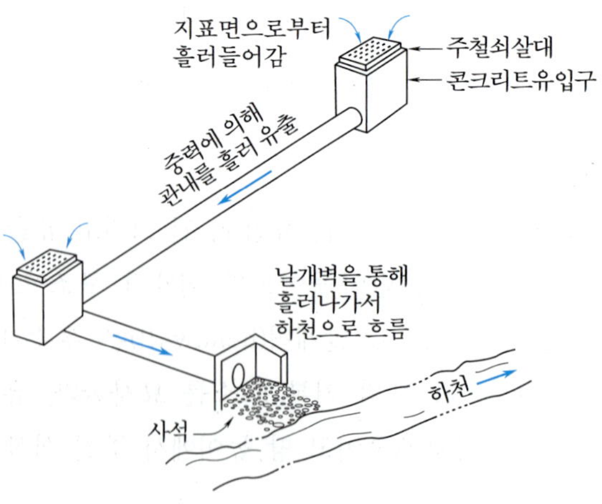

그림 2.4 우수관로 시스템의 기본 요소

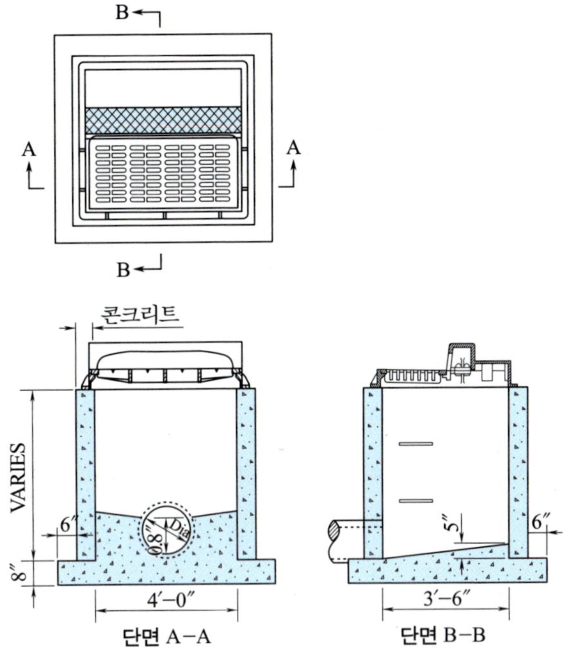

그림 2.5 대표적인 유입구의 상세구조

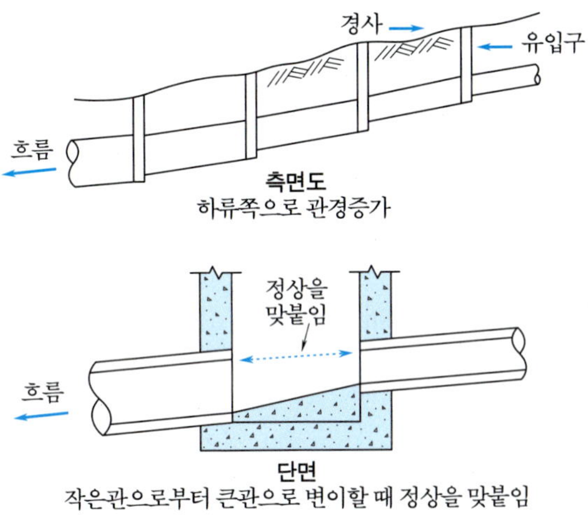

그림 2.6 우수관로 설계에서 기본 규칙

/ 연습문제 /

2.1 하수량에 포함되는 유량은 무엇인가?

2.2 오수량에 포함되는 지하수량의 기준은 얼마인가?

2.3 유출계수의 정의와 영향을 주는 요소는 무엇인가?

2.4 계획 인구 5만명인 도시의 오수처리 계획에서 1인 1일 최대 오수량이 500L/인 · day이고, 지하수량은 1인 1일 최대 오수량의 20%로 했을 때 계획 1일 최대 오수량은 얼마정도인가?

2.5 강우강도 $I = \dfrac{3,600}{t+30}$ mm/hr, 유역 면적 1.26km², 유입시간 5분, 유출계수 C = 0.5, 관내의 유속이 1.5m/s인 경우 관길이 900m인 하수관에서 흘러나오는 우수량은 얼마인가?

2.6 유역면적 2km², 유출계수 0.6인 어느 지역에서 2시간 동안에 70mm의 호우가 내렸다. 이 지역의 우수량은 얼마인가?

2.7 주거지역(면적 3ha, 유출계수 0.5), 상업지역(면적 2ha, 유출계수 0.7), 녹지(면적 1ha, 유출계수 0.1)로 구성된 구역의 평균(총괄) 유출계수는 얼마인가?

2.8 오수가 하수관로로 유입되는 시간이 4분, 하수관로에서의 유하시간이 8분이다. 이 유역의 유역면적이 0.5km², 강우 강도식이 $I = \dfrac{4,200}{t+50}$일 때 하수관로의 유량은 얼마인가?(단, 유출계수(C)는 0.56이다.)

2.9 강우강도 $I = \dfrac{530}{t^{0.47}}$mm/hr, 면적이 2km², 유입시간 6분, 유출계수 0.75, 관내유속 1.2m/s인 경우 길이가 720m인 하수관에서 배출되는 우수량은 몇 m³/s인가?

2.10 어떤 도시에서 재현기간 5년의 강우강도식이 $I = \dfrac{225}{t^{0.393}}$ mm/hr이고, 배수면적은 0.04km²이며, 유출계수는 0.6이다. 유역경계에서 우수거 입구까지 유입시간이 7분이고 우수거 하단까지의 유하시간이 9분이었다. 합리식에 의하여 우수거 하단에서의 최대계획우수유출량은?

2.11 배수면적이 1ha인 지역에 강우강도 $I = \dfrac{330}{\sqrt{t}+0.3}$ mm/hr , 유출계수 0.85, 유달시간 9분일 때 우수량은 얼마인가?

2.12 강우강도 $I = \dfrac{4,000}{t+30}$ mm/hr, 유역면적 5km², 유입시간 420 , 유출계수 0.8, 하수관로 길이 1km, 관내유속 1.2m/s인 경우의 최대우수유출량을 합리식에 의해 구하면?

PART 1 2

Chapter 3 하수관로

3.1 관로의 유량계산

하수관로의 흐름은 상수도 배수관과 달라서 수리학적으로는 개수로에 속한다. 관로내에서 자유수면을 유지하므로 수압이 작용하지 않는다. 단, 펌프 압송일 경우는 특수하다. 관로의 유속·유량 계산에는 Manning공식과 Ganguillet-Kutter공식이 널리 사용되고 있다.

연속방정식

$$Q = AV \tag{3.1}$$

Manning 유속공식

$$V = \frac{1}{n} R^{2/3} I^{1/2} \tag{3.2}$$

Kutter 유속공식

$$V = \frac{23 + \frac{1}{n} + \frac{0.00155}{I}}{1 + \left(23 + \frac{0.00155}{I}\right)\frac{n}{\sqrt{R}}} \sqrt{RI} \tag{3.3}$$

여기서, Q : 유량(m^3/s)　　V : 유속(m/s)

A : 유수단면적(m^2)

R : 경심(hydraulic mean depth) $= \dfrac{\text{유수단면적}}{\text{유수의 윤변장}} = \dfrac{A}{P}$(m)

I : 수면경사(분수 또는 소수)　　n : 조도계수

표 3.1 관재질에 따른 Manning식의 조도계수(n)

	단면	조도계수(n)
관거	시멘트관	0.011~0.015
	벽돌	0.013~0.017
	주철관	0.011~0.015
	콘크리트	
	매끄러운 표면	0.012~0.014
	거친 표면	0.015~0.017
	콘크리트관	0.011~0.015
	주름형의 금속관	
	보통관	0.022~0.026
	포장된 인버트	0.018~0.022
	아스팔트 라이닝	0.011~0.015
	플라스틱관(매끄러운 표면)	0.011~0.015
	점토	
	도관	0.011~0.015
	깔판	0.013~0.017
개거	인공수로	
	아스팔트	0.013~0.017
	벽돌	0.012~0.018
	콘크리트	0.011~0.020
	자갈	0.020~0.035
	식물	0.030~0.040

표 3.2 Kutter의 조도계수

단면	조도계수(n)
유리	0.011
주철관(신) · 용접강철관	0.012
도관 · 콘크리트관	0.013
현장타입 콘크리트판	0.014
벽돌 몰탈 쌓기 거, 절석 몰탈 쌓기 거	0.015
굴착수로저부 니토 · 모래	0.018
굴착수로저부 작은 자갈	0.020
굴착수로저부 자갈(1~3cm)	0.022
굴착수로저부 큰자갈(5~15cm)	0.030
조석 몰탈 쌓기 거	0.025
자연수로	0.03~0.07

3.2 수리특성곡선(hydraulic characteristic curve)

일반적으로 관로내의 유속은 경심$\left(R=\dfrac{A}{P}\right)$에 정비례하므로 하수관로의 단면을 정할 때는 항상 최소 윤변으로 최대 유수단면을 얻을 수 있는 형상을 선정하지 않으면 안 된다. 이와 같은 의미에서 하수관로의 단면은 일반적으로 원형 및 말굽형이 사용되나 부득이한

경우 직사각형이 사용된다.

관로의 유수 상태는 수심에 따라 변화하는 것이므로 임의의 수심에 대한 유속 및 유량 또는 임의의 유량에 대한 수심 등을 정확히 알 필요가 있다.

즉, 이들 관계를 알기 위해서 각 수심마다 경심·유속·유량을 계산하여 이것을 방안지 상에 기입하고 각 점을 연결하여 얻은 곡선을 관로의 수리특성곡선도라 하고, 하수도 설계에 많은 편의를 준다.

하수관로의 유속과 유량은 경사에 따라 다르고 원형 관로에 대한 수리특성곡선도는 그림 3.1과 같다.

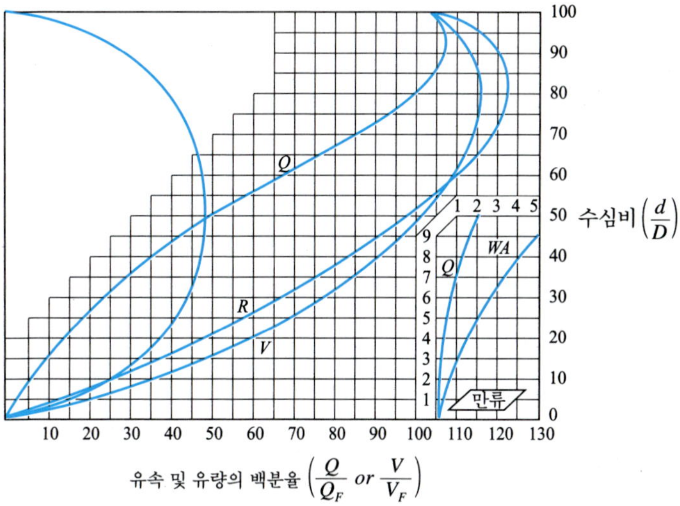

그림 3.1 원형관 수리특성곡선

그림 3.1에서 종축은 수심의 백분율을 표시한다. 예를 들면 원형관에서 안지름 1,000mm, 경사 1.7%, 수심 30cm의 유수가 있을 경우 먼저 수심의 만류에 대한 백분율 $\frac{30\text{cm}}{100\text{cm}} = 0.3 = 30\%$이므로 종축의 30% 점에서 횡축에 따라 V 및 Q와의 곡선과의 교점을 구하면 각각 77% 및 20%임을 알 수 있다. 따라서, 유량 계산표에서 $n = 0.013$, 안지름 1,000mm, 원형관의 경사 1.7%에서의 유속 및 유량은

$$V = 1.282 \times 0.77 = 0.988\text{m/s}$$

$Q = 1.0069 \times 0.20 = 0.2014\text{m}^3/\text{s}$로 된다.

또 유량을 알고 수심을 구할 경우는 이 방법을 반대로 하면 된다. 여기서 주의할 것은 원형관 및 말굽형관은 대체로 수심 82%에서 최대 유속이고, 94%에서 최대 유량을 표시하는데 대하여 직사각형관의 유속 및 유량은 모두 만류 직전에 있어서 최대치를 나타낸다.

3.3 하수관로의 경사 및 유속의 한계

하수관로의 경사 및 유속은 그 유량과 관로의 크기에 따라서 정하여지거나, 지형이나 지표경사의 제한을 받게 된다. 대체로 지형에 순응하여 경사를 정한 후 관로의 크기를 결정하는 것이 일반적이며 경제적인 설계가 된다.

관로시설에서 관로의 기울기는 중요한 의미를 가지고 있고, 관로의 기울기는 관내배수의 유속을 좌우한다. 관로의 기울기가 작아서 유속이 너무 느리면 오수에 포함된 여러 가지 오물이 운반 중에 관로내에 침전되며, 이것은 유로를 방해하고 부패하여 악취를 발생시킬 뿐만 아니라 관의 부식을 촉진시킨다.

하수관로내의 유속이 작으면 부유물질이 침전하므로 최소 0.6m/s 이상의 유속을 갖도록 하며, 소구경관로에서는 0.9m/s 이상으로 해야 한다. 그러나 유속이 과대하면 관로 내부가 마모되므로 1.5m/s를 최대한계로 한다.

지형이 급변하는 지역에서는 지표의 경사에 따라 하수관로를 매설하면 유속이 너무 커져서 모래 등에 의하여 관로가 쉽게 마모될 뿐만 아니라, 하류의 맨홀에서 유수가 격돌하여 분출하며, 공기가 들어가서 맨홀 뚜껑을 튀게 하여 사고의 원인이 된다. 그러므로 유속은 최대 2.5m/s 이하로 하는 것이 이상적이나 부득이한 경우에는 3.0m/s 이하로 할 때도 있다.

하수관로의 유속은 가능한 한 상류에서 하류로 갈수록 크게 하는 것이 좋으며, 이것은 하류관로에서는 경사가 완만해도 유속이 크게 되므로 하류로 갈수록 완만하게 설계하여야 하고, 유속은 하류로 갈수록 크게 하여야 한다. 관로의 크기를 절약하기 위하여 경사를 너무 급하게 계획하면 매설심이 깊어지며 시공이 곤란하게 되고, 토구에서 방류수면의 수위가 낮아지므로 자연유하 배수가 곤란하게 될 염려가 있다.

일반적으로 이상적인 유속의 한계는 1.0~1.8m/s이나 실제 관로 설계의 범위는 오수관은 0.6~3.0m/s, 우수·합류관은 0.8~3.0m/s이고, 평탄지, 적당한 경사의 토지, 급경사의 토지에 관하여 관경별 표준경사·만관유속 등을 나타낸 표는 다음과 같다.

표 3.3 표준유속표 (n=0.013)

구분 / 지름mm	평탄지		적당한 경사를 가진 토지		급경사의 토지	
	경사	만관유속	경사	만관유속	경사	만관유속
300	3.3%	0.747m/s	5.0%	0.721m/s	6.7%	1.067m/s
500	2.0%	0.850m/s	3.0%	1.034m/s	4.0%	1.206m/s
800	1.3%	0.950m/s	1.9%	1.160m/s	2.5%	1.333m/s
1,000	1.0%	0.979m/s	1.5%	1.203m/s	2.0%	1.392m/s
1,200	0.8%	0.991m/s	1.3%	1.268m/s	1.7%	1.453m/s
1,500	0.7%	1.078m/s	1.0%	1.292m/s	1.3%	1.475m/s
1,800	0.6%	1.126m/s	0.8%	1.303m/s	1.1%	1.531m/s

(주) 1. 평탄지에서는 관경을 (mm)로 표시하고 그 역수를 경사로 표시한다.
2. 적당한 경사의 토지는 평탄지의 1.5배로 한다. 즉 관경 (mm)의 역수의 1.5배를 경사로 한다.
3. 급경사의 토지는 평탄지의 2배로 한다. 즉 관경의 역수의 2배로 한다.

관로내의 침전물은 혐기성 상태하에서 부패하여 메탄가스(CH_4), 탄산가스(CO_2), 황하수소(H_2S) 등을 대기 중으로 방출하게 된다. 황하수소는 계란 썩는 냄새가 나며 물과 반응하여 황산을 만들므로 관로 손상과 인체에 해를 끼친다.

관정부식의 주요원인은 황화수소(H_2S)와 밀접하게 관련되어 있다. 관로내가 혐기성 상태가 될 때 혐기성균이 하수에 포함된 황(S)을 환원시켜 황화수소를 발생시키고 이 황화수소가 관로의 천정부근에서 또다른 종류의 균에 의해 산화되어 황산이 되면서 관로를 부식시키는 관정부식(管頂腐蝕, Crown Corrosion)이 일어나게 된다.

관로의 내면이 마모 및 부식 등에 따른 손상의 위험이 있을 때에 내마모성, 내부식성 등에 우수한 재질의 관로를 사용하거나 관로의 내면을 적당한 방법에 의해 라이닝(Lining) 또는 코팅(Coating)을 해야 한다.

코팅재료로는 역청재, 콜타르(Coal tar) 생성물 및 합성수지가 주로 사용된다. 더욱이 철재관을 전철철도나 변전설비의 주변에 매설하는 경우에는 미주전류(迷走電流, Stray current)의 영향을 받아 전식(電蝕, Electrolyte Corrosion)이 일어날 수 있으므로 절연문제를 고려해야 하며, 상황에 따라서는 전기방식(電氣防蝕)을 고려할 필요가 있다.

관정부식의 대책으로는

(1) 하수의 유속을 증가시켜 하수관 내 유기물질의 퇴적을 방지한다.

(2) 용존산소 농도를 증가시켜 하수내 생성된 황화물질을 변화시킨다.

(3) 하수관 내를 호기성 상태로 유지하여 황화수소(H_2S)의 발생을 방지한다.

(4) 콘크리트관 내부를 PVC나 기타 물질로 피복하고 이음 부분은 합성수지를 사용하여 내산성이 있게 한다.

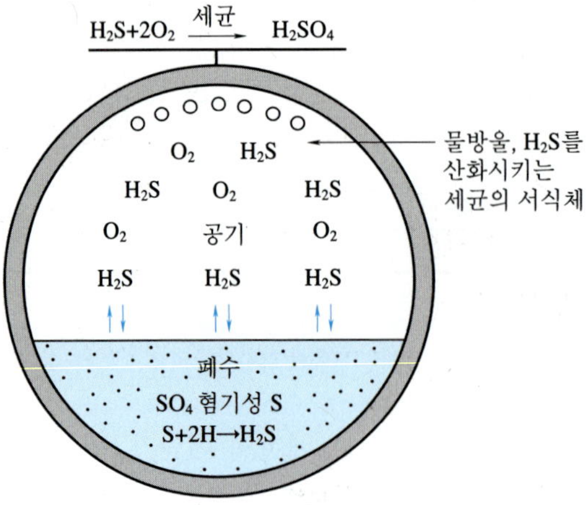

그림 3.2 관정부식

3.4 최소관경

배수면적이 작으면 계획하수량도 적게 되어 필요한 관로의 내경도 매우 작은 것으로 충분하다. 그러나 관경이 너무 작으면 관로 내의 청소나 점검 및 사용후의 새로운 부착관의 설치 등 유지관리에 지장을 초래하므로 계산상 200mm 이하로 충분해도 오수관로는 200mm, 우수관로 및 합류관로는 250mm의 관경을 표준으로 사용한다.

단, 오수관로는 국지적으로 장래에도 하수량의 증가가 예상되지 않는 경우에는 150mm로 할 수 있다. 150mm로 할 경우에는 장래에도 공장이나 공동주택의 입지 등 토지이용의 변경이 전혀 예상되지 않는 지역에 한정하는 등 충분한 검토가 필요하다.

진공 또는 압송방식의 최소관경에 대해서는 펌프구경, 유속, 마찰손실, 오수의 종류 등을 종합적으로 판단하여 결정한다.

3.5 관의 종류와 단면

3.5.1 관의 종류

관은 일반적으로 철근콘크리트관, 제품화된 철근콘크리트 직사각형관, 도관, 경질염화비

널관, 현장타설 철근콘크리트관 등과 같은 종류를 사용한다. 관은 압력관 등을 제외하고는 내압에 대하여 고려할 필요는 없지만 외압에 대하여 충분히 견딜 수 있는 구조 및 재질을 사용하며, 위에 제시한 것 외에 다른 관종을 사용하고자 할 때에는 내구성 및 내식성 등에 있어 KS제품과 동등한 성능 이상의 재료를 사용해야 한다.

한편 관종의 선정시에는 유량, 수질, 매설장소의 상황, 외압, 연결방법, 강도, 형상, 공사비 및 장래의 유지관리 등을 충분히 고려하여 합리적으로 선정한다.

1) 철근콘크리트관

(1) 원심력 철근콘크리트관(KS F 4403)

발명자의 이름을 따서 흄(Hume)관이라고도 한다. 재질은 철근콘크리트관과 유사하며 원심력에 의해 굳혀 강도가 뛰어나므로 하수관용으로 가장 많이 사용되고 있다.

흄관의 규격은 KS에서 그 사용조건에 따라 보통관과 압력관으로 구별하고 있다. 보통관의 경우 접합형상에 따라 A형(150~3,000mm), B형(150~1,350mm), C형(1,500~3,000mm), NC형(1,500~3,000mm)으로 분류되며, 압력관의 경우 A형(150~2,000mm), B형(150~1,350mm), NC형(1,500~3,000mm)으로 분류된다(그림 3.3 참조).

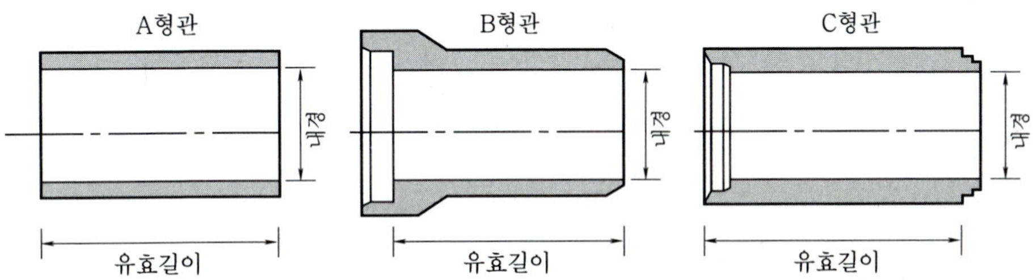

그림 3.3 원심력 철근콘크리트관

A형관은 연결부의 시공에 기술을 요하고 관의 보수, 교체 또는 특수 신축접합 등을 하는 경우에 주로 이용된다.

B형관은 고무링을 이용하여 연결하는 것으로 시공성 및 수밀성이 우수하여 일반적으로 많이 사용된다.

C형관은 두개의 관이 서로 맞붙는 곳에 수구와 삽구가 단을 이룬 것으로 맞닿는 부분에 고무링을 채워 연결한다. 시공이 비교적 간단해서 굴착 폭이 작아도 되기 때문에 도로폭원과 타매설 등으로 제약을 받는 경우에 사용된다.

또한 원심력 철근콘크리트관용 이형관(KS F 4036)이 있고 사용형태에 따라 T자관, Y자관, 곡관(U, V형)으로 구분되어 있다. 적합한 규격 및 형태는 매설장소의 하중조건 등에 따라 신중하게 결정해야 한다.

(2) **코아식 프리스트레스트 콘크리트관**(prestressed concrete pipe core type, KS F 4405)

콘크리트로 된 코아관(core pipe) 주위에 PC강선을 인장시켜 줌으로써 원주방향 및 관 축방향으로 압축응력을 작용케 하여 내외압에 의해 발생되는 인장응력을 소멸시켜 상당히 큰 압력에서도 견딜 수 있게 만든 것으로 흔히 PC관으로 부른다. 따라서 안전성은 좋으나 가격이 원심력 철근콘크리트보다 비싸 내외압이 크게 걸리는 장소에서 주로 사용되고 있다. 현재 KS상에서는 1~5종으로 관종을 나누고 있으며, 제작방법에 따라 원심력방식(관경 500~2,000mm, 유효길이 4.5m)과 축전압방식(관경 500~1,000mm, 유효길이 4.5m)이 규정되어 있고 연결은 소켓으로 한다.

(3) **철근콘크리트관**(KS F 4401)

거푸집에 조립철근과 콘크리트를 넣은 후 진동기 또는 이것과 동등한 효과를 얻을 수 있는 방법으로 다져서 제작한 철근콘크리트관을 말하며 KS에는 접합형상에 따라 보통관 A형(150~600mm), 보통관 B형(700~1,800mm), 외압관 C형(150~2,000mm)으로 구분되어 있다.

2) 제품화된 철근콘크리트 직사각형관(정사각형관 포함)

철근콘크리트 또는 프리스트레스트 콘크리트에 의한 공장제품으로 운반경로 및 시공조건에 따라 측벽, 상판, 바닥판 등으로 분할해서 제조하는 것이 가능하기 때문에 제품화된 철근콘크리트 직사각형관는 현장타설 철근콘크리트관에 비하여 공사기간이 단축된다는 이점이 있다.

3) 도관(KS L 3028)

도관은 내산 및 내알칼리성이 뛰어나고 마모에 강하며 이형관을 제조하기 쉽다는 장점이 있다. 충격에 대해서 다소 약하기 때문에 취급 및 시공에 주의해야 한다. 접합방법으로는 공장에서 제작되는 압축조인트접합과 현장시멘트 모르터 접합이 있는데 수밀성을 확보하기 위해서 압축조인트접합을 사용하는 것이 바람직하다.

KS에는 보통관(50~300mm), 두꺼운 관(100~450mm)이 규격화 되어 있으나 오수관으로는 두꺼운 관이 적합하다. 또한 여러 가지 각도의 곡관(30°, 45°, 60°, 90°)이나 가지관

(60°, 90°)도 KS에 규격화되어 있다.

한편 국내에서는 도관의 사용실적이 많지 않으나 외국의 경우는 수질변화가 심하여 부식의 염려가 많은 400mm 이하의 소형 오수관용으로 많이 이용되고 있다.

4) 경질염화비닐관(KS M 3404)

경질염화비닐관은 가볍고 시공성이 우수하지만 연성관이기 때문에 내경의 5% 정도를 허용변형률로 하고 있다.

국내외적으로 사용량이 급증하고 있는 추세이지만 시공방법 및 재질상 파열과 처짐 등의 문제점을 가지고 있으므로 경질염화비닐관의 제조업체가 제시한 시공순서 및 방법에 따라 신중히 시공하여야 한다.

경질염화비닐관의 연결은 소켓연결로 고무링에 의한 방법과 접착제에 의한 방법이 있다. KS에는 일반관(VG 1, 10~300mm) 및 얇은 관(VG 2, 35~1,000mm, 소켓부착관은 800mm까지)으로 규정되어 있으나, 하수관용으로는 얇은 관을 많이 사용하고 있다.

5) 현장타설 철근콘크리트관

공장제품의 사용이 불가능할 경우, 큰 단면 및 특수한 단면을 필요로 하는 경우 및 특히 고강도를 필요로 하는 경우 등에는 현장에서 직접 타설하는 철근콘크리트관을 사용한다. 또한 원심력철근콘크리트관, 코아식 프리스트레스트 콘크리트관, 로울러 전압 철근콘크리트관 및 철근콘크리트관의 하중계산은 토피가 극히 적은 경우나 3m 이상의 경우는 일단 점검해야만 하며, 최근의 노면하중의 증대에 따른 관로에의 영향을 점검할 필요가 있다.

6) 강화플라스틱복합관

유리섬유, 불포화폴리에틸렌수지, 골재를 주원료로 하며, 내외면은 유리섬유강화층이고, 중간층은 수지모르터 복합관이다. 외압관과 내압관의 두 종류가 있으며, 하수도용으로는 외압관을 사용한다. 강화플라스틱복합관은 고강도로 내식성 및 시공성이 우수하다.

7) 폴리에틸렌(PE)관 (KS M 3407)

가볍고 시공성이 우수하며, 내산·내알카리성이 우수하다. 또한, 연성관으로 허용변형율을 안지름의 5% 정도로 한다.

8) 닥타일주철관(KS D 4311)

내압성 및 내식성에 우수하여 일반적으로 압력관으로 사용되며 처리장내의 연결관 및 송풍용관으로도 사용되고 있다.

9) 파형강관(KS D 3590)

파형강관(KS D 3590 및 ASTM A 444)은 용융아연 도금된 강판을 스파이럴형으로 제작한 강판으로서 하수관로 중 아연도금을 한 파형강관은 우수관로용으로 사용되고 있으며, 파형강관에 폴리에틸렌(PE)수지, PVC 등으로 피복하여 내식성 및 내마모성을 증가시키면 오수관로용으로 사용할 수 있다.

3.5.2 관의 단면

관의 단면형상에는 암거의 경우 그림 3.4에 나타낸 것과 같이 원형, 직사각형(정사각형도 포함), 말굽형 및 계란형 등이 있다.

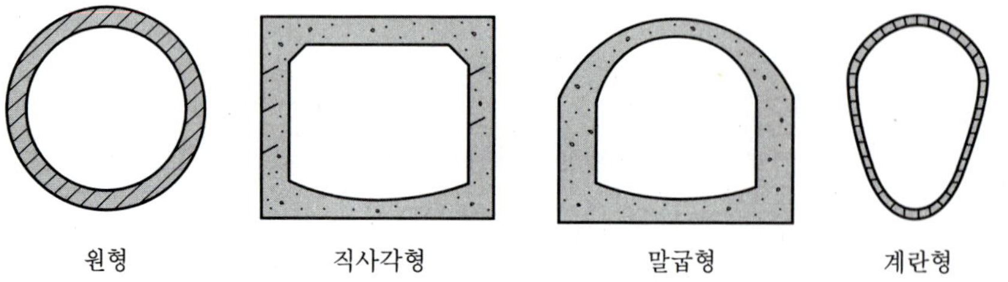

그림 3.4 관 단면의 종류

그러나 어떤 형상을 선정하더라도 다음 사항을 고려하여 결정한다.

① 수리학적으로 유리할 것
② 하중에 대해 경제적일 것
③ 시공비가 저렴할 것
④ 유지관리가 용이할 것
⑤ 시공장소의 상황에 잘 적응될 것

일반적으로 사용되는 원형, 직사각형, 말굽형, 및 계란형의 장·단점은 다음과 같으며 직사각형 또는 말굽형을 사용하는 경우에는 원활한 유수의 흐름을 위하여 일반적으로 암거의 저면에 폭의 1~2배 정도의 곡률반경을 가진 인버트(invert)를 설치하는 것이 좋다.

1) 원형

(1) 장점

① 수리학적으로 유리하다.

② 일반적으로 내경 3,000mm 정도까지 공장제품을 사용할 수 있으므로 공사기간이 단축된다.

③ 역학계산이 간단하다.

(2) 단점

① 안전하게 지지시키기 위해 모래기초와 별도로 적당한 기초공을 필요로 하는 경우가 있다.

② 공장제품이므로 연결부가 많아져 지하수의 침투량이 많아질 염려가 있다.

2) 직사각형

이 형상은 일반적으로 높이가 폭보다 작다.

(1) 장점

① 시공장소의 흙 두께 및 폭원에 제한을 받는 경우에 유리하며 공장제품을 사용할 수도 있다.

② 역학계산이 간단하다.

③ 만류가 되기까지는 수리학적으로 유리하다.

(2) 단점

① 철근이 해를 받았을 경우 상부하중에 대하여 대단히 불안하게 된다.

② 현장 타설의 경우에는 공사기간이 지연된다. 따라서 공사의 신속을 도모하기 위해 상부를 따로 제작해 나중에 덮는 방법을 사용할 수도 있다.

3) 말굽형

이 형상은 일반적으로 상부는 반원형의 아치로 하며 측벽은 직선 또는 곡선을 갖고 내측으로 굽혀 수직으로 한다.

(1) 장점

① 대구경관에 유리하며 경제적이다.

② 수리학적으로 유리하다.

③ 상반부의 아치(arch) 작용에 의해 역학적으로 유리하다.

(2) 단점

① 단면형상이 복잡하기 때문에 시공성이 열악하다.

② 현장 타설의 경우는 공사기간이 길어진다.

4) 계란형

(1) 장점

① 유량이 적은 경우 원형관에 비해 수리학적으로 유리하다.

② 원형관에 비해 관 폭이 작아도 되므로 수직방향의 토압에 유리하다.

(2) 단점

① 재질에 따라 제조비가 늘어나는 경우가 있다.

② 수직정도가 요구되므로 면밀한 시공이 필요하다.

3.6 관로의 접합 및 연결

3.6.1 관로의 접합

관로의 설계에 있어서는 관로의 방향, 경사 또는 관경이 변화하는 개소 및 관로가 합류하는 장소에는 맨홀을 설치해야 하며 또한 항상 유수를 수리적으로 원활하게 유하시킬 필요가 있다. 유수의 충돌이나 심한 와류, 난류 등을 일으키면 수두손실이 증대되어 유하능력이 저하되고 아울러 합류점 또는 지형이 험한 경우에는 접합방법이 틀리면 맨홀로부터 하수가 분출할 수도 있고, 생각외의 피해를 줄 수도 있으므로 관로의 접합에는 충분히 주의를 해야 한다.

관로의 접합에는 일반적으로 수면접합, 관정접합, 관중심접합, 관저접합의 방법을 사용한다. 이상의 접합방법에는 각각 장단점이 있으므로 배수구역내의 노면의 종단경사, 다른 매설물, 방류하천의 수위, 관로의 매설깊이를 고려해서 어떤 것을 사용할 것인가를 결정해야 한다. 특별한 경우를 제외하고는 원칙적으로 수면접합 또는 관정접합으로 하는 것이 좋다.

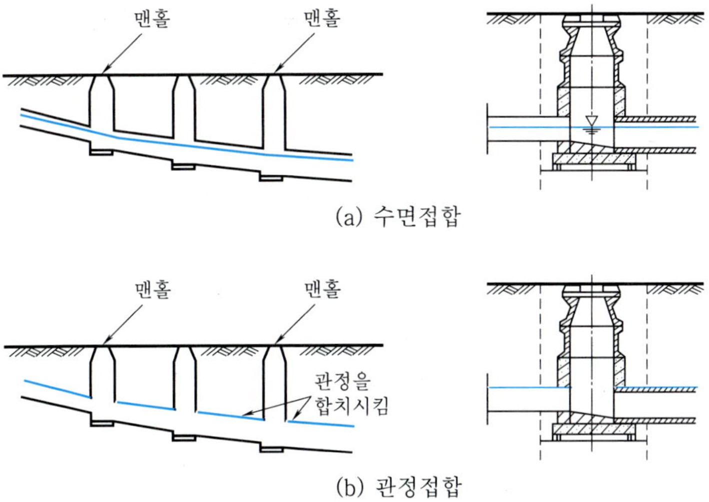

그림 3.5 수면접합과 관정접합

1) 수면접합

수리학적으로 대개 계획수위를 일치시켜 접합시키는 것으로써 양호한 방법이다.

2) 관정접합

유수는 원활하게 되지만 굴착깊이를 증가시킴으로 공사비가 증대된다. 역시 펌프배수의 경우 펌프 양정이 증대되어 불리하게 된다.

3) 관중심접합

수면접합과 관정접합의 중간적인 방법이며 계획하수량에 대응하는 수위의 산출을 필요로 하지 않으므로 수면접합에 준용되는 일이 있다.

4) 관저접합

굴착깊이를 줄여 공비를 경감하며 수위상승을 방지하고 양정고를 줄일 수 있어 펌프배수의 경우가 유리하나 상류부에 있어서는 동수경사선이 관정부터 상승할 우려가 있다.

지표의 경사가 급한 경우에는 관내의 유속 조정과 필요한 최소한도의 흙덮이를 유지하기 위하여, 지표경사에 따라서 적당한 간격으로 맨홀을 설치하여 단차접합 혹은 계단접합으로 한다.

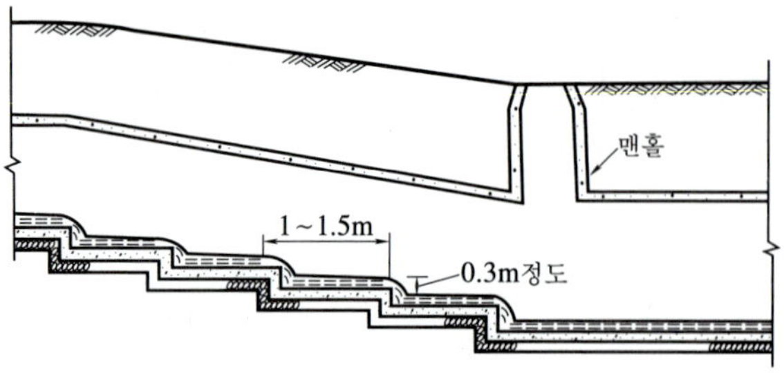

(a) 계단접합

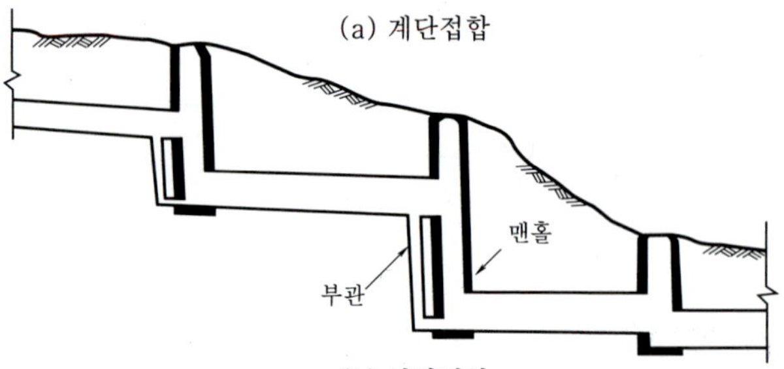

(b) 단차접합

그림 3.6 지표경사가 급한 경우의 접합

단차접합은 맨홀 1개당 단차는 1.5m 이내로 하는 것이 바람직하며, 단차가 0.6m 이상인 경우에는 부관을 설치한다. 또한 계단접합은 통상 대구경 관로 또는 현장 타설관로에 설치하며 계단의 높이는 1단당 0.3m 이내 정도로 하고 경사와 단면에 따라 계단의 길이와 높이를 변화시킨다.

유수를 원활하게 되도록 유의하고 특히 대관로와 대관로가 합류하는 경우에는 유속이 크게 되는 것에 주의해야 한다. 동시에 대관로에 소관로가 합류하는 경우에는 유속이 적은 소관로의 유수가 대관로의 큰 유속에 저해되어 소관로의 상류부에 유속의 정체를 일으켜 예상외의 지장을 갖게 되므로 이런 경우에는 될 수 있는 한 적은 중심교각을 갖고 합류시키도록 주의해야 한다. 그 중심교각은 30~45°가 이상적이나 도로의 폭원, 그 밖의 장애물의 관계도 있으므로 최대한도를 60°로 한다.

한편 대관로에 소관로가 합류하는 경우 소관로의 지름이 대관로의 지름의 1/2 이하이고 또한 수면접합 혹은 관정접합에 의한 접합이상으로 낙차를 붙이는 경우 중심교각은 90°까지를 한도로 해도 지장이 없다. 또 곡선을 갖고 접합하는 현장타설 콘크리트관 등의 경우에는 내경의 5배 이상의 곡률반경을 가지고 접합시키는 것이 바람직하다. 보통 소관로가 합류하는 경우의 곡률반경은 맨홀내에서 붙여지지만 대관로가 합류하는 경우의 곡률반경은 특수맨홀 또는 현장타설 콘크리트관로를 설치하지 않으면 붙여지지 않는 경우가 많다. 또한 관로가 단순히 곡절하는 경우도 같은 고려가 필요하다.

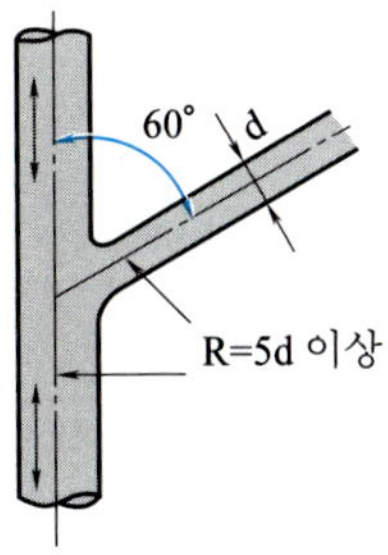

(a) 관로가 곡절하거나 또는 곡선으로 합류한 경우의 곡률반경

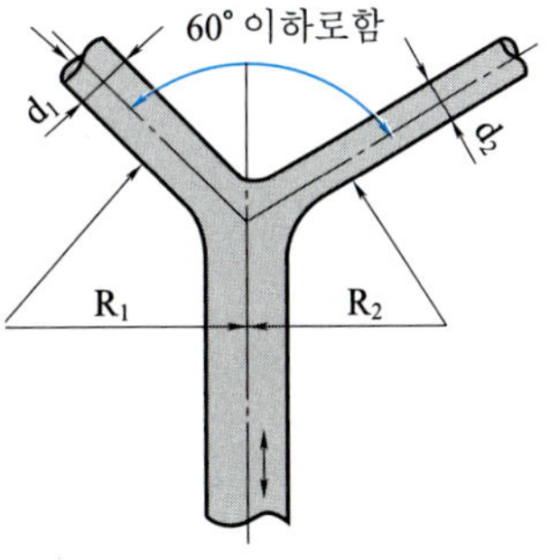

(b) 관로가 합류하는 경우의 중심선의 교각

그림 3.7 관로가 합류할 때의 중심교각과 곡률반경

3.6.2 관의 연결

관은 다른 매설물에 비교하여 매설깊이가 깊은 경우가 많다. 그러므로 지하수위가 높고 연결이 불완전한 경우에는 지하수가 다량으로 관로내에 침입한다. 따라서 펌프 배수의 경우에는 펌프의 증설을 필요로 하게 되고, 배수경비를 증가시키는 결과를 낳게 된다. 또한 지하수의 침입은 관로용량의 부족 및 여유의 감소를 초래하여 관로 기능에 예상치 못했던 지장을 줄뿐만 아니라 처리장 기능을 저하시킬 우려가 있으므로 충분한 주의가 필요하다.

특히, 지하수 수위가 높은 곳에서는 연결이 불완전하고 불량한 부분으로 지하수가 관로내에 침입하면서 관로 주위의 지반을 불안정하게 하거나 토사를 끌어들여 관로내에 쌓이게 하고 때로는 부등침하, 노면함몰, 다른 지하매설물 등에 피해를 주는 경우가 있다.

이 때문에 연결은 기초공사와 함께 토질 및 지하수 수위를 고려하여 가장 적합한 방법을 선택하고, 시공상에 있어서도 관종 및 연결구조에 따라 정확하고 면밀한 연결을 하여 항상 수밀성이 있는 동시에 내구성이 있는 것이어야 하며, 수밀성 시험을 하도록 한다.

연결의 종류에는 여러 가지가 있으나 일반적으로 채용되고 있는 연결법과 그 특징은 다음과 같다.

표 3.4 관로의 연결방법

구분	SOCKET 연결	BUTT 연결 (고무링사용)	맞대기 연결 (수밀밴드사용)	전기융착 연결
특성	• 수밀성, 내구성 우수 • 시공이 쉽다. • 압축조인트 사용시 용수배수가 곤란한 지역도 시공가능 • 최근에는 고무링이나 합성수지제의 패킹 사용으로 시공성, 내구성,수 밀성 우수	• 중구경 및 대구경의 시 공이 쉽다. • 용수배수가 곤란한 지 역에서도 시공가능 • 수밀성이 있으나 연결부의 관두께가 얇 기 때문에 연결부가 약하다.	• 흄관의 칼라연결을 대 체하는 공법으로서 수 밀 성을 보장받을 수 있다. • 기온변화에 따른 신축 변화에 적절히 대응할 수 있다. • 내화학성 우수하며 반 영구적 사용가능	• 폴리에틸렌 원료의 기본 성질을 이용한 융착식 공법이므로 누수가 없다. • 중량이 가벼워 시공이 용이하다. • 내화학성이 우수하며, 반영구적 사용가능
형식	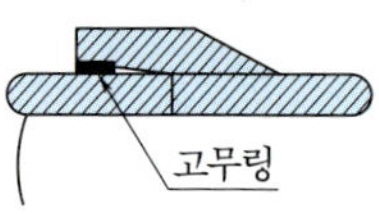	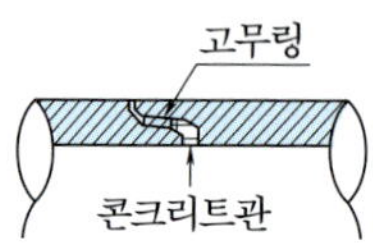	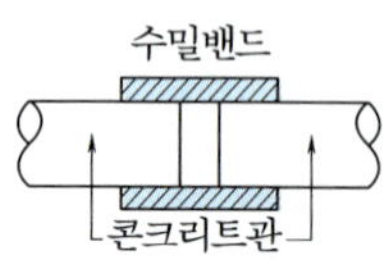	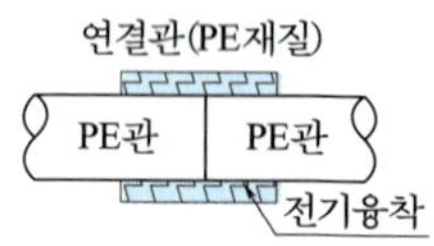

3.7 관의 기초

하수도는 원칙적으로 자연 유하하므로 관의 부등침하는 절대로 피하지 않으면 안 된다. 즉, 관의 기초는 하수도의 내구성에 제일 큰 영향을 미치며 불안전한 기초가 관의 접합부분을 파괴하고, 나아가서는 하수도의 기능을 소실케 하는 경우가 있다.

기초공은 사용하는 관의 종류, 토질, 지내력, 시공방법, 하중조건 및 매설조건 등에 따라 정하지만, 기초공의 선택은 공사비용에 큰 영향을 미치게 되므로 관의 내구성 및 경제성을 충분히 검토하여 적절한 방법을 선택하도록 한다.

(1) 강성관(剛性管)의 기초공

철근콘크리트관 등의 강성관은 조건에 따라 모래, 쇄석(또는 자갈), 콘크리트 등으로 기초를 실시하며, 필요에 따라 이들을 조합한 기초를 실시하되, 모래기초의 경우 관의 부식방지를 위하여 한국공업규격 KS F 2526 『콘크리트용 골재』에서 규정한 염화물($NaCl$) 함유량이 허용값 이하의 모래를 사용하여야 한다. 단, 지반이 양호한 경우에는 이들 기초를 생략할 수가 있다.

(2) 연성관(軟性管)의 기초공

경질염화비닐관 등의 연성관은 자유받침 모래기초를 원칙으로 하며, 조건에 따라 말뚝기초 등을 설치한다.

또한, 관 하단에 까는 모래의 두께는 100~300mm로 하는 것이 바람직하고 상단에는 200mm의 토사로 충분히 다짐시공 되어야 하며, 모래로 사용하는 것이 바람직하다. 즉, 가능한 연성관의 기초는 관 주변을 모래로 완전히 쌓는 360° 모래기초가 바람직하다.

구분	강성관	연성관
기초형식	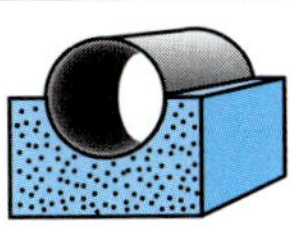	
	모래기초 180°	모래기초 360°

그림 3.8 모래기초 형식

표 3.5 관종에 따른 기초

관종 \ 지반		경질토 보통토	연약토	극연약토
강성관	철근콘크리트관	벼개동목기초 쇄석기초 모래기초	콘크리트기초	말뚝기초 철근콘크리트기초
	도관	벼개동목 쇄석기초 모래기초	쇄석기초 콘크리트기초	철근콘크리트기초
연성관	경질염화비닐관	모래기초	모래기초 베드토목섬유(bed geotextile)기초 소일시멘트(soil cement)기초	베드토목섬유기초 소일시멘트기초 사다리동목기초 말뚝기초 콘크리트·모래기초
	닥타일주철관, 강관	모래기초	모래기초	모래기초 사다리동목기초 콘크리트·모래기초

주) : 1) 암반에 매설하는 경우는 응력을 균등히 분포시킬 수 있는 구조의 기초로 한다.
2) 지반의 구분 예를 나타내면 표 3.5와 같다.

표 3.6 지반의 구분 예

지반	대표적인 토질
경질토	경질점토, 역혼토 및 역혼사
보통토	모래, 롬(loam) 및 사질점토
연약토	실트(silt) 및 유기질토
극연약토	매우 연한 실트 및 유기질토

관의 기초공은 철저히 시공하는 것이 중요하며, 관의 부등침하는 하수의 정체, 부패 및 악취를 발생시키는 원인이 될 뿐만 아니라 최악의 경우에는 관이 파손되어 누수가 일어나거나 지하수의 침입을 초래하여 관주변의 토사가 유입하여 유지관리면에서 큰 장해가 되거나 심하면 도로가 함몰하는 현상이 나타나기도 하므로 기초공은 특히 중요하다.

표 3.5는 관종에 따른 기초를 개략적으로 분류한 것이지만 실제에서는 관체의 보강과 부등침하의 방지를 위하여 각각의 기초를 조합하여 시공하는 경우도 있다.

3.8 관의 위치 및 깊이

공사계획에서 매설위치는 다음 사항을 고려해서 결정하여야 한다.

① 관을 공공도로에 매설하는 경우에는 그 매설위치 및 깊이를 도로관리자와 협의해야 한다.

② 관로가 하저를 횡단하는 경우에는 그 매설위치 및 깊이를 하천관리자와 협의해야 한다.

③ 철도횡단의 경우에는 관로가 교통하중 및 진동을 직접 받지 않도록 충분한 깊이로 매설해야 한다. 그러나 횡단경사의 특수성에 의하여 교통하중 및 진동이 작용하는 경우에는 관로에 직접 영향을 주지 않도록 방호공을 설치하여야 한다.

④ 관로를 사유지내에 매설하는 경우에는 토지소유자와 협의하여야 한다.

한편 공도에 매설하는 경우에는 합류식 하수관로의 위치를 가로 중앙에 두면 양측 사설하수도와의 연락이 거리·경사 등에 있어서 매우 편리할 뿐만 아니라, 양측 주민의 부담을 적게 할 수 있다. 노폭이 넓을 때는 양측 보도 밑에 하나씩 설치할 경우도 있다.

이때 건축물의 기초를 손상하지 않도록 주의해야 한다. 그러나 하수관로는 다른 매설물보다 나중에 부설할 때가 많으므로 상수도관·가스관 및 전신전화관 등의 기존 매설물이 있는 가로에는 장애가 적은 위치를 선정하여야 한다.

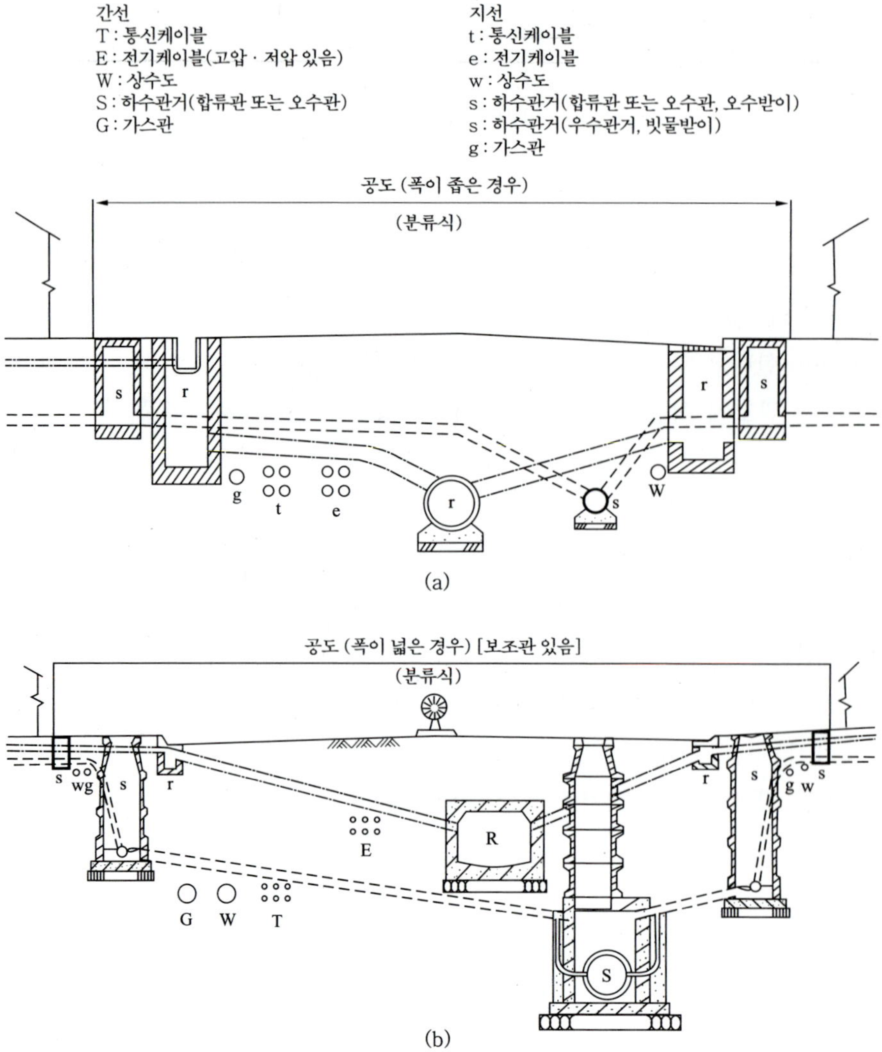

그림 3.9 분류식에 의한 부설 일반도

또 관로 매설의 깊이는 흙덮이의 깊이에 따라 다르지만 일반적으로 흙덮이를 최소 1.0m, 최대 3.0m 정도로 하여 관로의 위치를 정하는 것이 보통이다. 여기서 흙덮이는 지표면에서 관로 외항까지의 깊이를 말하는 것으로 토공비의 증감에 영향을 주며, 사설 하수관과의 접촉에 어려움을 초래하고, 관로에 작용하는 하중에 영향을 미치는 바가 크므로 설계에 있어서는 교통량 혹은 중량화물의 유무를 조사하여 표준 범위내에서 적당히 정하여야 할 것이다.

3.9 부대설비

하수관로를 매설할 때에는 이와 관련해서 유수지·우수 및 사설 하수의 관로설비·맨홀·등공·세조장치·물넘이 실(溢流堰室)·잠거(伏越)·펌프장 등의 축조를 생각해야 한다. 그런데 여기서 사설 하수도의 펌프 설비에 대하여는 생략한다.

3.9.1 유수지

유수지는 하수관로의 유하능력이 부족한 곳, 하류지역의 펌프장 능력이 부족한 곳 및 방류수로의 유하능력이 부족한 곳 등에 설치하여, 유출량을 감소시키기 위한 시설로서 독일 등지에서 널리 사용되고 있는 방법으로, 간단히 설명하면 다음과 같다.

우수관로의 유량은 대단히 변화가 심하다. 예를 들면 하류관로에서는 만류의 경우 청천시 유량의 50~100배에 달하고, 분류식 우수 관로에서도 최대 우수 유출량은 평균 유량의 몇 배에 달한다. 그러나 관로의 크기를 결정하는데 있어 최대우수량 유하를 기준으로 하여 설계하지 않고, 연간 몇 번의 비교적 짧은 시간 동안에 필요한 크기의 단면으로 결정한다. 즉, 관로내를 유하하는 우수 유출량의 일부를 저류하여 우수가 끝난 후에 서서히 흐르게 하므로 하류의 관로에 부담을 적게 하도록 일시적으로 저류하는 시설이며, 우수저류량이 크면 클수록 하류관로의 단면을 작게 하여도 된다.

이 시설을 유수지라 하며, 현존의 유지·분지·골짜기 등도 이용할 수 있으나 건물이 밀집한 지구에서는 지하에 이를 만들 수 밖에 없다.

유수지의 바닥은 하류하수관로에 대하여 자연유하 할 수 있는 출구가 있어야 한다. 그렇지 않으면 펌프에 의하여 배수하여야 한다. 유수지의 결점은 물이 정지상태에 있기 때문에 부유물질이 침전하므로 적당한 방법으로 침전물질을 제거하지 않으면 안 된다는 점이다. 그러나 저류된 수량은 하수관로의 세척에 이용할 수가 있으며, 연결방법을 적절히 하면 하수관로의 대부분을 이 방법으로 세척할 수가 있다.

유수지는 그 목적에 따라 다음과 같이 분류한다.

① 합류관로 또는 분류식 우수관로의 지선이 간선에 연결되기 직전에 설치하는 유수지 : 이는 간선하수관로에 유하하는 우수를 어느 정도 저류하므로 유수지 하류의 관로단면을 소단면으로 할 수 있으나, 유수지 설치의 경제성을 각각의 경우에 충분히 검토하여 결정하여야 한다. 즉, 하수관로의 비용 절약이 유수지의 건설비와 유지비의 합보다도 크면 경제적으로 유리하다.

② 우수 방류장치에 대신하는 유수지 : 합류관로는 보통 우수 방류장치(또는 월류장치)로서 부담을 절감하거나 월류장치에 접속하는 관이 지나치게 길 때, 또는 토구에서 멀리 떨어져 있을 때는 유수지로서 절감하는 편이 유리하다. 유수지는 수일정도 이상 희석된 후 작동하므로 개방하여도 주위 환경에 지장을 초래하지는 않으나 부유물질을 제거하는 적당한 장치가 필요하다. 그러나 지하조로 만들면 이러한 문제점은 없다.

③ 건물이 없는 교외의 우수를 수용하기 위한 유수지 : 도시내의 소수로와 하천은 도시의 건축구역 내의 우수를 수용할 뿐만 아니라, 도시건축지역 외의 교외에서 배출하는 우수도 동시에 배수시켜야 하므로 이런 경우 하천을 배수관로망의 간선으로 계획하는 것이 좋으며, 때로는 도시하천이 간선하수관로로서 시가지를 관통할 때도 있다. 이와 같은 경우에 있어서 유수지는 유효한 역할을 하며, 폭우에 대해서 우수의 일부를 일시적으로 저류할 수가 있다면 다량의 수량을 유하시킬 때보다 작은 단면적의 관로로도 가능하다. 그러므로 소액의 비용으로서 교외에 유수지의 축조가 가능하면 더욱 유리하다.

④ 도시 광대지역을 고려한 토구로서의 유수지 : 도시 하수도 계획시에는 향후 20~30년 후의 도시확대 예상지역에 대해서도 고려하여 계획하나, 예상치 않았던 방향으로 도시가 발달하는 경우에는 독립된 하수관로를 매설하든가 또는 기존 하수관로를 이용하여야 한다. 이 경우 청천 하수량은 동일관으로 수용이 가능하나 우수량은 일시적으로 유수지에 저류시키고 구시가지의 우수량이 배제된 후 기존 하수관로를 이용하여 배제할 수가 있도록 유수지를 축조하면 기존 간선관로의 부하를 적게 할 수가 있고 경제적이라고도 하겠다.

⑤ 자연토구의 부하를 경감시키기 위한 유하수를 수용할 하천이 소하천으로서 하수량을 수용할 수 없을 때나 청천시 하천의 유량이 적어 하수에 의한 수질오염을 일으킬 염려가 있을 때 하수량을 저류시킨 후 적당한 비율로 방류하면 홍수 방지상으로나 수질 보존상 이상적이라 하겠다.

이상의 유수지는 우수침전지와 구별되어야 하며, 우수침전지는 강우시 하수종말처리장 또는 펌프장의 부하를 경감시키기 위하여 사용하며, 그 목적은 일정 유입량 이상의 유량을 우수 침전지에 수용하여 침전시키거나, 처리장이 정상적으로 가동되면 처리장으로 유도하여 2차 처리한 후 방류토록 하는 시설이다.

3.9.2 측구(side gutter)

도로와 사유지의 경계선에 따라서 도로 부지내에 설치하는 배수로를 측구라 하며, 그 구조는 막파기(excavation without timbering) 도랑이나, 판자 혹은 콘크리트 도랑으로 그 중에는 뚜껑으로 덮는 것도 있으나 오물이 정체하기 쉽고 도시 미관을 해치며, 또 도로의 유효폭원을 좁게 하므로 하수관이 매설된 도로에서는 L자형 콘크리트 측구를 설치하고 여기에 유공 뚜껑을 덮는 경우가 있는데, 이 경우는 도로의 폭원을 유효하게 넓게 사용할 수 있는 이점이 있다. 하수도의 본관이 매설되고 L자형의 측구가 축조된 후에 도로로서의 체제가 정비된다. 측구에 소요되는 비용은 도로양측에 설치한다 하더라도 본관비용의 약 10% 정도가 되므로 하수도가 있는 장소에서는 본관 매설과 함께 측구도 축조해야 한다.

3.9.3 우수받이(street-inlet)

측구 기타에서 흘러나오는 빗물을 하수도관으로 유하시키기 위하여 측구 도중에 우수받이를 설치한다. 받이의 상부에는 빗물의 유하와 교통의 안전을 위하여 구멍을 가진 뚜껑을 설치한다. 이하 주의사항을 들면 다음과 같다.

① 우수받이를 설치하는 간격은 도로의 광협·경사, 측구의 대소형상에 의하나 20m 정도에 1개 이하의 비율이면 좋다.

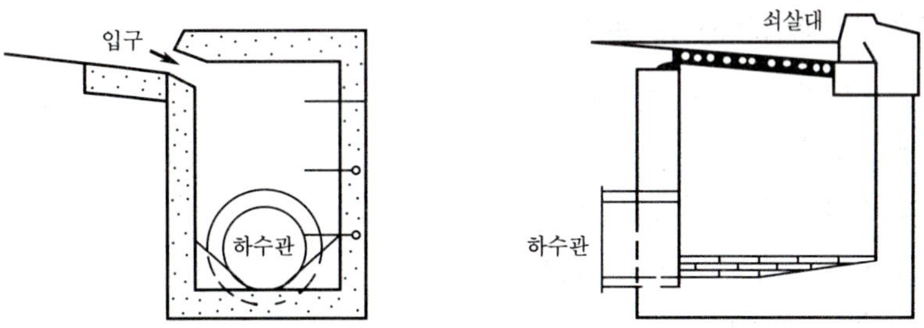

(a) 연석(curb)유입구 단면　　(b) 측구(gutter) 단면

그림 3.10 거리배수를 위한 우수유입구

② 우수받이의 뚜껑은 검불막이의 역할을 하도록 한다. 철제격자가 많이 쓰이나 근래에는 철근 콘크리트제 또는 도기제도 사용한다.

③ 우수받이의 바닥에는 깊이 15cm 이상의 진흙받이를 한다.

④ 특별한 경우에는 방취 trap을 붙인 것도 있다.

⑤ 시공에 있어서는 먼저 우수받이를 장치한 후 지선 L자형 측구를 체계있게 설치하는 것이 간편하다.

⑥ 형상은 내경 30~50cm의 원통형 또는 정방형 구조로 하고, L형지선 하수구의 폭원이 30cm일 때는 0.8m, 35cm일 때는 1.0m의 깊이로 한다.

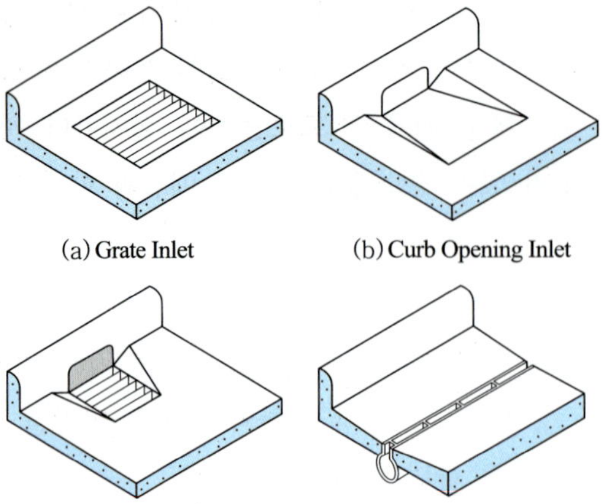

(a) Grate Inlet (b) Curb Opening Inlet (c) Combination Inlet (d) Slotted Drain Inlet

그림 3.11 대표적인 유입구 형태

3.9.4 연결하수관(collecting sewer)

우수받이 및 오수받이에 집수하는 우수 및 오수를 본관에 연결하는 하수관을 연결하수관이라 말하고, 보통 내경 15cm 및 25cm의 도관이 사용된다. 연결 하수관은 일반으로 본관에 대하여 직각으로 부설하고 본관과의 접촉부에는 60° 곡관 및 socket를 사용하여 연결한다. 연결 하수관은 도로를 횡단하여 부설하고, 또 도로 측단에 갈수록 흙덮이가 얕아져서 직접 받는 하중이 커지며, 이 까닭에 파손되기 쉽고, 누수·폐색의 원인이 되므로 주의를 요한다. 일반으로 우수받이에 있어서는 L형측구의 폭이 30cm일 경우에는 15cm관을, 35cm일 경우에는 25cm의 관을 사용하고, 오수연결하수관은 유출 하수량에 의하여 적당한 관경을 선택한다. 부설경사는 1/30~70로서 1/50보다 급하게 하는 것이 좋다.

3.9.5 오수받이(house drainage inspection chamber)

오수받이는 가정하수 또는 공장폐수를 본관에 연결하는 설비로 사설 하수도에 부속하는 것이나, 사설 하수도의 끝 즉 공설 하수도와의 연락개소에 설치하는 오수받이는 공공 구조물로서 설치관리 할 경우가 있다. 이 공설 오수받이의 모양은 내경 30~70cm의 정방형 또는 원통형으로 하며, 사설 하수도의 깊이에 따라 다르나, 대체로 그 깊이는 0.7~1.0m 정도가 보통이다.

오수받이의 크기는 깊이 및 유입관에 따라 정해진다. 오수받이의 바닥에는 맨홀과 같이 하수를 도입하는 저부(invert)를 설치하고, 뚜껑은 취기의 발산을 방지하도록 밀폐식으로 한다.

3.9.6 맨홀(인공, manhole)과 등공(lamp hole)

맨홀은 일반적으로 관거내의 검사(inspection)·청소(brushing or cleaning)를 위한 사람의 출입구로서 축조되며, 관거내의 통풍·환기(ventilation) 및 관거의 접합에도 유효하다. 맨홀의 형상은 구조상 원통형이 제일 유리하다. 내경은 맨홀의 깊이, 유입의 크기 등에 따라 다르나 대체로 90cm에서 150cm까지가 제일 많이 사용된다.

원통형은 외압이 평등하게 작용해서 벽체에 굽힘 모멘트를 발생하지 않고 축압력만 발생케 하므로 벽체는 철근콘크리트로 할 필요가 있고, 벽돌 또는 콘크리트로서 간단히 축조할 수 있다. 특히 맨홀에는 교통에 지장이 없도록 주철제 또는 철근 콘크리트제의 상당히 강도가 큰 유공 뚜껑을 설치하여야 한다.

또 맨홀의 승강에는 철제 계단을 설치하여 비계(scaffold)로 한다. 이 철제 계단에는 강철이 일반적으로 많이 사용되는데, 장기간에 걸쳐 하수의 산에 의하여 부식할 염려가 있으므로 주의를 요한다. 맨홀의 바닥에는 유수를 원활하게 하기 위하여 도수구(invert)를 설치한다.

1) 맨홀의 종류

(1) 표준 맨홀(standard manhole)

이것은 일반적으로 원통형으로서, 유입관의 크기에 따라 다르며 90cm, 120cm, 150cm, 180cm, 210cm의 5종이 있다.

(2) 낙하 맨홀(drop manhole)

급한 언덕 또는 지관과 주관과의 낙차가 클 때 그 접합에 사용되는 맨홀로 부관을 설치한다.

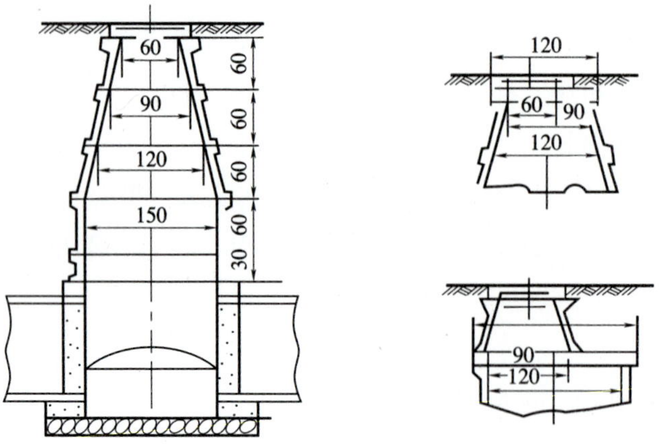

그림 3.12 표준 맨홀

(3) **측면 맨홀**(side manhole or side hole)

전차 궤도나 교통이 빈번한 도로 아래 하수관로가 있어서 바로 위에 출입구를 설치하기가 곤란할 경우 옆으로 유도하여 출입구를 만든 것이다. 그러나 될 수 있는 대로 측면 맨홀은 피하는 것이 좋다.

(4) **계단 맨홀**(flight manhole)

대관로로서, 관저차가 클 경우에는 유량도 많고, 또 유수작용도 심해서 수격작용에 의하여 관로내에 압착공기 혹은 진공부분을 발생시키므로 때로는 우수가 지상으로 분출할 위험이 있다. 이 경우 수세를 감쇄하기 위하여 관저에 계단을 붙이는데 이 계단의 높이는 1단에 대하여 30cm 정도, 길이는 유향에 따라 다르나 낙하 공식에서 대체로 1.0m 내지 1.5m로 하면 좋다.

$$\left.\begin{array}{ll} x = V \cdot t & x = V\sqrt{\dfrac{2y}{g}} \\ y = \dfrac{1}{2}gt^2 & g = 9.8 \end{array}\right\} \tag{3.4}$$

여기서, t : 낙하 소요시간(s)

(5) **연통 맨홀**(chimney manhole)

말굽형관로·직사각형관로에 사용되는 맨홀을 말한다. 관로의 천장 일부분에 구멍을 뚫어 상부로부터의 압력은 적당히 분산되나 원주부분에는 특수한 장력이 발생하므로 이에 대하여 공구주위에는 윤상철근을 사용하면 지장이 없다.

2) 맨홀의 설치위치

하수관로의 방향·경사도 및 안지름이나 안폭이 변화하는 곳, 단층이 생기는 곳, 하수관로가 합쳐지는 곳에는 반드시 설치하여야 한다.

표 3.7 맨홀 설치간격

관로내경	60cm 이하	60~100cm	100~150cm	165cm 이상
최대간격	75m	100m	150m	200m

3) 종류 및 사용장소

표 3.8 표준 맨홀의 형상별 용도

명칭	형상치수	용도
1호 멘홀	내경 90cm 원형	관로의 기점 및 600mm 이하의 관로의 중간지점 또는 내경 400mm까지의 관로의 합류점
2호 멘홀	내경 120cm 원형	내경 900mm 이하의 관로의 중간지점 및 내경 600mm 이하의 관로의 합류점
3호 멘홀	내경 150cm 원형	내경 1,200mm 이하의 관로의 중간지점 및 내경 800mm 이하의 관로의 합류점
4호 멘홀	내경 180cm 원형	내경 1,500mm 이하의 관로의 중간지점 및 내경 900mm 이하의 관로의 합류점
5호 멘홀	내경 210cm 원형	내경 1,800mm 이하의 관로의 중간지점

4) 맨홀 부속물

맨홀 부속물에는 인버트(invert), 발디딤부 및 중간 슬래브, 맨홀 뚜껑 및 받침, 맨홀 내 안전 표시판, 맨홀대 추락 방지 시설이 있다.

(1) 인버트(invert)

하수관 인버트는 하수도 시스템의 각 접합점에 놓이고 대부분 접합점은 표면수 유입구 혹은 맨홀에 있다. 인버트는 관의 마찰손실, 접합정에서 에너지 손실, 최소 덮개 요구 그리고 가능한 동결 보호 요구에 기초를 둔다.

- 인버트는 하류관로의 관경 및 경사와 동일하게 한다.
- 인버트의 발디딤부는 10~30%의 횡단경사를 둔다.
- 인버트의 폭은 하류측 폭을 상류까지 같은 넓이로 연장한다.
- 상류관과 인버트 저부는 3~10cm 정도의 단차를 두는 것이 바람직하다.

(2) 발디딤부

발디딤부는 부식이 발생하지 않는 재질을 사용하고 이용하기에 편리하도록 설치한다.

(3) 맨홀뚜껑

맨홀뚜껑은 유지관리의 편리성 및 안정성을 고려하여 설치한다.

(4) 맨홀 내 추락방지시설

상습침수구역 등에 부설하는 맨홀의 경우 강우시 급격한 하수량 증가로 인하여 맨홀 뚜껑 이탈이 예상되는 구역에는 추락 등 안전사고 예방을 위하여 맨홀 뚜껑 아래에 추락방지시설을 설치하는 등 대책을 강구하여야 한다.

5) 등공(lamp hole)

관로내에 등을 달아 부근의 맨홀에서 관로내를 점검하고, 그 주위에서 작업하는 사람에게 그 위치를 알리기 위하여 설치하는 구멍으로서 맨홀 작용이 되는 것이다.

맨홀의 간격이 멀리 떨어졌든가 또는 굴곡 있는 곳에 설치하며, 그 구조는 관정에서 도관에 의하여 노면으로 통하는 것이므로 노면에는 교통상 지장이 없는 강도를 가진 뚜껑을 한다.

관로의 방향이 변하는 장소로서 특히 맨홀을 필요로 하지 않을 경우나 맨홀 설치가 불가능한 장소, 또는 오수관에 있어서 통기 목적으로 맨홀 간격 100m를 초과할 때마다 그 중간에 설치한다.

표 3.9 맨홀 부속물

인버트	맨홀뚜껑	사다리

• 부유물 침전방지 및 하수의 원활한 흐름 유지	• 작업원 및 장비 출입 • KS 규격(주철제) • 수밀 고무링 설치	• 맨홀 내부의 원활한 출입 편리성과 안전성 고려 • PE코팅 사다리 사용

3.9.7 세척장치(flushing device)

하수관내의 유속은 오물을 침전시키지 않도록 정하는 것이 이상적이나 실제로는 최소유속을 항상 유지할 수 없으므로 침전물의 퇴적을 막을 수 없다. 합류식 관로에서는 때때로 우수가 세척의 역할을 하나, 소관으로 유속이 적은 곳이나 대관으로 완경사인 곳에는 세척장치를 설치하는 것이 좋다. 특히 분류식의 오수거는 침전물이 부패하기 쉬우므로 세척이 필요하다.

세척 장치는 수도수·하해수 또는 하수를 관로내에 저류하였다가 일시에 방류시켜 그 유속에 의하여 침전물을 압류하는 방법이 현재 주로 사용되며 그 종류는 다음과 같다.

① 자동세척문비(automatic flushing gate)·자동세척조(automatic flushing tank) 및 자동 사이펀 세척장치를 이용하는 방법
② 세척문비(flushing gate)를 맨홀 내에 설치하여 개폐용 철쇄를 인공적으로 조작하는 방법
③ 가변식 지수용 기구를 가지고 수시로 관로를 막아서 세척수를 저류하는 방법 등인데, 세척에 요하는 유속은 2.5m/s 정도이며, 300~600m 거리를 세척할 수 있는 유량을 저류하면 좋다.

3.9.8 환기장치

보통은 우수받이·맨홀·등공 등의 뚜껑 구멍에서 환기가 잘되므로 특별히 환기 또는 통풍장치는 필요 없으나 분류식 하수도의 오수받이에서는 부패로 인하여 메탄가스의 발생염려가 있으므로 폭발과 인부 질식의 위험이 있다. 또 최근 자동차 발달에 수반하여 관로내에 휘발유가 유입해서 인화의 위험을 더욱 크게 하고 있다. 자연 환기로서 전상환기관을 세우지 않고 부근의 연통에 연결할 수도 있다.

3.9.9 역사이펀(inverted siphon)

하수관로가 하천·지하철 및 기타 지하 장해물을 횡단할 때는 역사이펀 방법을 채택할 수 밖에 없다. 역사이펀은 검사 및 청소가 용이하지 않고, 고장이 날 때는 조사·수리가 곤란하며, 또 양단부 접속실에 검불이 모이고, 가스가 발생하는 등 여러 결점이 있다.

역사이펀 설계상 주의할 점을 열거하면 다음과 같다.

① 역사이펀 부분은 계획 하저면보다 적어도 1m 정도 깊게 매설하고 준설 등으로 인한 파손을 방지하기 위하여 두께 0.3m 정도의 방호 콘크리트로써 보호하여야 한다.
② 역사이펀 부분은 상당한 경사를 가진 직선(1/100 정도의 경사가 적당)으로 하고 될 수 있는 대로 하안부분에서 위로 올라가는 곡선식을 피한다.
③ 합류관인 경우 역사이펀 앞에 우수물넘이를 설치하더라도 우천시는 청천시의 3~4배의 유량이 흐른다. 따라서 관이 하나이면 청천시에는 유수가 많으며, 청소 등을 위해서 둘을 병렬함이 좋으며, 청천시에는 그 중 하나만 사용하면 된다. 그리고 관에는 문짝을 단다.

④ 역사이펀 내의 유속은 토사나 슬러지가 퇴적하는 것을 방지하기 위하여 상류하수관 내의 유속보다 20~30% 크게 하고 매초 0.7m 이상이 되도록 한다.

⑤ 고장시 폐색을 위하여 상류부에서 직접 하천으로 방류할 수 있는 배수로 설치가 필요하다.

⑥ 교대 밑에는 될 수 있는 대로 피하는 것이 좋다.

⑦ 역사이펀 양단부에 설치하는 접속실에는 반드시 깊이 0.5m 정도의 토사받이(pit)를 설치한다.

⑧ 역사이펀 양단부 접속실의 수위차는 다음 식에서 계산한다.

$$v = \sqrt{\frac{2gh}{1+f_e+f\cdot\frac{l}{d}+f_x}} \tag{3.5}$$

여기서, h : 역사이펀 입구와 출구의 수면낙차(m)

g : 9.8m/s^2

f_e : 관입구의 손실수두계수=0.5

f : 관내마찰 손실수두계수(콘크리트관=0.02, 철관=0.03)

f_x : 기타 손실수두계수(보통은 0이라고 생각함)

d : 관경(m) l : 역사이펀 길이(m)

$$h = il + \frac{1.5v^2}{2g} + f_x\frac{v^2}{2g} \fallingdotseq il + \frac{1.5v^2}{2g} \tag{3.6}$$

여기서, i : 역사이펀 구간 내의 유속을 가지기 위한 동수경사

$$\left.\begin{aligned} d &= \sqrt{\frac{2Q}{\pi\cdot v}} = \left((1.5d+0.02l)\cdot\frac{8Q^2}{g\pi^2 h}\right)^{1/5} \\ Q &= A\cdot v \end{aligned}\right\} \tag{3.7}$$

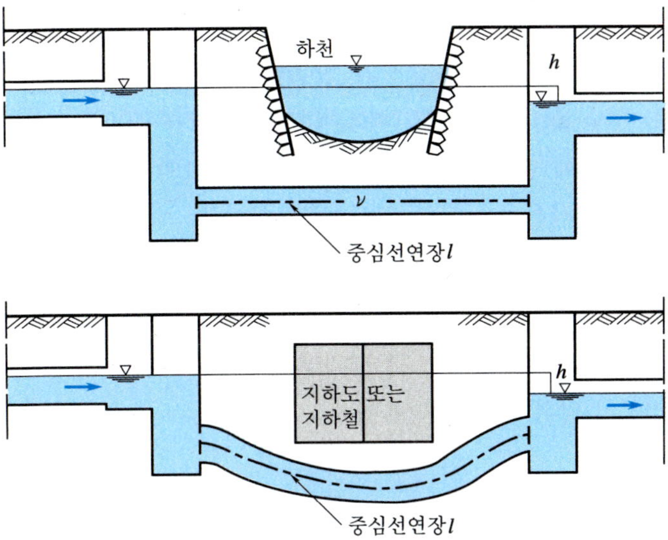

그림 3.13 siphon 수위관계도

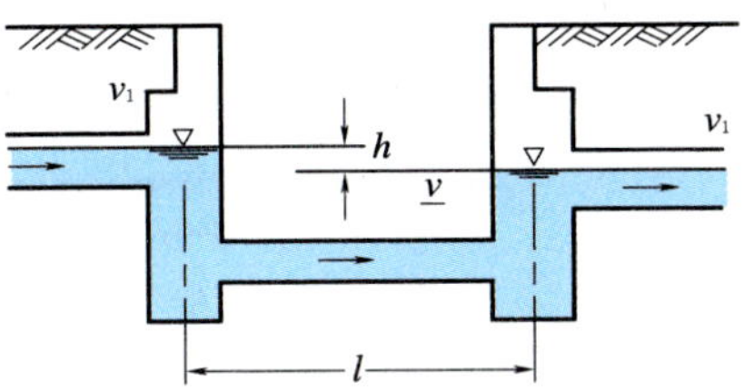

그림 3.14 복월도

3.9.10 우수토실

합류식 하수관로에 있어서 우수유출량의 전부를 처리장으로 보내 처리하는 것은 막대한 비용을 필요로 하며 불리하게 된다. 따라서 적당한 방류수역이 있는 경우에는 하수량이 우천시의 계획하수량에 달하면 그 이상의 우수를 관로의 도중에 설치한 우수토실로부터 하천 및 하해 등에 방류한다.

우수토실의 위치는 되도록 방류수역 근방에서 고수위의 경우에도 충분히 방류될 수 있는 곳을 택하는 것이 바람직하다. 그러므로 차집거(오수의 동수관로)를 될 수 있는 대로 하천 또는 바다 등의 근처에 배치하지 않으면 안 된다. 그러나 지형에 의해 방류관로를 압송관으로서 원거리에서 방류하는 경우도 있다.

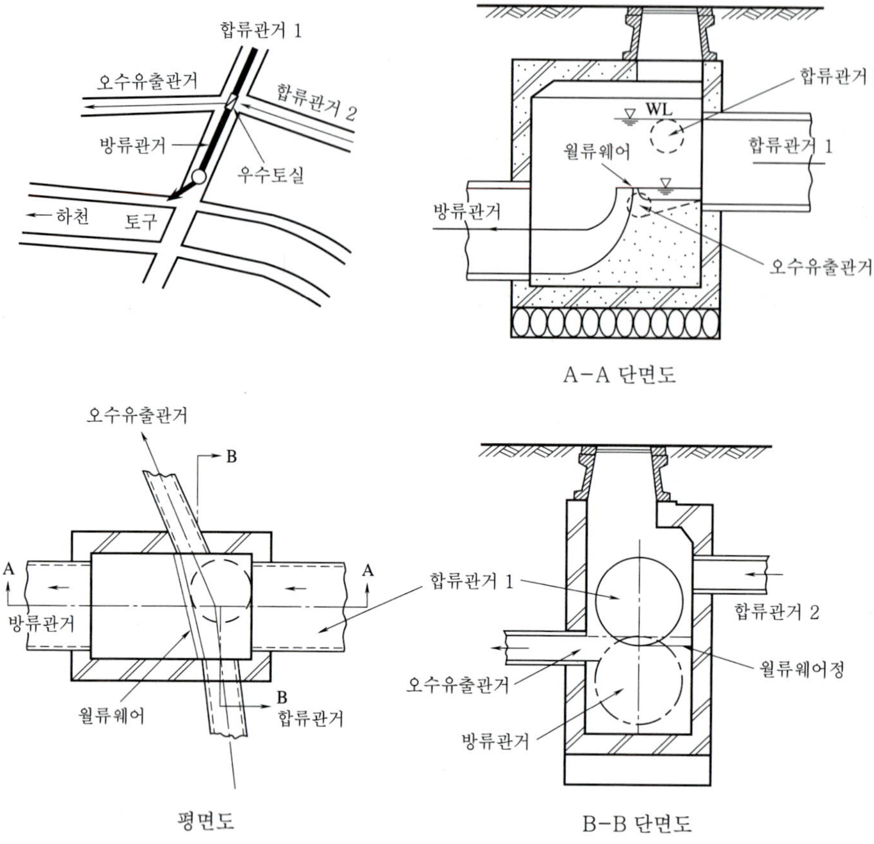

그림 3.15 우수토실의 예

또 방류우수는 하해, 호소 등의 유수방향 상수도의 취수장, 수영장, 어업 등에 영향을 주지 않는 장소에 토구를 설치할 수 있도록 우수토실의 위치선정에 충분히 주의하지 않으면 안 된다.

우수토실은 너무 많은 수를 설치하는 것보다 어느 정도까지 통합하여 설치한다. 즉, 방류량을 어느 정도 다량으로 해서 방류하는 편이 경제적으로 되는 경우가 많다.

그렇지만 우수량이 상당히 커져 오수가 희석되면 이와 같은 위험성은 적어지며 또한 다량의 우수까지 처리장으로 도입하는 것은 처리장의 시설이 팽창해지므로 처리작업상에도 여러 가지 오탁을 일으킨다. 따라서 방류선일의 오탁에 의한 영향 및 경제성을 충분히 고려하며, 오수로서 취급하는 하수량은 일반적으로 시간 최대오수량의 3배 이상으로 하는 것이 바람직하다. 그러므로 우수토실에 의한 우수월류량은 계획하수량-{계획시간 최대오수량×3 이상(우천시의 계획오수량)}으로 된다.

우수토실의 웨어는 완전월류를 원칙으로 한다. 월류웨어의 평면형은 될 수 있는대로 직선인 경우가 좋다. 직선으로 하기 위하여 우수토실이 너무 커질 때에는 월류웨어를 곡선으로 하여 우수토실이 커지는 것을 방지한다.

우수토실의 출입구는 맨홀의 출입구와 같게 지름 60cm 정도의 원형의 것이 좋은데 그 위치는 오수유출구와 월류웨어가 동시에 보이는 장소에 만든다.

3.10 침입수/유입수(I/I) 저감

3.10.1 침입수/유입수(I/I) 개요

1) 침입수(Infiltration)

관 파손, 이음 불량 등에 의해 유입되는 지하수를 말하며, 지하수위에 의해 주기적으로 변동된다. 지하수위가 낮아지면 오수가 관 외부로 유출되는 현상이 발생되기도 하며 이로 인하여 토양오염을 유발시키기도 한다.

- 첨두침투수(Peak Infiltration) : 지하수위가 상승한 우기시에 측정된 침투수 (첨두침투수=첨두인자×평균침투수)
- 평균침투수(Average Infiltration) : 연중 침투수의 평균치

2) 유입수(Inflow)

우천 시 가정 배수설비, 우수관의 오접, 맨홀 뚜껑 불량에 의해 유입되는 우수를 말하

며, 유입수는 하수량을 증가시켜 하수관로가 과부하되어 맨홀 등에서 월류(Sanitary Sewer Overflows) ; SSOs, Combined Sewer Overflows ; CSOs)되거나 공공하수처리시설의 처리효율 저하에 원인이 되기도 한다.

- 지속적 유입수(Steady Inflow) : 지하실, 배수구 등에서 배출되어 유입되는 물로서 지속적이며, 침투수와 같이 인식되어 지하수 침투량으로 합산되어 처리된다.
- 직접 유입수(Direct Inflow) : 강우유출수가 하수관로에 직접 연결된 형태로 즉시 하수량을 증가시킨다. 합류식 하수관로, 지붕물받이, 마당의 배수구, 맨홀뚜껑 등으로부터 유입된다.
- 지연 유입수(Delayed Inflow) : 강우 유출수가 관로를 통하여 배수되기 위해서는 며칠 또는 그 이상의 시간이 소요되는데 지연 유입수란 강우가 끝난 이후에도 계속 관로로 유입되는 유입수를 말한다.

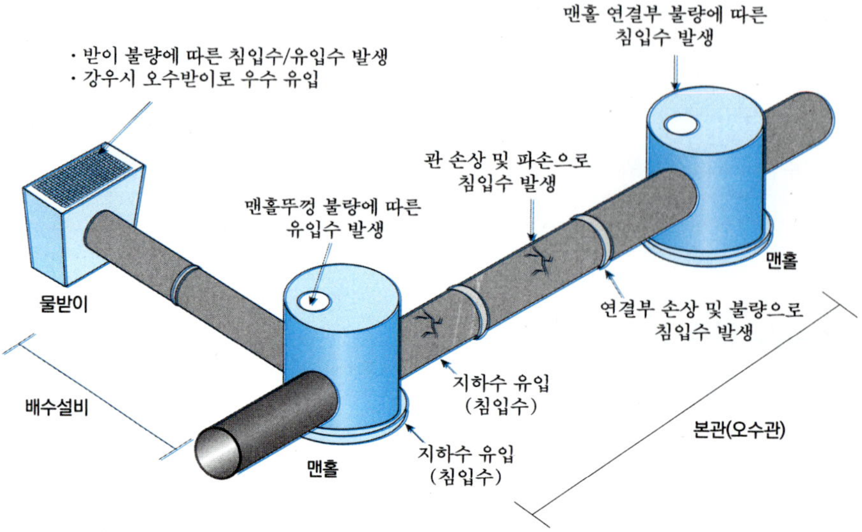

그림 3.16 침입수 및 유입수 유입경로

3.10.2 발생시기 및 원인에 다른 분류

침입수/유입수는 발생시기 및 원인에 따라 지하수 침입수(GWI), 강우 침입수(RII), 건기 유입수(DWI), 강우 유입수(SWI)로 나눌 수 있다.

1) 지하수 침입수(GroundWater Infiltration ; GWI)

건기시 지하수위가 관로보다 높은 위치에 있을 때 관로부실에 의해 침투되는 유량으로서 지표수나 강우유출수가 토양에 여과되어 침입하게 되므로 유기물질의 농도는 매우 낮은 것이 특징이다.

2) 강우 침입수(Rainfall Induced Infiltration ; RII)

강우시 강우유출수의 토양 침투 및 지하수위의 상승으로 인해 관로보다 높은 수위가 될 때 관로부실에 의해 침입되는 유량으로서, 강우 유입수와 동일시되어 평가시 혼돈을 일으키기도 하지만 특성상 엄연히 구분되는 침입수이다. 오수관로에서 강우 침입수의 발생에 영향을 주는 인자로는 관로의 노후화정도, 관종, 본관, 지관 및 맨홀의 파손, 기후, 지리적 상황, 지하수위, 매설 깊이 등이 있다.

3) 건기 유입수(Dry Weather Inflow ; DWI)

세차장, 분수대 등 지역 특성에 의하여 지속적으로 관로내로 유입되는 하수가 아닌 유량이다.

4) 강우 유입수(StormWater Inflow ; SWI)

강우시 맨홀부 불량이나 오수받이의 오수관로 접속 등에 의하여 직접적으로 강우유출수가 유입되는 유량으로서 유입원의 부실정도에 따라 양이 크게 차이가 나며, 침입수/유입수(I/I)의 가장 큰 정도를 차지하기도 한다.

3.10.3 지하수 침입수와 우수침입수

침입수에는 크게 나누어 지하수 침입수와 우수 침입수가 있다.

지하수 침입수는 지반내에 개설된 관로에서 관의 이음매 등에서 침입하는 지하수이며 지하수위가 관로시설보다 높은 지역에서 나타나는 현상으로 지하수위변동에 따라서 그 수량은 변동한다. 침입장소로서는 관 이음매의 접합불량, 가지관과 본관의 접합불량, 관의 크릭, 파손, 나무뿌리의 침입, 맨홀 및 관의 접합불량등이다.

우수침입수는 분류식 오수관로에서 배수설비와 맨홀의 뚜껑 등 지상에 개방된 부분과 우수배수의 오수관으로서 오접속 등에서 유입하는 우수 또는 융설수이며 강우강도와 지속시간, 선행강우의 유무 등에 따라서 그 양은 변동한다. 또 관의 결손부분 등에서 다소의 시간적 지연을 수반하여 유입하는 우수의 지하침투에 의한 것도 우수침입수에 포함된다.

합류식 하수도의 경우는 유입하는 우수의 양을 우수량으로서 우수침입수량과 구별한다. 양자를 총칭해서 우수유입수량이라고 한다.

본래 하수도로 받아들여 처리하는 하수(가정하수와 공장배수 등)을 오수라 하며 이런 관계는 다음과 같이 표시한다.

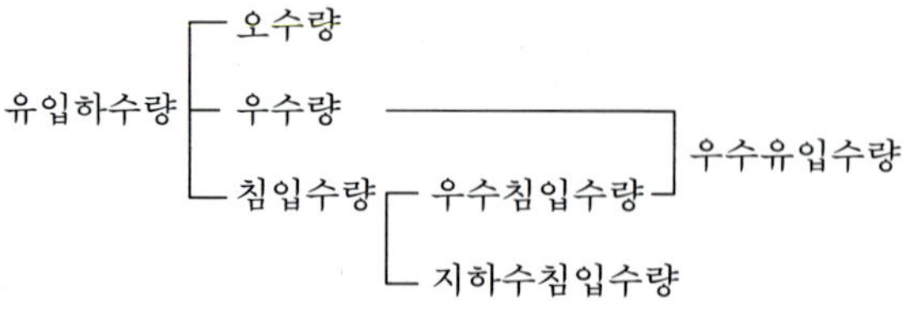

침입수는 그 원인이 불명한 것이므로 불명수라 말하는 것이나 그 양은 유입하수량으로부터 유수수량을 빼서 산출한다.

그러나 통상은 상수도의 급수구역과 하수도의 처리구역은 일치하지 않기 때문에 유수수량을 조사하는 등 찬란한 작업을 수반한다. 그러므로 유수수량이 확정되지 않는 경우에는 우수침입량 및 지하수침입량을 산출하여 이것을 침입수량으로 한다.

1) 우수침입수량의 산정

우수침입수량의 산정은 식(3.8) 또는 식(3.9)에 의해서 얻는다.

우수침입수량(m^3/년)
= Σ[강우 일 유입 하수량(m^3/일) – 청천일 평균유입하수량(m^3/일)] (3.8)

우수침입수량(m^3/년)
= Σ[강우 일 시간 유입 하수량(m^3/시간)–청천일 시간 평균유입하수량(m^3/시간)]) (3.9)

식(3.8)에서 총합(Σ)은 강우일 중 강우일 유입하수량이 청천일 평균유입하수량을 상회하는일이 대상으로 된다.

2) 지하수 침입 수량의 산정

년간 지하수 침입수량은 식(3.10)에 의해 산정한다.

$$\begin{aligned}&\text{지하수침입수량}(m^3/\text{년})\\&= \Sigma[\text{유입 하수량}(m^3/\text{일})-\text{우수침입수량}(m^3/\text{일})-\text{유수수량}(m^3/\text{일})]\end{aligned} \quad (3.10)$$

유수수량이 파악할 수 없는 경우에는 청천일의 시간 최저 유입 하수량을 지하수 침입수량으로 볼 수 있을 것이다. 통상 청천일 7일간 연속 수량을 평균한다. 단, 조사구역의 대부분이 일반 가정이면 최소 유량 시간대(오전 4~6시)의 물사용이 거의 없고 또, 구역의 면적이 작으면 유닥시간의 엇갈림이 적은 것이 조건이 된다.

3) 오수량 산정

년간 오수량은 식(3.11)에 의해 산정하나 유수수량의 파악이 곤란한 경우는 식(3.12)에 의해 계산한다.

$$\text{우수량}(m^3/\text{년})=\text{유수수량}(m^3/\text{년}) \quad (3.11)$$

$$\text{오수량}(m^3/\text{년})=\Sigma[\text{유입 하수량}(m^3/\text{일})-\text{우수침입수량}(m^3/\text{일})-\text{지하수유수수량}(m^3/\text{일})] \quad (3.12)$$

3.10.4 불명수가 일으키는 문제점

① 관로의 유하능력 부족

불명수의 증대에 의해 관로의 유하능력이 부족하여 강우시에 두드러진 경우에는 맨홀 등에서 하수가 분출하는 것 같은 두려움이 있다.

② 처리수질의 악화

불명수의 증대에 의해 유입하수량이 증대하여 처리시설이 수량적으로 과부하로 되어 처리수질이 악화하며 공공용수역으로의 방류수질의 기준을 지키지 못하는 두려움이었다.

③ 경비의 증대

불명수의 증대에 의해서 종말처리장의 유지관리비 등의 경비가 증대한다.

④ 관내 토사의 퇴적

불명수의 침입에 수반하여 토사가 유입하여 관내에 퇴적하여 관로를 폐색하는 두려움이 있다.

⑤ 기타

불명수는 관로 주위의 토사를 관내로 끌어들이기 때문에 지반을 공동화하는 경우가 있다. 이 때문에 관조의 부등침하, 도로면의 침하·침몰 및 관로 부근의 지하매설물 등에 대한 악영향을 일으키는 두려움이 있다.

이상과 같은 문제는 한 번 발생하면 해결하는 것은 대단히 곤란한 것이 현실이며 하수도의 계획에서 유지관리까지의 각 단계에서 침입수 방지를 위한 대책을 강구하는 것이 중요하다.

3.10.5 기설관로의 조사

하수도 관로에서 불명수 대책의 제1단계는 지하수와 우수침입의 실태를 조사하며 침입수량과 침입개소를 할 수 있는 한 정확히 파악하는 것이다. 이 조사는 그 목적에 따라서 예비조사, 실태조사, 상세조사의 3개로 나누어지나 과잉침입수가 예상되는 경우는 우선 기존자료의 분석에 의한 예비조사를 정확히 행하는 것이나 이후의 조사를 효율적으로 진행하는 것이 중요하다. 기설 관로 조사의 기본 흐름을 그림 3.17에 표시한다.

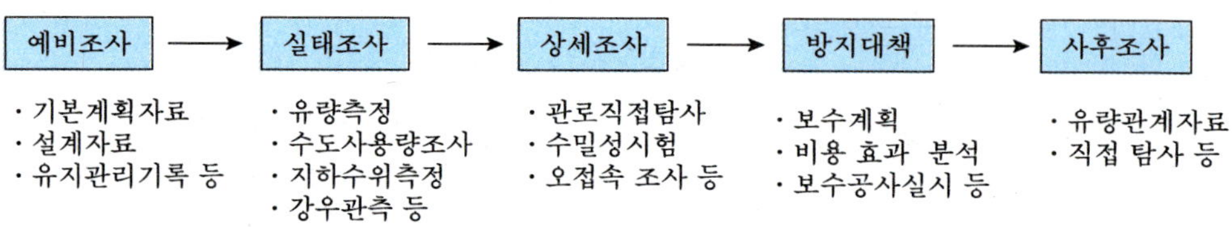

그림 3.17 기설 관로 조사의 기본 흐름

3.10.6 관로 보수 계획

관로보수는 각 조사의 결과에 기초를 두어 침입수량이 과잉인가를 판정하며 유지관리상의 장해 정도와 비용 효과 등을 고려하여 계획한다. 이 경우 다음과 같은 사항을 기준으로 한다.

① 지하수 침입수량은 관로시설의 계획시에 상정한 양 이하로 할 것
② 우수침입수량은 관로의 각 부에서 월류를 일으키며, 처리장, 펌프장에서 대응이 가능한 범위일 것
③ 처리장에서의 방류수가 수질기준치를 만족하는 범위일 것

보수공사의 경제성을 검토하기 위해 그 비용과 효과에 대하여 분석을 행하며 일반적으로 다음과 같은 방법을 행한다.

① 문제로 되어있는 전 개소를 순서화하여 각각에 보수공사비 및 삭감하여 얻는 수량을 산정한다.
② 이것을 삭감하여 얻는 수량의 크기 순으로 정열하여 누적의 삭감수량(V_s)와 대응하는 누적의 보수공사비(C_R)을 산정한다.
③ 침입수의 유입에 의해 증가하는 유지관리비(C_M)를 산정한다.
④ $C=C_R+C_M$을 전비용으로서 이것을 종축에 누적 삭감수량을 횡축에 잡아 그림 3.18과 같은 비용곡선을 그린다.(전비용 C는 엄밀히는 조사비, 증설공사비 등도 포함된 것이다.)
⑤ 이 그림에서 C의 최소로 되는 점을 결정하여 이 점에 대응하는 순서 상의 개소이상은 경제적으로 보수가 가능한 것으로 판단한다.

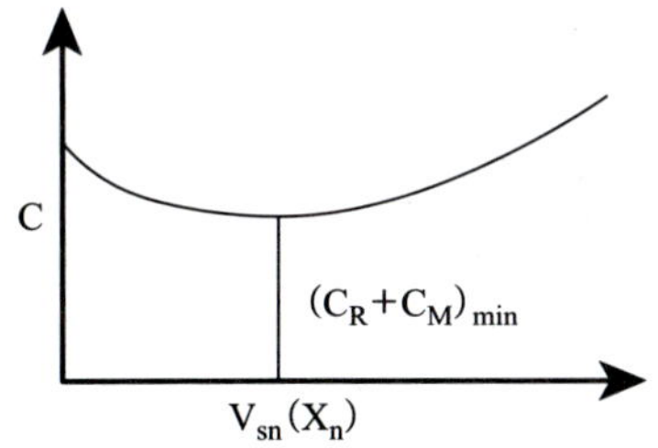

그림 3.18 비용 곡선

보수 공법에는 여러가지 방법이 있으나 침입수의 침입장소의 위치 및 상태에 따라 방법을 선정하는 것이 중요하다.

- 보수공법
  - 지수공법
    - 주입공법
    - Shilling 공법
    - 코킹 공법
    - 지수 밴드 공법
  - 라이닝공법
  - 갱신공법
    - 반전공법
    - 초관공법
    - 치환공법
  - 포설 대체법

그림 3.19 보수공법 종류

3.10.7 침입수 방지의 종합적 대책

하수도 관로 시설에서 침입수 방지의 항구 대책은 계획, 설계, 시공의 각 단계를 통해서 행하지 않으면 안된다.

또 공용개시후도 일상의 유지관리에 의해 관로로의 침입수 증가를 억제하도록 그 보존에 노력이 필요하다.

사전 조사의 단계에서는 지하수위, 토질, 지형, 강우량 등에 대해서도 침입수방지를 고려하여 조사를 실시한다.

계획단계에서는 분류식 하수도의 경우 오수관과 우수관의 동시정비가 필요하고 또 간선관로의 노선은 지하수위가 높은 연약지반을 피하고 매설깊이에 유의할 필요가 있다.

설계 단계에서는 관종의 선정, 이음매 구조, 기초공 등에서 수밀성을 높이도록 설계한다. 또 우수와 오수관의 오접속을 방지하기 위해 덮개에 명확한 구별을 표시하는 등 노력한다.

시공단계는 침입수 대책의 최종 단계로서 계획, 설계의 생각을 정확히 파악하여 확실히 시공하는 것이 중요하다. 또 시공감독의 철저와 시공업자의 하수도 침입수에 관한 인식을 높이는 것도 절실하다.

시공 후 다른 원인에 의해 시설의 파손과 불구합이 생기는 것도 자주 일어나며 이 경우 유지관리에 의해서 대응하는 것을 얻는다.

그러므로 정기적인 점검순시 등 일상의 유지관리에 있어서도 침입수 방지라는 관점에서 문제개소의 조기발견 및 신속한 처지에 노력하는 것이 긴요하다.

이외에 분류식 하수도에서 오수·우수의 완전분리를 도모하기 위해서 ① 주민에의 홍보 ② 지정 공사장의 지도 및 ③ 배수설비·가로배수 방식의 개선에 배려할 필요가 있다.

/ 연습문제 /

3.1 하수관 설계시 적합한 유속의 범위는?

① 표준유속 ② 오수관 ③ 우수관 및 합류관

3.2 하수관로 설계시 경사, 유속 및 관경을 상 · 하류에 따라 어떻게 적용하는가?

3.3 하수관 내의 최저 유속한계를 규정하는 이유는 무엇인가?

3.4 하수관의 단면 형상을 결정할 때 고려해야 할 사항은 무엇인가?

3.5 하수관 종류별 최소관경은 얼마인가?

① 오수관 ② 우수관+합류관

3.6 하수관로 접합방법의 종류와 특징을 설명하시오.

3.7 우수조정지의 설치목적과 설치위치에 대해 설명하시오.

3.8 관종 선정시 고려해야 할 사항은 무엇인가?

3.9 수리특성곡선이란 무엇인가?

3.10 맨홀의 설치목적과 설치위치에 대해 설명하시오.

3.11 우수받이 설치시 고려사항과 유지관리에 대해 설명하시오.

memo

PART 1 2

Chapter

4

펌프장

4.1 개 설

4.1.1 펌프장의 구성

펌프장은 청천시의 하수를 연속 배제하기 위한 오수펌프와 강우시에만 운전하는 우수펌프로 구성되며, 지형적인 자연경사에 의해 하수를 유하시키기가 곤란한 경우, 관로의 매설깊이가 현저히 깊어 우수를 공공수역으로 자연방류 시키기가 곤란한 경우 또는 처리장에서 자연유하에 의해 처리할 수 없는 경우에 설치하는 양수시설로서 용도에 따라 다음의 3종류가 있다.

1) 배수펌프장(우수펌프장)

배수펌프장은 지반이 낮은 지역에서는 자연유하에 의하여 우수를 방류수면에 배수할 수 없으므로 그 배수구역내에 우수를 펌프양수로 배수하고 오수는 다음의 펌프장 또는 처리장으로 송수하는 펌프장이다. 즉, 우수만을 수용해서 배수하는 펌프장도 있다.

배수펌프장은 될 수 있는 대로 방류수면에 가까이 위치하여 펌프로부터 직접 방류할 수 있든가 또는 방류관로를 쓰더라도 단거리일 것이 요망된다. 또, 방류수면의 넓이, 유량, 수질 및 유세가 방류수의 질과 양에 상응하는 장소가 아니면 안 된다.

2) 중계펌프장(오수펌프장)

중계펌프장은 관로가 긴 경우 관로의 매설이 깊게 되므로 수위를 회복하여 관로를 적절한 깊이가 되도록 하여 그 유입구역내의 오수를 다음의 펌프장 또는 처리장으로 송수하는 목적을 가진 펌프장이다. 중계펌프장은 될 수 있는 대로 저지대로부터 높은 장소로 양수할 수 있는 지형에 선정한다.

3) 처리장내 펌프장

처리장내 펌프장은 오수를 자연유하로 처리해서 항시 하해로 방류할 수 있게끔 양수하도록 한 펌프장이다.

이와 같이 펌프장은 용도에 따라 시설이 다르므로 용도의 특성을 고려하여 계획한다.

이런 펌프장의 구성은 다음과 같이 되어 있다.

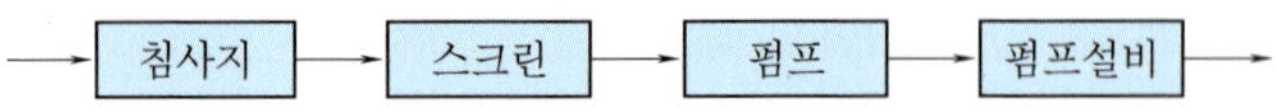

침사지는 하수 중에 혼입하여 오는 모래 및 자갈 같은 거칠고 큰 입자를 제거, 스크린은 부유하여 오는 목판, 빈 통과 플라스틱 때로는 동물의 시체 같은 큰 부유물을 제거하기 위해 설치한다. 어느 것이나 펌프의 마모와 중대한 사고를 미연에 방지하기 위한 것이다. 소규모 처리장에서는 스크린의 대체로 하수중의 고형물을 잘게 잘라 유하시키는 절단장치(파쇄기)가 설치되는 것도 있다.

또 하수에 산업폐수, 특히 대량의 유성폐수가 혼입하는 경우에는 다음의 처리영향을 고려하여 거품제거(skimming) 탱크를 설치하여 거품찌꺼기(scum) 제거를 행한다.

오수펌프장에서는 이외에 몇 개의 유량계를 설치하고, 그 위치는 유량계의 형식에 따라 다르다.

4.1.2 계획하수량과 수위

펌프에서 가장 중요한 것은 양수량과 양정이고, 이를 결정하기 위해서 계획하수량과 수위 관계는 다음과 같이 정한다.

[계획하수량]

- 분류식의 오수량 : 계획시간 최대오수량
- 합류식의 오수량 : 우천시 계획오수량(통상 계획시간최대 오수량의 3배)
- 우수량 : 계획 우수량

[수위]

- 펌프의 계획수위 : 유입관로의 최저수위를 보존하는 수위
- 오수펌프의 배수위 : 계획에 의해 정한다.
- 우수펌프의 배수위 : 방류수면의 최다수위, 많게는 고수위를 취한다.

우수펌프의 배수위를 외수의 최고수위로 취하는 것은 경제적으로 용이하지 않으므로 최다수위에서 최대효율을 발휘하도록 위와 같이 되는 것이다.

4.2 펌프의 종류

전절에서 설명한 펌프장 시설의 펌프는 물론 그 외에도 하수도의 제시설에는 여러 가지 펌프가 사용되고 있다. 처리장에서 발생하는 슬러지의 펌프, 염소주입기를 구동하기 위한 압력펌프 또 화학처리를 실시하는 경우 약품주입 펌프 등 특히 처리장에서는 수많은 펌프가 이용되고 있

표 4.1 양수원리에 의한 펌프의 분류와 주용도

명칭	특징	용도
원심력 펌프 (centrifugal pump)	원리, 구조 및 운전성능의 관점에서 다른 펌프에 비해 많이 유리, 광범위한 용도로 사용	우수, 오수, 배니, 슬러지반송, 검수채취, 약주입, 압력수, 우물
사류펌프 (mixed flow pump)	대용량, 날개폭이 넓으므로 다소의 이물이 혼입된 물에도 사용	우수, 오수, 슬러지 반송
축류펌프(axial flow pump)	저양정, 대용량	우수
터빈펌프(screw pump)	구조가 간단하며 이물에 의한 폐쇄가 적다	오수
왕복펌프 (reciprocating pump)	소용량, 고압, 정량성	약주입, 농축슬러지
회전펌프(rotary pump)	소용량, 고압, 정량성	소석탄 등의 이송
마찰펌프(cascade pump)	소용량, 중양정	채수, 장내압력수
분류펌프(jet pump)	운동하는 기계 부분이 없으므로 고장이 적다. 저효율	염소주입, 약품주입
기포펌프(air lift pump)	고장이 적다. 공기원 장치가 필요. 저효율	배니, 침사배제, 슬러지반송, 심정
수력펌프(hydraulic pump)	동력이 불필요, 소용량	하천의 소규모 취수

다. 이런 많은 용도에 사용되는 펌프는 각각에 가장 적합한 형식, 크기 및 재질로 만들지 않으면 안 된다.

펌프를 그 양수원리로부터 분리하면 표 4.1과 같다. 하수 펌프장에서 사용되는 펌프는 원심력펌프, 사류펌프 및 축류펌프가 대부분을 차지하며 기타의 것은 사용빈도가 적다. 원심력펌프, 사류펌프 및 축류펌프의 분류는 다음 절에서 설명하는 비속도(N_s) 값에 의해 행할 수 있으며 사용조건에서 N_s를 산출하여 가장 적합한 형식을 선택할 수 있다.

원심력펌프는 대단히 광범위한 용도에 적용하기 때문에 구조는 다종다양하며 분류는 여러 가지 관점에서 행한다.

펌프의 크기는 구경에 의해 표시되는데 흡입구경과 배출구경이 다른 경우는 양자를 병기한다. 원심력펌프는 일반적으로 배출구경이 작고 높은 양정일수록 더욱 작게 된다. 사류, 축류펌프는 주로 낮은 양정에 이용되어 양구경은 동일하게 되는 경우가 많다.

흡입구경은 다음 식으로 구할 수 있다.

$$D = 146\sqrt{\frac{Q}{V}} \tag{4.1}$$

여기서, D : 펌프의 흡입구경(mm)

Q : 펌프의 배출량(m^3/min)

V : 흡입구의 유속(m/s)

단, V는 1.5~3.0m/s를 표준으로 한다. 원심력펌프의 배출구경은 흡입구경보다 작게 되고, 전양정, 비속도 등을 고려하여 정한다.

펌프의 배출수면과 흡입수면과의 수위차를 「실양정」이라고 하며 실양정에 흡입관, 배출관 밸브 및 배수관로 등의 손실수두와 배출관 말단의 잔류속도수두를 합한 것을 「전양정」이라고 한다. 이러한 관계를 식으로 나타내면 다음 식과 같다.

$$H = h_a + h_{pv} + h_0 + h_f \tag{4.2}$$

여기서, H : 전양정(m)

h_a : 실양정(m)

h_{pv}: 흡입 및 배출관의 손실수두의 합(m)

h_0 : 배출관 말단의 잔류속도수두(m)

h_f : 배출관의 끝에서 배출구까지의 배수관로의 손실수두(m)

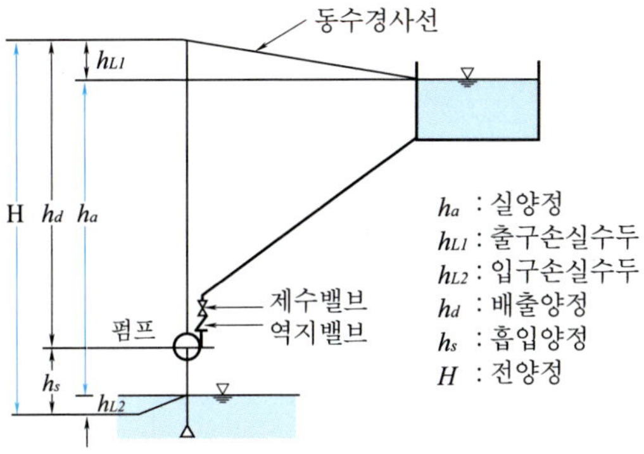

그림 4.1 펌프의 양정

4.3 펌프의 특성

4.3.1 비속도(specific speed)

비속도는 펌프의 형식을 나타내는 지표로서 이것이 동일하면 펌프의 대소에 관계없이 같은 형식의 펌프가 되고 특성도 대체로 같다. 따라서 펌프는 계획조건에 가장 적합한 표준특성이 되도록 비속도를 정해야 한다. 비속도는 다음 식으로 나타낸다.

$$N_s = N\frac{Q^{1/2}}{H^{3/4}} \tag{4.3}$$

여기서, N_s : 비속도

N : 매분회전수(rpm)

Q : 최고효율점의 양수량(m^3/min), 양흡입의 경우는 양수량의 1/2

H : 최고효율점의 전양정, 다단펌프의 경우는 1단 부근양정

일반적으로 N_s 값이 작으면 수량이 작은 높은 양정의 펌프가 되며, N_s 값이 크면 수량이 많은 낮은 양정의 펌프로 된다. 각종 펌프의 N_s 값은 표 4.2와 같고, N_s는 또 공동현상, 성능, 기타를 논하는 경우에 대단히 중요하다. 한편 각종 N_s에 대한 펌프 특성곡선은 그림 4.2와 같다.

표 4.2 펌프형식과 비속도와의 관계

형식		Ns
터빈 펌프	1단식 편흡입 및 양흡입형	100~250
	다단식	100~250
원심펌프	1단식 편흡입형	100~450
	1단식 양흡입형	100~750
	다단식	100~200
사류 펌프		700~1,200
축류 펌프		1,100~2,000

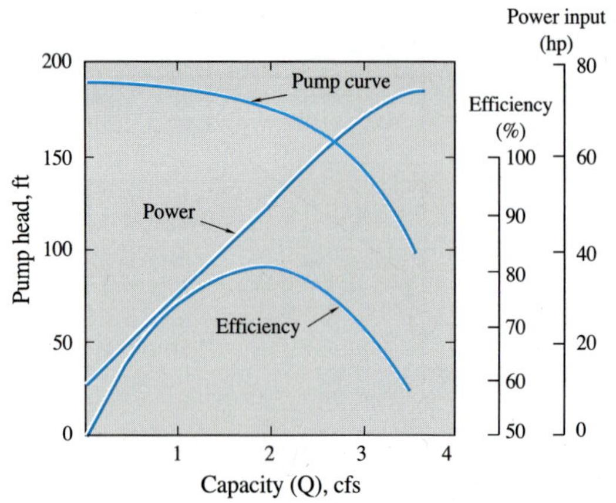

(a) 펌프특성곡선

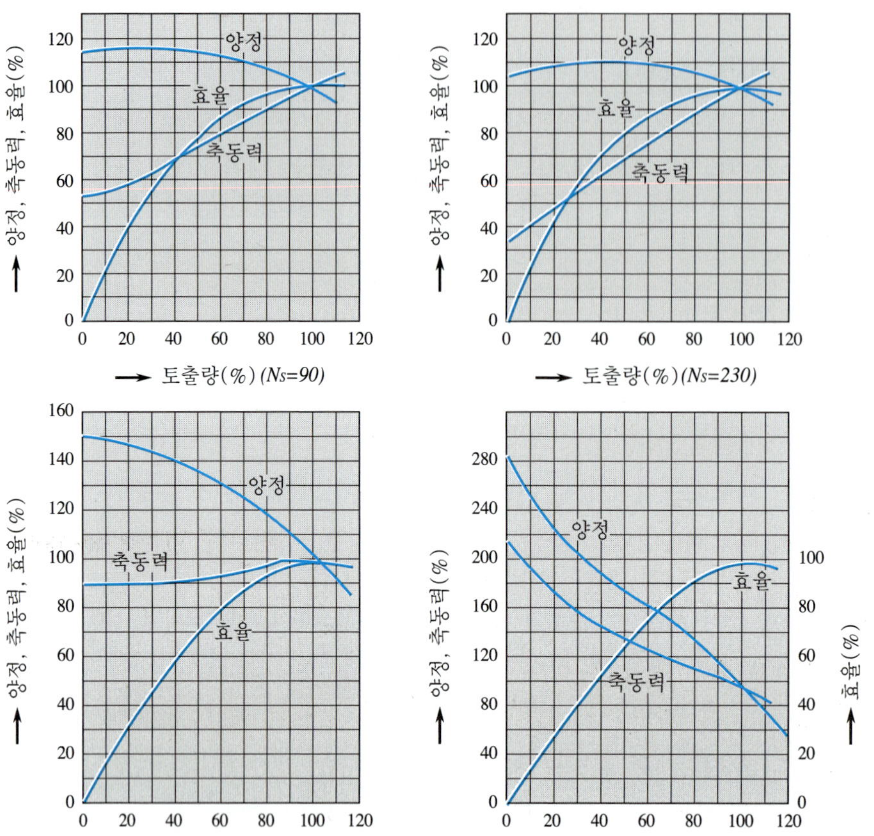

(b) Ns에 따른 펌프특성곡선

그림 4.2 펌프특성곡선

예제 4.1 양수량 12m³/min, 전양정 8m, 회전수 1,160rpm인 펌프의 형식은 어떤 것인가? 또 전양정이 60m로 회전수가 1,750rpm의 펌프는 어떤 것인가?

〈풀이〉

최초의 펌프에 대해서 $Ns = \dfrac{1{,}160 \times \sqrt{12}}{8^{3/4}} = 845$

그러므로 이 펌프는 사류펌프에 해당한다. 둘째의 경우 $Ns = \dfrac{1{,}750 \times \sqrt{12}}{60^{3/4}} = 281$

그러므로 중양정 원심력 펌프가 된다. 양수량이 비교적 많으므로 양흡입 원심력 펌프로 하는 것이 좋다.

4.3.2 펌프의 효율과 소요동력

펌프의 축동력은 다음 식으로 정한다.

$$P = \frac{0.163\gamma QH}{\eta} \tag{4.4}$$

여기서, P : 펌프의 축동력(KW)

Q : 양수량(m^3/min)

H : 전양정(m)

γ : 액체의 단위체적 질량(kg/L), 상온상수 γ =1

η : 펌프의 효율

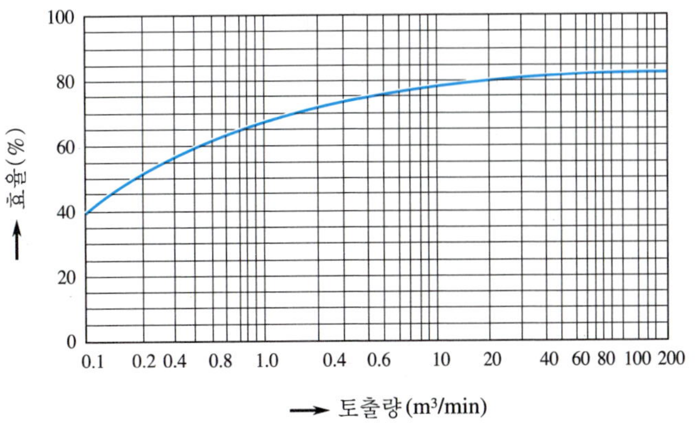

그림 4.3 일반용 펌프의 표준효율

펌프의 효율은 펌프의 형식, 크기 및 운전점에 따라 달라지는데 보통 0.4~0.8이며 일반용 펌프의 표준효율은 그림 4.3과 같다.

또 펌프를 구동하는 원동기의 출력은 다음 식으로 주어진다.

$$R = P\frac{1+\alpha}{\eta_t} \tag{4.5}$$

여기서, P : 펌프의 축동력(KW)

α : 여유율, 전동기의 경우 0.1, 엔진의 경우 0.2~0.25

η_t: 전동효율, 직결의 경우 1, v벨트인 경우 0.95

예제 4.2 양수량 19.1m³/min, 양정 24m인 펌프의 전동기 용량을 결정하라. 단, 효율은 80%이다.

〈풀이〉

$$P = \frac{0.163 \times 19.1 \times 24}{0.8} = 93.4\text{KW}$$

$$R = \frac{93.4 \times 1.1}{1} = 103\text{KW}$$

단, 전동기는 103KW보다 큰 상용품을 선택한다.

예제 4.3 길이 120m의 주철관으로 아래 물탱크에서 높이 20m 되는 위 물탱크 수면까지 매초 100L의 물을 양수할 계획이다.

1) 축마력 및 원동기의 출력을 구하시오. (단, 국부적 손실계수의 합 : 2.3, 토출유속 : 2.2m/s, η = 0.013, 효율 : 75%)

2) 펌프의 회전수 N =1,750rpm이다. 비속도(N_s)를 구하시오.

〈풀이〉

① 축마력 및 원동기 출력

H_t(전양정)

$= H_0$(실양정)$+H_L$(손실수두)

$$= H_0 + f_e\frac{V^2}{2g} = 20 + 2.3 \times \frac{(2.2\text{m/s})^2}{2 \times 9.8} = 20.26\text{m}$$

• 펌프의 축동력

$$P_s = \frac{\gamma Q H}{75\eta} = \frac{1\times100\times20.26}{75\times0.75} = 36.02\text{HP}$$

• 원동기 축동력

$$P_m = P_s(1+\eta) = 36.02(1+0.013) = 36.49\text{HP}$$

$$= 36.49\text{HP}\times0.746\text{KW/HP} = 27.22\text{KW}$$

② 펌프의 비속도

$$N_s = NQ^{1/2}/H^{3/4}$$

$$N_s = \frac{1{,}750\times6^{1/2}}{20.26^{3/4}} = 488.86$$

그러므로 저양정 원심력 펌프가 된다.

4.4 펌프의 병렬운전과 직렬운전

4.4.1 관로의 저항곡선

펌프의 운전을 생각할 때는 펌프의 양정곡선과 더불어 관로의 저항곡선이 중요하다. 관로의 저항곡선은 실양정에 관로의 손실수두를 더하여 양수량에 대한 변화를 나타낸 것이다. 관로저항은 유속, 따라서 양수량의 2승에 비례하여 증가하므로 저항곡선은 2차곡선에 가깝게 된다.

펌프는 저항곡선과 양정곡선과의 교점에서 운전하는 것으로 한다.

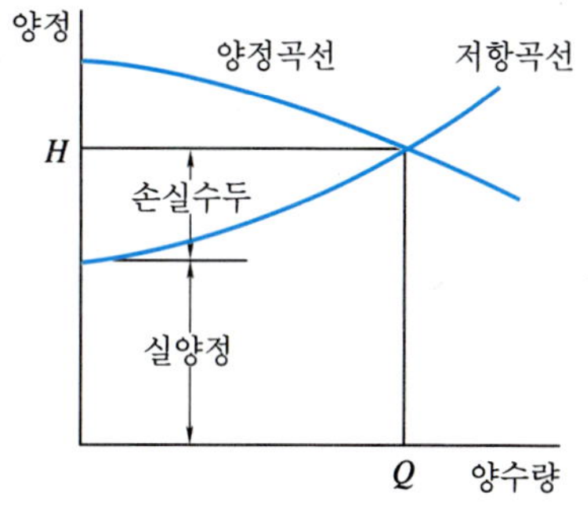

그림 4.4 양정곡선과 저항곡선

4.4.2 펌프의 병렬운전

특성이 같은 펌프를 병렬운전하는 경우의 종합특성곡선은 그림 4.5와 같으며 양수량을 2배로 하여 구한다. 펌프의 운전점은 이 종합특성곡선과 관로저항곡선과의 교점을 가리키므로 병렬운전의 양수량은 단독운전 양수량의 2배보다 반드시 적다. 특성이 같지 않은 펌프를 병렬운전 할 때에도 작더라도 마감 양정만은 거의 동일하며 펌프의 특성은 하강곡선인 경우가 좋다. 특성이 전혀 다른 펌프의 병렬운전은 어려우므로 배수펌프장 등에서 대·소 2

종의 펌프를 준비하는 경우에는 주의가 긴요하다.

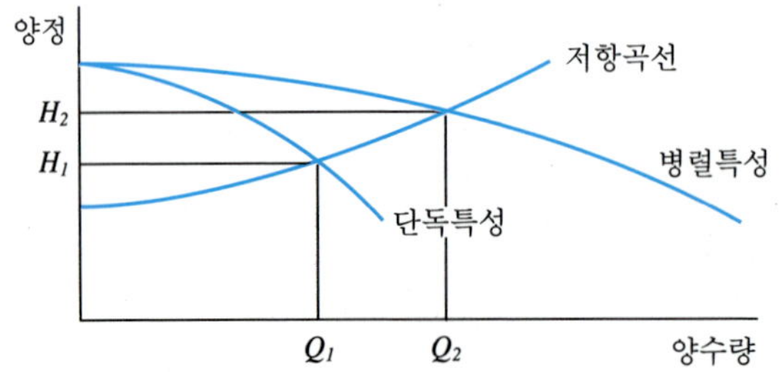

그림 4.5 펌프의 병렬운전

4.4.3 펌프의 직렬운전

특성이 같은 펌프를 직렬운전하는 경우의 종합특성곡선은 단독운전인 경우의 양정을 2배로 하여 구한다. 펌프를 직렬운전하는 것은 병렬운전에 비하면 예가 적으나 관로의 저항곡선의 경사가 급한 경우에 사용할 때에는 병렬운전보다 유리하다. 특성이 다른 펌프를 직렬운전할 때에는 각 펌프의 최대 양수량이 사용수량보다 반드시 크지 않으면 안 된다.

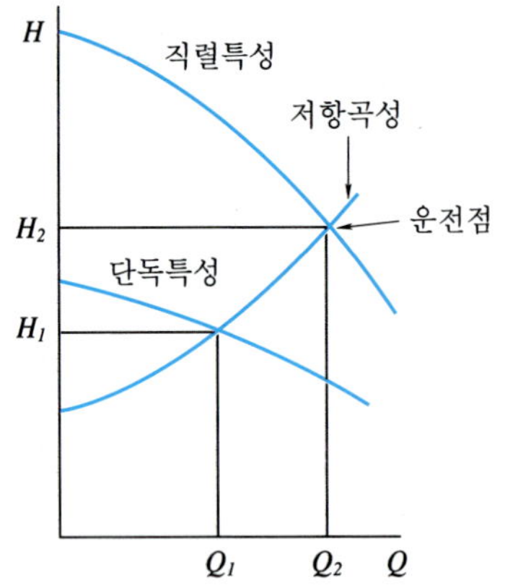

그림 4.6 동일특성펌프의 직렬운전

4.5 펌프 양수량의 조절

4.5.1 펌프 양수량의 조절방식

펌프 양수량을 조절하는 방법에는 다음과 같은 방법이 있다.

① 회전수를 바꾸는 방법

② 토출밸브의 개도를 바꾸는 방법

③ 토출구에서 흡입구로 우회관(by pass)을 설치하여 토출량의 일부를 되돌리는 방법

④ 왕복펌프에 있어서 플란쟈의 stroke를 바꾸는 방법

이중 ③은 기아펌프와 플란쟈펌프 등의 정량성을 가진 펌프의 유량제어법으로 이용되는 경우가 많다. 정량성을 갖는 펌프에서는 토출밸브의 개도를 바꿔서는 양수량을 변화시킬 수 없으므로 ③이 가장 간편한 조절 방법이다.

4.5.2 펌프의 회전수를 바꾸는 방법

회전수 N을 바꾸면 펌프 특성은 다음 관계로 변화한다.

$$Q \propto N$$
$$H \propto N^2$$
$$P \propto N^3 \tag{4.6}$$

펌프의 회전수 제어는 밸브개도 제어법보다도 효율이 좋고 유량의 조절이 가능하다. 특히 실양정에 비해서 관로저항이 큰 계에 대해서도 유효하다.

그러나 일반적으로 회전수 제어용의 기기는 고가이므로 소형의 펌프에 대해서 이것을 행하는 것은 비경제적이며 단지 대용량 펌프에 대해서 사용하고 있다.

4.5.3 토출밸브 개도를 조절하는 방법

토출밸브를 조이면 저항이 증가하고 저항곡선의 경사가 급하게 되기 때문에 양수량이 감소한다.

펌프의 운전은 최대효율점에서 어긋나게 되어도 그림 4.7에 있어서 H_B와 H_B' 차는 효과가 없어 소비되어 버리므로 종합효율은

$$n_t = e_B \times \frac{H_B'}{H_B} \tag{4.7}$$

로 된다.

밸브개도 제어법은 이 같은 효율은 내리나 적은 비용으로 용이하게 유량조절을 할 수 있으므로 넓게 이용되고 있다.

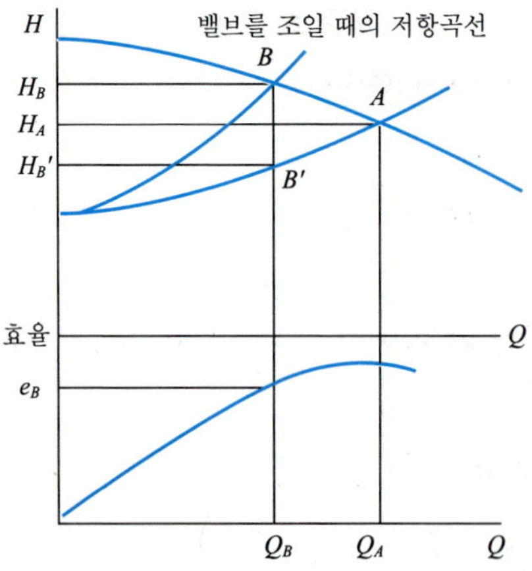

그림 4.7 밸브개도조절에 의한 유량제어

4.6 공동현상과 흡입양정

4.6.1 공동현상(cavitation)

펌프의 날개바퀴 입구에서 정압이 그 수온에 상당하는 포화증기압 이하로 될 때 그 부분의 물이 증발하여 공동을 일으켜 펌프의 성능을 현저히 저하시키며 진동을 일으켜 장시간이 지나면 재료의 침식을 일으키는 것이다. 이것을 공동현상이라 한다.

일반적으로 흡양시 높이가 큰 만큼 공동현상이 발생하기 쉬우므로 흡양시 높이는 될 수 있는 한 작게 하는 것이 바람직하다. 하수와 슬러지의 펌프에서는 압입을 사용하는 것이 좋다. 그러나 구조물의 관계에서 아무리 하여도 높은 위치에 펌프를 설치하지 않으면 안 될 때에는 공동현상에 대한 고려를 충분히 제거하고 경우에 있어서는 펌프의 형식을 바꾸지 않으면 안 된다.

4.6.2 공동현상 발생의 유무확인

1) 유효흡입수두의 계산

유효흡입수두는 NPSH(net positive suction head)로도 부르며 펌프날개바퀴 입구의 압력이 포화증기압에 대해서 어느 정도 여유를 갖고 있는가를 나타내는 양이다. 이용할 수 있는 NPSH는 다음 식으로 나타낸다.

$$H_{sv} = H_a - h_s - h_v - h_f \tag{4.8}$$

여기서, H_{sv} : 이용할 수 있는 NPSH(m)

H_a : 대기압(m), 표준대기압일 때 10.3m

h_s : 흡입 높이(m)

h_v : 수온에 상당하는 포화증기압(m)

h_f : 흡입 및 흡입관의 총손실수두(m)

2) 펌프가 필요로 하는 NPSH의 계산

펌프가 필요로 하는 NPSH는 물이 날개바퀴에 들어오기 직전의 속도수두와 날개입구에서 일어나는 국부적인 최대 압력저하와의 합이므로 다음 2개의 계산방식이 있다.

• Thoma의 계수에 의한 방법

$$h_{sv} = \sigma H \tag{4.9}$$

여기서, h_{sv} : 펌프가 필요로 하는 NPSH(m)

σ : Thoma의 공동계수

H : 펌프의 전양정(m)

• 흡입속도에 의한 방법

$$S = \frac{Q^{1/2}}{{h_{sv}}^{3/4}} \tag{4.10}$$

여기서, S : 흡입비속도(≒1,200)

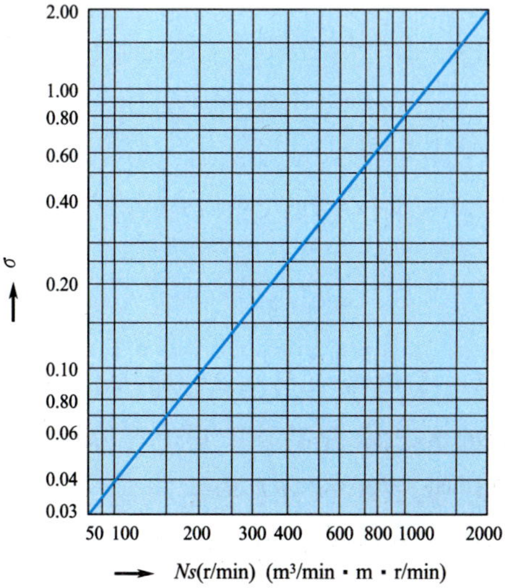

그림 4.8 비속도 Ns와 공동계수 σ 의 관계

3) 공동현상 발생의 유무확인

$H_{sv} > 1.3h_{sv}$: 공동발생의 염려는 없다.

$H_{sv} < 1.3h_{sv}$: 공동발생의 염려가 있다.

예제 4.4 그림과 같은 펌프설비를 할 때 공동을 발생하지 않게 하는 데는 펌프의 N_s의 크기는 어떻게 하면 좋은가. 단, 최대양수량 50m³/min, 전양정 40m, 온도 20℃이다.

〈풀이〉

h_f를 계산한다.

입구손실수두계수는 $k_1 = 0.1$, 만곡손실수두 계수 $k_2 = 0.2$, 직관마찰계수 $f = 0.015$로 하면

$$h_f = \frac{v^2}{2g}\left(k_1+k_2+f\frac{l}{D}\right) = \frac{1}{2\times 9.8}\left(\frac{50}{60\times 0.282}\right)^2\left(0.1+0.2+\frac{0.015\times 6}{0.6}\right) = 0.20\text{m}$$

$\therefore H_{sv} = 10.3-3.0-0.24-0.20 = 6.86\text{m}$

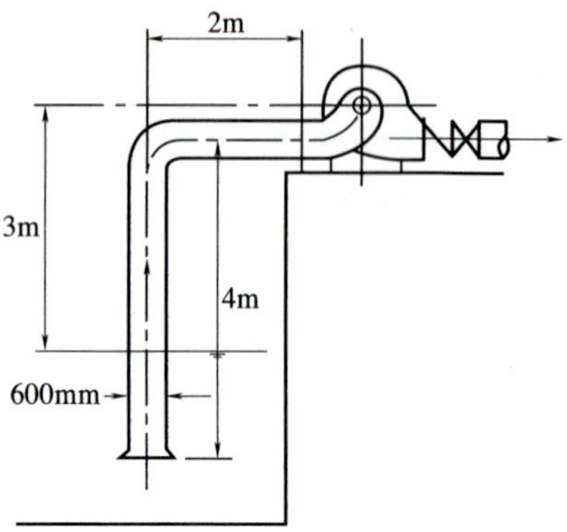

$H_{sv} > 1.3h_{sv}$인 때에는

$$\sigma H < \frac{H_{sv}}{1.3}$$

$$\therefore \sigma < \frac{H_{sv}}{1.3H} = \frac{6.86}{1.3\times 40} = 0.132$$

그림 4.8에서 $\sigma < 0.132$로 되는 N_S의 값은

$N_S < 250$이다.

4.7 펌프장의 부대설비

4.7.1 Screen

스크린은 제거부유물의 크기에 따라 조목스크린(대규모 40~100mm)과 세목스크린(대규모 20mm, 중소규모 10~40mm)으로 구분하고 단면의 형태에 따른 스크린의 종류로서는 막대(bar)스크린, 격자스크린, 망스크린이 이용된다.

오수용스크린은 원칙적으로 침사지의 앞에 설치하며 통상 막대스크린의 순간격은

15~25mm이며, 수평에 대해서 70° 내외의 경사를 주며 기계식 제거장치를 설치한다. 유효간격부분의 유속은 수동스크린은 0.3~0.45m/s, 자동스크린은 0.45~0.60m/s로 하며 수로의 폭에 따라 결정한다. 스크린에 쓰레기가 퇴적하면 수위차가 1m에 이를 수 있으므로 충분히 이것을 견디는 설계를 한다.

우수용스크린은 원칙적으로 침사지 뒤에 설치한다. 막대스크린의 순간격은 25~40mm로 하나 기계식제거 장치의 일부는 20mm 정도로 한다. 수평에 대한 경사각도는 쇠갈고리의 경우에 45~60°, 긁어 올리는 장치가 있는 경우에 70° 정도로 한다. 기타는 오수용 스크린에 준한다. 스크린 찌꺼기의 양은 천차만별이나 합류식의 경우 하수량 1,000m^3 당 0.001~0.03m^3이다.

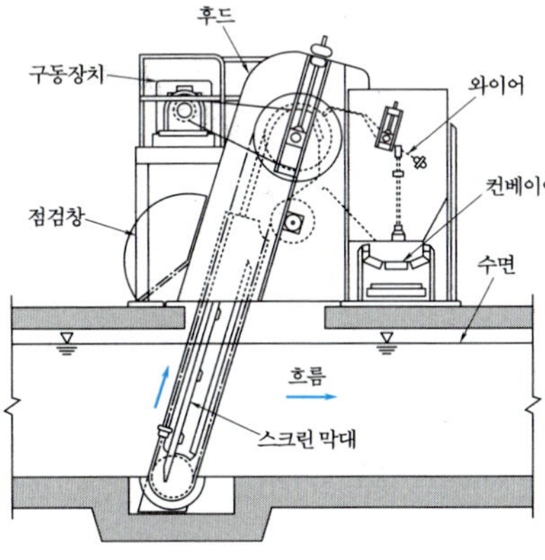

그림 4.9 기계식 막대 스크린

막대 스크린에 의한 손실수두는 다음 식에 의해 계산한다.

$$h_f = \beta \cdot \sin\theta \cdot \left(\frac{t}{b}\right)^{4/3} \frac{v^2}{2g} \tag{4.11}$$

여기서, h_f : 손실수두(m) β : 단면형상에 의한 계수(2~3)
θ : 수평에 대한 경사각도 t : 막대의 순간격(cm)
b : 순간격(cm) v : 스크린 상류의 유속(m/s)

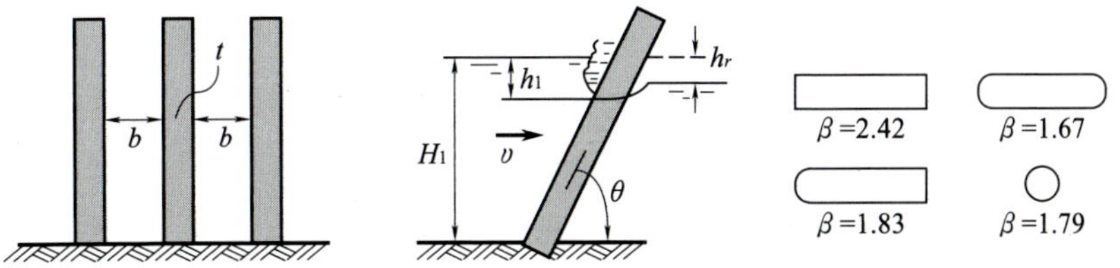

그림 4.10 막대스크린의 손실수두

4.7.2 skimming tank

하수에 산업폐수 중 더욱이 많은 양의 유성폐수가 혼입하는 경우에는 뒤의 처리영향을 생각하여 거품찌꺼기 제거를 위해 떠내기를 행한다. 이것은 통상 처리장내의 침전지에서 병행하나 거품찌꺼기양이 많은 경우에는 따로 skimming tank를 설치하는 것이다. skimming tank의 체류시간은 1~15min으로서 원형 또는 타원형의 것이 많이 이용된다.

4.7.3 침사지(grit chamber)

우수침사지는 방류수역에서의 토사퇴적을 방지하기 위해서 오수침사지는 토사에 의한 펌프와 기계류의 파손, 마모 혹은 처리시설에서 토사퇴적을 방지하기 위해 설치한다.

침사지의 제거대상 입자는 하수중의 모래 등 침강속도가 큰 무기물질이며 유기물 같이 밀도가 작은 입자는 최초침전지 이하에서 제거한다.

침사지의 설계제원은 다음과 같다.

- 수면적 부하
  - 오수침사지 1,800m/day
  - 우수침사지 3,600m/day
- 평균유속 0.30m/s
- 체류시간 30~60s
- 유효수심 1.5~2.0m
- 침 사 량
  - 분류식오수 0.001~0.02(m^3/m^3)
  - 분류식우수 0.001~0.05(m^3/m^3)
  - 합류식하수 0.001~0.02(m^3/m^3)

4.7.4 유량측정장치

유량의 측정법은 여러 가지 방법이 있으나 하수처리장과 펌프장에서는 유입수중의 고형물 농도가 높은 특수성에서 위어, 파샬후륨 혹은 전자유량계가 많이 이용되고 있다. 고형물 농도가 낮은 처리수는 벤츄리관과 오리피스가 이용되는 경우도 있다.

1) 위어의 유량

위어는 삼각위어, 사각위어 및 전폭위어가 있다.

위어의 일반적 공식은

$$\text{삼각위어} \quad Q = ch^{5/2}$$
$$\text{사각위어} \quad Q = cb\,h^{3/2} \tag{4.12}$$

여기서, h : 월류수심(m)　　b : 위어폭(m)

2) 파샬후룸

파샬후룸은 개수로 중에 축소 부분을 설치하여 이 부분의 수심에서 유량을 측정할 수 있도록 한 것이다. 손실수두가 작고 부유물의 퇴적과 폐쇄의 염려가 적으므로 하수유량의 측정에 넓게 이용되고 있다.

파샬후룸의 유량은 다음 식으로 계산한다.

$$Q = 2.2WH^{3/2} \tag{4.13}$$

여기서, Q : 유입수량(m^3/s)　　W : 축소부의 폭(m)
H : 수위측정의 수심(m)

파샬후룸의 하류측 수심 H' 가 크게 되어 잠수된 경우에는 보정계수를 곱해서 유량을 구해야 한다. 통상은 잠수되지 않을 경우 H'/H의 비는 0.5~0.7 이하가 된다.

3) 벤츄리관

벤츄리관의 유량은 다음 식을 표시한다.

$$Q = ma\frac{\pi D^2}{4}\sqrt{2gh} \tag{4.14}$$

여기서, Q : 유량(m^3/s)　　h : 상류부와 축소부와의 차압(m)
D : 상류부의 관경(m)　　α : 유량계수
m : 축소 비(d^2/D^2)　　d : 축소부의 직경(m)
g : 중력가속도(≒ 9.8m/s^2)

4) 자기유량계

자계중을 도전성의 유체가 흐르면 기전력이 발생한다고 하는 파라테의 법칙에 기초하여 붙여진 것이 자기유량계이다. 자기유량계는 고형물 혼입의 영향이 없으므로 하수와 슬러지의 유량측정에 넓게 이용되고 있다.

/ 연습문제 /

4.1 다음 펌프의 특징 및 용도에 대해 설명하시오.

① 원심력펌프 ② 사류펌프

③ 축류펌프 ④ 터빈펌프

4.2 펌프의 양정에 대해 설명하시오.

4.3 펌프의 특성곡선이란 무엇인가?

4.4 펌프 운전시 공동현상을 방지하는 방법은?

4.5 펌프 양수량을 조절하는 방법은?

4.6 취수장에서 1일 15,000ton의 물을 양수하기 위한 펌프의 흡입구경은? (단, 토출구의 유속은 3m/s이다.)

4.7 높이 25m의 고수조에 매시간 20ton의 물을 양수하고자 한다. 이때 흡입양정이 5m이고, 마찰 손실 수두가 10m이라면 펌프의 전양정은 얼마인가?

4.8 안지름 20cm, 길이 30m의 원형 주철관으로 분당 1.8m^{3}의 정수를 20m의 높이까지 양수하려면 펌프의 소요축동력(HP)은?(단, 손실은 마찰손실만 고려하고 마찰손실계수 f=0.04, 관내유속은 2m/s, 펌프의 효율은 80%이다.)

4.9 지름이 0.2m, 길이 50m의 주철관으로 하수유량 2.4m^3/min을 15m 높이까지 양수하려면 이 펌프에는 몇 마력이 필요한가?(단, 전체손실수두는 0.9m이고, 펌프의 효율은 85%이다.)

4.10 최고 효율점의 양수량 800m^3/hr, 전양정 7m, 회전속도 150rpm인 취수펌프의 비속도는 얼마인가?

4.11 지름 300mm, 길이 10m인 주철관을 사용하여 0.15m^3/s의 물을 20m 높이에 양수하기 위한 펌프의 소요동력은 얼마인가?(단, 주철관의 조도계수 n= 0.012, 마찰손실 계수 f=0.0268, 펌프의 효율은 70%이고, 마찰 이외의 손실은 무시한다.)

4.12 펌프의 유입구 유량이 0.2m^3/s이고, 유속이 3m/s인 경우 흡입구경은?

4.13 1일 28,800m^{3}의 물을 8.8m의 높이로 양수하려고 한다. 펌프의 효율을 80%, 축동력에 15%의 여유를 둘 때 원동기의 소요동력은 몇 kW인가?

4.14 양수량이 $50m^3/min$이고 전양정이 8m일 때 펌프의 축동력은 얼마인가?(단, 펌프의 효율(η) = 0.8)

4.15 펌프로 유속 1.81m/s 정도로 양수량 $0.85m^3/min$을 양수할 때 토출관의 지름은?

4.16 $0.2m^3/s$의 물을 30m 높이에 양수하기 위한 펌프의 소요 동력(HP)은?(단, 펌프의 효율을 70%)

4.17 직경 300mm, 길이 100m인 주철관을 사용하여 $0.15m^3/s$의 물을 20m 높이에 양수하기 위한 펌프의 소요동력은?(단, 마찰손실계수 f = 0.0268, 펌프의 효율은 70%이고, 마찰손실만 고려)

4.18 그림 4.11과 같은 저수지에서 직경 500mm관으로 유량 $0.2m^3/s$를 저수지 수면에서 30m 되는 고지대로 압송한다. 고지대의 압력이 $1.5kg/cm^2$를 유지하도록 하려면 펌프의 축마력은 얼마로 하여야 하는가?(단, 관의 길이는 2,000m, 마찰손실계수는 0.028, 펌프의 효율은 75%라고 함)

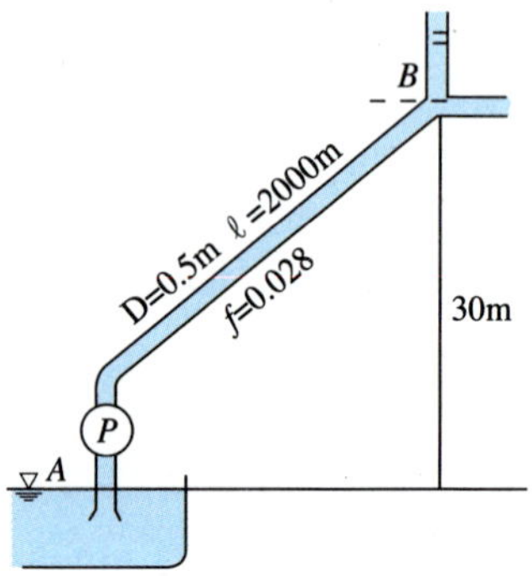

그림 4.11 저수지 양수

PART 1 2

Chapter 5 하수처리

5.1 개 설

하수는 최종적으로 공공수역에 방류하므로 공공구역의 수질보전의 입장에서 어떠한 방법으로 처리하지 않으면 안 된다. 오수는 말할 필요도 없고 우수도 될 수 있는 한 정화하여 방류하는 것이 바람직하다. 특히 강우 직후의 오염된 우수의 처리에 대해서는 적당한 대책을 취할 필요가 있다.

처리방법에는 물리적, 화학적, 생물학적 방법이 있는데 이들을 적당히 조합시켜 처리가 행해진다. 하수성분의 주체는 유기물이므로 유기물제거에 가장 경제적이고 확실한 생물학적 처리를 주로 이용하고 있다.

처리방법의 선택시에는 유입하수량과 수질, 처리수의 목표 수질, 처리장의 입지조건, 방류수역의 현재 및 장래 이용상황, 건설비 및 유지관리비 등 경제성, 유지관리의 용이성, 법규 등에 의한 규제, 처리수의 재이용계획 등을 고려하여 정해야 되는데, 일반적으로 고급처리를 채용하는 것이 원칙으로 되어 있다.

처리시설에 있어서 처리방식, 용량 등을 결정한 후 유입 하수량 및 그 수질을 파악하는 것은 중요하다.

처리장으로의 유입하수는 가정용수, 영업용수, 공장배수, 지하수, 기타(관개배수 등)의 오수로 구성된다.

이들의 유입하수량 및 수질이 결정되면 다음으로 처리방식의 선정을 행한다. 처리방식은 방류구 하해의 환경용량 또는 환경기준에 의해 처리 등급이 일률적으로 결정된다. 그러나 각 처리 등급에는 많은 처리방식이 있고 다양한 요건을 고려할 필요가 있다.

처리방식의 선정은 다음 순서대로 하는 것이 좋다.

① 처리구역의 자연 및 사회조건의 파악(처리수질, 처리장규모, 재정력, 유지관리체제, 입지조건, 산업구조, 기상조건)

② ①에서 추출된 조건에 의해 적합성이 높은 처리방식을 복수 선택한다.

③ 선택한 처리방식에 대해 처리구역의 특징을 고려하면서 평가하여 결정한다.

처리방식의 결정후 각 처리시설의 배치는 처리효율의 향상을 도모하는 것은 당연하고 유지관리의 용이성, 경제성, 안전성도 고려할 필요가 있다.

이 때문에 다음의 사항을 고려해야만 한다.

① 주요한 시설은 복수계열화를 계획한다.

② 수두손실을 적정히 한다.

③ 오수, 처리수, 슬러지, 공기, 기타용수 및 사람의 동선을 고려한다.

④ 증설공사의 공법을 고려해 둔다.

⑤ 주변과의 조화를 생각한다(풍향, 일조 등).

하수처리장 시설은 오수처리를 행하는 것을 목적으로 설치하므로 대부분 스크린과 침사지, 침전지에 의한 1차 처리 및 공기공급조와 살수여상 등의 생물산화작용을 이용한 2차 처리까지 되어 있다. 이중 1차 처리만으로 방류하는 것을 간이처리라 하며, 2차 처리를 행하였어도 정화된 정도에 따라 중급처리 및 고급처리의 둘로 나눈다.

또 공공수역의 보전과 재이용을 목적으로서 2차 처리 후에 각종 처리가 부가되어 이것을 3차 처리라 한다. 또 3차 처리에서 얻어진 것과 같은 수질을 1차, 2차 처리를 경유시켜서 얻는다고 하는 것이 고도처리이며 3차 처리와 구별하여 사용되고 있다. 모든 정화방식에 대해서 말할 수 있으나 물을 깨끗이 하면 그 결과로서 슬러지가 발생한다. 하수처리를 생각할 경우 특히 이 슬러지의 처리, 처분을 등한시 할 수 없다. 슬러지의 처리처분법에 대해서는 6장에서 설명하며 슬러지처리의 잘못함이 처리장 전체의 기능을 좌우할 수 있으며 슬러지의 문제는 처리장 시설과 분리하여 생각할 수 없다.

처리장 시설은 단위처리공정을 조합한 종합체로서 일반적인 하수처리의 흐름도는 그림 5.1과 같다.

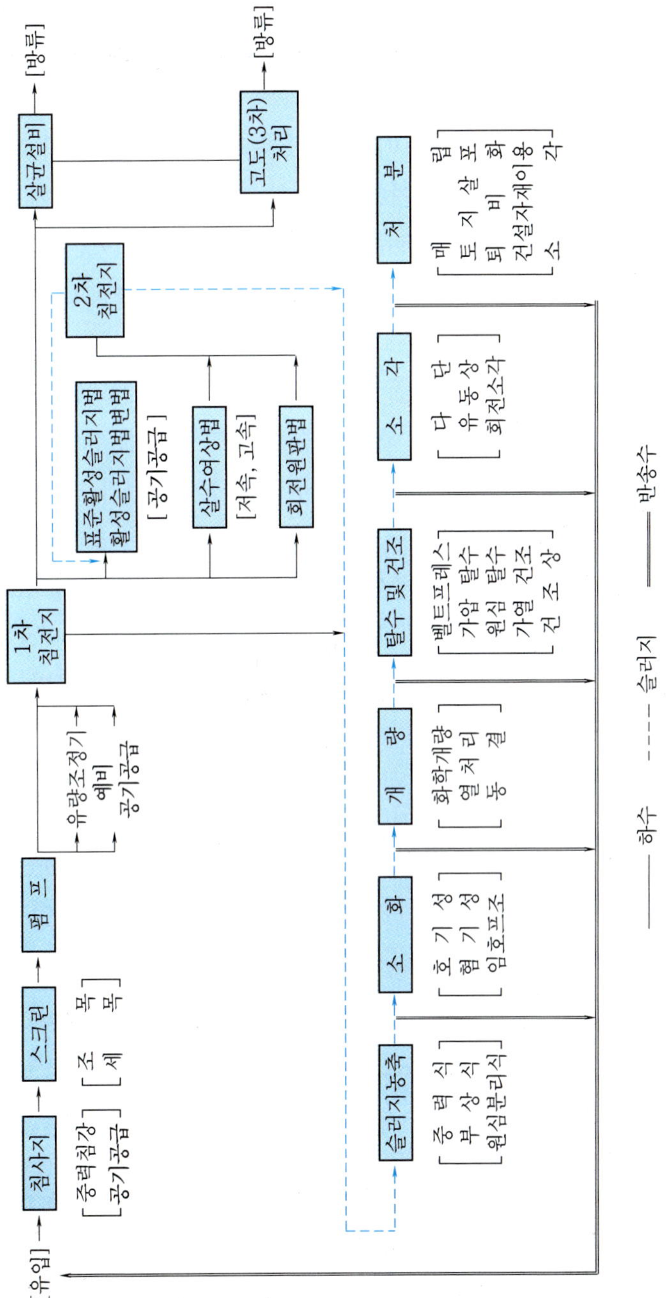

그림 5.1 일반적인 하수처리의 흐름도

5.2 하수의 수질과 계획하수량

처리장에 유입하는 하수(생하수)의 수질은 배수구역의 성격, 배제방식, 계절, 시간 등에 의해 천차만별이므로 계획에 있어서는 생하수의 수질과 그 시간변동을 미리 충분히 조사해야한다. 도시폐수에 일반적으로 들어 있는 오염물과 발생원 및 환경영향을 표 5.1에 나타냈다.

한 집수 계통의 폐수 조성은 계절에 따라 다소 변하는데, 이는 물의 온도가 다름을 반영하는 것이다. 또한, 수질의 일간 변동 역시 관찰되는데, 이를 그림 5.2에 나타냈다. 일반적으로, 물의 용도가 보다 균일하고 보다 소규모 시스템 일수록 폐수 조성의 변동이 심하다.

가장 중요한 폐수 성분은 대개 현탁 고형물, 생분해성 유기물, 그리고 병원균 등이다. 현탁 고형물(suspended solid)은 본래 주로 유기물로서, 하수 중에는 몇 가지 보다 바람직하지 못한 물질도 들어 있다. 배설물, 식품 폐기물, 종이, 생물 세포 등이 폐수 현탁 고형물의 대부분을 형성한다. 토양 입자와 같은 불활성 물질도 그 표면에 유기화합물을 흡착하여 오염된다. 폐수의 방류 또는 재사용에 앞서서 현탁 고형물의 제거가 필수적이다.

현탁 유기 고형물은 가수 분해를 통하여 생분해되지만, 폐수 중의 생분해성 물질은 대개 용해성 유기물로 간주한다. 생활폐수 중의 용해성 유기물(soluble organics)은 주로 단백질(40~60%), 탄수화물(25~50%), 지질(약 10%)로 되어 있다. 단백질은 주로 아미노산이며, 탄수화물은 당, 전분(녹말), 셀룰로오스 등으로 되어 있다. 지질에는 지방, 기름, 그리스 등이

표 5.1 중요한 폐수 오염물

오염물	발생원	환경영향
현탁 고형물	생활용수, 산업 폐기물, 침투수/유입수에 의한 침식	수계에서 슬러지 퇴적 및 혐기성 상태의 원인이 된다.
생분해성 유기물	생활 및 산업 폐기물	생물 분해를 일으킨다. 이때 수역의 산소를 소비하여 바람직하지 못한 상태를 만든다.
병원균	생활 폐기물	질병을 옮긴다.
영양물	생활 및 산업 폐기물	부영양화를 일으킬 수 있다.
내성 유기물	산업 폐기물	맛과 냄새 문제를 야기할 수 있다. 독성과 발암성이 있을 수 있다.
중금속	산업 폐기물, 채광, 기타	독성이 있고, 처리수의 재사용을 방해할 수 있다.
용존 무기 고형물	생활 및 산업 용수에 의하여 상수 수준이상으로 증가	처리수 재사용을 방해할 수 있다.

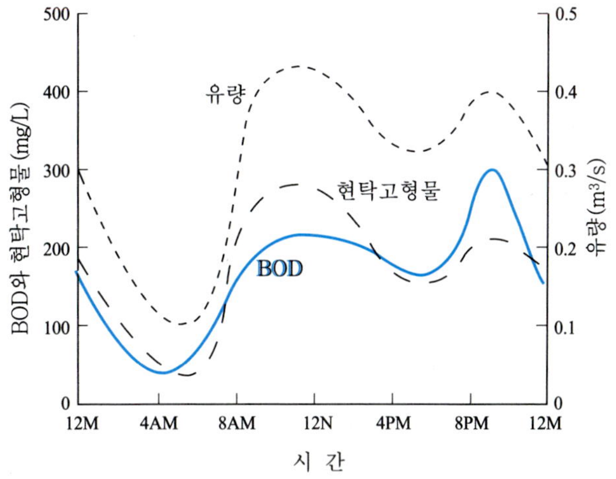

그림 5.2 도시폐수의 유량, 현탁 고형물, BOD_5의 전형적 변동(Metcalf & Eddy, Inc.)

포함된다. 이러한 물질에는 모두 탄소가 들어 있는데, 이는 생물학적으로 이산화탄소로 전환된다. 따라서 산소 요구량을 나타낸다. 단백질에는 또 질소가 들어있는데, 질소성 산소 요구량을 나타낸다. 생분해성 유기물을 정량화하는 데는 생화학적 산소 요구량 시험이 사용된다.

모든 형태의 수인성 병원균(waterborne pathogens)이 생활 폐수에서 발견된다. 여기에는 박테리아(세균), 바이러스, 원생동물, 기생충 등이 포함되고 이러한 생물은 환자로부터 배출된다. 드물게는 보다 불분명한 질병의 원인이 되는 병원균도 들어 있는데, 모든 미처리 폐수 중에는 실질적으로 건강 피해를 나타낼 만큼 충분한 수의 병원균이 들어 있다고 보는 편이 안전하다. 다행하게도 폐수 처리에서 활성상태로 생존하는 병원균은 많지 않다.

전통적 폐수처리 프로세스는 폐수를 처분하기에 앞서서 현탁고형물, 생분해성 유기물, 병원균을 용납되는 수준으로 감소시키고자 하는 것이 목적이다. 폐수를 정교한 생태계(ecosystem)에 방류하고자 할 때는 영양물 수준을 감소시키기 위하여, 그 이상의 폐수 처리 프로세스를 필요로 할 때가 있다. 폐수의 재사용을 예상한다면, 내성 유기물(refractory organics), 중금속을 제거하고 무기 용존고형물 수준을 감소시키기 위한 프로세스가 필요하다. 그러나 생하수의 수질을 추정해야 할 경우에는 표 5.2에 나타난 값을 참고로 하면 좋다.

또 수질보전법에 의해 지정되어 있는 수역에 하수를 방류할 경우는 표 5.3과 같은 기준으로 처리하여 방류해야 한다.

폐수처리에 관한 부하량의 단위는 종종 BOD(kg/day) 혹은 고형물(kg/day), 유량 (m^3/day)로 나타낼 때가 있으며, 폐수에서 오염물의 농도는 mg/L로 주어진다. 이들 인자 사이의 관계는 다음 방정식으로 정의한다.

$$C(\text{kg}) = C\text{농도}(\text{mg/L})\frac{Q(\text{m}^3)}{1{,}000}$$

여기서, C : BOD, SS 혹은 다른 성분(mg/L)

Q : 폐수 체적(m^3)

$1{,}000 : \dfrac{\text{kg/m}^3}{\text{mg/L}}$

처리장의 계획하수량은 계획 1일 최대오수량을 기준으로 하나 합류식에 있어서 우천시 계획하수량은 계획시간 최대오수량의 3배 이상으로 하는 것이 일반적이다.

표 5.2 1인 1일당 하수수질(g/인/day)

	무기질	유기질	전고형질	BOD_5
침전성고형물	20	40	60	19
비침전성고형물	10	20	30	12
용해성고형물	50	50	100	23
계	80	110	190	54

표 5.3 공공하수처리시설의 방류수수질기준

<table>
<tr><th colspan="2">구분</th><th>생물화학적 산소요구량 (BOD) (mg/L)</th><th>총유기 탄소량 (TOC) (mg/L)</th><th>부유물질 (SS) (mg/L)</th><th>총질소 (T-N) (mg/L)</th><th>총인 (T-P) (mg/L)</th><th>총대장균 군수 (개/mℓ)</th><th>생태 독성 (TU)</th></tr>
<tr><td rowspan="4">1일 하수 처리용량 500m³ 이상</td><td>Ⅰ지역</td><td>5 이하</td><td>15 이하</td><td>10 이하</td><td>20 이하</td><td>0.2 이하</td><td>1,000 이하</td><td rowspan="6">1 이하</td></tr>
<tr><td>Ⅱ지역</td><td>5 이하</td><td>15 이하</td><td>10 이하</td><td>20 이하</td><td>0.3 이하</td><td rowspan="5">3,000 이하</td></tr>
<tr><td>Ⅲ 지역</td><td>10 이하</td><td>25 이하</td><td>10 이하</td><td>20 이하</td><td>0.5 이하</td></tr>
<tr><td>Ⅳ 지역</td><td>10 이하</td><td>25 이하</td><td>10 이하</td><td>20 이하</td><td>2 이하</td></tr>
<tr><td colspan="2">1일 하수처리용량 500 미만 50m³ 이상</td><td>10 이하</td><td>25 이하</td><td>10 이하</td><td>20 이하</td><td>2 이하</td></tr>
<tr><td colspan="2">1일 하수처리용량 50m³ 미만</td><td>10 이하</td><td>25 이하</td><td>10 이하</td><td>40 이하</td><td>4 이하</td></tr>
</table>

예제 5.1 공동주택으로부터 BOD 200mg/L, SS 240mg/L인 위생적 폐수 400*l*/인/day가 배출된다. BOD와 SS의 gram을 계산하라.

〈풀이〉

$$BOD = \frac{200 \times 400}{1,000} = 80\text{g/day} \qquad SS = \frac{240 \times 400}{1,000} = 96\text{g/day}$$

예제 5.2 BOD 21,600kg/day, SS 13,400kg/day인 총유량 24,420m³/day의 산업폐수가 있다. BOD와 SS농도를 계산하라.

〈풀이〉

$$BOD \text{ 농도} = \frac{21,600 \times 1,000}{24,420} = 880\text{mg/L}$$

$$SS \text{ 농도} = \frac{13,400 \times 1,000}{24,420} = 550\text{mg/L}$$

5.3 침전지(sedimentation basin)

침전법은 고체와 액체의 분리법으로서 대량의 현탁액을 처리하는데 적합하며 3차처리 또는 고도처리를 포함해서 하수의 처리에는 여러 가지 용도에 이용되고 있다. 많은 하수처리장에서 사용되고 있는 1차침전지와 2차침전지가 그 대표적인 것이다.

1차침전지는 1차처리 및 생물학적 처리를 위한 예비처리의 역할을 수행하며 오수중 비중이 비교적 큰 SS를 침전시킨다. 2차침전지는 생물학적 처리에 의해 발생되는 슬러지와 처리수를 분리하는 것을 주목적으로 한다.

5.3.1 입자의 침강속도

수중에서 입자의 침강속도를 아는 것은 침전지를 생각하는데 중요하다. 단, 이론적으로 구할 수 있는 침강속도식은 단일입자의 운동에 기초한 것으로 입자군과 응집성 입자를 대상으로 하는 경우에는 반드시 실태에 적합한 것은 아니다. 실제로 침전지 설계 때에는 입자군의 침강속도인 계면침강속도를 실험적으로 구할 필요가 있는 것도 있다.

그런 희석액 중의 입자거동은 근사적으로 단일입자의 거동과 동일하다고 보아도 좋으므로 단일입자의 침강속도를 아는 것도 설계상의 한 요소로서 충분히 의의가 있는 것이다. 일반적으로 입자의 최종속도(terminal velocity)는 다음과 같다.

① 미립자, Re<1(Stokes 법칙)

$$u = \frac{(\rho_s - \rho)g}{18\mu} D^2 \tag{5.1}$$

② 중간입자, 1≤Re≤500(Allen 법칙)

$$u = \left\{ \frac{4}{225} \frac{(\rho_s - \rho)^2 g}{\rho\mu} \right\}^{1/3} D \tag{5.2}$$

③ 조립자, 500<Re<200,000(Newton 법칙)

$$u = \sqrt{\frac{3(\rho_s - \rho)g}{\rho}} D^{1/2} \tag{5.3}$$

여기서, D : 입자경(m)

ρ_s : 입자의 밀도(kg/m^3)

ρ : 유체의 밀도(kg/m^3)

μ : 유체의 점도(kg/m · s)

Re : $Du\rho/\mu$

침전조작을 생각하는 경우에는 Newton식의 범위로 되는 것은 없고 Stokes식이나 Allen식의 범위가 된다. 그러나 어느 식을 사용하여 계산해도 반드시 *Re*를 조사하여 적용범위가 옳은 것을 확인하여야 한다.

그러나 Stokes식과 Allen식과의 값이 같게 되는 것은 Re=5.76이 되므로 1<Re<5.76의 범위에서는 어느 식을 적용하여도 *Re*수의 적용범위 밖이 된다. 실용적으로는 Re<5.76까지 Stokes식을 적용하면 좋다.

5.3.2 침전지의 침전효율

Hazen은 침전지의 침전효율을 2개의 모델 즉, 압출흐름모델과 완전혼합모델에 대해서 해석하고 있다. 전자는 Hazen의 이상침전지에 관한 이론, 후자는 동일한 제거율에 관한 이론으로서 알고 있다.

1) Hazen의 이상침전지에 관한 이론(압출흐름모델)

수평유속 v가 지내의 어디에서도 일정하며 일단 조바닥에 도달한 입자는 다시 상승하지 않는다고 가정한다. 그림 5.3에서 침전지의 상단으로 유입한 입자가 정확히 침전지의 출구에서 조바닥에 도달할 때 그 입자의 침강속도를 u_0라 하면 제거율 y는 다음과 같이 된다.

$u \geq u_0$이면 전입자가 제거된다. 즉, $y=1$

$$u_0 = \frac{h_0 v}{L} = \frac{h_0 Q}{L h_0 B} = \frac{Q}{A} \tag{5.4}$$

$u < u_0$인 입자에 대해서는

$$y = \frac{h}{h_0} = \frac{u}{u_0} = \frac{u}{Q/A} \tag{5.5}$$

여기서, h_0 : 침전지의 유효깊이

L : 침전지 길이

B : 침전지 폭

Q : 처리수량

A : 침전지 수면적

h : 침강속도 u인 입자가 L정도 진행하는 사이에 침강하는 거리

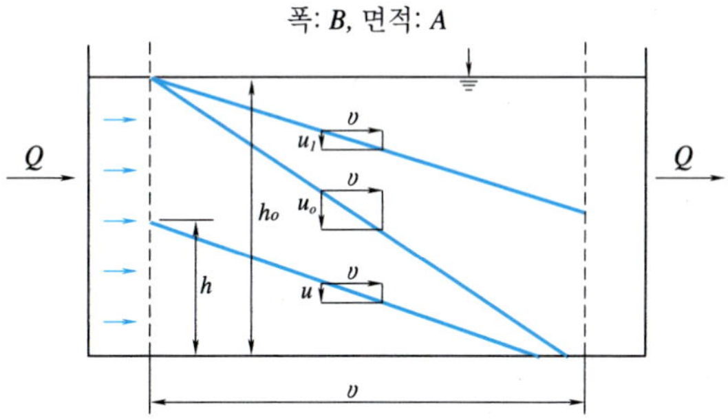

그림 5.3 Hazen의 이상침전지

2) Hazen의 제거율에 관한 이론(완전혼합모델)

조내의 입자농도는 전체의 점에서 유출수 농도가 같고 또 일단 조바닥에 침전한 입자는 다시 부상하지 않는다고 가정한다.

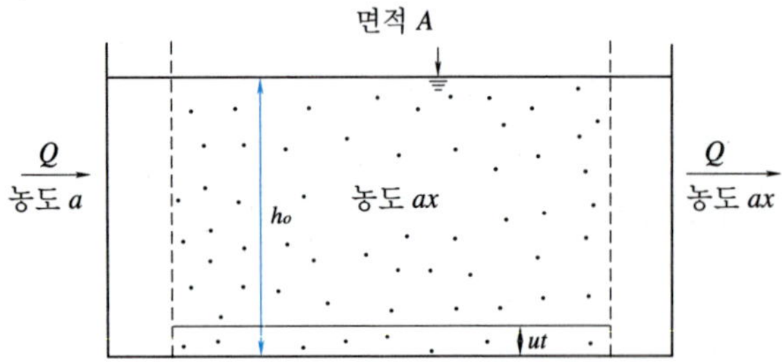

그림 5.4 완전혼합모델

그림 5.4에서 유입농도를 a, 유출농도를 ax라 하면 조내입자 농도도 ax이므로

t시간에 유입하는 입자량 $= Qat$

t시간에 유출하는 입자량 $= Qaxt$

t시간에 침전하는 입자량 $= utAax$

$$\therefore Qat = Qaxt + utAax \tag{5.6}$$

$$\therefore x = \frac{1}{1 + \dfrac{u}{Q/A}} \tag{5.7}$$

$$\therefore y = 1 - x = 1 - \frac{1}{1 + \dfrac{u}{Q/A}} \tag{5.8}$$

Hazen 이외에도 여러 가지 침전이론을 제시하고 있다.

Fair식은

$$y = 1 - \left\{1 + \frac{1}{n} \cdot \frac{u}{Q/A}\right\}^{-n} \tag{5.9}$$

여기서, n은 정상계수이다.

이상의 식에서 입자의 침강속도 u와 표면적 부하 Q/A와의 비가 침전효율에 관계하고 있는 것을 알 수 있다. 그러므로 침전효율을 높이기 위해서는 입자의 침강속도를 크게 하든지 혹은 표면적 부하를 작게(침전면적을 크게)하면 좋다.

침강속도를 크게 한다고 하는 것은 조작이 응집이며 약품침전지에서는 응집제를 첨가해서 응집조작을 행하는 것에 대하여 하수처리장에서는 공기공급조의 활성슬러지의 활동응집을 행한다. 이 같은 의미에서 공기공급조에서의 조작을 생물응집이라 부른다. 또 표면적 부하를 작게 하는 노력은 2계층 침전지 혹은 3계층 침전지라는 형으로 되며, 이것에 더불어 경사판 침전지 혹은 경사관 침전지를 실용화하고 있다. 경사판 침전지 이하는 통상의 하수처리에 이용되는 경우는 적고 3차 처리에 이용된다.

5.3.3 침전의 이론

부유물질은 물의 난류확산으로 비중이 큰 대형입자가 침전하는 것을 제하면 대체로 부유상태로 존재한다. 그러나 완전히 정지상태로 두든가 아주 작은 유속으로 흐르게 하면 물보다 비중이 큰 부유물질은 점차로 침강해서 침전지 저면에 도달하게 된다. 그러나 앞에서 말했듯이 콜로이드질은 다른 대형 입자에 흡착되어 침전하는 소량을 제외하면 대부분 침전하지 않는 것으로 본다. 침전시 입자는 서로 다른 입자와 반발하여 결합하지 않고 단독입자로 침강하는 경우와 입자간의 충돌로 입자가 결합해서 침강하는 경우가 있으며, 이때는 침강속도에 변화를 일으킨다. 후자를 특히 간섭침전이라 말하며, 입자의 운동이 복잡하므로 이론적으로 해석하기가 힘들다. 위생공학에서 취급하는 침전은 입자에 다소의 응집성이 있으나 엄밀히 말하면 간섭침전이나 단독침전의 경우 입자의 응집성이 적으므로 보통 그 영향을 무시해서 침전이론식을 유도하고 있다.

약품침전의 경우는 floc의 응집성이 강해서 침강하면서 다른 입자를 흡착하여 비대해지므로, 침강속도가 증대되면서 침전한다. 또 하수도에서의 침전은 유기질이 많으므로 응집성이 크고, 특히 활성슬러지의 침전은 약품침전에 의한 floc의 침전과 유사한 것으로 볼 수 있다.

1) 침전형태

(1) I형 침전 : 독립입자의 침전

부유물의 농도가 낮은 상태에서 응결되지 않은 독립입자로서 침전은 입자 상호간에 아무런 방해가 없고 다만 유체나 입자의 특성에 의해서만 그 결과가 결정되는 침전상태에 대해 해석하는 방법에 사용된다. 비중이 큰 무거운 독립입자의 침전이 통상 이 경우에 속하며 Stockes 법칙이 적용되는 침전의 형태이다.

일반적으로 어떤 침전지에 유입하는 불순물은 여러 가지 크기의 입자를 갖는다. 이와 같은 침전지에서 침강속도가 수면적부하 v_0보다 작은 입자들의 함유율을 x_0라면, 침강속도가 v_0이상인 입자의 제거율은 $1-x_0$이고, 침강속도 v_s(<v_0인 여러 크기의 입자들의 제거율은 $\int_0^{x_0}(v_s/v_0)dx$로 표시되므로 현탁입자의 전체적 제거율은 다음 식으로 표시된다.

$$R = (1-x_0) + \frac{1}{v_0}\int_0^{x_0} v_s dx \qquad (5.10)$$

위 식에서 제2항은 현탁물입자의 침강분석곡선을 표시하는 그림 5.6의 사선부분에 해당한다. 침강분석의 요령은 그림 5.5와 같은 침강통에 시수를 채운 후 바로 시료채취구 1,2,3,4를 열어 시료를 취하여 그 불순물입자의 농도를 측정한다. 이와 같은 측정을 적당한 시간간격으로 하여, 각 채수구의 수심, 경과시간, SS농도 등을 기록하면 각 채수구에 있어서 어떤 크기의 입자의 침강속도 v_s보다 작은 입자들의 함유율 x를 구할 수 있고, 각 침강속도 v_s와 그에 해당하는 x를 나타내는 점을 연결하면 침강속도분석곡선을 얻을 수 있다.

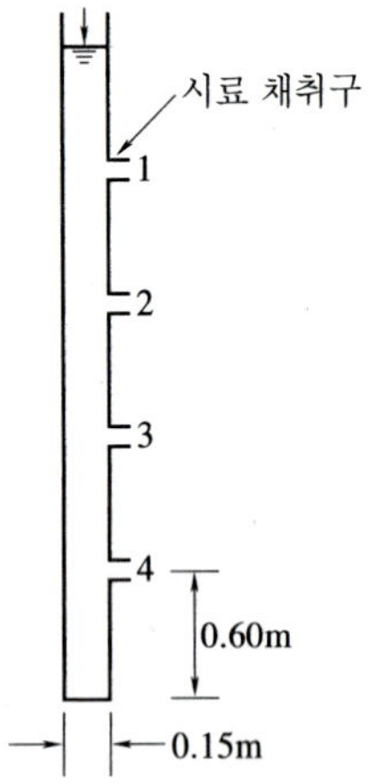

그림 5.5 침강시험통

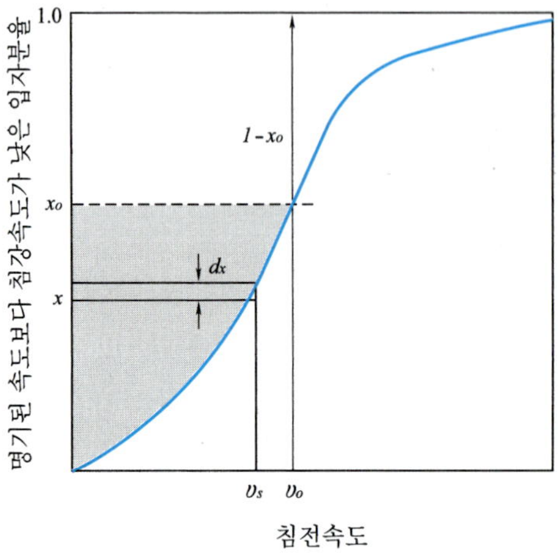

그림 5.6 독립입자 제거효율 곡선

(2) II형 침전 : 응결입자의 침전

낮은 농도인 응결입자의 침전특성은 비응결인 독립입자들의 침전상태와는 다르며, 큰 침전속도를 가진 입자는 작은 속도를 가진 입자와 결합해서 더 빨리 침전하게 된다. 입자의 결합은 깊이가 깊을수록 크기 때문에 침전효율은 표면적뿐만 아니라 깊이에도 관계를 가지며, 생하수내의 부유물의 침전, 화학적 응집 슬러지의 침전형태 등이 여기에 속한다.

임호프 콘(시험관)을 이용해서 적당한 시간마다 지역별로 시료(sample) 채취홀에서 폐수를 1L취해 침전 깊이에 따른 체류시간별 침전물 농도를 %로 표시하여 같은 농도의 값을 제거율별로 그래프를 그려 총 제거율을 구한다. 총 제거율을 구하는 계산식은 다음과 같다.

$$R_T = \frac{\Delta h_1}{h_5} \times \frac{R_1+R_2}{2} + \frac{\Delta h_2}{h_5} \times \frac{R_2+R_3}{2} + \frac{\Delta h_3}{h_5} \times \frac{R_3+R_4}{2} + \frac{\Delta h_4}{h_5} \times \frac{R_4+R_5}{2} \qquad (5.11)$$

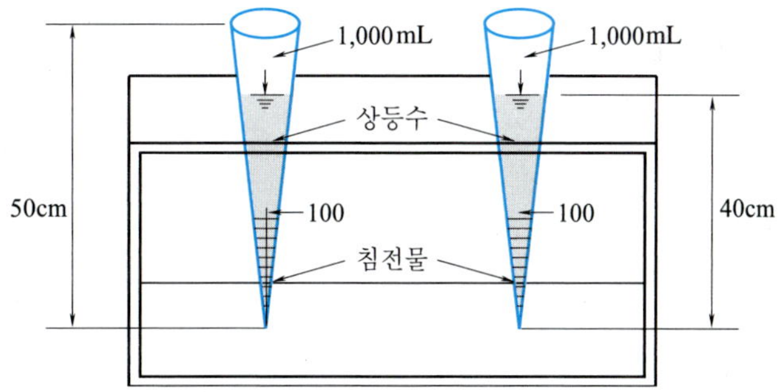

그림 5.7 Imhoff Cone

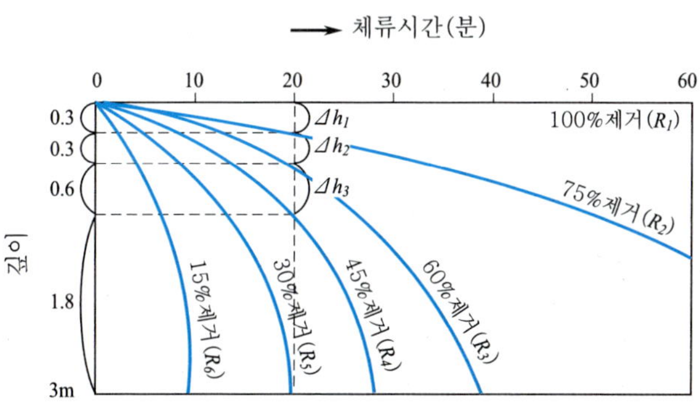

그림 5.8 총 제거율을 구하는 그래프

예를 들면, 상기 그래프와 같은 분석치를 얻었을 때 총제거율을 계산하면 다음과 같다.

$$R_T = \frac{0.3}{3} \times \frac{100+75}{2} + \frac{0.3}{3} \times \frac{75+60}{2} + \frac{0.6}{3} \times \frac{60+45}{2} + \frac{1.8}{3} \times \frac{45+30}{2} = 48.5\%$$

(3) Ⅲ형 침전 : 지역침전 또는 방해침전

부유물의 농도가 큰 경우 발생하는 현상으로 침전하고자 하는 입자가 가까이 위치한 입자들이 침전을 방해함으로써 독립입자로 침전하지 못하고, 집합체로 침전함으로써 침전하는 침전형태가 상등수간의 경계면을 일으키면서 침전한다. 하수처리장의 2차 침전지에서의 침전형태가 여기에 속한다.

(4) Ⅳ형 침전 : 압축침전

침전된 입자들이 그 자체의 무게로 계속 압축을 가하여 입자들이 서로 접촉한 사이로 물이 빠져나와 계속 농축되는 현상으로 하수처리장의 2차 침전지나 슬러지 농축조의 저부에서 침전하는 형태이다.

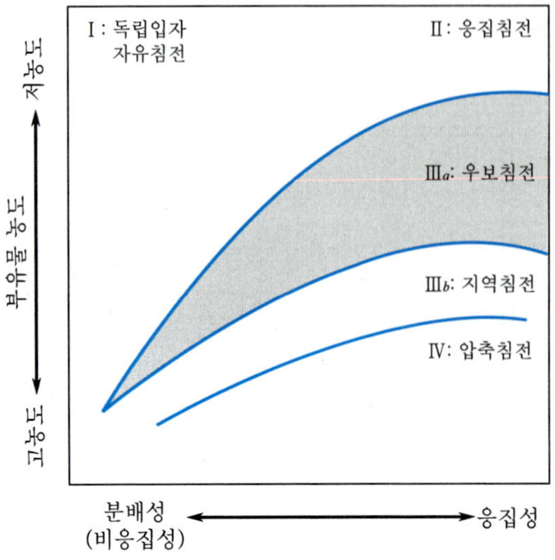

그림 5.9 침전형태의 분류

5.3.4 침전지의 설계 제원

1) 체류시간

일반적으로 침전지의 체류시간은 길이를 지나는 동안 부유물의 제거율이 좋게 되나 과도로 크면 침전지내가 혐기상태로 되어 수질이 악화하는 것이다. 더욱이 1차침전지에서는 혐기상태로 되기 쉬우므로 경험적으로 2.0~4.0hr의 체류기간을 표준으로 한다. 단, 합류식에서는 우천시의 침전시간이 과소하게 되지 않도록 체류시간을 3hr 정도로 한다.

2) 수면적 부하

처리수량을 침전지의 유효면적으로 나눈 것을 수면적 부하 혹은 표면적 부하라 한다. 앞에서 설명한 것과 같이 표면적부하는 침전지 제원 중에서 가장 중요한 값이다.

3) 유효수심

침전이론을 가르치는 경우에도 침전효과는 표면적 부하와 입자의 침강속도만 관여되고 수심에는 관계하지 않는다. 그러나 수심이 작으면 바람에 의한 흐름이 생겨서 슬러지가 부상하며 온도차에 의한 대류현상이 생겨서 침전효과가 적어지게 된다. 이 때문에 유효수심은 2.5~4.0m 정도로 한다.

4) 월류부하

침전지 유출량을 유출위어의 길이로 나눈 것을 월류부하 혹은 위어부하율이라 한다. 월류부하를 크게 초과하면 지바닥에 퇴적하여 있는 슬러지를 말아 올릴 수 있으므로 가능한 한 작게 하는 것이 바람직하다.

표 5.4 침전지의 설계제원

항목	1차침전지				2차침전지
	분류식			합류식	
	침전법	살수여상법	활성슬러지법		
체류시간*(hr)	3.0	2.0	1.5	3.0	2.5
유효수심(m)	2.5~4.0				2.5~4.0
수면적부하*(m/day)	25~40				20~30
월류부하*(m^2/day)	≦250				≦190
길이와 폭의 비	3 : 1~5 : 1				3 : 1~5 : 1
여유고(m)	0.4~0.6				0.4~0.6
지바닥경사	장방형침전지 1/100~1/50				1/100~1/50
	원형, 정방형침전지 1/20~1/10				1/20~1/10
긁어모으기 속도(m/min)	장방형침전지 0.3~1.2				0.3~1.2
	원형, 정방형침전지, 주단속도≦3				≦3
배니관경	≧150				≧150
고형물 부하율(kg/m^2 · day)					150~170

** 계획 1일 최대오수량에 대해서*

5) 정류벽

유입한 하수를 될 수 있는 한 편류가 생기지 않도록 침전지 단면 전체에 분산시키기 위해서 정류벽을 설치한다. 통상 침전지의 입구 쪽에 작은 구멍이 다수 있는 것을 설치한다. 작은 구멍의 총단면적은 지단면적의 6~20%를 취한다.

6) 슬러지의 모으기

침전슬러지를 배제하기 위해서 지바닥 전체에 침적한 슬러지를 한 장소로 긁어모으는 것을 행한다.

7) 슬러지의 배출

긁어모아진 슬러지를 외부로 배출하기 위한 기구는 여러 가지가 있으나 수위차와 배니펌프를 사용한 것이 일반적이다. 2차 침전지에서는 공기기포 펌프를 이용한 것도 있다.

8) scum 제거 장치

침전지의 표면에는 하수중의 가스에 동반되어 부상한 부유물과 밀도가 작은 부유물이 뜨므로 소위 scum을 형성하여 있다. 이 scum을 제거하기 위해서 기구를 설치하여야 한다.

이상에 설명한 침전지의 설계제원을 나타내면 표 5.5와 같다. 이것은 모두 경험적 자료에 기초한 것이므로 하수와는 수질이 현저히 다른 산업폐수는 이 표와는 반드시 합치하지 않는다.

예제 5.3 유입하수량 60,000m³/day을 처리하는 침사지를 설계하시오. 체류시간은 60s, 수면적부하를 1,800m/day로 가정한다.

〈풀이〉

침사지의 용적

$$V = 60{,}000 \times \frac{60}{86{,}400} = 41.7\text{m}^3$$

표면적

$$A = \frac{60{,}000}{1{,}800} = 33.3\text{m}^2$$

$$\therefore H = \frac{41.7}{33.3} = 1.25\text{m}$$

침사지의 크기를 2.5m×6.8m×1.2m×2지로 한다.

$$체류시간 = \frac{2.5\times6.8\times1.2\times2\times86,400}{60,000} = 58.8s$$

$$수면적부하 = \frac{60,000}{2.5\times6.8\times2} = 1,765m/day$$

$$평균\ 유속 = \frac{60,000}{2\times2.5\times1.2\times86,400} = 0.2315m/s$$

이들 값은 일반적인 설계값의 범위에 해당한다.

예제 5.4 1일 최대 오수량 50,000m³/day의 분류식 하수도에 이용하는 1차침전지를 설계하시오. 단, 활성슬러지법에 의한 것으로 한다.

〈풀이〉

침전지의 크기를 폭 8m×길이 34m×유효심 3m×4지로 하면

$$체류시간 = \frac{8\times34\times3\times4}{50,000} = 1.57hr$$

$$수면적부하 = \frac{50,000}{8\times34\times4} = 46m/day$$

폭과 길이의 비 = 8:34 = 1:4.25

로 되며 표 5.4의 설계제원을 만족한다.

다음에 월류부하를 250m³/day 이하로 하기 위해서는 1지당 위어길이는

$$월류위어의\ 길이 \geq \frac{50,000}{250\times4} = 50m$$

정류벽 구멍의 총단면적은 유수단면적의 10%로 하면 1지당에서는

$$정류벽구멍\ 총단면적 = 8\times3\times0.1 = 2.4m^2$$

5.4 활성슬러지 처리법

5.4.1 활성슬러지 처리공정의 처리계통

하수처리공정 중에서도 가장 넓게 이용되고 있는 것은 활성슬러지 처리법이다. 활성슬러지법이란 하수와 배수중에 포함되어 있는 유기물을 배양기로서 용존산소의 존재 하에서 정

화미생물을 연속 배양하여 오염성 유기물을 산화분해·응집·흡착·침전의 각 작용으로 제거하는 방법이다. 상기의 공정을 완수하기 위해서 배양조인 공기공급조 및 증식한 미생물 집락인 슬러지와 물을 분리하는 침전지가 필요하며 더욱이 미생물의 증식을 촉진하기 위해 교배-슬러지반송을 행한다.

활성슬러지 처리의 주 공정에 들기 전에 예비처리로서 거칠고 큰 부유물을 제거하기 위해서 스크린과 침사, 더욱이 유기물 부하를 될 수 있는 한 줄이기 위해 1차침전을 행하며 주 공정후에 소독설비를 설치하는 것이 보통이다. 이것을 정리한 표준활성슬러지 처리의 계통을 나타내면 그림 5.10과 같고, 단계별 물질량의 관계는 그림 5.11과 같다.

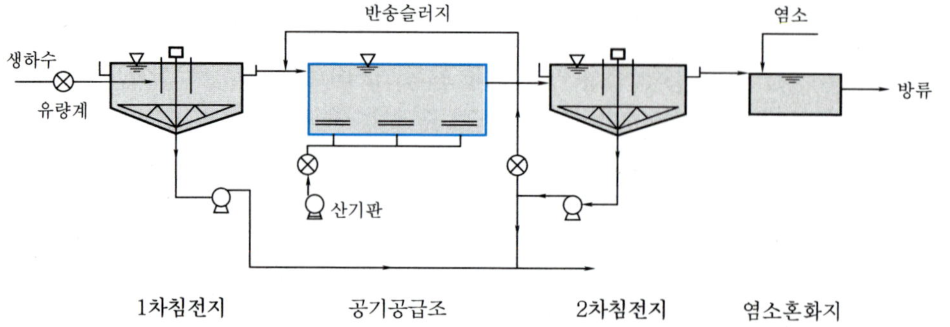

그림 5.10 표준 활성슬러지법에 의한 하수처리계통

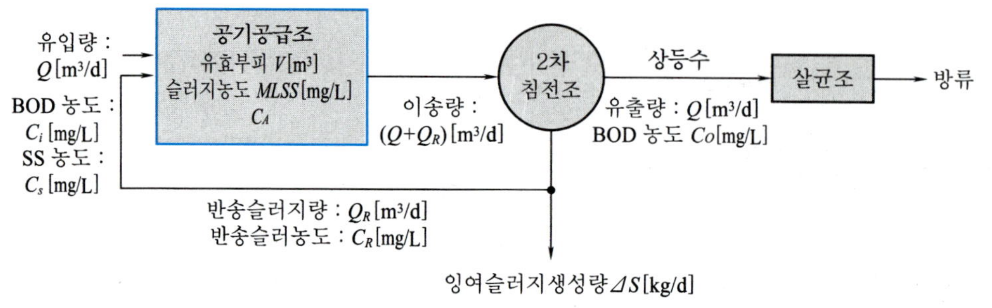

그림 5.11 활성슬러지의 흐름도

5.4.2 활성슬러지 처리의 정화원리

활성슬러지법에서는 호기성 미생물 집락으로서의 슬러지(활성슬러지)와 그 호흡생존에 필요한 용존산소 및 미생물의 대사증식에 필요한 기질(하수 중의 각종 영양물질)의 존재가 필요하다. 이 활성슬러지, 용존산소 및 기질의 3자를 좋은 형편인 상태로 항상 접촉을 유지시키면

① 하수 중의 유기물은 활성슬러지 미생물과 산소의 작용으로 직접 산화한다.
② 활성슬러지 중의 미생물은 하수중의 유기물을 먹이로서 더욱 증식
③ 하수 중에 영양물이 부족하게 되면 세포의 자기호흡(자기분해)이 행해진다.

유기물의 산화	유기물+O_2→ CO_2+H_2O – 에너지
세포질의 합성(증식)	유기물+NH_3+O_2 → 세포질+CO_2+H_2O – 에너지
세포질의 산화(자기분해)	세포질+O_2 → CO_2+H_2O – 에너지

이와 같이 해서 하수중 유기물의 대부분은 탄산가스와 물로 변화하여 활성슬러지로 바뀐다.
이 활성슬러지는 또 유기물의 산화력이 강하며 부유입자와 콜로이드 입자를 흡착·응집하는 능력을 가져 수중의 세균류를 포식하는 미생물군의 담체로 되어 있다. 그러므로 활성슬러지 배양조(공기공급조) 중에 적당시간 체류한 하수는 현저하게 정화된다. 활성슬러지 floc의 또 하나의 큰 특징은 침강분리성이 뛰어난 것이다. 이 특성을 이용하여 잉여의 슬러지를 분리하여 계외로 배출하면 하수의 정화가 달성된다.

5.4.3 공기공급조(aeration tank)

1) 공기공급조의 구조와 산기장치

(1) 압출흐름형과 완전혼합형

공기공급조를 수리특성으로 분류하면 압출흐름형과 완전혼합형으로 나눈다.

압출흐름형 공기공급조는 긴 유로중에서 공기공급이 행해지는 형식이므로 하수는 전량 일단에서 유입하여 타단으로 유출한다. 이에 반해 완전혼합형 공기공급조는 유입하수가 조 전체에 순식간에 분산되는 형식의 것을 말한다.

압출흐름형 공기공급조는 단락류가 없다고 하는 이점이 있는 반면 하수가 조내를 유하하므로 환경조건이 변화한다고 하는 난점이 있다. 즉, *BOD* 부하가 입구에서 크고 출구쪽에서 작기 때문에 종합적인 *BOD* 제거율이 작게 된다. 또 같은 이유에서 입구부근과 출구부근에서는 서식하는 생물종이 다르기 때문에 반송슬러지 중의 생물종이 반송슬러지의 첨가된 지점의 환경조건에 적합하지 않을 경우도 있다. 완전 혼합형 공기공급조에서는 하수는 유입과 동시에 급속히 혼합되어 조내의 *BOD* 부하가 균일하게 되므로 비교적 일정한 환경조건을 만들 수 있다. 단, 단락류의 존재는 원리적으로 피할 수 없다.

Step 공기공급법은 양자의 중간형으로 *BOD* 부하를 비교적 일정하게 유지할 수 있으며 단락류도 적다.

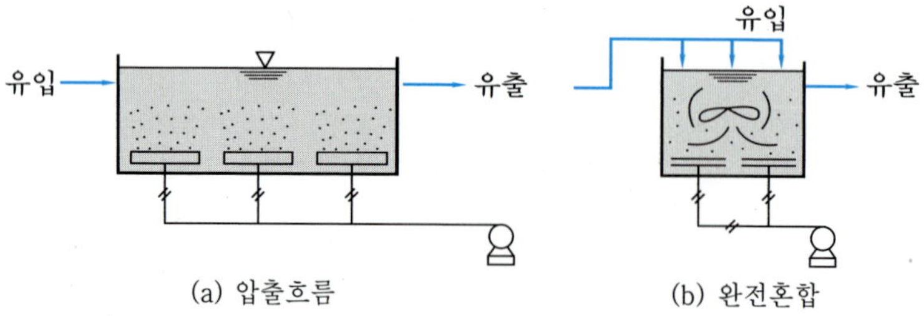

그림 5.12 공기공급조의 반응형식

(2) 공기공급방식

현재 사용되고 있는 공기공급장치는 공기흡입식과 표면 공기공급식으로 대별된다.

공기흡입식(기포식)은 산기판(floor)에서 수중에 기포를 보내는 것으로 기포가 부상하므로 수중으로의 산소이동이 행해진다. 표면공기공급식에서는 교반날개를 수면부근에서 회전시켜 대기중으로 물방울을 날려서 기체와 액체의 접촉을 행하고 교반날개의 뒷면에 부압을 일으켜 대기를 흡인한다.

표면공기공급식에서는 교반날개에 의해서 조내의 혼합이 행해지나 기포식에서는 교반이 되는 쪽이 충분하지 않기 때문에 조내에 선회류를 일으키도록 산기장치의 배치를 고안하며 기계교반을 병용하고 있다.

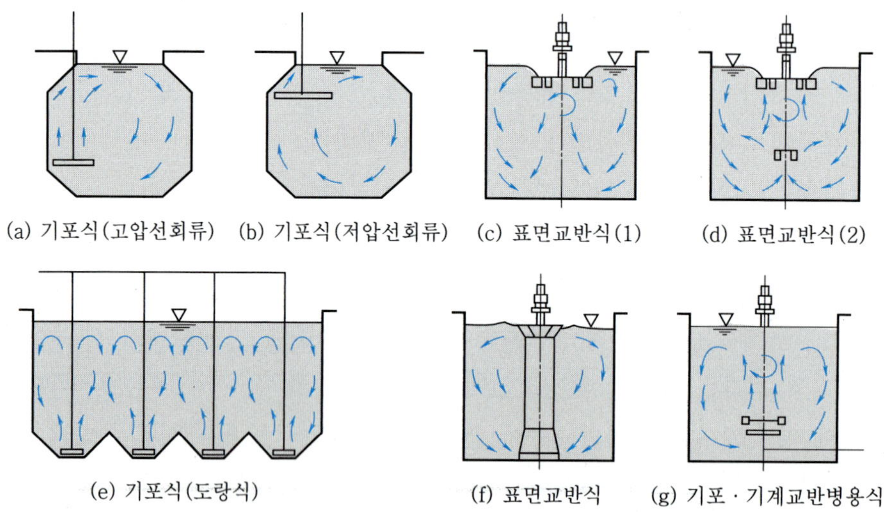

그림 5.13 각종 공기공급방식

(3) 산기장치(diffuser)

기포식 공기공급조에 사용되는 산기장치에는 각종 각양의 구조 및 재질인 것이 실용되고 있다. 공기와 물의 접촉면적을 크게 하는 데는 기포의 크기를 될 수 있는 한 미세하게 하는 것이 바람직하다. 그러나 그 때문에 산기장치의 구멍을 가늘게 하면 공기중의 티끌과 기름 혹은 하수중의 슬러지와 모래에 의해 구멍 막힘을 일으키기 쉽게 된다. 산기장치로 보면 여러 가지 고안은 이 구멍 막힘을 방지하기 위한 것이 많다.

산기장치로서 가장 많이 이용되고 있는 것은 산기판 및 산기관이다.

2) 공기공급조의 설계제원

각종 활성슬러지법의 조작조건은 표 5.5와 같으며 공기공급조의 설계는 이 표에 의해서 행할 수 있다.

단, 이 표는 통상 수질의 하수를 처리하는 경우에 대한 것이며 통상의 하수와 큰폭으로 다른 수질의 원수를 처리할 경우에는 *BOD*–*SS*부하 이외의 항목은 본 표의 수치를 이용할 수 없다. 이에 대해서는 다음 항 이하를 참고로 한다.

표 5.5 활성슬러지 변법들의 운전조건 범위(일본의 예)

조작조건 / 처리방식	BOD부하		MLSS (mg/L)	고형물 체류시간 (SRT) (day)	송기량 (하수량의 배)	공기공급 시간 (hr)	슬러지 반송 (%)
	F/M비 (kg·BOD/kg·MLVSS)	BOD 용적부하 (kg/m³·day)					
표준활성슬러지법	0.2~0.4	0.3~0.8	1,500~2,000	2~4	3~7	6~8	20~40
계단식공기공급법	0.2~0.4	0.4~1.4	1,000~1,500 (최종수로)	2~4	3~7	4~6	10~20
산소활성슬러지법	0.3~0.6	1.0~2.0	3,000~4,000	1.8~2.7		1~3	20~50
접촉안정법	0.2	0.8~1.4	2,000~8,000	4	12 이상	5 이상	50~100
장기간공기공급법	0.03~0.05	0.15~0.25	3,000~6,000	15~30	15 이상	16~24	50~150
수정식공기공급법	1.5~3.0	0.6~2.4	400~800	0.3~0.5	2~3.5	1.5~3.0	5~10
산화구법	0.03~0.05	0.1~0.2	3,000~4,000	15~30	–	24~48	50~150
고속공기공급식침전지	0.2~0.4	0.5~2.4	3,000~6,000	2~4	5~8	2~3	50~150

주) MLSS, SRT 등의 수치는 계획하수량 및 계획수질에 대응하는 것이다. 따라서 처리장의 운전개시 때처럼 계획값에 미치지 못하는 시기는꽤 낮은 조건으로 운전되고 있다. 또 유입부하량이 낮은 시기, 수온이 높은 시기에 처리수의 BOD농도가 높아지는 경우가 있다. 이것은 BOD 측정시(5일간)에 질화작용에 의해 암모니아성 질소가 질산염으로 산화되는 과정에 산소가 소비되어 이 결과 BOD값을 높이는 것이기 때문이다.
MLVSS/MLSS = 0.6~0.8

예제 5.5 부유물 농도 2,000mg/L의 혼합액을 포함한 체적 300m³의 공기공급조가 있다. 조내에 있는 혼합액 부유물은 얼마인가?

〈풀이〉

$$MLSS = \frac{2{,}000\text{mg/L} \times 300\text{m}^3}{1{,}000} = 600\text{kg}$$

5.4.4 F/M비, BOD부하, 슬러지일령

1) F/M비(Food/Micro-organism ratio)

활성슬러지법에 활용되는 미생물은 주로 세균(bacteria)이고 이외에 원생생물(protozoa), 윤충류(rotifer) 등이 있다. 특히 섬유성 미생물로서 사상균과 진균류(fungi)가 발생되는 경우도 있는데, 이때는 *MLSS*(Mixed Liquor Suspended Solids, 혼합액 부유고형물)가 침전지에서 잘 침전되지 않으므로 각별히 유의한다.

활성슬러지의 증식속도와 기질분해 속도는 미생물(*M*)과 그의 먹이인 기질(*F*)과의 양적비인 *F/M*비가 중요한 인자로 된다. 하수의 정화과정이 진행됨에 따라 *F/M*비가 변하므로 미생물의 증식속도와 기질분해속도(*BOD*분해속도)도 변화한다(그림 5.14).

*F/M*비가 크면 미생물이 분산되어 성장되고, *F/M*비가 작으면 응결물을 형성하며 성장하므로 침전으로 미생물을 분리시키기 위하여 적정한 *F/M*비를 유지한다.

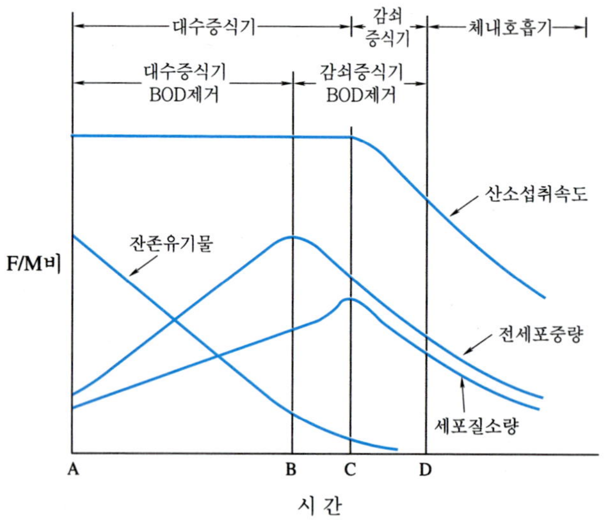

그림 5.14 BOD제거, 슬러지증식 및 산화의 모식도

• 대수증식기 : F/M비가 높을 때 즉, 정화초기의 단계로 먹이가 풍부할 때 미생물의 증식속도는 미생물의 양, 결국 활성슬러지 생물량에 비례한다.

$$\frac{dM}{dt} \propto M \tag{5.12}$$

• 감쇠증식기 : F/M비가 그리 높지 않을 때, 정화가 어느 정도 진행한 단계에 증식속도는 잔존먹이, 즉, 잔존유기물 농도에 비례한다.

$$\frac{dM}{dt} \propto F,\ \frac{-dF}{dt} \propto F \tag{5.13}$$

• 체내호흡기 : F/M비가 작을 때, 먹이가 대단히 적은 상태이므로 이미 증식은 행했으며 미생물량은 감소한다.

표준활성슬러지법과 Step공기공급법은 감쇠증식기, 하이레트법은 대수증식기, 장시간 공기공급법은 체내호흡기에서 정화법이다.

2) BOD-SS부하(슬러지부하, sludge loading)

폭기조 설계와 운전에 가장 중요한 요소이자 지표로서 기질의 양(F)의 대표값으로서 제거(또는 유입) BOD_5를 미생물량(M)의 대표값으로서 혼합액중의 부유물농도 $MLSS$로 나눈 것을 $BOD-SS$부하 혹은 슬러지부하라 하며 $kg \cdot BOD_5$ $/kg \cdot MLSS \cdot day$의 단위로 표시한다. 특히 엄밀한 토론을 할 경우에는 F로서 용해성 BOD_5를 M로서 휘발성 부유물질량 VSS를 취하는 경우도 있다.

$BOD-SS$부하는 다음 식으로 계산한다.

$$L_s = \frac{QS}{MV} \tag{5.14}$$

여기서, L_s : $BOD-SS$부하(kg·BOD/kg·$MLSS$·day)

S : 유입하수의 평균 BOD_5(mg/L)

M : 공기공급조중의 혼합액의 평균부유물농도 MLSS(mg/L)

V : 공기공급조용적(m^3) Q : 유입하수량(m^3/day)

3) BOD 용적부하

활성슬러지법의 설계나 유지관리의 기본적인 지표로 이용되며 공기공급조 단위용적당 제거되는(혹은 유입하는) BOD량을 나타내는 것으로 다음 식으로 계산한다.

$$L_v = \frac{SQ}{V} \times 10^{-3} \tag{5.15}$$

단, L_v : BOD용적부하(kg · BOD/m^3 · day)
S : 유입하수의 평균 BOD_5(mg/L)　　V : 공기공급조용적(m^3)
Q : 유입하수량(m^3/day)

$BOD-SS$부하와 BOD용적부하를 총칭해서 BOD부하라 한다.

4) 슬러지일령(sludge age)

슬러지일령은 유입부유물이 공기공급되는 평균시간이다. 슬러지령이라고도 하며 다음 식으로 표시한다.

$$A_s = \frac{MV}{M_i Q} \tag{5.16}$$

여기서, A_s : 슬러지일령(day)　　M_i : 유입수의 부유물농도(mg/L)
M : 공기공급조중의 혼합액의 평균부유물농도 MLSS(mg/L)
V : 공기공급조용적(m^3)　　Q : 유입하수량(m^3/day)

5) SRT(solids retention time)

고형물 체류시간 SRT는 침전지를 포함한 활성슬러지 처리공정계내의 전 활성슬러지량이 계외로 나가는데 까지의 평균체류일수를 나타내는 지표로 다음 식으로 표시한다.

$$SRT = \frac{MV + M_r V_c + M_r V_r}{M_r Q_e + M_f Q} \tag{5.17}$$

여기서, M_r : 반송슬러지의 평균 SS농도(mg/L)
M_f : 최종침전지 유출수 SS농도(mg/L)
V_c : 최종침전지내 활성슬러지 체적(m^3)
V_r : 반송슬러지계 체적(m^3)　　Q_e : 잉여슬러지량(m^3/day)
M : 공기공급조중의 혼합액의 평균부유물농도 MLSS(mg/L)
V : 공기공급조용적(m^3)　　Q : 유입하수량(m^3/day)

이상에서와 같이 *SRT*는 활성슬러지가 공기공급조내에서 체류하는 시간 즉, 활성슬러지를 구성하는 미생물이 증식하고 floc을 형성하는 시간을 나타낸 것이다. 따라서 활성슬러지의 정화기능에 크게 관련된 미생물의 비증식 속도를 고려하여 *SRT*를 관리할 필요가 있고, 표준활성슬러지법의 경우에서는 대개 5~10일이다.

또 질화균은 유기물을 제거하는 세균에 비해 비증식 속도가 작기 때문에 SRT를 크게 하여야 질화가 진행한다.

고형물질 체류시간의 선택은 처리수의 수질과 관계가 되는데 긴 고형물질 체류시간은 공기공급조내의 혼합액부유물(*MLSS*)의 농도를 증가시키며 동시에 고도처리가 가능하고 폐슬러지의 생산량은 감소된다. 그림 5.15는 활성슬러지에 있어서 용해성 *BOD*를 약 96% 제거시켰을 때에 온도에 따르는 소요 고형물질 체류시간을 나타내고 있는데 운전온도가 내려갈수록 소요 고형물질 체류시간은 길어야 됨을 알 수 있다.

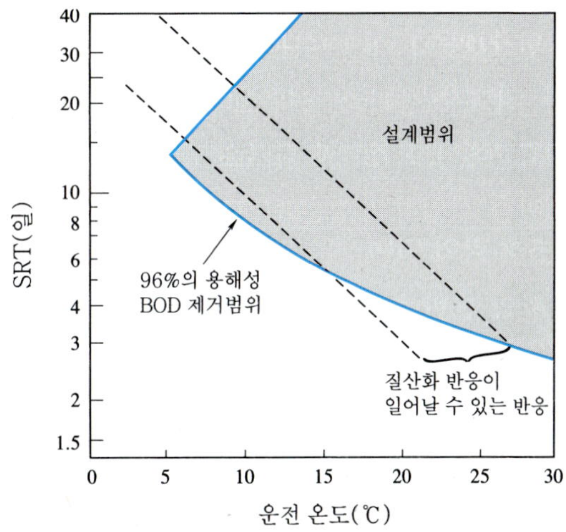

그림 5.15 온도에 따른 고형물 체류시간(SRT)의 설계기준

예제 5.6 활성슬러지법의 BOD-SS부하를 0.3kg·BOD/kg·SS·day, 공기공급조의 MLSS를 2,500mg/L, 유입 BOD 225mg/L로 한 경우 공기공급조의 체류시간을 얼마로 하면 좋은가? 그리고, 체류시간과 BOD-SS부하를 동일하게 할 때, BOD가 315mg/L인 하수를 처리하려면, MLSS는 얼마로 되는가? 또 이들의 경우, 각각의 BOD 용적부하를 계산하시오.

〈풀이〉

유입 *BOD* : 225mg/L, *MLSS* 농도 : 2,500mg/L

*BOD-SS*부하 0.3kg·*BOD*/kg·SS·day

$$T = \frac{V\times 24}{Q}$$

$$V = \frac{Q\text{m}^3/\text{day} \times \text{유입 } BOD \text{ mg/L}}{BOD\text{-}SS \text{ 부하} \times MLSS \text{ 농도 mg/L}}$$

계획 1일 최대오수량을 5,000m³/day로 가정하면

$$V = \frac{5{,}000\text{m}^3/\text{day} \times 225\text{mg/L}}{0.3 \cdot BOD/\text{kg} \cdot \text{SS} \cdot \text{day} \times 2{,}500\text{mg/L}} = \frac{1{,}125{,}000}{750} = 1{,}500\text{m}^3$$

① $T = \dfrac{V \times 24}{Q}$에서

체류시간 $T = \dfrac{1{,}500 \times 24}{5{,}000} = \dfrac{36{,}000}{5{,}000} = 7.2\text{hr}$

② $T = 7.2\text{hr}$, $BOD-SS$부하$=0.3\text{kg} \cdot \text{SS} \cdot \text{day}$, 유입 BOD 315mg/L

$$V = \frac{Q \times \text{유입 } BOD}{BOD-SS \times MLSS} \rightarrow MLSS = \frac{Q \times \text{유입 } BOD}{BOD-SS \times V}$$

$$MLSS = \frac{5{,}000 \times 315}{0.3 \times 1{,}500} = \frac{1{,}575{,}000}{450} = 3{,}500\text{mg/L}$$

③ 유입 BOD225mg/L일 때, BOD용적부하는

$$Lv = \frac{Q \times \text{유입 } BOD \times 10^{-3}}{V} = \frac{5{,}000 \times 225 \times 10^{-3}}{1{,}500} = \frac{1{,}125}{1{,}500} = 0.75\text{kg/m}^3 \cdot \text{day}$$

유입 BOD315mg/L일 때, BOD용적부하는

$$Lv = \frac{5{,}000 \times 315 \times 10^{-3}}{1{,}500} = 1.05\text{kg/m}^3 \cdot \text{day}$$

예제 5.7 다음과 같은 조건에서 오수를 처리한 경우 처리수의 BOD, 부유물질 및 발생슬러지량을 구하시오.

〈조건〉

처리오수량 : 30,000m³/day

오수수질 : BOD 160mg/L, 부유물질 150mg/L

제거율 : BOD 95%, 부유물질 90%

슬러지농도 : 20kg/m³(약 2%)

〈풀이〉

처리수 $BOD = 160 \times (1-0.95) = 8\text{mg/L}$

처리수 $SS = 150 \times (1-0.90) = 15\text{mg/L}$

슬러지건조물량 $= 150 \times 0.9 \times 30{,}000 = 4.05 \times 10^6\text{g/day}$

습한슬러지량 $= \dfrac{4.05 \times 10^3\text{kg/day}}{20\text{kg/m}^3} = 203\text{m}^3\text{/day}$

처리장에서의 발생슬러지량은 편의적으로 위와 같이 계산하고 있다. 그러나 공기공급조에서 *BOD* 성분이 부유물질로 변화하고 또 유기성의 부유물질은 용해성 물질로 변화하므로 정확하게는 이것을 고려하지 않으면 안 된다.

예제 5.8 유입하수의 BOD_5가 180mg/L, SS가 220mg/L, 슬러지반송비 25%, 슬러지농도 8kg/m³(0.8%), 공기공급조 체류시간 8hr일 때 표준공기공급조의 혼합액 부유물 농도, BOD-SS부하 및 슬러지일령을 구하라.

〈풀이〉

유입하수량을 $Q\text{m}^3\text{/day}$로 하면

공기공급조로의 유입 SS량 $= 220Q + 0.25Q \times 8{,}000(\text{g/day}) = 2{,}220Q$

$$\therefore MLSS = \frac{2{,}220Q}{1.25Q} = 1{,}776(\text{mg/L})$$

$$BOD-SS \text{ 부하} = \frac{180 \times 24}{1{,}776 \times 8} = 0.30\text{kg/kg} \cdot MLSS \cdot \text{day}$$

$$\text{슬러지일령} = \frac{1{,}760 \times 8}{220 \times 24} = 2.69\text{/day}$$

예제 5.9 유입하수의 BOD_5와 SS가 180mg/L, 공기공급조의 체류시간 6hr, 공기공급조내 혼합액의 평균 MLSS가 2,000mg/L일 때 이 공기공급조의 BOD-SS부하, BOD용적부하 및 슬러지일령을 구하라.

〈풀이〉

$V/Q = 6\text{hr}$이므로

$$BOD\text{-}SS \text{ 부하} = \frac{SQ}{MV} = \frac{180}{2{,}000 \times 6}$$
$$= 0.015\text{mg/mg·ss·hr}$$
$$= 0.36\text{kg/kg·ss·day}$$

$$BOD \text{ 용적부하} = \text{S}\cdot\frac{Q}{V} = \frac{180}{6} = 30\text{g/m}^3\text{/hr} = 0.72\text{kg/m}^3\cdot\text{day}$$

$$\text{슬러지일령} = \frac{MV}{MiQ} = \frac{2{,}000 \times 6}{180} = 66.7\text{hr} = 2.78\text{day}$$

5.4.5 슬러지지표

슬러지지표는 활성슬러지의 침강특성을 나타내는 것으로서 2차침전지에서 슬러지분리의 양부를 검사하는 지표로서 중요하다. 일반적으로 이용하는 슬러지지표는 슬러지용량지표(Sludge Volume Index, *SVI*)와 슬러지밀도지표(Sludge Density Index, *SDI*)가 있으며 전자가 사용되는 것이 많다.

*SVI*도 *SDI*도 공기공급조내 혼합액을 메스실린더에 30분간 정치하여 슬러지와 상등액과의 계면높이로부터 슬러지의 용량을 구하며 이것과 슬러지질량과의 비는 변화하지 않는다. 다르게 되는 경우는 *SVI*가 1g의 활성슬러지 부유물이 점하는 용량을 mL수로 표시하는(mL/g) 것에 대해 *SDI*는 슬러지량 100mL중에 포함된 활성슬러지 부유물질량을 g수로 표시한 것(g/100mL)이다. 양자 사이에는 *SVI*=100/*SDI*의 관계가 있다.

$$SVI = \frac{\text{30분간 침강된 슬러지 부피(mL/L)}}{MLSS\text{ 농도(mg/L)}} \times 1{,}000\text{(mg/g)} \qquad (5.18)$$

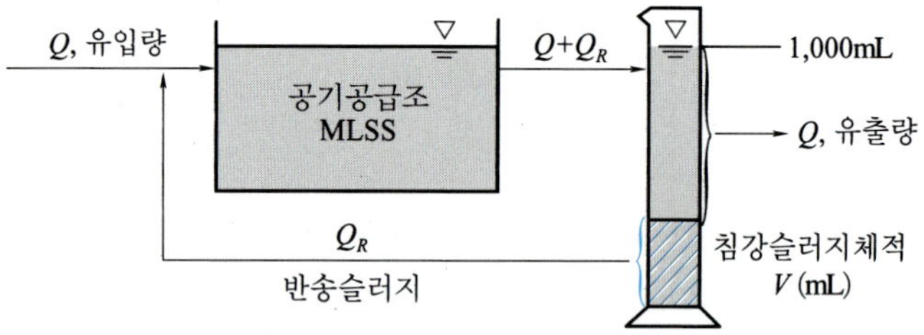

그림 5.16 SVI시험으로부터 침강된 슬러지체적과 공기공급조과정에서 활성슬러지의 필요한 반송량 사이의 가설관계

*SVI*는 그림 5.16에서 묘사한 것 같이 반송슬러지의 양과 고체농도를 관련하여 가설화할 수 있다. 아래 수학적 관계에서 처리계의 최종정화는 *SVI*시험에 이용된 눈금실린더와 동일

하게 반응한다고 가정한다. 이 가정은 고효율계에서 실제정화와 실험실 용기에서 측정한 사이의 슬러지 침전성 편차를 고려해야 하는 한편 관례적인 과정과 장기간 공기공급에 관하여 정당하게 생각된다. 반송슬러지량은 식 5.20의 관계에 의해 침강슬러지체적이 중요하다. 이들 비율은 반송슬러지량이 침강슬러지체적과 정화체적에 관계하는 유입량으로써 그림 5.16의 표시에 의해 얻어진다. 이는 슬러지 재순환이 정확하게 필요한 비율이라는 가정이다. 더 큰 반송량은 오수정화에 불필요하며 작은 양은 정화에서 고체의 침강과 유출과정에서 손실이 일어날 수 있다는 결과를 허용한다. 반송활성슬러지의 이론적 필요량은 침강슬러지 체적을 기초로 계산할 수 있고, 반송슬러지의 *SS*농도는 *SVI*로부터 계산할 수 있다. 이 식은 보통 반송슬러지 선상에서 저하시키는 초과 활성슬러지의 고체농도를 결정하는데 유용하다.

$$\frac{Q_R}{Q+Q_R} = \frac{V}{1{,}000} \tag{5.19}$$

$$Q_R = \frac{V \times Q}{1{,}000 - V} \tag{5.20}$$

여기서, Q_R : 반송활성슬러지량(m^3/day), Q : 공기공급조에서 평균하수량(m^3/day)
V : 1L실린더에 침강된 물질의 체적(mL/L), 1,000 : (mL/L)

재순환 활성슬러지에서 $SS = \dfrac{1{,}000{,}000}{SVI}$

일반적으로 *SVI*는 100mL/g 이하로 하는 것이 운전관리상 좋으며 400mL/g 이상으로 되면 슬러지반송의 점에서 활성슬러지공정은 실질적으로 성립하지 않는다.

*SVI*의 증대(*SDI*의 감소)는 소위 팽화(bulking)라 부르는 현상으로 최종침전지에서 슬러지의 침강특성이 현저히 악화하여 정상적인 활성슬러지가 불가능하다. 일반적으로 팽화를 일으키는 슬러지는 사상균의 증가가 현저하다. 사상균은 생물 floc의 응집을 방해하기 때문에 슬러지의 침강성이 나쁘게 되는 것이다.

팽화의 유발인자는 과대한 *BOD*부하, *MLDO*(혼합액의 용존산소)의 과소, 수온과 *pH*의 이상, 공장폐수 등 유해물질의 혼입을 들 수 있다.

팽화의 제어방법은 염소와 과산화수소를 적량 첨가하여 사상세균을 살균하며 황산암모늄 등의 응집제를 첨가하여 슬러지의 침강성을 높이고 반송슬러지에 소화슬러지와 소각탄을 혼합하여 활성슬러지의 침강속도를 크게 하는 등의 대중요법이 있다. 팽화의 억제와 예방보다 중요한 것은 *BOD*부하와 *MLDO*를 적절히 유지하는 것이다.

팽화와의 관계가 비교적 정리되어 있는 인자는 $BOD-SS$부하이다. 일반도시 하수를 활성 슬러지법으로 처리한 경우 $BOD-SS$부하가 1kg·BOD/kg·$MLSS$·day 부근에서 슬러지의 침강성이 가장 나쁘게 되므로 이 조건을 피해서 각종 방식이 채용되고 있다. 즉, 표준법에서는 0.2~0.4, 파이로트법에서는 1.5~3.0, 장시간 공기공급법에서는 0.03~0.05kg·BOD/kg·$MLSS$·day인 슬러지부하를 갖는다.

예제 5.10 MLSS 2,000mg/L의 공기공급조 혼합액을 메스실린더에 정확히 1,000mL취해 30분간 정치한 경우 계면위치의 독취가 320mg/L이었다. 이 슬러지의 SVI 및 SDI는 얼마인가?

〈풀이〉

$$SVI = \frac{320}{1,000} \cdot \frac{10^6}{2,000} = 160\text{mL/g}$$

$$SDI = \frac{1,000}{320} \cdot \frac{2,000}{10^4} = 0.625\text{g/100mL} \text{ 또는 } SDI = \frac{100}{SVI} = \frac{100}{160} = 0.625$$

예제 5.11 계단식 공기공급계의 조에서 혼합용액의 SS농도는 2,400mg/L이고 1L농축실린더에서 침전 후 슬러지체적은 220mL이다. SVI를 계산하라. 또 필요한 반송슬러지비와 반송슬러지에서 SS농도는 얼마인가?

〈풀이〉

$$SVI = \frac{V \times 1,000}{MLSS} = \frac{220 \times 1,000}{2,400} = 92\text{mL/g}$$

$$\frac{Q_R}{Q} = \frac{V}{1,000-V} = \frac{220}{1,000-220} = 0.28 \text{ or } 28\%$$

$$SS = \frac{1,000,000}{SVI} = \frac{1,000,000}{92} = 11,000\text{mg/L} = 1.1\%$$

5.4.6 슬러지반송량

유입한 하수에 정화미생물을 교배하여 혼합액 부유물질농도 $MLSS$를 유지하기 위해서 2차침전지에서 침전한 슬러지를 공기공급조로 반송할 필요가 있다.

잉여 슬러지로서 배출되는 양을 무시하면 2차 침전지에서 물질수지로부터 다음식이 얻어진다.

$$(Q+Q_R)M \square Q_R M_R + Q M_F$$

여기서, Q : 하수 유입량(mg/d) Q_R : 슬러지 반송량(mg/d)

M : $MLSS$(mg/L) M_R : 반송 슬러지 농도(mg/L)

M_F: 2차 침전지 유출수 농도(mg/L)

$$\therefore \frac{Q_R}{Q} = \frac{M-M_F}{M_R-M}$$

유출수 뷰유물농도 M_F가 $MLSS\ M$에 비해 작기 때문에

$$\frac{Q_R}{Q} \fallingdotseq \frac{M}{M_R-M} = \frac{1}{(M_R/M)-1}$$

반송 슬러지 부유물농도가 메스실린더내의 30분 정치 시험에서 얻어진 것과 거의 같다고 하면 $M_R \fallingdotseq 10^6/SVI$이므로

슬러지반송량은 $MLSS$ 및 SVI에 따라 변하며 다음과 같이 나타낸다.

$$R \fallingdotseq \frac{1}{\dfrac{10^6}{M \cdot SVI} - 1} \tag{5.21}$$

여기서, R : 슬러지 반송비, Q_R/Q

M : $MLSS$(mg/L) Q_R : 슬러지 반송량(m^3/d)

Q : 하수 유입량(m^3/d)

슬러지 침강률(SV%)에서 반송률(r%)을 추산하는 방법은 다음과 같다.

$$r(\%) \fallingdotseq \frac{100 \times SV}{100 - SV}$$

예제 5.12 MLSS 2,000mg/L, SVI 80mL/g일 때 슬러지 반송비를 구하시오. 또 SVI가 400mL/g일 때는 얼마인가?

〈풀이〉

SVI = 80일 때 $R_{80} = \dfrac{1}{10^6/(2{,}000 \times 80) - 1} = 0.19 = 19\%$

SVI = 400일 때 $R_{400} = \dfrac{1}{10^6/(2{,}000 \times 400) - 1} = 4.0 = 400\%$

위에서와 같이 SVI가 크게 되면 필요한 슬러지 반송량이 대단히 커진다.

예제 5.13 다음 문제에 답하시오.

1) 슬러지 반송비 R = 20%, MLSS 1,500mg/L일 때의 반송슬러지량 C_R은 얼마나 되는가?

2) MLSS 2,000mg/L, 반송슬러지의 부유물농도 C_R = 7,500mg/L일 때의 반송슬러지비 R은 얼마나 되는가? 단, 2차침전지에는 슬러지의 축적이 없는 것으로 한다.

〈풀이〉

① 2차침전지의 유입, 유출 *SS*에 물질수지식을 세우면,

$$(Q+Q_R)C_A=Q_RC_R+QC_0$$

따라서, $Q_R/Q=(C_A-C_0)/(C_R-C_A) \fallingdotseq C_A/(C_R-C_A)=0.2$

주어진 조건을 대입하면,

$1,500/(C_R-1,500)=0.2$

$\therefore\ C_R=9,000\text{mg/L}$

② $Q_R/Q=C_A/(C_R-C_A)=2,000/(7,500-2,000)=0.36=36\%$

예제 5.14 어떤 도시의 하수는 유량 36,000m³/day, BOD는 200mg/L, SS는 380mg/L이다. 1차 침전지에 BOD 및 SS제거율이 30%이고, 공기공급조의 용량 9,000m³, MLSS 2,500mg/L일 때,

1) BOD-SS부하와 BOD 용적부하를 구하시오?

2) 슬러지 반송률이 25%라고 하면, 반송슬러지 농도는 얼마인가?

〈풀이〉

① 1차 침전지 유출수의 *BOD*는, $C_S=200(1-0.3)=140\text{mg/L}$

$$BOD-SS\text{부하}=\frac{Q\cdot C_S}{C_A\cdot V}=\frac{36,000\times140\times10^{-3}}{2,500\times9,000}$$

$$=0.224BOD\cdot\text{kg}/SS\cdot\text{kg}\cdot\text{day}$$

$$BOD\text{용적부하}=\frac{Q\cdot C_S}{V}=\frac{36,000\times140\times10^{-3}}{9,000}$$

$$=0.56BOD\cdot\text{kg/m}^3\cdot\text{day}$$

② $C_S=380(1-0.3)=266\text{mg/L}$

$$\frac{Q_R}{Q}=\frac{C_A-C_S}{C_R-C_A}=\frac{2,500-266}{C_R-2,500}=0.25$$

$0.25(C_R-2,500)=2,500-266$

$\therefore C_R=11,436\text{mg/L}$

5.4.7 잉여슬러지 발생량

잉여슬러지의 발생량을 아는 것은 침전지와 슬러지 처리설비를 설계, 관리하는데 중요하다. 잉여슬러지량은 다음과 같이 간단히 표시하는 것이 많다.

$$W = Q(M_i - M_F) \times 10^{-3} = QM_i\eta_c \times 10^{-3} \qquad (5.22)$$

여기서, W : 잉여슬러지량(kg/day) Q : 처리수량(m^3/day)

η_c : 부유물질제거율 M_i : 유입 SS농도(mg/L)

M_F : 최종침전지에서 유출하는 SS농도(mg/L)

그러나 활성슬러지공정에서 발생하는 슬러지에는 유입하수중의 부유물질에 의한 것과 유기물에서 전환한 균체에 의한 것이 있으며 정확히는 이것을 고려하지 않으면 안 된다.

우선 공기공급조에 유입한 무기성 *SS*는 그대로 공기공급조 출구까지 *SS*로서 존재한다고 생각하면 좋다. 유기성 *SS*는 공기공급조내에서 일단 용해성 *BOD*로 된 후 본래인 용해성 *BOD*와 더불어 균체(*SS*)로 변화된다. 더욱이 공기공급조에서는 내생호흡에 의해서 *MLSS* 농도에 비례하여 균체의 감소를 일으킨다.

이상을 정리하면 공기공급조 출구의 *SS*농도는 다음과 같다.

$$M_{i0} + a\Delta S - bMV/Q \qquad (5.23)$$

그러므로 잉여슬러지량 W는 다음과 같이 된다.

$$W = Q(M_{i0} + a\Delta S - bM_t - M_F) \times 10^{-3} \qquad (5.24)$$

$$= Q(M_{i0} + a\eta_A S_i - bM_t - M_F) \times 10^{-3}$$

여기서, M_{i0} : 유입수 중의 무기성 SS(mg/L) M : 공기공급조내 평균 *MLSS*(mg/L)

V : 공기공급조 용적(m^3) ΔS : 제거 *BOD*(mg/L)

S_i : 유입 *BOD*(mg/L) η_A : 공기공급조에서 *BOD*제거율

a : 제거 *BOD*의 슬러지전환율 0.5~0.8

b : 자기산화율 0.1~0.7(day^{-1}) t : 공기공급조 체류시간(hr)

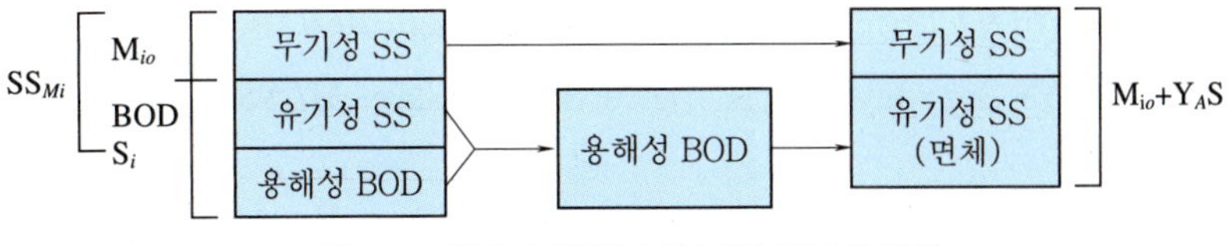

그림 5.17 생물처리공정에서 SS와 BOD의 변화

예제 5.15 유입하수량 50,000m³/day, BOD 180mg/L, SS 200mg/L, 공기공급조 체류시간 8hr, MLSS 2,000mg/L, BOD 및 SS 제거율이 95%라면 하수처리장에서 발생하는 잉여슬러지를 계산하시오. 또 슬러지 SVI를 100mL/g로 하면 잉여슬러지의 체적은 어느 정도 되나? 단, 유입 SS 중 50%는 유기성이라고 한다.

〈풀이〉

① 간편법

$W=50,000\times200\times0.95\times10^{-3}=9,500\text{kg/day}$

잉여슬러지 농도가 30분 침강농도와 거의 같다고 하면

잉여슬러지체적 $= 9,500\text{kg/day}\times100\text{mL/g}$

$= 950\times10^{3}\text{L/day}=950\text{m}^{3}\text{/day}$

② 균체 증식을 고려하는 경우

$a=0.6,\ b=0.05$로 계산하면

$W=50,000(200\times0.5+0.6\times0.95\times180-0.05\times2,000\times\frac{8}{24}-200\times0.05)\times10^{-3}$

$=7,965\text{kg/day}$

잉여슬러지 체적 $= 7,965\times100\times10^{-3}=797\text{m}^{3}\text{/day}$

5.4.8 소요공기량

1) 소요산소량

활성슬러지 생물의 증식과 생명유지를 위해서 필요한 산소량은 일반적으로 다음 식과 같이 표시한다.

$$u=a'L+b'Z \tag{5.25}$$

여기서, u : 소요산소량(kg/day)

L : 제거 BOD량$=S_i\eta_A Q\times10^{-3}$(kg/day)

Z : 공기공급조내 혼합액 부유물질량$= MV\times10^{-3}$(kg)

a': 제거 BOD 1kg당 필요 산소량(kg$-O_2$/kg$-BOD$)

b' : $MLSS$ 1kg · day당 필요 산소량(kg$-O_2$/kg$-MLSS$ · day)

공기공급장치를 설치할 때에는 $a'=0.5,\ b'=0.1$의 값을 사용한다. 또 공기공급조내 소화를 일으킬 경우에는 암모니아성 질소를 황산성질소로 변환하기 위해서 산소량 4.6N을 식 (5.25)에 부가해야 한다. 단, N은 암모니아성 질소량(kg/day)이다.

2) 산소이동속도

전항에서 설명한 산소량을 공기공급조내의 액체에 공급하기 위해서는 기체상에서 액체상으로의 산소이동속도를 알 필요가 있다. 산소가 이동할 때의 저항은 액측의 경막에 의한 것이 크므로 산소이동속도는 다음 식으로 표시한다.

$$u=D_L A\frac{C_s-C}{\delta}=K_L A(C_s-C) \tag{5.26}$$

여기서, u : 산소이동속도(kg/hr)
D_L : 분자확산계수(m^2/hr)
A : 기체와 액체 접촉면적(m^2)
C_s : 액중의 산소포화농도(kg/m^3)
C : 액중의 산소농도(kg/m^3)
δ : 액경막의 두께(m)
K_L : 총괄물질 이동계수(m/hr)

윗 식의 A는 공기공급조 전체에서의 기체와 액체의 접촉면적(기포흡입식에서는 공기공급조내의 기포 총표면적)이므로 단위체적당 기체와 액체접촉면적을 a, 공기공급조용적을 V라 하면 식 (5.26)은 다음과 같이 쓸 수 있다.

$$u=K_L aV(C_s-C) \tag{5.27}$$

A와 a를 직접 측정하는 것은 곤란하므로 통상 K_La를 총괄산소 이동용량계수라 부르며 일괄로 취급한다.

K_La값은 온도에 따라서 변화하며 20℃일 때의 값을 K_La_{20}으로 하면 다음 식이 성립한다.

$$K_La=K_La_{20}\theta^{T-20} \tag{5.28}$$

온도계수 θ는 1.016~1.047의 범위에서 변화한다. 통상은 θ =1.024의 값을 이용한다. 일반적으로 배수의 총괄산소 이동용량계수 K_La'는 청수의 K_La와 다르며

$$K_L a' = \alpha K_L a \tag{5.29}$$

보통의 하수에서는 $\alpha = 0.85$정도로 하면 좋다. 또 산소포화농도 c_s값도 배수의 종류와 농도에 따라서 다르며 일반적으로 배수의 산소포화농도 c_s'는 다음과 같이 표현한다.

$$c_s' = \beta c_s \tag{5.30}$$

단, c_s는 청수의 산소포화농도이다. 통상의 하수와 많은 배수에서 $\beta = 0.95$값을 사용한다.
상술한 것을 정리하면 산소이동속도는 다음 식과 같이 쓴다.

$$u = \alpha K_L a V(\beta c_s - c) 1.024^{T-20} \tag{5.31}$$

기포식 공기공급장치에서는 산기의 수심이 크면 산소분압이 크므로 산소포화농도도 크게 된다. c_s와 산기심도와의 관계는 다음 식으로 나타낸다.

$$c_s = \frac{c_w}{2}\left(\frac{p}{1.033} + \frac{o}{21}\right) \tag{5.32}$$

여기서, c_w : 1기압에서 포화 용존산소량(kg/m^3)
p : 산기장치에서의 기압(kg$_f$/cm^2)
o : 출구가스의 산소분압(%)

공기 중의 산소가스의 용적조성비는 21%이므로 $o=21$로 한다.

3) 필요 송기량

공기를 불어서 공기공급을 행하는 경우 송기산소량의 전체가 액체에 흡수되지는 않는다. 송기산소량에 대한 흡수산소량의 비를 산소흡수효율이라 한다. 산소흡수율은 산기장치의 종류, 수심, 공기량 등에 따라서 다르다. 통상은 10% 내외의 값을 취하는 것이 많다.

산소흡수효율과 공기 중 산소의 질량 조성비가 23%인 것을 생각하면 공기공급조에 보내야 할 공기량은 다음과 같이 나타낸다.

$$Q_a = \frac{u}{0.23\eta_D \rho} \tag{5.33}$$

여기서, Q_a : 송기량(Nm^3/hr)
η_D : 산소흡수효율

ρ : 공기의 밀도 1.29(kg/Nm^3) u : 소요산소량(kg/hr)

4) 산소이동의 동력효율

산소이동속도를 소요동력으로 나눈 값을 산소이동의 동력효율이라 한다. 동력효율은

$$\eta_p = \frac{u}{L} \tag{5.34}$$

여기서, η_p : 산소이동의 동력효율(kg-O_2/KW·hr)

L : 소요동력(KW)

5.4.9 정상운전을 위한 관리조건

1) pH

최적 pH는 6~8 정도이며, 과부하시는 약알칼리로 상승하여 부하가 감소되면 약산성이 된다.

2) 온도

활성슬러지의 활성도는 크게 영향 받는데 최적온도는 20~30℃이지만 일반적으로 12~35℃로 유지하면 된다.

3) 용존산소(DO)

DO는 1~2mg/L 범위이나 최소한 0.5mg/L 이상으로 유지해야 한다.

4) 공기공급량

과공기공급시는 DO가 증가해 유기물이 미생물에 흡착되는데 이때 흡착보다 먼저 산화되어 floc의 압밀성이 나빠지며, 부족시는 유기물에 미생물의 흡착에 비해 산화가 느려 floc이 가벼워져 침전성이 나쁘다.

5) 무기영양분

활성슬러지(미생물)가 신진대사를 하는데 일반적인 영양조건은 BOD:N:P=100:5~15:1 정도가 좋다.

6) MLSS(혼합액상부유고형물 : mixed liquid suspended solid)

공기공급조 내의 혼합 폐수중 액상인 활성슬러지를 말하여, 적당한 *MLSS*를 유지하기 위해서는 반송슬러지와 잉여슬러지의 양을 조절해야 한다.

7) 슬러지의 색깔

원폐수중에 착색물질이 없다면 대개 적색 및 황색을 띤 적갈색(일명 초콜릿색)이다. 만일 흑갈색을 띠고 악취를 풍기면 혐기성 상태가 되어 활성도가 저하되고 침강성도 악화되며, 백색을 띠면 사상균이 발생된 것이다.

그러나 공기공급조 내의 폐수는 대체로 맑은 갈색으로 공기공급 되는 부분에서 흰 거품이 생겨 반대방향으로 밀리면서 혼합되는 순간에 거품이 소멸되어야 한다.

5.4.10 하수처리장의 운전시 문제점

1) 슬러지 팽화현상(sludge bulking)

(1) 식별

*SVI*가 200 이상으로 운전할 때, 사상균이 많이 관찰될 때, 유기물이 과부하 될 때, 폐수가 부패될 때, 폐수중 유기성분이 함유될 때와 독성물질이나 합성세제가 혼입될 때, 원수와 수질이 급격히 변화될 때, 영양원 중 *N*, *P*의 균형이 맞지 않을 때, *DO*가 부족하고 MLSS의 농도가 높을 때, 염소 농도가 급격히 변동될 때, 계절에 따른 수온변화와 무기물 농도가 소량 혼입될 경우이다.

(2) 원인

잘못 설계된 침전조에서 사상미생물의 과도한 번식이 주원인으로 fungi, sphae - rotilusnatans, thiothrix, nocadia 등이 출현하여 실 모양으로 분열해 쉽게 침강하지 않는다.

이러한 현상은 특히 운전미숙에 의해서 발생될 수 있으니 운전자는 공기공급조내 *MLSS*농도를 2,000~3,000mg/L 로 유지하고 *F/M*비를 0.3 이하로 균형을 맞추어 반송슬러지의 반송률을 20~30%로 유지하고 *DO*농도를 높여야 한다. 또한 활성슬러지는 반드시 재공기공급 한 후 공급시키며 계절에 따른 수온변동을 적게 하고 유기성 폐수로서 무기성 농도가 적을 때는 요소, 유안, 종균제를 투입해야 한다.

(3) 대책

BOD부하를 반감시키고 공기공급조의 체류시간을 증대시키며 염소를 희석수에 살수하거나 활성슬러지의 중량개량제(소화슬러지, 규조토, 석회석)를 투입하여 SVI를 200 이하로 낮추어 공기공급조의 표면부하를 적게 해야 한다.

2) 슬러지 부상현상(sludge rising)

(1) 식별

침전은 잘되나 침전 3~4시간 후 활성슬러지가 과도하게 탈질산화가 이루어져 N_2, CO_2 가스로 인하여 슬러지 표면에 부착해 부상함으로써 수면에 뜬 흑색, 담갈색의 슬러지 덩어리가 생긴다.

(2) 원인

SVI가 높고 잉여 슬러지의 인출량이 부족하거나 고착성 섬모충류가 발생 및 지방 함유한 부패성균의 침전조의 수면적 부하가 높고 침전슬러지량이 많을 경우이다.

(3) 대책

침전조의 유효수심을 낮추고 일시적으로 공기공급조의 통기량을 줄이며 반송슬러지량을 증가시키거나 1년에 1~2회 침전조를 청소해야 한다.

3) 플록 해체현상(floc disintegration)

(1) 식별

슬러지 중 폐수를 처리할 세균이 사멸되고 해체되어 조그만 조각으로 되어 떠오르며, 부패균의 급격한 증식으로 침전조 상등액의 *pH*가 약산성으로 떨어지고 반응이 정지되어 폐수의 *BOD* 등이 그대로 통과하여 효율이 떨어진다.

(2) 원인

유해물질이 유입되거나 *BOD* 부하의 *F/M*비가 0.1 이하로 과소하거나 0.4 이상으로 과대해 생물밀도가 과다 및 과소로 되며, *MLVSS*농도가 낮거나 통기량의 과잉과 *NaCl*농도가 높고 *ABS*인 합성세제가 유입될 경우이다. 특히 이때는 아메바, 소형 편모충류 등인 특수 원생동물이 이상증식한다.

(3) 대책

공기공급조 내의 통기량을 감소시키고 과소 *BOD* 부하시는 유입폐수량을 증가시키고 식종(seeding)을 해야 한다.

4) 활성슬러지가 미숙될 경우

(1) 식별

현미경으로 관찰하면 활성슬러지의 수가 적고 침전조의 상등액이 혼탁하며, 유영성(swimming) 소형 편모충류의 발견이 많아진다.

(2) 원인

유입폐수의 조성과 농도의 변동 폭이 커서 충격부하(shock load)가 됨에 따라서 활성슬러지가 안정되지 못하거나 무기영양원이 부족 및 공기공급조의 유효용량이 부족하거나 *pH*가 6.5~8.5로 조절되지 않았거나 합성세제가 유입되었을 때이다.

(3) 대책

폐수를 균등화하여 충격부하를 줄이고 무기영양분이 균일하도록 투입시켜야 하며 유효용량을 크게 증설하여 체류시간을 증대시키고 종균제 및 유사업종의 슬러지를 식종시켜야 한다.

5) 기타 비정상 상태의 경우

(1) 부패현상

슬러지가 흑색으로 변색되거나 기존의 활성미생물인 각종 황(*S*)세균인 beggitation, thiotrix 등이 출현되며 황화수소(H_2S)가스가 5ppm 이상 발생된다.

대책은 유입폐수 중에 황화합물이 유입되지 않도록 억제하거나 공기공급량을 증대시키면서 *pH* 4 이하에서 H_2S가스를 방출시켜야 하며 *DO*농도는 2~3mg/L 정도 되었을 때 처리수를 유입시켜야 한다.

(2) 폐수의 변색

흑색으로 변할 때는 공기공급량이 부족하거나 활성슬러지가 혐기성 부패로 될 경우이며, 이때 백색으로 변할 때는 사상균(spheraotilus natans)의 다량증식이고 섬모충류의 다량 발생과 유입폐수 중 *SS*성분, 즉 섬유류 성분이 많을 경우이다.

(3) 산성화 현상

침전조의 상등액인 처리수가 *pH*가 낮은 산성상태의 폐수로써 과소 *BOD* 부하운전 및 폐수중 유기성 질소와 무기성 질소의 자기산화로 야기된다.

$$NH_4^+ \rightarrow NO_2^- \rightarrow NO_3^-$$

대책은 *NaOH*를 주입해 *pH*를 7~7.6 정도로 조정시킨 후 공기공급량을 감소시켜야 하며 유입폐수량, *MLSS*와 반송슬러지량을 증가시켜야 한다.

(4) 과도하게 공기공급 될 경우

*DO*는 2~4mg/L로 유지되나 질산화 반응에 의하여 공기방울(bubble)이 부상하며 활성슬러지가 과도하게 산화되어 처리수가 현탁해지고 침전조 바닥과 벽에 활성슬러지가 축적된 빈약한 상태가 되어 혐기성 분해가 야기된다.

(5) 유입 BOD 및 COD가 급격히 상승될 경우

반송비를 높여 정상상태보다 0.7~2배 정도로 반송슬러지량을 증가하면 체류시간의 단축과 *F/M*비가 감소된다. 이때 체류시간이 단축되면 활성 미생물상(相)이 변화되어 처리효율이 떨어져 *SVI*는 상승되어 팽화현상이 야기되거나 *MLSS*가 높아진 상태로 폐수가 침전조로 유입되면 바닥은 혐기성 상태로 될 확률이 크므로 잉여슬러지의 인발량을 정상상태보다 늘려야 한다.

특히 *MLSS*농도가 증가되면 활성슬러지내의 *DO*농도가 증대되어야 함으로 공기공급량을 증가시켜야 한다.

5.4.11 활성슬러지변법

활성슬러지법에는 표준활성슬러지법 이외에 각종의 변법이 개발되었다. 대표적인 방법을 소개하면 다음과 같다.

1) 계단식 공기공급법(step aeration process)

하수의 유입을 1개소에서만 아니고 공기공급조의 수개소에서 분할 유입시키는 방법으로 표준법 이외에서는 가장 넓게 이용하고 있다. 표준법에 비해 다음과 같은 이점이 있다.

① 공기공급조내 혼합액의 산소농도를 균일화 할 수 있다.

② 공기공급조내 평균슬러지농도를 높은 정도로 유지할 수 있다. 따라서 동일 슬러지부하에서 조작할 때 용적부하를 크게 할 수 있다.

③ 공기공급조 유출수의 슬러지 농도를 낮게 할 수 있다. 즉, 침전지에 대하여 고형물 부하가 작게 된다.

④ 수량, 수질의 부하변동에 대응성이 있다.

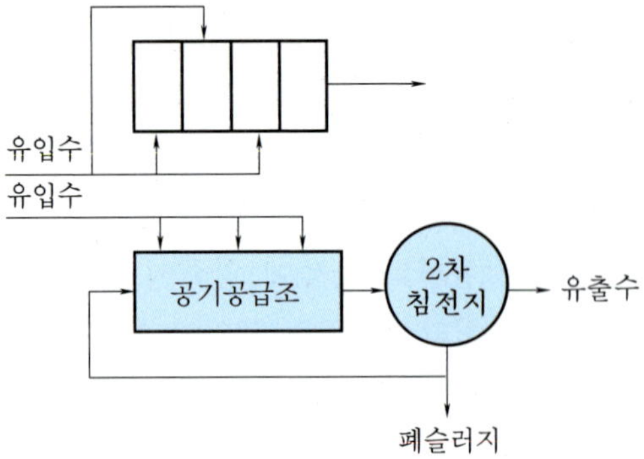

그림 5.18 계단식 공기공급법

2) 접촉안정화법(contact stabilization process)

유기물을 흡착한 활성슬러지를 안정화조에서 2~3시간 공기공급하면 응집흡착력이 현저히 강한 활성슬러지가 만들어진다. 이 같은 활성슬러지와 하수를 0.5~2시간 정도 접촉혼합조에서 혼합한 후 2차 침전지에서 침전시키면 양호한 처리수가 얻어진다. 전체의 장치가 압축되며 또 장시간의 과부하와 유해물질의 유입에 대해서 강한 저항력을 갖는다고 한다.

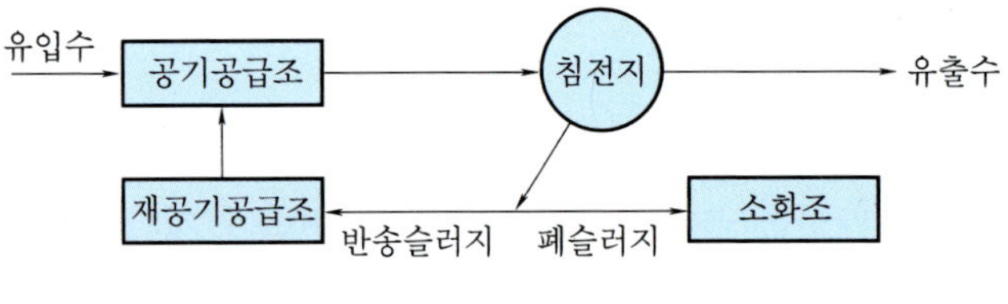

그림 5.19 접촉안정법

3) 장시간 공기공급법(전 산화법)

장시간 공기공급하여서 활성슬러지를 영양부족의 상태로 유지하여 미생물을 자기 분해시켜 잉여 활성슬러지의 생성을 극력 적게 하는 방법이다. 활성슬러지의 필요가 적으므로 비교적 소규모의 처리장에서 채용되는 것이 많다.

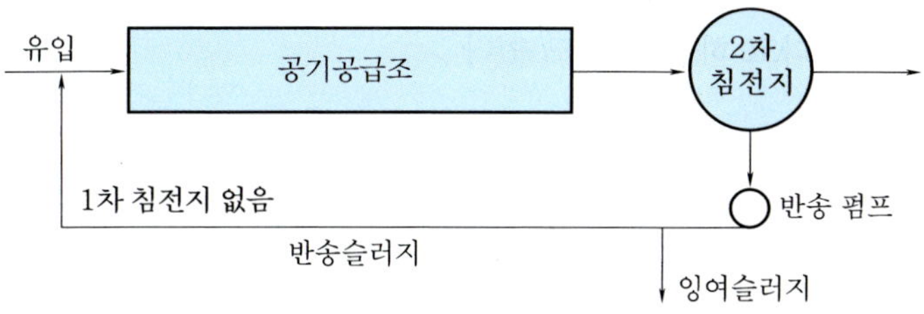

그림 5.20 장시간 공기공급법

4) 산화구법(oxidation ditch process)

산화구법은 장시간 공기공급법의 일종으로 기계식 공기공급장치를 가진 타원모양의 수로가 특징이다. 통상 1차침전지는 생략하고 침사-스크린-공기공급조-침전지로 구성되어 있다. 공기공급수로는 비교적 얕고(1~3m) 슬러지가 침강하지 않도록 혼합액에 0.3m/sec 정도의 유속을 주어 순환시킨다.

산화구법에서는 수량·수질의 변동, 온도의 저하에 대해서도 안정한 *BOD* 제거를 행할 수 있으며 또 슬러지발생량이 적다. 슬러지 체류시간이 길므로 소화반응이 생기기 쉽고 구내에 혐기부분을 설치하면 탈질반응도 일으킬 수 있다.

*MLSS*농도가 높으므로(3,000~5,000mg/L) 슬러지의 침강속도가 작고 침강지를 회분식으로 하는 등 노력이 필요하다.

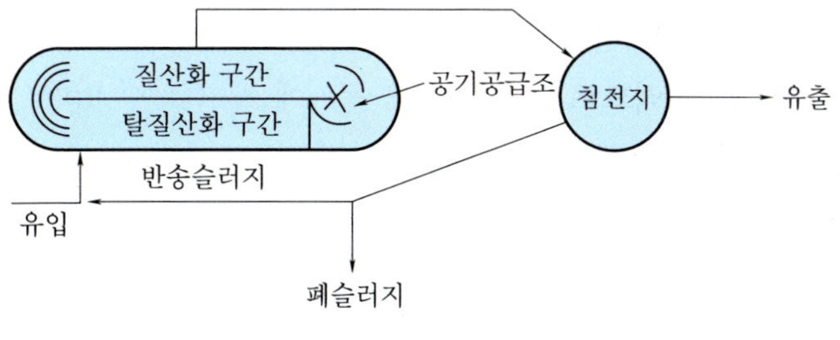

그림 5.21 산화구법

5) 수정식 공기공급법(modified aeration process)

공기공급조내의 활성슬러지농도를 낮게 유지하여 대수증식기를 유지하면 *BOD*의 제거속도는 대단히 크게 되어 공기공급 시간을 짧게 할 수 있다. 또 슬러지령이 짧기 때문에 증식속도가 느려 사상성 세균은 계외로 씻어 흘러가서 팽화를 억제할 수 있다는 이점도 있다. 그러나 *F/M*비가 높은 곳에서 운전하기 때문에 *BOD*의 제거율은 그다지 높다고는 할 수 없으며 슬러지발생량이 많다고 하는 결점도 있다.

6) Hatfild법

재공기공급조에 슬러지소화조의 탈니액과 소화슬러지를 영양물로써 더하여 활성슬러지의 활성도를 높여 팽화를 억제하는 방법이다.

7) 고속공기공급 침전지

공기공급조와 침전지를 하나의 조로 받아들인 것으로 슬러지반송도 펌프를 이용하지 않고 순환류에 의해서 자연적으로 행한다. 이 방법에서 하수와 활성슬러지 혼합액은 반응조의 양 부분을 연속적으로 순환하여 처리수는 침전부의 상부에서 월류되고, 슬러지는 침전부의 하부에서 공기공급부로 순환된다. 용지면적이 작고, 보통 슬러지 제거기와 슬러지 반송설비를 필요로 하지 않기 때문에 비교적 중소규모에 설치된다. 그러나 큰 유량변동에 대처하지 못하므로 이 점을 고려해야 한다.

8) 연속회분식 활성슬러지법(Sequencing Batch Reactor)

중소도시를 포함한 소규모 처리시설로서 적절한 공법이며 공기공급조와 침전지가 분리되어 있는 처리시설과는 달리 본 공법은 하나의 반응조내에서 공기공급, 침전, 배출의 3가지 역할을 하며, 매주기마다 그 공정을 반복함으로써 미생물의 환경을 호기, 혐기성으로 교대시켜 시간에 따라 생물반응을 제어하여 처리하는 방법이다. 공기공급를 간헐적으로 행하는 적절한 운전조작에 의하여 생물학적으로 질소와 인을 동시에 제거할 수 있다. 연속회분식 활성슬러지법의 반응조는 단조형과 계열형으로 나누며, 부하량의 차이에 따라서 표준형과 저부하형으로 나눌 수 있다.

이 방법의 *F/M*비, 계획 *MLSS*농도 그리고 수리학적 체류시간은 운전조작에 따라서 크게 변하는데 표준활성슬러지법의 값에서부터 산화구법 정도의 값까지 취할 수 있다. 보통 침전시간은 30분~1시간 정도면 충분하다. 1주기당(cycle) 배수량은 슬러지의 침강성에 따라서 다르지만 공기공급조내 오수량의 1/3~2/3 정도로 하는 것이 적당하다.

본 공법의 특징은 다음과 같다.

① 유입하수량의 시간변동에 따른 영향을 거의 받지 않는다.

② 하수량과 수질에 따라 공기공급시간, 침전시간 등을 상당히 융통성 있게 정할 수 있다.
③ 슬러지를 거의 이상적인 상태에서 침전시키므로 고액분리가 원활하다.

9) 순산소공기공급(pure oxygen aeration)

공기공급에 공기가 아니고 순산소를 이용하는 방법이다. 고가인 산소의 이용률을 최대로 하기 위해서 여러 가지 노력이 이루어진다. 공기공급법에 비해서 산소의 이동속도가 크고 슬러지의 응집 침강성이 뛰어나다. 이것에 의해 고농도의 *MLSS*를 호기적으로 유지하는 것이 가능하며 높은 용적부하를 유지하는 직접원인이 된다.

이 방법의 장점은 용존산소 공급에 전력소모가 적고, 활성슬러지의 반응상태를 양호하게 하여 반응시간을 줄일 수 있고, 잉여슬러지의 양을 감소시키며, 슬러지 침전특성을 양호하게 하고, 처리장의 부지 요구량이 적다는 점이다.

순산소식 활성슬러지법은 비교적 짧은 공기공급시간(1~3시간)으로 3,000~8,000mg/L 로 *MLSS*농도를 높게 유지시킬 수 있으며 특히 공장폐수인 경우에는 *MLSS*농도를 보다 높게 하여 운전하고 있다. 이러한 고농도의 *MLSS*농도를 유지하면서 공기공급조내의 용존산소는 4~10mg/L 가량 된다.

5.5 살수여상법(trickling filter)

살수여상법은 생물막 처리법의 대표적 방식이다. 활성슬러지법에서는 유동하는 슬러지 floc의 정화미생물이 담체로 되어 있는 것에 대해 생물막 처리법에서는 여재와 판의 표면에 정화미생물을 부착시키는 점이 다르다.

생물막 처리법에는 살수여상법 외에 회전원판법과 강제통풍식 다단여상법 등이 있으며, 정화원리는 모두 같다.

5.5.1 살수여상법의 처리계통

살수여상은 쇄석을 여재로써 가득히 채운 것으로 이 여상에 하수를 간헐적으로 산포하면 여재표면에 정화미생물이 젤라틴상으로 증식하여 하수가 여재표면을 이동하여 유하할 때 증식미생물이 공기에 공급되는 과정에서 하수중의 유기물은 생물막에 흡착·분해 제거된다.

부착미생물막은 점점 두꺼워져 이탈하여 처리수와 더불어 유출하므로 반드시 최종침전지가 필요하다.

많은 경우 살수여상 유출수의 일부를 순환반송하여 *BOD* 농도와 살수부하를 균일화하여 유입하수의 용존산소농도를 높여서 부패를 방지한다.

살수여상법에는 표준살수여상법과 고속살수여상법이 있으며 통상 전자는 1단의 여상을 사용하고 고속여상살수법에서는 1단 혹은 2단 여상법을 이용한다.

살수여상법의 처리계통을 표시하면 순환의 방법과 여상의 수에 따라서 그림 5.22와 같다.

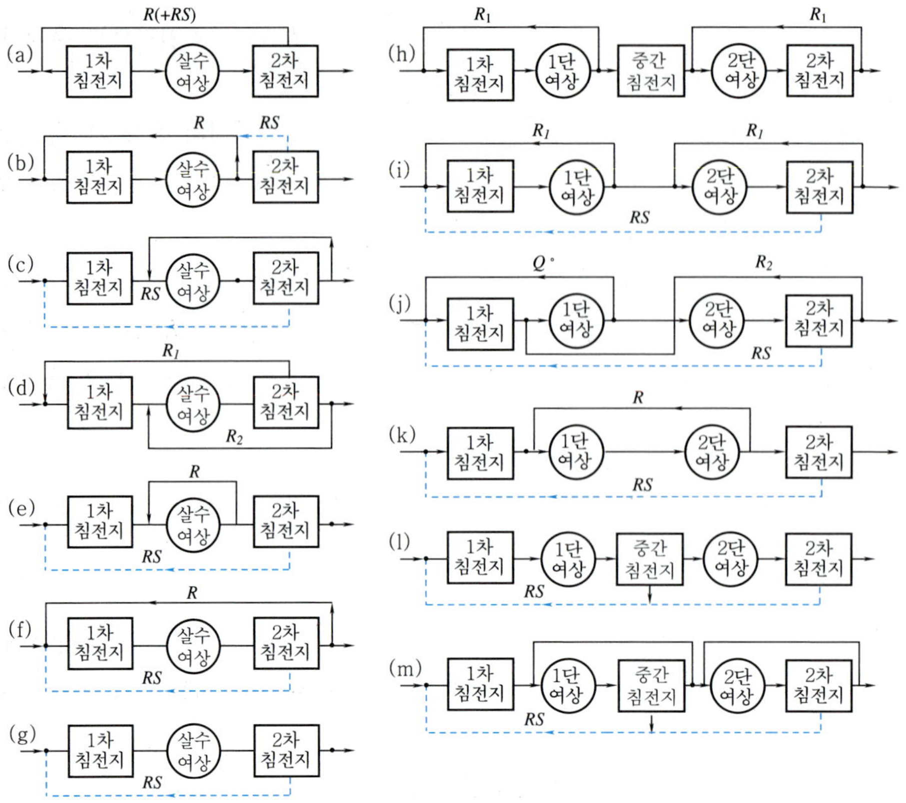

그림 5.22 살수여상법의 처리계통

5.5.2 살수여상법의 정화원리

여재표면에 형성된 젤라틴상 생물막의 표층은 주로 호기성균으로 구성된다. 이 호기성층의 표면을 유하하는 하수중의 유기물은 막에 흡착되며 막을 구성하는 미생물에 거둬들여져 최종적으로는 호기성균의 작용으로 CO_2와 H_2O로 분해된다.

생물막의 심부는 산소의 침투가 충분하지 않기 때문에 혐기성층이 형성되어 이 부분에는 혐기성균의 작용에 의해서 H_2O, 암모니아, 유기산 등이 축적된다. 이것은 호기성 층으로 확산하여서 H_2S는 황산으로 암모니아는 아질산과 질산으로 유기산류는 CO_2와 H_2O로 각각 산화되어 안정화된다.

이 같은 호기성균, 통성 혐기성균 및 혐기성균에 의한 산화와 분해작용에 의한 것 외에 원생동물 등 대형의 생물에 의한 세균류의 포식에 의해서도 정화작용을 한다.

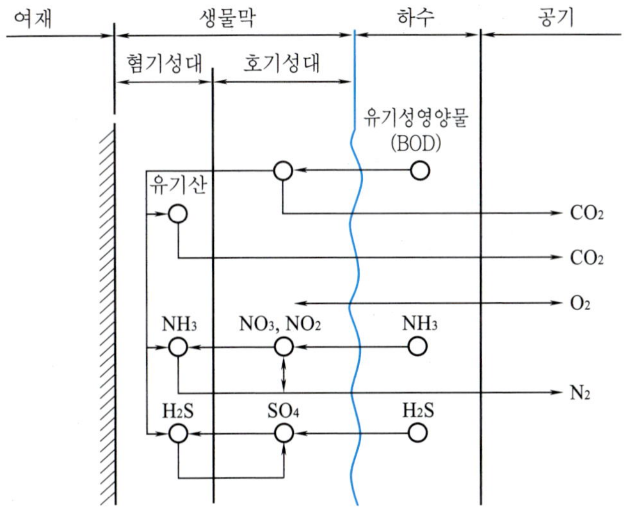

그림 5.23 살수여상의 정화모식도

5.5.3 살수여상

살수여상법에서는 하수파리가 발생하든지 처리효율이 활성슬러지법보다 뒤떨어지는 불리한 면도 있으나 조작이 용이하여 유지비가 싸며, 농도부하의 변동에도 대응하는 장점이 있다. 도시 하수처리장에서 채용이 줄어든다고 하는 점이 남는다.

최근에는 플라스틱 여재를 이용하여 강제통풍을 행하는 살수여상이 발표되어 좋은 성적을 얻고 또 살수여상과 같은 고정상 생물막처리 방식인 회전원판여상도 각지에서 채택되고 있다.

살수여상법을 포함해서 고정상 생물막 처리기술의 금후연구와 기술개발이 기대된다.

1) 살수여상의 구조

살수여상의 일반적 구조는 원형 및 장방형·정방형인 두 가지로 크게 구별되며, 원형 여상은 회전살수기를 사용해 직경 4~5m 정도를 한도로 하고 있다. 장방형 여상에서는 고정 노즐(nozzle)에 의해 살수하는 것이 보통이지만 도시하수처럼 대량의 물을 처리할 때는 주행식인 살수기를 채용한 경우도 있다. 여상의 형상에는 제약은 없지만 보통 폭과 길이를 용지의 형상에 맞게 적당하게 정하면 된다.

살수된 하수는 여재표면의 미생물에 의하여 유하하는 과정에서 정화되는 것이므로 여상은 깊을수록 좋다. 그러나 여상을 깊게 하면 손실수두가 커지기 때문에 필요 이상으로 깊게 하지 않는 것이 좋다. 일반적으로 여상깊이는 1.5~2.0m가 한도이나 이단여상일 경우는 각각의 여상깊이는 1.0m 정도로 하는 것이 표준으로 되어 있다.

살수방식에는 앞에서도 기술한 바와 같이 회전식, 주행식, 고정 노즐식 등이 있지만, 회전방식이 가장 동력을 필요로 하지 않고 균일한 살수 분포를 얻을 수 있다. 이때 소요수두는 50~100cm이면 충분하다.

종래에는 일정한 시간을 두고 살수를 실시했고 여상 내에 공기를 충만 시키는 것으로서 호기성 생물의 활동에 필요한 공기가 공급된다고 생각되었으나 이 공기는 여상 내외의 온도차에 의해 충분히 공급된다. 따라서 여상 처리능력을 넘지 않는 범위이면 간단히 살수하는 것이 좋고 여상의 비산방지에도 효과가 있다.

여상 저부구조, 여상주벽, 통풍공의 위치 및 구조는 여상기능을 지배하는 중요한 인자가 됨으로 여상을 설계할 경우에는 신중한 배려가 필요하다.

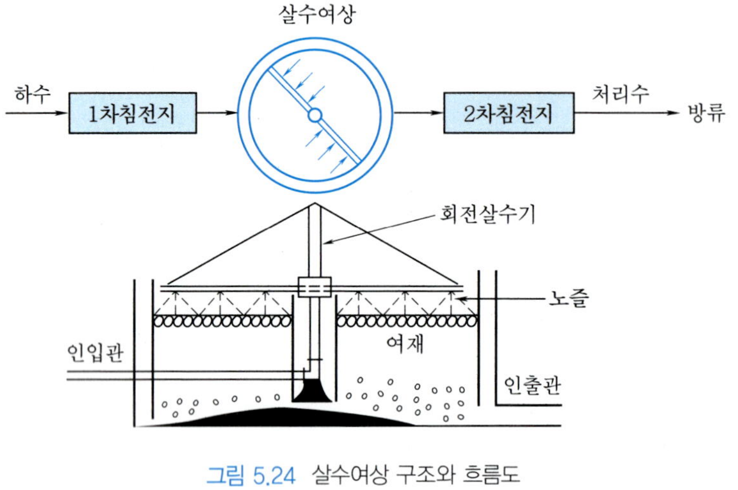

그림 5.24 살수여상 구조와 흐름도

2) 살수여상의 설계제원

살수여상의 설계제원은 표 5.6과 같으며 이것에 의해 살수여상 설계를 행할 수 있다. 단 이 표는 통상의 하수를 쇄석 등의 여재를 이용하여 처리하는 경우의 제원이며, 수질이 현저히 다른 산업폐수를 처리할 경우와 특수한 여재를 사용하는 경우에는 그 때마다 제원을 정하기 위해 실험이 필요하다.

표 5.6 살수여상의 설계제원

항목	표준살수여상	고속살수여상
BOD 제거율(%)	75~85	1단 65~75 2단 90~95
SS 제거율(%)	70~80	65~75
살수부하($m^3/m^2 \cdot day$)	1~3	BOD 120(mg/L) 25 150(mg/L) 20 200(mg/L) 15
BOD부하(kg-BOD/$m^3 \cdot day$)	0.3	≦1.2
여재층두께(m)	1.5~2.0	1.5~2.0
여재입경(mm)	20~50	50~60
순환비(배)		1~5

3) 살수여상의 조작 및 설계인자

(1) BOD부하

살수여상에서 처리할 수 있는 부하량은 여상생물의 유기물 분해 능력에 관계된다. 이 관점에서 살수여상의 부하량을 표시하는 것을 유입 *BOD*량과 여상생물량과의 비를 취하는 경우이다. 그러나 여상의 생물량 측정은 곤란하여 실용적이 아니므로 생물량의 대신으로 여재량을 이용하여 유입 *BOD*량을 여재체적으로 나눈 값을 살수여상의 *BOD*부하라 부른다.

즉,

$$L_v = \frac{QS+RS_e}{V} \times 10^{-3} \tag{5.35}$$

여기서, L_v : 살수여상의 *BOD*부하(kg/m³/day)

Q : 하수량(m³/day)

S : 하수의 BOD_5(mg/L)

R : 순환수량(m^3/day)

S_e : 순환수의 BOD_5(mg/L)

V : 여재체적(m^3)

(2) 살수부하

살수여상의 *BOD* 제거율은 유입하수와 생물막과의 접촉시간에도 관계된다. 살수량이 적당할 때에는 하수는 여재표면을 막상으로 둘러싸서 흐르나 유량이 많게 되면 생물막에 접촉하여 유하하는 부분이 많게 되어 유효접촉 시간이 짧게 된다. 또 살수량이 과대하면 여재의 공극에 하수가 충만하여 연못화를 일으키므로 살수량은 상한이 존재한다. 그러나 유하하는 하수는 두꺼워진 여막을 적합하게 탈락시켜서 생물막을 신선하게 유지 활동하도록 하며 살수량이 과소하게 되면 이 세정능력이 줄어 여막 생장속도와 탈락속도가 평형하지 않게 된다.

이 같은 살수량은 적당한 범위가 존재한다. 살수량을 나타내는 살수부하는 다음과 같이 나타낸다.

$$L = (1+r)\frac{Q}{A} \tag{5.36}$$

여기서, L : 살수부하(m^3/m^2/day) 또는 (m/day)

r : 순환비, R/Q

A : 여상면적(m^2)

살수부하는 유입하수의 *BOD*를 고려해서 결정한다.

표 5.7 BOD에 따른 살수부하

유입하수의 BOD(mg/L)	살수부하($m^3/m^2 \cdot$ day)
120	25
150	20
200	15

예제 5.16 직경 D=35m, 깊이 H=2m인 살수여상에 BOD 150mg/L의 하수가 14,000m³/day 살수된다. 살수여상을 통과한 처리수는 재순환되지 않는 것으로 할 경우 1) 여상의 살수부하, 2) 여상의 BOD부하는 얼마나 되는지 계산하시오.

〈풀이〉

이 살수여상의 면적 A와 용적 V는,

$$A = \frac{\pi}{4} \cdot D^2 = \frac{3.14}{4} \cdot 35^2 = 961.6\text{m}^2$$

$$V = \frac{\pi}{4} \cdot D^2 \cdot H = \frac{3.14}{4} \cdot 35^2 \cdot 2 = 1{,}923.3\text{m}^3$$

따라서, 여상의 살수부하는,

$$L = 14{,}000\text{m}^3/\text{day}/961.6\text{m}^2 = 14.6\text{m}^3/\text{m}^2 \cdot \text{day}$$

또한, 1일당 여상에 공급되는 BOD 물질량은,

$$S_B = 150\text{g/m}^3 \cdot 14{,}000\text{m}^3/\text{day} = 2{,}100{,}000\text{g/day} = 2{,}100\text{kg/day}$$

따라서, 여상의 BOD 부하는,

$$L_v = 2{,}100\text{kg/day}/1{,}923.3\text{m}^3 = 1.09\text{kg/m}^3 \cdot \text{day}$$

(3) 순환비

처리수를 순환시키는 것은 유입하수의 농도와 살수부하를 조절해서 살수여상의 효율을 개선하는데 좋은 방법으로 고속살수여상법에서는 반드시 처리수를 순환한다. 반송비(순환비)의 표준을 표 5.8에 나타냈다.

표 5.8 고속살수여상의 반송비

하수 BOD (mg/L)	반송비			침전지의 설계에 이용하는 계수	
	1단		2단		
	중급처리	고급처리	각단	1단	2단
<150	1.0	0.75	0.5	1.75	1.5
150~300	2.0	1.5	1.0	2.5	2.0
300~450	3.0	2.25	1.5	3.25	2.5
450~600	4.0	3.0	2.0	4.0	3.0
600~750	5.0	3.75	2.5	4.75	3.5
750~900	6.0	4.5	3.0	5.5	4.0

(4) 통풍

살수여상법은 호기성 생물처리 방식의 일종이므로 여상내의 통기를 충분히 좋게 하는 것이 중요하다. 그러나 통상 표준살수여상에 있어서나 고속살수여상에 있어서도 강제통풍을 행하지 않는다.

살수여상내로의 기체의 유출입 기구는 살수 때에 물방울에 동반하는 것이라 생각되나 가장 큰 인자는 여상내외의 온도차에 기초하여 밀도류인 까닭이다.

구조적으로는 여상측벽의 하부에 적당간격으로 통풍 구멍을 설치하여서 목적을 달성한다.

(5) 온도

상술한 것같이 통기효율의 큰 인자는 여상내외의 온도차이므로 수온과 외기온도와의 차가 작은 봄, 가을에는 통기효율이 저하한다. 그러나 온도가 높으면 미생물의 대사활성이 왕성하게 되며 역으로 저온에서는 생화학 반응이 느리게 된다. 전체로서의 *BOD* 제거작용은 후자의 영향이 크고 일반적으로 온도가 높은 만큼 *BOD* 제거율은 높다.

(6) 여재

살수여상에 사용되는 여재가 구비해야 할 조건으로는

① 생물막이 부착하기 쉬운 표면일 것

② 부착면적이 클 것

③ 공극이 충분히 있을 것

④ 변질하여 파괴하지 않을 것

상기의 조건을 가장 잘 만족하는 자연여재는 석영의 조면암, 안산암 등과 같은 쇄석이다. 최근 플라스틱을 이용한 여재가 개발되고 있다. 플라스틱여재는 플라스틱 필름을 격자상으로 조립한 것으로 비표면적이 크고 통기성이 양호한 특징이 있다. 살수부하와 *BOD* 부하가 통상 여재의 경우에 수배가 된다는 실험예도 있다. 쇄석의 직경은 표준살수여상에서는 25~50mm 정도로 하고, 고율살수여상에 있어서는 50~60mm 정도로 한다. 살수여상의 밑바닥 부분의 집수용 유공판으로부터 20~30cm의 높이에는 직경 100~150mm 정도의 쇄석을 설치한다.

사용되는 여재는 규정된 크기 이하의 작은 여재가 살수여상에 혼입되어서는 안 된다.

(7) 살수장치

살수는 여상파리의 비산을 방지하기 위해서 여상의 전면적에 균등하게 연속적으로 실시되어야 한다. 살수방식은 회전식, 왕복식, 고정식이 있으며 대부분 회전식이다. 회전식은 팔에 있는 노즐을 이용하여 하수를 여상면에 분출시키는 살수기로서 수리적인 회전식의 경우에는 최저유량에 대해 30~60cm 정도의 수두가 필요하다. 살수기와 여상면과의 거리는 대체로 15cm 정도를 유지한다.

5.5.4 살수여상 운영의 문제점 및 대책

1) 연못화(ponding) : 여상 표면에 물이 고이는 현상

(1) 원인

① 여재가 너무 작거나 균일하지 않을 경우

② 여재가 견고하지 못하여 온도차에 의해 부서지는 경우

③ 1차 침전지에서 현탁 고형물이 충분히 제거되지 않을 경우

④ 유기물질 부하량이 과도할 경우

⑤ 미생물 점막이 과도하게 탈리되어 공극을 메우는 경우

(2) 대책

① 여상표면의 여재를 잘 긁어 주거나 고압 수증기로 씻을 것

② 물이 고인 표면에 살수를 중단하고 계속적으로 폐수를 유입시킬 것

③ 여상을 1일 이상 폐수에 담가둘 것

④ 잔류농도 5mg/L 정도의 고농도 염소를 1주 간격으로 적용할 것

⑤ 별도의 처리시설이 있는 경우에는 유입폐수를 그 쪽으로 돌리고 연못화 된 여상을 하루이상 건조시킬 것

⑥ 최종적으로는 여상의 여재를 새것으로 교환할 것

2) 파리의 번식

여름철의 경우 크기가 작은 psychoda종의 여상파리가 발생하여 작업에 불편을 주거나 인근 주택가로 날아 들어가 불쾌감을 조성한다.

(1) 원인

① 여재의 미생물막이 과도하게 성장하는 경우

② 간헐적인 살수일 경우(특히, 저율살수여상에서)

(2) 대책

① 살수를 계속적으로 할 것
② 미생물 점막이 과도하게 성장하지 않도록 할 것
③ 주위 벽의 내부를 씻어서 항상 젖어 있도록 할 것
④ 1주 간격으로 여상을 24시간 침수시킬 것
⑤ 1~2주 간격으로 유입폐수의 잔류농도 0.5~1mg/L의 정도의 염소를 주입할 것
⑥ 4~6주 간격으로 살충제를 적용할 것

3) 냄새

여상에 충분한 산소공급이 이루어지지 않아 혐기성이 될 경우 발생한다.

(1) 대책

① 순환수를 증가하여 유입 유기물 농도를 감소시킨다.
② 통풍로를 청소하여 환기가 잘 되도록 한다.
③ 기타 다른 조건들을 통하여 호기성이 유지되도록 조치한다.

4) 동결

동절기에는 여상표면이 동결되어 폐수의 유통을 방해하여 운영에 어려움을 준다.

(1) 대책

① 순환수의 유량을 감소 또는 중단할 것
② 2단여상인 경우에는 각 여상을 병렬로 배치하여 운전할 것
③ 여상면에 균등하게 폐수를 살수할 것
④ 방풍벽, 방풍림 등으로 바람을 막을 것

5.5.5 살수여상법과 활성슬러지법의 비교

전술한 것과 같이 활성슬러지법이 성립하기 위해서는 미생물의 먹이인 기질의 존재가 필수조건으로 된다. 기질은 하수중의 영양분 요컨대 *BOD* 성분이므로 활성슬러지법에서는 원리적으로 처리수의 *BOD*를 영으로 할 수 있으므로 지나치게 저농도의 배수정화에는 적합

하지 않다. 또 활성슬러지법에서도 기질과 슬러지와의 양적비가 운전관리상 중요한 인자로 되며 슬러지량의 제어를 주의 깊게 행해야 한다.

이것에 대하여 살수여상법에서는 여재에 부착한 생물막이 정화를 행하므로 수중에 영양물이 부족해도 정화작용은 발현하며 슬러지량의 제어도 필요없다.

더욱 살수여상법에서는 미생물이 여재에 고정되어 있으므로 하수의 체류시간에 관계없고 증식속도가 낮은 미생물에서도 서식할 수 있다. 이것은 슬러지령에 비교해서 증식속도가 늦은 미생물은 서식하지 않는 활성슬러지법과 다른 것이다. 이것은 살수여상 중에 서식하는 생물의 종류가 활성슬러지 중의 것에 비해서 다양하며 식물연쇄가 길다는 것을 의미한다. 일반적으로 생물은 섭취한 식물의 일부분을 체내에 축적하며 대부분은 에너지와 열로서 발산하는 것이므로 포식의 연쇄가 길게 되면 생산한 생체의 총량은 작게 된다. 이 같은 이유에서 살수여상법에서는 활성슬러지법에 비해서 슬러지의 발생량이 적다.

이상 설명한 것을 포함해서 살수여상법의 이점을 열거하면 다음과 같다.

① 조건변동에 대하여 내구성이 있다.
② 슬러지량과 공기량의 조절이 불필요하다.
③ 슬러지량이 적다.
④ 팽화가 생기지 않는다.
⑤ 저농도액의 처리가 가능하다.
⑥ 운전이 용이하다.

이같이 살수여상법은 많은 이점이 있으나 또 다음과 같이 결점도 있기 때문에 현재 단계에서는 하수처리의 주류를 활성슬러지법에 의존한다.

① 활성슬러지법보다도 정화능력이 뒤떨어진다.
② 여재의 비표면적(여재 총표면적과 여재 체적과의 비)이 크지 않기 때문에 용적당 처리량이 한도가 있다.
③ 생물막이 공기유통 저항이 크기 때문에 산소공급능력에 한도가 있다.

그러나 새로운 여재의 적용, 강제통풍 방식의 채용 등에 의해서 살수여상법의 새로운 발전이 기대된다. 더욱이 보다 고도의 처리수를 얻기 위해서 살수여상법의 저농도물에 대한 우위를 살린 설계를 차제에 행해야 한다.

5.6 회전원판법

회전원판법은 살수여상과 다르나 고체에 생물막을 부착시켜 그 생물활성을 이용하여 하수를 정화하는 점에서는 유사점이 있다. 회전원판여상의 구조는 그림 5.25와 같으며 같은 축상에 열거한 다수의 원판을 약 반분 하수 중에 담가서 회전시킨다.

원판에 부착한 생물막은 공중과 수중을 교대로 위치하여 이 과정에서 산소와 영양물이 공급된다. 생물막이 두꺼워지면 탈락하여 처리수와 더불어 유출하나 침전지에서 용이하게 제거된다. 회전원판법의 이점은 다음과 같다.

① 공기공급 및 슬러지의 반송을 필요로 하지 않는다. 그러므로 동력비가 싸고 운전관리가 용이하다.

② 저농도 폐수처리에 적합함과 더불어 고농도 폐수의 처리도 가능하다.

③ 유입부하변동에 강하다.

④ 잉여슬러지의 발생량이 적다.

⑤ 소화가 충분히 행해진다.

⑥ 질소제거가 가능하다.

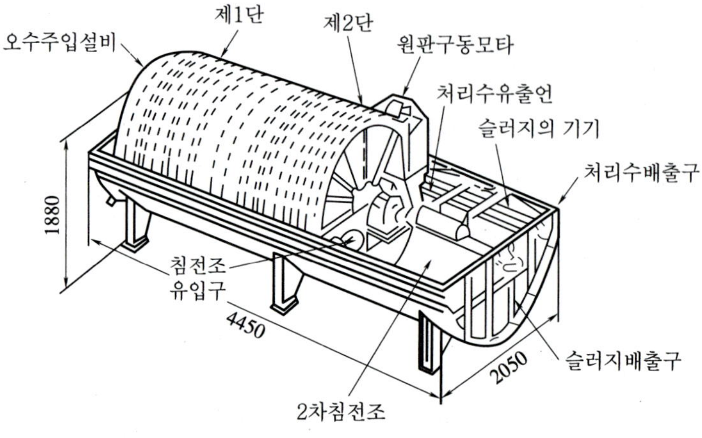

그림 5.25 회전원판여상

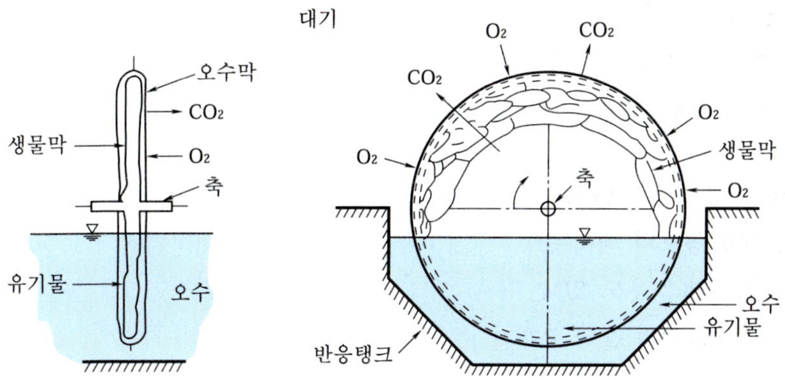

그림 5.26 원판표면과 정화기구의 모식도

5.6.1 회전원판의 재질 및 형상

회전원판의 재질에는 일반적으로 가볍고 부식에 강한 합성수지가 쓰인다. 회전원판의 평면형상에는 원형 또는 다각형이 있으며, 원판표면은 평면, 파형 등의 여러 종류가 있다.

회전원판의 직경은 보통 3.0~4.0m이며, 지름을 크게 할수록 단위 축길이당 회전원판의 면적을 증가시킬 수 있지만, 조립, 운반, 조의 크기 등 때문에 한계가 있다.

회전원판의 두께는 폴리에틸렌이나 염화비닐의 경우에 0.7~2.0mm, 폴리에틸렌인 경우는 7mm 정도이다. 회전원판의 조립방법에는 직접 축에 부착시키는 방법과 분할시켜 회전원판을 조립하는 방법 등이 있다.

회전원판의 간격은 보통 15mm 이상으로 한다. 회전원판의 간격이 너무 좁으면 부착생물에 의해 폐쇄되어 처리효율이 악화될 수 있다. 부착생물의 두께는 부하, 회전속도 등의 변수에 영향을 받는다. 특히 최초 처리단에서는 생물막이 두꺼워지므로 원판의 간격을 크게 하는 것이 좋다.

5.6.2 BOD-면적부하와 체류시간

BOD-면적부하는 유량부하 및 체류시간과 함께 회전원판의 처리성에 관계되는 변수이다. *BOD*-면적부하는 회전원판 단위면적당 1일 *BOD*량으로 정의하고 식 (5.37)과 같다.

$$L_A = \frac{Q_s \cdot C_s}{A} \tag{5.37}$$

여기서, L_A : *BOD*-면적 부하(g/m^2 · day)

Q_s : 계획하수량(m^3/day)

C_s : 조 유입수의 평균 BOD농도(mg/L)

A : 유효원판면적(m^2)

회전원판의 소요면적은 BOD–면적부하를 기초로 식 (5.37)로 계산한다. BOD–면적부하는 유입수의 BOD농도와 처리목표수질에 따라서 정한다. 또 회전원판의 소요면적은 유량부하를 기초로 설계할 경우도 있다. 유량부하는 회전원판 단위면적당 1일 공급되는 하수량으로 정의하고, 식 (5.38)과 같이 표현할 수 있다.

$$I = \frac{Q_s}{A} \times 10^3 \tag{5.38}$$

여기서, I : 유량부하(L/m^2 · day)

식 (5.37), 식 (5.38)에서 BOD–면적부하와의 관계는 식 (5.39)와 같다.

$$L_A = C_s \cdot I \times 10^{-3} \tag{5.39}$$

또한 체류시간은 다음과 같다.

$$T = \frac{V}{Q_s} \times 24 = 24{,}000 \cdot \frac{V}{A} \cdot \frac{1}{I} = 24 \cdot G \cdot \frac{1}{I} \tag{5.40}$$

여기서, T : 체류시간(hr)

V : 조의 실용적(조의 용적에서 회전원판의 침전부 체적을 뺀 값(m^3))

G : 액량면적비(L/m^2)

액량면적비는 조의 실용적과 회전원판 면적과의 비이다. 일반적으로 회전원판의 액량면적비는 5L/m^2 이상이 많다.

예제 5.17 BOD 200mg/L의 하수 500m^3/day를 회전원판법으로 처리하고 있다. 직경 3.5m의 원판을 250매 사용할 때의 평균 BOD 면적부하(g/m^2 · day) 및 수량면적부하(L/m^2 · day)를 계산하시오. 또한 액량면적비 G = 6.5L/m^2에 의한 원판조의 용적과 체류시간을 구하시오. 단, 원판의 침적율은 50%로 한다.

〈풀이〉

원판의 총면적을 계산하면 $A=\pi \times (3.5/2)^2 \times 250 \times 2 \fallingdotseq 4,811\text{m}^2$

따라서, BOD면적부하 L_A는 $L_A = \dfrac{C_s \times Q_s}{A} = 200 \times 500/4,811 = 20.8\text{g/m}^2 \cdot \text{day}$

또한, 수량면적부하 I는 $I = 500 \times 10^3/A = 500 \times 10^3/4,811 = 104\text{L/m}^2 \cdot \text{day}$

액량면적비 $G = V/A = 6.5\text{L/m}^2$이므로,

원판조의 용적 V는 $V = G \cdot A = 6.5 \times 4,811 = 31,271.51 \fallingdotseq 31.3\text{m}^3$

또한, 체류시간 T는 $T = \dfrac{G}{104} \times 24 = \dfrac{6.5}{104} \times 24 = 1.5\text{hr}$

5.7 소독설비

5.7.1 소독방식

일반적으로 하수내에는 인체내에서 질병을 일으킬 수 있는 박테리아, 바이러스 등 각종 세균들과 병균들이 대단히 많이 존재하며 하수종말처리장에서의 소독은 병원성 세균을 소독하여 살균 또는 일정치 이하로 방류함으로써 위생 및 안정성을 높이는데 그 목적이 있다. 따라서, 소독이라 함은 병원균의 숫자를 질병을 유발하지 못할 정도로 그 밀도를 감소시키는 것을 의미한다.

일반적으로 방류수 중의 안정성이나 소독의 효과를 확인하는 데는 대장균군이 그 지표로 사용되고, 처리장내 방류수 수질기준을 표 5.9와 같다.

표 5.9 대장균군수 방류수 수질기준

구분	방류수 수질기준
특정지역기준	1,000개/mL 이하
기타지역기준	3,000개/mL 이하

※ 1. 하수도법 시행규칙(별표 1)참조
2. 아래의 경우는 방류수 수질기준을 1,000개/mL 이하로 강화적용
1)「수질환경 보전법 시행규칙」 별표5의 규정에 의한 청정지역
2)「수도법」 제5의 규정에 대한 상수원 보호구역 및 그 경계구역으로부터 상류로 유하거리 10km이내 지역
3)「수도법」 제3조 제15호의 규정에 의한 취수시설로부터 상류로 유하거리 15km이내 지역

소독방법은 크게 물리적 방법과 화학적 방법으로 나눌 수 있다.

- 물리적 방법 : 열처리, 자외선(UV)조사, 감마선조사, X선조사
- 화학적 방법 : 할로겐족 산화제(액화염소, 치아염소산나트륨, 클로라민, 유기염소제, 이산화염소 등 각종 염소화합물, 브롬), 비할로겐족 산화제(오존, 과망간산칼륨, 과산화수소), 금속(은이온, 동이온), 계면활성제, 이온교환제(이온교환수지, 이온교환막)으로 분류할 수 있다.

물리적 방법이나 화학적 방법 어느 쪽이든 소독방법의 선택시에는 다음과 같은 요건을 고려하여 가장 적절한 방법을 채택하여야 한다.

① 소독제의 물에 대한 용해도가 높을 것
② 소독력이 강할 것
③ 잔류독성이 거의 없을 것
④ 경제적일 것
⑤ 안정적인 공급이 가능할 것
⑥ 주입조작 및 취급이 쉬울 것

이상의 요구조건을 만족시킬 수 있는 방법 중 염소 및 자외선 조사법에 대하여 검토하기로 한다.

5.7.2 염소소독의 이론과 소요주입량

염소는 수중생물뿐만 아니라 인체에 대해서도 강한 독성을 보인다. 더욱이 상온상압에서는 가스상태이므로 일단 누출되면 회수가 어렵고 사람, 가축의 생명에 관련해 중대한 사고에 달한다. 이 때문에 염소주입설비는 가스누출을 적극 방지하는 동시에 누출한 경우에도 신속히 처리할 수 있도록 해야 한다.

1) 염소와 암모니아와의 반응

염소를 하수에 주입하면 수중의 암모니아와 반응하여 다음과 같이 클로라민을 일으킨다.

$$Cl_2+H_2O \rightarrow HOCl+HCl$$

$$NH_3+HOCl \rightarrow NH_2Cl+H_2O+H^+ \text{(mono chloramine)}$$

$$NH_2Cl+HOCl \rightarrow NHCl_2+H_2O \text{(di chloramine)}$$

$$NHCl_2+HOCl \rightarrow NCl_3+H_2O \text{(tri chloramine)}$$

$HOCl$과 HCl이 분해할 때 ClO^-를 유리잔류염소, NH_2Cl과 $NHCl_2$를 결합잔류염소라 하며 모두 살균력과 산화력을 갖고 있다. 수중에 유기성질소와 암모니아가 존재하면 염소의 첨가와 동시에 결합 잔류염소가 증가한다. 그러나 더욱 염소를 가하면 결합 잔류염소는 트리클로라민까지 산화되어서 잔류염소는 감소한다. 암모니아가 전부 산화될 때까지 염소를 첨가하면 그 이상의 염소는 유리잔류염소로 되어 첨가량에 비례하여 증가한다. 이상의 과정을 나타낸 것이 그림 5.27이다.

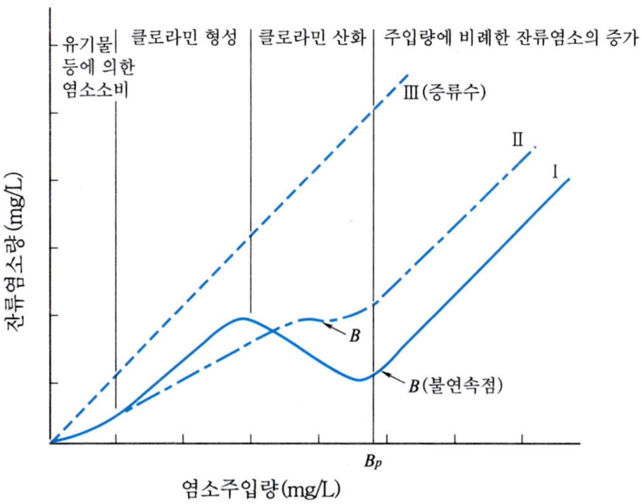

그림 5.27 염소주입량과 잔류염소량

그림 5.27의 B점을 불연속(break)점이라 하며 이점까지 염소를 주입하는 방법을 불연속점 주입법이라 한다.

앞의 반응에서 생긴 monochloramine NH_2Cl과 dichloramine $NHCl_2$의 살균력은 $HOCl$에 비하여 약하기 때문에 염소소독을 완전히 행하기 위해서는 불연속점까지 염소력을 증가시켜야한다. 그 때문에 이론량에서 하수중의 암모니아성 질소의 7.6배 실제로는 8~9배량의 염소량을 요한다.

하수처리에 있어서는 경제적인 이유 외에 방류수역에서 수서생물에의 해를 방지하는 의미에서 불연속점보다 낮게 주입률이 선정된다.

2) 소독에 필요한 소요 염소주입량

살균을 위하여 요구되는 염소주입은 처리되는 하수의 수질에 따라 다르고, 결정된 주입율은 주어진 접촉시간에서 요구되는 살균효과를 줄 수 있어야 한다. 그러나 잔류염소가 과다하게 투입되면 비경제적일 뿐만 아니라 방류수역의 수생생물에 미치기 때문에 방류수역의 수질 오염 한계를 초과하지 않을 정도로 한다.

일본의 예를 보면 염소주입률이 대장균수로 $1cm^3$ 중 3,000개 이하로 정하고 있으며, 이를 과하는 경우에는 염소주입 후 15분 후에 잔류염소가 0.1mg/L 정도 되도록 하면 대장균을 사멸할 수 있다고 한다.

각종 하수의 소독에 요구되는 염소주입농도는 일반적으로 다음 표 5.10과 같다.

표 5.10 **염소주입율**

하수의 종류	주입율(mg/L)
유입하수	7~12
최초침전지 유출수	7~10
살수여상 처리수	3~10
활성슬러지 처리수	2~4

자료 : 일본하수도협회, 하수도시시설설계지침과 해설, 1984

5.7.3 자외선(UV)

자외선의 소독작용은 주파장이 253.7nm인 자외선이 박테리아나 virus의 핵산에 흡수되어 화학변화를 일으킴으로써 핵산의 회복기능이 상실되는데 기인한다고 알려져 있다.

따라서 물의 소독에는 주파장 253.7nm를 방사하는 자외선 램프가 사용되고 있으며, 그 기본구조와 작동원리는 일반 형광램프와 거의 같고 유리관의 재료로는 자외선 투과율이 좋은 석영유리가 사용된다. 자외선 조사에 의한 물의 소독방법은 물이 흐르는 상태에서 외부로부터 자외선을 조사하는 외조식과 석영유리램프에 의해 유수중의 내부로부터 자외선을 조사하는 내조식으로 대별되고 있으나, 단순한 장치로써 다량의 물을 처리할 수 있는 내조식이 주로 이용된다.

자외선에 의한 물의 소독은 화학물질을 첨가할 필요가 없으므로 인체나 생물에 해가 없어 안정성이 높을 뿐만 아니라 경제적으로 고품질의 물을 얻을 수 있는 획기적인 수처리 방법이며 다음과 같은 장점들이 있다.

① 관리요원의 안전

② 무독성

③ THM 발생성

④ 공공의 인식이 염소소독에 비해 상대적으로 좋음

⑤ 건물의 불필요

⑥ 낮은 유지관리비

자외선 소독설비의 효율과 관련된 자외선 강도와 접촉시간에 영향을 미치는 요소들은 다음과 같다.

표 5.11 자외선 소독에 있어서의 영향인자

자외선 강도	접촉시간
•수질 – 자외선 투과율, 부유물 농도, 용존 유기물 농도, 총 경도 •램프의 상태 – 슬리브의 깨끗한 농도, 사용기간, 노후상태 •처리공정	•유량 •접촉조(방응조)의 설계

자외선 조사설비는 하수와 램프의 접촉여부에 따라 접촉식과 비접촉식으로 구분하고 접촉식은 다시 관로형과 수로형이 있으며 이들의 장단점은 표 5.12와 같다.

표 5.12 자외선 조사설비의 비교

구분	자외선조사(UV)		
	접촉식		비접촉식
	관로형	수로형	
장점	•설비 크기가 작고 시스템이 단순하고 간단함. •크기가 적어 설치면적이 적고 토목 공사비 적음. •유입량 변화에 따라 UV램프 출력 조절함. •램프 사용 수량이 적어 유지 관리가 매우 용이함. •고출력 중압으로 적은 수의 램프로 목표 수질을 얻을 수 있음. •램프수가 적어 소모품비가 적고 유지관리가 편함. •별도의 토목구조물 없이도 시공이 가능함. •배관에 직접 연결되므로 시공이 용이함. •운전자가 자외선에 노출될 우려가 없다.	•타 형식에 비해 램프수명이 길다. •램프세척 및 수위조절장치 자동 제어 가능함. •유량 및 수질변동에 자동 대응 가능함. •국내 사용실적이 많다.	•하수와 램프가 직접 접촉하지 않으므로 램프수명이 길다. •램프의 가격이 저렴하고 초기투자비가 저렴하다. •불소수지계중 가장 진보된 AFP TUBE를 사용하여 UV투과율이 우수하고, 스케일부착을 방지하므로 별도의 세척장치가 불필요함. •램프교체비용이 적다. •램프의 교체가 용이하다. •램프파손시 수은방출이 없다. •UV출력이 연중 일정함. •기계구동부분이 없어 고장빈도가 작다.

표 5.12 자외선 조사설비의 비교(계속)

구분	자외선조사(UV)		
	접촉식		비접촉식
	관로형	수로형	
단점	• 램프 수명이 비교적 짧음.(8,000시간)	• 램프수량이 많아 유지관리가 어려움. • 운전자가 자외선에 노출될 위험이 있음. • 자동수위조절장치, 수위계, Hoist 등 다양한 부대설비들로 구성되어 운영관리가 다소 어려움. • 별도의 토목 구조물 필요함. • 바이러스 및 원생동물의 살균이 어려움.	• 수로인 Tube 내 유속이 빨라 손실수두가 많음. • 장시간 사용시 Tube에 스케일 등 이물질이 부착 • 세척장치가 없어 테프론 튜브의 이물질을 제거할 수 없다. • 처리수 내의 입자에 의해 Tube 내벽이 긁히고 긁힌 자국에 이물질이 끼어 더러워지고 UV Light 통과 능력이 저하 • 램프의 개수가 많다.

/ 연습문제 /

5.1 하수처리 단계별 방법 및 주제거 대상요소는 무엇인가?

5.2 침전형태별 침전되는 유형은 어떠한가?

5.3 활성슬러지 팽화현상의 원인 및 대책은 무엇인가?

5.4 살수여상법의 장단점은 무엇인가?

5.5 살수여상의 여재가 구비해야 할 조건은 무엇인가?

5.6 활성슬러지 처리법중 공기공급조내 공기공급방식의 종류와 특징을 설명하시오.

5.7 회전 원판법의 장점은 무엇인가?

5.8 활성슬러지법의 공기공급조에서 미생물에 적합한 조건은 무엇인가?

5.9 슬러지 용적지수(SVI)의 정의와 침전에 미치는 영향은 무엇인가?

5.10 활성슬러지법의 기본개념과 원리를 설명하시오.

5.11 도시폐수의 가장 중요한 성분을 들고 그 특성을 설명하시오.

5.12 활성슬러지법과 살수여상법에서 반송을 하는 목적과 방법을 설명하시오.

5.13 다음 용어를 설명하시오.

① MLSS ② F/M비 ③ SRT ④ SVI

5.14 유입량 $1.2m^3/s$인 하수를 침전속도 120m/hr인 정방형 침사지로 처리하고자 한다. 침사지 1변의 길이는?

5.15 원형침전지에서 $1,500m^3/day$의 하수가 유입될 때 월류부하를 $15m^3/m\cdot day$로 하면 2차 침전지 월류위어(Weir) 길이는 몇 m인가?

5.16 하수처리장이 1차 처리시설의 침전지에서 BOD부하의 30%가 처리되고 2차 처리시설에서 BOD부하의 90%가 처리된다면 전체 BOD 제거율은?

5.17 어느 도시의 1인당 하수량이 300L/day이고, 인구는 100,000명이다. 침전지의 유효수심을 3m, 침전시간을 1.5시간으로 설계하고자 할 때 침전지 면적은 얼마가 되어야 하는가?

5.18 침전지의 수심이 4m이고 체류시간이 2시간이다. 이 침전지의 표면 부하율(Surface loading rate)은?

5.19 1일 5,400톤의 하수를 처리할 수 있는 원형 침전지를 건설하려 한다. 침전지의 직경은?(단, 침전속도는 3m/hr이다.)

5.20 유입하수량 10,000m^3/day, 유입BOD농도 120mg/L, 공기공급조내 MLSS농도 2,000mg/L, BOD부하 0.3kg-BOD/kg-MLSS · day라면 공기공급조의 용적은 얼마인가?

5.21 하수량 1,500m^3/day, BOD 150mg/L인 하수를 250m^{3}의 유효용량을 가지는 공기공급조로 처리할 경우 BOD용적부하는 얼마인가?

5.22 하수 종말 처리장 유입수의 평균 BOD=2,000mg/L, 유출수의 평균 BOD=200mg/L, 평균유량=2,000m^3/day, 공기공급조 MLVSS=2,500mg/L, 공기공급조의 부피가 14,000m^{3}이다. F/M비는?

5.23 MLSS가 2,000mg/L이고, 30분간 정치했을 때 침강용적이 30%(SV)일 때 SVI는 얼마인가?

5.24 유입하수량 1,000m^3/day, 유입하수의 BOD 농도 200mg/L인 오수를 활성슬러지법으로 처리하기 위하여 설계하려고 한다. 공기공급조의 MLSS 농도를 2,000mg/L로 유지하고 F/M비를 0.2로 운전할 경우 공기공급조의 수리학적 체류시간은 얼마인가?

5.25 BOD농도 200mg/L, 하수량 20,000m^3/d를 체류시간 8시간의 활성슬러지조에서 처리할 경우 공기공급조의 BOD 용적부하는 얼마인가?(단, 슬러지 반송률은 20%로 운전한다.)

5.26 활성슬러지법을 사용하는 어떤 공기공급조의 용적이 2,800m^3, 공기공급조내의 MLSS가 3,600mg/L, 유입하수량 140m^3/day, 공기공급조로 유입하는 SS농도가 12,000mg/L일 때 슬러지 일령(A_s)은?

5.27 하수유량 2,800m^3/day, 슬러지의 반송비 50%의 활성슬러지 처리공정에서 2차침전지의 부피가 500m^{3}이다. 2차침전지에서의 체류시간은 몇 시간인가?

5.28 하수처리장 침전지의 수심이 3m이고, 표면 부하율이 36m^3/m^2 · day일 때 침전지에서의 체류시간은 얼마인가?

5.29 유량이 20,000m^3/day인 하수를 처리하기 위하여 침전지를 설계하고자 할 때 수심이 4m, 표면부하율이 40m^3/m^2/day일 때 소요 표면적과 체류시간은 각각 얼마인가?

5.30 인구 1인당 생활오수의 BOD오염부하 원단위를 50g/인·day라 할 때 인구 10만 도시의 하수처리장에 유입되는 BOD부하는?

5.31 하수종말 처리장에 유입하는 하수 200mL를 채취하여 증류수에 희석하여 300mL로 하였다. 식종은 별도로 하지 아니 하였으며 희석 후 시료의 용존산소량은 8.5mg/L이었고 20℃에서 5일간 배양 후 시료내의 용존산소량은 2.8mg/L이었다. 이 하수의 BOD_5는 얼마인가?

5.32 하수처리장 침전지의 수심이 3m이고, 표면부하율이 $36m^3/m^2 \cdot day$일 때 침전지에서의 체류시간은?

5.33 BOD농도가 800mg/L, 유량 $50m^3/hr$, 하루 배수시간 8hr인 공장폐수를 $0.4kg \cdot MLSS/m^3 \cdot day$의 부하로 활성슬러지법에 의하여 처리하면 공기공급조의 부피는 얼마인가?

5.34 활성슬러지 공정에서 2차 침전지 반송슬러지의 농도가 16,000mg/L였다. 공기공급조의 MLSS농도를 2,500mg/L로 유지하기 위한 반송율은?

5.35 표준 활성 슬러지법으로 하수를 처리하고 있다. 유입오수량이 $2,000m^3/day$, 반송슬러지 농도가 10,000mg/L일 때, 공기공급조의 MLSS를 3,000mg/L로 유지하려면 슬러지 반송유량을 얼마로 하여야 하는가? (단, 유입수와 유출수의 고형물 농도(SS)는 무시한다.)

5.36 활성슬러지법에 의한 하수처리시 공기공급조의 MLSS를 2400mg/L로 유지할 때 SVI가 120이면 반송률(R)은? (단, 유입수의 SS는 고려하지 않음)

5.37 2차침전지에서 슬러지 침강성을 조사한 결과 SS를 2,000mg/L 함유하는 공기공급조 혼합액 1L를 30분간 침전시킨 후 MLSS가 점유하는 부피는 150mL이었다. SVI(슬러지 용적지수)와 SDI(슬러지밀도지수)는 각각 얼마인가?

memo

1 2

6 슬러지처리

6.1 개 설

6.1.1 슬러지처리 방식

슬러지처리란 슬러지의 최종처분이 쉽도록 위생적으로 안정화하여 슬러지체적과 수분량을 감소시키는 조작이다.

슬러지처리의 목표는 다음과 같다.

(1) 생화학적으로 안정화

슬러지 중에 함유된 유기물이 더 이상 부패되지 않고 대기·토양·지표수 등 생태계에 악영향을 주지 않도록 처리함을 말한다.

(2) 위생적으로 안전화

슬러지 중에 생존한 각종 병원균, 기생충란 등을 사멸시키거나 주위환경에 불쾌감을 주지 않도록 처리함을 말한다.

(3) 부피의 감용화(질량의 감량화)

슬러지의 부피 또는 질량을 감소시켜 후속처리에 편리함과 비용을 절감하는데 목적이 있다.

(4) 처분의 확실화

슬러지를 처분 즉 매립·퇴비화·비료화 등을 하는데 확실하게 환경보전법 또는 관계법령에 적합하게 처리하는데 있다.

처리방식은 농축, 소화, 탈수, 건조, 소각, 발효 등의 단위조작을 조합하여서 다양한 것이 실용화되고 있다. 이 중에 주된 햇빛건조법, 혐기성 소화법, 생슬러지 기계탈수법, 습식산화법에서 최근에는 증발건조법도 사용되고 있다. 이런 각종방식의 대표적인 것을 도식화하면 그림 6.1과 같다.

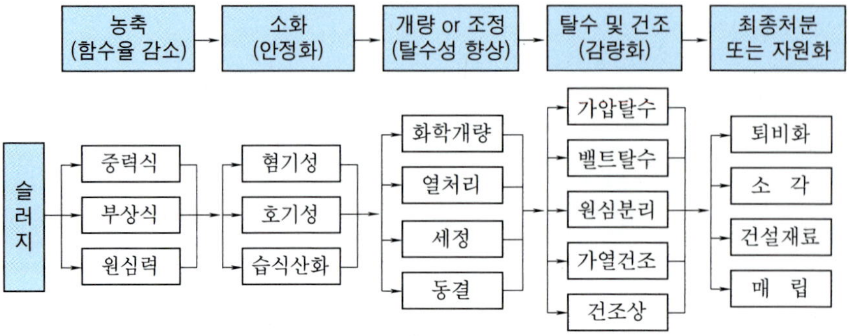

그림 6.1 슬러지처리방식

6.1.2 슬러지처분

하수찌꺼기는 대부분 매립지에 매립해왔으나 유기성 하수찌꺼기를 매립할 경우 찌꺼기에서 발생하는 침출수와 악취로 인해 토양오염 등 2차 환경오염 발생이 우려되는 상황이었다. 이에 2001년 1월부터 시설용량 1만m^3/일 이상의 하수처리시설에서 발생하는 유기성찌꺼기는 직매립을 금지하고 소각이나 퇴비화 처리 후 잔재물만 매립하도록 규정했다.

2011년 런던협약에 따라 하수찌꺼기 해양투기를 전면 금지하면서 지금까지 해양투기로 처리했던 만큼의 하수찌꺼기 처리문제가 대두됐으며, 찌꺼기를 육상에서 처리하기 위한 특단의 조치가 필요하게 되었다.

슬러지는 건조하여 소각하여도 최종적으로는 어떠한 형의 잔해가 남는다. 이것을 처분하기 위한 방법으로서 다음과 같은 것이 있다.

1) 매립처분

매립지, 황무지 등에 투기하는 방법이다. 우리나라에는 매립하기에 적합한 토지가 부족한 상태이므로 장래에도 이 방법에 의지하는 것은 무리일 것이다. 또 이 방법을 취할 경우에는 슬러지를 될 수 있는 한 용량을 줄여야 한다.

2) 농촌환원(퇴비화)

하수슬러지 중에는 비료성분이 많이 포함되어 있어 토양개량제로서의 가치는 충분하다. 경지에 유기물을 주는 의미에서도 슬러지의 농촌환원은 좋을 것이다. 그러나 하수슬러지 중에는 중금속 등의 유독물이 포함되어 있을 가능성이 있으므로 농촌환원을 행하기 위해서는 충분한 조사가 필요하다.

3) 소각탄의 유효이용

소각탄을 벽돌과 콘크리트 블록의 제조 혹은 노반재로 사용하는 것이 생각되나 금후 연구에 기대가 크다.

6.1.3 슬러지 발생량

하수처리장에서 발생하는 잉여슬러지량은 통상 간편하게 식 (6.1)에 의해 계산한다. 그러나 정확히는 식 (6.2)에 의해야 한다.

$$W=QM_i\eta_c\times10^{-3} \tag{6.1}$$

$$W=Q(M_{i0}+aS_0\eta_A-bMt-M_F)\times10^{-3} \tag{6.2}$$

여기서, W : 슬러지량(kg/day) Q : 처리수량(m^3/day)

M_i : 공기공급조 유입 부유물질농도(mg/L)

M_{i0} : 유입수 중 무기성 SS(mg/L) M_F : 2차침전지 유출수 SS(mg/L)

M : 공기공급조내 $MLSS$(mg/L) η_c : 2차침전지 SS 제거율

η_A : 공기공급조 BOD 제거율 t : 공기공급조 체류시간

a : BOD 슬러지 전환율 b : 자기산화율(day^{-1})

하수처리장에서 발생하는 슬러지는 상기 외에 2차침전지에서 발생하는 것이 있으며 이것을 첨가할 필요가 있다. 이 슬러지량은 식 (6.1)을 준용해서 계산하면 좋다.

위에 계산한 슬러지량은 함유하는 수분량을 고려하지 않은 건조슬러지량이다. 습슬러지

량은 다음 식에 의해 얻는다.

$$q = \frac{W}{c} \qquad (6.3)$$

여기서, q : 습슬러지량(m^3/day) c : 슬러지농도(kg/m^3)

슬러지농도는 백분율로 나타내는 것도 있어 1%는 거의 10kg/m^3에 상당한다. 또 슬러지 농도의 대신으로 함수율(100−슬러지농도(%))로 나타내는 것도 있다.

슬러지 농도는 1차침전지 슬러지에서 2~4%(20~30kg/m^3), 활성슬러지법의 2차침전지에서 0.5~1%(5~10kg/m^3), 살수여상슬러지에서 2~3%(20~30kg/m^3)이다.

예제 6.1 표준활성슬러지법으로 100,000m^3/day의 하수량을 처리하고 있다. 이에 의해 발생한 1차침전지 슬러지와 잉여활성슬러지는 혼합하여 처리하고 있다. 1차침전지슬러지, 잉여활성슬러지 및 소화슬러지의 발생량을 구하시오. 단, 유입하수와 처리수의 수질은 다음과 같다.

유입하수 및 처리하수의 수질

항목	유입수 농도 (mg/L)	1차침전지 유출수		2차침전지 유출수		종합제거율 (%)
		제거율(%)	농도(mg/L)	제거율(%)	농도(mg/L)	
BOD	200	35	130	88.5	15	92.5
SS	200	40	120	85.0	18	91.0

〈풀이〉

① 1차침전지슬러지 : 표의 *SS*제거율에서 1차침전지의 슬러지량은

$$(200-120)\text{g/m}^3 \times 100{,}000\text{m}^3/\text{day} \times (1\times10^{-3})\text{kg/g} = 8{,}000\text{kg/day}$$

함수율 98.5%, 단위중량 1,000kg/m^3로 하면, 이 슬러지의 용량은

$$\frac{100\% \times 8{,}000\text{kg/day}}{(100-98.5)\% \times 1{,}000\text{kg/m}^3} = 533\text{m}^3/\text{day}$$

② 잉여활성슬러지 : 공기공급조에서의 *BOD*제거율은

$$(130-15)\text{g/m}^3 \times 100{,}000\text{m}^3/\text{day} \times (1\times10^{-3})\text{kg/g} = 11{,}500\text{kg/day}$$

*BOD*의 *SS*전환율을 0.5로 생각하면, 제거되는 *BOD*가 슬러지로 전환되는 양은

$$11{,}500\text{kg/day} \times 0.5 = 5{,}750\text{kg/day}$$

1차침전지 유출수의 *SS*는 120mg/L, 2차침전지 유출수의 *SS*는 18mg/L이므로, 제

거 SS량은

$$(120-18)\text{g/m}^3 \times 100{,}000\text{m}^3/\text{day} \times (1 \times 10^{-3})\text{kg/g} = 10{,}200\text{kg/day}$$

잉여활성슬러지 중의 SS량은 제거 BOD의 SS전환량과 제거 SS량을 더하는 것으로 생각하면

$$5{,}750+10{,}200=15{,}950\text{kg/day}$$

이 잉여활성슬러지의 함수율을 99%로 하면, 용량은

$$\frac{100\% \times 15{,}950\text{kg/day}}{(100-99)\% \times 1{,}000\text{kg/m}^3} = 1{,}595\text{m}^3/\text{day}$$

③ 소화슬러지 : 소화조에서의 투입슬러지 SS량은

$$8{,}000\text{kg/day}+15{,}950\text{kg/day} = 23{,}950\text{kg/day}$$

이 되며, 투입슬러지의 용량은

$$533\text{m}^3/\text{day}+1{,}595\text{m}^3/\text{day} = 2{,}128\text{m}^3/\text{day}$$

소화처리에 따른 SS제거율을 50%로 하면, 소화슬러지의 SS량은

$$23{,}950\text{kg/day} \times (1-0.5) = 11{,}975\text{kg/day}$$

함수율을 95%로 하면, 용량은

$$\frac{100\% \times 11{,}950\text{kg/day}}{(100-95)\% \times 1{,}000\text{kg/m}^3} = 240\text{m}^3/\text{day}$$

6.2 슬러지의 농축(Sludge thickening)

소화, 기계탈수 혹은 습식산화 등을 효율 좋게 행하기 위해서는 슬러지를 할 수 있는 만큼 농축하는 것이 긴요하다. 그러므로 농축공정은 모든 슬러지 처리방식의 최초 공정에 놓는다.

슬러지 농축조의 고형물 회수율이 낮으면 상등액 중에 다량의 부유물이 포함되어 반송되므로 수처리시설에 영향을 주게 된다. 슬러지 농축에는 중력식, 부상식, 원심분리식 농축 등이 있다. 일반적으로 중력식이 가장 많이 사용되고 있으나 슬러지성상 변화에 따라 침강성 및 농축성이 나빠질 수 있고, 여름철에 농축슬러지의 농도가 낮아지거나, 슬러지 일부가 부상하여 고형물 회수율이 나빠지는 단점이 있다. 부상식 및 원심분리식은 중력식에 비해 동력비가 더 필요하게 된다. 슬러지 농축방법들의 장단점은 표 6.1과 같다.

표 6.1 슬러지 농축방법의 비교

농축방법	장점	단점
중력식 농축	•간단한 구조, 유지관리비 저렴, 유지관리 용이 •1차슬러지에 적합 •저장과 농축이 동시에 가능 •약품 소요되지 않음 •동력비 소요가 적음	•악취문제 발생 •잉여슬러지의 농축에 부적합 •잉여슬러지 농축 소요면적이 큼
부상식 농축	•잉여슬러지에 효과적 •고형물 회수율 비교적 높음 •약품주입 없이도 운전가능	•동력비가 많이 소요 •악취문제 발생 •다른 기계식 방법보다 소요부지가 큼 •유지관리가 어려우며 건물내부에 설치시에 부패문제 유발
원심분리 농축	•소요부지가 적음 •잉여슬러지에 효과적 · 운전조작이 용이 •악취문제가 적음 •약품주입 없이도 운전가능 •고농도로 농축가능	•시설비와 유지관리비가 고가 •유지관리가 어려움 •연속운전을 해야 함

자료 : WEF & ASCE, Design of MWTP, Vol.II. 1992

농축에 의한 슬러지체적의 감소는 함수율의 저하에 의한 것이며, 농축 전후의 슬러지체적(V_1, V_2)과 함수율(r_1, r_2)과의 관계는 슬러지의 밀도(또는 비중)가 불변이라고 가정하면

$$\frac{100-r_1}{100}V_1 = \frac{100-r_2}{100}V_2 \tag{6.4}$$

따라서, 농축 후의 슬러지체적 V_2는

$$V_2 = \frac{100-r_1}{100-r_2}V_1 \tag{6.5}$$

예를 들면, 농축조작에 의해 함수율이 99%에서 약 3% 감소하여 96%로 된 경우, 농축후의 오니량은 1/4로 경감하는 것이고, 농축의 의의는 대단히 크다.

6.2.1 중력식농축조(thickener)

침전과 농축과는 조작으로서는 동일하다. 단, 전자에서는 상등액의 질을 문제로 하는 것에 반해 후자는 슬러지의 농도가 주제로 되는 점이 다르다. 또 후자는 전자에 비해서 농후액을 처리하는 것이 많으므로 침전지내 입자의 침강속도 같이 단일 입자의 침강속도에 근사

하여 논의할 수 없다.

침강농축시 그림 6.2와 같이 상등구역, 침강구역, 그리고 농축구역의 세부분으로 형성되며 침강구역에서는 지역침전, 농축구역에서는 압축침전이 일어날 것이다. 따라서 슬러지 농축조의 소요면적은 상등구역에서 넘치는 물이 부상물을 상승시키지 않을 정도로 커야 하며 침전 및 농축에 필요한 소요면적을 비교해 큰 면적을 사용하여 두 가지 조건을 모두 만족해야 한다.

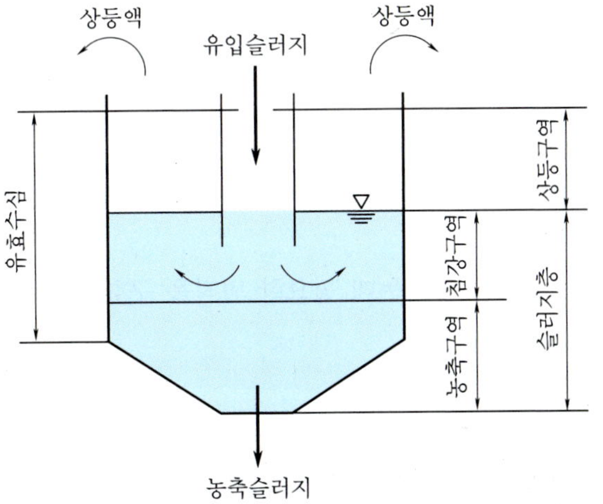

그림 6.2 슬러지 농축조의 침강농축영역

입자군의 침강속도는 입자상호의 간섭과 응집의 영향이 있어 계산에 의해서 구하기 어렵다. 일반적으로 처리해야 할 현탁액을 메스실린더에 취해 충분히 혼합한 후 장치하여 중력침강시킨다. 농후현탁액에서는 정지 후 단시간에 상등액과 현탁층과의 경계면이 명확히 할 수 있으므로 이 경계면의 위치와 경과시간과의 관계를 측정하여 회분침강곡선을 그린다. 입자군의 침강속도와 이 회분침강곡선의 접선경사로서 나타낸다.

그림 6.3과 같은 회분침강곡선에서 경계면의 위치가 시간과 함께 직선적으로 감소하는 영역을 등속침강구간 또는 간섭침강구간이라 하며 천이영역을 거쳐 압밀영역에 접근하여 임계농도는 천이영역의 압밀점에서 생기며 압밀점은 후술의 Robert식에 의해서 $H-H_{\infty}$와 시간 t와의 관계를 반대수지 그래프에 그릴 때 직선으로 되는 시작점으로서 구할 수 있다.

농축조의 면적은 이 침강곡선에서 구한다.

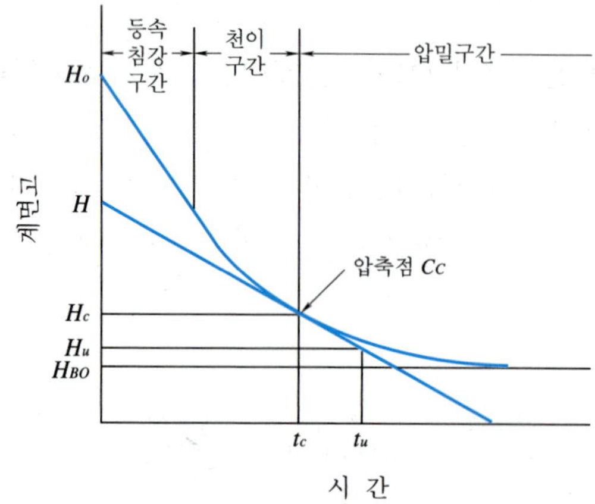

그림 6.3 회분침강곡선

1) Fitch방법

경계면의 농도가 임계농도(C_c)로 되는데 필요한 면적을 구한다. 즉,

$$A = \frac{Q_i t_u}{H_0} \tag{6.6}$$

여기서, A : 경계면농도가 C_c로 되는데 필요한 면적(m^2)

Q_i : 농축조에 들어오는 현탁액 유량(m^3/s)

t_u : 슬러지농도가 C_c로 되는데 필요한 시간(s)

H_0 : 초기계면높이(m)

2) Coe-clevenger방법

$C_t \sim C_u$의 농도 C에 대한 침강속도 u를 회분침강곡선에서 구하여 다음 식에 의해 농축조 면적 A를 계산하여 그 최대치 A_{max}를 소요면적이라 한다.

$$A = \frac{Q_i c_i - Q_u c}{c_u} \tag{6.7}$$

여기서, c_i : 농축조로 들어오는 현탁액농도(kg/m^3)

Q_u : 빼낸 슬러지량(m^3/s)

C_u : 빼낸 슬러지농도(kg/m^3)

3) Robert식

슬러지의 농축을 나타내는 Robert식은

$$\frac{H-H_\infty}{H_c-H_\infty} = e^{-kt'} \tag{6.8}$$

여기서, H : 압축침강 개시에서 t' 경과한 때의 슬러지계면 높이(m)

H_c : 압축침강 개시 때의 슬러지계면 높이(m)

H_∞ : 압축침강 종료 때의 슬러지계면 높이(m)

t' : 압축침강 개시 때에서의 시간(hr)

k : Robert 상수

4) 일반적 설계기준

하수슬러지를 적용하는 경우에 설계제원은 다음과 같다.

- 체류시간 : 18hr
- 고형물 부하 : 25~70kg/m^2·day
- 유효 수심 : 3~4m
- 탱크바닥의 기울기 : 5/100 이상

6.2.2 부상농축조

1) 부상농축의 원리

하수슬러지를 부상농축하는 경우에는 가압부상법이 이용되는 경우가 많다. 가압부상법은 원수 혹은 순환수를 압력탱크 중에 유도하여 공기를 충분히 용해한 후 부상탱크를 개방하여 미세기포를 발생시켜 이 기포가 부유물을 동반하여 부상하는 것을 이용하여 농축을 행하는 것이다.

2) 공기-고형물비

유입현탁액에 혼입시킨 공기량 A와 부유물질의 양 S와의 비 A/S를 공기-고형물비라 하며, 부상농축조의 설계와 운전에 중요한 수치이다.

소요의 A/S비는 실험에 의해 구해야 하나 목표로서는 0.01kg/kg 이상이면 충분하다. A/S비가 너무 높으면 심한 와류에 의한 전단력의 발생으로 응결물이나 스컴이 깨져서 오히려 부상효과가 나빠질 수 있다.

3) 설계제원

가압부상조의 설계제원은 다음과 같다.

- 체류시간 : 유입수 전량에 대해서 2hr 이상
- 고형물 부하 : 80~150kg/m^2
- *A/S*비 : 0.02~0.04kg/kg
- 가압수량 : 슬러지량의 3배 정도
- 가압수압 : 2~5kg_f/cm^2
- 공기조 체류시간 : 2min 정도

예제 6.2 BOD 400mg/L의 폐수 500m^3/day을 활성슬러지법으로 처리하여 함수율 95%의 잉여슬러지를 1,800kg/day 얻고 있다고 한다. 이 생성 슬러지 중의 유기물량은 제거 BOD 1kg당 몇 kg인가? 단, 처리시설의 유기물제거율은 90%, 잉여슬러지 중의 유기물은 건조슬러지의 80%, 잉여슬러지의 비중은 1로 한다.

〈풀이〉

이 폐수 중의 *BOD*부하량은 $400g/m^3 \times 500m^3/day = 200kg/day$

제거율 90%에 의한 제거 *BOD*량은 $200kg/day \times 0.9 = 180kg/day$

그 외, 함수율 95%의 잉여슬러지중의 건조슬러지량은 $1,800kg \times (1-0.95) = 90kg$

이 중 유기물량은 $90kg \times 0.8 = 72kg$

따라서, 제거 *BOD* 1kg당 유기물량은 $72/180 = 0.4kg$

예제 6.3 슬러지농축조에 함수율 99% 및 98%의 생슬러지를 투입하여 둘 다 함수율 96%의 농축슬러지를 얻었다. 이 경우, 농축 후의 슬러지량은 각각 당초의 몇 %로 감소했는가?

〈풀이〉

함수율 $r_2 = 99\%$일 때 농축슬러지량은 $V_2 = \dfrac{100-99}{100-96}V_1 = \dfrac{1}{4}V_1$

그러므로 25% 감소한다.

함수율 $r_1 = 98\%$일 때 농축슬러지량은 $V_2 = \dfrac{100-98}{100-96}V_1 = \dfrac{1}{2}V_1$

따라서, 50% 감소한다.

예제 6.4 어떤 종말처리장의 시설계획 슬러지량은 500m³/day이고, 그 슬러지의 고형물농도는 9kg/m³(함수율 99.1%)이다. 고형물부하를 75kg/m²·day, 유효수심을 4m로 할 때, 중력식 슬러지농축조의 소요면적(m²), 용량(m³), 체류시간(hr), 수면적부하(m³/m²·day)를 구하시오.

〈풀이〉

$$\text{소요면적} = \frac{9.0\text{kg/m}^3 \times 500\text{m}^3/\text{day}}{75\text{kg/m}^2 \cdot \text{day}} = 60\text{m}^2$$

$$\text{유효수심 4m일 때의 용량} = 60\text{m}^2 \times 4\text{m} = 240\text{m}^3$$

$$\text{따라서, 체류시간} = 240\text{m}^2 \times \frac{24\text{hr}}{500\text{m}^3/\text{day}} = 11.5\text{hr}$$

$$\text{그리고, 수면적부하} = \frac{500\text{m}^3/\text{day}}{60\text{m}^2} = 8.3\text{m}^3/\text{m}^2 \cdot \text{day}$$

6.2.3 원심농축기

원심농축기는 중력만으로는 침강농축하기 어려운 슬러지를 원심력을 이용해 효과적으로 농축하는 것으로 보통 횡형의 솔리드-보울 컨베이어형(solid-bowl conveyer type)과 배스킷형(basket type)이 있다.

솔리드 보울 컨베이형 원심농축기는 슬러지 유입방향과 농축된 슬러지의 이동방향이 같은 정류형과 그 방향이 서로 반대인 역류형으로 구분된다. 솔리드 보울 컨베이어형 원심농축기는 원심탈수기와 외형이 비슷하며 보울(bowl)에서 유출되는 분리액의 액측수심을 슬러지측의 배출구 높이 정도까지 높게 운전하고, 농축슬러지가 보울의 경사부를 올라가기 쉽도록 개설되어 있다. 유입슬러지는 보울내에서 원심력을 받아 농축슬러지는 보울내의 주변부에 분리되고, 자기식 차속제어에 의해 보울과 근소한 회전속도차로 돌고 있는 스크루에 의해 경사부를 말아올려 연속적으로 배출시킨다.

농축슬러지의 농도, 고형물회수율(또는 분리액의 수질) 등 농축효과가 유입슬러지의 성상에 따라 최적상태가 되도록 하기 위해서는 운전상의 주요인자인 유입슬러지향, 회전수, 보울과 스크루의 속도차, 액측수심 등이 설치후에도 조절가능한 설비를 선정하는 것이 중요하다.

1) 용량 및 효율

원심농축기의 용량 및 성능을 결정하기 위해서는 슬러지의 성상, 고형물의 농도 및 운전시간을 고려하여 결정한다.

(1) 용량은 슬러지의 성상, 고형물의 농도 및 운전시간을 고려하여 결정한다.

(2) 대수는 다음 식 6.9를 이용하여 구할 수 있다.

$$N = \frac{Q}{q \cdot t} \qquad (6.9)$$

여기서, N : 대수(대)

Q : 유입슬러지량(m^3/day)

q : 1대당 처리 용량(m^3/대 · h)

t : 일 운전시간비(h/day)

(3) 원칙적으로 예비없이 2기 이상 설치한다.

(4) 농축슬러지의 함수율은 96% 정도이며, 고형물회수율은 90~95% 정도를 목표로 한다.

(5) 재질은 내구성이 있는 것을 사용한다.

(6) 농축효율 및 고형물회수율을 높이기 위해 약품주입설비를 설치할 수 있다.

2) 슬러지 펌프

유입슬러지량이 운전상의 중요인자 중의 하나이므로 슬러지 공급펌프의 유량이 일정하도록 용적형 펌프를 사용한다.

슬러지 공급펌프 예비를 설치하지 않을 경우 점검 및 수리시 원심농축기 운전 중단이 불가피하므로 슬러지 농축처리에 지장을 초래하므로 예비대수를 설치하고 상시 운전펌프와 농축기는 1:1로 개별배관하고, 예비펌프는 각 농축기에 모두 연결배관하면 어떠한 펌프의 고장시에도 정상운전이 가능하게 된다.

6.3 소화(digestion)

소화는 고농도의 유기성 폐액의 처리에 적합한 방법으로 하수에서는 농축슬러지 중의 유기물을 분해 안정화하여 슬러지량을 감소시키는 목적으로 사용한다. 소화의 방식에는 혐기성소화와 호기성소화가 있으나 혐기성소화 예가 많다.

6.3.1 혐기성소화의 정화기구

혐기성소화의 정화기구는 산성 발효기, 산성 감퇴기 및 알칼리성 발효기의 3단계로 나누어 생각하는 것이 편리하다.

산성발효기에서는 복잡한 유기물 중 주로 탄수화물이 산생성균에 의해 분해되며 저분자의 유기산으로 된다. 이 단계에서는 *pH* 5 부근까지 저하하여 강한 부패냄새가 생긴다.

산성감퇴기에서는 단백질의 분해가 일어나며 암모니아, Amine이 생긴다. 또 위의 반응에서 생긴 유기산의 중화와 분해도 일으킨 결과 *pH*는 6~6.5 정도까지 상승한다.

알칼리성 발효기는 저급 유기산이 메탄균에 의해 CO_2, CH_4, NH_4^+까지 분해되는 혐기성 소화의 2차단계이다. 이 단계에서는 *BOD*는 감소하여 *pH*는 7.5부근까지 상승한다.

위의 단계를 정리하면

$$H_6H_{12}O_6 \xrightarrow{\text{산생성균}} 3CH_3COOH \xrightarrow{\text{메탄균}} 3CH_4 + 3CO_2$$

메탄균은 편성 혐기성 세균으로 30~36℃의 온도범위를 좋아하는 중온균(methophilic bacteria)과 50~57℃ 부근을 좋아하는 고온균(thermophilic bacteria)의 2종류가 있다. 통상 중온균이 활약하는 중온소화대를 사용하는 것이 많다.

혐기성슬러지소화법은 이미 알칼리성 발효기에 있는 탱크내에 슬러지를 투입하여 슬러지 중의 유기물을 액(탈리액)과 안정한 슬러지(소화슬러지) 및 가스로 하는 처리방식이다.

탈리액의 *BOD*는 상당히 낮게 되어 있고 또 잔류유기물의 농도가 상당히 높아 방류하는 수질을 얻기 위해서는 더욱 호기성처리 등의 2차 처리를 필요로 한다. 통상 탈리액은 1차침전지로 되돌려서 재처리한다.

소화슬러지는 위생학적·화학적으로도 안정화하여 농축성과 탈수성도 우수하다. 또 산생성균과 메탄세균은 획득한 에너지의 대부분을 발효를 위한 에너지와 생활에너지로 소비하므로 세균체의 증식량이 적어 발생슬러지량이 비교적 적다.

소화조내를 메탄균이 생육하는 온도역으로 유지하기 위한 열원은 주로 발생가스와 연료로서 얻는다. 이 때문에 소화조에 공급해야 할 소요에너지는 다른 처리법에 비교하여 적다. 이것은 발생슬러지량이 적다는 것과 함께 혐기성소화법의 큰 이점이 된다.

최근에는 발생가스를 적극적으로 이용하는 방향으로 진행된다. 즉, 발생가스를 엔진의 연료로서 발전기와 공기공급용 산기판을 구동하는 것이다. 이 경우 소화조의 가온열원은 엔진의 폐열을 이용한다.

6.3.2 혐기성소화에 영향을 주는 인자

혐기성소화는 산생성균과 메탄균과의 활동에 의해서 영위한다. 산생성균에 비하면 메탄균은 증식이 느리고 온도, *pH*, 중금속함유량 등의 주위조건에 민감하여 메탄균에 주는 영향인자 즉, 소화에의 영향인자라고 생각하면 좋다.

혐기성소화에 영향을 주는 인자 및 운전지표로 해야 할 인자는 다음과 같은 것이 있다.

1) 유기물 부하

소화조 1m^{3}에 1일당 공급되는 유기물량을 유기물부하라 한다. 유기물부하가 허용한도 이상 되면 메탄균의 활동이 저해되며 가스의 발생이 정지하는 경우가 있다. 이 상태에서도 산생성균은 활동하므로 소화조내에 지방산이 축적하여 소화액의 *BOD*는 높게 된다.

2) 소화온도

소화조의 유기물부하는 중온소화대에서 3kg/day/m^3, 고온소화대에서 6kg/day/m^3 정도되며, 고온소화의 경우가 고부하·단시간에 소화를 행한다. 그러나 소화조를 고온으로 유지하기 위해서 열원이 있는 경우를 제외하고 고온소화는 비경제적이어서 일반으로 중온소화가 채용된다.

상기 온도영역 내에 있어도 온도변화가 있는 것은 혐기성소화가 되는데 좋지 않다. 급격한 온도변화가 있으면 가스발생이 정지하는 것이다.

3) pH와 알칼리도

혐기성소화의 최적 *pH*는 7.0~7.2, 알칼리도는 2,000mg/L 이상이다. *pH*가 6.5 이하로 저하하면 소화는 극단으로 저해된다. 이 같은 경우 일시적으로 소석회를 투입하여 *pH*값을 높이는 응급처치를 취한다.

4) 교반

소화조내의 슬러지를 교반 혼입하여 균일한 상태로 유지하면 소화는 현저히 촉진된다. 고율소화법에서는 농후슬러지의 연속투입과 강력교반에 의해서 고부하·단시간 소화를 달성한다.

5) C/N비

탄소 C와 질소 N과의 양적 균형을 나타내는 C/N비는 가스발생량과 기질분해속도에 큰 영향을 준다. 질소가 과소하면 균체구성을 위한 질소량이 부족함과 더불어 소화액의 pH가 저하하며, 역으로 질소량이 과대하면 pH가 높게 될 수 있다. 하수슬러지의 C/N비는 5~10 정도여서 이 범위내에서는 소화효율에 그다지 큰 차이는 없다.

6) 소화의 저해물질

혐기성소화법은 생물적 처리법이므로 유입슬러지 중에 포함된 각종 물질의 영향을 받기 쉽다. 특히 Cr, Cu, Zn, Cd, Ni 등의 중금속은 상당히 저부하에서도 장해를 준다. 또 Na^+, K^+, NH_4^+, Ca_2^+, Mg^{2+}도 소화의 저해물질이며 SO_4^{2-}와 음이온 활성제도 소화기능에 영향을 준다.

7) 가스발생량과 조성

소화상태를 정확하게 파악하는 데는 발생가스량과 그 조성을 아는 것이 중요하다. 하수슬러지의 경우 농도 2% 정도의 슬러지 $1m^3$에 대하여 $7\sim10m^3$의 가스가 발생하는 것이 정확한 상태이다. 발생가스의 성분은 표 6.2와 같으며 고부하로 되면 CO_2 함유율이 크게 되어 CH_4가 줄어든다.

표 6.2 발생가스성분(%, 체적비)

메탄	탄산가스	수소	질소	유화수소
60~65	33~35	0~2	0~6	0.01~0.02

6.3.3 혐기성소화조의 설계제원

중온소화대에서 운전하는 표준혐기성 소화조의 설계제원으로는 다음과 같은 기준이 있다.

- 소화시간 : 1차 소화조–20day, 2차 소화조–10day

- 소화온도 : 30~35℃
- 바닥경사 : ≧30/100
- 가스홀다용량 : 12시간 분

6.3.4 호기성소화(aerobic digestion)

슬러지 중의 유기물을 호기성미생물의 활동에 의해서 분해하여 안정한 소화슬러지와 탈리액 및 가스로 하는 조작을 호기성소화라 한다. 호기성소화를 행하는 소화조의 구조는 하수처리에서 공기공급조와 거의 같다. 슬러지 중의 유기물은 20day 정도의 호기성소화에 의해 40~50%가 감소하며 탄산가스와 물로 된다.

호기성소화에 관한 연구테마는 미비하며 금후 연구개발에 기대가 크며 설계제원은 다음과 같다.

- 체류시간 : 잉여활성슬러지만의 경우 15~20day
  최초침전슬러지 + 잉여활성슬러지 20~25day
- 소요공기량 : 조용량 $1m^3$ 당
  잉여활성슬러지만의 경우 0.02~0.035m^3/min
  최초침전슬러지 + 잉여활성슬러지 0.06m^3/min
  기계공기공급의 경우 0.75~0.94W/m^3
- 온도 : 15℃ 이상
- 유기물감소율 : 40~50%

6.4 슬러지 개량(Sludge conditioning)

하수슬러지는 복잡한 구조를 갖는 유기물 및 무기물의 집합체여서 슬러지 입자는 물과의 친화력이 강하기 때문에 적당한 예비처리를 하지 않으면 여과와 원심분리 등의 탈수조작에 의해서 입자와 물을 유효하게 분리하는 것은 어렵다. 이 슬러지의 특성을 개선하는 처리를 슬러지 조정이라 한다.

슬러지의 조정법은 세정, 여과보조제의 첨가, 응집제의 첨가, 열처리 등의 여러 방법이 이용된다.

1) 세정(elutrination)

슬러지의 여과특성은 입자경이 작으면 현저히 악화된다. 세정은 슬러지에 물을 혼합하여 침전분리하는 것으로 슬러지 중의 미소입자를 제거하는 방법이다. 통상 세정조작만으로는 충분히 여과특성을 향상시키는 것은 곤란하여 더욱 응집제를 첨가해야 하나 이 경우에는 세정조작에 의해 슬러지 중의 알칼리분이 씻어나가서 응집제를 감소할 수 있는 효과도 생긴다.

2) 여과보조제의 첨가

슬러지 중의 미립자를 흡착 혹은 포함하는 것에 의해서 여과저항을 감소시키는 방법이다. 미분탄, 규조토, 톱밥, 섬유질, 플라이애쉬 등이 여과보조제로 이용된다.

3) 응집제의 첨가

슬러지 중의 미립자를 응집 최대화하여서 여과탈수 혹은 원심탈수를 용이하게 하는 방법이다. 첨가된 무기약제로는 염화제2철과 소석회 혹은 황산제2철과 소석회가 이용되고 있다. 소석회는 중탄산염에 의한 알칼리도를 제거하여 염화철의 사용량을 저감함과 동시에 응집한 floc중량을 크게 하여서 floc형성의 핵으로 된다. 최근에는 고분자 응집제가 사용되는 경우가 많다. 하수슬러지에 대해서는 양이온성 폴리아민 등이 사용된다.

4) 열처리법

하수슬러지는 단백질, 탄수화물, 유지, 섬유질 등을 포함한 친수성 콜로이드를 형성하고 있기 때문에 탈수가 곤란하다. 이 같은 슬러지를 130℃ 이상으로 유지하면 세포막의 파괴와 유기물의 구조변화가 일어나 여과성과 탈수성이 개선된다. 열처리법에서는 약제첨가에 의한 슬러지량의 증가가 없어 탈수케이크 중의 미생물은 사멸하는 이점이 있는 반면 탈리액의 수질이 나쁜 것, 가열 중에 발생하는 악취 등 해결해야 할 문제도 있다. 슬러지소화 전에 열처리를 주면 가스발생량이 많게 된다는 연구가 있다.

6.5 탈수(dewatering)

농축생슬러지와 혐기성소화슬러지는 그대로는 아직도 함수율이 높아서 처리해야 한다. 이것을 소각하여 퇴비화하기 위해서는 함수율을 더욱 낮게 할 필요가 있다. 탈수공정은 액상의 슬러지를 케이크상으로 될 때까지 함수율을 낮추기 위한 조작으로 햇빛건조와 원심탈수 등 여러 가지 기계탈수법이 이용된다.

6.5.1 햇빛건조

모래와 자갈로 된 건조상에 슬러지를 끌어넣어 증발과 침투에 의해서 슬러지를 건조하는 방법이 햇빛건조이다.

많은 경우 소화슬러지가 대상이 되며 생슬러지에 대해서는 별로 적용되지 않는다. 생슬러지는 건조속도가 늦고 또 악취를 발한다. 소화슬러지의 건조속도가 비교적 큰 것은 슬러지가 가스를 발생하는 해를 보는 경우가 크다. 가스에 동반된 고형물이 부상하여 하층부에 탈리액 만큼 줄어서 이것이 여상에서 배출되기 쉽게 되는 것이다.

건조일수는 기후, 온도, 습도, 풍속에 좌우되며 함수율은 소화슬러지의 경우에 대체로 60% 이하로 된다.

6.5.2 가압탈수(filter press)

가압여과기 장치는 슬러지가 중심축을 통해 유입하여 각실의 여포를 통하여 여과가 행해진다. 여액은 여판 표면의 요철구를 통하여 계외로 배출되며 케이크는 여봉내에 남는다. 여과공정 종료 후 통기하여 케이크내와 장치내의 수분을 제거한 후 개봉하여 케이크를 배출한다. 가압여과기는 여과공정과 케이크 배출공정을 연속적으로 행하는 것이 어렵고 여과공정 종료 후 슬러지의 공급을 멈춰 여봉을 해체하여 케이크를 배출해야 한다. 이것을 개봉조작이라 하며 기종에 따라 여러 가지 노력을 해야한다.

가압여과기는 여과압이 2~8kg_f/cm^2로 높으며, 가압여과기의 여과속도와 케이크 함수율은 실험에 의해 구해야 하나 개략적으로 다음 표 6.3과 같다.

케이크의 함수율을 더욱 향상시키기 위해서 압축공정을 첨가한 가압압축여과기를 이용하는 것도 있다. 가압여과는 원슬러지의 압력만으로 여과가 행해지는데 반해 가압압축여과는 그밖에 고압원에서의 압력을 타이야 후륨을 끼워 작용시켜서 케이크를 압축탈수한다. 결국

표 6.3 가압여과기의 여과속도와 케이크 함수율

	농축슬러지	소화슬러지	열처리슬러지
여과속도(kg/m^2/hr)	2~4	2~5	8~15
케이크함수율(%)	60~70	55~70	45~55

가압여과는 케이크의 두께가 여실의 크기와 같은데 반해 가압압축여과는 슬러지의 성질에 의해서 케이크 두께가 변화한다.

6.5.3 원심탈수(centrifuge)

원심탈수기는 외통을 고속회전시켜서 강력한 원심력장을 만들어 여기에 슬러지를 도입하면 밀도가 작은 분리액은 내측에, 밀도가 큰 케이크는 외부 가장자리부로 분리된다. 분리액은 월류위어에서 유출하며 케이크는 스크류 콘베어에서 반대측으로 이동되어 배출된다.

원심탈수기는 조작이 연속적이며 또 무인운전이 용이하다. 이 때문에 탈수조작은 24hr 연속운전하는 것이 가능하며 같은 양의 슬러지를 처리하는 경우 가압여과기에 비해서 시간당 용량을 1/2~1/3에 할 수 있다.

하수슬러지를 원심탈수할 때에는 고분자 응집제의 첨가가 필수이다. 또, 고분자 응집제의 종류와 첨가장소에 따라 탈수성능이 크게 변화하므로 최량의 결과를 얻기 위한 조건은 실험에 의해 구해야 한다.

6.5.4 Belt press

투수성을 갖는 벨트와 벨트 사이에 슬러지를 끼워 넣어 다수의 로프로 벨트를 억눌러서 탈수를 행하는 것이다. 슬러지함수율이 높으므로 큰 힘으로 강압하면 슬러지는 벨트의 양에서 초과한 만큼 유효한 탈수가 행해지지 않는다. 이것을 방지하기 위해서 슬러지농도가 낮은 최초단계에서는 벨트위에 슬러지의 자중만에 의한 물기를 빼든지 혹은 모세관 현상을 응용한 물의 흡취 등을 행한 후 로프에 가압을 행하는 것이 보통이다.

벨트가압의 여과속도는 다른 여과기와 달리 벨트 단위폭당 공급슬러지 고형물로 표시한다. 대략 90~150kg/m·hr의 여과속도에서 함수율 78~80% 정도의 케이크를 얻는다.

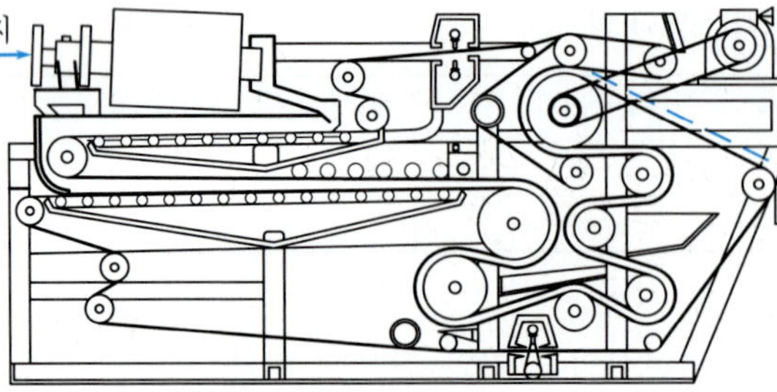

그림 6.4 벨트프레스 탈수기

표 6.4 각 탈수기의 종류별 비교

항목	가압탈수기	벨트프레스탈수기	원심탈수기
케이크 함수율	55~65%	72~80%	75~80%
탈수속도	3~5kg/SDm^2 · hr	100~180kg/SDm^2 · hr	–
소요면적	많다	적다	적다
조작조건	탈수공정 : 5min 압착공정 : 12min 건조공정 : 1.5min 배출공정 : 5.5min	여포이동속도 0.4~2.4 m/min 여포인장압 : 1~3kg/cm^2	–
약품개량제(일반적)	소석회+염화제이철	Cation계 고분자응집제	Cation계 고분자응집제
약품주입율 (고형물당)	$Ca(OH)_2$ 25~40% $FeCl_3$ 7~12%	0.5~0.8%	0.7~1.0%
여포교환	8hr/day 운전시 3개월(1,500사이클)	8hr/day 운전시 약 1년	8hr/day 운전시 2~2.5년(단, 스크류)
여포세척	필요수량 : 보통 세척수압 : 6~8kg/cm^2	필요수량 : 많다. 세척수압 : 3kg/cm^2 이하	필요수량 : 적다
케이크의 반출	사이클마다 여포실 개방과 여포이동에 따라 반출	여포의 이동에 의한 속반출	스크류에 의한 연속 반출
운전조작	간편함	간편함	간편함
소음	보통(간헐적)	적다	보통(팩키지포함)
동력	많다	적다	많다

6.6. 슬러지의 건조(Sludge drying)

하수슬러지는 탈수공정을 거쳐도 아직 75~90% 정도의 함수율을 갖고 있다. 이 같은 고함수율의 케이크에서는 매립과 토양환원하는 경우 취급이 불편하며 위생상도 좋지 않다. 슬러지를 이 같은 처분에 맡기기 위해서는 더욱 건조할 필요가 있는 것이다.

케이크를 소각하는 경우에는 소각로내에서 건조가 행하여져 특별한 건조공정은 생략한다. 그러나 유효한 건조방법이 있으면 소각의 전처리로서 건조공정을 두는 방법이 경제적이 되는 것도 있다.

건조기는 증발장치여서 외부에서 가열하여 케이크 중의 수분을 기화하여 제거한다. 그러므로 일반의 증발장치는 100℃의 물 1kg을 증발시키는데 540kcal의 열량이 필요하다. 그러나 다중효용을 사용한 진공증발에 의하면 이 값보다 작은 열량에서 물을 증발시킬 수 있다.

C. Greenfield가 제안한 C-G공정은 슬러지에 비휘발성의 기름을 혼입하여서 저함수역까지 유동상태를 유지하기 위해 증발로의 적용을 가능하게 한다. 이렇게 해서 건조된 슬러지는 첨가한 기름과의 혼합물로서 증발로부터 나가서 원심분리에 의해 기름을 분리회수하여 재이용한다. 건조슬러지는 통상 소각하여 증발로의 가열증기에 재원으로서 이용한다.

6.7 슬러지의 소각(Sludge incineration)

6.7.1 소각과 소각로의 종류

슬러지를 감량하기 위해서는 소각하는 것이 최상이다. 소각이 완전히 행해지면 슬러지중의 유기물은 CO_2, N_2O, N_2, SO_2 및 H_2O로 되어서 대기 중으로 방산되며 무기질만이 재로서 남는다.

대기중에 방산되는 물질에는 이외에 분진이 있다. 분진량은 질소산화물(NO_x), 황산산화물(SO_x)과 함께 대기중으로 방출량이 충분히 낮아지도록 설계 및 운전에 주의해야 한다.

최종적으로 남은 재는 위생적으로는 무해화 되어 있다고 생각하나 슬러지중에 포함된 중금속류는 농축된 형으로 재중에 존재하는 것이 되므로 그 처분에는 충분한 주의가 요망된다.

슬러지의 소각에는 입형다단로, 회전로, 유동상연소로, 용융로 등이 사용되고 이들의 특성은 표 6.5와 같다.

표 6.5 소각로의 특성 비교

형태	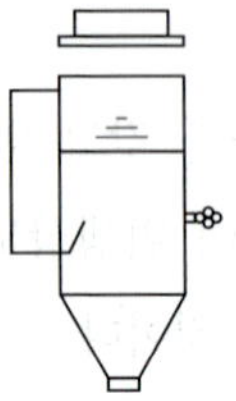	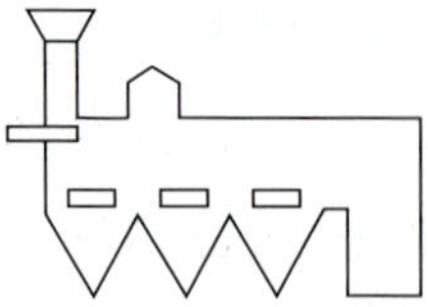	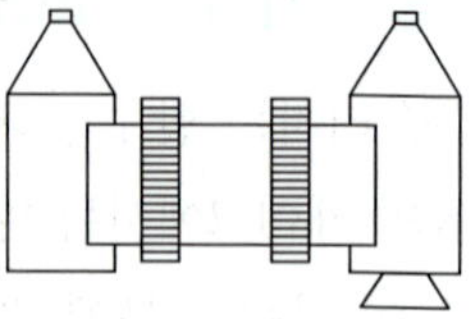
형식	유동상식	Stoker 식	Rotary Kiln 식
소각 방법	소각로 내부에 유동층(모래, 자갈)을 두고, 하부에 유동 Blower에 의해 유동층으로 유동 공기를 유입시켜 연소	소각로 내부에 구동화격자를 두고 화격자의 구동에 따라 폐기물을 뒤집으면서 연소	소각로를 원통형으로 만들어 통 자체를 동력에 의해 회전시켜서 내부의 폐기물을 연소
연소량	300~500kg/m² · hr	200~250kg/m² · hr	250~400kg/m² · hr
소각 대상	사업장폐기물, 하수슬러지 등	도시쓰레기, 사업장폐기물	도시쓰레기, 사업장폐기물, 슬러지 등
규모	20~100ton/day	10~300ton/day	20~200ton/day
장점	•수분이 많은 쓰레기 소각에 적합하다. •소각효율이 좋다. •자동연속 소각이 가능하다.	•소각효율이 좋다. •자동연속 소각이 가능하다. •다종의 쓰레기 소각에 적합하다. •제작 설치비가 저렴하다.	•수분이 많은 쓰레기 소각에 적합하다. •소각효율이 좋다. •자동연속 소각이 가능하다. •다종의 쓰레기 소각에 적합하다.
단점	•유동층의 운전방법이 다소 어렵다. •분진의 양이 많다.	•구동부가 많아 유지보수가 많다. •슬러지와 같은 다량의 수분을 포함한 폐기물에 대해서는 처리가 불가능하다.	•구동부의 유지관리가 매우 어려우며, 보수의 소지가 많다. •주변기기의 연관 관계가 매우 어렵다. •제작 설치비가 매우 고가이다.

6.7.2 연소실부하, 발생재의 양

1) 연소실부하

소각로의 용적중 연소에 관여한 부분의 용적을 V_b, 소각로에 투입된 전발열량을 Q로 할 때 Q/V_b를 연소실부하라 한다. 연소실부하는 다단로는 150,000~300,000kcal/m³ · hr, 유동로는 250,000~ 400,000kcal/m³ · hr, 회전로는 70,000~90,000kcal /m³ · hr 정도이다.

2) 발생재의 양

케이크 중 가연부분의 연소효율을 100%로 하면 소각로에서 발생하는 재의 양을 다음 식으로 나타낸다. 단, 재의 비산을 방지하기 위해서 물을 산포하는 경우에는 그 양을 가산해야 한다.

$$F_a = F_c(1-W)a \qquad (6.9)$$

여기서, F_a : 발생재의 양(kg/hr)

F_c : 탈수케이크의 공급량(kg/hr)

W : 수분량(kg/kg)

a : 케이크 건조량 중의 재분(1-휘발성고형물)(kg/kg)

3) 연소온도

연소온도는 연소속도의 면에서는 높은 만큼 좋으나 과대하면 연료소비량이 증가하여 로의 수명이 짧게 된다. 또, 과잉공기 아래서 고온으로 하면 NO_x 생산량이 증가한다. 통상의 슬러지소각로에서 연소온도는 700~900℃ 정도로 되어 있다.

배기가스온도는 180~250℃, 재분온도는 250~300℃ 정도로 한다. 어느 것이나 그다지 고온으로 하지 않는 것이 출열을 작게 하여 보조연료를 적게 하기 때문에 좋다.

4) 기타

잉여공기량은 출열을 작게 하기 위해서 할 수 있는 한 적게 하는 만큼 좋다. 단, 배기가스 중에 포함하는 SO_x량은 잉여공기량을 크게 한 만큼 적게 된다고 되어 있다.

분진량은 대기오염방지법에서 정해진 배출기준 이하가 되어야 한다.

6.7.3 습식산화법

습식산화법은 수중에 용해 혹은 현탁하여 있는 유기물과 무기물을 수중에 있는대로 공기로 산화하는 방식으로 수중연소법이라고도 한다. Zimmermann이 발명한 Zimmermann Process가 유명하다. 습식산화법은 예열슬러지를 반응탑에 넣어서 고압으로 하면 피산화물은 공기중의 산소에 의해 산화되며 자신이 가진 열량으로 연소온도를 유지한다.

액체는 압력에서 고유의 비등점까지 온도를 올릴 수 없다. 다시 말해 물은 상압에서는 100℃를 초과하는 온도로 할 수 없다. 수중의 유기물을 효과적으로 연소시키기 위해서는 200℃ 이상으로 할 필요가 있다. 습식산화법에서 반응탑을 고압으로 하는 것은 연소에 필요한 고온을 유지하기 때문이다. Zimmermann Process는 통상 70~80kg_f/cm^2의 압력이 이용되며 반응온도는 240~260℃이다.

산화된 액과 가스는 반응탑에서 나온 후 열교환기를 통해서 유입슬러지를 예열하여 자신은 온도를 80~100℃로 내린다. 그 후 가스는 스크레퍼에서 세정·냉각되어 대기로 방출된다. 산화액은 농축·탈수되며 그런 공정에서 나온 탈리액은 2차처리 된다. 습식산화법은 태동시에는 필요 온도까지 승온하기 위해서 외부에서의 가열이 필요하나 정상상태로 되면 액중에 피산화물질이 적당량 이상 되어 가열하는 것 없이 필요온도를 유지한다. 이것을 스스로 연소라 한다.

산화에 의한 발열량 및 필요한 공기량은 중크롬산칼리법에 의한 *COD*를 기초로서 구한다. 즉,

$$\text{필요공기량(g/L)} = \frac{\text{제거 } COD\text{(g/L)}}{\text{공기중 산소질량비}(=0.232)} \tag{6.10}$$

$$\text{발열량(kcal/L)} = \text{제거 } COD \times (3.02 \sim 3.45) \tag{6.11}$$

결국, 제거 *COD* 1g/L에서 3Kcal/L 발열량이 얻어진다. 산화액과 가스가 갖는 열량은 열교환기에서 회수되므로 스스로 연소에 필요한 원료의 *COD*는 20~25g/L이면 좋다. 농축조를 거친 하수슬러지의 중크롬산 칼리 *COD*는 30~40g/L이며 충분히 연소가 가능하다.

Zimmermann Process의 흐름도는 그림 6.5와 같다.

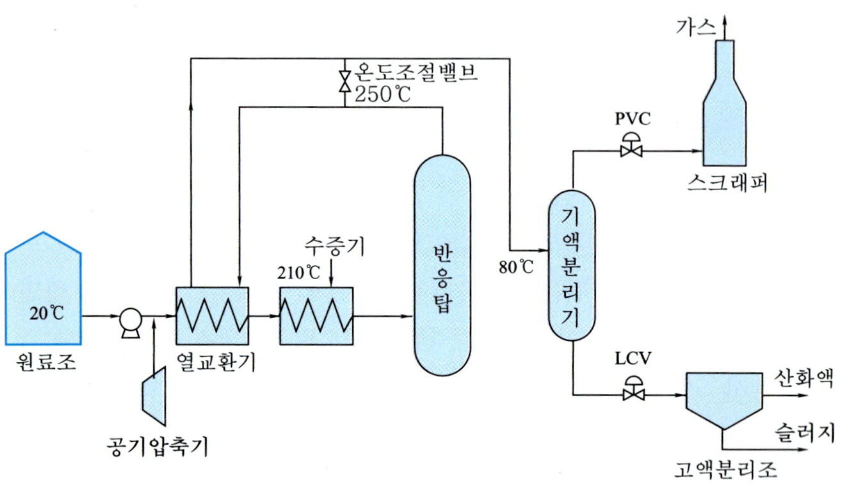

그림 6.5 습식공기 산화법

6.8 슬러지 이용방법

슬러지는 하수처리의 부산물로서 하수도정비의 확대 및 생활수준의 향상에 따라 발생슬러지량은 증가한다. 따라서, 슬러지를 안정적이며 동시에 계속적으로 처리하기 위해서는 슬러지에 함유되어 있는 병원균 및 중금속 등에 따른 위해여부를 고려한 후, 슬러지의 이용가치에 따라 자원의 유효이용의 관점에서 적극적으로 슬러지의 이용을 계획할 필요가 있다.

우리나라에서는 아직 슬러지의 이용사례가 많지 않지만, 하수슬러지 총 발생량의 약 57%(2015년)를 재활용하고 있으며 이중 연료화(건조 및 탄화포함) 21%, 비료화(부숙화 및

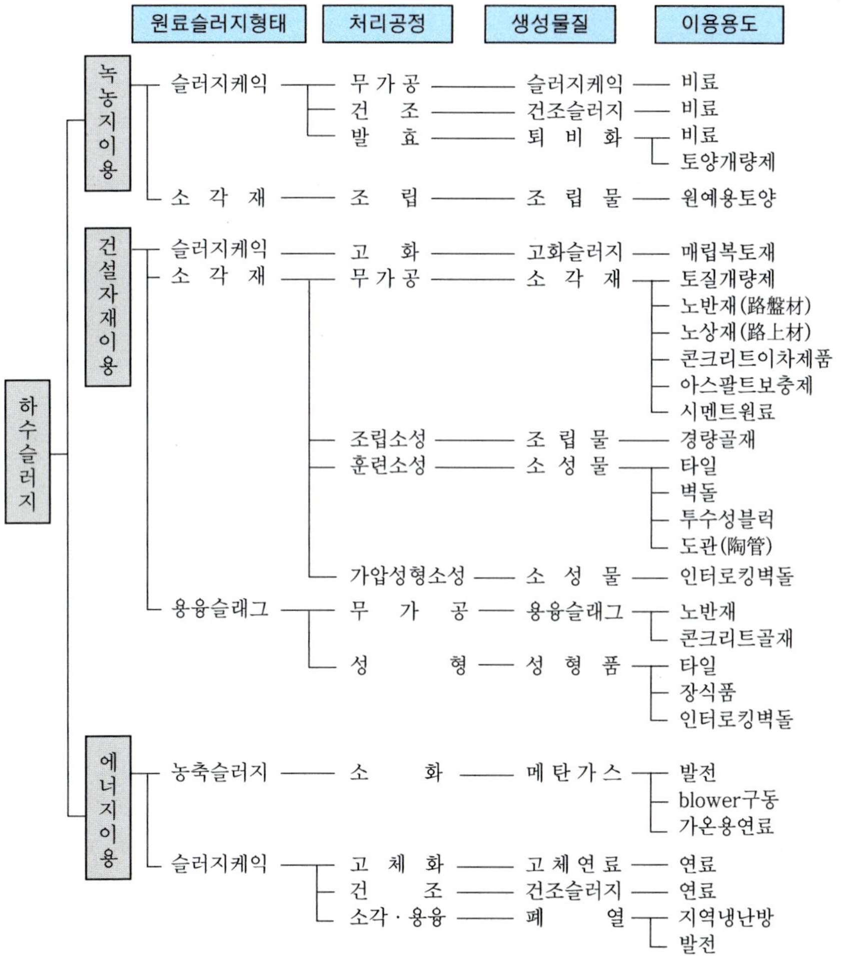

그림 6.6 하수슬러지의 효과적인 이용용도

지렁이 사육 포함) 11%, 기타(시멘트 소성물 및 경량골재 포함) 25%이다. 특히, 녹농지이용의 대부분은 퇴비화로서 이용되고 있고 건설자재이용 및 에너지이용에 있어서도 이용성과를 보이고 있다.

한편, 슬러지의 이용을 촉진하기 위해서는 지역내 슬러지발생량의 파악 및 슬러지에서 얻을 수 있는 다양한 제품에 대한 수요 및 판매방법 등에 대해서 면밀히 조사하고, 확실한 이용용도가 있고 시장성이 높은 유망한 분야의 제품개발이 필요하다.

한편, 지금까지 알려져 있는 슬러지의 이용용도는 그림 6.6과 같다.

또한, 매립지는 한정이 있고 도시화의 진전에 따라 매립지의 확보가 곤란하므로 슬러지의 안정화 및 감량화를 추진하여야 할 것이다.

6.8.1 퇴비화(composting)

하수슬러지는 유기물함량이 높으므로 비료 혹은 토양개량제로서의 가치를 갖고 있으며 농축슬러지 혹은 탈수슬러지가 그대로 농지에 환원된다는 것도 있다. 그러나 슬러지를 직접 농지에 산포하는 것은 위생적으로도 농작업상에서도 좋은 것은 없다.

슬러지의 퇴비화법은 슬러지중의 분해하기 쉬운 유기물 요컨대 부패하기 쉬운 물질을 분해 안정화하며 셀룰로스 등의 난분해성 유기물도 식물이 섭취하기 쉬운 형으로까지 분해하는 방법이다. 퇴비화를 composting이라 하며 가능한 퇴비를 compost라 한다.

1) 퇴비화의 방식

퇴비화법은 혐기성과 호기성법이 있다. 악취를 발하는 것이 적고 발효시간이 짧은 점에서 호기성법이 우세하다. 여기서는 호기성법에 한해 설명한다.

호기성퇴비화에서 중요한 것은 원료슬러지 중에 구석구석까지 산소가 공급되는 것과 온도를 보존하는 것이다. 호기성퇴비화법은 산소를 공급하기 위해서

① 강제통풍을 한다.

② 새로 교체한다.

③ 통풍과 새로 교체의 양쪽을 병용한다.

하수슬러지를 퇴비화하는 경우 퇴비화공정에 들어오기 전에 탈수까지 행하여 놓는 것이 보통이다. 그러나 일반의 하수슬러지는 통기성이 나쁘기 때문에 단지 탈수한 만큼은 원료 전체에 구석구석까지 산소를 공급할 수 없다.

탈수슬러지의 통기성을 개선하기 위해서 나무토막, 톱밥, 왕겨 등을 혼입하여 슬러지를 팔레트상으로 되도록 행한다.

도시찌꺼기와 혼합하여 퇴비화 하는 것은 많이 취하는 방법이다. 퇴비화에 제공하는 슬러지는 생슬러지, 소화슬러지, 어느 것도 좋다.

2) 퇴비화의 조작조건

(1) 원료조건

농업이용상의 제약을 따로 하면 원료슬러지에 소석회, 철염, 알루미늄염 혹은 고분자 응집제가 섞여 있어도 퇴비화의 공정에는 그다지 장해가 되지 않는다. 단, 소석회가 지나

표 6.6 퇴비화과정의 개요

기본과정	탈수케이크 → 전처리 ← 팽화제	→ 1차발효	→ 2차발효(숙성) (반송)	→ 입도조절 · 포장
목적	미생물활동에 적합한 환경조건을 갖춤 • 영양분 • 수분 • 통기성 • pH	(호기성 발효) • 분해하기 쉬운 유기물의 분해와 안정화 • 슬러지냄새의 제거 • 병원균, 기생충알, 잡초종자의 사멸 • 수분제거	• 분해 가능한 유기물의 분해, 안정화 • 부식물질 생성 • 수분제거	• 비료로서의 유용성을 높임 • 취급하기 쉬운 형태로 개선 • 저장
조작내용	• 원료혼합(탈수케이크, 팽화제, 반송퇴비) • 수분조정 • pH 조정 • 종균접종(반송퇴비) • 통기성 개선	• 통기 • 슬러지 혼합, 이동 • 반송퇴비의 분리	• 혼합장치 • 반송퇴비의 분리	• 비료성분 조절 • 입도 조절 • 포장 • 저장
주요설비	• 각종 호퍼 • 혼합장치 • 계량기	• 발효조 • 송풍기 • 혼합장비 • 반송설비	• 발효장 • 혼합장비 • 체(screen) • 반송설비	• 체(screen) • 계량기 • 포장장치 • 가공 및 저장시설
비고	• 팽화제(bulking agent)나 반송퇴비가 없는 경우도 있음	• 반송하지 않는 경우도 있음 • 발효기간은 8~14일 정도	• 1차발효조내에서 하는 경우도 있음 • 통기하지 않는 경우가 많음 • 퇴적방식을 많이 채택 • 발효기간은 20~60일 정도	• 퇴적해 두기로 함

치게 다량으로 첨가되어 있는 슬러지는 퇴비 가능물이 적다는 것과 pH가 높은 것이 원인으로 퇴비화가 어렵다.

퇴비화과정에 영향을 미치는 원료조건은 탄소-질소비(*C*/*N*비)와 수분량이다. 일반으로 *C*/*N*비는 낮은 쪽이 퇴비화가 용이하며 원료의 *C*/*N*비는 50 이하가 아니면 퇴비화하기 어렵다. 그러나 통상의 하수슬러지의 *C*/*N*비는 10~20 정도이므로 *C*/*N*비가 크게 지나친 원인인 것은 없다. *C*/*N*비가 대단히 작으면 퇴비화 과정에서 질소분이 암모니아 가스로 되어 대기중으로 방출되므로 대기오염이 문제로 되는 경우에는 대책을 강구할 필요가 있다.

수분은 미생물의 거주환경으로서 충분히 존재해야 한다. 그러나 과대하면 통기성이 현저히 악화되어 원료가 혐기상태로 된다. 하수슬러지의 경우 수분량은 50~65% 정도가 좋으므로 탈수슬러지의 수분이 이것을 상회할 때에는 톱밥 등을 첨가하여 완성된 합성물을 환류하여서 원료의 수분량을 조절한다.

(2) 공기 공급량

공기는 원료전체가 호기적 분위기로 유지하는 정도로 공급되어야 한다. 발효조내의 산소농도가 적어도 10% 이상 되도록 한다. 송기량을 과잉으로 하는 것은 온도상승을 방해한다. 공기공급량을 발효조내의 산소농도 혹은 탄산가스 농도에 의해서 조정하는 것이 좋다.

(3) 발효시간

원료중 부패하기 쉬운 유기물이 분해하여 안정화되는 단계를 1차발효 혹은 전발효라 한다. 1차발효와 2차발효와의 경계는 획일적으로 구분할 수 없으나, 적어도 1차발효가 종료하는 단계로 되면 송기를 끊고 방치하여도 혐기적으로 되어 발하지 않는다.

1차발효에 필요한 일수는 5~14일이며 원료의 성상과 발효방법에 따라서 다르다. 발효일수를 정하는 데는 실험에 의해야 하나 소형의 실험조에 비해서 대형의 실험장치쪽 이 적은일수로 퇴비화가 완료하는 경향이 있다.

2차발효에 필요한 일수는 용도에 따라서 0~30일로 대폭 변화하므로 사용자의 조건에 맞출 필요가 있다. 통상 밭에 사용하는 것은 20일 이상으로 하는 것이 좋다.

3) 퇴비화의 조작지표

(1) 열성도

퇴비화의 운전지표로서 가장 중요하다고 생각되는 것은 완성품의 퇴비화를 어느 만큼 진행하는가, 즉, 열성도이다. 그러나 현재의 경우 열성도를 나타내는 지표로서 산소소비속도, 알칼리 추출(부열도) 부식형태 물질의 흡광도, 질산상태질소/암모니아상태질소비 등 여러 가지 방법이 검토되고 있는 단계이다.

(2) 발효온도

퇴비화가 양호하게 진행하게 되려면 온도는 55~65℃를 유지한다. 온도가 충분히 상승하는 것은 발효상태가 양호하다는 것의 증거로 뿐만 아니라 농작물에 유해한 병원균과 잡초의 종자를 죽이기 위해서도 중요하다. 그러나 온도가 상승하면 반응속도가 작게 된다.

(3) *C*/*N*비

쓰레기를 퇴비화하는 경우같이 원료중의 *C*/*N*비가 높고 발효에 따른 *C*/*N*비가 작게 되면, 열성도의 지표로서 *C*/*N*비를 사용하는 경우도 있다. 그러나 일반으로 슬러지의 *C*/*N*비는 퇴비의 그것과 동일하게 낮은 것이 많으므로 조작의 지표로서 사용할 수 없다.

(4) 산소농도

전술같이 발효조내의 산소농도는 운전지표로서 중요하므로 발효의 양부는 거의 이 조정에 의해 결정된다. 최적의 하한 산소농도를 찾아내 그것을 기초로 운전해야 한다.

4) 슬러지 퇴비화의 문제점

퇴비화법은 에너지절약, 자원이용의 관점에서 바람직한 슬러지 처리법의 하나인 것은 확실하다. 그러나 다음과 같은 문제점도 있으므로 실시에 있어서는 충분한 조사를 필요로 한다.

(1) 함유금속

하수슬러지에는 *Zn*, *Fe*, *Mn*, *Cu*, *Pb*, *Cd*, *Hg* 등 여러 가지 금속이 함유되어 있다. 이중 *Zn*, *Fe*, *Mn*, *Cu*는 작물의 영양생리상 필수성분이므로 이런 금속의 좋고 나쁨은 토양중에서 이런 성분의 과부족, 작물의 요구도에 따라서 좌우된다. 그러나 토양중에서의 축적과 작물 중에서의 농축까지 생각할 때 이런 금속의 함유량이 높은 슬러지는 퇴비화

표 6.7 부산물 비료중 중금속 위해성 기준

항목	함유농도
크롬	300mg/kg 이하
납	150mg/kg 이하
카드뮴	5mg/kg 이하
수은	2mg/kg 이하
비소	50mg/kg 이하
구리	500mg/kg 이하

자료 : 보통비료 중 유기질비료 및 부산물비료와 그 원료에 대한 중금속의 위해성 기준(비교관리법 시행령 〈별표 1〉)

에 적합하지 않다. 농림수산부에서 정한 부산물 비료에 관한 기준은 표 6.7과 같다.

(2) 슬러지처리 공정에서의 첨가물

슬러지를 탈수할 때에 첨가된 석회, 철염, 알루미늄염, 폴리마 등이 퇴비화 과정과 식용작물에 주는 영향에 대해서는 아직 연구의 여지가 있으나, 철염과 알루미늄염이 다량으로 존재하는 것은 바람직하지 않은 것이다. 합성물을 전제로 하는 경우에는 전절의 탈수과정을 포함하여 검토할 필요가 있다.

(3) 수요량과 용도

퇴비화설비는 생산설비이므로 생산량에 걸맞은 수요가 없으면 체화가 생긴다. 또 농작물에 필요한 퇴비는 계절적으로 수요기가 한정되어, 이 때문에 재고품 창고를 넓힐 필요도 있다. 퇴비처리를 행하는 경우에는 연간 총수요량 뿐만 아니라 수요의 계절변동도 조사하는 것이 긴요하다. 더욱 적극적으로 농업용, 공업용, 축산용 등 새로운 용도를 개발하는 것도 중요하다.

6.8.2 슬러지의 자원화

하수처리 시 발생하는 슬러지, 관로 시설로부터 제거된 토사, 침전지로부터 제거된 침사 등은 녹지 및 농지 이용, 건설자재화 등의 방법으로 적극적으로 이용할 필요가 있다.

최근 하수도 정비의 확대 및 생활수준의 향상에 따라 슬러지 발생량은 급격하게 증가하고 있으며 이를 처리하기 위한 여러 가지 방법 들이 모색되고 있지만 이러한 방법들은 처리비용의 증가를 초래하기 때문에 적절한 방법 선택에 어려움을 겪고 있다.

이와 같은 문제의 가장 좋은 대응방안은 최종 처분량을 감소시키는 것으로 소각·용융 등의 감량화 방안을 고려할 수 있다. 또한, 향후 자원 및 에너지 절약의 관점에 있어서 슬러지의 녹지 및 농지 이용, 건설자재 이용 또는 에너지 이용 등도 적극적으로 추진해야 할 필요가 있으며 퇴비화 및 고화처리된 슬러지는 매립지 복토재로도 재이용할 수 있다.

1) 녹지 및 농지 이용

슬러지는 질소 및 인 등의 비료 성분 이외에도 각종 유용한 무기물이 포함되어 있기 때문에 자원으로의 이용 가치가 높으며, 녹지 및 농지 이용도 바람직한 이용 형태로 생각된다. 하수슬러지의 녹지 및 농지의 이용은 다양한 비료로서의 효과뿐만 아니라 농지의 토질 개량을 겸한 합리적인 이용 형태의 하나로서 매우 유망하다.

녹지 및 농지에의 이용형태는 시비된 토지의 상황이나 이용자 측의 사용방법을 고려하여 결정하며 주로 다음의 두가지 종류가 있다.

(1) 하수슬러지 부숙토

(2) 지렁이분변토

2) 건설자재로서의 이용

도시를 중심으로 한 지역에서 발생한 슬러지 소각재 또는 용융 슬래그의 가장 적합한 이용 형태의 하나가 건설자재로서의 이용이다.

슬러지의 소각재 및 용융 슬래그는 그대로 또는 가공하여 건설자재, 토질 개량제 등으로 이용될 수 있다. 소각재 및 용융 슬래그의 조성은 종래의 건설자재와 유사하기 때문에 건설

표 6.8 슬러지의 건설자재로의 사용 예

소각재	석회계	(무가공)	토지 개량제(5~30%)
			노반재(~100%)
	고분자계	(무가공)	콘크리트 2차 제품(2~10%) • 연결 블럭 • 콘크리트 L형 • 콘크리트 경계 블럭
		소결	타일(1~100%)
			보통 벽돌(10~100%)
			연결 벽돌(~100%)
			투수성 블럭(~50% 정도)
			강관(3~6%)
			경량 골재(80~100%)
용융 슬래그	급냉 또는 서냉	필요한 경우 입도 조정	노반재(~100%)
			콘크리트 골재(~100%)
			콘크리트 2차 제품(10~25%) (굵은 골재 치환율 ~100%) • 연결 블럭 • 콘크리트 경계 블럭 • 포장용 콘크리트 평판 • 원심력 철근 콘크리트 관 • 콘크리트 L형
		용융 성형	정형 성형 결정화물질(타일)(~100%)
			장식품(착색 유리)(~100%)
		소결	투수성 블럭(~100%)

자재 또는 그 원료로서 사용이 가능하며 다른 용도로도 이용된다. 토질 개량제의 이용에서는 무기성 소각재가 건설 잔토 등을 개량하는데 효과적이다.

도로 포장재로의 이용 시 소각재는 단독으로 또는 다른 재료의 혼합재로 사용된다. 혼합재로서의 사용되는 경우는 소각재 단독으로 사용할 때 목적 기준을 만족하지 못하거나 용융 슬래그와 혼합하여 사용하는 경우 등이 있다. 도로 포장재로서 사용하는 경우에는 소각재를 대량으로 현지에서 취급하기 때문에 토질 개량제로 사용하는 경우 보다 소각재 비산 등에 대하여 더욱 주의를 기울일 필요가 있다.

용융 슬래그는 용융액의 냉각 방법에 따라 크게 급냉 슬래그와 서냉 슬래그로 나눌 수 있으며 이들은 입경이나 성상이 다르지만, 각각 세사 또는 쇄석의 대체재로서 이용이 가능하다.

3) 에너지 이용

하수슬러지는 탄소, 수소, 황 등으로 구성된 유기물을 함유하고 있어 잠재적인 에너지 가치가 높다. 에너지 이용 방법으로서는 소화가스로서 에너지를 회수하여 소화조 등의 가온에 이용하거나 슬러지를 건조하여 화력발전소 등의 대체에 지원으로 공급하는 방법 등이 있다.

슬러지의 에너지 이용 시 슬러지 중에 포함된 수분은 에너지소비량 또는 에너지 회수에 큰 영향을 미친다. 따라서 농축슬러지의 초기 탈수나 소각 등의 공정에 있어서 가능한 수분 저감을 도모하여 종합적으로 에너지 이용 효율 향상을 도모하는 것이 중요하다.

하수슬러지의 에너지 이용은 아직 초보 상태이지만, 향후 하수 처리장 에너지 자급률의 향상 뿐만 아니라 장기적으로 하수 처리장 운전의 안정성을 확보하고 지구 환경의 보호에 공헌하기 위해서도 추진할 필요가 있다.

(1) 에너지 이용의 형태

슬러지의 에너지 이용의 형태로서는 소화가스, 건조 슬러지, 소각·용융로 배기가스, 슬러지 탄화물 등이 있다.

소화가스의 저위발열량은 5,000~5,500kcal/Nm^{3}이므로 일반적인 도시가스의 에너지원으로 이용이 가능하다. 소화가스의 이용으로서는 일반적으로 소화조 가온용 보일러, 슬러지 소각로 등의 보조 연료로 사용되지만, 소화가스가 다량으로 발생하는 경우에는 발전이나 동력원으로서의 이용이 가능하다.

슬러지 케익의 발열량은 유기 응집제 사용 슬러지의 경우 3,000~4,000kcal/kg-건조 슬러지 정도로 열원으로서의 잠재적 가치는 대단히 높다. 건조된 슬러지 케익은 자연 소각이 가능하며 증발법에 의하여 수분을 제거한 건조슬러지는 고체 연료로서의 이용도 가능하다.

특히, 저위발열량이 3,000kcal/kg 이상, 수분 함유량이 10% 이상인 경우에는 화력발전소의 연료로도 사용이 가능하다.

소각로나 용융로 등의 배기가스는 다량의 열에너지를 보유하기 때문에 공기 예열이나 백연 방지 예열, 슬러지 케익 건조에 이용될 수 있다. 또한, 굴뚝 청소시 발생하는 세연배수(洗煙排水)도 대량이기 때문에 그 이용에 대한 검토가 필요하다.

슬러지를 탄화로에서 400℃ 이상의 온도를 유지하면서 탄화시켜서 얻게 되는 탄화물은 휘발분이 거의 제거된 상태이기 때문에 슬러지 특유의 악취가 나지 않으며 보관성도 좋아 흡음제 등의 여러 가지 용도로 활용할 수 있다.

(2) 유의사항

슬러지 에너지 이용에 있어서는 이용 가능한 에너지량의 변동을 충분히 파악하고, 에너지수지를 종합적으로 검토하여 장치 용량을 결정하고, 처리 공정 전체의 에너지 절약에 대하여 고려한다. 또한, 시스템 전체의 경제성에 대하여도 고려한다.

/ 연습문제 /

6.1 일반적인 슬러지 처리 계통을 설명하시오.

6.2 슬러지 탈수 방법별 슬러지 케이크의 함수율은 얼마인가?

6.3 슬러지 처리의 목표는 무엇인가?

6.4 혐기성 소화조에서 발생하는 가스성분 및 조성비는 얼마인가?

6.5 슬러지의 부피감축에 이용되는 방법을 들고 설명하시오.

6.6 일반적인 슬러지 처분방법을 들고 설명하시오.

6.7 함수율이 90%인 슬러지의 겉보기 비중이 1.02이었다. 이 슬러지를 탈수하여 함수율이 65%인 슬러지를 얻었다면 탈수된 슬러지가 갖는 비중은 얼마인가? (단, 물의 비중은 1.0으로 한다.)

6.8 하수처리장의 처리수량은 10,000m³/day이고 제거되는 SS농도는 200mg/L이다. 잉여슬러지의 함수율이 98%일 경우 잉여슬러지의 건조중량은?(단, 잉여슬러지의 비중은 1.02이다.)

6.9 어떤 도시의 계획 최대 오수량이 30,000m³/day이고, 오수중 부유물 농도는 200mg/L이다. 이것을 표준활성 슬러지법으로 처리하면 부유물 제거율은 90%가 되고, 함수율 99%의 슬러지가 발생한다. 이 경우 발생되는 슬러지량은 얼마인가?

6.10 1,000m³의 슬러지를 농축시켜 함수율을 3% 감축시켰다. 농축후의 슬러지의 체적은 얼마인가? (단, 농축된 슬러지의 함수율은 96%였다.)

6.11 함수율 98%인 슬러지 농축하여 함수율 95%로 낮추었다. 이때 슬러지의 부피 감소율은?

6.12 5%의 고형물을 함유하는 3,200L의 1차슬러지를 고형물의 농도가 8%가 되게 농축시키면 농축된 슬러지의 부피는?(단, 슬러지의 비중은 1.0으로 가정한다.)

6.13 슬러지의 중량(건조 무게)이 3,000kg이고, 비중이 1.05, 수분함량이 96%인 슬러지의 용적은?

PART 1 2

Chapter 7 고도처리

7.1 3차처리와 고도처리

하수의 정화법에서 스크린과 1차 침전지에 의한 기계적인 불순물제거를 1차처리라 하며 활성슬러지 혹은 살수여상에 의한 생물적 처리를 2차처리라 한다. 3차처리(tertiary treatment)란 이것에 연속한 처리공정인 것에 유래한다.

3차처리와 같은 의미로 사용되는 고도처리(advanced treatment)란 것이다. 그러나 고도처리라 하는 경우는 1차·2차처리의 순서를 거치는 것은 반드시 필요하지 않고 하수를 직접 생물 혹은 물리화학적 처리를 세워서 양질의 처리수를 얻는 공정을 포함한다. 또 특별한 생물학적처리를 주어서 종래의 방법에서는 제거되지 않는 불순물을 제거하는 공정도 고도처리의 범주에 포함된다. 3차처리 혹은 고도처리에 있어서도 현재의 경우 정형화한 처리방식이 없다. 처리수에 요구되는 수질에 따라서 처리방법이 다르다는 것은 말할 것도 없고, 어느 경우에는 경제적 조건에 의해서 처리방식이 한정된다.

경제적조건은 고도처리방식을 선정하는데 중요한 사항이다. 처리수를 깨끗이 해야 하는 만큼 필요한 자재도 에너지도 급증한다. 이런 자재와 에너지를 만들어내기 위해서 어딘가에 환경의 오염이 행해지지 않는다고는 단언할 수 없다. 쓸데없이 고급처리를 하는 것이 반드시 환경을 지키는 것이라 할 수 없는 것이다.

처리수를 재이용하는 경우는 용도와 필요한 수질조건을 잘 생각해서 될 수 있는 한 경제적인 처리방식을 취하지 않으면 안 된다. 오히려 경제적으로 행하는 처리방식에서 얻어지는 수질에 충분한 용도를 찾아내는 쪽이 합리적이라고까지 말한다.

7.2 처리방식의 개요

7.2.1 3차처리의 대상수

앞에서 설명한 것같이 고도처리는 반드시 2차처리수를 대상으로 하는 것이 아니므로 대상수질은 처리방법에 따라 천차만별이다. 이것에 대해 3차처리는 대상이 2차처리수이므로 처리방식의 차이, 관리의 여부, 지역적인 특성 혹은 계절에 따라서 변화하며 그 수질은 대체로 공통인 것이다.

2차처리수의 특징을 설명하면 다음과 같다.

1) 용해성 물질

하수는 인간활동의 결과로 생긴 폐수가 부유하거나 혹은 용해하여 유하한 것이다. 부유물질은 비교적 용이하게 제거할 수 있으나 용해성물질 더욱이 무기성의 용해물은 통상의 처리방법에서는 제거하기 어려우므로, 2차처리 수중에는 상당한 다량의 무기성용해물이 포함되어 있다. 용해성물질의 다과를 나타내는 증발잔유물과 전도율로 보면 하천수에 비해서 현저히 높고 또, 용해성물질의 대부분은 식염의 형 혹은 칼슘염의 형으로 포함되어 있다.

용해염류가 많은 물은 공업용수로도 파이프 중에 스케일을 일으키며 혹은 부식을 촉진하므로 좋지 않다. 용해염류는 경제적으로 제거하는 것이 어려우므로 하수를 재이용하는 경우에는 용해염류가 별로 장해가 되지 않는 사용처를 생각해야 한다.

2) 영양염류

통상의 활성슬러지법은 질소와 인 등의 영양염류를 거의 제거할 수 없으므로 처리하수는 이런 염류를 다량으로 함유하고 있다.

질소와 인은 수역의 부영양화의 최대 원인물질로서 알려져 있으며, 이런 제거는 3차처리와 고도처리의 큰 목적의 하나이다.

3) BOD, COD

*BOD*와 *COD*의 저감은 하수처리장에서도 상당한 정도까지 달성된다고 말하나 2차처리 수중에는 아직도 다소의 *BOD*와 *COD*가 잔류해 있다.

활성슬러지 처리수에 소량의 *BOD*가 남는 것은 원리적으로 피할 수 없는 것으로 잔류 *BOD*의 제거는 3차처리 목적의 하나이다.

4) 기타

2차처리수의 특징으로서 색도가 높은 것을 들 수 있다. 물에 색을 첨가하는 물질은 철과 망간 등의 무기물질 및 분자량이 큰 불포화 유기물이며, 처리하수는 어느 정도 함유하고 있다. 이것은 미량이라도 강한 색도를 발현한다.

2차처리수 중에는 또 세제에 기인하는 *ABS*(음이온 활성제)가 포함되어 있다. *ABS*는 방류수역에 내보내는데도 재이용하는 경우에도 기포의 원인이 되어 꺼린다.

7.2.2 부유물과 콜로이드의 제거

1) 응집·침전·여과

부유물과 콜로이드는 통상 응집·침전·여과라는 공정으로 제거된다. 생물처리에 계속해서 이런 조작을 세우면 거의 용해성 물질만 되는 처리수를 얻는다. 그러나 2차처리수는 비교적 저농도이므로 침전공정을 생략하여 응집·여과라는 공정으로 할 수도 있다. 또, 2차처리 공정중에서 응집·침전처리를 하여 끝내는 것도 생각한다.

즉, 공기공급조 혹은 공기공급조 출구에서 응집처리를 행하며 2차침전지에서 생물성 floc과 함께 약품 floc을 침강 제거하는 방법이다. 이 경우에는 변경하여 응집·침전처리를 행할 필요는 없고 여과만으로 좋은 것이 된다.

2) 한외여과막법(ultra-filtration)

부유물질의 제거기술로서 한외여과막법(U.F)이 사용되기 시작한다. 여과막은 0.01μm의 직경을 갖는 고분자막으로 콜로이드와 고분자량의 물질을 제거하는데 적합하다.

여과막 재료로서는 질산셀룰로스, 폴리아클릴니트릴, 폴리임트 등이 사용되며 또 한층 고기능재료를 구하는 연구가 진행되고 있다. 여과막에 의하면 펌프로 가압하는 만큼, 2차처리 수중의 부유물질과 콜로이드의 대부분을 제거할 수 있으므로 조작은 비교적 간단하다.

한외여과막법은 전체로 대형빌딩 배수의 재이용처리에 사용하면 좋은 성적을 얻으며 장래는 하수처리장의 2차처리의 2차침전지 대신으로 사용하게 된다.

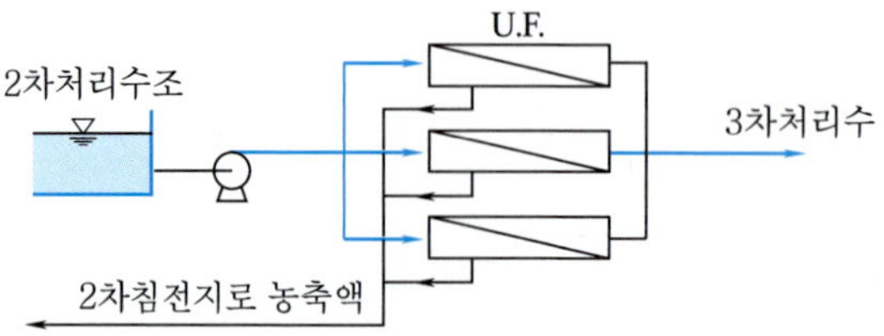

그림 7.1 한외여과막에 의한 3차처리

7.2.3 색과 냄새의 제거

3차처리수를 재이용하는 경우 용도에 따라서는 물의 색과 냄새가 나쁜 경우가 있다.

도시 하수의 2차처리수 중에 잔존하여 있는 색과 냄새 성분을 처리하기 어려우며 미량유기물인 것이 많아 응집침전 혹은 염소처리에 의해서는 그다지 큰 제거효과는 기대할 수 없다. 현재의 경우 가장 효과적이라고 기대되는 것은 오존처리와 활성탄처리이다.

오존처리 및 활성탄처리는 각각 단독으로 사용하는 것도 병용되는 것도 있다. 어느 방법을 취하는 것이 좋은가는 아직 자료의 집적이 적기 때문에 분명히 판명되지 않는다. 당분간은 각각의 물에 대해 실험에 의해서 방식을 결정해야 한다.

7.2.4 인의 제거

저수지와 내해에 하수처리수가 유입하면 수역이 점점 부영양화하여 물고기 등의 수서생물에 유해한 조개류가 널리 퍼진다는 것은 잘 알려져 있다. 부영양화의 주된 원인은 인과 질소라고 생각한다. 이중 인의 제거법에는 다음과 같은 것이 있다.

1) 석회응집법

물에 석회를 첨가하여 pH를 9.5 이상으로 하면 인은 $Ca_5OH(PO_4)_3$형으로 석출하며 침전에 의해 제거할 수 있다. 제거율을 높이기 위해서 일반으로 pH를 11 정도까지 올려서 처리하여 침전 후 탄산가스와 산을 주입해 pH값을 중성부근으로 되돌리는 조작을 부가할 필요가 있다.

2) 정석법

석회응집법에서 인산이 불용화하여 석출한 $Ca_5OH(PO_4)_3$는 이 물질 자체가 또 인산을 불용화하는 촉매로서 활동한다. 이것을 응용해서 $Ca_5OH(PO_4)_3$의 입상물을 충진한 여조에 소석회를 첨가한 원수를 도입하면, 인산은 단시간에 불용화하여 여재 표면에서 석출하여 물에서 제거된다. 이것을 정석법 혹은 접촉여과법이라 한다.

3) 철-알루미늄염 응집법

황산알루미늄, 염화철 혹은 황산철 등에 의해서 응집침전하는 방법이다. 수중의 콜로이드와 부유물도 동시에 제거된다. *pH*6 부근에서 가장 높은 제거율을 얻는다.

4) 생물 탈인법

하수를 혐기적 조건하에 있은 후 호기적 분위기로 하면 수중의 인산은 혐기 조건하에서는 수중에 내뱉으나 호기 조건하에서는 통상의 활성슬러지보다도 고농도의 인을 농축한다. 이것을 활성슬러지의 인 과잉섭취라 한다. 결국 혐기-호기공정으로 하면 호기상태 때에 슬러지는 인을 고농도로 거둬들이므로 이 슬러지를 외부로 뽑아내면 하수에서 인을 제거할 수 있다. 생물탈인법은 2차처리 계통 중에 삽입하는 공정이다.

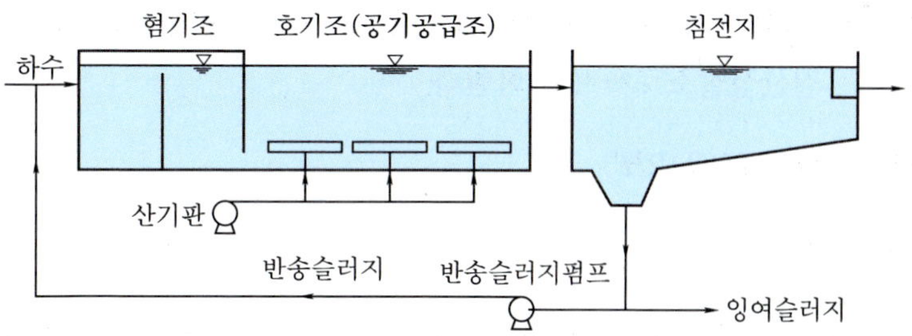

그림 7.2 혐기-호기생물 탈인 활성슬러지법

7.2.5 질소의 제거

물의 부영양화 원인 물질의 하나인 질소는 여러 가지 형으로 수중에 포함되어 있다. 동식물의 사체와 배설물이 분해한 유기질소, 더욱 분해하여 간단한 형으로 된 알루부미노이드성 질소, 무기질로까지 산화한 암모니아성질소, 아질산성질소 그리고 최종생성물인 질산성질소가 이것이다.

하수의 2차처리수 중에 포함하는 질소의 형태는 암모니아성 질소가 큰 부분을 차지하며 아질산성질소 및 질산성질소는 비교적 소량이다. 수중의 질소를 제거하는 방법은 다음과 같은 것이 있다.

1) 암모니아 탈기법(ammonia stripping)

클린탑과 같은 구조의 탑 위에서 알칼리성(pH=10.5~11.5)으로 조정한 물을 내리며 아래 혹은 횡에서 공기를 보내면 수중의 암모늄 이온은 암모니아 가스로 되어 공기 중으로 방출된다.

이 방법은 석회응집법에 의한 인 제거와 조합하여 이용하는 경우가 많다. 원리적으로 0℃ 이하의 기온에서는 사용할 수 없는 것, 탑에 탄산칼슘의 스케일이 부착하는 것, 더욱 공기 중에 아황산가스가 존재하면 스모그를 일으키며 암모니아 가스의 방산에 의한 2차공해의 두려움도 있는 것 등의 단점도 있다.

2) 생물적 탈질소법

생물적 탈질소법은 2차처리 후에 부가되는 처리법은 아니고 활성슬러지처리 혹은 생물막처리를 이용한 질소제거법이다. 그러므로 3차처리법이라기보다 고도처리법이라 해야 한다.

활성슬러지에 의한 생물적 탈질소법은 우선 공기공급조와 같은 구조의 소화조에서 BOD의 산화와 질소분의 소화를 행한다. 여기서 호기성 소화균의 활동으로 수중의 암모니아성 질소는 아질산 또는 질산성질소로까지 소화한다.

$$NH_4^+ + 1.5O_2 \quad NO_2^- + H_2O + 2H^+$$

$$NO_2^- + 0.5O_2 \quad NO_3^-$$

이 같은 소화가 진척된 물을 다음에 탈질소조로 이끌어서 공기와의 접촉을 끊어 혐기적 분위기로 유지하면 NO_2^-와 NO_3^-는 환원되어 N_2가스로 되어 대기로 방출된다. 이 반응은 통상 혐기성의 탈질소균의 질산호흡 혹은 아질산호흡에 의해서 영위한다.

$$2NO_2^- + 3H_2 \quad N_2 + 2OH^- + 2H_2O$$

$$2NO_3^- + 5H_2 \quad N_2 + 2HO + 4H_2O$$

이런 식의 H_2는 수소공여체(기질)에서 주어진다. 수소공여체로서 원수중의 BOD성분 혹은 메탄올(CH_3OH)을 첨가하여 이용한다. 방출되는 가스가 불활성의 질소가스이므로 2차

공해의 두려움이 없는 것, 암모니아성질소 정도로 되고 질산성질소와 아질산성질소도 제거할 수 있는 것이 이점이다. 단, *BOD*가 지나치게 낮은 원수에 적용할 수 없다.

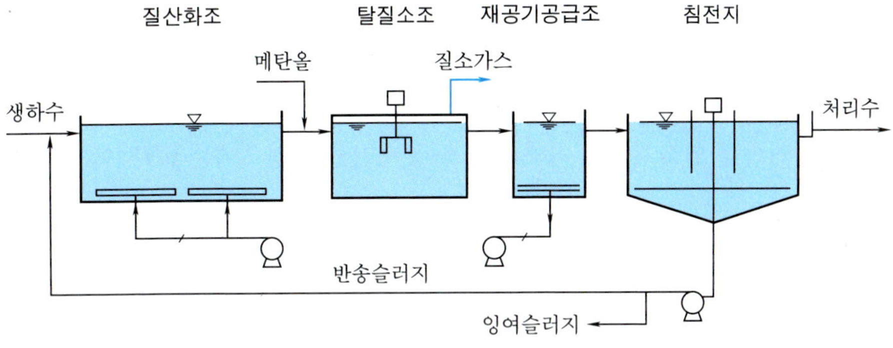

그림 7.3 생물적 탈질소법

3) 생물막 처리

생물적 탈질소법은 생물막을 사용하여 행할 수 있다. 즉, 회전원판과 입상여상을 이용하여 암모니아를 NO_2^-와 NO_3^-까지 소화한 후 혐기적 상태로 하면 질소분은 N_2로까지 환원되어 공기중으로 방산한다. 이런 생물막 처리는 저농도에서 충분히 소화가 행해지므로 2차처리중 뿐만 아니라 3차처리에도 적용할 수 있다. 이 경우는 2차처리의 잔류*BOD* 제거도 동시에 달성한다.

4) 이온교환법

제오라이트 같은 선택성 이온교환제에 물을 통과시키면 Na^+, Mg^{2+} 혹은 Ca^{2+}의 존재하에서 NH^{4+}를 선정적으로 제거한다. $1m^3$의 제오라이트로 1.6~16kg의 암모니아를 제거할 수 있으며 처리수의 암모니아 농도를 0.5mg/L-*N*로 할 수 있다고 하는 보고가 있다. 교환제의 재생은 소석회 및 식염으로 행한다.

5) 불연속점 염소주입법

암모니아성 질소가 포함되어 있는 물에 염소를 첨가하면 각 주입량에서의 잔류염소량으로의 잔류염소량은 최초는 증대하나 곧 감소를 시작하여 다음에 다시 증가한다. 이 극소점을 불연속점(break point)이라 부르며 이점에 달하는 데까지 염소를 주입하는 방법을 불연속점 염소주입법이라 한다.

불연속점까지 염소를 주입하면 수중의 암모니아성 질소는 다음과 같이 반응하여 질소가스로 된다.

$$8Cl_2+2NH_4^+ \rightarrow N_2 +8H^+ +6Cl^-$$

염소와 암모니아와의 반응은 pH에 따라서는 3염화질소 NCl_3와 질산염을 발생한다. 이런 생성은 pH가 6~7에서 최소로 되며 낮은 pH에서는 NCl_3, 높은 pH에서는 NO_3^-가 증가한다고 말한다. 불연속점 염소처리에 의해서 질소를 제거하는 경우에는 pH제어가 중요하다.

7.2.6 용해염류의 제거

물에 대하여 용해도가 큰 염류 다시 말해 $NaCl$과 KCl 등은 통상의 처리법으로는 제거할 수 없다. 용해염분을 제거하는 방법으로서 현재 다음과 같은 것이 이용되고 있다. 그러나 어느 방법도 처리비용이 커서 대량의 물을 처리하기 위해서는 더욱 연구를 진행해야 한다.

1) 이온교환수지법

이온교환수지에 의한 처리는 옛날부터 보일러 물의 연화와 순수제조에 채용되며 기술적으로도 상당수준에 달하였다. 그러나 2차처리수 중의 염분량은 이온교환수지를 이용하는 데는 많이 통과하기 위해 필요수지량과 재생액량이 팽대해진다.

2) 전기투석법(electro-dialysis)

전기투석법은 이온교환막을 이용한 탈염법으로 이온교환막이라고도 부른다.

용액 중에 1쌍의 전극을 설치하여 전류를 흐르면 용액중의 이온화한 무기물은 각각의 극성에 따라서 어느 쪽의 전극에 이끌려 이동한다. 이 전극사이에 양이온 교환막(양이온이 통과할 수 있는 막)과 음이온 교환막을 교호로 배치하여 놓으면 이온농도가 묽은 부분과 진한 부분이 막의 사이에 교호로 생긴다. 묽은 부분이 즉, 탈염되는 것으로 된다. 전기투석에서 이온의 이동량은 통과한 전류 I에 비례한다. 이것에 대하여 필요한 전력량은 I^2R이므로 전기저항 R을 줄이는 것이 전력효율을 높이기 위해서 중요하다. 교환막 사이의 간격을 작게 하면 막 자체의 전기저항을 작게 하여서 전력량의 저감을 하는 노력을 하고 있다. 탈염수 농도가 낮게 되면 용액의 전기저항은 크게 되므로 전기투석법에서는 원리적으로 처리수 염농도를 그다지 낮게 할 수 없다. 염농도로서 200mg/L정도가 한도라 생각한다.

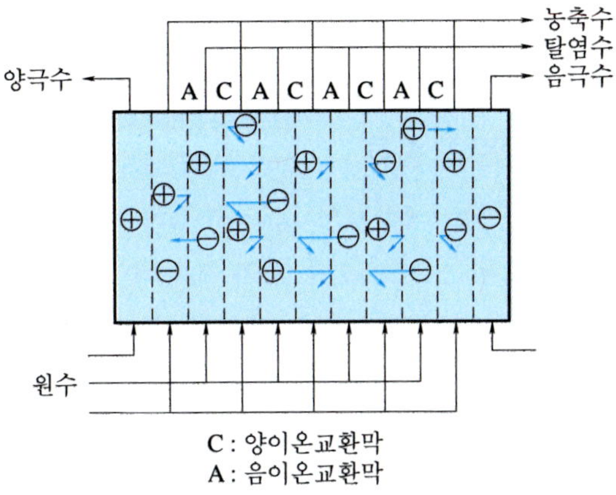

그림 7.4 전기투석법의 원리도

3) 역침투막법(reverse osmosis)

청수는 통과하나 용질은 투과시키지 않는 막을 반투막이라고 한다. 청수와 염수를 반투막 경계로 놓으면 청수는 반투막을 통과하여 염수측으로 이동하여 어느 압력차로 되어 투과는 정지한다. 이때의 압력차를 침투압이라고 한다.

위와는 반대로 염수측에서 이 용액의 침투압 이상의 압력을 가하면 이번은 염수중의 수분이 반투막을 투과하여 청수측으로 이동한다. 이 현상이 역침투이다.

실제로 이용하고 있는 반투막은 아세틸셀룰로스와 방향족 폴리아미드이며 이런 막을 적당한 방법으로 지지하여 막 양측의 압력차를 받아들이는 구조로 되어 있다. 관형, 중공사(hollow fiver)형, 스파이랄(spiral)형 등의 지지방법이 있다.

역침투막법에서는 펌프로 가압하는 만큼 탈염수와 농축수로 분리할 수 있으며, 탈염비용도 다른 탈염법에 비해서 가장 작다. 그러나 막의 더러움으로 성능이 현저히 저하하므로 전처리로 고도한 방법을 필요로 하여 더욱 막을 세정하는 부가기구도 필요하다. 역침투장치 자체는 펌프로 가압하는 만큼 운전을 행하므로 양질의 처리수를 얻는다고 하는 경우에는 강력한 무기로 될 것이다.

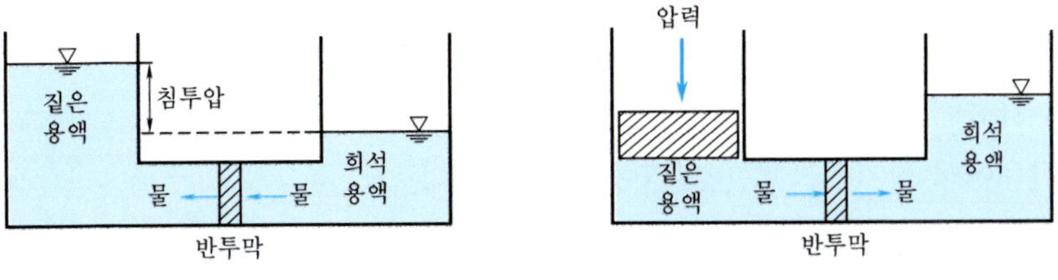

(a) 침 투　　(b) 역침투

그림 7.5 역침투의 원리

7.3 활성탄 흡착(activated carbon adsorption)

7.3.1 활성탄처리의 목적과 활성탄의 종류

2차처리수 중에는 생물처리에서는 제거되지 않는 유기물 다시 말해 탄닌, 리쿠닌, 단백질 혹은 색과 냄새 및 맛의 원인이 되는 미량물질 등이 포함되어 있다.

이런 물질은 응집·여과로 일단 조작해도 어느 정도까지 제거할 수 있으나 불완전하다. 활성탄소 흡착법은 상당히 효과적으로 이런 물질을 제거할 수 있다.

활성탄을 크게 나누면 입상탄과 분말탄으로 된다. 입상탄은 0.6~1.5mm 정도의 입경을 갖는 것으로 탑상의 용기에 채워서 그 탑의 꼭대기 혹은 저부에서 오염수를 흐르게 해서 접촉조작 행하는 방법을 받아들인다. 장시간 사용하여 흡착력이 없게 된 활성탄은 탑에서 꺼내서 재생(regeneration)을 행한다. 분말탄은 미세한 탄소입자로 건조하면 비산이 심하고 취급하기 어렵기 때문이다. 보통은 30~50% 물을 포함하여 거래되고 있다. 응집제 등의 약품과 같아서 처리대상수에 주입하여 교반조직에 의해 접촉을 행한다. 분말탄의 재생은 어려우므로 일단 사용한 것은 폐기한다.

활성탄처리를 행하는데 있어서 중요한 것은 응집 floc 등의 부유물질을 이전에 충분히 제거해 놓는 것과 염소 등의 산화제를 주입하는 점과의 관련을 잘 고려해야 한다. 부유물질은 활성탄 표면을 덮어서 활성탄과 피흡착물질과의 유효한 접촉을 방해, 염소는 활성탄에 흡착되어 활성탄의 흡착능을 저하시키는 만큼 염소 자체도 효과를 잃어버린다.

분말탄과 입상탄과의 비교는 다음과 같다.

[분말탄의 이점]

① 응집지, 침전지 혹은 여과지 유입부에 주입하는 만큼 특별한 지와 탑을 요하지 않는다.
② 대상수의 수질에 의해 주입율이 자유로 정해지므로 예상외로 오염물 농도가 높게 되어도 대처할 수 있다.
③ 입상탄에 비해 염가이다.

[입상탄의 이점]

① 재생이 가능하므로 폐기량이 적다.
② 같은 이유에서 장기적으로는 처리비가 낮게 된다.
③ 분진이 없고 작업환경이 좋다.

7.3.2 활성탄의 성질

활성탄 입자에는 직경 10~10⁵Å의 무수히 가는 구멍이 존재하며 비표면적은 500~1,500m^3/g에 달한다. 활성탄의 큰 흡착력은 이같이 가는 구멍구조에 기인한다고 생각된다.

활성탄의 성질은 가는 구멍의 크기와 분포, 활성탄의 입도, 부활의 방식 등에 의해서 변화하며, 또 피흡착물질의 물에 대한 용해도, 분자의 크기, pH농도, 온도 등에 의해서도 활성탄에서의 흡착력은 다르게 된다.

즉, 활성탄의 흡착특성은 대상수와 사용 활성탄의 종류에 따라서 크게 변화한다. 그러므로 활성탄 처리장치를 계획하는 경우에는 충분한 흡착실험을 하여 놓을 필요가 있다. 활성탄의 흡착특성을 나타내는 Freundlich의 흡착등온식을 이용하는 것이 편리하다.

7.3.3 활성탄의 재생

입상활성탄은 흡착량이 포화에 달하면 흡착조에서 꺼내어 통상은 재생공정으로 보낸다.

재생방법은 습식산화법, 약품재생법, 생물재생법 등도 있으나 가장 일반적인 것은 열처리법이다.

열처리법은 폐탄을 재생로에 넣어 우선 100~150℃로 건조한 후 300~700℃로 열을 가해 휘발성 물질을 휘산시켜 피흡착물질을 탄화한다. 다음에 700~1,000℃로 온도를 높여 수증기와 탄산가스에 의해서 부활한다. 재생로 내는 외기와 차단하여 활성탄이 연소하는 것을 방지한다. 재생로로서 사용하고 있는 것으로는 다단로와 회전로 등이다.

7.4 담체를 이용한 하수처리

7.4.1 Biomass 형태에 따른 생물학적 하수처리

담체(media)란 수처리에 사용되는 수중미생물의 농도와 특성을 향상시킬 목적으로 사용되는 구조물을 지칭하는 것으로 미생물이 부착하여 거주할 수 있는 지역을 제공한다. 담체에 대한 연구는 초기 모래 및 자갈 등 자연재를 이용한 1세대 담체를 시작으로 현재 합성물질을 이용한 다양한 구조의 담체가 개발되고 있다.

생물학적 처리공정을 Biomass의 형태에 따라 분류하면 다음과 같이 부유성장식(suspended growth)과 부착성장식(attached growth) 공정으로 대별할 수 있다.

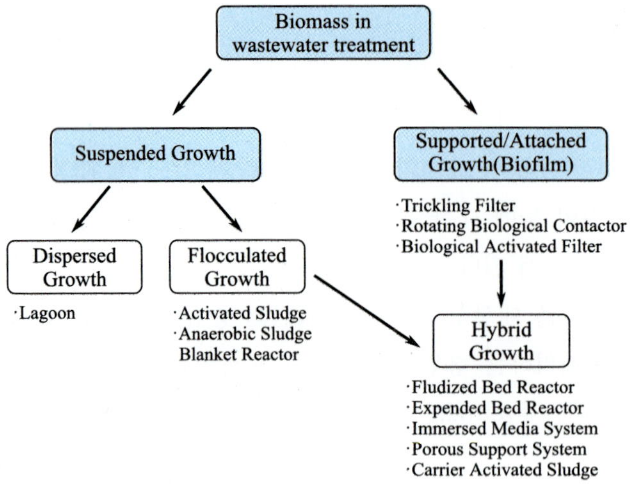

그림 7.6 Biomass 형태에 따른 생물학적 처리 공정 분류

1) 부유성장식(suspended growth) 미생물 이용 공정

부유성장식 미생물을 이용하는 공정으로는 활성슬러지법, 라군 등이 있으며, 가장 널리 이용되는 대표적인 공정인 활성슬러지법의 경우, *MLSS* 농도는 1,000~4,000mg/L 정도, viable fraction은 20% 미만으로서 물질전달의 비효율성, 낮은 슬러지 침강성으로 인해 고농도 미생물 유지에 제약이 따르며 유지관리가 어렵고 슬러지 팽화(bulking) 현상이 종종 발생한다. 또한 부하변동이 큰 경우에 대처하기 어렵고 잉여 슬러지가 다량 발생하는 문제점이 있다.

2) 부착성장식(attached growth) 미생물 이용 공정

상기 부유성장식 공정의 문제를 해결하기 위한 일환으로 메디아에 부착된 부착성장식 미생물들을 이용한 공정들이 개발되어 사용되고 있다. 그러나 부착성장식 공정의 경우 여재의 막힘현상, 미생물의 탈리현상, 물질 전달율의 저하 등의 문제가 있다.

① 살수여상법(trickling filter)

*MLSS*는 2,000~10,000mg/L, 미생물 막 두께는 20~12,000μm(평균 3,000μm) 정도이나 물질전달의 한계 때문에 활성을 가진 부분은 50~150μm 내외이므로 실제 *MLSS*는 2,000~7,000mg/L 정도이다. 살수여상법은 처리수질 기준을 맞추기 어렵고 미생물의 탈리, 겨울철의 동결, 막힘 현상, 파리번식 및 악취 등의 문제가 있다.

② 회전원판법(rotation biological contactor)

*MLSS*는 10,000~20,000mg/L, 미생물 막 두께는 500~4,000μm 정도 유지가 가능하나 미생물 막의 두께가 효과적으로 조절되지 않아 물질전달의 저하와 미생물 탈리 등의 현상이 발생하고 회전축의 파열 등이 문제가 된다.

③ 유동상 공정(fludized bed system)

*MLSS*는 10,000~50,000mg/L(평균 16,000mg/L), 미생물 막 두께는 100μm(평균 40μm) 이하로 높은 미생물 농도가 유지되며, 물질전달 현상이 양호하고 거의 모든 생물 막이 생물학적 활성을 가지는 장점이 있으나, 운전이 까다로우며 유체의 흐름 때문에 입자상 물질의 제거는 불리한 단점이 있다.

3) hybrid type의 공정

상기 문제들을 해결하고자 최근 부유성 미생물과 부착성 미생물을 동시에 이용할 수 있는 hybrid type의 공정들이 연구, 개발되고 있으며 대표적인 것으로 CASP(carrier activated sludge process)가 있다. 이 공정은 다수의 공극을 확보한 작은 크기의 불활성 고형 담체를 포기조에 투입하여 미생물이 부착되어질 수 있도록 하고 포기조 내에서 유동시킴으로써 유동상의 특징과 활성슬러지의 장점을 조합한 것이다.

담체의 공극은 300~2,500μm로 다양하고, 담체가 생물막(10~80μm)의 support media로 작용하여 부착미생물이 존재하고, 이외에 부유상태의 생물학적 floc도 존재하여 *MLSS* 8,000~30,000mg/L의 고농도로 유지가 가능하다. 본 공정은 유동상의 단점인 부유 고형물 제거율의 저하 및 운전의 어려움을 극복한 것으로 기존 활성 슬러지 공법을 쉽게 수정할 수 있는 장점이 있다.

7.4.2 담체이용 공정의 특징

1) 담체 이용시의 특징

담체이용 공정은 담체가 생물막을 형성하는 큰 표면적을 제공함으로써 높은 미생물 농도의 유지가 가능하여 고부하 처리가 가능하고 부하변동에 강한 장점이 있다. 그러나 담체를 반응기 내에 보존하기 위해 분리나 재순환을 위한 장치가 필요하며 원활한 유동조건의 확립이 어려운 문제가 있으며 담체 비용의 추가 및 담체의 보충이 필요하다는 단점을 가지고 있다.

2) 담체 부착 미생물의 특징

부착 미생물은 분산상태의 미생물과는 종과 생리학적 기작이 상이하여 저항성 증가, 생장률의 증가, 대사 활동의 증가 및 독성효과에 대한 저항성이 증가하게 된다. 고체 표면에 형성된 미소 환경은 전체 환경에 비해 *pH*, 이온강도, 유기물 농도 등이 상이하므로 미생물 군집이 다르게 되며, nitrifier, methanogen과 같이 생장속도가 느린 미생물들이 부착에 의해 시스템 내에 보존되어 높은 농도를 유지할 수 있게 된다. 고체표면의 흡착에 의해 유기물 농도가 증가되고 가수분해물이 유출되지 않아 미생물 생장에 좋은 환경을 제공함으로써 미생물 활성이 높아지게 된다. 또한 미생물의 일령, 먹이사슬, Bacteria의 Encapsulation 등에 의해 독성물질에 대한 저항성이 증가한다.

3) 담체이용 공정의 효율

담체이용 공정의 효율은 담체의 양 및 특성, 미생물의 부착 특성, 담체의 유동 특성 등에 의해 영향을 받으며, 이 중 미생물 부착에 영향을 주는 인자들은 다음 표 7.1과 같다.

표 7.1 미생물 부착의 영향 인자

고체 표면의 특징	미생물의 특징	주변 환경의 특징
·type of solid	·species	·pH
·surface chemistry	·surface chemistry	·Ionic strength
·concentration	·concentration	·hydrodynamics
·size & shape	·culture age & conditions	·prescence of competing species
·surface area	·size & shape	·prescence of mediating species
·roughness & porosity		·temperature

7.4.3 담체를 이용한 활성슬러지 공법의 변형

1) immersed media system

① modular media system

최근 큰 비표면적(80~230m^2/m^3)과 다공성을 가진 플라스틱 담체의 개발에 따라 연구가 활발히 진행된 시스템으로, 프랑스의 PLASdek(munter corporation) cross-flow 모듈형 담체를 이용한 biofix 공정, 독일의 bio-2-sludge 공정 등이 여러 나라에서 사용되어지고 있다. 본 시스템에서는 산소를 모듈 media의 아래 혹은 위에서 주입해줌으로써 위쪽으로 향하는 유체의 흐름을 발생시키며, 모듈 media는 motionless/static mixer의 역할을 함으로써 물질전달의 효과를 증가시키게 된다. 본 시스템은 유기물 제거효율이 향상되고 슬러지 발생량이 감소하는 특성을 보인다.

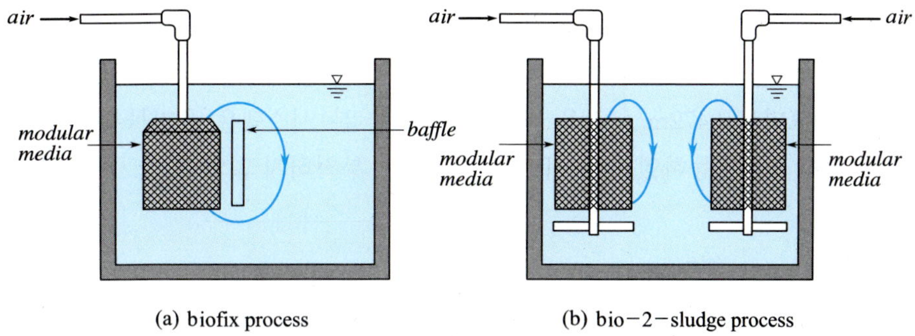

그림 7.7 Modular Media System

② ring lace submerged filter system

본 시스템은 일본(Kajima corporation)에서 상용화된 고정형 담체로 주로 소형처리장에 보급되었다. 사용되는 Ring Lace는 얇고, 질긴 polyvinylidene chroride 섬유사가 로프형태로 느슨하게 엮여있는 구조로 되어 있으며, 본 시스템은 최종 침전지가 필요 없고 부하변동과 온도에 강하며 슬러지 발생량은 일반 활성슬러지 공정의 1/3 정도에 해당한다. 그러나 이 공정은 공기공급조 전체에 걸쳐서 담체를 충진 해야 하고 담체를 수직으로 고정시키기 위하여 고정틀을 추가로 설치하여야 하는 경제적인 단점을 가지고 있으며 전반적인 질소 제거효율이 낮고 부착미생물로만 처리하는 공정인 관계로 생물학적 인제거가 이루어지지 못하는 것이 문제점으로 지적되고 있다.

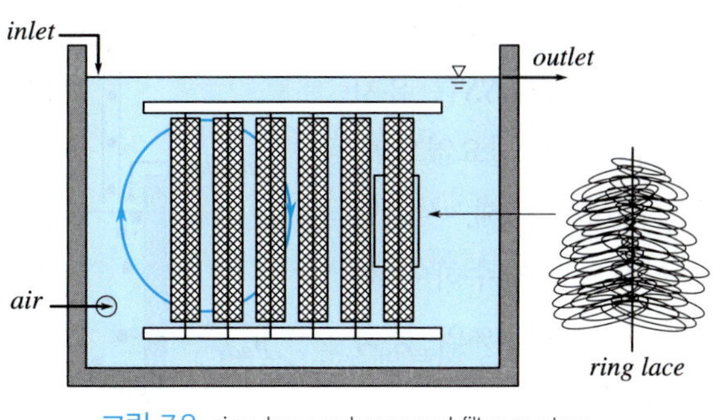

그림 7.8 ring lace submerged filter system

③ synthetic fiber media

중국에서 개발된 시스템으로 특별하게 공간적으로 배치된 rayon fiber로 구성되어 있으며, fiber 직경은 70μm로서, fiber 하나의 묶음당 약 81,000의 fiber가 연결되어 있고 중앙 로프에 여러 개의 fiber 묶음이 연결되어 있다. fiber media의 비중은 1.02, 밀도는 3kg/m^3이고 99% 이상의 공극률을 가지고 있으며 공기공급조에 충진되면 fiber가 펴지면서 큰 비표면적(2,472m^2/m^3)을 제공하게 된다. 본 시스템은 유기물부하 8kg BOD_5/m^3·day까지 처리가능하였으며, 사상성 미생물이 부착하지 않았다.

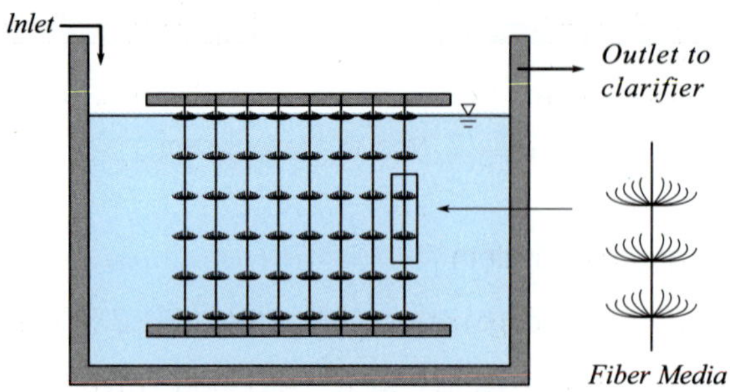

그림 7.9 fiber media system

2) porous biomass support system

① CAPTOR process

영국의 Simon-Hartley와 미국의 Ashbrook-Hartley에서 상용화한 공정으로 공기공급조 용적의 15~75%를 담체(25×25×12mm, pore size 850μm)로 충진하여 7,000~9,000 mg/L의 *MLSS*를 유지한다. 본 시스템은 침전지가 필요없으며, 담체의 biomass를 조절하기 위해, 시스템으로부터 담체를 주기적으로 회수하여 짜서 세정을 하며, 이 과정에서 4%의 농축된 폐슬러지를 얻을 수 있다.

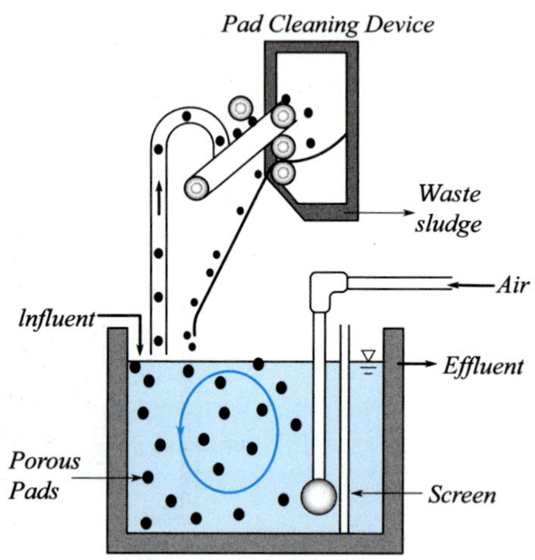

그림 7.10 CAPTOR process

본 공정은 carbonaceous *BOD* 제거 효율이 떨어지고 담체를 공기공급조 내에서 유동시키기 어려운 단점이 있으나 기존 처리장을 향상시키는 데는 매우 유리한 장점이 있다.

② LINPOR Process

독일의 Linde AG에서 개발, 상용화한 공정으로 CAPTOR 공정과 비교하여 최종 침전지와 슬러지 반송이 필요하다. 담체의 재질은 다공성 폴리우레탄 스폰지 형태로 이루어져 있고 담체에 부착되는 미생물 양은 공기공급조의 교반과 이에 의한 전단력에 의해 조절되며 따라서 담체에 부착된 슬러지를 제거하기 위한 별도의 설비를 필요로 하지 않는다.

담체의 원활한 순환을 위해 담체의 충진 부피는 공기공급조 용적의 10~40%로 하며, *MLSS*는 5,000~8,000mg/L 정도로 유지된다. 이 공정은 처리율의 향상과 침전성의 개선 및 침전지의 고형물부하 감소효과 등이 입증되었으나 완전유동하기까지 시간이 많이 소요되며 고농도 유기폐수에 대한 고속처리가 불가능하고 충격부하시 슬러지 팽화발생 가능성이 높다.

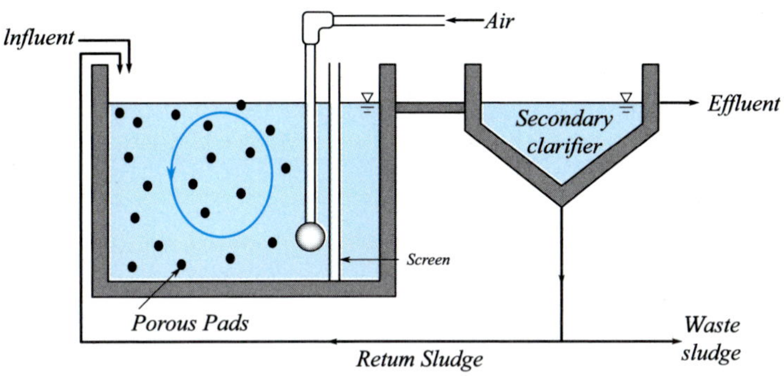

그림 7.11 LINPOR process

memo

부록

1. 수돗물 수질기준

NO	구분	성분명	수질기준
1	미생물 (4)	일반세균	100CFU/mL 이하
2		총대장균군	불검출/100mL
3		분원성 대장균군	불검출/100mL
4		대장균군	불검출/100mL
5	건강상 유해영향 무기물질 (12)	납	0.01 mg/L 이하
6		불소	1.5 mg/L 이하
7		비소	0.01 mg/L 이하
8		셀레늄	0.01 mg/L 이하
9		수은	0.001 mg/L 이하
10		시안	0.01 mg/L 이하
11		크롬	0.05 mg/L 이하
12		알모니아성질소	0.5 mg/L 이하
13		질산성질소	10 mg/L 이하
14		붕소	1.0 mg/L 이하
15		카드뮴	0.005 mg/L 이하
16		브롬산염	0.01 mg/L 이하
17	건강상 유해영향 유기물질 (17)	페놀	0.005 mg/L 이하
18		1.1.1-트리클로로에탄	0.1 mg/L 이하
19		테트라클로로에틸렌	0.01 mg/L 이하
20		트리클로로에틸렌	0.03 mg/L 이하
21		디클로로메탄	0.02 mg/L 이하
22		벤젠	0.01 mg/L 이하
23		톨루엔	0.7 mg/L 이하
24		에틸벤젠	0.3 mg/L 이하
25		크실렌	0.5 mg/L 이하
26		1.1-디클로로에틸렌	0.03 mg/L 이하
27		사염화탄소	0.002 mg/L 이하
28		다이아지논	0.02 mg/L 이하
29		파라티온	0.06 mg/L 이하
30		페니트로티온	0.04 mg/L 이하

NO	구분	성분명	수질기준
31		카바릴	0.07 mg/L 이하
32		1,2-디브로모-3-클로로프로판	0.003 mg/L 이하
33		1,4-다이옥산	0.05 mg/L 이하
34	소독제 및 소독 부산물 (11)	잔류염소	4.0 mg/L 이하
35		총트리할로메탄	0.1 mg/L 이하
36		클로로포름	0.08 mg/L 이하
37		클로랄하이드레이트	0.03 mg/L 이하
38		디브모아세토니트릴	0.1 mg/L 이하
39		디클로로아세토니트릴	0.09 mg/L 이하
40		트리클로로아세토니트릴	0.004 mg/L 이하
41		할로아세틱에시드	0.1 mg/L 이하
42		브로모디클로로메탄	0.03 mg/L 이하
43		디브로모클로로메탄	0.1 mg/L 이하
44		포름알데히드	0.5 mg/L 이하
45	심미적영향 물질 (16)	경도	300 mg/L 이하
46		과망간산칼륨소비량	10 mg/L 이하
47		냄새	소독으로 인한 냄새 이외의 냄새가 없을 것
48		맛	소독으로 인한 맛 이외의 맛이 없을 것
49		동(구리)	1 mg/L 이하
50		색도	5도 이하
51		세제	0.5 mg/L 이하
52		수소이온농도	5.8-8.5
53		아연	3 mg/L 이하
54		염소이온	250 mg/L 이하
55		증발잔류물	500 mg/L 이하
56		철	0.3 mg/L 이하
57		망간	0.05 mg/L 이하
58		탁도	0.5 NTU 이하
59		황산이온	200 mg/L 이하
60		알루미늄	0.2 mg/L 이하

2. 상수원수 검사항목 & 검사주기

<table>
<tr><th colspan="2">구분</th><th>측정횟수</th><th>측정항목</th><th>측정시기</th></tr>
<tr><td rowspan="7">광역 및 지방 상수도</td><td rowspan="2">하천수 복류수</td><td>매월 1회 이상 (6항목)</td><td>수소이온농도, 생물화학적 산소요구량, 부유물질량, 용존 산소량, 대장균군(총 대장균군, 분원성 대장균군)</td><td></td></tr>
<tr><td>분기 마다 1회 이상 (25항목)</td><td>카드뮴, 비소, 시안, 수은, 납, 크롬, 음이온 계면활성제, 유기인, 폴리크로리네이티드비페닐, 불소, 셀레늄, 암모니아성 질소, 질산성 질소, 카바릴, 1,1,1-트리클로로에탄, 테트라클로로에틸렌, 트리클로로에틸렌, 페놀, 사염화 탄소, 1,2-디클로로에탄, 디클로로메탄, 벤젠, 클로로포름, 디에틸헥실프탈레이트(DEHP), 안티몬</td><td>3월, 6월, 9월, 12월</td></tr>
<tr><td rowspan="2">호소수</td><td>매월 1회 이상 (6항목)</td><td>수소이온농도, 화학적 산소요구량, 부유물질량, 용존 산소량, 대장균군(총 대장균군, 분원성 대장균군)</td><td></td></tr>
<tr><td>분기 마다 1회 이상 (25항목)</td><td>카드뮴, 비소, 시안, 수은, 납, 크롬, 음이온 계면활성제, 유기인, 폴리크로리네이티드비페닐, 불소, 셀레늄, 암모니아성 질소, 질산성 질소, 카바릴, 1,1,1-트리클로로에탄, 테트라클로로에틸렌, 트리클로로에틸렌, 페놀, 사염화 탄소, 1,2-디클로로에탄, 디클로로메탄, 벤젠, 클로로포름, 디에틸헥실프탈레이트(DEHP), 안티몬</td><td>3월, 6월, 9월, 12월</td></tr>
<tr><td>지하수</td><td>반기 마다 1회 이상 (19항목)</td><td>카드뮴, 비소, 시안, 수은, 납, 크롬, 음이온 계면활성제, 다이아지논, 파라티온, 페니트로티온, 불소, 셀레늄, 암모니아성 질소, 질산성 질소, 카바릴, 1,1,1-트리클로로에탄, 테트라클로로에틸렌, 트리클로로에틸렌, 페놀</td><td></td></tr>
<tr><td rowspan="2">해수</td><td>분기 마다 1회 이상 (5항목)</td><td>수소이온농도, 생물화학적 산소요구량, 대장균군(총 대장균군, 분원성 대장균군), 노말헥산추출물질(동식물유지류)함유량</td><td></td></tr>
<tr><td>매월 1회 이상 (6항목)</td><td>카드뮴, 비소, 보론, 수은, 납, 크롬</td><td></td></tr>
<tr><td rowspan="4">마을 상수도 · 전용 상수도 및 소규모 급수 시설</td><td rowspan="2">하천수, 복류수, 계곡수 등의 표류수</td><td>반기 마다 1회 이상 (6항목)</td><td>수소이온농도, 생물화학적 산소요구량, 부유물질량, 용존 산소량, 대장균군(총 대장균군, 분원성 대장균군)</td><td></td></tr>
<tr><td>2년 마다 1회 이상 (9항목)</td><td>카드뮴, 비소, 시안, 수은, 납, 크롬, 음이온 계면활성제, 유기인, 폴리크로리네이티드비페닐</td><td></td></tr>
<tr><td rowspan="2">호소수</td><td>반기 마다 1회 이상 (6항목)</td><td>수소이온농도, 화학적 산소요구량, 부유물질량, 용존 산소량, 대장균군(총 대장균군, 분원성 대장균군)</td><td></td></tr>
<tr><td>2년 마다 1회 이상 (9항목)</td><td>카드뮴, 비소, 시안, 수은, 납, 크롬, 음이온 계면활성제, 유기인, 폴리크로리네이티드비페닐</td><td></td></tr>
</table>

구분		측정횟수	측정항목	측정시기
마을 상수도 · 전용 상수도 및 소규모 급수 시설	지하수	2년 마다 1회 이상 (11항목)	카드뮴, 비소, 시안, 수은, 납, 크롬, 음이온 계면활성제, 다이아지논, 파라티온, 페니트로티온, 불소	
	해수	반기 마다 1회 이상 (5항목)	수소이온농도, 화학적 산소요구량, 대장균군(총 대장균군, 분원성 대장균군), 노말헥산추출물질(동식물 유지류)함유량	
		2년 마다 1회 이상 (6항목)	카드뮴, 비소, 시안, 수은, 납, 크롬	

비고

1. 채수지점
   가. 하천수, 호소수 및 계곡수 등의 표류수의 경우에는 취수구에 흘러들기 직전의 지점에서 채수한다.
   나. 복류수의 경우에는 취수구에서 가장 가까운 지점에서 1회, 착수정에서 1회를 채수하여 각각 검사한다.
   다. 지하수의 경우에는 취수구에서 채수한다.
2. 검사방법
   가. 불소, 셀레늄, 암모니아성 질소, 질산성 질소, 카바릴, 1,1,1-트리클로로에탄, 테트라클로로에틸렌, 페놀, 보론 및 지하수항목 : 「환경분야 시험·검사 등에 관한 법률」 제6조제1항제6호에 따른 환경오염공정시험기준에 따른다.
   나. 그 밖의 측정항목 : 「환경분야 시험·검사 등에 관한 법률」 제6조제1항제5호에 따른 환경오염공정시험기준에 따른다.

3. 먹는물 검사항목 & 검사주기

<table>
<tr><th colspan="3">구분</th><th>측정항목</th></tr>
<tr><td rowspan="8">광역
및
지방
상수도</td><td rowspan="4">정수장</td><td>매일 검사
(6항목)</td><td>냄새, 맛, 색도, 탁도, 수소이온 농도, 잔류염소</td></tr>
<tr><td>매주 검사1)
(8항목)</td><td>일반세균, 총 대장균군, 대장균 또는 분원성 대장균군, 암모니아성 질소, 질산성 질소, 과망간산칼륨 소비량, 증발잔류물</td></tr>
<tr><td>매월 검사2)
(54항목)</td><td>소독제 및 소독부산물질 중 분기검사항목 제외</td></tr>
<tr><td>매분기
(6항목)</td><td>10개 소독부산물중 7개항목(잔류염소, 클로랄하이드레이트, 디브로모아세토니트릴, 티클로로아세토니트릴, 트리클로로아세토니트릴, 할로아세틱에시드, 포름알데히드)</td></tr>
<tr><td>수도꼭지</td><td>매월 검사
(5항목)</td><td>일반세균, 총 대장균군, 대장균 또는 분원성 대장균군, 잔류염소</td></tr>
<tr><td>수도관
노후지역
수도꼭지</td><td>매월 검사
(11항목)</td><td>일반세균, 총 대장균군, 대장균 또는 분원성 대장균군, 암모니아성 질소, 철, 동, 아연, 망간, 염소이온, 잔류염소</td></tr>
<tr><td>급수과정별
시설</td><td>매분기 검사
(12항목)</td><td>일반세균, 총 대장균군, 대장균 또는 분원성 대장균군, 암모니아성 질소, 총트리할로메탄, 동, pH, 아연, 철, 탁도, 잔류염소</td></tr>
<tr><td colspan="2" rowspan="2">마을·전용
상수도
소규모
급수시설</td><td>분기 검사3)
(16항목)</td><td>일반세균, 총 대장균군, 대장균 또는 분원성 대장균군, 암모니아성 질소, 질산성 질소, 냄새, 맛, 색도, 탁도, 불소, 망간, 알루미늄, 잔류염소, 붕소 및 염소이온(해수에 한함)</td></tr>
<tr><td>연 전항목검사
(60항목)</td><td>먹는물 수질기준 전항목</td></tr>
</table>

1) 일반세균, 총 대장균군, 대장균 또는 분원성 대장균군 항목은 반드시 1회 이상 검사, 기타 항목은 지난 1년간의 수질검사결과에 따라 매월 1회 이상으로 조정하여 감사 가능

2) 일반세균, 총 대장균군, 대장균 또는 분원성 대장균군, 암모니아성 질소, 질산성 질소, 과망간산칼륨 소비량, 냄새, 맛, 색도, 수소이온 농도, 염소이온, 망간, 탁도 및 알루미늄 항목은 반드시 매월 1회 이상 검사를 실시하고, 기타 항목은 지난 3년간의 수질검사 결과에 따라 매분기 1회 이상으로 조정하여 검사 가능

3) 지난 3년간의 수질검사 결과에 따라 매 반기 1회 이상으로 조정하여 검사 가능

* 먹는물 수질기준 및 검사 등에 관한 규칙 제4조 및 별표1에 따라 실시, 마을상수도 등의 경우 매 분기검사 중 연간 전 항목 검사가 중복되는 분기는 연 1회 전 항목 검사로 대체(전산입력 수)

참고문헌

1. 류희정, 신항식, 신형우, 위생공학, 신광문화사, 2005.
2. 이규성 외 3인, 수질오염방지기술, 동화기술, 2005.
3. 조영일 외 4인역, 환경공학, 동화기술, 2005.
4. 신형우 외 3인 상수도공학연습, 2005.
5. 이성우 외 4인, 고도상수처리, 동화기술, 2003.
6. 이종형 외 2인, 수문학, 구미서관, 2016.
7. 이종형 외 1인, 수리학, 구미서관, 2017.
8. 한국수자원 공사, 물과 미래, 2018.
9. 한국상하수도협회, 상수도설계기준, 2020.
10. 한국상하수도협회, 하수도설계기준, 2020.
11. 환경부, 먹는 물 관리법, 2018.
12. 환경부, 수도법, 2019.
13. 환경부, 하수도법, 2019.
14. 환경부, 환경 정책 기본법, 2019.
15. 국토교통부, 수자원장기종합계획, 2016.
16. 한국수자원학회, 하천설계기준, 2019.
17. 藤田賢二, 下水道工學 演習, 學獻社, 1988.
18. 內藤幸穗 藤田賢二, 上水道工學 演習, 學獻社, 1995.
19. 日本下水道事業団, 下水道事業を実施するために, 昭和61.
20. Mark J.Hammer, Water and Waster water technology, john wiley and sons Inc., 1977.
21. E.W steel and Terence J.McGhee, Water supply and Sewerage, McGraw-Hill, 1979.

찾아보기

저자소개

이종형
전)국립공주대학교 스마트인프라공학과 교수

박영진
서일대학교 건설시스템공학과 교수

김이현
경복대학교 드론건설환경학과 교수

남일기
우송정보대학 철도토목과 교수

김학수
명지전문대학 토목공학과 교수

(제6판) 상·하수도공학

정가 22,000원

저자 : 이종형 · 박영진 · 김이현 · 남일기 · 김학수

발행인 : 임해진
발행처 : 도서출판 구미서관

발행 : 1996년 1월 9일 제1판
2000년 1월 27일 제2판
2005년 2월 25일 제3판
2008년 2월 25일 제4판
2018년 1월 17일 제5판
2021년 1월 10일 제6판 1쇄
2024년 2월 15일 제6판 3쇄

등록 : 1979년 6월 29일 No.9-6호

주소 : 서울시 마포구 신촌로2길 5-15
전화 : 02-333-1101
팩스 : 02-335-2201
http://www.goomibook.com

ISBN 979-11-6257-143-9 (93530)